国家海水鱼产业技术体系年度报告（2019）

国家海水鱼产业技术研发中心　编著

中国海洋大学出版社
·青岛·

图书在版编目（CIP）数据

国家海水鱼产业技术体系年度报告．2019/ 国家海水鱼产业技术研发中心编著．-- 青岛：中国海洋大学出版社，2020. 12

ISBN 978-7-5670-2701-5

Ⅰ. ①国…　Ⅱ. ①国…　Ⅲ. ①海水养殖－水产养殖业－技术体系－研究报告－中国－2019　Ⅳ. ① S967

中国版本图书馆 CIP 数据核字（2020）第 249898 号

出版发行　中国海洋大学出版社
出 版 人　杨立敏
社　　址　青岛市香港东路 23 号
邮政编码　266071
网　　址　http：//pub.ouc.edu.cn
电子信箱　dengzhike@sohu.com
订购电话　0532-82032573（传真）
责任编辑　邓志科　姜佳君
电　　话　0532-85901040
印　　制　日照报业印刷有限公司
版　　次　2020 年 12 月第 1 版
印　　次　2020 年 12 月第 1 次印刷
成品尺寸　185 mm × 260 mm
印　　张　38.5
字　　数　840 千
印　　数　1 ～ 1000
定　　价　80.00 元

国家海水鱼产业技术体系年度报告（2019）

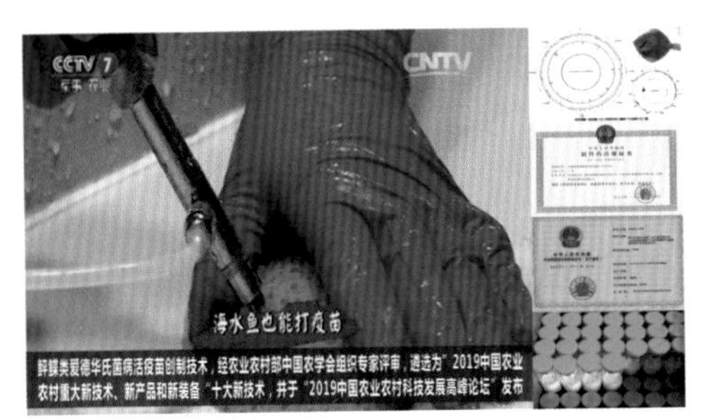

体系成果入选 **2019** 中国农业农村十大新技术

体系助力宁德传统网箱升级改造

体系与特色淡水鱼体系研讨交流

体系专家与鲆鲽类养殖龙头企业对接签约

举办产业技术培训会 **56** 场，发放宣传册 **3574** 份

体系共完成阶段性成果验收 **21** 项

体系建立海鲈加工技术成果转化示范基地

综合试验站开展抗台风减灾应急工作

国家海水鱼产业技术体系组织结构图

国家海水鱼产业技术体系

⇩

首席科学家、执行专家组

（首席办公室）

⇩

国家海水鱼产业技术研发中心

依托单位：中国水产科学研究院黄海水产研究所

功能研究室

- 遗传改良研究室
  - 大菱鲆种质资源与品种改良
  - 牙鲆种质资源与品种改良
  - 半滑舌鳎种质资源与品种改良
  - 大黄鱼种质资源与品种改良
  - 石斑鱼种质资源与品种改良
  - 海鲈种质资源与品种改良
  - 卵形鲳鲹种质资源与品种改良
  - 军曹鱼种质资源与品种改良
  - 河鲀种质资源与品种改良
- 营养与饲料研究室
  - 鲆鲽类营养需求与饲料
  - 大黄鱼营养需求与饲料
  - 石斑鱼营养需求与饲料
  - 军曹鱼卵形鲳鲹营养需求与饲料
  - 海鲈营养需求与饲料
  - 河鲀营养需求与饲料
- 疾病防控研究室
  - 环境胁迫性疾病与综合防控
  - 病毒病防控
  - 细菌病防控
  - 寄生虫病防控
- 养殖与环境控制研究室
  - 养殖设施与装备
  - 养殖水环境调控
  - 网箱养殖
  - 池塘养殖
  - 工厂化养殖
  - 深远海养殖
  - 智能化养殖
- 加工研究室
  - 保鲜与贮运
  - 鱼品加工
  - 质量安全与营养品质评价
- 产业经济研究室
  - 产业经济

综合试验站

天津综合试验站、秦皇岛综合试验站、北戴河综合试验站、大连综合试验站、丹东综合试验站、葫芦岛综合试验站、烟台综合试验站、青岛综合试验站、莱州综合试验站、东营综合试验站、日照综合试验站、南通综合试验站、宁波综合试验站、宁德综合试验站、漳州综合试验站、珠海综合试验站、北海综合试验站、陵水综合试验站、三沙综合试验站

⇩

示范县（市、区）

编 委 会

前言

海水鱼类是海洋渔业生产中的主要捕捞对象和人类优质动物蛋白质的重要来源。然而，随着海洋野生鱼类资源的日益衰退，水产品的供给侧逐步转向依靠养殖业的发展。FAO 最近发布的报告显示，世界海水鱼类养殖业正以 8%～10%的年增长率迅猛地发展，养殖鱼类产品占世界鱼类消费的比例持续增加。由此可见，海水鱼类养殖业的发展潜力巨大，前景广阔。

中国的海水鱼类繁育与养殖研究始于 20 世纪 50 年代，而规模化养殖则兴起于 20 世纪 80 年代后期。1984 年，我国的海水鱼类养殖产量仅为 0.94 万吨，相比于海洋藻类、虾类、贝类养殖产业，海水鱼类养殖发展严重滞后。但此后，在渔业“以养为主”方针的正确指导及相关政策的支持下，我国海水鱼类苗种人工繁育技术不断取得突破，设施养殖技术与模式不断创新，推动了我国海水鱼类养殖产业的快速发展，并在 2002 年和 2012 年先后突破 50 万吨和 100 万吨养殖产量大关，为此，海水鱼类养殖也被誉为我国海水养殖的第四次产业化浪潮。2019 年底，我国海水鱼类养殖产量已达 160.58 万吨，开发的养殖种类近百种，建立起海水网箱、工厂化和池塘三大主养模式，形成了大黄鱼、海鲈、石斑鱼、卵形鲳鲹、大菱鲆、牙鲆、半滑舌鳎、河鲀、军曹鱼等主导养殖产业。海水鱼类养殖产业的发展对开拓我国全新的海洋产业、保障水产品有效供给、改善国民膳食结构、提供沿海渔民就业机会和繁荣“三农”经济等方面，都做出了突出的贡献。

2017 年，经农业农村部（原农业部）批准，原“国家鲆鲽类产业技术体系”进行了扩容和优化调整，正式更名为“国家海水鱼产业技术体系”（以下简称海水鱼体系）。本体系由产业技术研发中心和综合试验站 2 个层级构成，下设遗传改良、营养与饲料、疾病防控、养殖与环境控制、加工和产业经济等 6 个功能研究室，聘任岗位科学家 30 名。设综合试验站 19 个，辐射示范县区 95 个，分布于辽宁、河北、天津、山东、江苏、浙江、福建、广东、广西、海南等 10 个沿海省区市。“十三五”期间，海水鱼体系以“生态友好、生产发展、设施先进、产品优质”为产业发展目标，面向我国海水鱼类养殖产业发展需求，围绕制约产业发展的突出问题，开展共性关键技术研发、集成、试验和示范，突破技术瓶颈，为我国海水鱼类养殖产业持续健康发展提供技术支撑。

《国家海水鱼产业技术体系年度报告(2019)》由国家海水鱼产业技术研发中心编著,“现代农业产业技术体系专项资金(CARS-47)”资助。本书概括了海水鱼体系2019年度的主要工作内容与成果,主要包括海水鱼产业技术研究进展报告,海水鱼主产区调研报告,轻简化实用技术,年度主要成果汇编,验收成果和获奖成果汇编,专利汇总等等。海水鱼体系全体岗位科学家、综合试验站团队参与了编写工作,体系首席办公室对书稿进行了整合、审阅和补充。

由于编写时间仓促、学科交叉内容较多,书中错误和疏漏之处在所难免,敬请广大读者批评指正并给予谅解。

国家海水鱼产业技术体系　首席科学家

2020年7月28日

目　次

第五篇 验收成果汇编

第一篇

研究进展报告

第一章

2019年度海水鱼产业技术发展报告

（国家海水鱼产业技术体系）

1　国际海水鱼生产与贸易概况

1.1　生产情况

据2019年联合国粮农组织（FAO）数据，2017年，世界海洋捕捞总产量为8058.42万吨，其中，海水鱼类捕捞产量为6784.74万吨，占海洋捕捞总产量的84.19%；世界海水养殖总产量为6236.18万吨，其中，海水鱼类养殖产量为874.41万吨，占海水养殖总产量的14.02%。2017年，中国海水鱼类养殖产量为141.94万吨，占世界海水鱼类养殖总产量的16.23%。目前，全球海水鱼类养殖种类有100多种，主要养殖品种为大西洋鲑、海鲈鱼、大黄鱼、鲆鲽类等，其中单品种产量最大的为大西洋鲑。大西洋鲑2017年养殖产量为235.87万吨，主要养殖国家为挪威、智利、英国等。

2019年，欧盟成员国在欧盟水域及国际水域鲆鲽类捕捞配额总量为26.38万吨，较上一年增加3.3%；国际太平洋庸鲽委员会（IPHC）监管海域太平洋庸鲽可捕捞量为1.33万吨，较上一年增加15.3%；韩国上半年鲆鲽类养殖量为2.31万吨，比2018年同期增长13.5%。

1.2　贸易情况

2019年，世界主要经济体之间经贸摩擦加剧，全球贸易面临更大的不确定性。整体上，全球鲆鲽类贸易格局受到冲击最大，对其他品种的间接影响比较复杂。对鲆鲽类而言，本年度鲆鲽类全球贸易极其活跃。2019年美国、加拿大和丹麦等鲆鲽类主要出口国的出口规模扩大，美国、加拿大、日本和欧洲主要国家鲆鲽类进口规模显著增大，鲆鲽类产业链、价值链和供应链在全球范围内重构。我国自2018年下半年对鲆鲽类需求大幅度增加后，进口市场结构有新的变化，大大增加了自欧盟、加拿大和俄罗斯的进口。2019年我国鲆鲽类出口额和出口量环比分别下降11.1%和8.2%。自2019年5月起，我国鲆鲽类加工品出口美国遇阻。虽然从出口额来看，美国仍是我国鲆鲽类第二大出口国，但是我国对美出口量、额下降幅度大，对美出口量仅为13711吨，较2018年下降31.6%；出口额为7749.77万美元，同比下降35.1%。我国对荷兰和德国的出口量环比分别下降10.4%和19.2%。2019年我国对巴西、英国、瑞典、希腊、波兰和俄罗斯出口呈现良好的增长态势,出口量环比分别增加127.1%、57.9%、50%、40.4%、17.5%和59.7%;出口额比2018年分别上升91.1%、64%、55.2%、34.4%、24.7%和20.7%。

美国是全球石斑鱼、欧洲海鲈鱼①和军曹鱼的重要消费国。2019年,美国对三者的进口量分别是6715吨、9678吨和301吨,同比分别下降13.2%、增长17.9%和下降43.1%。全球河鲀两大主要消费地韩国和日本需求呈现分化,2019年韩国进口量减少7.9%,而日本进口量增加54.8%。

2 国内海水鱼生产与贸易概况

2.1 生产情况

国家海水鱼产业技术体系调查数据表明,2019年体系跟踪调查区域海水鱼养殖面积为:工厂化养殖791.55万立方米,其中,循环水和流水模式分别占4.62%和95.38%;工程化池塘140.00 hm^2,普通池塘15106.95 hm^2;普通网箱养殖2542.55万平方米;深水网箱养殖625.40万立方米;围网养殖109.38万平方米。

2019年国内主要海水鱼养殖品种总产量为93.03万吨,各品种产量如表1所示。

表1 2019年国内各主要海水鱼养殖品种产量

品种	示范县产量/万吨	非示范县产量/万吨	合计/万吨
大菱鲆	6.3	0.0175	6.3175
牙鲆	0.52	0.0067	0.5267
半滑舌鳎	0.72		0.72
珍珠龙胆	3.7	4.77	8.47
其他石斑鱼	2.64	0.38	3.02
红鳍东方鲀	0.36		0.36
暗纹东方鲀	0.15	0.68	0.83
其他河鲀	0.53		0.53
大黄鱼	12.7	1.32	14.02
海鲈鱼	15.05		15.05
军曹鱼	0.79	1	1.79
卵形鲳鲹	7.17	5	12.17
美国红鱼	1.71	2.73	4.44
鰤鱼	0.12	1.51	1.63
褐毛鲿	0	3	3

① 学名:*Dicentrarchus labrax*,属于舌齿鲈属。

续表

品种	示范县产量 / 万吨	非示范县产量 / 万吨	合计 / 万吨
鲻梭鱼	0	2. 5	2. 5
其他海水鱼	2. 91	14. 75	17. 66
合计	55. 37	37. 6642	93. 0342

数据来源：国家海水鱼产业技术体系产业经济调查

2. 2　贸易情况

我国海水鱼主养品种产品贸易顺差大幅收窄。2019 年，主养产品①进出口总量 35. 46 万吨，进出口总额 14. 88 亿美元；占我国鱼类进出口总额的 9. 9%，约占我国水产品进出口总额的 5. 3%；总体上贸易顺差 0. 83 亿美元。与上年同期相比，进出口总额上升 1. 1%；顺差收窄 1. 29 亿美元，减少 60. 8%。

鲆鲽类和黄鱼②是我国大宗养殖海水鱼对外贸易的主要品种。2019 年，鲆鲽类进出口贸易总额为 11. 81 亿美元，占我国水产品贸易总额 4. 2%，贸易逆差为 2. 02 亿美元；黄鱼进出口贸易总额为 2. 99 亿美元，占 1. 1%，贸易顺差为 2. 78 亿美元。军曹鱼只有出口，没有进口，贸易顺差为 220. 49 万美元。河鲀进出口贸易总额为 558. 67 万美元，贸易顺差为 547. 36 万美元。

受中美贸易战影响，中国鲆鲽类贸易逆差呈现扩大态势，进口市场结构发生变化。2019 年，中国鲆鲽类进口贸易量继续增长，进口量 22. 07 万吨，进口额 6. 92 亿美元，进口额同比增长 10. 3%；出口贸易继续缩减，出口量 9 万吨，出口额 4. 89 亿美元，同比下降 11. 1%。美国仍是中国鲆鲽类最大的贸易伙伴，是第一大进口来源国，是第二大出口市场（据出口额）或第三大出口市场（据出口量）。不过，中国大大增加了自加拿大、挪威、印度、日本、冰岛、塞内加尔、西班牙、葡萄牙和丹麦等国的鲆鲽类进口量。

3　国际海水鱼产业技术研发进展

3. 1　海水鱼遗传改良技术

规模化家系选育、分子标记辅助育种、全基因组选择技术是国际上主要采用的遗传改良手段，其中全基因组选择技术尚未取得明显的育种成效。2019 年，日本学者开发了一种应用于水产养殖研究的基因分型方法，该方法具有很高的可重复性和灵敏性，可用于分子标记辅助育种；德国学者通过构建多准则模型，对大菱鲆体重性状最适非线性生长模型进行评估；西班牙、英国等国家学者利用系谱和基因组信息开展了大菱鲆抗稻瘟病和耐稻瘟病遗传变异研究；南非学者对安氏石斑鱼个体的遗传结构和多样性进行了分析；马来西亚学者用条形

① 包括黄鱼、军曹鱼、河鲀和鲆鲽类。

② 是大黄鱼和小黄鱼的统称。

码对不同石斑鱼群体进行鉴定;埃及学者通过线粒体DNA、12S rRNA基因测序对埃及红海中存在的石斑鱼进行了系统发育和遗传距离分析。

3.2 海水鱼养殖与环境控制技术

(1)养殖设施与装备。自动视觉检测技术和鱼群图像识别技术等先进技术开始应用于工厂化养殖领域,促进了循环水养殖向工业化和智能化方向发展。

(2)养殖水环境。相关研究聚焦于高效养殖水处理技术工艺研发,如利用臭氧、纳米TiO_2、光合细菌、芽孢杆菌、硝化细菌等技术净化养殖水体和减少病原菌感染。

(3)网箱养殖。由荷兰设计的"海峡一号"项目建成,该渔场主要针对深远海自然环境及产业装备技术需求,配备网衣、发电系统、压载系统、环境监测系统等相关设施设备。

(4)池塘养殖。此项研究集中在池塘养殖模式工艺的创新与优化、水环境调控、池塘精准养殖、多营养层次调控等方面。

(5)工厂化养殖。相关研究聚焦于养殖对象的行为生理响应特征,精准投喂技术、生长与品质控制等高效养殖关键技术。

(6)深远海养殖。澳大利亚蓝色经济联合研究中心项目启动,旨在深远海养殖、可再生能源以及海洋工程方面,提高海洋创新利用能力。

(7)智能化养殖。SaberHachicha设计了一种遥控潜水器与机械臂组合的双臂水下船体清洗机器人,建立了机械手臂的运动学模型和动力学模型,对船体清洗过程中的动力稳定性进行分析。

3.3 海水鱼疾病防控技术

2019年度,国际上研究关注的海水鱼细菌病原有爱德华氏菌(*Edwardsiella piscicida*)、弧菌(*Vibrio*)、海豚链球菌(*Streptococcus iniae*)。病毒病原主要为神经坏死病毒(Viral nervous necrosis, VNN)。寄生虫病原包括海虱、本尼登虫(Benedenia)、库道虫(Kudoa)、盾纤毛虫(*Scuticoci liatlda*)、车轮虫(Trichodina)等。疾病疾控相关研究主要涉及疫苗构建试制、多价商用疫苗评价,流行病学与病原-宿主互作机制、病原快速诊断技术、宿主免疫基因鉴定、免疫反应与黏膜免疫应答机制、病毒敏感细胞系建立。在环境胁迫领域,学者进行了氨氮急性胁迫对大菱鲆、鲈鱼等养殖鱼类行为模式和生理生化影响的研究,获得数据为建立行为数值模拟的在线预警系统奠定基础。

3.4 海水鱼营养与饲料技术

(1)营养需求参数。作为鱼类营养与饲料研究的基础内容,目前营养需求参数研究更加关注特定养殖模式、养殖环境及特定饲料组成,系列研究成果将为更好服务产业、指导配方科学制定提供指导。

(2)新型饲料原料开发。针对水产饲料优质蛋白源(鱼粉)、脂肪源(鱼油)等短缺问题,开展了大量鱼油鱼粉替代研究。相关研究进一步拓宽了饲料原料来源，评估了系列非传统原料的应用价值。

（3）新型饲料添加剂。相关研究聚焦于新型海水鱼饲料功能性添加剂、免疫增强剂等在促进鱼体生长、提升鱼体免疫力、降低养殖过程抗生素使用、提升养殖鱼类品质等方面的作用，该项研究已成为目前研究的热点。

3.5　海水鱼产品质量安全控制与加工技术

（1）鱼品加工。国际上研究较多的鱼种是金枪鱼。主要研究如下：通过改良技术、包装材料、抑菌物质来提高鱼片的货架期及储运过程的安全性；肉质评价及预测新方法的研究；加工工艺研究；鱼肉品质及风味方面的研究；副产物加工工艺的研究。

（2）保鲜贮运。以河鲀为对象，研究冰晶显微结构、内源蛋白水解活性、脂质和蛋白质氧化对冷冻鱼类软化的影响。

（3）质量安全。建立了一种石斑鱼新鲜度近红外光谱快速无损检测技术；研究开发出一种适应于养殖现场的前处理方法；建立了一种更有效的生成高效氯氟氰菊酯抗体的技术。

4　国内海水鱼产业技术研发进展

4.1　海水鱼遗传改良技术

研发出大菱鲆性状相关SNP辅助最佳线性无偏预测（BLUP）遗传评估法。利用动态性状分层混合模型关联分析算法，建立了基于常压室温等离子体安全、高效的牙鲆诱变方法。建立了半滑舌鳎抗哈维氏弧菌病基因组选择技术和半滑舌鳎全年繁育技术。建立了大黄鱼基于全基因组分析的主效位点分子标记辅助育种技术、育种芯片和抗内脏白点病大黄鱼快速选育技术。组装出染色体水平的棘头梅童鱼基因组序列图谱，并建立遗传性别鉴定技术。建立了基于全基因组关联分析的石斑鱼亲本筛选技术、远缘杂交育种技术、激光捕获单细胞的转录组测序与分析技术。建立了红鳍东方鲀生长性状候选基因的基因编辑方法。研发出卵形鲳鲹的群体选育方法以及卵形鲳鲹和布氏鲳鲹人工杂交育种方法。

4.2　海水鱼养殖与环境控制技术

（1）工厂化养殖。开展循环水养殖尾水处理和废弃物资源化利用技术研究，包括利用玉米芯和玉米芯浸出液的湿地处理技术、利用藻类吸收氮磷营养盐的生物反应器技术及利用木屑作为碳源的反硝化生物滤器等。同时，在工厂化循环水养殖工艺的精细化和系统的节能降耗技术研究方面也取得了重要进展。

（2）网箱、围栏养殖。国内研发的高密度聚乙烯（HDPE）浮台式、钢制平台式、板式塑胶等新型网箱为福建省传统网箱的升级改造提供了重要的科技支撑，仅宁德市蕉城区共完成传统网箱改造5.81万口,养殖水体150.63万立方米。构建了大型围栏不同栖息水层鱼类的混合养殖模式。

(3)池塘养殖。开展了海鲈及牙鲆的工程化池塘高效养殖技术示范,完善了海水鱼类工程化池塘高效养殖关键技术,开发了黄条鰤工程化池塘苗种培育技术。

(4)深远海养殖。半潜式波浪能养殖网箱——"澎湖号"建设完成并在珠海海域投入生产使用。深海自动旋转海鱼养殖平台——"振渔1号"建设完成并在珠海海域投入生产使用。国内首座智能化坐底式网箱"长鲸一号"在烟台基地交付使用。单柱式半潜深海渔场——"海峡1号"在舟山建设中。

(5)养殖设施与装备智能化。开展了适用于陆基工厂化和深远海养殖平台的自动化投饲装备技术研发,轨道式自动投饲技术成熟度大幅提升。研发出大型围栏养殖环境与鱼群自动监测系统并投入试用。

4.3 海水鱼疾病防控技术

大菱鲆鳗弧菌基因工程活疫苗(MVAV6203株)获批国家一类新兽药,完成红鳍东方鲀弧菌病活疫苗临床前各项准备工作。构建了特异性神经坏死病毒(RGNNV)衣壳蛋白的侧向流层析试纸条,完成虹彩病毒(SGIV)灭活疫苗临床实验批件申报工作,开发了一种防刺激隐核虫病纳米杀虫涂料,建立了刺激隐核虫病防控效果评价体系。明确了高温、低氧、氨氮等环境因子对大黄鱼的影响,鉴定了多个海水鱼应激标志分子,为海水鱼环境胁迫评价提供参考标准。

4.4 海水鱼营养与饲料技术

(1)营养代谢调控机制。目前国内相关研究旨在建立我国主养品种的精准营养需求数据库,从营养代谢调控、不同条件下鱼体代谢调控差异入手,解析相关调控机制。

(2)新型饲料原料及饲料添加剂开发。相关学者立足于我国饲料原料资源现状,开展了大量饲料资源营养价值评估及中草药、植物提取物等应用研究,更好地服务于我国水产养殖绿色发展。

(3)饲料工艺研究。饲料工艺研究成为我国水产动物营养与饲料研究的新热点之一,筛选可提高饲料利用率、降低氮磷排放的饲料工艺是实现饲料配方科学精准的关键。我国学者开展了大量适用于海水鱼饲料加工的工艺筛选与优化研究。

4.5 海水鱼产品质量安全控制与加工技术

(1)鱼品加工。2019年,此项研究主要集中在海鲈、大黄鱼、金枪鱼、三文鱼、卵形鲳鲹等品种。采用超高压、可食用性保鲜膜、低温保鲜技术与生物保鲜剂等联合作用来提高鱼片或鱼肉的货架期。研究气质联用、电子鼻及荧光PCR、近红外光谱等建立鱼肉肉质的评价新方法。研究加工方法对鱼品营养成分、风味成分的影响。

（2）保鲜贮运。卵形鲳鲹采用螺旋式冻结处理的品质最佳，0.2%迷迭香提取物与1.5%壳聚糖复合镀冰衣可用于卵形鲳鲹等海产品的冻藏保鲜。石斑鱼有水活运最优温度为16℃，最优盐度为26。

（3）质量安全。研发了牙鲆中不同亚型小清蛋白提纯与鉴定方法。探究了冰温保鲜和冷藏保鲜对生食大西洋鲑品质的影响。建立了以细胞模型为基础的水产品安全性评价技术平台。

（海水鱼产业技术体系首席科学家　关长涛）

2019年海水鱼类养殖产业运行分析报告

产业经济岗位

本研究以海水鱼产业技术体系各综合实验站调查数据为基础,以产业经济岗位团队的调研数据为补充,对2019年海水鱼产业经济运行情况进行了分析,旨在为生产者、管理部门、产业技术体系及其他利益相关者提供参考。

主要研究结论如下。

(1) 养殖面积变动情况。2018年第4季度以来,工厂化养殖面积总体呈下降趋势。2019年第4季度养殖面积比2018年同期下降0.19%,比第三季度环比下降1.71%。鲆鲽类养殖为主,其中,大菱鲆工厂化养殖面积最大(596.72万立方米),占总面积的78.99%;其次是半滑舌鳎和牙鲆,分别占总面积的11.12%和4.57%。石斑鱼、河鲀和海鲈鱼共计占工厂化养殖总面积的4.58%。

与工厂化养殖变动趋势类似,2018年第4季度以来,网箱养殖面积总体在稳定中有所下降。2019年第4季度与2018年同期相比下降0.71%,比第3季度环比增加0.22%。大黄鱼养殖为主,占总面积的65.47%。其中,围网养殖模式下仅有大黄鱼有养殖面积统计,为259.73万立方米,与2018年同期相比增加36.24%,较上一季度环比增加17.40%。2019年第4季度普通网箱养殖总面积比2018年同期减少4.86%,与上季度略降0.46%;深水网箱养殖总面积为597.96万立方米,占网箱养殖总面积的14.43%。该模式下,卵形鲳鲹是主要的养殖品种,养殖面积为436.17万立方米,占72.94%。

区别于工厂化养殖和网箱养殖模式,2018年第4季度以来,池塘养殖面积总体呈增加趋势。2019年第4季度与2018年同期相比增加3.44%,比第3季度环比减少1.18%。主要养殖品种是河鲀和海鲈鱼,分别占总养殖面积的33.85%和28.01%;养殖面积较2018年同期分别下降1.04%和3.84%;与上季度相比分别减少1.99%和0.01%。工程化池塘养殖模式主要养殖石斑鱼,2019年第4季度养殖面积为120 hm^2,与2018年第四季度同比减少26.83%,与2019年第三季度相比减少了14.29%。

(2) 季末存量变动情况。2018年第4季度以来,海水鱼主要养殖品种总存量呈现在波动中上升的趋势。2019年第4季度末海水鱼养殖总存量为29.94万吨,比2018年第4季度同比上升36.95%,比2019年第3季度环比减少11.45%。其中2019年第4季度末存量最多的是大黄鱼(9.51万吨),其后依次是海鲈鱼(9.18万吨)、大菱鲆(3.59万吨)、石斑鱼(3.31万吨)、卵形鲳鲹(0.53万吨)、半滑舌鳎(0.39万吨)、河鲀(0.16万吨)、牙鲆(0.13万吨）、军曹鱼（937.00 吨）。其他海水鱼存量共计 3.03 万吨。

（3）销量变动情况。2018 年第四季度以来，海水鱼主要养殖品种总销量呈先减后增之趋势。2019 年第四季度海水鱼总销量 18.89 万吨，比 2018 年同期略降 3.42%，比 2019 年第三季度上升 73.14%；销量最多的是海鲈鱼 6.80 万吨，之后依次是：卵形鲳鲹 3.24 万吨，大黄鱼 2.69 万吨，石斑鱼 1.99 万吨，大菱鲆 1.56 万吨，牙鲆 0.40 万吨，河鲀 0.33 万吨，军曹鱼 0.32 万吨，半滑舌鳎 0.13 万吨，其他海水鱼销量共计 1.43 万吨。

（4）价格变动情况。2018 年第 4 季度以来各主养品种价格涨跌各异，海水鱼主养品种起捕综合价格指数在微幅波动中上升了 12.52%。2019 年第 4 季度末大菱鲆出池价格为 51.0 元 / 千克，与 2018 年同期相比增长 10.87%，与上季度环比下降 5.56%。牙鲆出池价格为 41.3 元 / 千克，与 2018 年同期相比下降 27.92%，比上季度下降 19.02%。半滑舌鳎出池价格为 124.8 元 / 千克，与 2018 年同期相比下降 2.50%，比上季度增长 7.03%。红鳍东方鲀出池价格为 103.3 元 / 千克，与 2018 年同期相比增加 1.64%，与第 3 季度价格保持平稳；暗纹东方鲀出池价格为 64.7 元 / 千克，比 2018 年同期增长 1.84%，环比增长 4.30%。珍珠龙胆海面收购价格为 58.8 元 / 千克，较 2018 年同期下降 12.19%，较上季度增长 11.50%。海鲈鱼收购价格为 24.3 元 / 千克，与 2018 年同比上涨 50.00%，上季度增长 14.08%。规格为 0.1 ～ 0.2 千克大黄鱼海面收购价格为 26.3 元 / 千克，与 2018 年同期相比增长 3.95%，比上季度环比减少 18.47%。规格为 0.45 ～ 0.5 千克大黄鱼海面收购价格 26.2 元 / 千克，同比下降 5.07%，环比下降 5.75%。卵形鲳鲹收购价格为 27.0 元 / 千克，与 2018 年同比增长 14.89%，环比增长 5.88%。陵水县 10 千克军曹鱼收购价格为 34.0 元 / 千克，同比下降 36.60%，环比下降 17.74%。北港村 5 千克和 10 千克军曹鱼收购价格均为 57.3 元 / 千克，环比均增长 3.61%，同比分别下降 2.27% 和 6.52%。

（5）海水鱼养殖成本收益情况。2019 年不同品种海水鱼养殖过程生产投入的要素中，饲料占据主要地位。其中军曹鱼和卵形鲳鲹以及普通网箱养殖模式下海鲈鱼的饲料成本占比超过 70%，分别为 81.86%、75.15% 和 74.03%。暗纹东方鲀、牙鲆和海鲈鱼的饲料成本分别占比 69.75%、63.75% 和 63.17%。

总体看，暗纹东方鲀、牙鲆和卵形鲳鲹的经济效益较 2018 年有所提高，珍珠龙胆和大菱鲆等品种的经济效益较 2018 年有所下降。半滑舌鳎、军曹鱼、海鲈鱼等品种在不同养殖模式下的经济效益呈现不同的变化趋势。2019 年，成本利润率较高的品种主要是暗纹东方鲀（185.02%），其次是深水网箱和普通网箱养殖的海鲈鱼，二者的成本利润率分别为 95.7% 和 72.38%。军曹鱼深水网箱和普通网箱的成本利润率分别为 73.23% 和 50.42%。牙鲆普通网箱养殖和池塘养殖成本利润率分别为 65.99% 和 61.11%。

（6）海水鱼类产品进出口情况。2019 年 1 ～ 8 月，我国水产品进出口贸易总额 252.3 亿美元，贸易顺差 14.04 亿美元。与 2018 年同期相比，我国主要养殖海水鱼品种呈现进口增、出口降的态势；进出口贸易总额下降 2.4%，顺差收窄 1.03 亿美元。呈现顺差的品种有黄鱼（含大黄鱼和小黄鱼）、军曹鱼和河鲀，顺差分别为 1.52 亿美元、0.0097 亿美元和 0.27 亿美元。呈现逆差的品种为鲆鲽类,逆差为 1. 2 亿美元。1 ~ 8 月,进出口贸易总额超过 1 亿美元的品种有鲆鲽类和黄鱼;鲆鲽类进出口贸易总额7..47亿美元,占我国水产品贸易总额3%,贸易逆差达 1. 2 亿美元。黄鱼(包括大黄鱼和小黄鱼)进出口贸易总额 1. 63 亿美元,占我国水产品贸易总额 0. 64%,贸易顺差达 1. 52 亿美元。鲳鱼进出口贸易总额 6706. 4 万美元,占我国水产品贸易总额 0. 27%,贸易逆差达 3434. 9 万美元。尖吻鲈鱼(舌齿鲈属)、河鲀和军曹鱼 1 ~ 8 月进出口贸易总额均低于 500 万美元。

基于运行分析,提出以下建议:

(1) 以质量保障为基础,积极拓展国内市场。一是探索以区块链技术为基础的质量保障体系,从源头上保障养殖海水鱼的质量安全。二是关注我国人口老龄化及抚养比上升趋势,针对性推进市场开发。三是关注城乡居民收入持续提高带来的差异化需求,持续推进主养品种优选。四是关注近海生态养护及限额捕捞等制度的推进带来的市场空间,针对性开发主养品种。五是以主产区为依托,由内陆到沿海逐步分层推进国内市场拓展。

(2) 完善体制机制。持续完善从协调机制、产品价格协调机制与市场拓展机制、技术创新与推广机制、信贷与保险服务水产养殖绿色发展机制以及产业集聚发展与污染集聚治理机制等方面完善产业的体制机制改革。对产业组织建设进行适度补贴,并对协会运作加以指导,帮助产业协会、合作社等产业组织建立有效调控生产与价格的机制。

1 引言

为了便于业界、管理部门、科研单位等有关部门及相关人员掌握 2019 年海水鱼产业经济运行情况,本报告以国家海水鱼产业技术体系各综合试验站跟踪调查区域调查数据为基础,辅以农业农村部渔业渔政管理局养殖渔情监测系统调研数据,结合产业经济岗位团队的调研数据,对 2019 年我国跟踪调查区域海水鱼养殖面积变动、存量变动、销量变动、生产要素及海水鱼价格变动、成本收益以及我国海水鱼国际贸易等产业运行情况进行分析。

报告中所指的跟踪调查区域包括盖州市、绥中县、盘山县、长海县、庄河市、大洼县、东港市、甘井子区、金普新区、旅顺口区、瓦房店市、兴城市、龙港区、老边区、鲅鱼圈区、塘沽区、汉沽区、大港区、曹妃甸区、山海关、黄骅市、昌黎县、滦南县、乐亭县、丰南区、龙口市、崂山区、岚山区、福山区、乳山市、潍坊滨海区、环翠区、文登区、蓬莱市、烟台开发区、荣成市、东港区、牟平区、利津县、无棣县、昌邑市、即墨区、日照开发区、长岛区、海阳市、芝罘区、招远市、莱阳市、莱州市、启东市、海安县、通州湾、如东县、赣榆县、普陀区、洞头区、象山县、平阳县、椒江区、罗源县、连江县、福鼎市、漳浦县、云霄县、蕉城区、霞浦县、惠东县、湛江开发区、珠海斗门区、珠海万山区、新会区、阳西县、饶平县、防城区、港口区、钦南区、铁山港、龙门港、海口市、三亚市、文昌县、乐东县、琼海市、东方市、临高县、陵水县、万宁市、儋州市、澄迈县、昌江县共计 90 个示范区县和部分其他沿海区县。

除特别说明外,报告中所用的数据以数据信息采集平台统计为主。在数据采集过程中,得到了各综合试验站、相关岗位科学家的帮助与支持，在此一并表示感谢！

2 2019年跟踪调查区域海水鱼养殖面积分布情况

2.1 不同养殖模式养殖面积分布情况

根据跟踪调查数据，分析得出2019年跟踪调查区域不同养殖模式面积的变动情况如表1所示。

表1 体系跟踪调查区域各养殖模式养殖面积变动[①]

时间	工厂化养殖面积／万立方米			网箱养殖面积／万平方米					池塘养殖面积／公顷		
	工厂化流水养殖	工厂化循环水养殖	工厂化养殖面积合计	普通网箱养殖	深水网箱养殖	围网养殖	围海养殖	网箱养殖面积合计	普通池塘养殖	工程化池塘养殖	池塘养殖面积合计
2018年第4季度	734. 23	22. 72	756. 95	3454. 50	528. 84	190. 64	0. 00	4173. 98	13839. 73	164. 00	14003. 73
2019年第1季度	606. 60	23. 90	630. 50	2971. 83	556. 56	193. 57	0. 00	3721. 97	10820. 48	110. 67	10931. 15
2019年第2季度	607. 69	23. 06	630. 75	3295. 60	593. 18	194. 57	26. 67	4110. 01	14216. 24	127. 33	14343. 57
2019年第3季度	744. 65	23. 98	768. 63	3301. 84	612. 13	221. 24	0. 00	4135. 21	14517. 82	140. 00	14657. 82
2019年第4季度	728. 69	26. 79	755. 48	3286. 58	597. 96	259. 73	0. 00	4144. 28	14365. 08	120. 00	14485. 08

由表1可以看出，3种养殖模式海水鱼养殖面积变动趋势类似。除工厂化养殖面积2019年第1季度和第2季度的较低外，网箱养殖和池塘养殖面积均为第1季度最低，其他3个季度的养殖面积在波动中维持稳定。其中，3种养殖模式下分别以工厂化流水养殖、普通网箱养殖和普通池塘养殖为主，而较为环保的工厂化循环水养殖、深水网箱养殖以及工程化池塘养殖面积自2019年开始均有增加但占比仍然较小，对这些模式的推广应用工作任重道远。

2.2 不同养殖品种各模式养殖面积变动

2.2.1 工厂化养殖面积变动

2019年跟踪调查区域不同养殖品种在工厂化养殖模式下养殖面积的变动情况如表2所示。2019年第4季度工厂化养殖模式主要以鲆鲽类为主，尤其是大菱鲆工厂化养殖面积最大（596. 72万立方米），占总面积的78. 99%，其次是半滑舌鳎和牙鲆，分别占总面积的11. 12%和4. 57%。石斑鱼、河鲀和海鲈鱼也有工厂化养殖，共计占工厂化养殖总面积的4. 58%。

① 为便于比较，将深水网箱养殖面积以1∶1比例由立方米转换为平方米，下同。

表2　体系跟踪调查区域各品种海水鱼工厂化养殖面积变动[①]

品种	工厂化流水养殖			工厂化循环水养殖			工厂化养殖面积合计		
	2019年第四季度面积/万立方米	与2018年同比增幅/%	与上季度环比增幅/%	2019年第四季度面积/万立方米	与2018年同比增幅/%	与上季度环比增幅/%	2019年第四季度面积/万立方米	与2018年同比增幅/%	与上季度环比增幅/%
大菱鲆	592. 30	6. 43	−0. 42	4. 42	−0. 90	0. 00	596. 72	6. 37	−0. 42
牙鲆	33. 55	−10. 47	0. 00	1. 00	−42. 20	100. 00	34. 55	−11. 87	1. 47
半滑舌鳎	75. 62	−20. 42	0. 01	8. 38	0. 17	−24. 16	84. 00	−18. 75	−3. 08
河鲀	1. 00	−77. 78	−84. 38	3. 58	−20. 79	231. 48	4. 58	−49. 22	−38. 77
石斑鱼	26. 22	−35. 57	−9. 17	3. 81	138. 72	13. 73	30. 03	−28. 99	−6. 79
海鲈鱼	0. 00	/	−100. 00	0. 02	/	/	0. 02	/	−99. 63
其他	0. 00	/	/	5. 58	172. 59	55. 87	5. 58	172. 59	55. 87
合计	728. 69	−0. 75	−2. 14	26. 79	17. 92	11. 72	755. 48	−0. 19	−1. 71

工厂化养殖模式下，流水养殖模式仍占主要地位：2019年第4季度循环水养殖面积与2018年第4季度相比，整体有较大增加，幅度为17. 92%，但总养殖面积占比仍然较小。可以看出，尽管工厂化循环水养殖是国家鼓励的绿色养殖模式之一，但其推广仍有一定阻力。经调研，其原因主要有四：一是环保行动的影响，这主要体现在天津沿海；二是工厂化循环水养殖技术相对工厂化流水养殖复杂，对生产者的科技素养要求相对较高；三是优质产品不优价，循环水养殖产品在市场上并不占优势；四是工厂化循环水养殖投资门槛较高。

2.2.2　网箱养殖面积变动

2019年跟踪调查区域不同养殖品种在网箱养殖模式下养殖面积的变动情况如表3所示。2019年第4季度网箱养殖主要以大黄鱼为主，养殖面积占总面积的65. 47%，其中围网养殖模式下仅有大黄鱼，为259. 73万平方米，相较于2018年同比增加35. 24%。相较于上一季度，增加17. 40%。

普通网箱养殖模式下，2019年第4季度总面积比2018年同期略降4. 86%，比2019年第3季度略降0. 46%。与2018年第4季度相比，除军曹鱼养殖面积变动最大（增加89. 42%）、海鲈鱼养殖面积略有增加（增幅为0. 35%）外，其他鱼种养殖面积均略有下降。与上季度相比，河鲀养殖面积下降最多，为72. 73%；其次是卵形鲳鲹，养殖面积下降23. 26%。

2019年第4季度深水网箱养殖总面积为597. 96万立方米，占总面积的14. 43%。该模式下，卵形鲳鲹是主要的养殖品种，养殖面积为436. 17万立方米，约占72. 94%。大黄鱼居第2位，养殖面积占16. 94%。河鲀和其他海水鱼养殖面积共计占比8. 13%，海鲈鱼、军曹、牙鲆、石斑鱼等品种虽有养殖，但养殖面积占比很小。

① “/”表示未统计，下同。

表 3　体系跟踪调查区域各品种海水鱼网箱养殖面积变动

品种	普通网箱养殖			深水网箱养殖			围网养殖		网箱养殖面积合计		
	2019 年第四季度面积 / 万平方米	与 2018 年同比增幅 /%	与上季度环比增幅 /%	2019 年第四季度面积 / 万平方米	与 2018 年同比增幅 /%	与上季度环比增幅 /%	2019 年第四季度面积 / 万平方米	与 2018 年同比增幅 /%	与上季度环比增幅 /%	2019 年第四季度面积 / 万平方米	与 2018 年同比增幅 /%	与上季度环比增幅 /%
牙鲆	0. 00	−100. 00	−100. 00	3. 00	0. 00	0. 00	0. 00	/	/	3. 00	−24. 24	−14. 29
河鲀	1. 50	−6. 25	−72. 73	22. 80	−43. 00	0. 00	0. 00	/	/	24. 30	−41. 59	−14. 13
石斑鱼	265. 83	−5. 54	−0. 79	2. 13	0. 00	0. 00	0. 00	/	/	267. 96	−5. 50	−0. 78
大黄鱼	2352. 22	−6. 08	0. 14	101. 27	31. 20	−1. 37	259. 73	36. 24	17. 40	2713. 22	−2. 13	1. 51
海鲈鱼	174. 52	0. 35	−1. 46	4. 17	−46. 07	−12. 57	0. 00	/	/	178. 70	−1. 63	−1. 75
军曹鱼	9. 85	89. 42	−5. 29	2. 61	50. 98	−16. 10	0. 00	/	/	12. 46	79. 84	−7. 77
卵形鲳鲹	6. 60	−4. 62	−23. 26	436. 17	16. 64	−1. 91	0. 00	/	/	442. 77	16. 25	−2. 32
其他	476. 05	−0. 83	−1. 40	25. 81	11. 74	−10. 93	0. 00	/	/	501. 87	−0. 26	−1. 94
合计	3286. 58	−4. 86	−0. 46	597. 96	13. 07	−2. 31	259. 73	36. 24	17. 40	4144. 28	−0. 71	0. 22

在此要指出的是，深水网箱养殖也是国家鼓励的养殖模式，然而值得关注的是，2019 年第 4 季度比 2018 年同期增加 13. 07%，与第 3 季度环比下降 2. 31%，从 2018 年第 4 季度以来这种模式的养殖面积总体呈上升趋势，但占比仍然较小。原因何在？调研显示，原因主要有 6 个方面：一是深海网箱适养品种少，二是投资门槛高，三是投资风险大，四是运营成本高，五是技术养殖及管理要求高，六是产品开发力度不够。

2.2.3　池塘养殖面积变动

2019 年跟踪调查区域不同养殖品种在池塘养殖模式下养殖面积的变动情况如表 4 所示。池塘养殖模式 2019 年第 4 季度养殖面积约为 1. 45 万公顷，与 2018 年第 4 季度相比增加了 3. 44%，与上季度相比减少了 1. 18%。主要养殖的品种是河鲀和海鲈鱼，养殖面积分别占总养殖面积的 33. 85% 和 28. 01%，较 2018 年同比分别下降 1. 04% 和 3. 84%；与上季度相比分别减少 1. 99% 和 0. 01%。

表 4　体系跟踪调查区域各品种海水鱼池塘养殖面积变动[①]

品种	普通池塘养殖			工程化池塘养殖			池塘养殖合计		
	2019 年第四季度面积 / hm^2	与 2018 年同比增幅 /%	与上季度环比增幅 /%	2019 年第四季度面积 /hm^2	与 2018 年同比增幅 /%	与上季度环比增幅 /%	2019 年第四季度面积 /hm^2	与 2018 年同比增幅 /%	与上季度环比增幅 /%
牙鲆	1446. 67	10750. 00	0. 00	0. 00	/	/	1446. 67	10750. 00	0. 00
半滑舌鳎	0. 00	−100. 00	/	0. 00	/	/	0. 00	−100. 00	/
河鲀	4902. 60	−1. 04	−1. 34	0. 00	/	/	4902. 60	−1. 04	−1. 34
石斑鱼	2688. 48	−24. 80	−1. 36	120. 00	−26. 83	−14. 29	2808. 48	−24. 89	−1. 99
大黄鱼	0. 00	/	/	0. 00	/	/	0. 00	/	/
卵形鲳鲹	0. 00	−100. 00	−100. 00	0. 00	/	/	0. 00	−100. 00	−100. 00
其他	1270. 00	17. 96	−3. 69	0. 00	/	/	1270. 00	17. 96	−3. 69
合计	14365. 08	3. 80	−1. 05	120. 00	−26. 83	−14. 29	14485. 08	3. 44	−1. 18

① “/”表示未统计，下同。

工程化池塘养殖模式主要养殖石斑鱼,2019年第4季度养殖面积为120 hm^2,与2018年第4季度相比减少了26.83%,与2019年第3季度相比减少了14.29%。总体看,此模式养殖面积在池塘养殖中的比重不到1%。

普通池塘养殖模式下,2019年第4季度河鲀、海鲈鱼和石斑鱼、牙鲆的养殖面积依次为4902.60 hm^2,4057.33 hm^2和2688.48 hm^2、1446.67 hm^2,分别占总普通池塘养殖面积的34.13%、28.24%、18.72%和10.07 %。

2.3 不同地区各模式养殖面积变动

2019年第4季度各地区跟踪调查区域不同养殖模式下养殖面积的分布情况如表5所示。

工厂化养殖主要分布在山东、辽宁和河北等北方地区,分别占总养殖面积的42.00%、38.90%和12.79%。网箱养殖则主要分布在福建、海南、广西和浙江,分别占总养殖面积的80.85%、6.09%、5.60%和5.07%。其中,围网养殖模式主要分布在福建和浙江;池塘养殖在天津、浙江和广西没有面积统计外,其分布在南北方相对较为均匀,以辽宁、福建、广东和海南为主,养殖面积分别占总面积的32.59%、23.01%、18.30%和17.95%。

表5 2019年第四季度各地区跟踪调查区域各养殖模式养殖面积变动

地区	工厂化养殖面积 / 万立方米			网箱养殖面积 / 万平方米				池塘养殖面积 /hm^2		
	工厂化流水养殖	工厂化循环水养殖	工厂化养殖面积合计	普通网箱养殖	深水网箱养殖	围网养殖	网箱养殖面积合计	普通池塘养殖	工程化池塘养殖	池塘养殖面积合计
辽宁	286.35	7.50	293.85	0.35	35.40	0.00	35.75	4720.00	0.00	4720.00
天津	1.25	4.49	5.74	0.00	0.00	0.00	0.00	0.00	0.00	0.00
河北	92.60	4.00	96.60	0.00	0.00	0.00	0.00	1131.67	0.00	1131.67
山东	309.17	8.12	317.29	2.70	3.93	0.00	6.63	4.00	0.00	4.00
江苏	13.10	0.00	13.10	0.00	0.00	0.00	0.00	44.27	0.00	44.27
浙江	0.00	0.00	0.00	30.32	98.38	81.28	209.98	0.00	0.00	0.00
福建	0.00	1.40	1.40	3157.27	14.81	178.45	3350.54	3333.33	0.00	3333.33
广东	0.00	0.00	0.00	22.09	34.99	0.00	57.08	2480.67	120.00	2600.67
广西	0.00	0.00	0.00	8.25	223.65	0.00	231.90	0.00	0.00	0.00
海南	26.22	1.28	27.50	65.60	186.81	0.00	252.41	2651.14	0.00	2651.14
汇总	728.69	26.79	755.48	3286.58	597.96	259.73	4144.28	14365.08	120.00	14485.08

3 2019年跟踪调查区域海水鱼季末存量变动

3.1 不同养殖模式下海水鱼养殖季末存量变动情况

3.1.1 季末存量整体变动

不同养殖模式下季末存量整体的变动情况如图1所示。

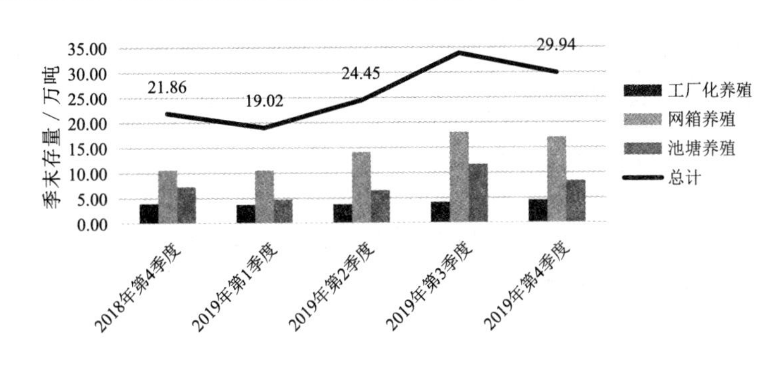

图 1　海水鱼养殖季末存量变动

由图 1 可以看出以下状况。第一，海水鱼养殖季末存量总体呈现在波动中上升的趋势。其中 2019 年第 1 季度末存量最低，为 19. 02 万吨，至 2019 年第 3 季度存量上涨到 33. 81 万吨，第 4 季度减少至 29. 94 万吨。相较于 2018 年第 4 季度，同比上升 36. 95%。第二，总体的季末存量变动趋势主要取决于网箱养殖和池塘养殖模式下季末存量变动，工厂化养殖模式下季末存量维持在 5 万吨以下。

3.1.2　不同养殖模式季末存量变动情况

跟踪调查区域跟踪调查数据显示，2018 年第 4 季度至 2019 年第 4 季度各跟踪调查区域不同养殖模式下海水鱼季末存量整体的变动情况如表 6 所示。

表 6　体系跟踪调查区域各养殖模式季末存量变动

时间	工厂化养殖季末存量 / 吨			网箱养殖季末存量 / 吨				池塘养殖季末存量 / 吨		
	工厂化流水养殖	工厂化循环水养殖	工厂化养殖季末存量合计	普通网箱养殖	深水网箱养殖	围网养殖	网箱养殖季末存量合计	普通池塘养殖	工程化池塘养殖	池塘养殖季末存量合计
2018 年第 4 季度	37278. 88	2356. 87	39635. 75	94482. 38	10565. 77	1008. 00	106056. 15	72116. 28	794. 00	72910. 28
2019 年第 1 季度	35093. 87	2297. 03	37390. 90	91297. 27	14084. 40	172. 00	105553. 67	46788. 78	440. 00	47228. 78
2019 年第 2 季度	36112. 33	1764. 86	37877. 19	124647. 38	15128. 45	1442. 00	141217. 83	65023. 26	292. 00	65315. 26
2019 年第 3 季度	40312. 33	1214. 80	41527. 13	138233. 88	39770. 90	2127. 00	180131. 78	116171. 70	232. 00	116403. 70
2019 年第 4 季度	43563. 42	1920. 51	45483. 93	143554. 33	24581. 75	2079. 00	170215. 08	83498. 59	182. 00	83680. 59

由表 6 结合图 1 可以看出，2019 年第 4 季度末存量与 2018 年同比，工厂化养殖模式下存量增加 14. 75%，网箱养殖模式下增加 60. 05%，池塘养殖模式下增加 14. 77%；与 2019 年第 3 季度环比，工厂化养殖模式下增加 9. 53%，网箱和池塘养殖模式下分别下降 5. 51% 和 28. 11%。其中，2019 年第 4 季度工厂化循环水养殖和工程化池塘养殖的季末存量呈现下降趋势，前者同比下降 18. 51%（养殖面积增加 17. 92%），环比增加 58. 09%（面积增加 11. 72%）。后者同比和环比分别下降 77. 08% 和 21. 55%（面积分别下降 26. 83% 和

14. 29%)。深水网箱养殖的2019年第4季度末存量变动幅度(同比增加132. 65%,环比下降38. 19%)远高于面积变动幅度(同比增加13. 07%,环比减少2. 31%)。

3. 2　不同养殖品种季末存量变动情况

跟踪调查区域跟踪调查数据显示,2018年第4季度至2019年第4季度各跟踪调查区域不同养殖品种季末存量呈现不同的变动趋势。

3.2.1　鲆鲽类季末存量变动

2019年第4季度各地区跟踪调查区域鲆鲽类养殖季末存量变动情况如表7所示。

表7　体系跟踪调查区域不同养殖模式下鲆鲽类季末存量变动

养殖模式	大菱鲆			牙鲆			半滑舌鳎			其他鲆鲽类		
	2019年第4季度末存量/吨	与2018年同比增幅/%	与上季度环比增幅/%	2019年第4季度末存量/吨	与2018年同比增幅/%	与上季度环比增幅/%	2019年第4季度末存量/吨	与2018年同比增幅/%	与上季度环比增幅/%	2019年第4季度末存量/吨	与2018年同比增幅/%	与上季度环比增幅/%
工厂化流水养殖	35360. 15	13. 96	5. 94	1218. 59	9. 05	−2. 81	3509. 57	−18. 33	7. 95	0. 00	/	/
工厂化循环水养殖	539. 26	24. 01	6. 27	80. 00	−51. 93	703. 21	411. 65	−1. 35	5. 71	0. 00	/	/
工厂化养殖合计	35899. 41	14. 10	5. 95	1298. 59	1. 15	2. 75	3921. 22	−16. 82	7. 71	0. 00	/	/
深水网箱养殖	0. 00	/	/	0. 00	/	100. 00		/	/	23. 00	24. 32	53. 33
普通池塘养殖	0. 00	/	/	0. 00	/	−100. 00	0. 00	−100. 00	/	0. 00	/	−100. 00
总计	35899. 41	14. 10	5. 95	1298. 59	−0. 02	−73. 05	3921. 22	−17. 59	7. 71	23. 00	−60. 68	17. 95

2019年第4季度大菱鲆和半滑舌鳎养殖的季末存量以工厂化流水养殖模式最多,与其养殖面积相对应,与2018年第4季度和2019年第3季度相比,前者季末存量同比和环比分别增加14. 10%和5. 95%。后者的季末存量同比下降16. 82%,环比增加7. 71%。

3.2.2　河鲀季末存量变动

2019年第4季度各跟踪调查区域河鲀养殖季末存量变动情况如表8所示。工厂化养殖以红鳍东方鲀为主,且2019年第4季度末存量比2018年同期下降76. 77%,比2019年第3季度增加186. 07%。普通网箱养殖的红鳍东方鲀季末存量比2018年同期下降41. 43%,比2019年第3季度减少近100%,而深水网箱养殖第4季度无存量,这与红鳍东方鲀需转为工厂化循环水越冬养殖有关。池塘养殖模式下,暗纹东方鲀2019年第4季度末的存量为557. 00吨,相比于2018年同期和2019年第3季度均大幅度减少(同比减少47. 87%,环比减少38. 52%)。

表 8　体系跟踪调查区域不同养殖模式下河鲀季末存量变动

养殖模式	暗纹东方鲀			红鳍东方鲀			其他河鲀			河鲀合计		
	2019 年第 4 季度末存量 / 吨	与 2018 年同比增幅 /%	与上季度环比增幅 /%	2019 年第 4 季度末存量 / 吨	与 2018 年同比增幅 /%	与上季度环比增幅 /%	2019 年第 4 季度末存量 / 吨	与 2018 年同比增幅 /%	与上季度环比增幅 /%	2019 年第 4 季度末存量 / 吨	与 2018 年同比增幅 /%	与上季度环比增幅 /%
工厂化流水养殖	0. 00	/	/	0. 00	/	/	40. 00	-33. 33	100. 00	40. 00	-84. 08	100. 00
工厂化循环水养殖	0. 00	/	/	230. 00	-76. 77	186. 07	0. 00	/	/	230. 00	-76. 77	186. 07
工厂化养殖合计	0. 00	/	/	230. 00	-80. 53	186. 07	40. 00	-33. 33	100. 00	270. 00	-78. 25	168. 92
普通网箱养殖	0. 00	/	/	8. 20	-41. 43	-97. 41	0. 00	/	/	8. 20	-41. 43	-97. 41
普通池塘养殖	557. 00	-47. 87	-38. 52	0. 00	-100. 00	-100. 00	800. 00	/	-20. 00	1357. 00	23. 33	-54. 36
总计	557. 00	-47. 87	-38. 52	238. 20	-80. 59	-87. 02	840. 00	1300. 00	-17. 65	1635. 20	-30. 58	-56. 52

3.2.3　石斑鱼季末存量变动

表 9　体系跟踪调查区域不同养殖模式下石斑鱼季末存量变动

养殖模式	珍珠龙胆			其他石斑鱼			石斑鱼合计		
	2019 年第 4 季度末存量 / 吨	与 2018 年同比增幅 /%	与上季度环比增幅 /%	2019 年第 4 季度末存量 / 吨	与 2018 年同比增幅 /%	与上季度环比增幅 /%	2019 年第 4 季度末存量 / 吨	与 2018 年同比增幅 /%	与上季度环比增幅 /%
工厂化流水养殖	2361. 81	738. 77	63. 14	1073. 30	252. 94	11. 50	3435. 11	486. 52	42. 52
工厂化循环水养殖	16. 60	−78. 80	−87. 21	380. 00	/	/	396. 60	406. 38	205. 66
工厂化养殖合计	2378. 41	560. 85	50. 77	1453. 30	377. 90	50. 98	3831. 71	477. 06	50. 85
普通网箱养殖	3485. 00	−14. 71	−34. 99	5310. 00	4. 43	−24. 56	8795. 00	−4. 10	−29. 07
深水网箱养殖	0. 00	/	/	1514. 80	367. 53	196. 55	1514. 80	367. 53	196. 55
网箱养殖合计	3485. 00	−14. 71	−34. 99	6824. 80	26. 18	-9. 60	10309. 80	8. 59	−20. 14
普通池塘养殖	17096. 55	20. 72	28. 81	1693. 04	1310. 86	77. 63	18789. 59	31. 56	32. 08
工程化池塘养殖	182. 00	-77. 08	-21. 55	0. 00	/	/	182. 00	−77. 08	−21. 55

续表

养殖模式	珍珠龙胆			其他石斑鱼			石斑鱼合计		
	2019年第4季度末存量/吨	与2018年同比增幅/%	与上季度环比增幅/%	2019年第4季度末存量/吨	与2018年同比增幅/%	与上季度环比增幅/%	2019年第4季度末存量/吨	与2018年同比增幅/%	与上季度环比增幅/%
池塘养殖合计	17278.55	15.53	27.94	1693.04	1310.86	77.63	18971.59	25.84	31.22
总计	23141.96	19.28	13.20	9971.14	70.95	5.35	33113.10	31.22	10.71

2019年第4季度各跟踪调查区域石斑鱼养殖季末存量变动情况如表9所示。石斑鱼养殖在2019年第4季度末的存量,总体为3.31万吨,相较于2018年第4季度增加31.22%,比2019年第3季度增加10.71%。其中,珍珠龙胆的池塘养殖存量最高,达到1.73万吨,与2018年第4季度相比增加了15.53%,比上一季度增加了27.94%。

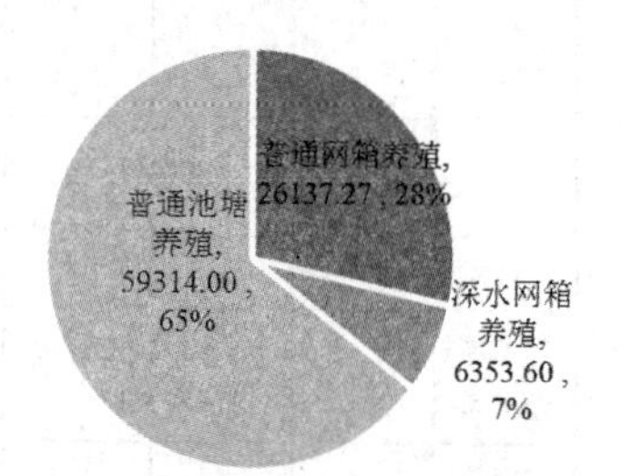

图2　2019年第4季度海鲈鱼养殖季末存量分布(吨)

3.2.4　海鲈鱼季末存量变动

2019年第4季度各跟踪调查区域海鲈鱼养殖季末存量主要存在于普通池塘养殖、普通网箱养殖和深水网箱养殖模式,如图2所示。与2018年第4季度末存量相比,分别增加16.26%、9.64%和188.84%;与2019年第3季度相比,前两种模式分别减少34.00%和0.63%,深水网箱养殖季末存量增加96.88%。

3.2.5　大黄鱼季末存量变动

2019年第4季度各跟踪调查区域大黄鱼养殖季末存量主要分布在普通网箱养殖模式,占总存量约89%;深水网箱、围网养殖模式下的库存占比较少,如图3所示。其中,普通网箱养殖模式下,季末存量同比和环比分别增加86.17%和16.64%;深水网箱养殖模式下,季末存量同比和环比分别上涨122.68%和94.54%;围网养殖模式下,季末存量同比增加1倍左右,比2019年第3季度减少2.26%。

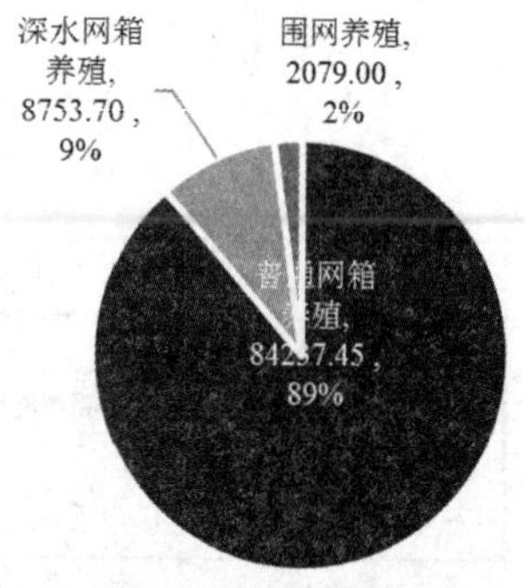

图3　2019年第4季度大黄鱼养殖季末存量分布

3.2.6　卵形鲳鲹季末存量变动

2019年第4季度各跟踪调查区域卵形鲳鲹养殖季末存量共计5321.00吨,其中深水网箱养殖模式下的存量占比为93%,普通网箱养殖模式下仅占7%,如图4所示。季末存量同比分别增加2.90倍和44.60%,环比分别减少74.66%和82.44%。

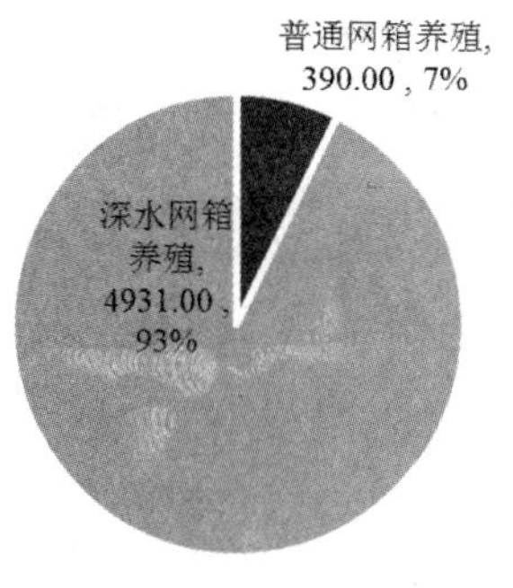

图 4　2019 年第 4 季度卵形鲳鲹养殖季末存量分布 / 吨

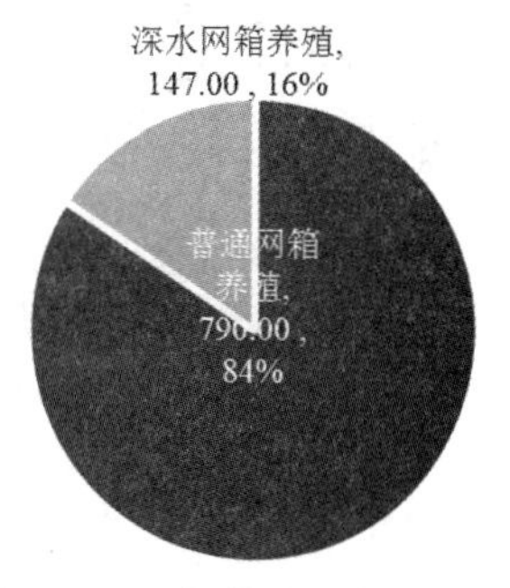

图 5　2019 年第 4 季度军曹鱼养殖季末存量分布 / 吨

3.2.7　军曹鱼季末存量变动

2019 年第 4 季度各跟踪调查区域军曹鱼养殖季末存量共计 937. 00 吨，其中普通网箱养殖模式下有 790. 00 吨，深水网箱养殖模式下有 147. 00 吨，如图 5 所示。季末存量同比前者下降 34. 17%；环比前者减少 45. 52%，后者减少 72. 78%。

3.2.8　其他海水鱼季末存量变动

2019 年第 4 季度各跟踪调查区域统计的其他海水鱼养殖季末存量约为 3. 03 万吨，同比增加 41. 28%，环比减少 5. 68%，如图 6 所示。

其他养殖海水鱼每季度末在工厂化、池塘和网箱养殖模式中均有存量，尤其以普通网箱养殖模式下的存量最多，占总存量的 76. 44%。

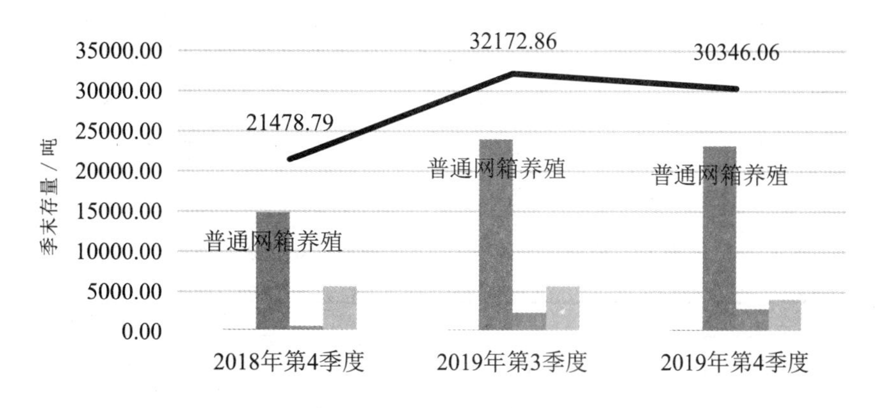

图 6　2019 年第 4 季度其他海水鱼养殖季末存量变动

4　2019 年跟踪调查区域海水鱼销量变动

4.1　不同养殖模式下海水鱼销量变动情况

4.1.1　销量整体变动

不同养殖模式下销量整体的变动情况如图 7 所示。

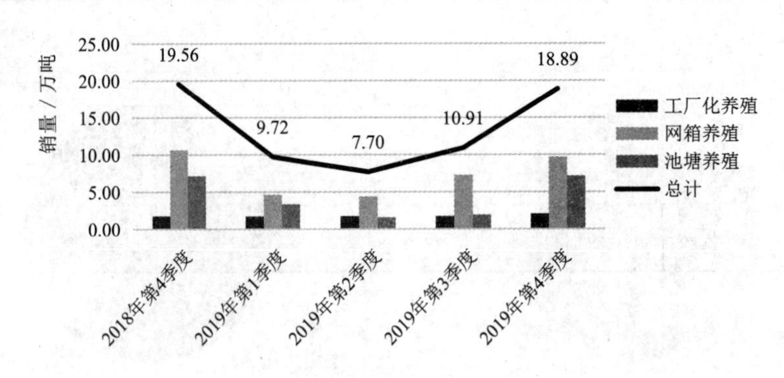

图 7　海水鱼养殖销量变动

由图 7 可以看出,体系跟踪调查区域养殖海水鱼销量总体呈现先下降再上升的趋势但整体销量有所下降。养殖海水鱼销量从 2018 年第 4 季度的 19. 56 万吨持续下降至 2019 年第 2 季度的 7. 70 万吨。到 2019 年第 4 季度,销量增加到 18. 89 万吨,同比下降 3. 42%,环比上升 73. 14%。影响养殖海水鱼销量的主要养殖模式是网箱和池塘养殖模式。结合前文对不同品种主要养殖模式的分析可以发现,影响季末存量和销量变动的主要品种是大黄鱼、海鲈鱼和卵形鲳鲹。

4.1.2　销量变动分养殖模式分析

2018 年第 4 季度至 2019 年第 4 季度跟踪调查区域不同养殖模式下海水鱼销量整体的变动情况如表 10 所示。相较于网箱养殖和池塘养殖,工厂化养殖海水鱼的销量占比较少。2019 年第 4 季度工厂化养殖海水鱼的总销量占养殖海水鱼总销量的 10. 94%,该占比与 2018 年第 4 季度相比增加了 1. 90%,但同上季度相比下降了 4. 96%。就工厂化流水养殖模式而言,各季度的销量虽有波动,但维持在 1. 5 万～ 1. 7 万吨的水平;循环水养殖模式下,2018 年第 4 季度销量最高。网箱养殖和池塘养殖 1、2 季度销量则明显低于 3、4 季度的销量。调研表明,这一现象受到这两种养殖模式下主养的大黄鱼和海鲈鱼等品种的季节性生产因素的影响。

表 10　体系跟踪调查区域各养殖模式销量变动

时间	工厂化养殖销量 / 吨			网箱养殖销量 / 吨				池塘养殖销量 / 吨		
	工厂化流水养殖	工厂化循环水养殖	工厂化养殖季末存量合计	普通网箱养殖	深水网箱养殖	围网养殖	网箱养殖季末存量合计	普通池塘养殖	工程化池塘养殖	池塘养殖季末存量合计
2018 年第 4 季度	15636. 50	2051. 71	17688. 21	71004. 20	35139. 30	253. 00	106396. 50	71509. 47	42. 00	71551. 47
2019 年第 1 季度	16417. 06	915. 09	17332. 15	36961. 84	8337. 88	1015. 00	46314. 72	33112. 10	410. 00	33522. 10
2019 年第 2 季度	16522. 83	970. 56	17493. 39	34889. 97	8814. 10	50. 00	43754. 07	15432. 96	278. 00	15710. 96
2019 年第 3 季度	16608. 80	743. 28	17352. 08	36387. 64	36025. 05	90. 00	72502. 69	18979. 40	290. 00	19269. 40

续表

时间	工厂化养殖销量／吨			网箱养殖销量／吨				池塘养殖销量／吨		
	工厂化流水养殖	工厂化循环水养殖	工厂化养殖季末存量合计	普通网箱养殖	深水网箱养殖	围网养殖	网箱养殖季末存量合计	普通池塘养殖	工程化池塘养殖	池塘养殖季末存量合计
2019年第4季度	19699.05	979.98	20679.03	58616.45	37338.50	813.00	96767.95	71332.79	160.00	71492.79

4.2　不同养殖品种销量变动情况

跟踪调查区域跟踪调查数据显示，2018年第4季度至2019年第4季度各跟踪调查区域不同养殖品种销量呈现不同的变动趋势。

4.2.1　鲆鲽类销量变动

2019年第4季度各地区跟踪调查区域鲆鲽类养殖销量变动情况如表11所示。

表11　体系跟踪调查区域不同养殖模式下鲆鲽类销量变动

养殖模式	大菱鲆			牙鲆			半滑舌鳎			其他鲆鲽类		
	2019年第四季度销量／吨	与2018年同比增幅/%	与上季度环比增幅/%	2019年第四季度销量／吨	与2018年同比增幅/%	与上季度环比增幅/%	2019年第四季度销量／吨	与2018年同比增幅/%	与上季度环比增幅/%	2019年第四季度销量／吨	与2018年同比增幅/%	与上季度环比增幅/%
工厂化流水养殖	15541.29	33.87	13.22	317.23	−28.56	−13.89	1149.90	−62.00	1.38	0.00	/	/
工厂化循环水养殖	83.56	6.19	−17.00	0.00	−100.00	/	159.72	−75.40	−48.42	0.00	/	/
工厂化养殖合计	15624.85	33.69	13.00	317.23	−74.87	−13.89	1309.62	−64.61	−9.30	0.00	/	/
普通网箱养殖	0.00	/	/	0.00	/	−100.00	0.00	/	/	0.00	/	−100.00
深水网箱养殖	0.00	/	/	190.00	/	375.00	0.00	/	/	42.00	/	75.00
网箱养殖合计	0.00	/	/	190.00	/	90.00	0.00	/	/	42.00	/	−39.13
普通池塘养殖	0.00	/	/	3444.50	27456.00	/	0.00	−100.00	/	4.50	/	/
总计	15624.85	33.69	13.00	3951.73	209.97	743.65	1309.62	−64.61	−9.30	46.50	/	−32.61

大菱鲆和半滑舌鳎主要是工厂化养殖，2019年第4季度两者的存量和销量与2018年相比呈现相同的变动趋势，即存量均增加，销量均减少；与上季度相比，大菱鲆和半滑舌鳎工厂化循环水养殖模式下的销量分别减少了17.00%和48.42%。牙鲆在2019年第4季度的销量相较于2018年第4季度增加了2倍多，其存量略有减少。与2019年第3季度相比，牙鲆2019年第4季度销量增加了7倍多，存量减少73.05%。

4.2.2 河鲀销量变动

2019年第4季度各地区跟踪调查区域河鲀养殖销量变动情况如表12所示。

表12 体系跟踪调查区域不同养殖模式下河鲀销量变动

养殖模式	暗纹东方鲀			红鳍东方鲀			其他河鲀			河鲀合计		
	2019年第四季度销量/吨	与2018年同比增幅/%	与上季度环比增幅/%	2019年第四季度销量/吨	与2018年同比增幅/%	与上季度环比增幅/%	2019年第四季度销量/吨	与2018年同比增幅/%	与上季度环比增幅/%	2019年第四季度销量/吨	与2018年同比增幅/%	与上季度环比增幅/%
工厂化流水养殖	0.00	/	-100.00	0.00	/	/	20.00	0.00	0.00	20.00	0.00	-18.37
工厂化循环水养殖	0.00	/	/	390.40	62.67	671.54	0.00	/	/	390.40	62.67	671.54
工厂化养殖合计	0.00	/	-100.00	390.40	62.67	671.54	20.00	0.00	0.00	410.40	57.85	446.47
普通网箱养殖	0.00	/	/	2.00	-88.24	-97.37	0.00	/	/	2.00	-88.24	-97.37
深水网箱养殖	0.00	/	/	460.00	/	170.59	0.00	/	/	460.00	/	170.59
网箱养殖合计	0.00	/	/	462.00	2617.65	87.80	0.00	/	/	462.00	2617.65	87.80
普通池塘养殖	385.00	57.66	45.56	1112.87	49.89	/	700.00	-41.67	-50.00	2419.87	3.97	33.18
总计	385.00	57.66	44.01	1965.27	96.64	562.60	720.00	-40.98	-49.30	3292.27	26.41	53.98

销售的养殖河鲀以红鳍东方鲀为主。2019年第4季度红鳍东方鲀的销量接近2000吨,比2018年同期增加96.64%,比上一季度增加5.63倍。第3季度销量下降的主要原因在于:①红鳍东方鲀的工厂化循环水和深水网箱养殖面积有大幅度下降,导致产量下降,相应的销量和存量均有大幅度下降。②2018年第3、4季度广东暗纹东方鲀存量较高,年末集中低价销售,使部分养殖户出现亏损现象而退出市场,引起2019年暗纹东方鲀产量下降。③受2018年低价影响,广东暗纹东方鲀养殖合作社对不同规格鱼进行分批销售,对季末存量和销量有一定影响。

4.2.3 石斑鱼销量变动

2019年第4季度各跟踪调查区域石斑鱼养殖销量变动情况如表13所示。石斑鱼的养殖模式多样,2019年第4季度的销量总体比2018年同比增加9.49%,比2019年第3季度增加34.45%。其中,珍珠龙胆的销量除了普通池塘养殖模式下同比下降4.78%外,整体销量均有所增加。其他石斑鱼同比呈现明显的下降趋势,特别是网箱养殖模式下较高的存量和销量对石斑鱼总销量产生的影响较为明显。

表 13　体系跟踪调查区域不同养殖模式下石斑鱼销量变动

养殖模式	珍珠龙胆			其他石斑鱼			石斑鱼合计		
	2019 年第四季度销量 / 吨	与 2018 年同比增幅 /%	与上季度环比增幅 /%	2019 年第四季度销量 / 吨	与 2018 年同比增幅 /%	与上季度环比增幅 /%	2019 年第四季度销量 / 吨	与 2018 年同比增幅 /%	与上季度环比增幅 /%
工厂化流水养殖	1960. 13	1604. 46	109. 08	710. 50	68. 25	71. 49	2670. 63	397. 05	97. 56
工厂化循环水养殖	165. 50	1968. 75	120. 23	15. 00	/	150. 00	180. 50	2156. 25	122. 43
工厂化养殖合计	2125. 63	1628. 15	109. 91	725. 50	71. 80	72. 61	2851. 13	422. 86	98. 97
普通网箱养殖	3709. 00	9. 70	96. 97	6391. 00	6. 48	71. 69	10100. 00	7. 64	80. 19
深水网箱养殖	0. 00	/	/	153. 00	−80. 38	33. 04	153. 00	−80. 38	33. 04
网箱养殖合计	3709. 00	9. 70	96. 97	6544. 00	−3. 51	70. 54	10253. 00	0. 89	79. 24
普通池塘养殖	6294. 10	−4. 78	2. 76	384. 82	−54. 91	−69. 57	6678. 92	−10. 51	−9. 61
工程化池塘养殖	160. 00	280. 95	−44. 83	0. 00	/	/	160. 00	280. 95	−44. 83
池塘养殖合计	6454. 10	−2. 98	0. 61	384. 82	−54. 91	−69. 57	6838. 92	−8. 88	−10. 94
总计	12288. 73	21. 00	31. 99	7654. 32	−5. 01	38. 61	19943. 05	9. 49	34. 45

4.2.4　大黄鱼与军曹鱼销量变动

根据上文分析，大黄鱼养殖和军曹鱼养殖均以网箱养殖为主，数据显示 2019 年第 4 季度仅网箱养殖模式下有销量，故将两种鱼放在一起进行比较分析，如表 14 所示。

表 14　体系跟踪调查区域不同养殖模式下大黄鱼和军曹鱼养殖销量变动

养殖模式	大黄鱼			军曹鱼		
	2019 年第四季度销量 / 吨	与 2018 年同比增幅 /%	与上季度环比增幅 /%	2019 年第四季度销量 / 吨	与 2018 年同比增幅 /%	与上季度环比增幅 /%
普通网箱养殖	24036. 40	−31. 64	46. 38	1670. 00	72. 52	85. 56
深水网箱养殖	2017. 50	−41. 33	103. 04	1503. 00	85. 56	132. 66
围网养殖	813. 00	221. 34	803. 33	0. 00	/	/
总计	26866. 90	−30. 85	53. 49	3173. 00	78. 46	105. 24

2019 年第 4 季度大黄鱼的销量为 2. 69 万吨,是军曹鱼销量(0. 32 万吨)的 8. 47 倍。与 2018 年第 4 季度相比,养殖大黄鱼的销量下降 30. 85%,军曹鱼的销量则增加 78. 46%,与 2019 年第 3 季度相比,大黄鱼和军曹鱼的销量分别增加 53. 49% 和 105. 14%。结合图 3 和图 5 可以发现,军曹鱼季末存量有所下降,而大黄鱼的季末存量增加比例较多,这与其成长周期和可售卖规格的多样性有较强的关系。

4.2.5 海鲈鱼和卵形鲳鲹销量变动

表 15 体系跟踪调查区域不同养殖模式下海鲈鱼和卵形鲳鲹养殖销量变动

养殖模式	海鲈鱼			卵形鲳鲹		
	2019 年第 4 季度销量 / 吨	与 2018 年同比增幅 /%	与上季度环比增幅 /%	2019 年第 4 季度销量 / 吨	与 2018 年同比增幅 /%	与上季度环比增幅 /%
普通网箱养殖	12092. 00	-25. 58	66. 03	1327. 00	-29. 00	-0. 67
深水网箱养殖	848. 00	-72. 04	21. 77	31077. 00	19. 19	-5. 09
普通池塘养殖	55105. 00	-4. 39	553. 44	0. 00	-100. 00	/
总计	68045. 00	-11. 53	314. 52	32404. 00	15. 97	-4. 91

跟踪调查区域海鲈鱼和卵形鲳鲹的销量变动情况见表 15。2019 年第 4 季度卵形鲳鲹的销量为 3. 20 万吨;海鲈鱼的销量为 6. 80 万吨,为卵形鲳鲹销量的 2. 10 倍。其中,海鲈鱼主要以普通池塘养殖和普通网箱养殖为主。结合图 2 可以看出,海鲈鱼销量远低于其存量,与 2018 年同期相比减少 11. 53%,比 2019 年第 3 季度增加 3. 15 倍;卵形鲳鲹以深水网箱养殖为主,总销量比 2018 年第 4 季度增加 15. 97%。

4.2.6 其他海水鱼销量变动

2019 年第 4 季度各跟踪调查区域其他海水鱼养殖销量变动情况见图 8。2019 年第 4 季度总销量约为 1. 43 万吨,与 2018 年同比增加 12. 75%,比上季度增加 1. 10 倍,以普通网箱养殖模式为主。

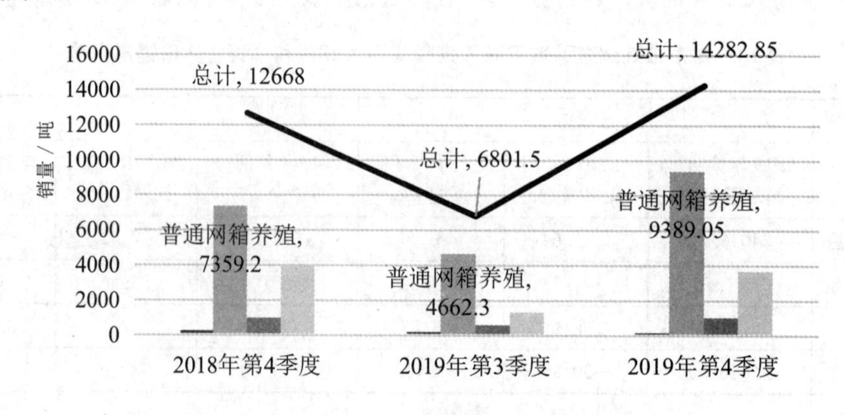

图 8 2019 年第四季度其他海水鱼养殖销量变动

5　2019年海水鱼养殖生产投入要素情况

根据国家海水鱼养殖渔情监测系统数据，整理得到2019年各养殖品种的养殖生产投入构成情况（表16）。

表16　2019年我国海水鱼类养殖生产投入构成情况

品种	物质投入		服务支出		人力投入		生产投入	
	金额/百万元	占比/%	金额/百万元	占比/%	金额/百万元	占比/%	金额/百万元	占比/%
大菱鲆	24.03	58.16	8.35	20.20	8.94	21.63	41.32	100.00
牙鲆	3.48	68.36	0.92	18.12	0.69	13.52	5.09	100.00
半滑舌鳎	24.33	76.08	4.27	13.34	3.38	10.58	31.98	100.00
暗纹东方鲀	48.12	85.53	4.61	8.20	3.53	6.27	56.27	100.00
红鳍东方鲀	3.70	82.58	0.68	15.10	0.10	2.32	4.47	100.00
石斑鱼	22.29	68.56	3.08	9.46	7.15	21.98	32.52	100.00
大黄鱼	70.35	87.09	5.99	7.42	4.43	5.49	80.77	100.00
海鲈鱼	143.68	98.01	0.80	0.55	2.11	1.44	146.60	100.00
军曹鱼	3.23	66.50	0.03	0.57	1.60	32.93	4.85	100.00
卵形鲳鲹	59.18	94.55	0.15	0.25	3.26	5.21	62.59	100.00

从表16中可以看出，各品种的物质投入占所有生产投入的比重均超过50%，可见物质投入是海水鱼养殖生产投入的最主要部分。其中，海鲈鱼、卵形鲳鲹和大黄鱼养殖的物质投入占比最高，分别为98.01%、94.55%和87.09%。大菱鲆、牙鲆、红鳍东方鲀和半滑舌鳎养殖服务支出在养殖生产成本中的占比较高，超过10%，分别为20.20%、18.12%、15.10%和13.34%。军曹鱼、石斑鱼和和大菱鲆养殖的人力投入占比较高，高于20%，而红鳍东方鲀和海鲈鱼的人力投入占比低于5%，分别为2.32%和1.44%。

根据2019年海水鱼产业经济岗位的实地调研，在物质投入中，对大多数养殖品种来说，饲料成本占比超过60%，其中军曹鱼、海鲈鱼和卵形鲳鲹及暗纹东方鲀的饲料支出在总的物质投入中占比分别为90.99%、88.37%、77.21%和76.26%。

6　国内市场海水鱼价格变动情况

根据产业经济岗位数据跟踪，对不同品种海水鱼价格变动情况及其价格指数进行分析。

6.1 不同品种海水鱼价格变动

6.1.1 鲆鲽类价格变动趋势

大菱鲆、牙鲆、半滑舌鳎是我国鲆鲽类养殖的主要品种。以葫芦岛大菱鲆(规格在 0.65 千克以上)、昌黎牙鲆(规格在 0.75～1 千克)、烟台半滑舌鳎(规格在 0.5～0.75 千克之间)的出池价格为代表,对鲆鲽类价格变动进行分析(图 9 和图 10)。

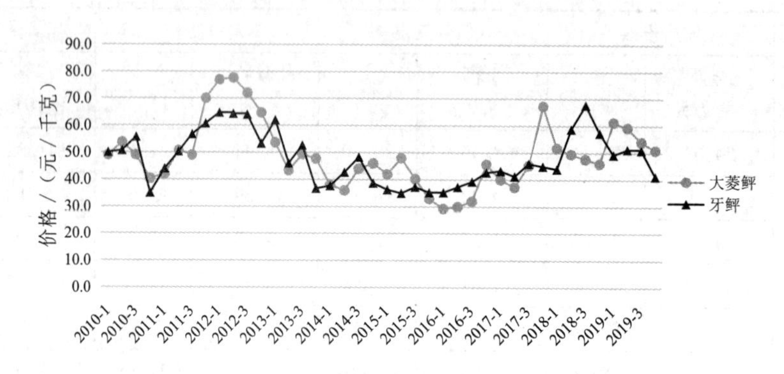

图 9 葫芦岛大菱鲆、昌黎牙鲆出池价格波动

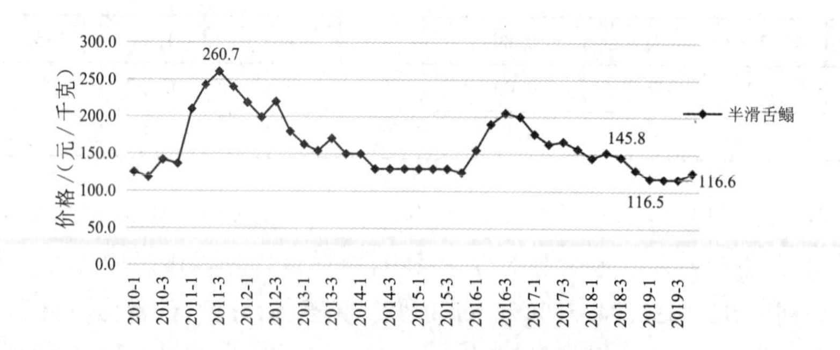

图 10 烟台半滑舌鳎出池价格波动

如图 9 和图 10 所示,2010 年第 1 季度以来,3 种鲆鲽类品种出池价格呈现如下特点:第一,大菱鲆和牙鲆出池价格比较接近,在 50 元/千克上下波动,半滑舌鳎出池价格明显高于大菱鲆和牙鲆,在 110～260 元/千克波动。第二,总体来看,3 种鲆鲽类品种出池价格呈现先涨后跌、再涨再跌的趋势,且大菱鲆和牙鲆的出池价格变动较半滑舌鳎有一定的滞后性。具体表现在如下方面:半滑舌鳎出池价格在 2011 年第 3 季度和 2016 年第 3 季度达到谷峰,分别为 260.7 元/千克、205 元/千克,上涨幅度分别达到 108.1%、57.7%。大菱鲆和牙鲆出池价格在 2012 年上半年第 1 次达到谷峰,分别为 77.7 元/千克、74.7 元/千克;此后,价格波动下行,至 2015 年年末、2016 年年初,出池价格降到最低点,下降幅度分别达到 62.3%、45.9%;其出池价格分别在 2017 年第 4 季度、2018 年第 3 季度第 2 次达到波峰,此后价格开始波动回落。

2019 年第 4 季度末大菱鲆出池价格为 51.0 元/千克,与 2018 年同期相比增长

10. 87%，环比下降 5. 56%；牙鲆出池价格为 41. 3 元 / 千克，同比下降 27. 92%，环比下降 19. 02%；半滑舌鳎出池价格为 124. 8 元 / 千克，同比下降 2. 50%，环比增长 7. 03%。

6.1.2　河鲀价格变动趋势

如图 11 所示，2018 年 5 月份以来，两种河鲀出池价格呈现如下特点：第一，红鳍东方鲀出池价格明显高于暗纹东方鲀出池价格，高出 40 元左右；第二，红鳍东方鲀出池价格基本保持稳定，为 100 元 / 千克；暗纹东方鲀出池价格波动不大，整体呈现平稳震荡。

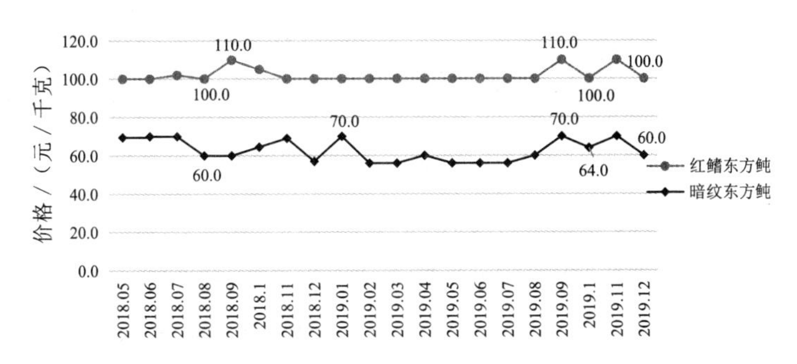

图 11　河鲀出池价格波动

2019 年第 4 季度末红鳍东方鲀出池价格为 103. 3 元 / 千克，与 2018 年同期相比增长 1. 64%，与上季度保持不变；暗纹东方鲀出池价格为 64. 7 元 / 千克，同比增长 1. 84%，环比增长 4. 30%。

6.1.3　石斑鱼价格变动趋势

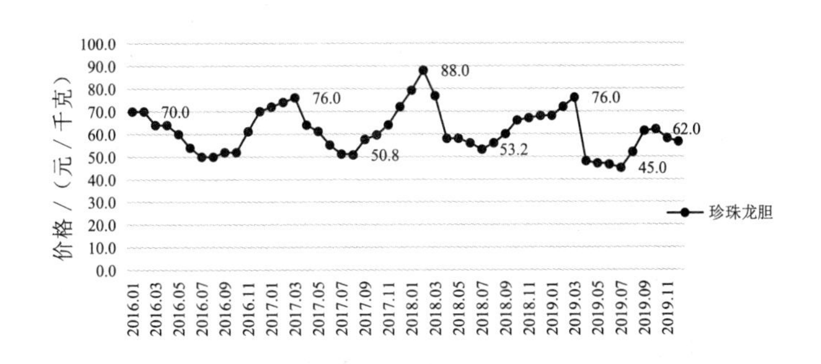

图 12　珍珠龙胆出池价格波动

如图 12 所示，2016 年 1 月份以来，珍珠龙胆石斑鱼海面收购价格明显呈现周期性波动，周期为 12 个月；价格高点主要集中在每年 2～3 月份，为 80 元 / 千克左右；价格低点主要集中在每年 7～8 月份，为 50 元 / 千克左右。2019 年第 4 季度末珍珠龙胆海面收购价格为 58. 8 元 / 千克，较 2018 年同期下降 12. 19%，较上季度增长 11. 50%。

6.1.4　海鲈鱼价格变动趋势

如图 13 所示，2010 年第 1 季度以来，海鲈鱼收购价格呈现波动中保持平稳的特点，在 14～25 元 / 千克范围内波动，最高价格达到 24. 8 元 / 千克，最低价格为 14. 3 元 / 千克。

2019 年第 4 季度海鲈鱼收购价格为 24. 3 元 / 千克，与 2018 年同期相比增加 50. 00%，较上季度增长 14. 08%。

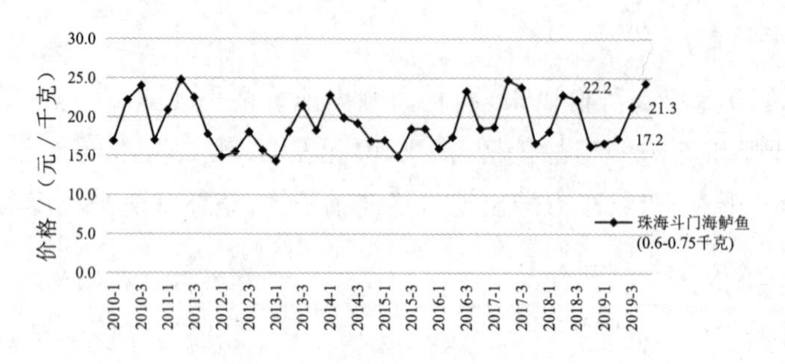

图 13　海鲈鱼出池价格波动

6.1.5　大黄鱼价格变动趋势

如图 14 所示，从 2017 年 1 月份以来，两种规格大黄鱼海面收购价格呈现如下特点：第一，总体来看，规格为 0. 45～0. 5 千克大黄鱼海面平均收购价格略高于 0. 1～0. 2 千克大黄鱼，其海面平均收购价格分别为 28. 9 元 / 千克、26. 2 元 / 千克。第二，规格为 0. 1～0. 2 千克大黄鱼海面收购价格周期性波动明显，每年 9 月份左右价格达到顶峰，2019 年 9 月价格高达 33. 4 元 / 千克；规格为 0. 45～0. 5 千克大黄鱼海面收购价格周期性较弱。

2019 年第 4 季度末规格为 0. 1～0. 2 千克大黄鱼海面收购价格为 26. 3 元 / 千克，与 2018 年同期相比增长 3. 95%，较上季度下降 18. 47%；规格为 0. 45～0. 5 千克大黄鱼海面收购价格 26. 2 元 / 千克，与 2018 年同比下降 5. 07%，与上季度环比下降 5. 75%。

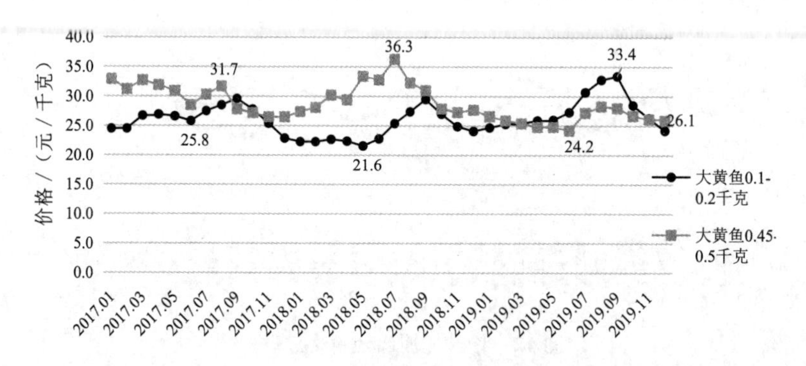

图 14　大黄鱼出池价格波动

6.1.6　卵形鲳鲹价格变动趋势

如图 15 所示，从 2015 年第 4 季度以来，卵形鲳鲹收购价格总体来看呈现波动下跌趋势，周期性较为明显，每年 1、2 季度价格偏高，3、4 季度价格偏低，最高价格达到 33 元 / 千克，最低价格为 17. 8 元 / 千克。2019 年第 4 季度末卵形鲳鲹收购价格为 27. 0 元 / 千克，比 2018 年同期增长 14. 89%，环比增长 5. 88%。

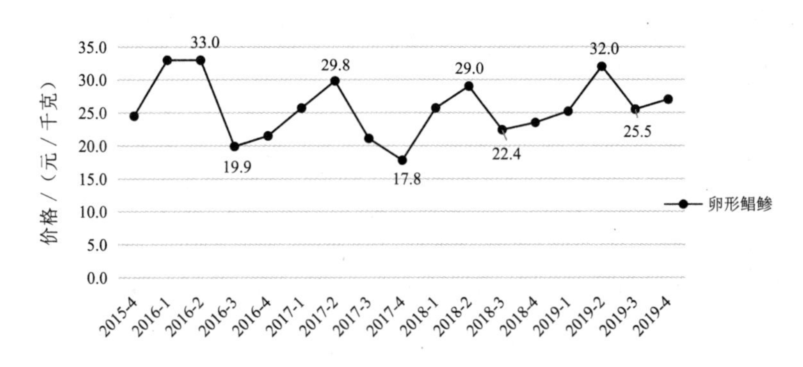

图 15 卵形鲳鲹出池价格波动

6.1.7 军曹鱼价格变动趋势

由图 16 可知，2017 年 1 月到 2019 年 11 月，北港村 5 千克、10 千克军曹鱼收购价格总体呈现出上升趋势，在 2019 年 1 月份达到最高值；陵水县 10 千克军曹鱼收购价格总体呈现先上涨后下跌的趋势，2019 年 1 月份价格开始下跌，由 56 元 / 千克跌至 11 月份的 30 元 / 千克，跌幅达到 46. 2%。

2019 年第 4 季度末陵水县 10 千克军曹鱼收购价格为 34. 0 元 / 千克，同比下降 36. 60%，环比下降 17. 74%。北港村 5 千克军曹鱼收购价格为 57. 3 元 / 千克，同比下降 2. 27%，环比增长 3. 61%；10 千克军曹鱼收购价格为 57. 3 元 / 千克，同比下降 6. 52%，环比增长 3. 61%。图 16 显示，自 2018 年 11 月以来，陵水县 10 千克军曹鱼价格总体大幅度下跌。调研表明，因向绿色发展模式转型而清理鱼排，导致大量鱼集中上市是军曹鱼价格下降的重要原因。

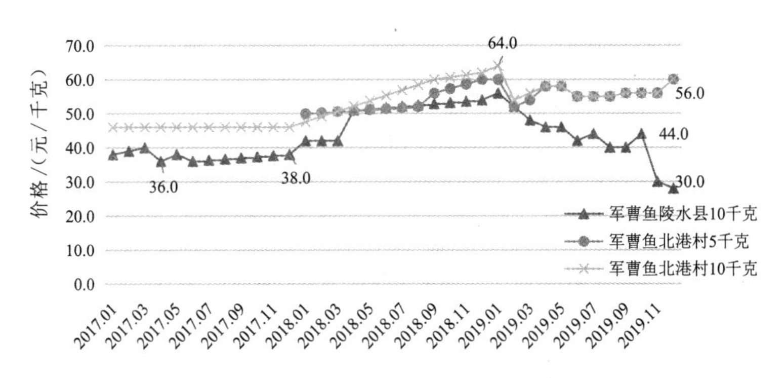

图 16 军曹鱼出池价格波动

6.2 价格指数分析

本报告采用帕氏指数编制方法，以报告期销售量加权计算起捕价格指数。因数据可获得性原因，选择 2018 年第 3 季度为基期，构建 2018 年第 4 季度至 2019 年第 4 季度的海水鱼主要养殖品种的综合价格指数变动图，如图 17 所示。

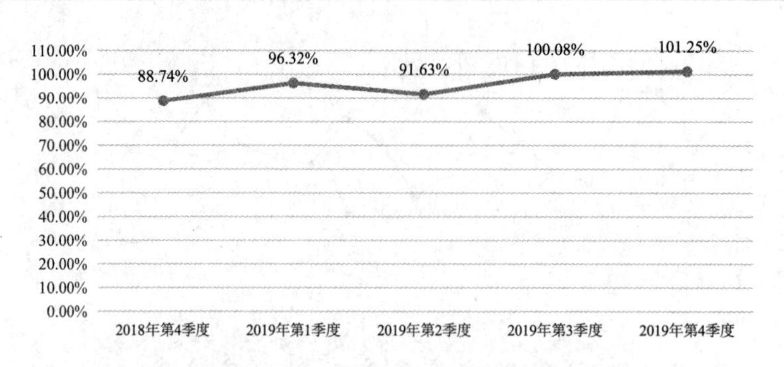

图 17 海水鱼综合价格指数波动

由图 17 可以明显看出,2018 年第 4 季度至 2019 年第 4 季度的综合价格指数变化整体呈现上涨趋势,最小值为 88. 74%,平均值为 95. 61%,最大值为 101. 25%。由于 2018 年第 4 季度至 2019 年第 4 季度,大黄鱼、海鲈鱼、卵形鲳鲹和大菱鲆的销量占养殖海水鱼主要品种总销量的比重在 83. 19% ~ 89. 47%,故这 4 种海水鱼的销量和价格变动对海水鱼综合价格指数的影响较为明显。

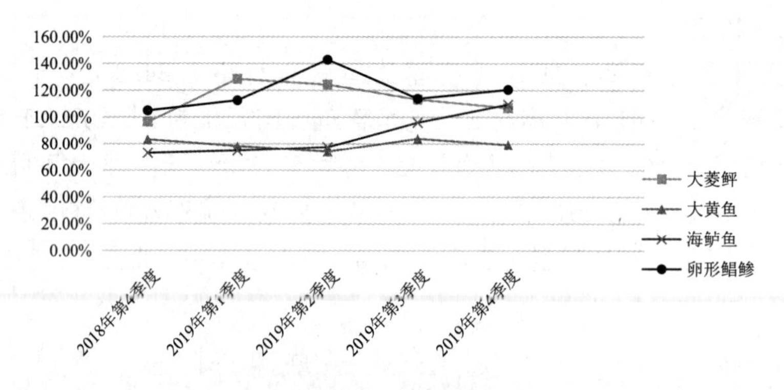

图 18 主要海水鱼价格指数波动

根据图 18 可以看出,卵形鲳鲹和大菱鲆的综合价值指数相对较大,且呈现先增再减但整体上升的趋势;海鲈鱼的综合价格指数呈现上涨趋势,且增幅达到 36. 49%;大黄鱼的综合价格指数的变化较为平稳,整体略下降 4. 02%。

综合大黄鱼、海鲈鱼、卵形鲳鲹和大菱鲆的价格指数变动情况,不难发现:① 2019 年第 1 季度大黄鱼、海鲈鱼和卵形鲳鲹的销量均有大幅度减少,且价格未有明显变化,但是该时期大菱鲆的价格和销量较 2018 年第 4 季度均有大幅度提升,故整体的综合价格指数有所增加;②尽管 2019 年第 2 季度卵形鲳鲹的价格较高,但是大黄鱼的销量是卵形鲳鲹销量的 6 倍多,因此,其价格大幅度下降,拉低了 2019 年第 2 季度海水鱼的综合价格指数;③ 2019 年第 2 季度之后,4 种主要的海水鱼销量均有一定程度的增加,大菱鲆的价格持续下降,其他 3 种鱼的价格则存在一定的波动,因此,整体来看,海水鱼的综合价格指数呈现上涨趋势。总之,销量大的海水鱼品种价格波动对于综合价格指数的影响较大,维持这些品种的价格稳定对于海水鱼市场的稳定尤为重要。

7　2019 年海水鱼养殖成本收益情况

本部分将根据 2019 年 7～11 月对不同品种海水鱼养殖经济情况调研的数据，以 2019 年海水鱼产业经济效益分析及技术经济跟踪报告为基础，总结不同品种海水鱼的成本收益情况。

7.1　成本情况

综合各海水鱼在不同养殖模式下的成本构成情况，分析如表 17。由表 17 可以看出不同品种海水鱼在不同养殖模式下，其养殖成本的构成主要在于可变成本，而可变成本中饲料成本为主要支出。军曹鱼和卵形鲳鲹以及普通网箱养殖模式下海鲈鱼的饲料成本占比超过 70%，分别占比 81.86%、75.15% 和 74.03%。暗纹东方鲀、牙鲆和海鲈鱼的饲料成本分别占比 69.75、63.75% 和 63.17%。

表 17　2019 年海水鱼养殖成本分析

鱼种	养殖模式	单位总成本/（元/千克）	苗种支出/（元/千克）	饲料支出/（元/千克）	渔药支出/（元/千克）	水费支出/（元/千克）	电费支出/（元/千克）	油费支出/（元/千克）	临时员工工资/（元/千克）	运输费用/（元/千克）	其他可变费用/（元/千克）	单位变动成本/（元/千克）	固定员工工资/（元/千克）	固定资产折旧/（元/千克）	设备维修费/（元/千克）	水域租金/（元/千克）	利息费用/（元/千克）	其他固定费用/（元/千克）	单位固定成本/（元/千克）
大菱鲆	工厂化流水式	37.86	2.33	16.71	0.25	0.00	5.64	0.01	0.38	0.00	0.01	25.31	2.79	6.88	0.61	2.10	0.13	0.05	12.55
	工厂化循环水	46.32	1.74	17.71	0.50	0.00	14.76	0.61	2.73	0.00	0.00	38.05	1.23	4.47	0.83	1.56	0.18	0.00	8.27
牙鲆	普通网箱	32.53	2.40	20.35	0.07	0.00	1.48	0.00	0.54	0.98	0.98	25.83	2.82	0.58	0.32	1.88	0.67	0.42	6.70
	工厂化流水	37.37	2.82	23.48	0.13	0.00	5.55	0.00	0.27	0.00	0.00	32.25	0.42	3.31	0.57	0.52	0.09	0.20	5.12
	普通池塘	35.82	1.66	24.23	0.84	0.00	1.39	0.05	0.24	0.00	0.00	28.41	0.66	2.45	0.61	0.00	0.00	3.70	7.41
半滑舌鳎	工厂化循环水	88.37	7.03	33.87	1.64	0.00	10.11	0.00	4.39	0.00	0.00	57.05	16.05	13.13	1.81	0.23	0.00	0.10	31.32
	工厂化流水式	44.38	5.42	19.39	0.28	0.00	8.41	0.00	1.21	0.00	0.00	34.70	1.01	5.22	1.03	1.06	1.36	0.00	9.68
暗纹东方鲀	池塘养殖	24.19	3.13	16.86	0.46	0.00	1.78	0.00	0.02	0.06	0.00	22.30	0.12	0.83	0.10	0.83	0.00	0.00	1.89
石斑鱼	池塘养殖	41.14	26.27	2.32	3.40	0.00	4.31	0.00	2.48	0.00	0.00	38.78	0.60	1.08	0.31	0.27	0.10	0.00	2.36
	工厂化养殖	42.28	14.29	2.00	1.02	0.00	3.57	0.00	1.06	0.00	0.00	21.94	11.02	0.14	0.51	8.67	0.00	0.00	20.34
军曹鱼	深水网箱	25.40	1.00	20.00	0.00	0.00	0.00	0.40	1.17	0.00	0.00	22.57	1.67	0.80	0.17	0.03	0.17	0.00	2.83
	普通网箱	26.15	1.02	22.22	0.33	0.00	0.00	0.17	0.00	0.01	0.00	23.76	1.89	0.43	0.07	0.00	0.00	0.00	2.39
海鲈鱼	池塘养殖	16.95	1.28	11.17	0.37	0.00	2.31	0.00	0.21	0.00	0.00	15.34	0.21	0.36	0.15	0.90	0.00	0.00	1.62
	普通网箱	26.11	1.15	19.33	0.00	0.00	0.03	0.33	0.27	0.12	0.00	21.23	2.19	1.13	1.03	0.00	0.53	0.00	4.88
	深水网箱	22.99	3.06	13.90	0.00	0.00	0.01	0.46	0.41	0.00	0.00	17.84	2.86	1.52	0.57	0.04	0.15	0.00	5.14

续表

鱼种	养殖模式	单位总成本/(元/千克)	苗种支出/(元/千克)	饲料支出/(元/千克)	渔药支出/(元/千克)	水费支出/(元/千克)	电费支出/(元/千克)	油费支出/(元/千克)	临时员工工资/(元/千克)	运输费用/(元/千克)	其他可变费用/(元/千克)	单位变动成本/(元/千克)	固定员工工资/(元/千克)	固定资产折旧/(元/千克)	设备维修费/(元/千克)	水域租金/(元/千克)	利息费用/(元/千克)	其他固定费用/(元/千克)	单位固定成本/(元/千克)
卵形鲳鲹	普通网箱	18.22	2.21	13.86	0.07	0.00	0.00	0.13	0.10	0.00	0.00	16.37	0.84	0.67	0.18	0.00	0.00	0.16	1.85
	深水网箱	17.14	1.27	12.38	0.04	0.00	0.00	0.00	0.16	0.00	0.00	14.09	1.49	1.12	0.40	0.04	0.00	0.00	3.05

7.2 收益情况

与前两年相比,2019年调研中发现牙鲆和珍珠龙胆分别新增了普通网箱养殖和工厂化养殖模式。综合2017年至2019年不同模式下海水鱼养殖成本收益分析情况如下表18所示。

表18 2017-2019年海水鱼养殖收益分析比较

鱼种	年份	养殖模式	养殖成本/(元/千克)	销售价格/(元/千克)	净利润/(元/千克)	成本利润率/%	销售利润率/%	边际贡献率/%
大菱鲆	2017	工厂化养殖	34.21	35.00	0.79	2.31	2.26	31.41
	2018	工厂化养殖	33.86	49.00	13.48	37.95	27.51	53.71
	2019	工厂化养殖	38.81	49.43	10.63	27.39	21.5	45.93
牙鲆	2017	工厂化养殖	37.96	50.00	12.04	31.70	24.07	47.79
	2018	工厂化养殖	54.62	60.00	5.38	9.85	8.97	30.00
	2019	工厂化养殖	37.37	53.00	15.63	41.83	29.49	39.15
	2018	普通池塘	32.34	37	4.66	14.41	12.59	52.00
	2019	普通池塘	35.82	58.00	21.89	61.11	37.93	50.77
	2019	普通网箱	32.53	54.00	21.47	65.99	39.76	52.16
半滑舌鳎	2017	循环水养殖	97.25	160	62.75	64.53	39.22	68.84
	2018	循环水养殖	100.47	140	39.53	39.35	28.24	41.00
	2019	循环水养殖	88.37	113	25.3	28.63	22.26	49.81
	2018	流水养殖	109.41	140	30.59	27.96	21.85	48.00
	2019	流水养殖	44.38	57	12.62	28.44	22.14	39.12
红鳍东方鲀	2017	工厂化养殖	48.45	85.8	37.35	77.08	43.53	52.30
	2018	工厂化养殖	45.75	83.1	37.35	77.08	43.53	52.30
暗纹东方鲀	2017	池塘养殖	50.03	55	4.7	9.35	8.55	39.97
	2019	池塘养殖	24.19	68.94	44.75	185.02	64.91	67.65

续表

鱼种	年份	养殖模式	养殖成本/（元/千克）	销售价格/（元/千克）	净利润/（元/千克）	成本利润率/%	销售利润率/%	边际贡献率/%
海鲈鱼	2017	池塘养殖	16. 18	17. 75	1. 57	9. 70	8. 84	15. 66
	2018	池塘养殖	14. 28	23	8. 72	61. 07	37. 91	42. 29
	2019	池塘养殖	16. 95	18. 65	1. 70	10. 01	9. 10	17. 76
	2017	普通网箱	31. 48	38. 09	6. 61	21. 00	17. 36	31. 50
	2019	普通网箱	26. 11	45. 00	18. 90	72. 38	41. 99	52. 82
	2017	深水网箱	36. 62	39. 71	3. 09	8. 45	7. 79	30. 87
	2019	深水网箱	22. 99	45. 00	22. 01	95. 70	48. 90	60. 33
军曹鱼	2017	普通网箱	23. 13	40	16. 87	72. 96	42. 18	49
	2018	普通网箱	30. 77	50	19. 23	62. 5	38. 46	46. 12
	2019	普通网箱	26. 15	39. 33	13. 18	50. 42	33. 52	39. 60
	2018	深水网箱	28. 9	30	1. 1	3. 8	3. 66	10. 87
	2019	深水网箱	25. 40	44. 00	18. 60	73. 23	42. 27	48. 71
珍珠龙胆	2018	池塘养殖	51. 36	67. 5	16. 14	31. 43	23. 91	39. 51
	2019	池塘养殖	41. 14	52. 00	10. 86	26. 40	20. 88	25. 40
	2019	工厂化养殖	42. 28	50. 00	7. 72	18. 26	15. 44	56. 12
卵形鲳鲹	2017	普通网箱	20. 17	23	2. 83	14. 04	12. 31	23. 87
	2018	普通网箱	20. 91	22. 8	1. 89	9. 03	8. 28	23. 63
	2019	普通网箱	18. 22	21. 55	3. 32	18. 23	15. 42	24. 02
	2017	深水网箱	19. 84	24	4. 16	20. 95	17. 32	31. 97
	2018	深水网箱	19. 74	22. 8	3. 06	15. 5	13. 42	27. 28
	2019	深水网箱	17. 14	23. 00	5. 86	34. 22	25. 50	38. 74

由表18分析可以发现，暗纹东方鲀、牙鲆和卵形鲳鲹的经济效益较2018年有较大幅度提高，珍珠龙胆和大菱鲆等品种较2018年有所下降；半滑舌鳎、军曹鱼、海鲈鱼等品种在不同养殖模式下的经济效益呈现不同的变化趋势。2019年，成本利润率较高的品种主要是暗纹东方鲀（185. 02%）；其次是深水网箱和普通网箱养殖的海鲈鱼，成本利润率分别为95. 7%和72. 38%。军曹鱼深水网箱和普通网箱的成本利润率分别为73. 23%和50. 42%，牙鲆普通网箱养殖和池塘养殖成本利润率分别为65. 99%和61. 11%。

这些经济效率增加幅度大的品种有个共同的现象，即养殖成本大幅度下降而价格大幅度上涨。尽管半滑舌鳎的价格有所下降，但是其成本也有较大幅度的下降，因此整体效益略有增加。

池塘养殖的暗纹东方鲀边际贡献率最高，为67. 65%。其次是深水网箱和普通网箱养殖的海鲈鱼,边际贡献率分别为60.33%和52.82%。再次是普通网箱养殖的牙鲆,边际贡献率为52.16%。边际贡献是管理会计中一个经常使用的概念,指销售收入减去变动成本后的余额,而边际贡献率即为边际贡献在销售收入中所占的百分比。边际贡献率可以理解为每一元销售收入中给养殖户做出贡献的能力,即暗纹东方鲀销售收入每增加一元给养殖户做出贡献的能力最强。

8　2019年海水鱼进出口贸易简况

8.1　国际贸易与流通

9种海水鱼东亚市场交易活跃且价格波动较大,鲆鲽类在东亚和欧美市场交易活跃。2019年前3季度,大黄鱼在韩国和我国香港地区两大市场交易量低于去年同期,冰鲜品价格波动很大,总体稳中有升;石斑鱼价格波动较小且区域差异大,亚洲市场不同品种石斑鱼价格差异大,美洲市场石斑鱼价格小幅度上涨,欧洲市场石斑鱼价格平稳。韩国是我国海鲈重要的出口地,鹭梁津水产品市场前3季度交易量增大,价格波动较小,均价低于去年同期24%。韩国市场金鲳鱼价格上涨,平均价格为5603韩元/千克,高于去年同期;而我国香港市场金鲳鱼价格行情平稳,鲜活品价格72～86港币/千克,与去年基本持平。日本札幌市场河鲀销量下降45%,价格低迷。日本市场鲆鲽类需求旺盛,韩国和美国市场鲆鲽类交易量下降,欧洲各市场表现各异。

9种海水鱼全球贸易流向清晰。全球石斑鱼年出口量约1.5万吨。我国是全球最大的石首鱼出口国,占全球出口额65.7%,主要出口至韩国。美国是石斑鱼第一大进口国,占全球进口额55%,主要来自墨西哥。2019年1～8月美国石斑鱼进口4969.1吨,同比减少7.8%。全球海水鲈主要出口国是希腊和土耳其,欧美是其主要消费市场。2019年1～8月美国海水鲈进口增长显著,同比增长约17.2%。全球军曹鱼2019年1～8月进口达6359吨,同比增长155.38%,主要进口国是沙特阿拉伯。2019年1～8月美国大幅度增加了鲳鱼产品的进口,但中国占据的份额显著下降。2019年韩国和日本对河鲀需求继续疲软,进口量分别减少32%和2.8%。2019年全球鲆鲽类贸易极其活跃,美国、加拿大和丹麦等国出口规模均扩大,除美国外,加拿大、日本和欧洲主要国家鲆鲽类进口显著增大。

黄鱼在我国9种海水鱼中贸易顺差最大。2019年1～8月鲆鲽类贸易总额7.47亿美元,占我国水产品贸易总额3%,贸易逆差1.2亿美元;黄鱼贸易总额1.63亿美元,占我国水产品贸易总额0.64%,贸易顺差1.52亿美元。2019年1～8月鲳鱼贸易总额6706.4万美元,占我国水产品贸易总额0.27%,贸易逆差达3434.9万美元。尖吻鲈鱼(舌齿鲈属)、河鲀和军曹鱼1～8月贸易总额均低于500万美元。2019年1～8月,中国黄鱼出口总量显著下降,出口量2.04万吨,出口额1.57亿美元,出口额同比下降17.7%。

8.2 中美贸易摩擦对海水鱼的影响

中美贸易战对我国9种海水鱼出口直接影响复杂。美国对来自大多数国家的大多数海水鱼都免征关税，对冷冻鲆鲽鱼、冷冻和鲜冷鳎鱼征收1.1美分/千克从量税，对鲜冷军曹和鲜冷鲈鱼征收3%从价税。中美贸易战爆发以来，自2019年5月10日起美国对2000亿美元从中国进口的商品加征25%关税，这些商品基本涵盖了所有海水鱼产品。

美国是我国鲆鲽类最大贸易伙伴，是我国进口的第一大来源国，也是出口的第二大目的地。中美贸易战使我国鲆鲽类产品呈现进口增长、出口下降的态势。2019年1～8月我国鲆鲽类进口量14.8万吨，进口额4.34亿美元，同比分别增长3.5%和9.3%；出口量5.7万吨，出口额3.13亿美元，出口额同比下降8.8%。我国1～8月对美鲆鲽类出口量8894吨，出口额5086万美元，出口额同比下降32.7%，但1～8月对欧盟出口量达1.54万吨，出口额8134.9万美元，出口额同比上升14.4%。

9 海水鱼养殖产业发展中存在的问题

9.1 产业发展的外部冲击较大

一是中美贸易摩擦的冲击。以鲆鲽类进出口为例，受中美贸易摩擦的影响，第2季度美国大幅度减少了来自中国的进口，下降幅度达40%，中国占美国进口市场的份额从去年同期的36.9%下降至23.8%。这势必导致双方福利的损失。

二是产业政策调整摩擦较大。调研中养殖生产者普遍反映，目前环保要求越来越高，养殖空间受到挤压。一些地方前些年因政府鼓励而发展养殖，而目前要求转产，产业发展规划不连续，生产者难以适从。上述分析中可以看出，2019年第4季度工厂化养殖面积比2018年同期下降0.19%，比第3季度下降1.71%。这很大程度上是各地产业发展中环保政策调整的结果。

在此还需提醒的是，在工厂化养殖面积下降的同时，2019年，体系跟踪区县深水网箱养殖面积并未因国家政策的鼓励而快速增加；与此相反，该模式第3季度养殖面积较2018年同期下降了6.19%，较上季度上升了3.42%。虽然国家及各沿海养殖省份出台了各类深水网箱建设扶持政策，但此模式推广仍因前期投资较大、养殖运营费用过高、对养殖及管理技术需求较高、产品价格与普通网箱无明显差异、养殖区域规划仍待加强及各类风险较大等因素较为困难。因此，促进深水网箱进一步发展需要持续扶持此模式的推广、加强金融服务、创新产业经营模式、引导绿色消费、科学合理规划养殖区域以及开发特种养殖保险等措施的实施。

9.2 绿色发展的障碍因素较多

这不仅体现在苗种生产标准化程度不高,成鱼养殖中冰鲜饵料还大量使用,工厂化循环水养殖、深水网箱养殖的普适化程度及利益链接机制尚需优化等方面,而且还体现在病害防治中疫苗使用率还有待提升、与绿色养殖相适应的新型产业组织尚需培育、价格波动对养殖经济效益影响突出、水产养殖保险匮乏等方面。调研结果表明,目前养殖者在养殖过程中遇到的最大问题就是销售价格不稳定,容易被中间商压价。调研中养殖者普遍认为养殖业风险较大,除价格波动外,其最关心的因素是苗种质量和鱼病防治及台风等自然灾害。

综合上文的分析可以看出,迄今,我国海水鱼养殖业与绿色发展要求还有相当大的距离。突出表现在几方面:一是养殖模式中,传统养殖仍占大部分,工厂化循环水养殖、深水网箱养殖、工程化池塘养殖等模式提供的产量占比还很小。从养殖面积变动情况看,国家鼓励的绿色发展模式不仅面积占比小,而且工厂化循环水养殖面积还呈现出下降趋势。二是养殖苗种产业的标准化水平还比较低。三是投喂饲料中鲜杂饵料占比仍然较高。四是养殖尾水治理仍需大幅度改进。五是产品价格波动较大,养殖经济效益不稳定。

9.3 价格协调机制不健全

海水鱼养殖业绿色发展的一个内在要求是其发展过程中资源得以有效开发利用与配置。经济学理论已经阐明,市场价格是引导资源配置的指针。因此,价格波动是否合理,在很大程度上会影响这一产业发展过程中资源是否会被浪费、环境是否会被污染。

前面关于海水鱼养殖产品的价格变动趋势已经表明,绝大多数的养殖品种价格波动都较大。显然,这不利于产业的绿色发展。

首先看价格调控机制。调控组织缺乏或组织的调控效能需提升。综观我国海水鱼养殖产业,小规模生产者众多,组织化程度不高,在产品销售过程中基本没有定价权。一些品种的养殖者已经建立了协会,但实际运作过程中,由于制度不健全、组织领导力缺乏、利益链接机制不健全等原因,并未能发挥有效的生产组织与价格协调功能。产品定价权很大程度上取决于中间商贩。

其次看质量-价格显示机制。俗话说“一分价钱一分货”,优质产品应当高价销售。这已经成为了市场经济中参与者的一个基本信念。然而在我国海水鱼养殖中,优质不优价比比皆是。比如,工厂化循环水养殖出来的大菱鲆,由于生产过程必须使用比流水养殖更加绿色环保的生产工艺,其产品质量理应更高,销售价格也应当更高。但由于缺乏经济有效的产品质量显示保障机制,这些绿色环保的生产系统中生产出来的产品并未能以更高的价格销售。在绿色养殖生产系统投入相对较高的情况下,优质不优价的结果必然是“劣币驱逐良币”,产生社会大众、市场参与者及相关各方都不愿看到的“逆淘汰”。这事实上也是工厂化循环水养殖等绿色养殖模式推广举步维艰的重要原因。

9.4 市场拓展组织化水平不高

近年来，随着居民收入水平持续提升和绿色发展理念逐步深入人心，消费者偏好正在逐步发生变化。即从温饱型消费逐渐向健康、安全、营养、休闲、绿色消费方向发展，消费需求日趋多元化，消费市场转型升级日趋明显。面对消费市场这种从“数量型”向“质量型”的转变，生产者需针对性地进行市场细分，并在此基础上积极拓展市场。然而目前海水鱼类养殖产业产品差别化开发程度明显不足，优质不优价现象普遍存在。同时一些品种(如军曹鱼、卵形鲳鲹等)的消费者认知程度还不高，尤其在内陆地区。

此外，水产养殖业的绿色发展，必须有有效的绿色消费需求为拉动力。从全球市场来看，对产品的环保要求已日益受到重视。从国内市场看，随着国内消费者收入水平的提高，对绿色、安全的产品需求也在迅速增加。然而需要注意到，消费者愿意购买绿色产品并为其支付更高的价格不等于实际上已经支付此价格。将潜在需求转化为现实需求的前提是消费者能够在市场上了解到产品信息。缺乏有效的市场信息，或者有相关信息但由于供货渠道不通等原因而使购买行为无法实施，则潜在需求也无法转化为有效需求。要达到上述目的，生产者必须组织有效的市场拓展，向市场有效地传递绿色产品信息。无论是和挪威的三文鱼还是和澳大利亚的龙虾相比，我国海水鱼养殖产品的市场拓展力度还远远不够，组织化水平还极其低下。由于缺乏有效的市场拓展方式，绿色消费需求的潜力还未能充分发挥。

9.5 风险防范体系不健全

任何风险事故的发生，都会导致资源的浪费，不利于绿色发展。显然，海水鱼养殖业的绿色发展需要有风险防范体系作保障。在海水鱼养殖业发展过程中，生产者面临的风险主要有病害风险、自然灾害(冰雪、台风、高温等)、市场风险、社会舆情风险、宏观经济风险。此外还有饵料短缺与质量风险、苗种质量风险、断水断电风险、人身安全风险等。总体来看，海水鱼养殖业是一个风险相对较高的产业。

然而，从调查结果来看，目前的海水鱼养殖业的风险防范体系还不够健全。从微观生产者层面看，养殖生产者普遍缺乏完善的生产运行风险管理制度。这体现在管理的标准化程度不高，对于社会舆情风险的处置能力普遍缺乏，面对市场风险只能被动接受等方面。从产业管理乃至宏观层面，目前仍需继续完善水产养殖保险、融资担保与再保险制度。根据调查情况看，目前辽宁、河北等省份水产养殖保险相对滞后，而上海、浙江、福建等省市相对较好。但即便是这些相对较好的省市，保险品种、融资担保、养殖再保险等方面仍需进一步提升。

事实证明，这种防范体系不健全已经严重阻碍了产业的绿色发展，如2006年的“多宝鱼事件”。面对不科学、不客观的舆论报道，业界却无能为力，只能任凭价格一跌再跌、生产者一亏再亏。

10 对策建议

10.1 以质量保障为基础，积极拓展国内市场

（1）探索以区块链技术为基础的质量保障体系，从源头上保障养殖海水鱼的质量安全。这既需政府层面的政策引导，又需产业协会层面的组织协调，同时也需要业界的资金投入与组织管理。建议政府出引导性政策（必要时以资金投入加以适度引导），产业协会加以协调和系统配套，养殖生产者、运销商、加工企业、消费终端企业等负责终端节点的信息采集和供给。

（2）关注我国人口老龄化及抚养比上升趋势，针对性推进市场开发。建议加大适宜于老年人及儿童和幼儿消费的产品，比如大菱鲆。

（3）关注城乡居民收入持续提高带来的差异化需求。建议以保障居民蛋白供应为基本目标，加大对海鲈鱼、大菱鲆、大黄鱼等品种的开发力度，同时尽快加大适宜于深海网箱养殖品种的开发力度。

（4）关注近海生态养护及限额捕捞等制度推进带来的市场空间，针对性开发受到影响相对较大的主要捕捞品种的替代产品。

（5）以主产区为依托，由沿海到内陆逐步分层推进国内市场拓展。

10.2 完善体制机制，推动产业升级

（1）完善政策协同机制。绿色发展是必经之路，然而转型需尽量减少摩擦带来的交易成本。为此建议完善政策机制，这种机制至少包括两个方面。一是同一部门内部按时间演进过程前后政策的协同，这可以称为纵向协同。通过这种机制的建立，防止所出台的政策前后不一，或者连续性不够，避免在产业发展中生产者产生过多的沉没成本。二是不同部门之间政策的协同，这可以称为横向协同。就正在推进的水产养殖绿色发展而言，这种协同难度远比纵向协同大，问题也比较突出。若不同部门之间政策目标不一致，或者产生作用的时间不协调，有可能使得生产者无所适从，导致政策效率和生产者的决策效率双低。从产业发展规划角度看，建议加强“多规合一”的协调与科学论证。

（2）完善价格协调与市场拓展机制。建议对产业组织建设进行适度补贴，并对协会运作加以指导，帮助产业协会、合作社等产业组织建立有效调控生产与价格的机制。在半滑舌鳎养殖业、牙鲆养殖业中，这方面尤其值得关注。对于已经建立的产业协会，关键是要提高其协调价格与拓展市场的能力。对于军曹鱼、卵形鲳鲹等消费者认知程度不高的产品，中西部地区市场的拓展需要引起高度关注。

（3）完善技术创新与推广机制。技术创新与推广的重点在疫苗创新、配合饲料研发、标准化苗种生产等几方面。以饲料为例，一是推进海水鱼养殖配合饲料的研制及推广，研发精准投喂和“适度规模效益”养殖模式；二是加强对养殖户的技术培训；三是强化立法以保障

饲料技术创新与推广成果得以有效利用，限期杜绝生鲜饵料投喂，以提高产品安全性，同时保护好生态环境。

（4）完善信贷与保险服务水产养殖绿色发展机制。建议进一步探索以养殖许可证担保、信用担保等担保贷款、抵押贷款制度，并进一步发展水产养殖政策性保险及再保险，通过补贴政策性保险公司，增加养殖保险的供给。

（5）完善产业集聚发展与污染集聚治理机制。建议加强养殖水域环境监测，结合“十四五”规划的制订，提前谋划和推进产业生态型集聚发展，推进水产养殖污染的集中治理。

（岗位科学家　杨正勇）

大菱鲆种质资源与品种改良技术研究进展

大菱鲆种质资源与品种改良岗位

2019年度,大菱鲆种质资源与品种改良岗位重点开展了大菱鲆耐高温选育繁殖配种组合方案设计、大菱鲆耐高温分子标记辅助育种技术研究、大菱鲆高温胁迫hub基因筛选及基因互作网络构建、大菱鲆脂质代谢相关基因PPARs的组织表达及其对高温胁迫的响应研究、大菱鲆水通道蛋白(AQP1、AQP3)以及离子通道蛋白(CFTR、NHE1)在低盐胁迫过程中的渗透调节功能研究,完成了低盐胁迫下大菱鲆14-3-3基因渗透调节功能及其RNAi对NKA、NHE和CFTR影响相关的研究,完成了低盐度胁迫下PI3K-AKT信号通路对大菱鲆渗透调节影响的研究。

1 完成了大菱鲆耐高温选育繁殖配种组合方案设计

开展耐高温(HT)和快速生长(FG)性状交配组合家系的耐高温和生长性能综合评估,完成了大菱鲆耐高温选育繁殖配种组合方案设计。对40个耐高温和快速生长性状间组合家系,基于灰色关联度方法对12月龄大菱鲆的体重和高温条件下的成活率进行综合分析。灰色关联度综合分析发现,40个组合家系两种选育性状的关联度和关联序发现,等权关联度和加权关联度的关联序基本相同,20个HT♂×FG♀组合家系的等权关联度和加权关联度均高于20个HT♀×FG♂组合家系的等权关联度和加权关联度(表1)。这表明,在对耐高温性状和快速生长性状的综合评定上,20个HT♂×FG♀组合家系优于20个HT♀×FG♂组合家系。显然,HT♂×FG♀组合可用于培育大菱鲆耐高温、快速生长新品种。相关研究为培育大菱鲆耐高温、快速生长新品种提供了理论依据。

表1 各组合家系与“理想品种”选育性状的关联度与关联序

组合家系	等权关联度		加权关联度	
	关联度	关联序	关联度	关联序
HT1♂×FG1♀	0.764143	10	0.780312	9
HT2♂×FG2♀	0.812057	5	0.835519	5
HT3♂×FG3♀	0.747322	12	0.759779	11
HT4♂×FG4♀	0.800047	7	0.807996	8

续表

组合家系	等权关联度		加权关联度	
	关联度	关联序	关联度	关联序
HT5 ♂ × FG5 ♀	0. 872237	3	0. 864717	4
HT6 ♂ × FG6 ♀	0. 931739	1	0. 94539	1
HT7 ♂ × FG7 ♀	0. 91114	2	0. 926219	2
HT8 ♂ × FG8 ♀	0. 83534	4	0. 868272	3
HT9 ♂ × FG9 ♀	0. 670475	19	0. 693521	19
HT10 ♂ × FG10 ♀	0. 707091	14	0. 741122	13
HT11 ♂ × FG11 ♀	0. 690149	18	0. 722166	17
HT12 ♂ × FG12 ♀	0. 801973	6	0. 810576	7
HT13 ♂ × FG13 ♀	0. 706365	15	0. 728989	15
HT14 ♂ × FG14 ♀	0. 707303	13	0. 731751	14
HT15 ♂ × FG15 ♀	0. 698375	16	0. 723597	16
HT16 ♂ × FG16 ♀	0. 694085	17	0. 719164	18
HT17 ♂ × FG17 ♀	0. 647663	20	0. 672505	20
HT18 ♂ × FG18 ♀	0. 754286	11	0. 758718	12
HT19 ♂ × FG19 ♀	0. 792554	8	0. 810605	6
HT20 ♂ × FG20 ♀	0. 772521	9	0. 778	10
HT1 ♀ × FG1 ♂	0. 576733	31	0. 614856	31
HT2 ♀ × FG2 ♂	0. 572732	33	0. 611655	32
HT3 ♀ × FG3 ♂	0. 568691	35	0. 607524	34
HT4 ♀ × FG4 ♂	0. 569891	34	0. 609382	33
HT5 ♀ × FG5 ♂	0. 604329	23	0. 636035	23
HT6 ♀ × FG6 ♂	0. 589621	27	0. 618199	30
HT7 ♀ × FG7 ♂	0. 568415	36	0. 600397	36
HT8 ♀ × FG8 ♂	0. 55215	37	0. 580934	37
HT9 ♀ × FG9 ♂	0. 609824	22	0. 640431	22
HT10 ♀ × FG10 ♂	0. 594771	26	0. 623164	27
HT11 ♀ × FG11 ♂	0. 574281	32	0. 605927	35
HT12 ♀ × FG12 ♂	0. 585337	29	0. 619952	29
HT13 ♀ × FG13 ♂	0. 614885	21	0. 644479	21
HT14 ♀ × FG14 ♂	0. 587511	28	0. 623478	25
HT15 ♀ × FG15 ♂	0. 58511	30	0. 621558	28
HT16 ♀ × FG16 ♂	0. 59929	25	0. 623444	26
HT17 ♀ × FG17 ♂	0. 601976	24	0. 627246	24

续表

组合家系	等权关联度		加权关联度	
	关联度	关联序	关联度	关联序
HT18♀×FG18♂	0.539449	38	0.576394	38
HT19♀×FG19♂	0.535519	39	0.572426	39
HT20♀×FG20♂	0.521736	40	0.556603	40

注:FG表示快速生长亲本;HT表示耐高温条件下的高成活率亲本。

2 开展了大菱鲆耐高温分子标记辅助育种技术研究

挑选2016年耐高温家系性成熟、健康的大菱鲆作为亲鱼,收集鱼鳍。从采集的亲鱼鱼鳍中提取DNA,根据2019年家系构建方案中设置的4个标记(3个SSR,1个SNP)进行基因分型工作,最终获得129尾亲鱼每个个体4个分子标记的分型结果,并在标记富集效应的思路下进行具体育种方案实施,即利用本实验室筛选得到的3个利用率较高的SSR标记(USC-27、Sma1-125INRA、Sma-USC86)和通过共享QTL筛选后的SNP标记M19494,共计4个标记进行配种方案设计。2019年5月开始家系构建工作,共构建25个家系。选择卵量在200克以上的家系进行培育,共成功15个。后期培育工作进行营养强化,孵化率达到78%以上,比往年提高了15%以上。

3 完成了大菱鲆高温胁迫hub基因筛选及基因互作网络构建

对热应激条件下大菱鲆肾脏转录表达谱开展分析,并基于加权基因共表达网络分析(WGCNA)的基因关系进行hub基因筛选及基因互作网络构建。结果表明:脂肪代谢、细胞凋亡、免疫系统和胰岛素信号传导等代谢通路可能参与大菱鲆热应激调控。通过WGCNA分析,确定了19个模块:深灰色模块主要包含与脂肪代谢相关的途径以及FOXO和Jak-STAT信号传导途径。象牙色模块显著富集P53信号通路。此外,关键的枢纽基因CBP、AKT3、CCND2、PIK3r2、SCOS3、mdm2、cyc-B和p48富集于FOXO,Jak-STAT和P53信号通路(图1)。本研究为今后开展海水鱼类热应激胁迫分子调控机制提供了数据支撑,对其中关键功能基因进行深入研究将有助于培育出大菱鲆耐高温新品种。

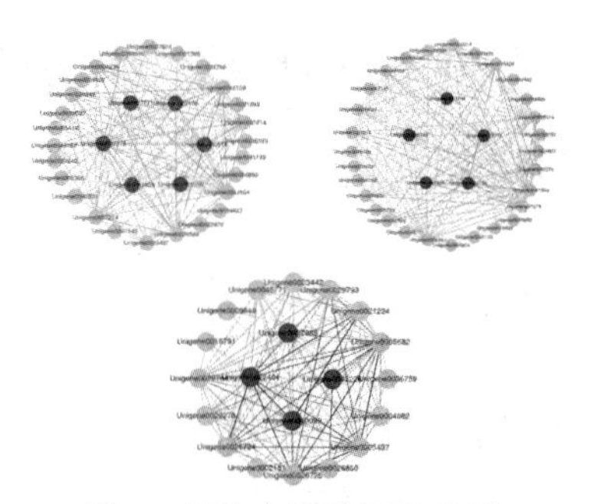

图 1　模块之间的网络关系

4　开展了大菱鲆脂质代谢相关基因 PPARs 的组织表达及其对高温胁迫的响应研究

采用荧光定量 PCR（qPCR）技术检测 PPARs 基因 3 种亚型在大菱鲆不同组织中的表达情况以及高温胁迫下大菱鲆肾脏中 PPARs 的表达情况（图 2、图 3）。研究表明，大菱鲆中存在 PPARα、PPARβ 和 PPARγ 3 种亚型，而且三者可能以组织特异性的方式参与脂类代谢的调节。研究首次指出 PPARs 3 种亚型在温度胁迫中的表达变化。对 PPARs 的研究将推动鱼类脂代谢研究的进一步深入，揭示鱼类 PPARs 在脂质代谢调控以及响应逆境胁迫中的重要作用。

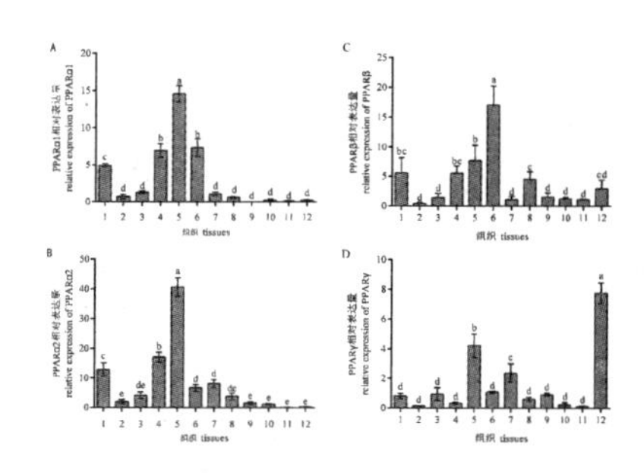

图 2　PPARα1（A）、PPARα2（B）、PPARβ（C）和 PPARγ（D）在大菱鲆各个组织中的表达分布

1. 脑；2. 垂体；3. 头肾；4. 肾脏；5. 心脏；6. 肝脏；7. 肠；8. 肌肉；9. 胃；10. 皮肤；11. 脾脏；12. 鳃；不同的字母代表组间差异显著（$P < 0.05$）。

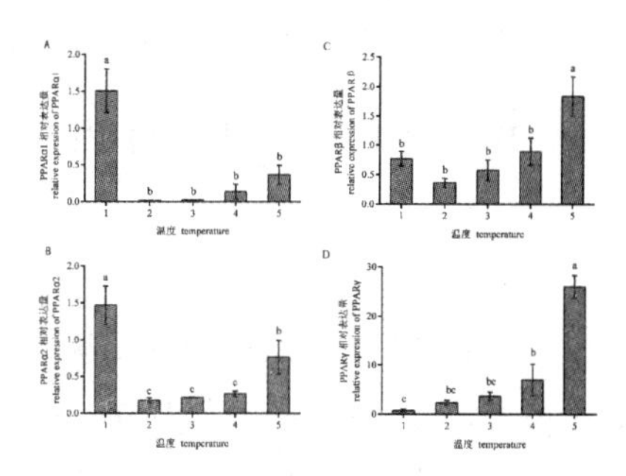

图 3　大菱鲆肾脏中 PPARα1（A）、PPARα2（B）、PPARβ（C）和 PPARγ（D）在常温和不同温度胁迫下的 mRNA 表达水平 1. 14℃，2. 20℃，3. 23℃，4. 25℃，5. 28℃

5 完成了大菱鲆水通道蛋白(AQP1、AQP3)以及离子通道蛋白(CFTR、NHE1)在低盐胁迫过程中的渗透调节功能研究

采用荧光定量PCR技术,检测盐度5和盐度10下大菱鲆鳃、肾、肠中AQP1、AQP3、CFTR和NHE14种基因表达量随时间的变化。结果表明,4种基因表达水平因组织、盐度和时间的不同而不同,反映了这4种基因的功能特异性;在低盐胁迫下,4种基因积极响应,表达量均发生不同程度的变化(图4、图5、图6、图7),表明AQP1、AQP3、CFTR和NHE1在大菱鲆低盐环境适应中可能具有潜在的重要作用。

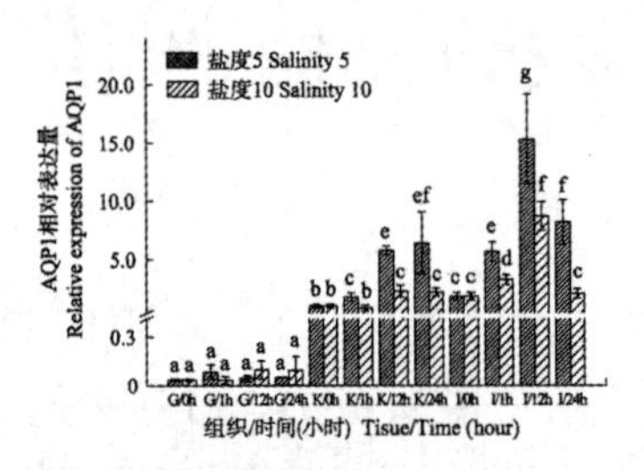

图4 低盐胁迫下大菱鲆鳃、肾、肠中AQP1基因在各时间点的表达量变化

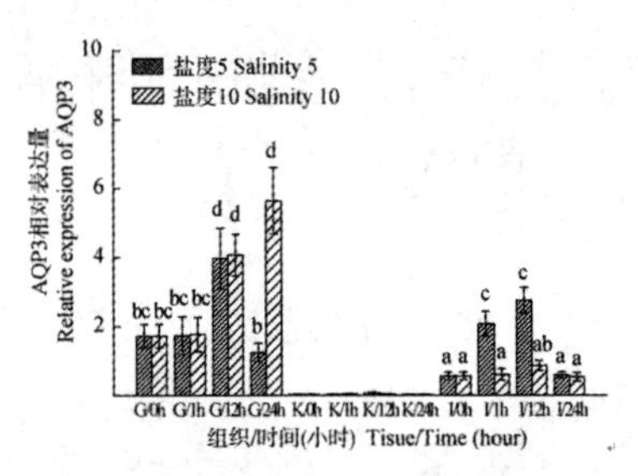

图5 低盐胁迫下大菱鲆鳃、肾、肠中AQP3基因在各时间点的表达量变化

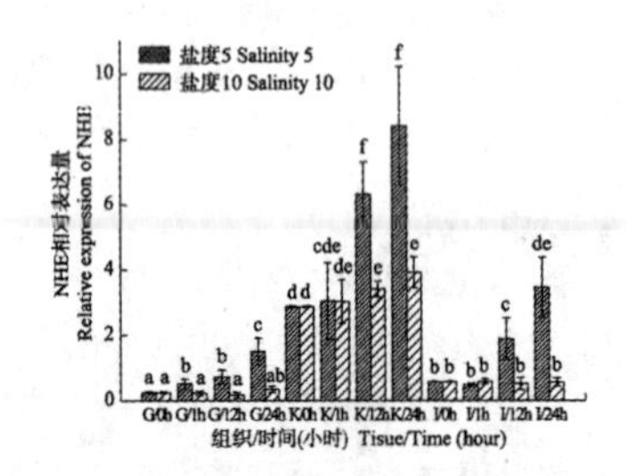

图6 低盐胁迫下大菱鲆鳃、肾、肠中NHE1基因在各时间点的表达量变化

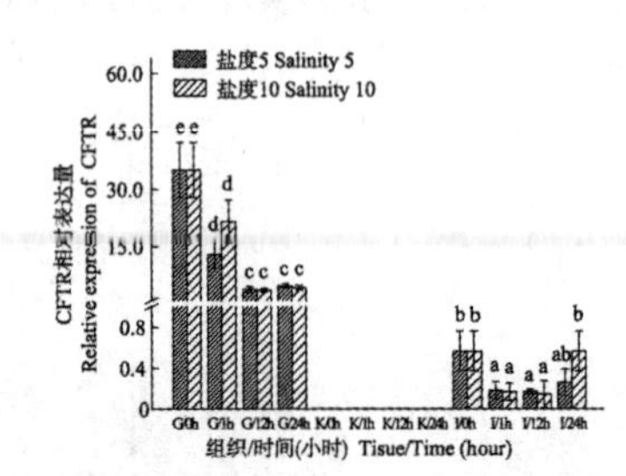

图7 低盐胁迫下大菱鲆鳃、肾、肠中CFTR基因在各时间点的表达量变化

6 完成了低盐胁迫下大菱鲆14-3-3β/α基因渗透调节功能及其RNAi对NKA、NHE和CFTR基因表达影响相关的研究

利用RT-PCR和cDNA末端快速扩增(RACE)技术,从大菱鲆鳃中克隆了14-3-3β/α cDNA的全长。14-3-3β/α cDNA全长892 bp(Genbank登录号mk308851),包含81 bp的5-UTR、774 bp的开放阅读框(ORF)和37 bp的β/α-UTR,并带有polyA结构。ORF编

码 257 个氨基酸。序列比较分析表明，大菱鲆 14-3-3β/α 蛋白与硬骨鱼类的同源性高于其他物种，并且在所列的物种中与盲曹鱼的同源性最高(82%)。另外检测了 14-3-3β/α 基因在所有组织中的转录水平。14-3-3β/α 转录产物广泛表达于大菱鲆的各种组织中，在鳃中表达量最高，肾、肠、脑和脾中表达量相对较少，垂体和其他组织中表达量极低(图 8)。本研究还检测了 14-3-3β/α 基因在低盐胁迫下的表达量变化及其对 Na^+-K^+-ATPase（NKA），Na^+-H^+-Exchanger（NHE)和 CFTR 基因表达的影响。结果表明，在低盐胁迫下，大菱鲆 14-3-3β/α 的表达随胁迫时间的延长呈先升高后降低的趋势，12 h 达最高值(图 9)。当 14-3-3β/α 被干扰后，监测期间，低盐对照组 NKA 基因的表达量逐渐增加，而 RNAi 组(注射 4 μg/g dsRNA)的表达水平明显低于对照组，尤其是在注射 dsRNA 后第 6 小时和第 12 小时(图 10)。对照组 NHE 基因的表达量逐渐增加，RNAi 组的表达水平也呈类似趋势。此外，RNAi 组注射后 12 h 和 24 h 的表达水平显著低于对照组(图 11)。结果表明低盐促进了 NKA 和 NHE 的表达，在 14-3-3β/α 被干扰后，NKA 基因和 NHE 基因的表达被显著抑制，说明 14-3-3β/α 可能具有促进 NKA 基因和 NHE 基因表达的作用。对照组 CFTR 基因在第 6 小时、第 12 小时和第 24 小时的 mRNA 表达量均低于 0 小时，尤其是第 6 小时的表达基因明显低于 0 小时，RNAi 组在第 12 小时和第 24 小时的 CFTR 基因表达明显高于对照组(图 12)。结果表明低盐抑制了 CFTR 基因的表达，在 14-3-3β/α 被干扰后，CFTR 基因的表达水平显著升高，由此说明 14-3-3β/α 可能具有抑制 CFTR 基因表达的作用。

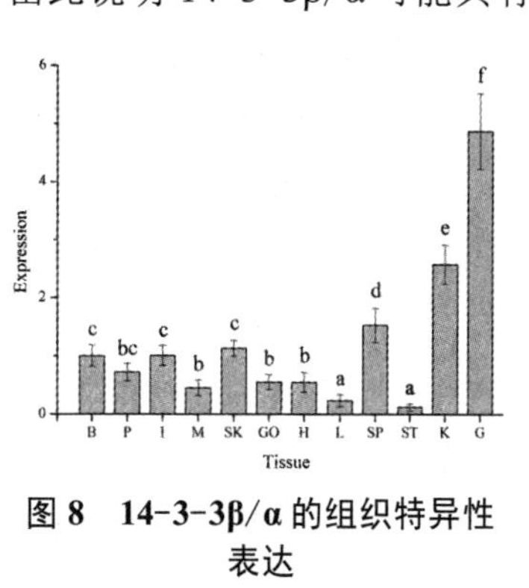

图 8　14-3-3β/α 的组织特异性表达

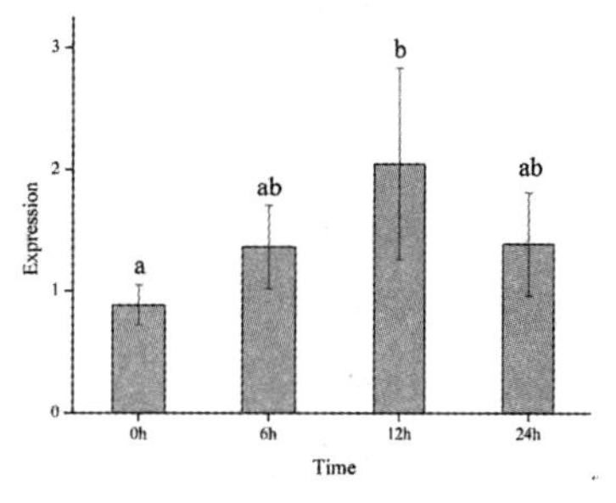

图 9 低盐胁迫下鳃中 14-3-3β/α 的表达

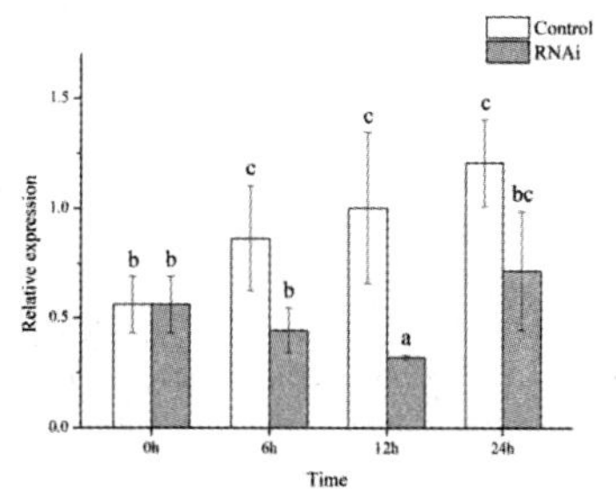

图 10　14-3-3β/αRNA 干扰后 Na^+-K^+-ATPase 基因 mRNA 的表达

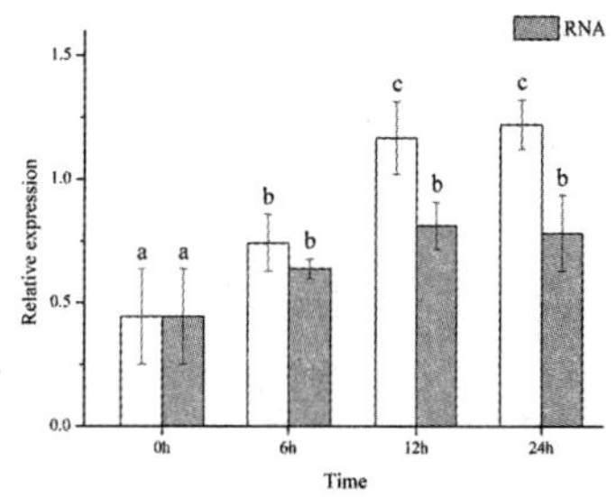

图 11　4-3-3β/αRNA 干扰后 Na^+-H^+-exchanger 基因 mRNA 的表达

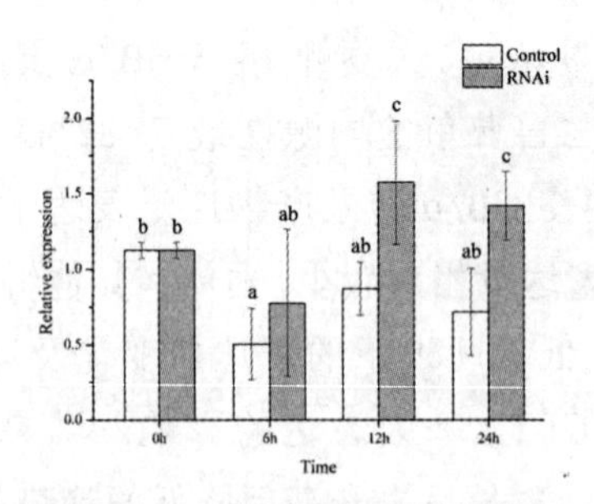

图 12　14-3-3β/αRNA 干扰后 CFTR 基因 mRNA 的表达

7　完成了低盐度胁迫下 PI3K-AKT 信号通路对大菱鲆渗透调节影响的研究

在本研究中,鳃和肾的转录组数据均表明低盐胁迫后 PI3K-AKT 信号通路的上游激活因子和下游作用因子以及核心基因的表达量均发生了显著变化,因此 PI3K-AKT 通路在低盐胁迫下的应激反应中起重要作用。低盐胁迫导致大菱鲆 PI3K-AKT 信号通路中 PI3K 和 AKT 基因表达和蛋白含量下调,而 AKT 的两个磷酸化位点(p-T308, p-S473)的磷酸化略有增加,其可能增强了鳃的渗透调节能力。然而,对 AKT 蛋白的丰度和磷酸化检测发现 AKT 只在鳃中被磷酸化,在肾中不被磷酸化,表明了 PI3K-AKT 信号通路只在鳃的渗透调节中发挥作用,而在肾中不起作用。在大菱鲆活体内进行的沃曼霉素介导的 PI3K- AKT 的抑制表明,沃曼霉素显著($P < 0.05$)抑制了 PI3K 基因表达、蛋白合成和通路磷酸化(AKT 的磷酸化),尤其是在 4 h 时,但在低盐胁迫下没有抑制作用(图 13、图 14)。沃曼霉素处理后离子通道基因 AQP1、NKA、NHE1、AQP11、NAC 的表达均被抑制,表明 PI3K-AKT 信号通路通过正向调节离子转运通道调节渗透调节(图 15),但对 NKA 的活性没有显著的影响。此外,我们还研究了一个模式:当单独处理大菱鲆时,低盐度和沃曼霉素都是有害的胁迫;但是,如果共同处理时,低盐度作为有利的胁迫处理,可以提高生理活性来应对不良胁迫(图 16)。

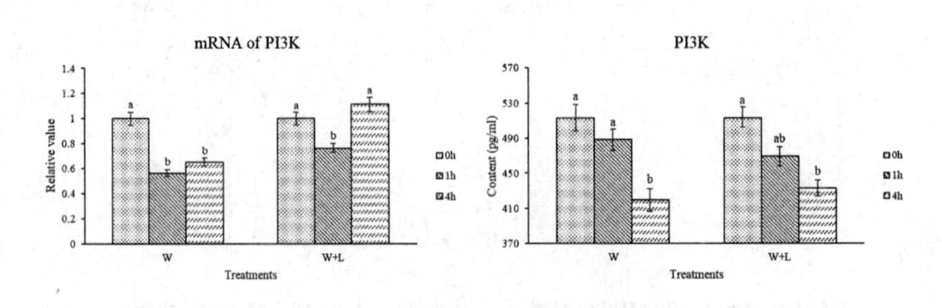

图 13　沃曼霉素处理后 PI3K 的表达

W:沃曼霉素; L:低盐胁迫

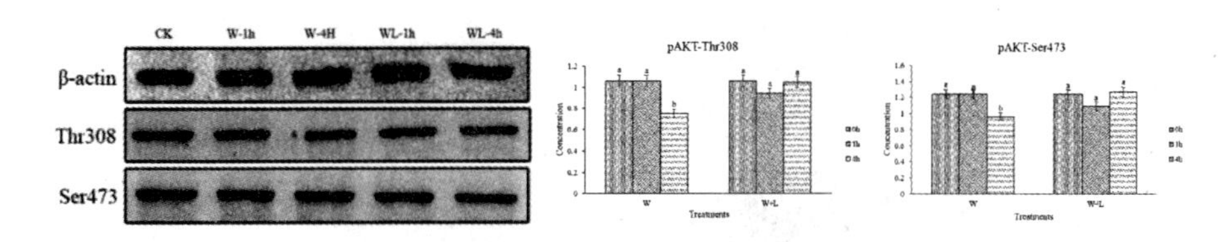

图 14　沃曼霉素处理后 AKT 的磷酸化水平

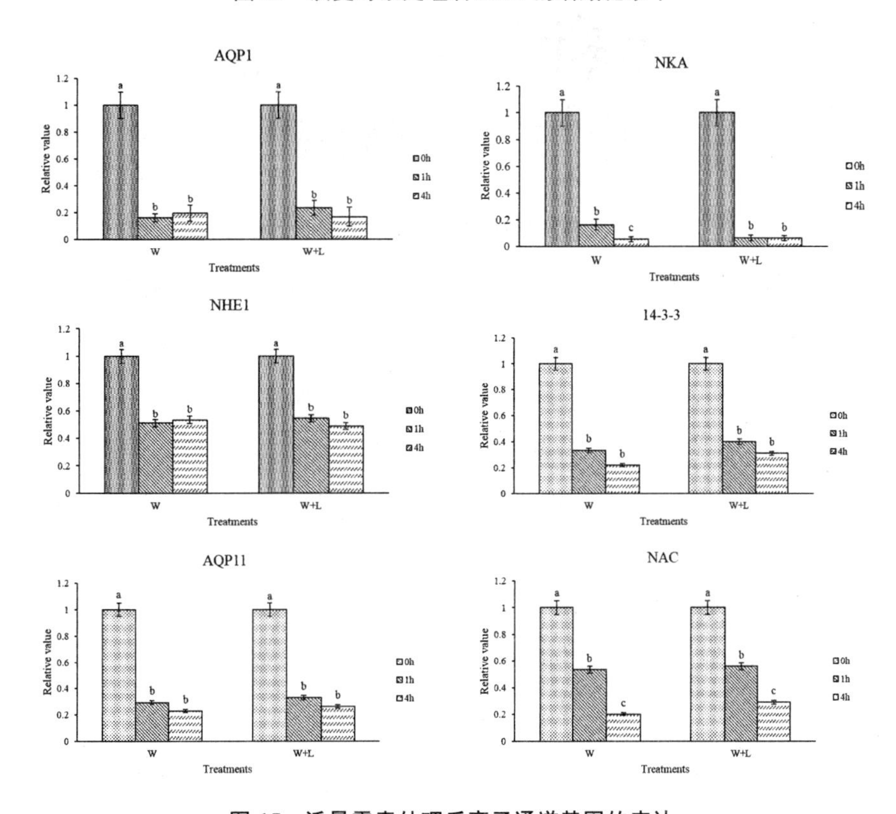

图 15　沃曼霉素处理后离子通道基因的表达

AQP1: 水通道蛋白 1; **NKA**: Na^+-K^+-ATPase; **NHE1**: Na^+-H^+ 交换蛋白 1; **AQP11**:水通道 11, **NAC**: Na^+/Cl^- 共转运蛋白

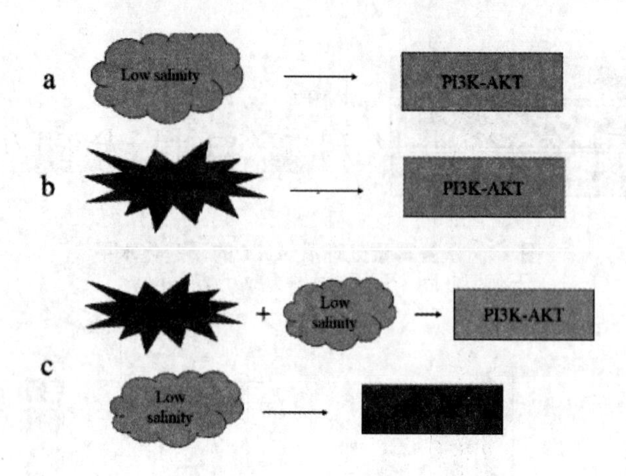

图 16　低盐度影响 PI3K-AKT 的假设示意图

蓝色:低盐,紫色:沃曼霉素,绿色:下调,红色:上调,黄色:稳定表达

(岗位科学家　马爱军)

牙鲆种质资源与品种改良技术研发进展

牙鲆种质资源与品种改良岗位

1 牙鲆新品种苗种培育及示范

根据计划安排，自2018年12月份开始，对“北鲆2号”亲鱼分2批（时间间隔1个月）进行亲鱼促熟培育。在培育过程中，主要采取采取了逐步升温、延长光照及营养强化等措施，保证亲鱼性腺的良好发育。2019年3月份开始，根据养殖户的育苗安排，开始生产受精卵。整个生产季节，共销售“北鲆2号”受精卵76.7 kg，较2018年增长25.12%。经过多年的生产探索，“北鲆2号”池塘——工厂化接力养殖模式日趋成熟，产生了较好的经济效益。

在进行受精卵生产的同时，利用北戴河中心实验站的设施，开展了“北鲆2号”优质苗种培育，2019年度共培育和推广3～8 cm苗种100万尾，在牙鲆工厂化养殖主产区河北省昌黎县进行养殖示范。

2 牙鲆抗弹状病毒病机理解析

牙鲆弹状病毒是一种隶属于弹状病毒科的RNA病毒，首先在牙鲆和香鱼上发现。弹状病毒通常会导致性腺和肌肉的出血以及腹水，在水温低于15℃时会导致感染鱼的死亡，且死亡率较高。除了牙鲆和香鱼外，该病毒也能感染黑鲷、鲈鱼以及石鲽等其他鱼类。近年来，弹状病毒病已经成为牙鲆养殖过程中较为重大的病害之一，致使养殖户损失严重，制约了其养殖产业的绿色健康发展。

为了解析牙鲆抗弹状病毒的分子机理，我们对来自3尾抗病鱼（R组）和3尾患病鱼（S组）（图1）的头肾进行了二代和三代全长转录组测序。各样品二代转录组测序获得41175958-55892426 clean reads，和参考基因组的平均比对率为90.13%（表1）。

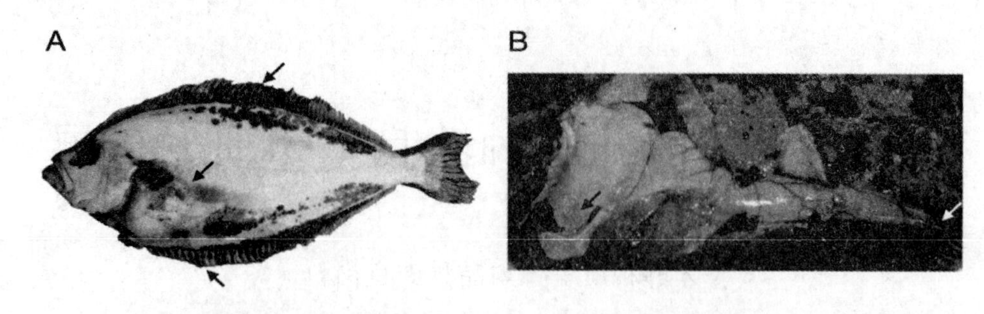

图1 被弹状病毒感染的牙鲆 A: 腹面;B:内脏;箭头所指为出血点

表1 二代转录组测序结果

样品	Total clean reads	Total mapping rate	FPKM Interval			
			1-5	5-15	15-60	>60
R1	41175958	88. 71%	3485（14. 32%）	4293（17. 64%）	4384（18. 02%）	1645（6. 76%）
R2	55451184	89. 74%	3593（14. 76%）	4406（18. 11%）	4251（17. 47%）	1512（6. 21%）
R3	53561556	89. 13%	3779（15. 53%）	4915（20. 20%）	4914（20. 19%）	1445（5. 94%）
S1	45660498	90. 95%	3134（12. 88%）	4222（17. 35%）	4468（18. 36%）	1681（6. 91%）
S2	51103116	91. 40%	3115（12. 80%）	4242（17. 43%）	4509（18. 53%）	1679（6. 90%）
S3	55892426	90. 83%	3146（12. 93%）	4208（17. 29%）	4472（18. 38%）	1736（7. 13%）

利用 PacBio 测序仪分别获得了 23. 31G（R)和 24. 30G（S)原始测序数据。过滤后,共获得 212319（R)和 183681 条(S) read 用于进一步分析。为了进一步去除三代 reads 中的核苷酸错误,将这些 reads 以二代测序结果进行校正。校正后,R 组和 S 组样品分别共获得 463495705 和 535777939 个核苷酸,为校正前的 99. 86% 和 99. 84%,N50 比校正前分别少 2 bp 和 9bp,而 N90 只有都只比校正前少 1 bp。此结果表明三代测序的高准确性。R 组和 S 组校正后的序列比对到牙鲆参考基因组上,比对率分别为 86. 84% 和 84. 60%,分别获得了 45901 和 42177 个异构体。R 组和 S 组这些异构体中,分别只有 2641 和 2502 个是之前所报道过的;其余均为已知基因的新异构体,其中 14141 个异构体为 R 组和 S 组共有。

转录组结果中检测到 1444 个差异表达基因,其中患病组高表达的为 935 个,低表达的为 513 个(图 2)。为了进一步解析这些差异基因参与牙鲆弹状病毒(HIRRV)感染的功能,将这些差异基因进行 GO 和 KEGG 功能富集分析。GO 分析将差异基因富集为 3 类,分别为生物学过程、细胞成分和分子功能。KEGG 分析结果显示,共有 129 条信号通路与 HIRRV 感染相关。在这其中,真核生物中核糖体的生物合成、代谢途径、RNA 转运、剪接体和嘧啶代谢是排名前 5 的信号通路(图 3)。在所富集到的 129 条信号通路中,如嘧啶代谢、嘌呤代谢和谷胱甘肽代谢等与代谢相关的信号共有 59 条,占 45. 94%。同时,HIRRV 感染后,p53 信号途径、吞噬体和胞质 DNA 传感途径等在内的 11 条与免疫相关的信号通路也被富集。

下一步,将基于转录组结果,对相关信号通路和重点基因进行功能研究,以期全面深入的解析牙鲆弹状病毒的致病机理，为选育牙鲆抗弹状病毒病新品种提供理论依据。

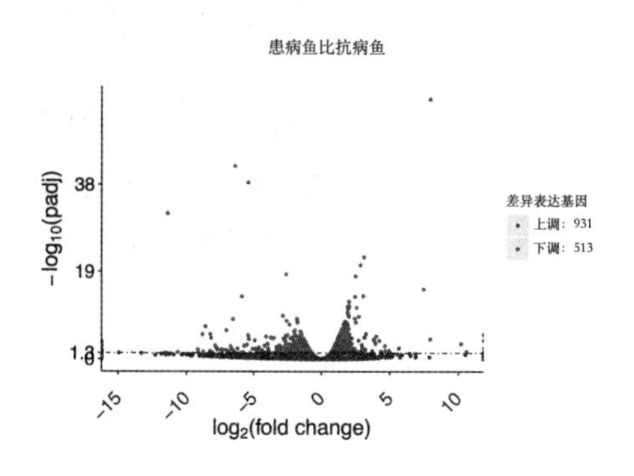

图 2　患病鱼和抗病鱼差异表达基因火山图

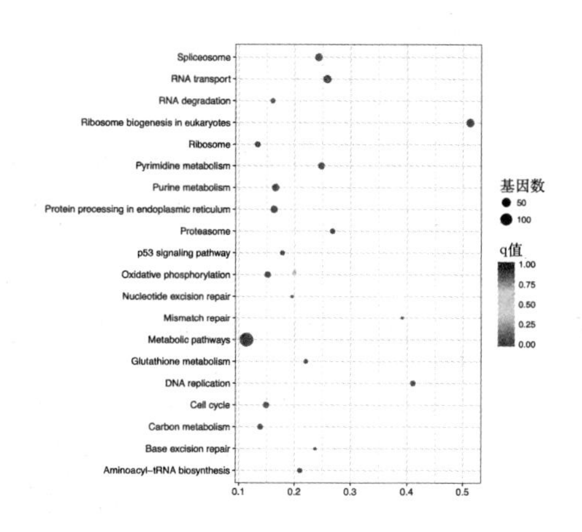

图 3　弹状病毒感染后所富集到的信号通路

3　牙鲆抗哈维氏弧菌家系筛选

细菌病是危害水产养殖业重要的疾病之一。近年来，在河北省的牙鲆工厂化养殖中，由哈维氏弧菌所导致的弧菌病造成牙鲆的大量死亡，养殖户损失严重。哈维氏弧菌是一种革兰氏阴性菌，为条件致病菌，广泛分布于近岸温暖海水、海洋动物体表等，也是许多海洋动物的正常菌群，其菌体呈弧状，极生单鞭毛。感染哈维氏弧菌后的症状有很多种，如腹水、眼睛突出充血、组织坏死等。为了解决这一危害产业健康发展的重大问题，我们岗位从遗传育种角度，开展了牙鲆抗哈维氏弧菌病选育工作。

2019 年，在前期预实验的基础上，我们在所制备的 21 个正常受精家系中挑选了 13 个家系进行人工染毒。每个家系随机挑选 140 尾，注射 200 μL、浓度为 1×10^{10} CFU/mL 的哈维氏弧菌。注射后每 6 h 观察一次，捞出死鱼，记录发病情况、死亡时间、死亡家系和数目。

感染后的鱼活力均变差，部分鱼出现体表发红、掉鳞、肛周红肿甚至严重脱肛的情况。

解剖死亡病鱼发现，腹腔有大量淡黄色积液，肠道膨大，肠黏膜变薄，呈透明状且内有白便，肠胃肌肉层有线性出血，肝呈暗红色淤血状，胆囊略大且颜色变浅，鳃丝完整无异常，脾肾无异常。

图4显示，注射后第3～6天为死亡高峰，日均死亡率均占总死亡率的10%以上，其中第4天死亡率最高为25.33%，8天内死亡数占总死亡率的92.07%。第12天趋于稳定，第14天未出现死亡。每天的死亡最高峰出现在在上午的6:00～12:00这一时间段。

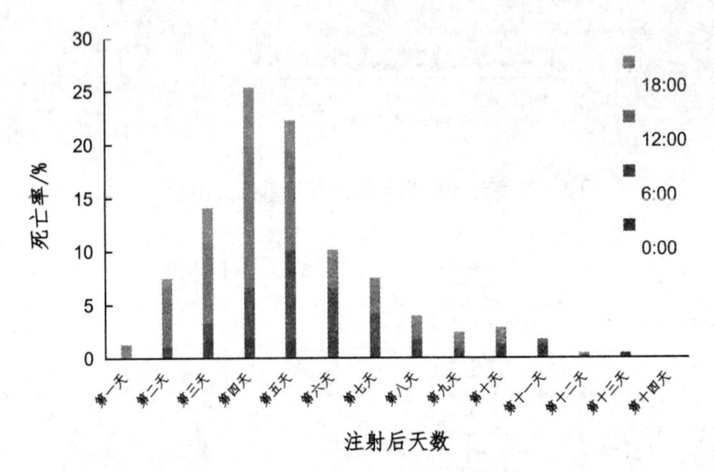

图4　腹腔注射哈维氏弧菌后不同时间点的死亡率

各个家系腹腔注射感染后的平均存活率为66.09±0.16%（图5）。存活率大于80%的家系有4个，分别是F19B25Nw12、F19A18N3、F19C18N8、F19B57N4，其中F19B25N12的存活率最高，达87.50%；F19A18N3和F19C18N82为父本相同的半同胞家系，存活率接近，分别为86.30%和82.14%。母本相同、父本不同的半同胞家系存活率差异显著，没有发现规律。将4个存活率大于80%的家系定义为高抗病力家系，将7个存活率在50%～80%的家系定义为中等抗病力家系，将其余2个存活率在40%～50%的家系定义为一般抗病力家系。这些家系的获得为进一步选育牙鲆抗哈维氏弧菌病新品种奠定了一定的基础。

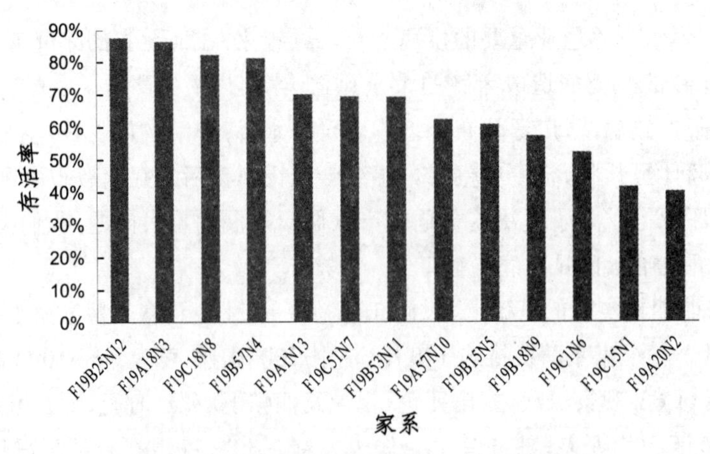

图5　腹腔注射哈维氏弧菌后各家系成活率

4　牙鲆抗淋巴囊肿病新品种选育

4.1　抗淋巴囊肿病亲鱼制备、中试鱼养殖

为了进一步扩繁抗淋巴囊肿病亲本，在 2019 年，利用人工诱导减数分裂雌核发育技术，共制备了母本家系 3 个，共 10000 尾；父本家系 1 个，共 1500 尾。同时利用 17α- 甲基睾酮分别诱导母本和父本家系的伪雄鱼 1000 尾和 500 尾。目前，这些鱼正在越冬饲养中。

在抗淋巴囊肿病鱼中试养殖方面，2018 年制备的中试鱼正在昌黎两个淋巴囊肿病高发养殖场养殖中。同时，2019 年新制备中试鱼 16 万尾，在上述两个养殖场养殖，示范养殖面积 3000 平方米。目前，试验鱼生长情况良好。

4.2　抗淋巴囊肿病 SNP 筛选

在前期的研究中，对 91 尾抗病和 91 尾患病个体进行了高通量重测序，获得了 446. 4Gb 的测序数据量，平均每个样品 2. 45 Gb、高质量的 clean data 数据量为 430. 08 Gb，平均每个样品 2. 36 Gb 的数据。通过全基因组关联分析，在牙鲆 9 号染色体上筛选到与淋巴囊肿性状显著相关的单核苷酸多态性（Single nucleotide polymorphism, SNP）标记 26 个。

为了进一步筛选抗病 SNP，设计了 26 个位点的引物，并随机采集了 434 尾淋巴囊肿患病个体和 270 尾抗病个体的鳍条，分别提取 DNA，利用 SNaPshot 法进行 SNP 分型，在 26 个位点中筛选到 5 个和抗性紧密连锁的标记（表 2）。

表 2　抗淋巴囊肿病 SNP

位点	基因型	淋巴囊肿患病	淋巴囊肿抗病		
L-BCE2	G	376	262	χ^2 = 19. 988 df = 1	P = 7. 794e-06
	CG	58	8		
L-BCE17	A	240	181	χ^2 = 9. 5469 df = 2	P = 0. 008451
	C	34	16		
	AC	160	73		
L-BCE18	A	3	-	χ^2 = 16. 951 df = 2	P = 0. 0002085
	G	338	243		
	AG	93	27		
L-BCE22	C	36	18	χ^2 = 16. 472 df = 2	P = 0. 000265
	T	186	158		
	CT	212	94		
L-BCE25	A	192	136	χ^2 = 19. 893 df = 2	P = 4. 789e-05
	G	32	42		
	AG	210	92		

4.3 牙鲆抗淋巴囊肿病相关功能基因的研究

氨基酸序列比对结果显示，牙鲆 THBS2 蛋白含有 10 个高度保守的结构域，分别为 thrombospondin N-terminal -like 结构域（TSPN，25-219 aa），von Willebrand factor type C 结构域（VWC，325-379 aa），thrombospondin type 1 重复序列（TSP1；389-434 aa，444-496 aa 和 501-553 aa）；EGF 结构域（EGF-3，656-695 aa），thrombospondin type 3 重复（TSP-3；793-827 aa，851-888 aa 和 926-955 aa），以及 thrombospondin C-terminal 区域（TSP-C，978-1175 aa）。进化分析结果显示，牙鲆 THBS2 和大黄鱼和金目鲈的关系最近，而且所有鱼被划分为一组，并和两栖类、鸟类和哺乳类区分。荧光定量 PCR 结果显示，thbs2 基因在牙鲆胚胎发育的各个时期均有表达。受精卵到肌节期，各时期 thbs2 基因的相对表达量差异不显著（$P > 0.05$）。在肌节期后，thbs2 基因的表达量大幅提升，在出膜期仔鱼期达到最高值，并和其他各时期差异显著（$P < 0.05$；图 6）。

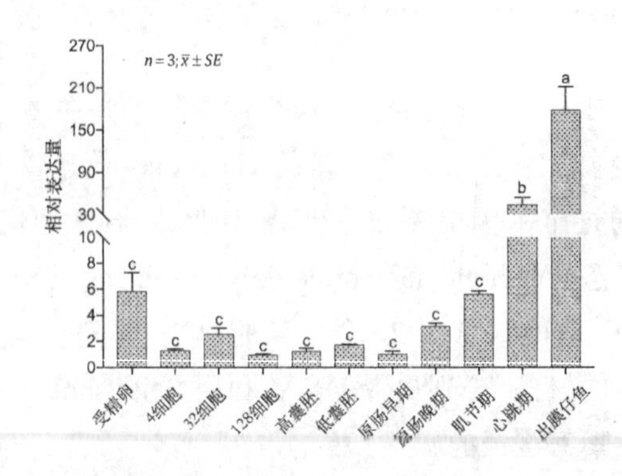

图 6 牙鲆 thbs2 基因在胚胎发育不同时期的相对表达

误差线上方不同字母代表差异显著（P < 0.05）

通过组织切片观察了抗淋巴囊肿病和患病个体鳃、心脏、头肾和肝脏的形态学变化并研究了 THBS2 在这些组织中的表达。所研究组织中均检测到 THBS2 的表达。抗病个体鳃、心、头肾、肝外观正常（图 7A，C，E，G）。因病毒感染，患病个体器官形态发生了变化。淋巴囊肿患病个体的鳃，在鳃板中观察到直径约 50 μm 的淋巴囊肿细胞（图 7B）。心脏有心肌纤维缩短，心肌纤维间空隙增大等病变（图 7D）。头肾小管上皮细胞存在肿胀、囊泡、核固缩和坏死情况（图 7F）。在患病个体肝脏中，肝细胞水肿、空泡化，但未观察到明显的大细胞（图 7H）。

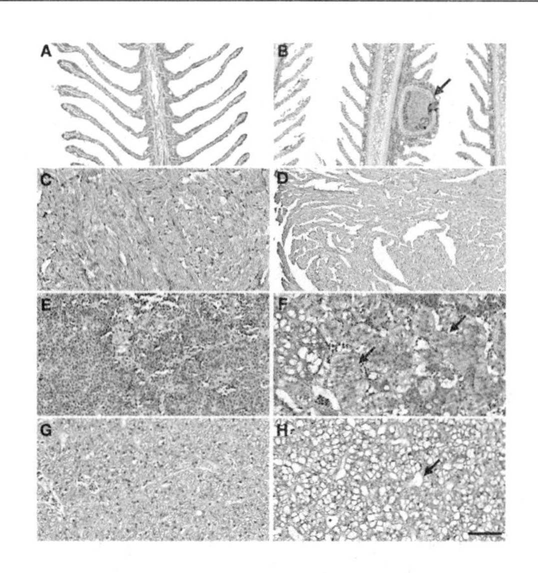

图 7 牙鲆抗淋巴囊肿病和患病个体不同组织 THBS2 的免疫组化
A:抗病个体鳃;B:患病个体鳃;C:抗病个体心脏;D:患病个体心脏;E:抗病个体头肾;F:患病个体头肾;G:抗病个体肝脏;H:患病个体肝脏

牙鲆 THBS2 蛋白的亚细胞定位结果显示,在 pEGFP-thbs2 转染的细胞中,绿色荧光在细胞质中被观察到。而在 pEGFP-N1 转染的细胞中,细胞质和细胞核中均观察到绿色荧光(图 8)。因此,可以推测,牙鲆 THBS2 是一个胞质蛋白。

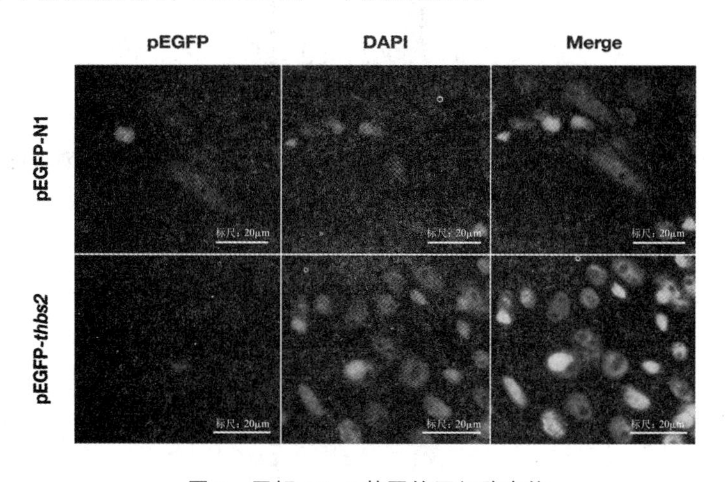

图 8 牙鲆 thbs2 基因的亚细胞定位

采用荧光定量 PCR 法,研究了免疫相关基因 dhx58、IL-8、traf2、traf6 和 nfkbi 在抗淋巴囊肿病和患病牙鲆鳃、脾脏、肌肉、心脏、头肾和血液的表达量。结果显示,dhx58 在抗病和患病牙鲆的鳃、脾脏、心脏、头肾和血液中均有表达,肌肉中几乎不表达。其中,dhx58 在抗病鱼鳃中的表达量显著高于在患病鱼中的表达量,而在脾脏和血液中的表达量,患病鱼的显著高于抗病鱼的($P < 0.05$)(图 9)。

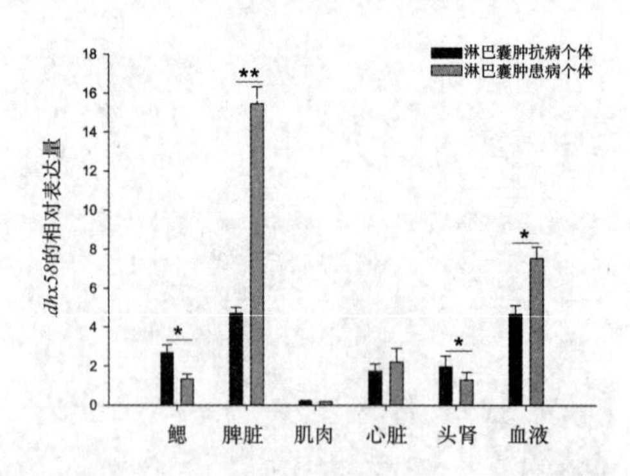

图9 dhx58基因牙鲆淋巴囊肿抗病和患病个体不同组织的相对表达量

IL-8可变剪切体1和可变剪切体2,在患病鱼鳃、脾脏、肌肉、心脏、头肾和血液中的相对表达量,均高于在抗病鱼相应组织中的表达量。其中,IL 8可变剪切体1在患病鱼脾脏和血液中的相对表达量显著高于在抗病鱼相应组织中的表达量(图10),而可变剪切体2在患病鱼脾脏和头肾中表达量显著高于抗病鱼($P<0.05$)(图11)。

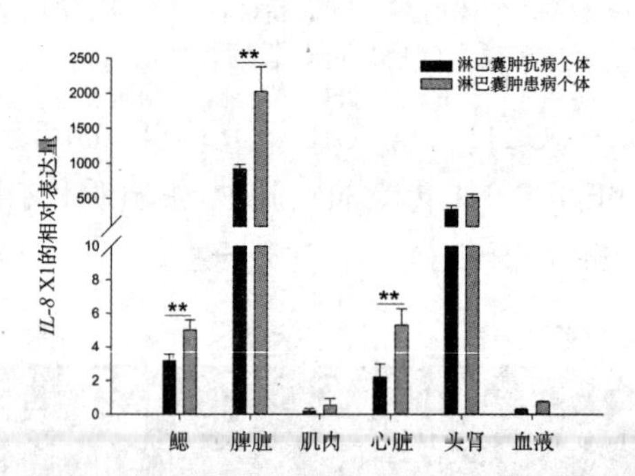

图10 IL-8 X1基因在牙鲆抗淋巴囊肿病和患病个体不同组织的相对表达量

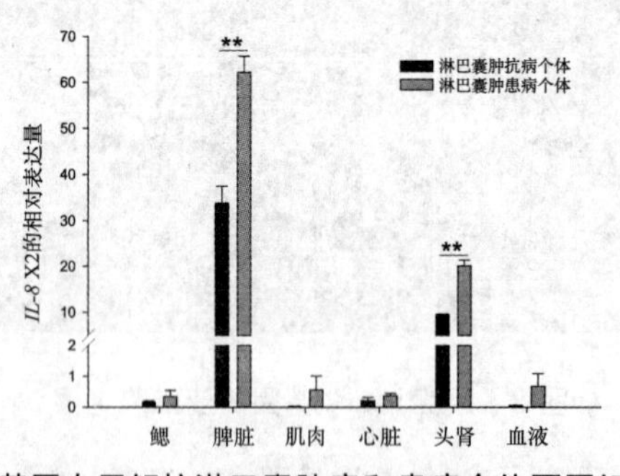

图11 IL-8 X2基因在牙鲆抗淋巴囊肿病和患病个体不同组织的相对表达量

traf2在抗病和患病鱼的血液中几乎不表达,在患病鱼鳃、脾脏和头肾中的表达量显著高于在抗病鱼相应组织中的表达量($P < 0.05$)。在抗病鱼和患病鱼的肌肉和心脏中表达量差异不显著(图12)。

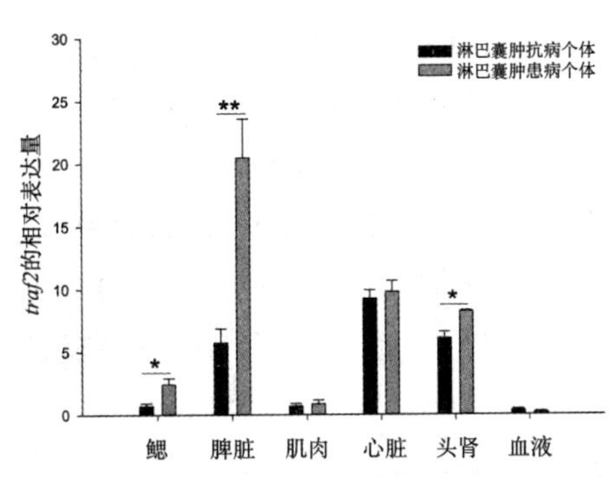

图 12 traf2 基因在牙鲆抗淋巴囊肿病和患病个体不同组织的相对表达量

traf6 在抗病鱼鳃和血液中的表达量显著高于在患病鱼相应组织中的表达量，而在患病鱼脾脏和头肾中显著高于在抗病鱼相应组织中的表达量（$P < 0.05$），在肌肉和心脏中差异不显著（图 13）。

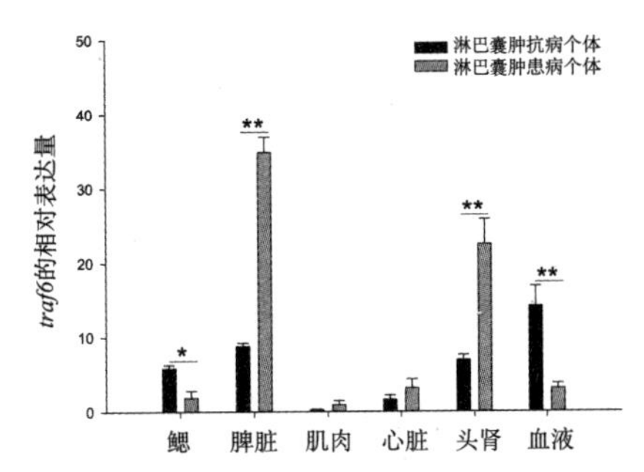

图 13 traf6 基因在牙鲆抗淋巴囊肿病和患病个体不同组织的相对表达量

nfkbi 在抗病鱼肌肉、心脏、头肾和血液中的表达量与其在患病鱼相应组织中的表达量的差异均不显著，在脾脏中差异显著，而在抗病鱼鳃中的表达量显著高于在患病鱼鳃中的表达量（$P < 0.05$）（图 14）。

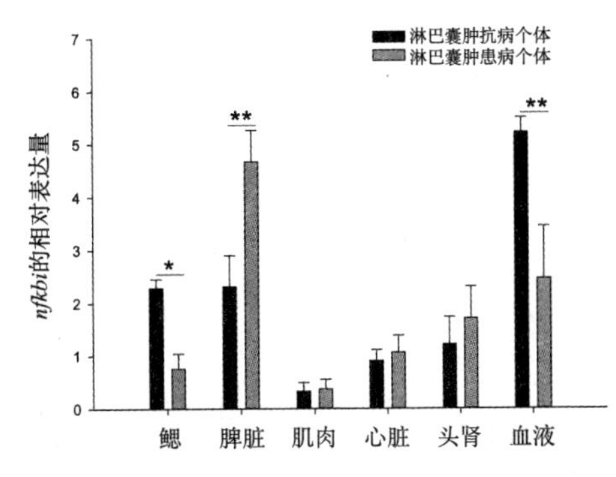

图 14 nfkbi 基因在牙鲆抗淋巴囊肿病和患病个体不同组织的相对表达量

IL-8 通过促进血管形成、影响肿瘤细胞存活、增殖及运动，在肿瘤的发生、发展和转移中发挥重要作用。IL-8 可变剪切体 2 在患病鱼的脾脏和头肾中表达量高于在抗病鱼相应组织中的表达量,而IL-8可变剪切体1在患病鱼的脾脏和血液中表达量高于在抗病鱼相应组织中的表达量,说明这两个剪切体的功能在不同组织中存在差异。

RIG-I也称DDX58,属于RIG-I样受体(RIG-I like receptor ,RLR)家族,RLRs在I型干扰素刺激和病毒感染的情况下大量表达。dhx58在患病鱼脾脏和血液中的表达量均高于在抗病鱼相应组织中的表达量。有研究发现,pol III-RIG-I轴在DNA病毒入侵机体并激活先天性免疫应答中有着重要的作用。而鳃可能是淋巴囊肿病毒入侵的门户,最先激活免疫系统,所以RIG-I在抗病鱼鳃中的表达量高于在患病鱼鳃中的表达量。

在RIG-I信号通路中traf2和traf6被招募进而活化NF-κB。所以,traf2、traf6及nfkbi在脾脏中的表达量趋势一致,均是在患病鱼中的表达量高于在抗病鱼中的表达量。但是,在鳃和血液中的表达量趋势,traf6和nfkbi仍然保持一致,为在抗病鱼中的表达量高于在患病鱼中的表达量。traf2在血液中基本不表达,在患病鱼鳃中的表达量高于在抗病鱼鱼中的表达量。这可能是淋巴囊肿病毒最先入侵鳃,再经血液传至内脏器官的缘故。

(岗位科学家 王玉芬)

半滑舌鳎种质资源与品种改良技术研发与成果转化进展

半滑舌鳎种质资源与品种改良岗位

1 半滑舌鳎群体资源收集与精子库扩建

收集半滑舌鳎福建霞浦群体资源2份,在唐山维卓水产养殖有限公司冷冻保存优质雄鱼精子样品200份。扩容了半滑舌鳎精子库,建立了半滑舌鳎全年繁育技术,实现了半滑舌鳎全年人工催产和繁殖,从1月份至12月份,指导唐山维卓水产养殖公司生产高雌舌鳎受精卵约200千克(图1),实现了按订单生产高雌受精卵,为半滑舌鳎种业形成奠定了基础。

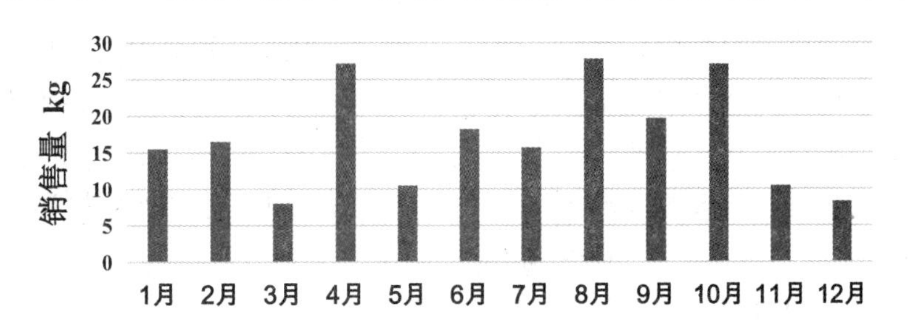

图1 2019年唐山维卓水产养殖公司每月销售半滑舌鳎受精卵量

2 半滑舌鳎家系建立与高产抗病家系筛选

2019年在海阳基地新建半滑舌鳎家系50个,生长状态良好。

2019年7月在烟台海阳基地隔离实验大棚,选取23个2018年舌鳎家系进行人工哈维氏菌感染实验。筛选到高抗家系3个(存活率≥80%)和抗病家系5个(存活率60%～80%)。经过5代选育后,培育出半滑舌鳎"鳎优1号"新品系1个,其在哈维氏弧菌感染后的存活率比对照组提高26%(图2),表现出良好的抗哈维氏弧菌感染能力。

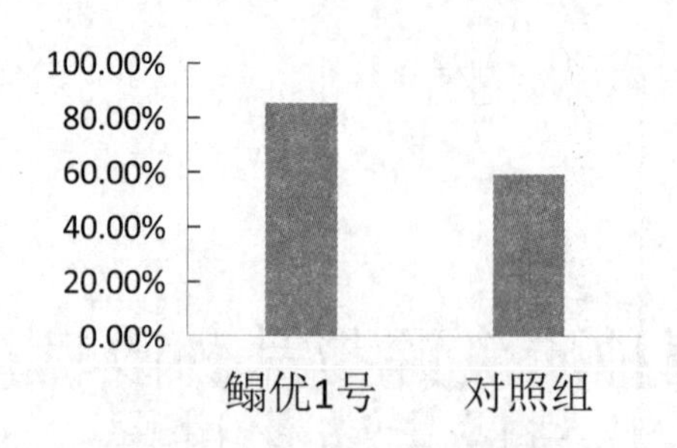

图 2　半滑舌鳎“鳎优 1 号”新品系与对照组感染后存活率比较

3　半滑舌鳎抗哈维氏弧菌病性状基因组选择

从 2014 年、2018 年和 2019 年已进行哈维氏弧菌人工感染实验的家系中挑选了约 1760 尾幼鱼构建参考群体,其中已完成测序并有基因型数据的个体有 1160 尾,还有 600 尾正在测序中。基于已有数据,成功获得 1 072 854 个高质量 SNP 标记。缺失的基因型使用软件 BEAGLE 进行填充,填充平均准确性达 0. 95 以上。基于均匀覆盖基因组的原则,从上述标记中提取了 6 组标记数为 3 k、8 k、10 k、30 k、50 k 和 100 k 的 SNP 子集并使用 5 倍交叉验证方法评估了 4 种基因组选择方法(GBLUP、BayesB、BayesCπ 和 BayesLASSO)在上述标记密度下预测准确性的变化情况。结果表明,与 ABLUP 相比,4 种基因组选择方法的预测准确性至少上升了 20 %;4 种基因组选择方法的预测准确性在 SNP 标记密度为 3k 至 30k 时均随标记密度增加呈现上升的趋势;标记密度为 30 k 时准确性最高,继续增加标记密度,准确性小幅度下降,增加至 100 k 时准确性回升;GBLUP 表现最佳;标记密度为 30 k 时,4 种方法的准确性相似。比较 2018 年高存活率家系(平均存活率 74. 79 %)和低存活率家系(平均存活率 16. 96 %)基因组育种植(GEBV) GEBV 可以发现,高存活率家系 GEBV 明显高于低存活率家系 GEBV (图 3)。

综上,(1)基因组选择的预测准确性高于传统 BLUP 方法并可用于半滑舌鳎抗哈维氏弧菌病的良种选育;(2)综合估算时间和估算速度考虑,GBLUP 可作为目前首选的估算方法。

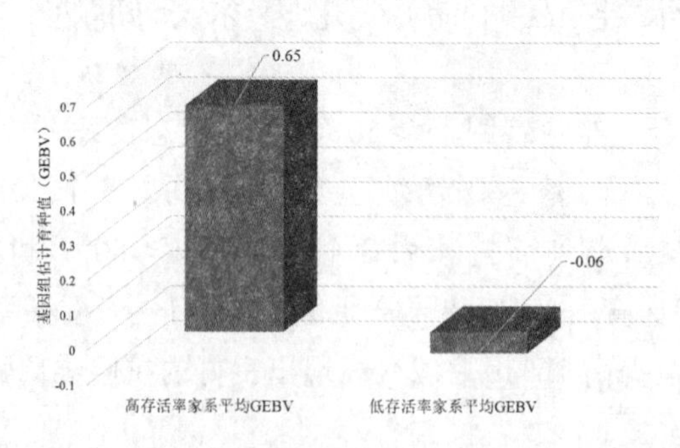

图 3　高存活率家系平均 GEBV 和低存活率家系平均 GEBV 比较

4　半滑舌鳎抗病性状的全基因组关联分析（GWAS）及抗病相关基因筛选

基于多年来构建的半滑舌鳎抗病／易感家系，选取505个个体进行全基因组重测序（哈维氏弧菌感染后死亡个体116个和感染后存活个体389个），获得了650 Gb高质量测序数据，平均测序深度为3.0。鉴定了1 016 774个单核苷酸多态性（SNP）位点（图4）。通过抗病性状的全基因组关联分析（GWAS）和选择消除分析，鉴定了33个抗病显著相关的SNP位点和79个选择消除基因组区域（图5）。对显著关联的SNP上下游一定区域内的基因在NCBI、KEGG等数据库进行功能注释，鉴定了多个与抗病免疫功能显著相关的基因。其中最显著关联的位点位于F-box/LRR-repeat protein 19 gene（*fblx19*）基因上游145 bp。该基因位于17号染色体上的一个选择消除基因组区域，并与已报道的半滑舌鳎抗病QTL重合。此外我们还鉴定到*plekha7*、*nucb2*、*fgfr2*等多个显著关联基因。对上述基因的mRNA表达进行进一步分析，发现部分基因在抗病和易感家系中的表达量存在显著差异。例如，*fblx19*和*plekha7*基因在抗病家系肝脏中的表达量明显高于在不抗病家系肝脏中的表达量。

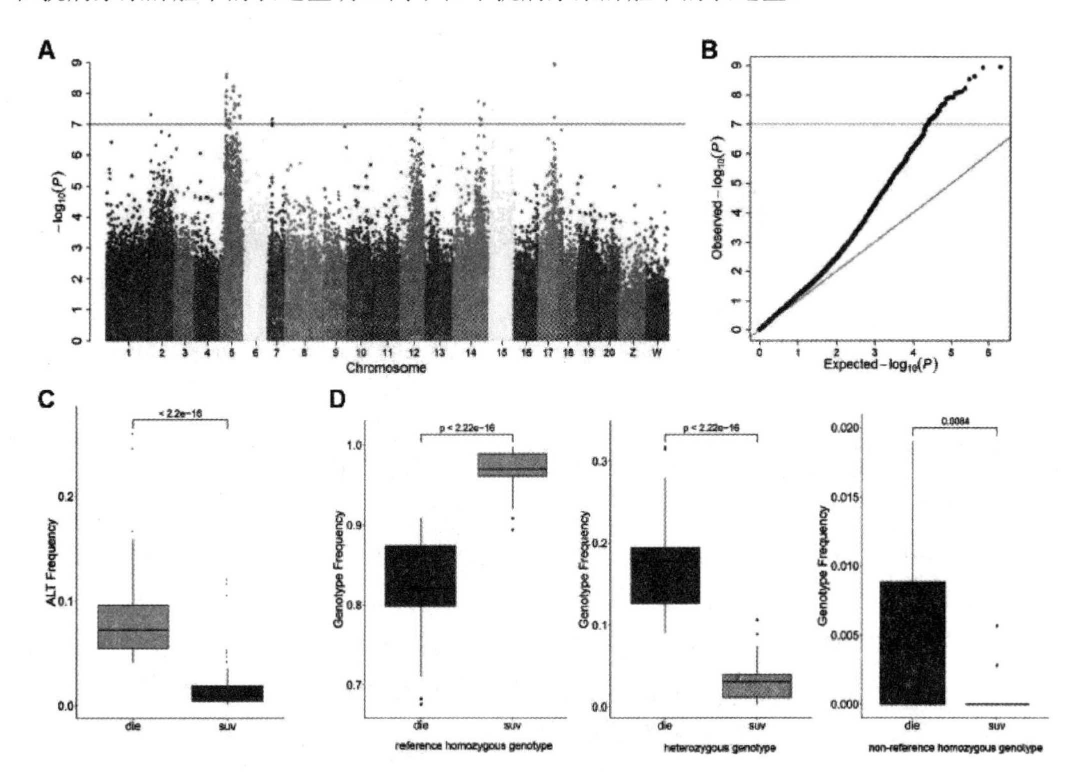

图4　半滑舌鳎抗哈维氏弧菌抗病相关GWAS分析结果（Zhou等，2019）

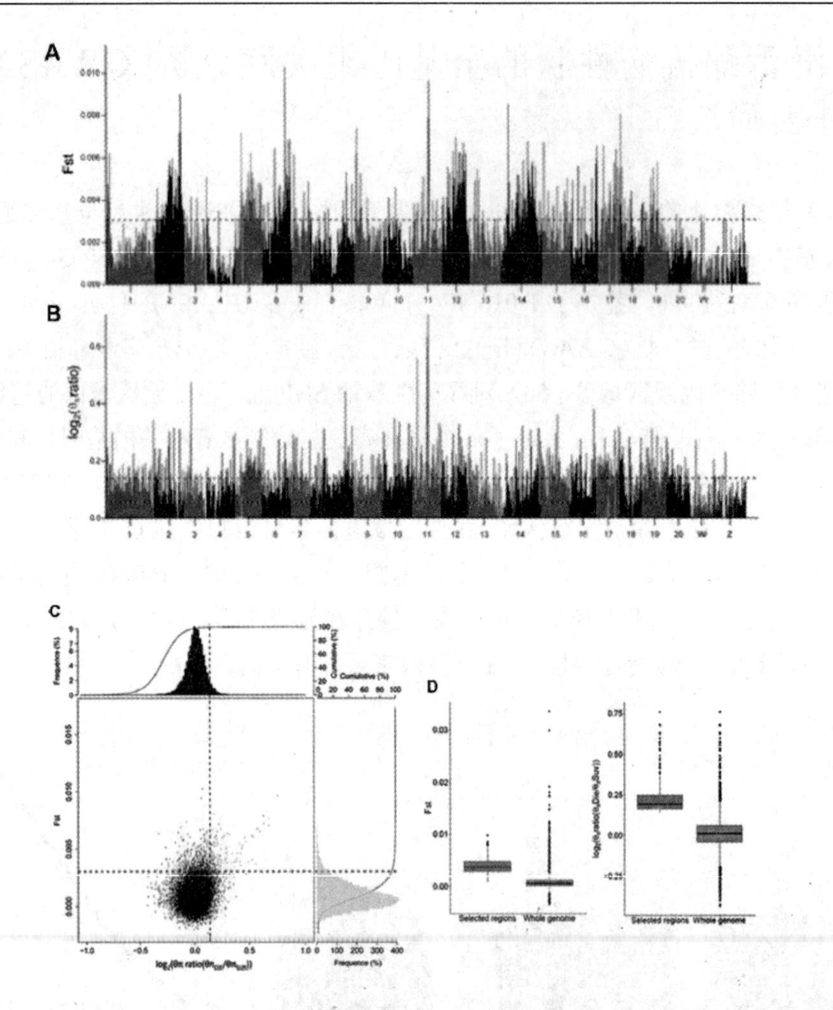

图 5　半滑舌鳎抗病性状 Fst 和核酸分类评估的 GWAS 扫描基因区域(Zhou 等, 2019)

5　半滑舌鳎免疫相关组织转录组比较分析

分别对感染哈维氏弧菌前后的半滑舌鳎抗病家系和易感家系进行转录组测序,获得了 4 组半滑舌鳎样本的 12 个转录组数据,共产生 10.95 亿对双端序列(paired-end reads),clean reads 大小从 75.27 M 到 99.97 M 不等。通过 4 组间比较分析,发现了 713 个表达存在显著差异的基因。qPCR 实验进一步验证了基因表达水平的正确性(图 6)。研究结果可为半滑舌鳎抗哈维氏弧菌感染免疫反应研究提供资源。

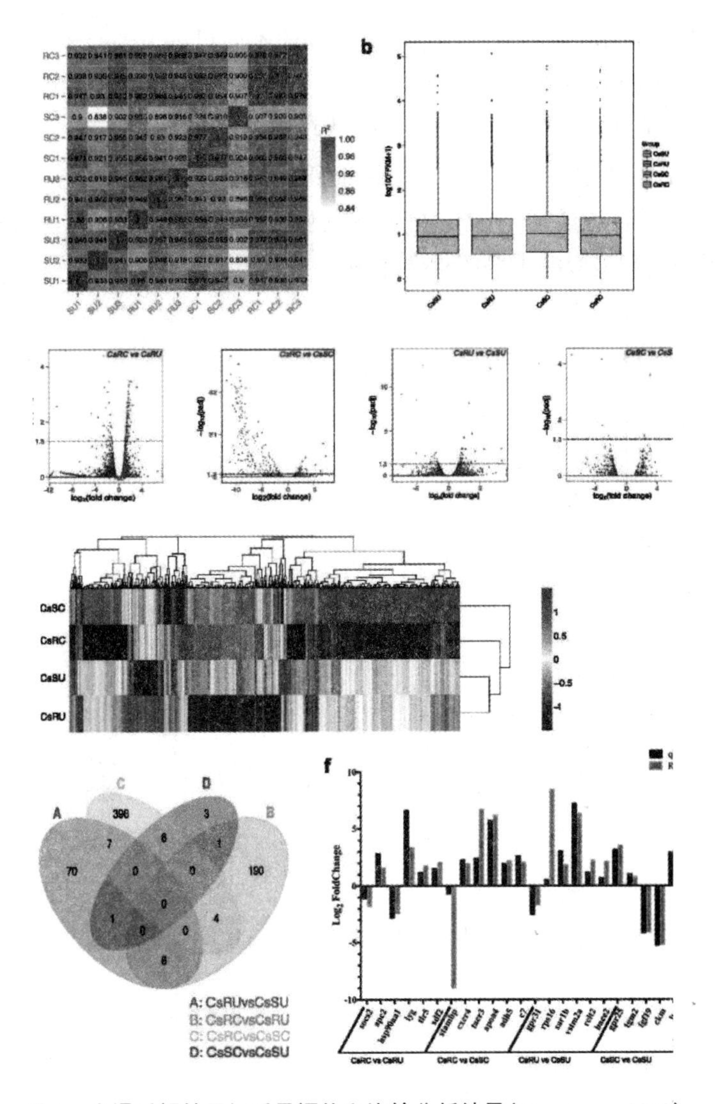

图 6　半滑舌鳎转录组质量评估和比较分析结果（Xu et al.，2019）

6　半滑舌鳎多聚免疫球蛋白受体（pIgR）基因的克隆和表达分析

根据半滑舌鳎基因组数据库中预测的多聚免疫球蛋白受体（Polymeric immunoglobulin receptor，*pIgR*）序列，通过 PCR 和 RACE 技术获得了半滑舌鳎 pIgR 基因 cDNA，全长为 1 419 bp，ORF 为 1 020 bp，编码 339 个氨基酸，5′UTR 区域为 109 bp，3′UTR 区域为 290 bp。保守结构域分析显示，半滑舌鳎 pIgR 蛋白包含 1 个信号肽，2 个免疫球蛋白功能域（Ig-like domain，ILD）和 1 个跨膜结构域。经蛋白序列同源比对和系统进化树分析，发现半滑舌鳎 pIgR 与大菱鲆（*Scophthalmus maximus*）和牙鲆（*Paralichthy solivaceus*）的 *pIgR* 亲缘关系最近。qPCR 分析显示，*pIgR* 基因在健康半滑舌鳎的不同组织中均有表达，在鳃中表达量最高，在肌肉中表达量最低(图 7)。经哈维氏弧菌(*Vibrio harveyi*)感染刺激后，*pIgR* 基因在半滑舌鳎的 5 个组织(肝脏、脾脏、肾脏、肠和鳃)中的表达量均呈先上升后下降的趋势，其中，在脾脏和鳃中 48 h 达到最高值，在肝脏、肾脏和肠中 72 h 达到峰值。与内脏组织不同的是，*pIgR* 基因在皮肤中的表达量呈一直上升的趋势(图 8)。上述结果表明，*pIgR* 基因在半滑舌鳎抵御哈维氏弧菌的免疫应答中发挥重要作用。

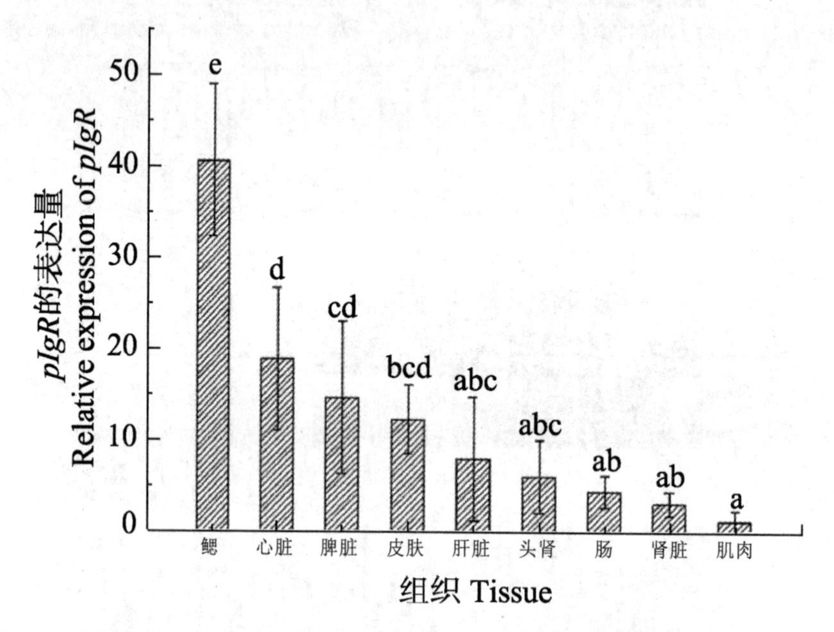

图 7　半滑舌鳎 ***pIgR*** 基因在不同组织的表达分布(王双艳等，2019)

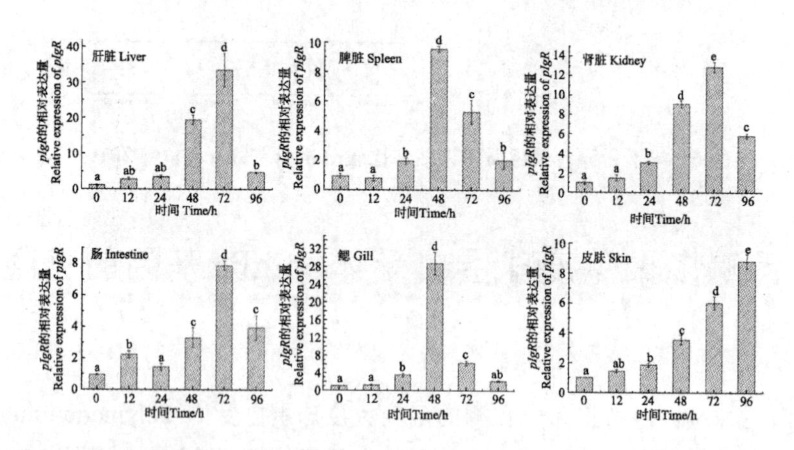

图 8　哈维氏弧菌感染后半滑舌鳎 ***pIgR*** 在免疫组织中表达变化(王双艳等，**2019**)

7 半滑舌鳎伪雄鱼鉴定技术推广及高雌苗种生产

陈松林研究员继续带领或委派团队成员和研究生先后赴唐山维卓水产养殖公司、福建新海鑫水产养殖公司(图 9)等开展半滑舌鳎亲鱼人工催产和授精、遗传性别检测、高雌苗种制种、健康养殖和抗病高产良种培育等技术的指导服务,示范推广半滑舌鳎科技成果。共进行了4200多尾雄性亲鱼的遗传性别鉴定,剔除伪雄鱼,筛选出3000多尾优质雄性亲鱼。其中,在唐山维卓公司采用优质雄鱼生产高雌受精卵200千克,将半滑舌鳎苗种中的雌鱼比例从20%左右提高到40%左右;指导公司生产高雌苗种100万尾以上,约占全国半滑舌鳎受精卵销售量的80%;在福建新海鑫公司指导生产高雌受精卵15千克,将半滑舌鳎养殖推广到了南方。将苗种生理雌鱼比例从20%左右提高到40%左右,为半滑舌鳎养殖业的可持续发展提供了强有力的技术支撑,产生了良好的经济效益和社会效益,得到企业和业界的好评,为半滑舌鳎产业发展做出重要贡献。

科技服务助力乡村振兴 绿色养殖提升舌鳎产业

2019-08-08 作者：余志远 来源：霞浦县海洋与渔业局

8月2日-6日，中国水产科学研究院黄海水产研究所水产生物技术与基因组研究室主任陈松林研究员等一行来到福建省霞浦县大京村福建新海鑫水产养殖有限公司，开展半滑舌鳎养殖技术指导，提升半滑舌鳎养殖产业。

图 9　陈松林带队赴福建新海鑫水产养殖公司进行半滑舌鳎高雌苗种制种技术服务

8 产业调研及科技培训

陈松林研究员先后9次带队分赴河北省北戴河、乐亭、曹妃甸和山东省莱州、昌邑、日照、海阳,以及福建霞浦、漳浦等地进行调研,包括中国水产科学研究院北戴河中心实验站、河北省秦皇岛粮丰海洋生态科技开发股份有限公司(封闭式循环水半滑舌鳎工厂化养殖推广基地)、河北省鼎盛海洋生态水产养殖有限公司(河北省鼎盛半滑舌鳎良种场)、唐山维卓水产公司(河北省半滑舌鳎良种场)、山东莱州明波水产公司、海阳黄海水产公司、昌邑市海丰水产有限公司、日照市海洋水产资源增殖有限公司、福建新海鑫水产养殖公司等调研唐山市维卓水产养殖有限公司、唐山市欣澳水产养殖公司、秦皇岛粮丰海阳生态科技开发有限公司、秦皇岛鼎盛海洋生态水产养殖公司等较大规模的养殖公司,实地考察了鲆鳎鱼类养殖情况,对半滑舌鳎的养殖情况及产业中存在的问题进行了详细的调研。陈松林研究员还考察了半滑舌鳎高雌苗种制种和基因编辑鱼苗的孵化,现场指导半滑舌鳎高雌高产良种选育过程。该调研工作深度考察了鲆鳎鱼类主要养殖场区,梳理了半滑舌鳎养殖产业的主要问题,解答了养殖户提出的问题,对于通过生物技术解决产业中存在的重大问题,加快鲆鳎鱼基因组研究成果转化具有重要意义。

此外,2019 年 11 月 1～3 日,陈松林研究员与关长涛首席联合组织在青岛召开了全国鲆鳎鱼类科技创新与产业发展大会,召集相关科研院所和企业的科技工作者、企业家等 200 多人参加会议(图 10),为从事鲆鳎鱼类科学研究和养殖业的科技工作者和企业家提供沟通交流平台,让科学家和企业家面对面交流,有力促进了产学研的结合和生产中的实际问题的解决,对我国鲆鳎鱼类养殖产业的有序和健康发展起到积极的推动作用。陈松林研究员还多次受邀做大会报告或技术培训,开展半滑舌鳎育种技术及产业发展的前沿专题讲座与培训。

图 10　全国鲆鳎鱼类科技创新与产业发展大会合影(2019 年 11 月 2 日)

(陈松林,李仰真,王磊,李希红,周茜,刘洋,郑卫卫,杨英明,徐文腾,邵长伟)

大黄鱼种质资源与品种改良研究进展

大黄鱼种质资源与品种改良岗位

2019年大黄鱼品种改良研究工作取得了多方面的进展。基于少量大效应位点分子标记辅助选育的抗内脏白点病选育群体，显示了显著的抗病和提高成活率效果；用筛选的7个SNP标记辅助选育的“节本”选育群体，初步显示出生长速度提高、对低鱼粉饲料具有更好的适应性的优势；兼顾体形和肌肉HUFA含量的优质品系完成了继代选育。

1 大黄鱼抗内脏白点病选育技术研究的取得重要进展

1.1 选育群体抗内脏白点病效果在发病季节得到验证

2018年春季利用筛选的20个SNP标记，按照基因组选择方法操作培育的选育群体“ppr1801”，在霞浦县东安村海区养殖。当年6～7月该海区养殖大黄鱼暴发“烂皮烂身”病，大面积死亡，而选育群体成活率比周边群众养殖的普通大黄鱼高1倍以上。2019年3～5月福建养殖大黄鱼内脏白点病大爆发，该选育群体养殖海区周边渔排普通大黄鱼几乎100%感染内脏白点病，死亡率50%以上；同期选育、同样条件养殖的“福康1801”约有40%个体被感染，有症状，但出现死亡；而ppr1801（没有投喂恩诺沙星等抗生素药物）则基本没有发现被变形假单胞菌感染而发病的情况（表1）。

表1 2019年5月8日试验点取样进行内脏白点病染病情况检测的结果

组别	ppr1801	福康1801	对照组
染病／取样	0/30	12/30	30/30
染病率	0	40	100

2019年春季从2017年繁育的“闽优1号”（F9）以及“福康1701”和“福康1702”中挑选候选亲本，利用2018年初建立和使用的方法，从835尾（538尾雌鱼和297尾雄鱼）有效候选亲本中按照基因组育种值选出雌鱼71尾、雄鱼38尾进行催产育苗，于2月19日和3月5日2次产卵培育出2个新的选育群，称为ppr1901和ppr1902，共育苗237万尾，分散到福建宁德到浙江宁波多地养殖。至2019年12月，选育的鱼苗在各养殖点成活率均高于其他选

育品系，与群众育苗场培育的普通鱼苗相比成活率最高提高 25% 以上、相对成活率最高提高近 1 倍（55. 9% 比 <30%）。

1. 2 新的辅助育种分子标记的筛选

用新参考群更精细定位了抗病相关区域，筛选出一组新的辅助育种分子标记。2018～2019 年选育所用分子标记是基于“闽优 1 号”大黄鱼 1 个攻毒实验群体 200 个极端表型个体 GWAS 结果所获得的，用于“闽优 1 号”之外大黄鱼群体的抗内脏白点病选育可能效果不佳。因此，2018 年年底从 4 个已隔离多代的不同养殖群体采集幼鱼重新构建了 1 个参考群，并进行了攻毒实验，采集 600 尾极端表型个体提取了基因组 DNA（参见 2018 年的《国家海水鱼产业技术体系年度报告》）。对该 600 尾极端表型个体进行深度约 6. 5× 的全基因组重测序，分型获得近 1000 万个 SNP，用 control-case 模型和单标记线性模型分别进行 GWAS（图 1 和图 2），更精细地定位了抗病 / 敏感相关位点，进而筛选用于辅助育种的分子标记。

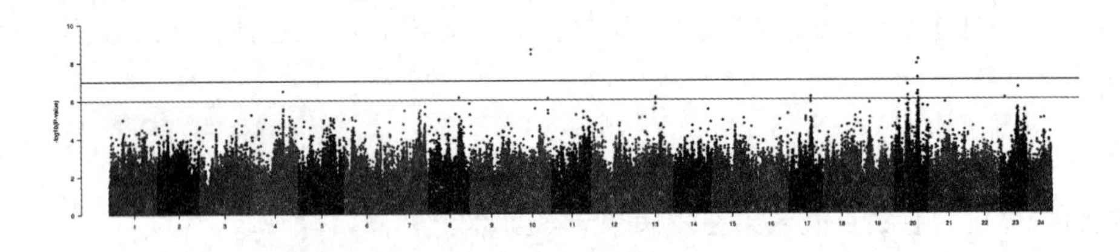

图 1 基于 Case-control 模型的 GWAS 结果

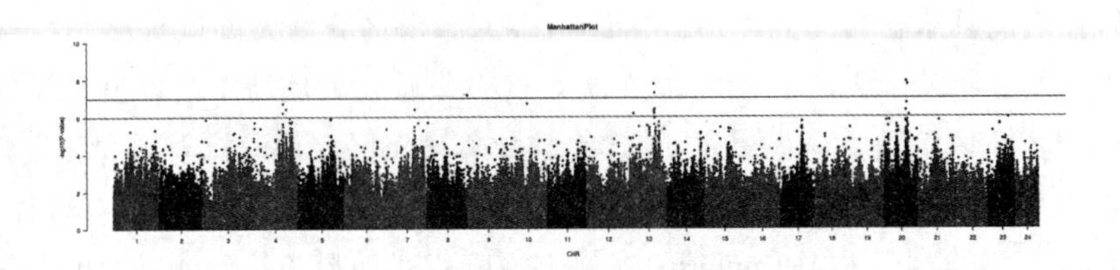

图 2 基于线性模型的 GWAS 结果

2 大黄鱼节本基因组选育试验取得可喜的初步结果

通过遗传改良培育对鱼粉鱼油需求量低的节饲或耐粗饲品种，对于肉食性水产动物养殖业的长续发展具有极其重要和深远的意义。以 2017 年用无鱼粉无鱼油饲料喂养实验的群体为参考群，2018 年完成了 313 个生长快或差的极端表型个体的测序和数据分析，包括 GWAS（参见 2018 年度的《国家海水鱼产业技术体系年度报告》）。2019 年春季从中选取 7 个效应较大的 SNP 标记设计探针，建立 MassArray 检测分型技术，对 1151 尾候选亲鱼进行基因分型，最终从 659 尾有效候选亲本中（418 尾雌鱼和 241 尾雄鱼），根据育种值排序选择 25 尾雌鱼和 21 尾雄鱼作为入选亲本，2 月 19 日催产，培育出平均全长 4. 42 cm 的选育鱼苗42万尾，建立了首个大黄鱼“节本”选育群，暂名为JB1901。表2是入选亲本的体重和育种值。JB1901与福康1901和ppr1901同日催产、产卵，同样条件育苗。前期3组鱼苗生长速度相似；到育苗后期开始投喂人工配合饲料后，JB1901就逐渐显示出生长优势；至4月25日同行专家进行现场验收时，JB1901鱼苗平均体重达到0.59 g，是福康1901（平均0.51 g）的1.16倍、ppr1901（平均0.46 g）的1.28倍；后续的养殖中，包括在用鱼粉含量低的饲料喂养对比的实验中，JB1901仍然保持生长优势。这初步显示所采用的选育技术，有望选育出对饲料鱼粉需求量低且生长快的新品系。

表2　2019年春“节本”大黄鱼选育入选亲本的体重与基因组育种值

雌鱼				雄鱼			
ID	电子标签	体重/g	GEBV	ID	电子标签	体重/g	GEBV
1	201380300341	630.0	12.66	1	201380301685	647.1	12.76
2	201380301548	790.3	12.66	2	201380300528	546.0	12.66
3	201380301315	589.1	12.66	3	111880513809	522.8	12.66
4	111880513920	699.3	12.66	4	111880515484	749.1	12.66
5	120030289130	640.0	10.39	5	111880514454	652.4	12.66
6	111880513873	619.0	9.59	6	201380301206	653.0	12.66
7	201380300665	623.8	9.49	7	201380301135	554.3	10.39
8	201380301292	575.9	9.49	8	201380301154	772.1	10.39
9	201380300645	588.9	9.49	9	111880513846	698.1	9.49
10	111880513810	896.7	9.49	10	201380300234	595.1	9.49
11	201380300515	821.6	9.49	11	201380301269	557.3	9.49
12	111880515037	665.1	9.49	12	111880513883	666.9	9.49
13	201380300003	686.0	9.49	13	201380301273	534.4	9.49
14	111880515089	722.1	9.49	14	201380301303	597.3	9.49
15	111880513995	649.9	9.49	15	201380301445	751.6	9.49
16	111880515032	701.9	9.49	16	201380300471	536.7	8.61
17	201380301127	630.2	8.61	17	111880513877	576.0	8.61
18	111880514495	558.2	8.61	18	201380300166	720.0	8.61
19	201380300538	676.8	8.61	19	201380300568	680.7	8.61
20	120029902261	747.9	8.61	20	201380300029	790.4	8.61
21	111880514106	627.2	8.61	21	111880513822	762.9	8.20
22	120030284211	736.8	8.61	平均		675.9	9.70
23	111880515696	721.3	8.61				
24	201380300135	647.9	8.20				
25	201380300731	652.8	8.12				
平均		645.9	10.2				

表 3　2019 年春霞浦东安养殖点大黄鱼各选育组生长性状测量结果

组别	2019 年 9 月 8 日测量			2019 年 12 月 11 日测量		
	体长 /cm	体高 /cm	体重 /g	体长 /cm	体高 /cm	体重 /g
福康 1901	11.59±1.64	3.53±0.52	30.76±12.14	16.66	5.06	102.35
ppr1901	11.64±1.39	3.53±0.43	30.60±10.51	16.65	5.06	98.86
JB1901	12.35±1.36	3.82±0.44	38.79±10.97	16.69	5.08	108.3

表 4　JB1901 与普通大黄鱼用不同饲料喂养对比 1 个月时的结果

组别		JB1901 (普通饲料)	JB1901 (低鱼粉料)	对照 (普通粉料)	对照 (低鱼粉料)
11 月 20 日	体长 /cm	16.96±1.56	16.57±1.72	15.92±2.12	16.04±1.17
	体高 /cm	4.95±0.52	4.7±0.61	4.77±0.35	4.59±0.35
	体宽 /cm	2.67±0.46	2.76±0.41	3.05±0.4	2.76±0.33
	体重 /g	93.29±24.31	88.57±28.05	85.34±13.24	81.42±16.26
12 月 20 日	体长 /cm	18.4±1.75	18.09±1.24	17.45±1.4	17.36±1.2
	体高 /cm	5.57±0.52	5.32±0.41	5.24±0.36	5.18±0.41
	体宽 /cm	3.34±0.33	3.27±0.24	3.16±0.21	3.05±0.37
	体重 /g	125.04±36.46	114.1±23.75	103.24±20.52	98.01±20.84
饲料投喂量 /kg		160	140	160	140
增重量 /g		31.75	25.53	17.9	16.59
增重率 /%		34.03	28.82	20.97	20.38
饵料系数		1.68	1.83	2.98	2.81
成活率 /%		99.09	99.26	99.43	99.63

说明：11 月 20 日每组(每个网箱)放入幼鱼 3000 尾。表中普通饲料(即中档饲料)鱼粉添加量 47%、鱼油添加量 2%，加上鱼粉中所含鱼油，鱼油实际含量为 5.76% 左右；低鱼粉饲料(即低档饲料)鱼粉添加量 27%、鱼油添加量 2%，加上鱼粉中所含鱼油，鱼油实际含量为 4.16% 左右。两种饲料油脂总量均为 8%。成活率根据实验开始时放入幼鱼数量减去实验开始后每天记录的死亡幼鱼数量计算。

3. 大黄鱼品质改良育种技术研究

3.1　完成了 2017 年选育的“福康”大黄鱼的继代选育

2019 年春季从 2017 年选育的“福康 1701”和“福康 1702”中挑选候选亲本，采用 KASP 技术对 2017～2018 年使用的 7 个 SNP 标记位点分型，计算基因组育种值(GEBV)，并按照选择指数 I = 标准化的基因组育种值 ×1/3 + 标准化的体质量 ×2/3（注：标准化的方法是将基因组育种值或体质量除以标准差)，计算每个候选亲本的选择指数。然后根据选择指数，从520尾有效候选亲本（322尾雌鱼、198尾雄鱼）中挑选出雌鱼41尾、雄鱼21尾作为入选亲本繁育F2代鱼苗（表5），共培育出平均全长4.14 cm的F2代鱼苗47万尾，称为福康1901。其中在福建养殖42万尾，由宁波综合试验站进行示范养殖的鱼苗5万尾。

表5　2019年春高品质大黄鱼继代选育亲本育种值与选择指数

雌鱼					雌鱼				
序号	PIT号	体重/g	GEBV	SI	序号	PIT号	体重/g	GEBV	SI
1	201380300450	820.68	4.5288	2.192	33	201380300911	661.20	2.1780	0.832
2	201380300836	869.78	2.4404	1.722	34	201380300409	657.93	2.1780	0.819
3	201380301529	882.80	2.1780	1.689	35	201380300651	656.70	2.1780	0.814
4	201380301255	841.85	2.4404	1.614	36	201380300849	656.50	2.1780	0.814
5	201380300350	646.20	4.5288	1.517	37	201380301109	644.70	2.1780	0.768
6	201380301051	832.58	2.1780	1.495	38	120030254287	644.57	2.1780	0.768
7	201380301015	820.36	2.1780	1.448	39	201380301240	623.00	2.4404	0.767
8	201211786798	641.50	4.2664	1.416	40	201380301423	621.58	2.4404	0.762
9	111880514433	869.15	1.2821	1.353	41	120030289130	640.00	2.1780	0.750
10	201380301318	755.93	2.6427	1.345	雄鱼				
11	201380300034	730.13	2.6524	1.248	序号	PIT号	体重/g	GEBV	SI
12	201211787244	746.20	2.1780	1.161	1	111880514444	823.60	2.6427	1.877
13	201380300176	742.90	2.1780	1.148	2	111880513846	698.10	4.2664	1.815
14	201380300826	827.60	1.0797	1.128	3	201380301118	637.89	4.2664	1.543
15	201211786797	783.10	1.5628	1.109	4	201380301515	752.40	2.4404	1.491
16	111880514418	692.00	2.6524	1.101	5	201380300388	617.50	4.2664	1.450
17	201380300510	990.30	-1.0686	1.079	6	111880514443	741.20	2.3896	1.425
18	201380301101	708.87	2.1780	1.016	7	120029869859	610.50	4.2567	1.416
19	111880514455	758.39	1.5628	1.013	8	201380300900	713.27	2.1780	1.232
20	201380301355	703.60	2.1780	0.996	9	201380301348	711.50	2.1780	1.224
21	111880513821	755.64	1.5217	0.990	10	201380300686	722.73	1.8252	1.165
22	201380300891	697.40	2.1780	0.972	11	201380300463	668.30	2.4404	1.110
23	201380301597	598.07	3.3380	0.954	12	201380301342	606.72	3.1681	1.059
24	201380300370	669.60	2.4404	0.947	13	201380300727	628.10	2.7027	1.010
25	201380300056	684.73	2.1780	0.923	14	120030277855	644.30	2.4404	1.002
26	201211788613	666.30	2.3804	0.916	15	201380300630	517.40	4.2664	0.997
27	201380300827	676.60	2.1780	0.891	16	201211788692	629.79	2.4404	0.936
28	111880514430	672.70	2.1780	0.876	17	201380301395	623.30	2.4404	0.907
29	201380301214	725.70	1.5120	0.871	18	201380301268	616.90	2.4404	0.878

续表

雌鱼					雌鱼				
序号	PIT 号	体重 /g	GEBV	SI	序号	PIT 号	体重 /g	GEBV	SI
30	201380300020	646. 90	2. 4404	0. 860	19	111880513885	598. 60	2. 6524	0. 861
31	201380301062	612. 26	2. 8453	0. 853	20	201380300259	597. 20	2. 4404	0. 788
32	111880514431	665. 90	2. 1780	0. 850	21	201380300379	579. 45	2. 4404	0. 708

3.2 福康大黄鱼的品质分析

2019 年 1 月分别取“福康 1701”“福康 1702”各 15 尾,同期在同样地点同样条件下养殖的普通大黄鱼 15 尾,每尾鱼取 5g 背部肌肉,5 尾鱼的肌肉混合制成 1 个测样,每组 3 个测样,进行脂肪酸含量分析。其中 DHA 和 EPA 含量的测定结果见表 6。由表 6 可见,2 个选育群 EPA 和 DHA 含量分别比对照组相对提高了 15% 和 6% 以上。

表 6 2017 年大黄鱼高品质选育群肌肉 EPA 和 DHA 测定结果

组别	EPA 含量 /(mg/g)	DHA 含量 /(mg/g)	EPA 和 DHA 总含量 /(mg/g)
福康 1701	4. 610±0. 1500	11. 859±0. 2836	16. 469±0. 3171
福康 1702	4. 599±0. 0703	11. 826±0. 2061	16. 428±0. 1376
对照组	3. 996±0. 0305	11. 132±0. 3165	15. 128±0. 3468
1701 提高率 /%	15. 37	6. 53	8. 86
1702 提高率 /%	15. 08	6. 23	8. 57

注:表中 EPA 与 DHA 含量单位为 mg/g,即每 g 干重肌肉中含有的量。

(岗位科学家 王志勇)

石斑鱼种质资源与品种改良技术研发进展

石斑鱼种质资源与品种改良岗位

1　工作内容

本年度石斑鱼种质资源与品种改良岗位开展了石斑鱼种质资源保存与评价、石斑鱼优良品种(系)培育、石斑鱼重要性状相关功能基因挖掘和分子标记筛选与应用等方面的技术研究。

1.1　建立了石斑鱼亲本筛选技术

我们之前获得的“虎龙杂交斑”新品种,是通过传统杂交育种方法获得的,在此基础上,利用繁育基础群体构建了全同胞、混交家系,利用简化基因组技术 RAD-seq,结合 GWAS 和数量性状基因定位(QTL-mapping)方法,获得鞍带石斑鱼和棕点石斑鱼的生长性状相关位点,进而建立了“虎龙杂交斑”亲本棕点石斑鱼和鞍带石斑鱼的分子标记筛选技术。

1.1.1　基于 GWAS 的鞍带石斑鱼亲本筛选技术研究

采集了 10 尾鞍带石斑鱼亲本(体质量 38. 0～76. 5 kg,体长 93～140 cm)基因组 DNA,构建文库进行了 RAD-seq 测序分析,结果表明:鞍带石斑鱼的基因组大小为 1021 M 碱基,有效大小为 979 M 碱基,共获得 388 M 个读段,共 34900 M 碱基。以斜带石斑鱼基因组为参考序列与之比较发现 80. 01% 的碱基(310 M 个读段,共 27925 M 碱基)比对上参考基因序列,平均测序深度为 28. 53X,测序得到的读段对参考基因的覆盖度为 96. 98%。共发现 11249576 个纯合型 SNPs 和 716552 个杂合型 SNPs,1730531 个纯合型 indels 和 79573 个杂合型 indels。

采用关联分析软件 Tassel 3. 0 对 1 个鞍带石斑鱼混合家系群体(包括 4 尾雄鱼和 4 尾雌鱼亲本,289 个子代)进行全基因组关联分析,共鉴定出 36 个生长相关位点,其中体重相关位点 3 个,体厚相关位点 19 个,体长相关位点 9 个,全长相关位点 3 个,体高相关位点 2 个。这些 SNPs 解释的表型变异范围从 7. 09% 到 18. 42%。

此外,在染色体上确定了 22 个与生长性状相关的数量性状位点(QTLs)区域,其中 9 个为显著关联的 QTLs,13 个为潜在显著关联的 QTLs。QTL (LG17:6934451)在体重和体高之间共享,而体长的两个显著 QTLS (LG7:22596399 和 LG15:11877836)在全基因组水平上与全长相关区域一致(表 1)。

表 1 关联区域信息

性状	连锁群	SNP ID	QTL region/bp	-log10/P value	解释的表型变异 /%	Gene	次等位基因频率
体厚	1	LG1: 7319930	7269930-7369930	5. 38	10. 76	ZN609	0. 07
	8	LG8: 571647	521647-621647	5. 38	10. 17	ABHD17C	0. 1
	14	LG14: 27685919	27635919-27735919	5. 52	9. 35	VEGFAA	0. 46
体长	1	LG1: 6376504	6326504-6426504	8. 80*	18. 42	LRRN3	0. 5
	6	LG6: 13723081	13673081-13773081	5. 13	8. 71	WNT8	0. 23
						WNT8b	
	10	LG10: 14874207	14824200-14924207	7. 68*	13. 55	PITPNC1	0. 28
	15	LG15: 11877836	11827836-11927836	7. 52*	11. 43	PTPRE	0. 5
全长	15	LG15: 11877836	11827836-11927836	5. 19	7. 44	PTPRE	0. 5

注: 没有候选基因的 QTLs 没有列出。

1.1.2 基于 GWAS 的棕点石斑鱼亲本筛选技术研究

1. 1. 2. 1 基于 ddRAD-seq 技术和 GWAS 方法获得石斑鱼生长性状相关位点和基因

使用 4 尾雌鱼和 4 尾雄鱼亲本构建混合家系。4 个月后随机选取 172 尾子代用于生长相关标记的筛选。每尾鱼均剪取鳍条并测量 5 个生长性状: 体重(132. 0 ± 18. 5 g), 体长(19. 5 ± 1. 0 cm), 全长(16. 4 ± 0. 8 cm), 体高(54. 4 ± 3. 1 mm)和体宽(28. 0 ± 2. 1 mm)。

172 条棕点石斑鱼的过滤后数据共计 200440 万条, cleandata 为 57. 7 Gb, GC 含量为 42%。Q20 和 Q30 的平均水平分别为 95. 4% 和 89. 6%。过滤后共挖掘 43,688 个 SNP 位点。其中, 转换(37. 6% A/G 和 37. 4% C/T)占 SNPs 总数的 75%, 颠换(6. 48% A/C、6% A/T、5. 83% C/G 和 6. 67% G/T)占 SNPs 总数的 25%。

1. 1. 2. 2 生长性状全基因组关联分析

基于 Bonferroni 校正, 性状显著性 SNPs 阈值为 $-\lg(P = 0.05/43688) = 5.94$。与生长性状显著相关的 SNP 共 5 个, 17: 708037 与体重显著相关, 23: 29601315 与体重、体长、体高和体宽均显著相关, 17: 25642577 与体重显著相关, 14: 2529062 与全长显著相关, 3: 8159250 与体宽相关(表 2)。潜在显著 SNPs 阈值设置为 5, 潜在显著相关的 SNP 位点共 18 个。其中 3 个与体重相关, 9 个与全长相关, 3 个与体长相关, 3 个与体宽相关。与 SNP 潜在关联的候选基因在表 3 列出。

表 2 与生长性状显著相关的 SNP 位点信息

Marker 标记	F value	-lg (*P* value)	表型变异解释率	等位基因	性状
17: 708037	17. 73	6. 968	15. 46	C/T	Body weight
23: 29601315*	17. 32	6. 820	15. 13	A/C	Body weight

续表

Marker 标记	F value	-lg（P value）	表型变异解释率	等位基因	性状
17:25642577	26.19	6.065	11.97	A/C	Body weight
14:2529062	16.36	6.449	15.15	C/G	Total length
23:29601315*	16.41	6.492	14.89	A/C	Body length
23:29601315*	15.62	6.207	0.1384	A/C	Body height
3:8159250	15.29	6.082	13.99	C/G	Body thickness
23:29601315*	15.16	6.038	13.90	A/C	Body thickness

* 表示该位点与其他生长性状也存在显著关联。

为了验证 SNP 位点 23:29601315，我们使用了一个新的实验群体进行实验，结果发现该位点与生长性状显著相关，且 C 是优势等位基因，CC 是优势基因型。具有 C 等位基因的个体各生长性状均具有优势（图 1）。

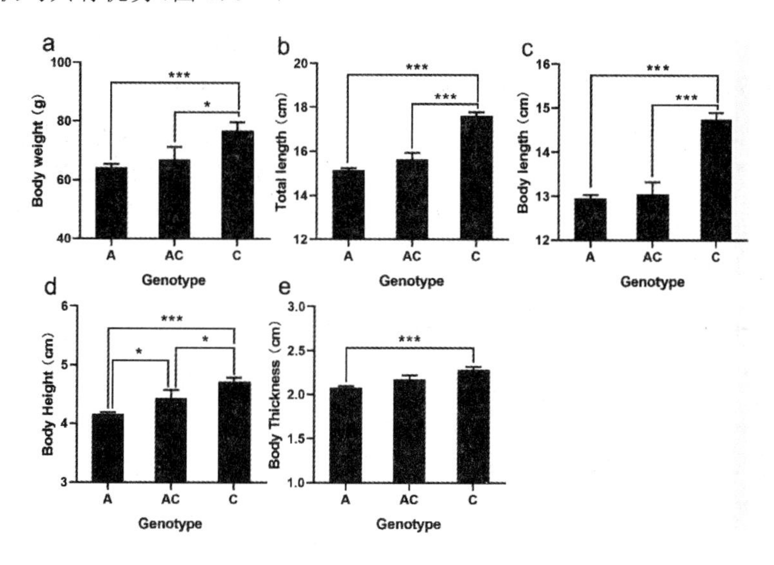

图 1　SNP 位点 23:29601315 与生长性状的关联分析

a，b，c，d 和 e 代表了体重、全长、体长、体高和体宽与 SNP 23:29601315 的关联分析

1.2　优化了石斑鱼精子冷冻保存方法

本团队于 2019 年 5～7 月在海南晨海水产有限公司感城基地开展精子冷冻保存研究。经过深入地探索和实践，成功优化了棕点石斑鱼的精子冷冻保存方法，并取得了很好的冷冻保存效果。基于该方法的冷冻保存精子具有很好的活力和运动速率。与新鲜的精子相比，冷冻精子在各方面的参数上都很相近，完全能达到实际生产的要求，所以该冷冻保存方法是完全可行的。

首先通过搜集和阅读其他石斑鱼精子冷冻保存相关文献，确定抗冻剂和稀释液的筛选范围，抗冻剂选择了 7 种（EG、PG、DMA、DMSO、MeOH、DMF、Gly），稀释液共选择了 5 种（1%NaCl、TS-19、0.3 mol/L 葡萄糖，0.3 mol/L 蔗糖，0.3 mol/L 海藻糖溶液）。经过初步筛选得到了较好的抗冻剂-稀释液组合。接下来我们又对冷冻保存的降温速率进行了筛选，共设了6个高度(1 cm, 3 cm, 5 cm, 7 cm, 9 cm, 11 cm)，然后获得了其冷冻保存的最佳降温速率。在此基础上我们后续又对稀释比、平衡时间、冷冻体积等方面做了更为细致的筛选，最终获得了很好的冷冻保存方法。为了稳定其保存效果，我们还对多批次、多年龄的棕点石斑鱼精子进行了测试，发现该冷冻保存方法效果仍然很好。在确定冷冻保存方法之后，我们还通过受精试验来确定其是否适用于生产实践。实验结果显示，该方法冷冻保存的精子的受精率和孵化率与鲜精相比无显著差异，从而确定了该方法的实用性。

改进后的方法对于棕点石斑鱼精子冷冻保存是非常成功的。利用该方法冷冻保存的精子可以很好地应用于生产实践，为棕点石斑鱼繁育中的雌雄成熟不同步提供了很好的解决方法，具有重要的意义。

1.3 “虎龙杂交斑”新品种的苗种培育取得阶段性验收成果

2019年4月18日，广东水产学会组织专家在广东省惠州大亚湾对广东省海洋渔业试验中心和中山大学联合开展的“虎龙杂交斑”培育工作进行了现场验收。专家组得出的验收结果包括：① 试验中心保存的棕点石斑鱼亲本1200尾，鞍带石斑鱼亲本1000尾；② 2017年至2019年共培育体长3 cm的“虎龙杂交斑”鱼苗226万尾。其中，2017年培育鱼苗75万尾，2018年培育鱼苗86万尾，2019年培育鱼苗65万尾；另外，还有现场工厂化循环水示范养殖21500尾(体重1～1.5 kg)。

1.4 建立了“虎龙杂交斑”的回交系和自交系

1.4.1 “虎龙杂交斑”精子和卵子的发育

回交使用的“虎龙杂交斑”是6龄性成熟的“虎龙杂交斑”。精子和卵子的发育状态良好。与鞍带石斑鱼和棕点石斑鱼相比，“虎龙杂交斑”的精子活力与其亲本的相当，可以达到95%以上(图2)。

“虎龙杂交斑”的卵子油球分裂少，油球直径大，显著大于鞍带石斑鱼，接近于棕点石斑鱼。卵径也同样显著大于鞍带石斑鱼的卵径，与棕点石斑鱼的类似。“虎龙杂交斑”的卵子可以受精、发育(图2)。

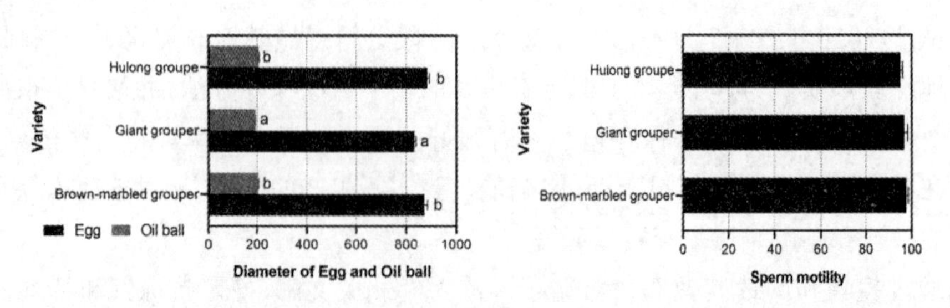

图2 “虎龙杂交斑”、鞍带石斑鱼和棕点石斑鱼精子活力(左图)卵子油球直径和卵直径(右图)

灰色代表油球直径，黑色代表卵直径，不同字母表示组之间存在显著差异

1.4.2 “虎龙杂交斑”自交/回交试验

“虎龙杂交斑”可以自由与鞍带石斑鱼和棕点石斑鱼交配，并且受精卵是可育的，“虎龙杂交斑”♀ × 龙趸♂，“虎龙杂交斑”♀ ×“虎龙杂交斑”♂和老虎斑♀ ×“虎龙杂交斑”♂的孵化率均在90%左右（图3）。

另外本杂交实验共计获得1300万尾鱼苗，老虎斑♀ ×“虎龙杂交斑”♂共计780万尾，“虎龙杂交斑”♀ × 龙趸♂龙胆共计19万尾，“虎龙杂交斑”♀ × “虎龙杂交斑”♂共计480万尾。

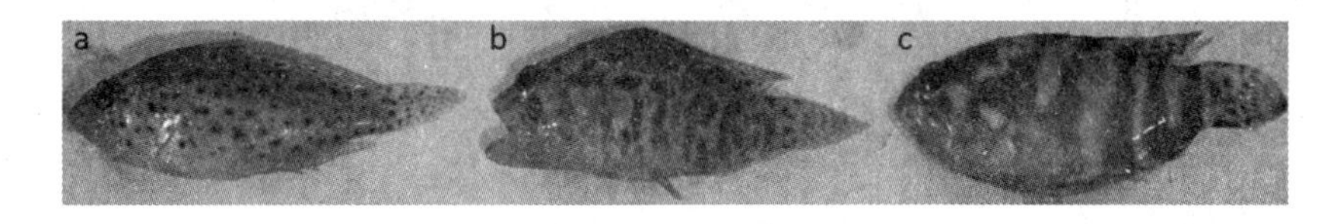

图3　二月龄仔鱼

a, b, c分别代表老虎斑♀ ×“虎龙杂交斑”♂，“虎龙杂交斑”♀ ×“虎龙杂交斑”♂和“虎龙杂交斑”♀ × 龙趸♂

目前，3个杂交品系“虎龙杂交斑”♀ × 龙趸♂已经全部死亡，老虎斑♀ × “虎龙杂交斑”♂剩余75尾，“虎龙杂交斑”♀ × “虎龙杂交斑”♂剩余52尾。下图为老虎斑♀ × “虎龙杂交斑”♂和“虎龙杂交斑”♀ × “虎龙杂交斑”♂两个组合的形态和生长数据（图4）。

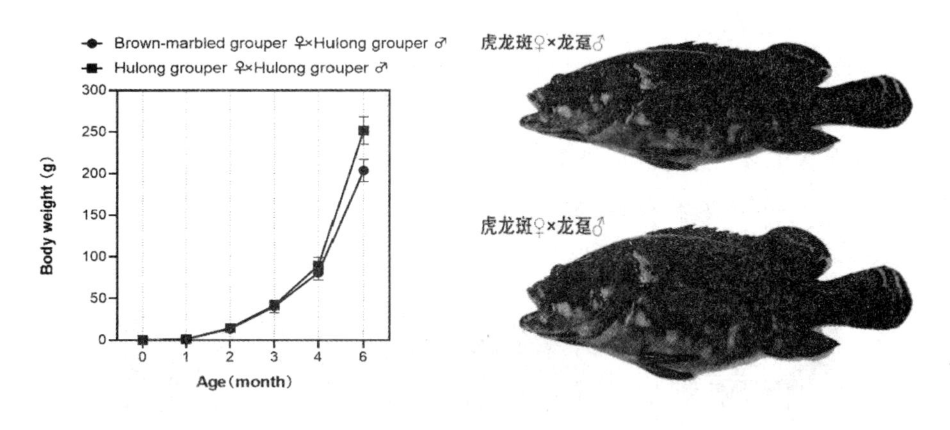

图4-7　形态和生长曲线

左图为老虎斑♀ × “虎龙杂交斑”♂和虎龙杂交斑♀ × “虎龙杂交斑”♂两个组合的生长曲线
右图是生长形态

1.5　人工诱导石斑鱼雌核发育技术研发

开展了斜带石斑鱼、棕点石斑鱼、豹纹鳃棘鲈等石斑鱼的人工诱导雌核发育研究，建立了稳定的诱导技术和鉴定技术，已培育出石斑鱼人工雌核发育家系7个，对其生殖性状、遗传特性开展了系统的研究。

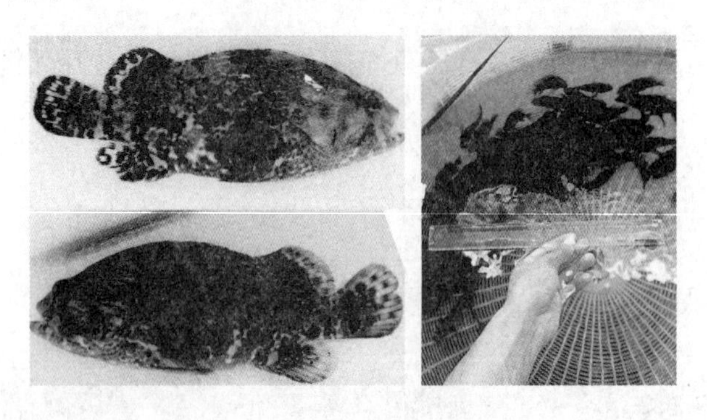

图5　雌核发育石斑鱼及家系

1.6　石斑鱼功能基因挖掘

1.6.1　基于激光捕获技术的单细胞转录组测序与分析

1.6.1.1　斜带石斑鱼性逆转过程中雄性生殖细胞转录组分析

通过激光显微切割的方法成功获得了精子发生过程的4类雄性生殖细胞，并对每类细胞分别进行了转录组测序。整个精子发生过程共检测出4483个差异表达基因，从这些差异表达基因中筛选出8个性别相关基因和13个类固醇合成相关基因进行深入验证。

从转录组数据中，我们发现了zbtb40基因在两性间的表达差异较大，进而对zbtb40基因的表达模式、定位情况进行了探究。首先在8个组织中检测了zbtb40 mRNA的相对表达量，其次我们检测了zbtb40 mRNA在性逆转过程中的相对表达量。zbtb40在性逆转过程中表达量急剧升高，说明zbtb40可能在性逆转过程中发挥作用。作为一个转录因子，zbtb40会调控哪些下游基因去参与性逆转的调节呢？我们利用软件分析预测出zbtb40与Cyp17a1存在着靶向调控关系，并用荧光共定位技术研究二者在性腺中的共表达（图6），结果发现二者在性腺中表达区域确实存在重叠，进一步证实了二者之间的潜在关系。

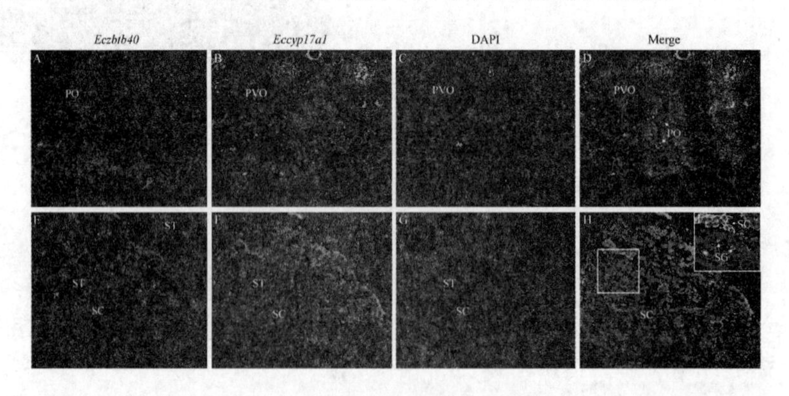

图6　zbtb40和cyp17a1在卵巢（A-D）和精巢（E-H）中荧光共定位情况

性腺切片中红色是zbtb40 mRNA，绿色是cyp17a1 mRNA，蓝色是DAPI。PO，初级生长阶段卵母细胞；SC，精母细胞；ST，精子细胞；SZ，精子。标尺 = 25 μm

1.6.1.2　斜带石斑鱼性逆转过程中雌性生殖细胞转录组分析

我们通过人工诱导斜带石斑鱼性逆转，获得了斜带石斑鱼性逆转早期、中期、末期的性腺。埋植甲基睾酮（MT）后一周，石斑鱼性腺开始出现少量的育精囊和精母细胞（图 7B），定义为性逆转早期性腺。为了探究 MT 埋植对性腺中卵母细胞的影响，利用激光显微切割的方法获取性逆转早期性腺和无任何处理组性腺中的初级生长阶段卵母细胞（PO）、皮质小泡阶段卵母细胞（PVO）。性腺组织经过快速染色后（图 7 C），选择目的区域（图 7 D），利用激光快速地将目的区域的细胞切割下来（图 7 E）。

使用微量 RNA 提取试剂盒提取细胞的 RNA，CDNA 反转录后对其质量初步验证。结果证明，dazl 和 VASA 这两类生殖细胞标记基因，均在四类细胞中表达，且表达量基本一致。cyp19a1a，雌性特异表达基因，均在 4 类细胞中表达，且在 PO 中表达量高于 PVO。经过初步验证，结果表明通过激光捕获显微切割（Lcm）获取的细胞群具有雌性生殖细胞的特性，为后续利用 LCM 来源的细胞群进行高通量测序提供了有力保证。

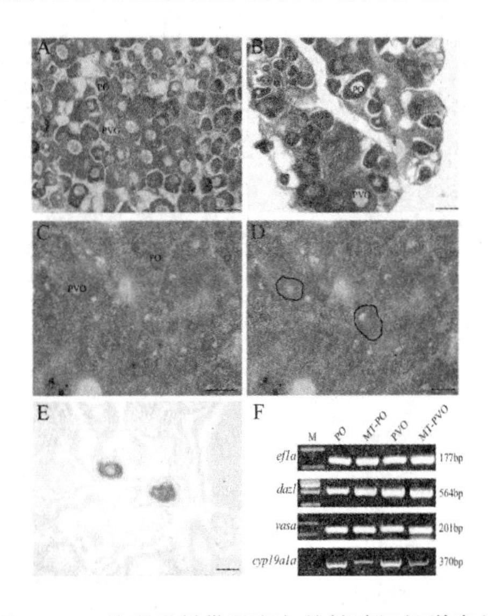

图 7　MT 处理后斜带石斑鱼的性腺组织学变化

A. 对照组斜带石斑鱼性腺组织学形态。B. MT 处理一周后斜带石斑鱼的性腺组织学形态。C. 快速染色后斜带石斑鱼的性腺组织学形态。D. 显微镜下选择目的区域。E. 激光切割后的目的细胞。F. LCM 的样品质量初步验证结果。

PO, 初级生长阶段卵母细胞；PVO, 皮质小泡阶段卵母细胞；MT-PO, MT 埋植一周后的初级生长阶段卵母细胞；MT-PVO, MT 埋植 1 周后的皮质小泡阶段卵母细胞

对性逆转过程中的 4 类雌性生殖细胞分别进行了转录组测序。性逆转前后的 PO 相比，723 个基因上调和 578 个基因下调；性逆转前后的 PVO 相比，2589 个基因上调和 1674 个基因下调。PO 和 PVO 共有的差异表达基因是 898 个，从这些差异表达基因中筛选出 7 个与增殖和凋亡相关基因和 3 个类固醇合成相关基因进行深入验证。我们选择了 10 个在转录组数据中表达差异较大的基因：wnt5a、samrcad、stedb1、pik3c、axin、fzd、meis1、hsd17b1、hsd17b7 和 cyp19a1a，在性逆转早期性腺组织中进行了验证，发现这些基因在性逆转过程中均显著变化,与转录组数据基本一致。其中,wnt5a、samrcad、stedb1、pik3c、axin、fzd 和 meis1 在性逆转早期表达量显著升高,hsd17b1、hsd17b7 和 cyp19a1a 这 3 个调节类固醇生成的酶在性逆转早期表达量显著下降。这些结果证明了转录组数据的可靠性。

1.6.2 斜带石斑鱼精原干细胞系的建立

通过连续有限稀释法从培养的精巢细胞中挑取单克隆细胞团,建立稳定细胞系。碱性磷酸酶染色结果为阳性,说明建立的细胞系具有干细胞特性。在 RNA 水平和蛋白水平上对该细胞系进行鉴定,发现该细胞系既表达 VASA、dazl、dnd、nanos2、plzf、thy1 等生殖干细胞特异基因,也表达 sseal 等干细胞标记,但不表达 amh 等体细胞标记,所以建立的为斜带石斑鱼精原干细胞系(图 8)。

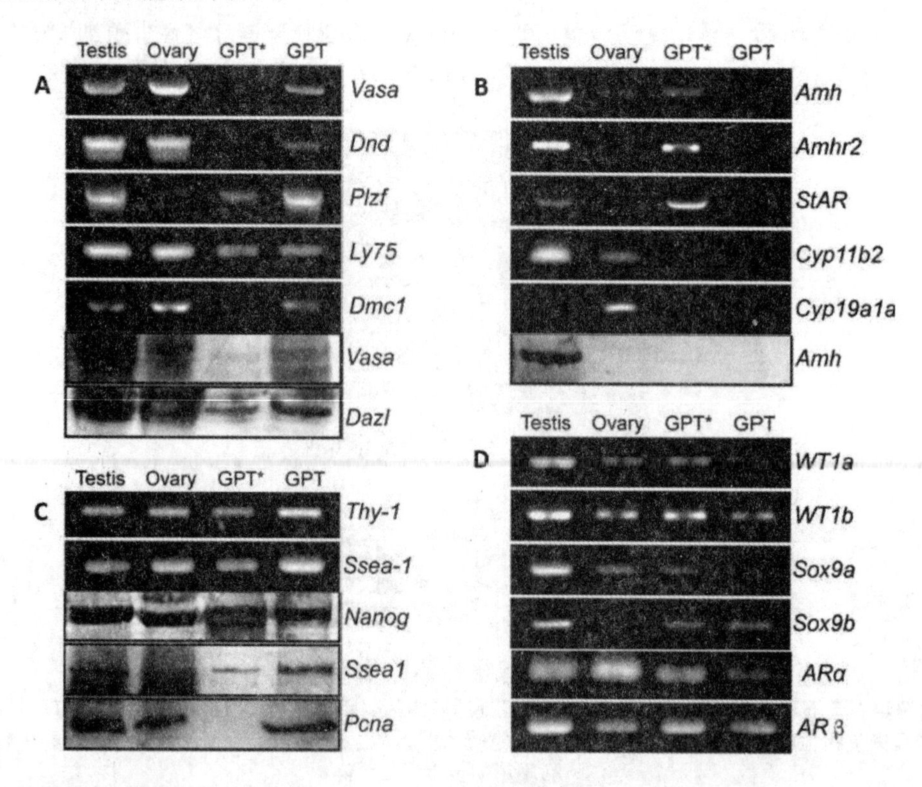

图 8 以精巢、卵巢和未纯化的精巢细胞第 40 代(GPT*)和纯化的精原干细胞系第 90 代(GPT)生殖细胞相关基因表达情况

(岗位科学家 刘晓春)

海鲈种质资源与品种改良技术研发进展

海鲈种质资源与品种改良岗位

2019年，经国务院批准，农业农村部等10部委联合印发了《关于加快推进水产养殖业绿色发展的若干意见》，围绕加强科学布局、转变养殖方式、改善养殖环境、强化生产监管、拓宽发展空间、加强政策支持及落实保障措施等方面做出全面部署。在此背景下，2019年本岗位在引领海鲈育种创新、服务产业发展、推进农业绿色发展、支撑政府决策等方面均取得良好成效。

1　2019年海鲈苗种生产与遗传改良进展

1.1　2019年海鲈苗种生产与选育情况

本年度，我们在山东省东营市利津县双瀛水产苗种有限责任公司繁殖车间进行海鲈人工繁殖。期间14尾亲鱼共产卵10.16 kg，得到43万鱼苗，鱼苗体长为2 cm以上。以生长性状为选育目标，在2016年建立的全同胞家系中，经自然淘汰和人工选择，留两个家系，其中选择个体大、健康的130尾海鲈留作下一代亲本，选择强度为0.3。

1.2　海鲈生长性状和耐高碱性状的遗传力评估

利用13486个SNP基因型对黄渤海群体海鲈F1家系1龄鱼的生长指标(体长、体质量)及耐高碱度存活时间进行遗传力评估。采用GenSel软件BayesC模型，假设只有5%的分子标记有效应（pi=0.95)，计算获得生长性状和耐高碱性状的遗传力为：体质量0.615（高遗传力性状)，体长0.193（中等偏下)，耐高碱性状0.207（中等偏下)。该结果为海鲈的进一步遗传改良提供了科学依据。

2　海鲈碱度、盐度耐受性状的遗传分子机制研究

2.1　海鲈碱度耐受性状的QTL精细定位、功能基因及分子标记挖掘

利用2b-RAD技术对133尾F1海鲈幼鱼进行测序，并结合海鲈遗传连锁图谱及其表型

数据,对海鲈碱度耐受相关的QTLS进行鉴定。利用定位得到的QTLS结合海鲈基因组注释,共筛选到7个碱度耐受性状相关的SNP位点,鉴定出8个碱度耐受相关基因,其功能涉及氯离子通道、钾离子通道、钙离子通道、胞内体运输、血小板激活以及氧化应激响应等。其中M-H-1512中的TT基因型,M-M-2566中的GG基因型,M-F-2385中CC基因型与碱度耐受性状相关性显著。

此外,利用RNA-seq技术对急性碱度(18 mmol/L)胁迫下的海鲈鳃组织样品进行测序分析,结果显示共970个基因的表达呈现显著变化。上调差异基因显著富集在细胞连接(旁细胞通路)相关通路以及分泌和转运相关通路。下调基因主要富集到转录、翻译、蛋白加工等相关生物学过程。将显著差异表达基因与碱度耐受相关QTL结果进行联合分析,发现kcnab1a与plxdc2两个基因被共同定位。其中M-H-1512标记位于kcnab1a基因内,此标记在碱度敏感组及碱度耐受组的基因型频率统计显示:碱度耐受组基因型偏向纯合基因型TT,而碱度敏感组基因型明显偏向杂合型AT。

2.2 海鲈渗透调节的遗传分子机制研究

2.2.1 海鲈盐度耐受的可变剪接机制研究

利用海鲈转录组数据检测可变剪接事件在不同盐度中的数量变化,共鉴别得到8618项可变剪接事件,并且结果表明高盐环境能够显著诱导可变剪接事件的增加。其中,在鳃和肝脏组织中分别鉴别得到501和162项不同盐度条件下的差异可变剪接事件,它们均与基因表达调控过程有关。Sanger测序和qPCR表达验证实验证实了研究结果的准确性和可靠性。

2.2.2 海鲈水通道蛋白的鉴定及功能研究

在海鲈基因组中鉴定出17个水通道蛋白(AQPs)基因。系统进化分析结果表明海鲈的AQP蛋白家族共分为4个亚家族,17个aqp基因分布于14条染色体中。基因结构、选择压力分析表明非经典水通道蛋白(aqp11和aqp12)中存在9个显著($P > 95\%$)的氨基酸正选择位点,而绝大多数aqp基因经历强烈的净化选择($\omega < 1$)。表达谱分析表明不同的aqp基因呈现组织特异性。在淡水适应的过程中,绝大部分在鳃中表达的aqp基因的表达呈现表达量先上升后下降的趋势,其中aqp3a在淡水适应1天和3天后的表达量与对照组相比分别上调77倍和15倍,表明其在海鲈鳃组织的低渗调节中起着至关重要的作用。亚细胞定位研究进一步确定了aqp3a基因的膜定位。显微注射了aqp3a的非洲爪蟾的卵母细胞的透水率要显著高于注射同体积水的对照组,证实海鲈aqp3a具有较高的水分运输及细胞体积调节活性。

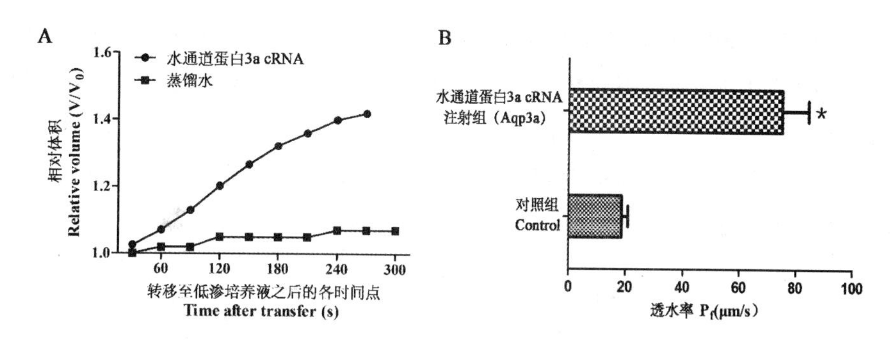

图 1　海鲈 aqp3a 的功能验证实验

3　海鲈生长性状功能基因的筛选及生长、摄食相关功能基因研究

3.1　海鲈生长性状 QTL 区间内功能基因挖掘

将已经定位到的海鲈生长性状（体长、体重）的 QTL 结合基因组注释，鉴定出 fgfr4、fgf18a、smyd5、foxc1a、pax3a、hes6、mylk4a、diaph1、cadm1a 及 prkca 等关键候选基因。其中，fgfr4 达到基因组显著水平。此外还筛选出 19 个（15 个体重相关，4 个体长相关）与生长性状显著相关的 SNP 位点。

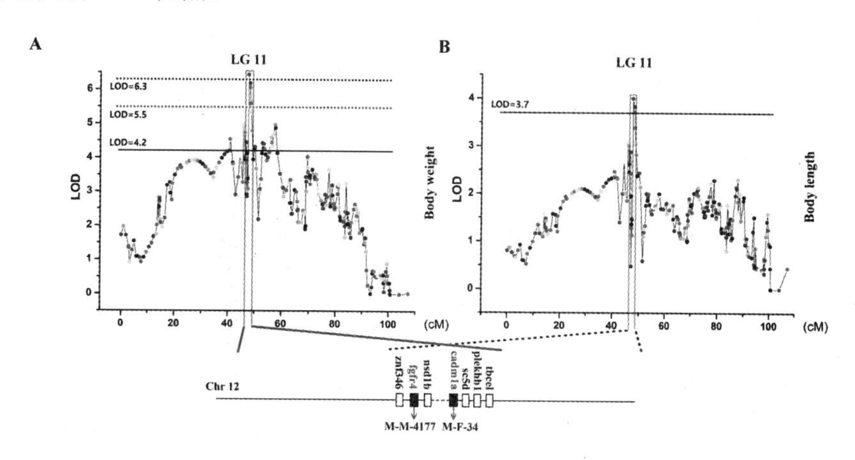

图 2　海鲈生长性状的 QTL 定位及候选功能基因鉴定

3.2　生长性状相关基因 NKB 及 NKB 受体的功能研究

通过全基因组检索，我们分别获得编码海鲈速激肽家族成员之一 NKB 及其受体 NKR3 的基因各两个，TAC3a、TAC3b 和 TACR3a、TACR3b。其中 TAC3a 和 TAC3b 共编码 4 种成熟肽，分别命名为 NKBa-13、NKBa-10、NKBb-13 和 NKBb-10。表达模式分析结果显示，

TAC3 和 TACR3 均在海鲈脑、胃和肠具有高表达。原位杂交结果显示,TAC3a 和 TAC3b mRNA 定位在端脑和下丘脑,而受体主要在胃腺和肠绒毛中表达。原代神经细胞培养及胃肠组织静态孵育实验结果显示:NKBb-13 显著上调脑内生长相关基因表达,同时促进胃中脑肠肽相关基因表达。NKBa-13,NKBa-10,和 NKBb-10 促进肠道中胆囊收缩素表达(图 3)。上述结果表明神经肽 NKB 对海鲈生长具有重要调控作用。

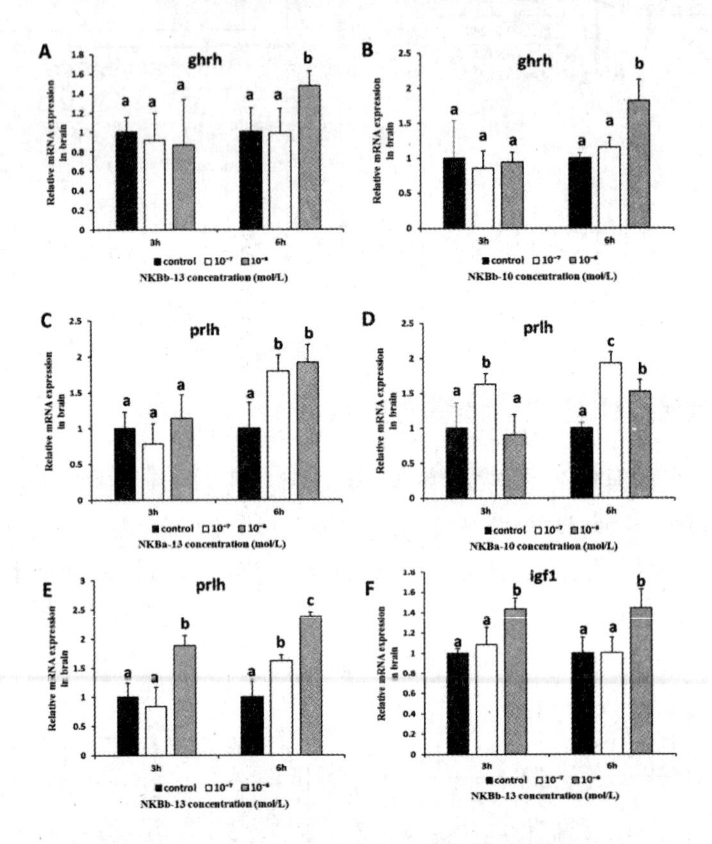

图 3　NKB 对脑中生长相关基因的调控作用

3.3　海鲈黑皮质素 -4 受体(MC4R)的生理学和药理学特性研究

对海鲈 MC4R (LmMC4R)的生理学和药理学进行了研究。海鲈 mc4r 基因的开放阅读框长度为 984 bp,其编码 327 个氨基酸。*Lm*MC4R 与几种硬骨鱼类 MC4R 和人 MC4R (hMC4R)高度保守。RT-PCR 和原位杂交结果表明 mc4r 在脑中表达量最高,其次是在垂体和肝脏中。在长期和短期饥饿下,脑组织中 mc4r 转录本下调表达。与 hMC4R 相比,LmMC4R 是一个功能受体,具有较低的最大结合力和较高的基础活性。虽然 THIQ 配体无法取代放射性碘 125 标记的黑素细胞刺激激素,但可能会影响细胞内 cAMP 的积累,表明它是 LmMC4R 的变构配体(图 4)。海鲈脑细胞的体外研究表明,黑素细胞刺激激素可以下调神经肽 Y (npy)和刺鼠相关肽(agrp)的 mRNA 水平。研究结果表明海鲈的 MC4R 可能在摄食调控过程中起重要作用。

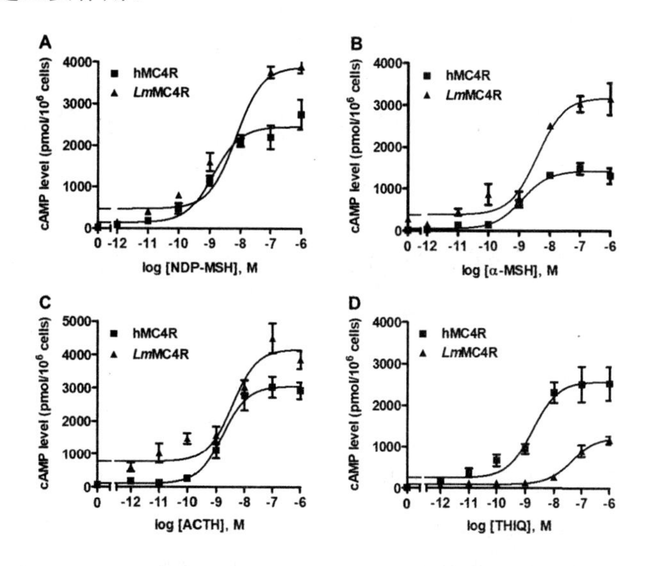

图 4　海鲈黑皮质素 -4 受体(MC4R)的药理学信号通路及结合特性

（岗位科学家 温海深）

卵形鲳鲹种质资源与品种改良技术研发进展

卵形鲳鲹种质资源与品种改良岗位

1 工作内容

重点构建了卵形鲳鲹优质苗种培育技术体系,开展了选育系 F4 代苗种生产性能评价和生长特征分析,估计了不同月龄体质量和体质量生长速率遗传参数,建立了卵形鲳鲹健康苗种评价方法和卵形鲳鲹深水网箱养殖技术,完成了卵形鲳鲹基因组染色体图谱绘制。

1.1 构建卵形鲳鲹优质苗种培育技术体系

综合卵形鲳鲹亲本选配策略、高效催产技术以及池塘规模化苗种培育技术优化,建立了卵形鲳鲹优质苗种培育技术体系 1 套;利用 F3 代卵形鲳鲹新品系亲本进行催产,获得并推广优质受精卵 42.6 kg;开展卵形鲳鲹选育品系规模化培育工作,培育并推广卵形鲳鲹优质苗种 102 万余尾。

图 1 卵形鲳鲹池塘规模化苗种培育

1.2 评价卵形鲳鲹选育系生产性能

比较卵形鲳鲹选育系 F4 代与对照组(相同日龄未经选育的商品苗)苗种生长性能,结果显示:各月龄选育系个体体质量均极显著高于对照组相关数据($P < 0.01$)(图 2)。与对照组相比,选育系体质量平均提高 28.21%;卵形鲳鲹选育系苗种体质量显示出良好育种效果。

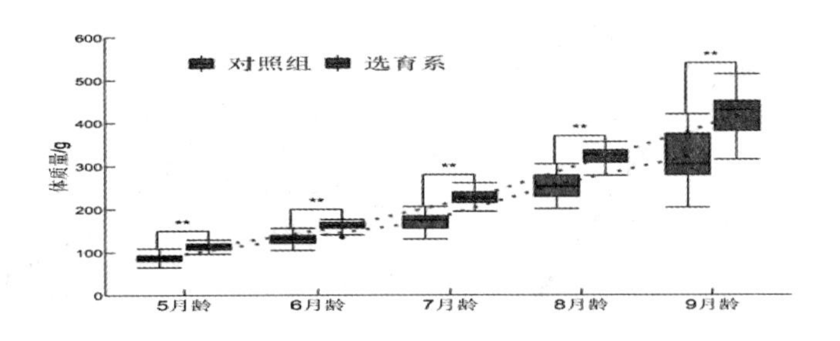

图2　卵形鲳鲹选育系和对照组苗种不同月龄体质量比较

1.3　分析卵形鲳鲹选育系生长特征

运行Logistic、Gompertz和Bertalanffy等3种非线性生长曲线拟合卵形鲳鲹选育系不同月龄体质量数据，进行生长特征分析。结果显示：Gompertz模型拟合度最好（表1和图3），该模型A、B、K和R2估计值分别为3677.85、5.46、0.10和0.998，拐点体质量为1353.03 g，拐点月龄为16.97。Gompertz模型瞬时生长加速率和相对生长速率曲线如图4所示。

表1　三种非线性模型的参数估计值

模型	Logistic	Gompertz	von Bertalanffy
决定系数(R^2)	0.995	0.998	0.990
A	1971.62	3677.85	9079.52
B	49.72	5.46	0.92
k	0.28	0.10	0.04
拐点体质量/g	985.81	1353.05	2690.23
拐点月龄	13.95	16.97	23.35
最大月增重/g	138.01	135.30	161.41

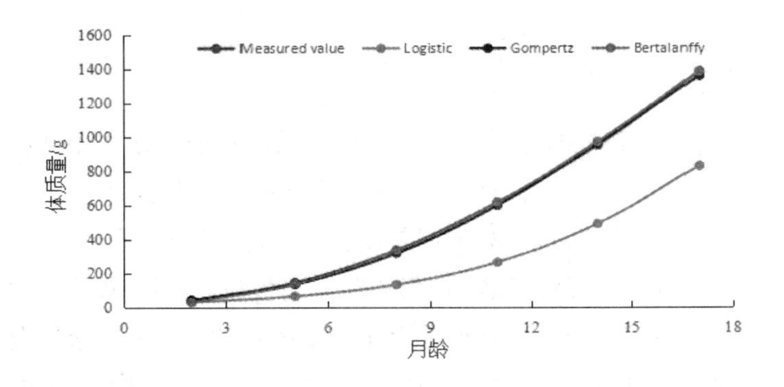

图3　3种生长曲线模型体质量预测值和实测值曲线

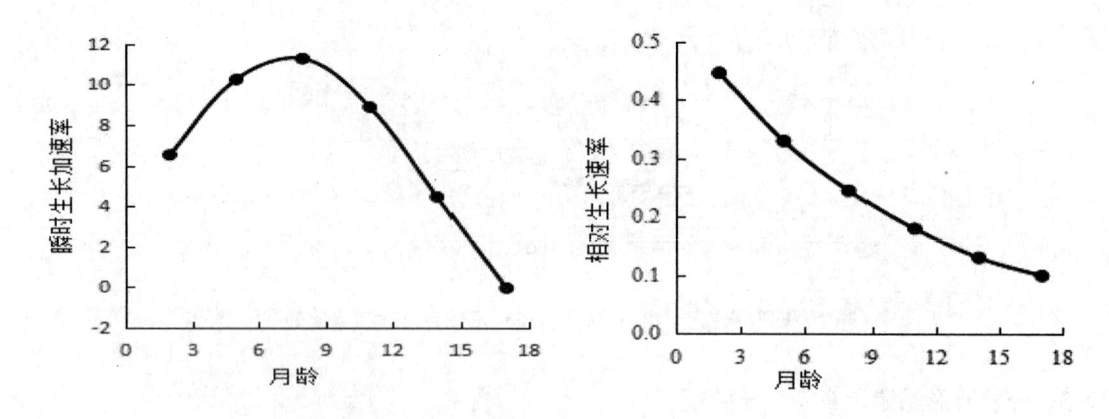

图 4 Gompertz 模型瞬时生长加速率曲线(A)和相对生长速率曲线(B)

1.4 估计不同月龄卵形鲳鲹体质量遗传参数

利用 11 个微卫星标记进行个体间系谱重构和分子相关系数计算,并运行线性混合模型进行不同月龄体质量遗传参数估计。结果显示:使用重构系谱方法,估计 4 月龄和 8 月龄体质量遗传力分别为 0.21±0.09 和 0.32±0.13;使用分子相关系数方法,估计 4 月龄和 8 月龄体质量遗传力分别为 0.18±0.05 和 0.27±0.08。这表明两种方法均可进行卵形鲳鲹生长性状遗传分析,且体质量遗传力为中高等遗传力,具有一定选育潜力。

1.5 卵形鲳鲹体质量生长速率遗传分析

利用 Gompertz 模型建立每尾鱼体质量的生长曲线,估算每尾鱼的体质量生长速率最优值,结合微卫星标记构建的个体间亲缘关系矩阵,再运用线性混合模型估计体质量生长速率遗传参数。结果显示:体质量生长速率的加性遗传方差数值为 0.09,残差方差数值为 0.41,遗传力为 0.18±0.06,为中等遗传力且与零值有显著性差异($P < 0.05$)具有进一步选育潜力。

1.6 建立卵形鲳鲹健康苗种评价方法

结合日常生产观察、骨骼畸形染色、苗种可数指标计量、养殖水质条件以及病原检测等方面,建立了卵形鲳鲹健康苗种评价方法。健康苗种要求苗种大小规格整齐、体色一致。健康苗种体色呈银白色,活泼程度高,对外界刺激反应灵敏,苗种全长合格率、伤残率以及带病率应符合中华人民共和国水产行业标准《卵形鲳鲹　亲鱼和苗种》(SC/T 2044—2014)相关要求。苗种养殖水质条件应符合《渔业水质标准》(GB 11607—89)要求以及卵形鲳鲹适应生长的水质条件,养殖盐度、温度、溶解氧应符合卵形鲳鲹适宜范围(适宜盐度:20～30;适宜温度 22℃～30℃;溶解氧不低于 5 mg/L),养殖水体氨氮浓度小于 0.02 mg/L,铵离子浓度不超过 5 mg/L。此外,养殖水体无抗生素等禁用药物使用;微生物检测标准按鱼苗进出口检验标准执行,不得检测出病毒性神经坏死病。

1.7　建立卵形鲳鲹深水网箱养殖技术

结合前期陆海接力养殖技术以及养殖密度、养殖投喂频率等技术优化，制定了鱼苗选择、网箱准备、放苗时间、养殖密度、日常管理及病害防治等技术要点，建立了卵形鲳鲹深水网箱养殖技术；利用团队培育的卵形鲳鲹优质大规格苗种在海南陵水万裕龙虾网箱养殖专业合作社进行了养殖示范，取得了显著经济效益。

1.8　绘制卵形鲳鲹基因组染色体图谱

利用第二、三代测序和 Hi-C 染色体构象捕获技术，构建了卵形鲳鲹染色体水平的基因组图谱，研究揭示卵形鲳鲹基因组大小约为 655.7 Mb（表 2），contig N50 和 scaffold N50 分别达到 1.80 Mb 和 5.05 Mb；利用 Hi-C 技术成功将 99.4% 的组装序列挂载到 24 条染色体上，染色体平均长度为 26.84 Mb，鉴定出 21915 个蛋白编码基因（表 3）。多种指标表明，该基因组图谱具有高可靠性。比较基因组分析表明，卵形鲳鲹基因组与近缘物种基因组具有高度共线性和保守性（图 5）。

表 2　利用 K-mer 分析评估卵形鲳鲹基因组大小

K 值	k-mers 数目	错误 k-mers	k-mers 峰值	估计的基因组大小 /Mb
17	30359515882	1700273328	45	636.9
19	29905858631	2266172955	43	642.8
21	29425980179	2419537116	42	643
23	28931567876	2494020191	41	644.8
25	28427735494	2544415369	40	647.1
27	27917344738	2581038454	39	649.6
29	27402087718	2606597782	38	652.5
31	26882868388	2621598458	37	655.7

表 3　卵形鲳鲹基因注释

类型	数据库	注释基因数目
同源基因	Ensembl	21277
	SwissProt	19794
	TrEMBL	21356
	合计	21365
基因本体		20594
KEGG 通路		7956
合计		21365

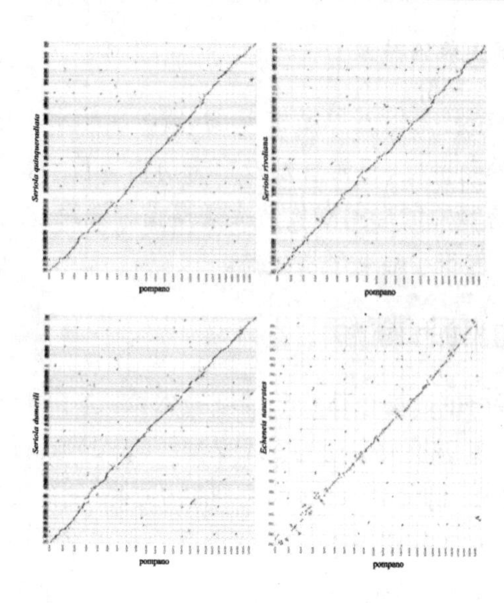

图 5　4 种鲹形目鱼类基因组与卵形鲳鲹基因组比较分析结果

2　前瞻性工作

开展了卵形鲳鲹免疫相关基因和干扰素调节因子基因的功能研究，进行了不同步生长差异的转录组分析。

2.1　卵形鲳鲹免疫相关基因研究

2.1.1　抗菌肽相关基因克隆与分析

克隆所得 2 种抗菌肽基因（LEAP-2 和 NK-lysin 基因）的 cDNA 序列、基因结构和其编码氨基酸序列（图 6），LEAP-2 在肝脏中表达量最高，NK-lysin 在鳃中大量表达（图 7）。

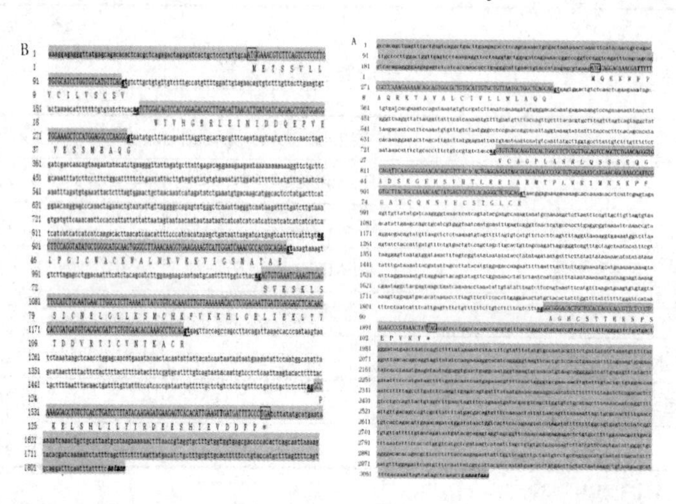

图 6　卵形鲳鲹 LEAP-2 和 NK-lysin 基因结构及其编码氨基酸序列

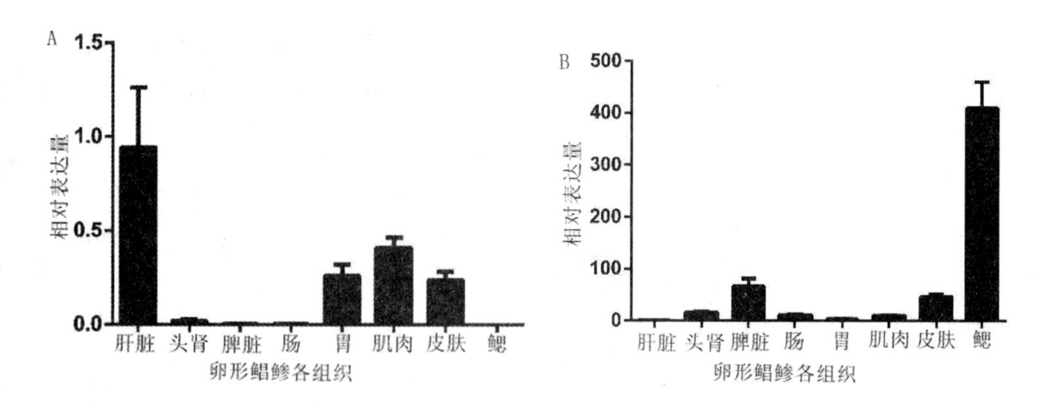

图 7　卵形鲳鲹 LEAP-2（A）和 NK-lysin 基因（B）在不同组织的表达分布

2.1.2　美人鱼发光杆菌刺激后免疫基因表达分析

用美人鱼发光杆菌刺激卵形鲳鲹，利用 qPCR 技术分析 LEAP-2 和 NK-lysin 基因在各组织中的表达变化，结果显示：LEAP-2 和 NK-lysin 基因表达量在肝脏、头肾、肠、脾脏等免疫组织均升高，LEAP-2 基因主要在肝脏中表达，NK-lysin 基因主要在鳃中表达（图 8）。

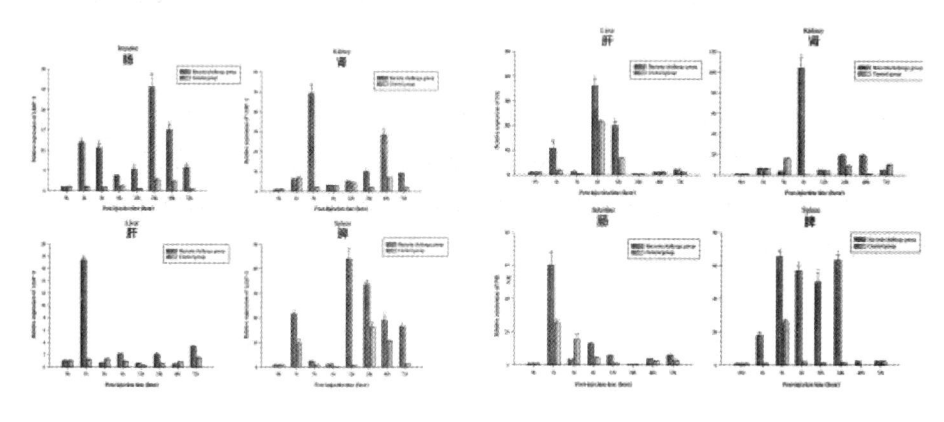

图 8　美人鱼发光杆菌刺激后 LEAP-2（A）和 NK-lysin（B）基因在不同组织的表达变化

2.1.3　体外表达和抑菌效果评价

构建 pET-32a/mLEAP-2 表达载体，重组蛋白在大肠杆菌 BL21 中大量表达并被转运到上清中。诱导条件如下：37℃，220 r/min 振荡培养，加入 0. 8 mm IPTG 诱导 4 h。构建 pGEX-6P-1/mNK-lysin 表达载体，重组蛋白在大肠杆菌 BL21 中表达，形成包涵体。诱导条件如下：18℃，220r/min 振荡培养，加入 0. 1 mm IPTG，诱导 6 h。采用抑菌圈法和微量稀释法检测抑菌活性，发现 mLEAP-2 和 mNK-lysin 重组蛋白对革兰氏阳性菌、革兰氏阴性菌和真菌均具抑菌活性（表 4）。

表 4　pET32a/mLEAP-2 和 pGEX-6P-1/mNK-lysin 重组蛋白最小抑菌浓度

细菌	pET32a/mLEAP-2 重组蛋白最小抑菌浓度(μg/mL)	pGEX-6P-1/mNK-lysin 重组蛋白最小抑菌浓度(μg/mL)
革兰氏阳性菌		
无乳链球菌	312. 5	50
金黄葡萄球菌	312. 5	50～100
芽孢杆菌	312. 5	25
革兰氏阴性菌		
溶藻弧菌	312. 5	50～100
副溶血弧菌	312. 5	50
哈维弧菌	312. 5	100
大肠杆菌	312. 5	25
美人鱼发光杆菌	312. 5	50
真菌		
酵母菌	312. 5	25

2.1.4　识别核心启动子

扩增 LEAP-2 和 NK-lysin 基因启动子序列，分别构建 LEAP-2 和 NK-lysin 启动子 5 个不同长度缺失片段的荧光素酶报告基因重组质粒，结果显示：LEAP-2 基因 L3（-659，+251）片段活性最高，为启动子核心区域，NK-lysin 基因 N3（-476，+40）片段活性最高，为启动子核心区域(图 9)。

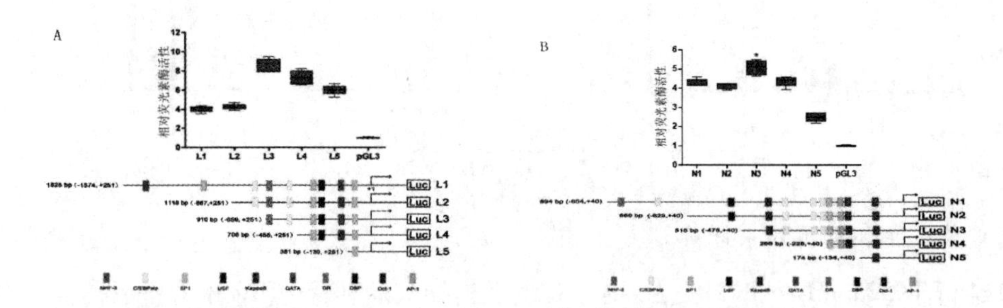

图 9　LEAP-2（A)和 NK-lysin（B)启动子不同缺失片段重组质粒的活性测定

2.1.5　筛选主要转录因子

利用 PCR 介导的定点突变技术，构建转录因子结合位点突变体，通过构建荧光素酶报告基因重组质粒检测活性，结果显示，LEAP-2 基因 USF 转录因子结合位点突变后活性显著降低，NK-lysin 基因 C/EBPalp 和 Oct-1 转录因子结合位点突变后活性显著升高(图 10)。

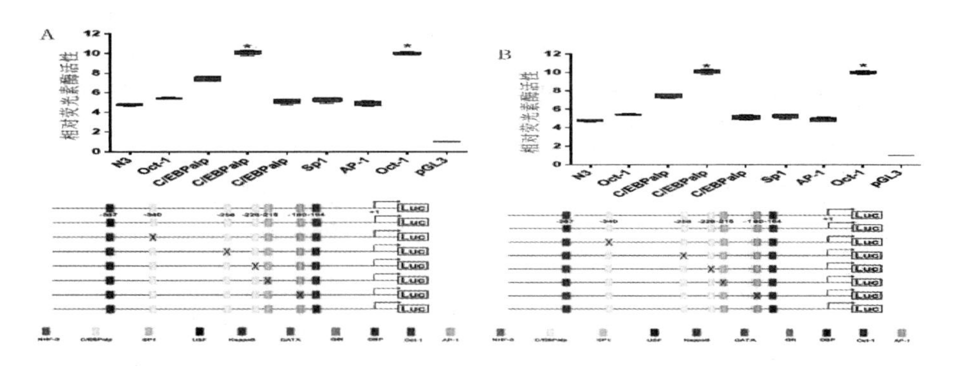

图 10　LEAP-2（A）和 NK-lysin（B）启动子转录因子点突变活性检测结果

2.2　卵形鲳鲹干扰素调节因子基因克隆与表达分析

2.2.1　干扰素调节因子基因克隆和分析

克隆获得了卵形鲳鲹 IFN/IRF 的信号通路中干扰素调节基因 IRF2 和 IRF8，及 type I 干扰素基因（IFNa3）和 type II 干扰素基因（IFNγ）的 cDNA 序列，分析了 IRF2 和 IRF8 进化关系、外显子、内含子的序列分布和特征，以及二者在不同组织中的表达。结果显示 IRF2 在脑中表达量最高，IRF8 在肾脏中表达量最高（图 11）。

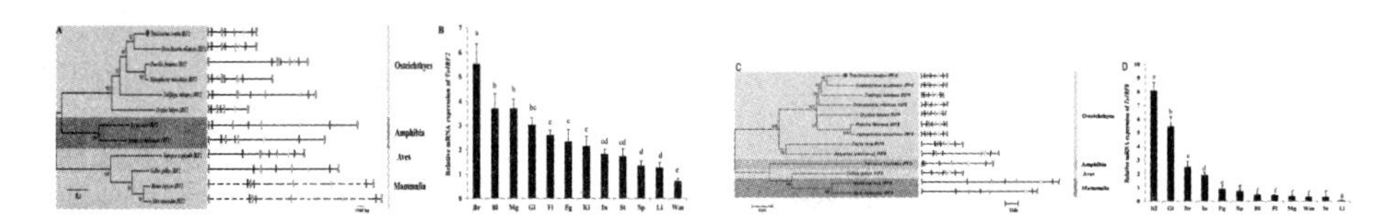

图 11　IRF2（A）和 IRF8（B）基因进化、基因组结构和组织表达谱分析

2.2.2　药物刺激 IRF2 和 IRF8 表达水平调控

研究 3 种药物（聚肌苷、鞭毛蛋白和脂多糖）刺激对 IRF2 和 IRF8 mRNA 表达水平的调控，结果显示：IRF2 和 IRF8 的 mRNA 水平在各刺激下的相关组织中表达均上调，IRF2 在鞭毛蛋白刺激下血液组织中表达量最高，IRF8 在聚肌苷刺激下头肾中表达量最显著（图 12）。

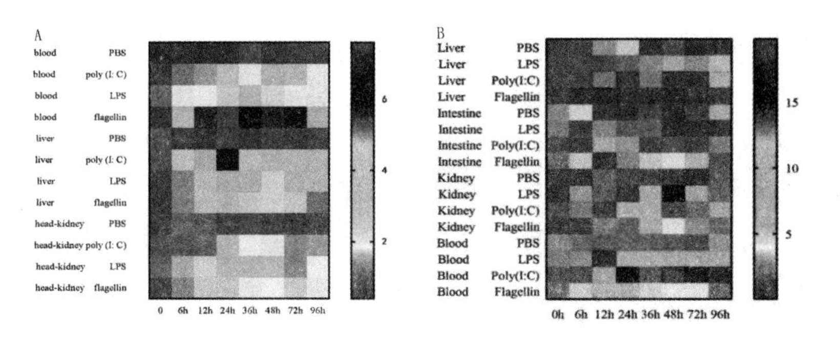

图 12　3 种药物刺激后卵形鲳鲹 IRF2（A）和 IRF8（B）mRNA 不同组织表达情况

2.2.3 IRF2 和 IRF8 对 type I 和 type II IFNs 的调控作用研究

启动子活性分析实验结果显示:共转染转录因子 IRF2 和 IFNa3 基因启动子片段后,缺失体片段 IFNa3-2 活性最高(图 13A);过表达 IRF2 后,IFNa3-2 的在所有时间点活性都显著升高(图 13B)。共转染转录因子 IRF2 和 IFNγ 基因启动子片段后,缺失体片段 IFNγ-5 活性最高;共转染转录因子 IRF8 和 IFNγ 基因启动子片段后,缺失体片段 IFNγ -3 活性最高(图 14)。

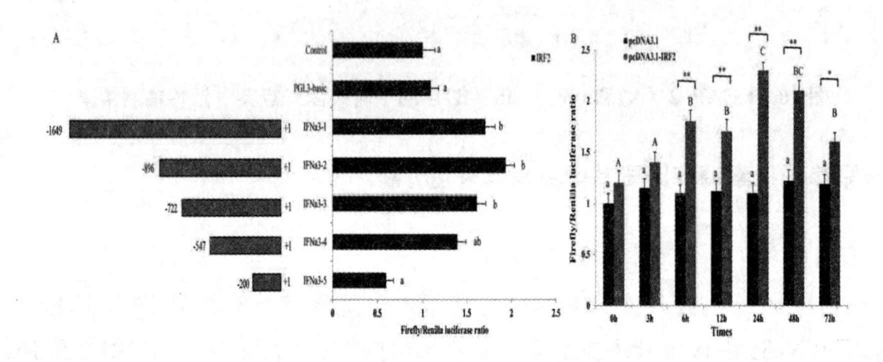

图 13 卵形鲳鲹 IFNa3 启动子活性分析

A. IFNa3 启动子结构和转录活性分析;B. 在 HEK 293T 细胞中,共转染转录因子 IRF2 和 IFNa3-2 之后活性分析

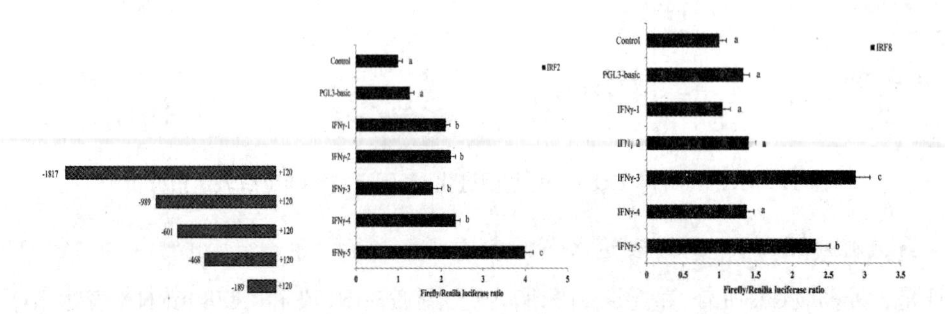

图 14 卵形鲳鲹 IFNγ 启动子结构(A)、共转染 IRF2 (B)和 IRF8(C) 后转录活性分析

2.2.4 转录因子在 IRF2 和 IRF8 基因启动子上的结合位点分析

进行预测结合位点的突变设计,双荧光素酶实验分析结果表明:共转染 IRF2 和 IFNa3-2 后,突变 IFNa3 M4 和 M5 结合位点,IFNa3 启动子活性显著下降(图 15);共转染 IRF2 和 IFNγ-5,突变 IFNγ M1、M2 和 M3 结合位点,IFNγ 启动子活性显著下降(图 15);共转染 IRF8 和 IFNγ-3,突变 IFNγ M1、M2 和 M3 结合位点,IFNγ 启动子活性显著下降(图 15)。

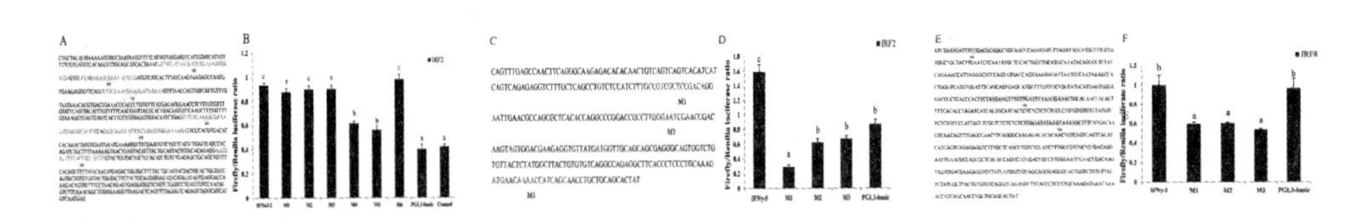

图 15　IFNa3-2（A）、IFNγ-5（B）和 IFNγ-3（C）核心启动子序列和突变位点分析

2.2.5　IRF2 和 IRF8 对 type I 和 type II IFNs 调控作用验证

在卵形鲳鲹吻端组织细胞系（GPS）中分别过表达转录因子 IRF2 和 IRF8，IRF2 和 IRF8 mRNA 表达量上升，与此同时 IFN/IRF-based 信号通路上的相关基因如 IFNa3、TNF receptor associated factor 6（TRAF6）、interferon-induced protein 35（IFP35）、interferon-stimulated gene（ISG15）、MAX interactor 1（MXI）、Viperin1、Viperin2 和 mitochondrial antiviral signalling protein（Mavs）的表达量也都显著上升（图 16）。

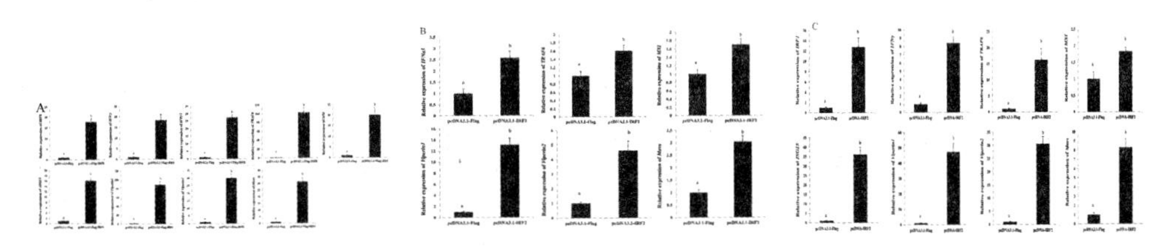

图 16　IRF2 上调 IFNa3 表达（A）、IRF8 上调 IFNγ 表达（B）和 IRF2 上调 IFNγ 表达（C）

2.3　卵形鲳鲹不同步生长差异的转录组分析

开展了卵形鲳鲹选育系快速生长组和缓慢生长组肝脏、肌肉和大脑组织转录组测序和数据分析，结果显示：在快速和缓慢生长组肝脏组织中共筛选出 519 个差异表达基因，包括 343 个上调基因和 176 个下调基因（图 17A），在快速和缓慢生长组肌肉组织中共筛选出 667 个差异表达基因，包括 453 个上调基因和 214 个下调基因（图 17B）；在快速和缓慢生长组大脑组织中共筛选出 656 个差异表达基因，包括 481 个上调基因和 175 个下调基因（图 17C），在快速和缓慢生长组肝脏、肌肉和大脑等 3 个组织中共同存在 18 个差异表达基因（图 17D）。

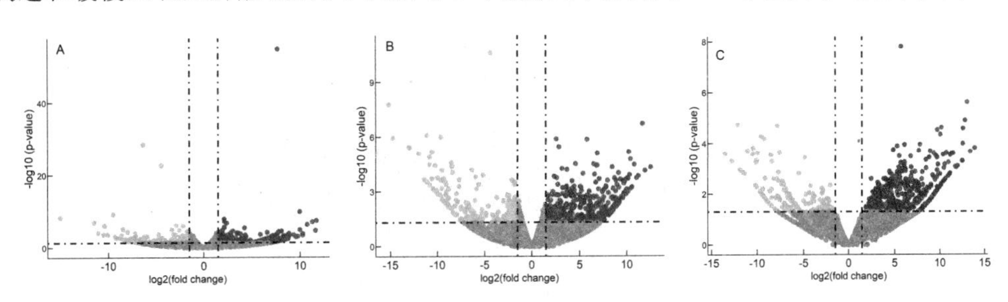

图 17　快速生长组和缓慢生长组肝脏（A）、肌肉（B）和大脑（C）差异表达基因火山图和韦恩图（D）

（岗位科学家　张殿昌）

军曹鱼种质资源与品种改良技术研发进展

军曹鱼种质资源与品种改良岗位

2019年,军曹鱼种质资源与品种改良岗位重点开展了如下工作:军曹鱼全基因组测序和组装、耐低氧新品系选育基础群体及F1代家系构建、性腺的发生,分化及骨骼发育特征分析、基于分子标记的遗传多样性分析,幼鱼盐度适应范围和机制研究,盐度适应相关SNP、SSR多态性位点及功能基因和miRNA的分离鉴定以及军曹鱼规模化种苗培育技术的研究及应用,取得了一定进展。

1 军曹鱼全基因组测序及Hi-C辅助组装

利用Illumina、Hi-C等技术,完成了军曹鱼的全基因组测序和Hi-C辅助组装。构建的军曹鱼基因组大小为623.26 Mb,contig N50为18.2 Mb;通过BUSCO评估,组装完整性达到94.4%;共注释得到21868个基因。与大西洋鳕、海鲈、草鱼进行Venn图分析,军曹鱼特有的基因家族为1043个(图1)。对军曹鱼与其他16个近缘物种进行基因组家族聚类分析,结果表明军曹鱼与尖吻鲈的系统发育关系较近(图2)。通过正选择分析,共得到55个受正选择的基因。军曹鱼全基因组测序的完成,为解析军曹鱼生长、抗病等重要经济性状的分子机制奠定了重要基础;同时,军曹鱼全基因组数据也为海水鱼育种及良种选育技术的发展提供了有价值的基因资源,对于推动海水鱼产业的可持续发展具有重要意义。

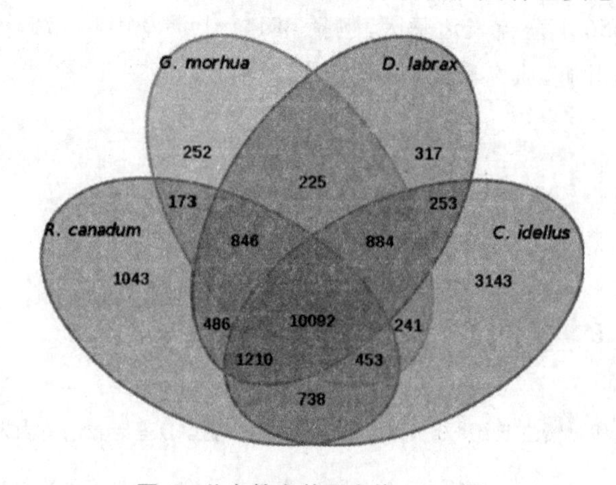

图1 共有特有基因家族Venn图

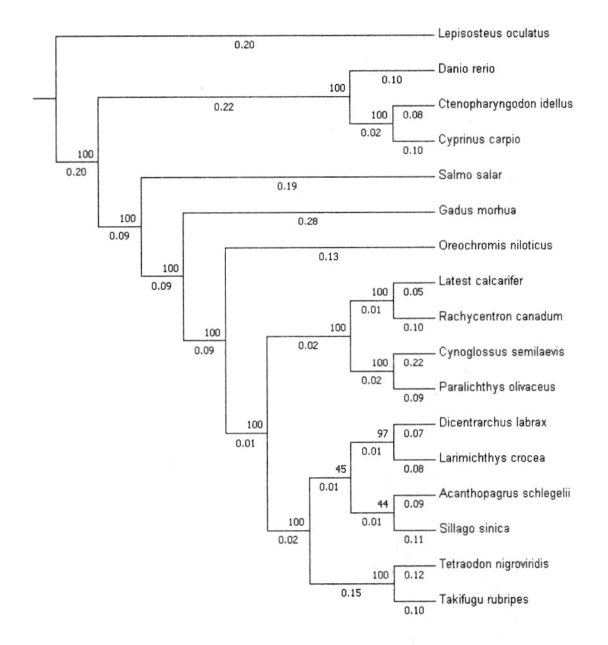

图 2　物种系统进化树

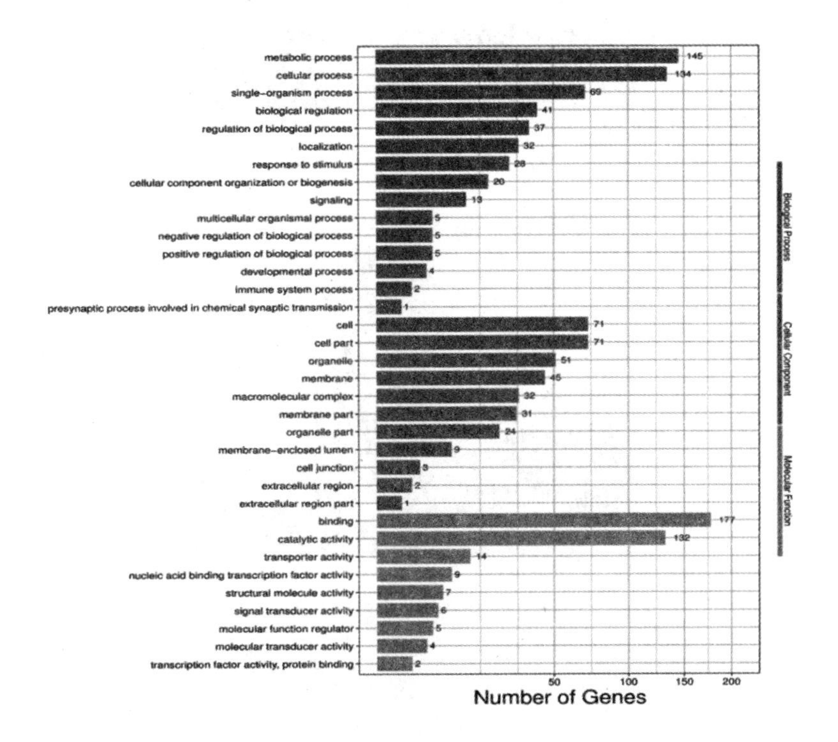

图 3　受正选择基因的 GO 富集分析

2　军曹鱼耐低氧家系的构建

为开展军曹鱼耐低氧品种的人工选育工作,收集了广东、广西、海南三地养殖的3龄亲鱼,进行遗传多样性分析、电子标记,构建耐低氧新品系选育基础群体,共55尾(图4、图5)。通过人工授精方式,按照雌雄比例2∶1,建立全同胞家系10个,父系半同胞家系5个,作为F1代家系。待鱼苗培育至6月龄,选择每个家系池内生长快的个体50尾,称重并注射电子标记,之后同池养殖。进行抗低氧测试,筛选出生长性能优异、抗低氧能力强的家系。拟从留种家系中挑选个体大、活力强、性腺发育良好的正常雌鱼30尾、雄鱼10尾作为亲本,通过人工授精的方式,构建F2代家系(图6、图7)。

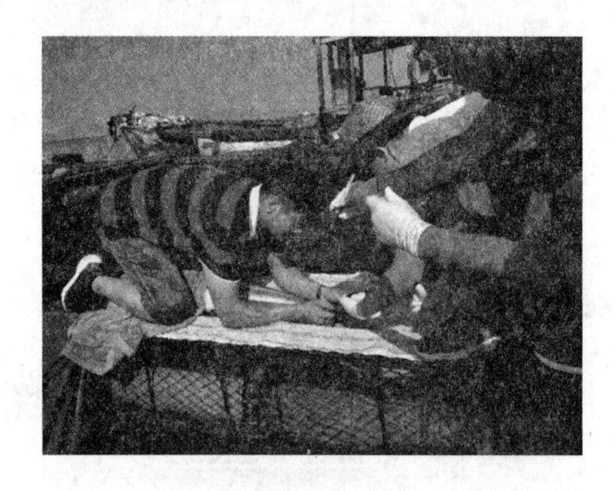

图4　军曹鱼家系电子标记

图5　识别不同家系的电子标记

图 6　待催产的军曹鱼家系

图 7　军曹鱼亲鱼注射催产药物

3　军曹鱼性腺发生、分化及发育规律探究

连续采集军曹鱼早期发育阶段仔稚鱼、幼鱼样品，样品经乙醇梯度脱水，用二甲苯做透明处理，之后用石蜡包埋，做常规组织连续切片。切片经苏木精－伊红(HE)染色后，用中性树胶封片。在显微镜下观察原始生殖细胞的特征变化及迁移路径。经过实验条件的优化，目前已做 12～140 日龄不同发育阶段军曹鱼样品的石蜡组织切片。初步结果表明，12 dph、16 dph、20 dph 的样品均可见单个游离的原始生殖细胞(呈梨形，细胞直径相对较大，细胞核大且着色浅)分散地排列在体腔后部的中肾管下方，沿着体腔背壁向两侧迁移，数量随着孵化日龄微略增加。24 dph 以后，原始生殖细胞继续沿着体腔腹侧背部的肠系膜迁移并到达性腺原基。随着生殖细胞和体细胞的增殖，性腺开始出现分化。观察成形性腺组织切片可得：卵巢中初级卵母细胞大多为卵圆形，排列紧密；细胞质嗜碱性增强，被染成浅蓝色；核质为浅紫红色。精巢中精原细胞开始成簇分布，形成精小叶的雏形，初级精母细胞细胞质嗜碱性增强，呈深蓝色(图 8)。

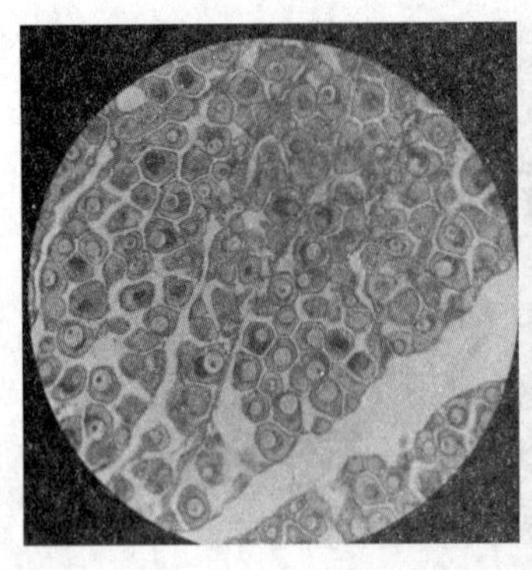

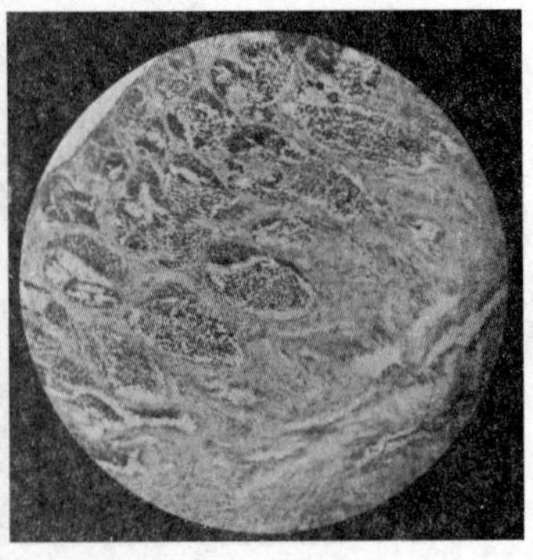

图 8　军曹鱼幼鱼卵巢及精巢组织切片

4　军曹鱼早期骨骼发育与骨骼畸形研究

采用硬骨－软骨双染色法，对军曹鱼早期骨骼发育特征与骨骼畸形情况开展系统研究。根据 Dingerkus、Uhler（1977)和 Taylor、Van Dyke（1985)描述的方法，阿利辛蓝可将仔鱼、稚鱼软骨染成蓝色，茜素红可将仔鱼、稚鱼硬骨染成红色的特点，对孵化后不同发育时长的仔鱼、稚鱼、幼鱼进行骨骼染色。参考不同硬骨鱼类的骨骼染色方法，对军曹鱼的骨骼染色进行探索优化，目前已优化出最佳染色方案，可对孵化后不同日龄的仔鱼、稚鱼、幼鱼进行批量的骨骼染色(图 9)。

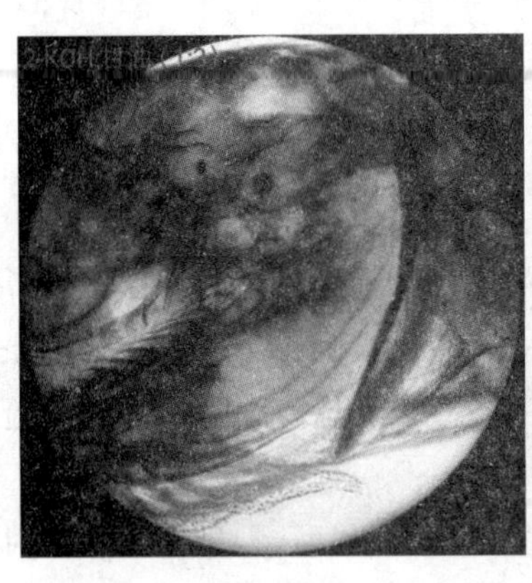

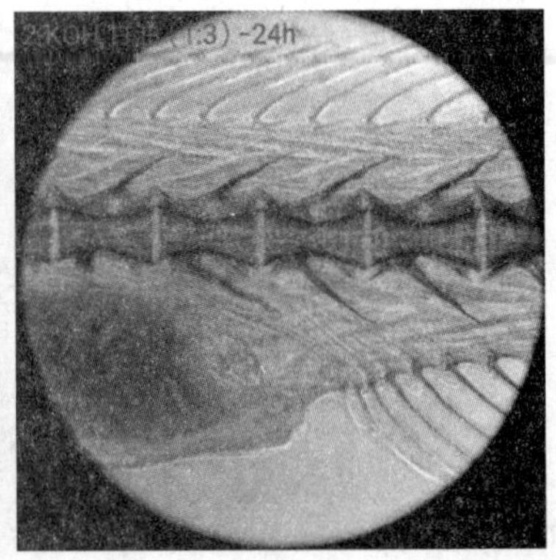

图 9　军曹鱼幼鱼头部及脊椎骨部位染色情况

5　军曹鱼养殖群体的遗传多样性分析

利用 12 个微卫星(SSR)分子标记对北海(BH)、陵水(LS)、硇洲(NZ)、徐闻(XW)和三亚(SY) 5 个军曹鱼养殖群体进行遗传多样性分析。12 对 SSR 引物在 5 个军曹鱼养殖群体中共检测到 129 个等位基因。各养殖群体的平均等位基因数范围为 3. 833～6. 750，平均有效等位基因数范围为 2. 525～3. 645，平均观测杂合度和平均期望杂合度范围分别为 0. 481～0. 635 和 0. 530～0. 681，平均多态信息含量范围为 0. 463～0. 630。哈迪－温伯格平衡检测结果显示，各群体在多个微卫星位点上均显著偏离平衡（$P < 0.05$）。军曹鱼养殖群体间的遗传分化指数（Fst）为 0. 055～0. 150，遗传距离（D）为 0. 240～0. 635；其中 BH 和 NZ 的 Fst 最大（0. 150），D 最远（0. 635）。AMOVA 分析结果表明，军曹鱼养殖群体 84% 遗传变异来自个体之间。基于 Nei' s 遗传距离构建的 UPGMA 系统进化树显示，BH 和 SY 聚为一支，LS 和 XW 聚为一支，两支聚为一支后与 NZ 聚为一支。

利用扩增片段长度多态性（AFLP）分子标记技术，对来自北海（BH）、硇洲（NZ）、徐闻（XW）和陵水（LS）的 4 个军曹鱼养殖群体进行遗传多样性分析。BH、NZ、XW 和 LS 群体的多态位点数及比例分别为 90（50%）、19（10. 56%）、28（15. 56%）、115（63. 89%）。各养殖群体的 Nei's 遗传多样性指数（h）分别为 0. 0659、0. 0227、0. 0292 和 0. 0832；Shannon 信息指数（I）分别为 0. 1141、0. 0364、0. 0481 和 0. 1441。AMOVA 分析显示，65% 的遗传变异来自群体间，35% 的遗传变异来自群体内的个体间。基于 Nei's 遗传距离构建的 UPGMA 系统进化树显示，NZ、XW 和 BH 聚为一支，LS 单独聚为一支。

表 2 5 个军曹鱼群体两两间的遗传分化指数（Fst）

	北海（BH）	陵水（LS）	硇洲（NZ）	徐闻（XW）	三亚（SY）
北海（BH）	***				
陵水（LS）	0. 126*	***			
硇洲（NZ）	0. 150*	0. 145*	***		
徐闻（XW）	0. 074*	0. 078*	0. 102*	***	
三亚（SY）	0. 058*	0. 084*	0. 131*	0. 055*	***

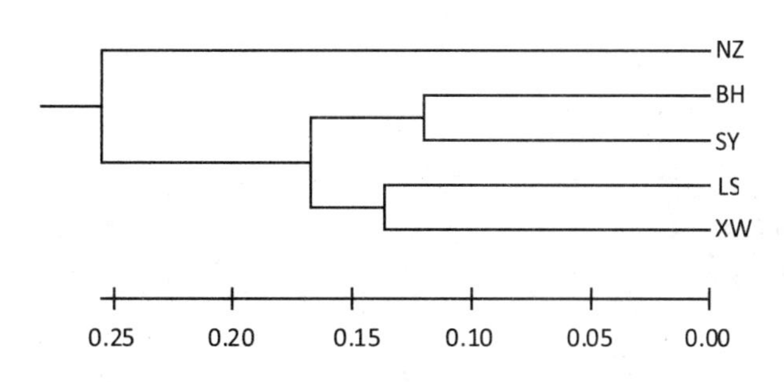

图 10 基于 Nei' s 遗传距离构建的 5 个军曹鱼群体的 UPGMA 系统进化树

表3　群体间遗传相似度和遗传距离

群体	BH	NZ	XW	LS
BH	*	0. 9935	0. 9927	0. 871
NZ	0. 0065	*	0. 9978	0. 8316
XW	0. 0073	0. 0022	*	0. 8381
LS	0. 1381	0. 1760	0. 1767	*

6　军曹鱼幼鱼盐度适应范围及不同盐度对幼鱼鳃、肠及肾组织结构的影响

在室内控制条件下，研究不同海水盐度对全长为13. 70 cm ± 0. 91 cm，体重为9. 74 ± 0. 85 g 军曹鱼幼鱼存活和生长的影响。结果表明，在水温为26. 5～28℃，溶解氧大于6 mg/L 的条件下，军曹鱼幼鱼的适宜存活盐度范围为3. 68～37. 43，最适存活盐度范围为10～34；适宜生长盐度范围为5. 91 ～ 37. 15，最适生长盐度范围为22～31。军曹鱼作为广盐性鱼类，对盐度有较强的适应性。当盐度变化超出最适范围时，养殖军曹鱼幼鱼对高盐更为敏感。

为探讨组织结构变化与盐度适应的关系，显微观察了盐度改变后军曹鱼幼鱼的鳃、肾和肠组织结构。低盐胁迫下，鳃丝和鳃小片宽度增大，鳃小片间距缩小，泌氯细胞数量减少；高盐胁迫下，鳃丝和鳃小片宽度缩小，鳃小片间距增大，泌氯细胞数量增多。低盐度组的各级肾小管管径增大，肾小球膨大，饱满充盈，与肾小囊内壁间隙小于对照组；高盐度组肾小球萎缩，与肾小囊内壁间隙大于对照组。低盐度组单层柱状上皮厚度增大，杯状细胞数量减少，而高盐度组杯状细胞胞体直径增大，其他方面无明显变化。水体盐度变化导致军曹鱼幼鱼鳃、肾和肠发生适应性变化。

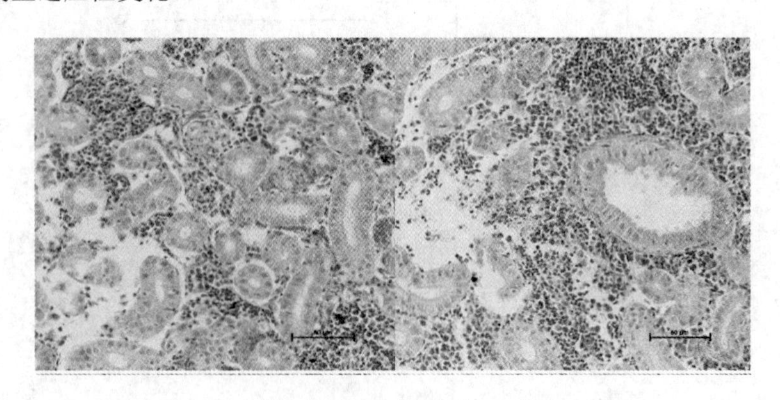

图11　不同盐度对军曹鱼幼鱼肾组织结构的影响

低盐度组肾（G. 肾小球；BC. 肾小囊；P. 肾小管）；2. 低盐度组肾（CS. 集合管）；3. 对照组肾；4. 高盐度组肾

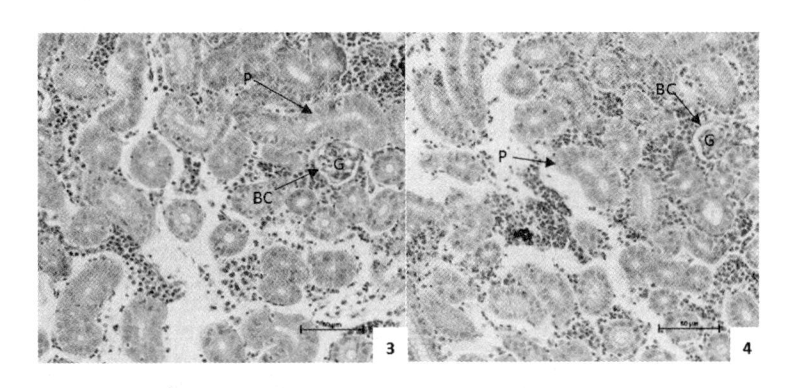

图 11 续　不同盐度对军曹鱼幼鱼肾组织结构的影响
低盐度组肾(G. 肾小球;BC. 肾小囊;P. 肾小管);2. 低盐度组肾(CS. 集合管);3. 对照组肾;4. 高盐度组肾

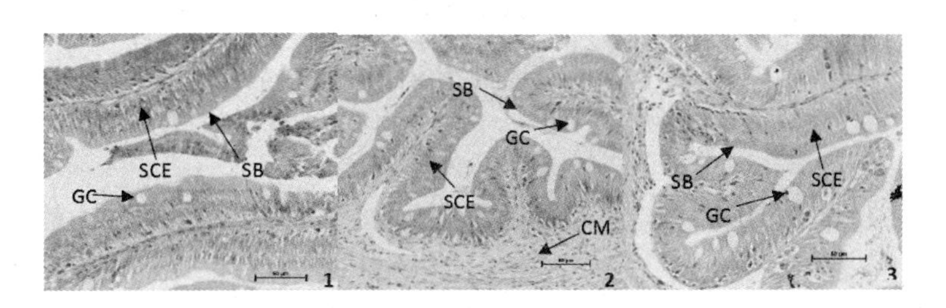

图 12　不同盐度对军曹鱼幼鱼肠组织结构的影响
低盐度组肠(SCE. 单层柱状上皮;SB. 纹状缘;GC. 杯状细胞);2. 对照组肠(CM:环肌);3. 高盐度组肠

7　军曹鱼转录组测序数据中 SNP 标记的开发及其功能注释分析

基于军曹鱼转录组数据进行 SNP 的开发和关联基因的功能注释分析,以期为 SNP 标记的利用提供有效信息。在军曹鱼正常盐度、低盐和高盐转录组中,分别鉴定出了 110453、110510 和 110216 个 SNP 位点,转换分别占 60. 72%、60. 71% 和 60. 74%,颠换分别占 39. 28%、39. 29% 和 39. 26%。军曹鱼所有 SNP 位点分布于 28511 条 SNP-unigene 上。功能注释结果显示,总共有 6480 条 SNP-unigene 具有 GO 注释,13134 条 SNP-unigene 具有 KOG 注释,5261 条 SNP-unigene 具有 KEGG 注释。这些 SNP 涉及较多的功能主要与代谢、次级代谢产物生物合成以及内吞作用相关。本研究通过大规模地筛选军曹鱼中的候选 SNP 位点,可以为军曹鱼的遗传改良和优良品种培育提供参考。

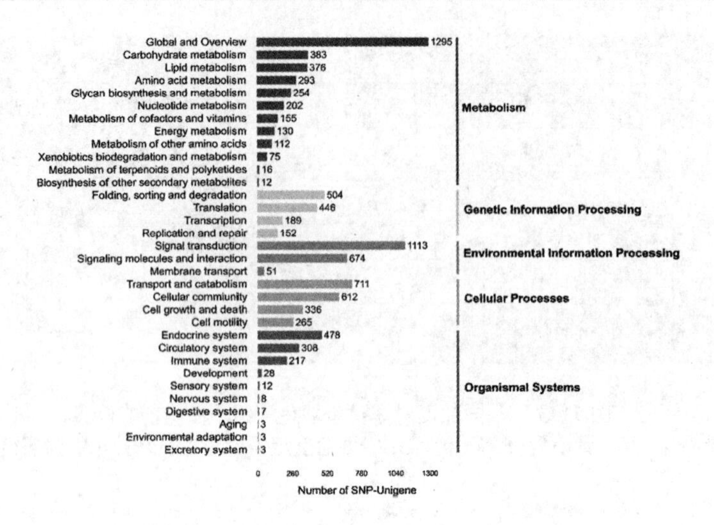

图 13　SNP-Unigene 的 KEGG 注释统计

8　军曹鱼转录组 EST-SSR 位点的信息分析及多态性检测

为获得稳定可靠的军曹鱼 SSR 分子标记，本文利用 MISA 软件对转录组测序数据进行了大规模的 EST-SSR 标记发掘，并分析了位点信息及其多态性。结果表明，军曹鱼转录组测序所获得的 65318 条 Unigenes 中检测出 16340 个 EST-SSR 位点，位点出现频率为 25. 02%,平均每 5020 bp 含有 1 个 SSR 位点。在转录组 SSR 中共有 633 种重复基元类型，其中二核苷酸重复基元为主要类型，占 SSR 总数的 57. 53%; 二核苷酸重复以 AC/GT 基序为主，占 SSR 总数的 37. 71%。基于筛选的 SSR 序列，应用 Primer3 软件进行引物的批量设计，共为 14505 条 EST-SSR 序列成功设计出 43515 对引物。随机选择 48 对引物对 EST-SSR 多态性进行检测，共有 37 对引物成功扩增出稳定条带，占引物总数的 77. 08%; 其中，3 对 EST-SSR 引物表现出个体多态性，多态性比率为 8. 12%。以上研究为军曹鱼遗传多样性及分子辅助育种研究提供了有效工具，对于军曹鱼种质资源保护、优良品种培育和军曹鱼养殖业的健康发展均具有重要意义。

表 4　军曹鱼 EST-SSRs 不同重复基元分布情况

重复类型	重复基元类型数量	SSR 数量	占总 SSR 比例 /%	SSR 分布频率 /%
二核苷酸	12	9401	57. 53	14. 39
三核苷酸	60	4856	29. 72	7. 43
四核苷酸	188	1460	8. 94	2. 24
五核苷酸	216	419	2. 56	0. 64
六核苷酸	157	204	1. 25	0. 31
总计	633	16340	100	25. 01

表 5　军曹鱼 EST-SSRs 长度分布情况

重复类型	12～20 bp	>20 bp
二核苷酸	7234	2167
三核苷酸	3708	1148
四核苷酸	1184	276
五核苷酸	292	127
六核苷酸	0	204
总计	12418	3922

9　军曹鱼鳃组织盐度适应相关 miRNA 的鉴定与分析

为了研究军曹鱼鳃组织盐度适应相关 miRNA，在盐度为 10、30、35 养殖军曹鱼幼鱼并取鳃组织构建 miRNA 文库。通过鉴定获得了 661 个保守的 miRNA 和 152 个新的 miRNA。dre-miR-146a、dre-miR-143、dre-miR-21、dre-miR-22a-3p 和 ola-miR-22 在 3 个盐度组中皆是高表达。与 30 盐度组相比，10 盐度组中共有 14 个成熟 miRNA 显著上调，而 23 个成熟 miRNA 显著下调。与 35 盐度组相比，10 盐度组中没有种成熟的 miRNA 显著上调，只有 14 种成熟的 miRNA 显著下调。与 10 盐度组相比，35 盐度组中有 16 种成熟的 miRNA 显著上调有 11 种成熟的 miRNA 显著下调。

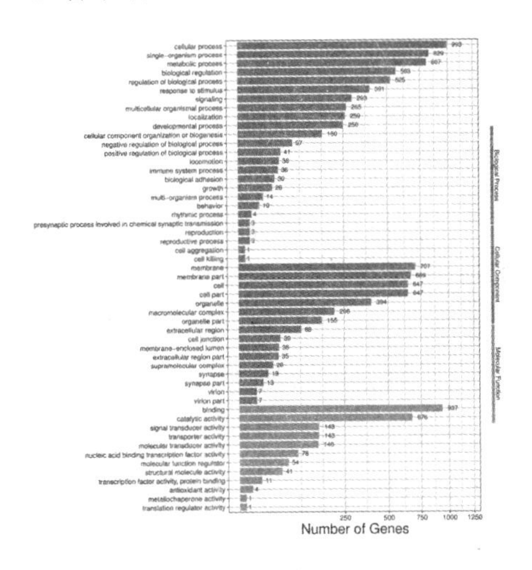

图 14　差异 miRNA 靶基因的 GO 注释

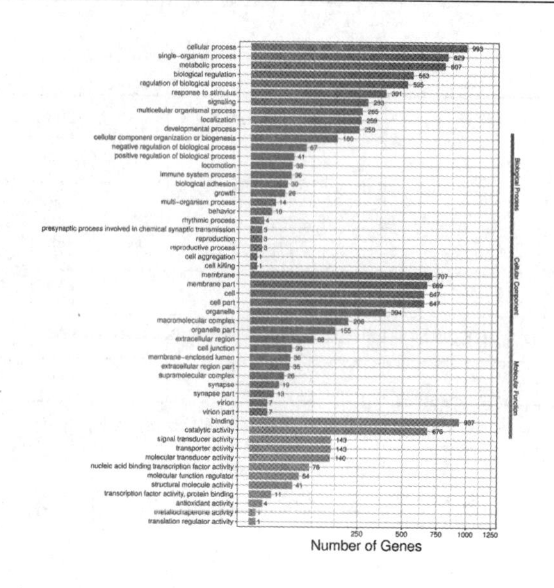

图 15　差异 miRNA 靶基因的 KEGG 通路富集分析

10　军曹鱼催乳素受体 PRLR1 基因的克隆及组织表达差异分析

为研究催乳素受体 1（PRLR1）在高盐水体和低盐水体中对军曹鱼的渗透调节作用，利用 RACE 技术，获得了军曹鱼 PRLR1 全长 cDNA 序列。该基因全长为 2 629 bp，包含 1 953 bp 的 ORF，可编码 650 个氨基酸。氨基酸序列包含了 2 个纤维连接蛋白 3 型结构域（FN3）、保守的 WS 区和 box1。采用 qRT-PCR 技术，检测不同盐度（10、30 和 35）条件下鳃、肠、体肾中 PRLR1 基因表达情况。结果显示，PRLR1 基因在军曹鱼的各个组织中均有表达，其中在鳃中表达量最高，其次是在肌肉、体肾和肠中，而在胃、脾、脑和心脏中则微量表达。低盐组、正常组和高盐组中，PRLR1 基因的表达量均为在鳃中最高，肠中次之，体肾中最低。随着盐度提高，PRLR1 基因的鳃、肠和体肾组织表达量变化规律均呈逐步下降趋势。以上结果反映了军曹鱼 PRLR1 在渗透压器官中的功能差异性，说明 PRLR1 在军曹鱼渗透压调节上具有重要作用。

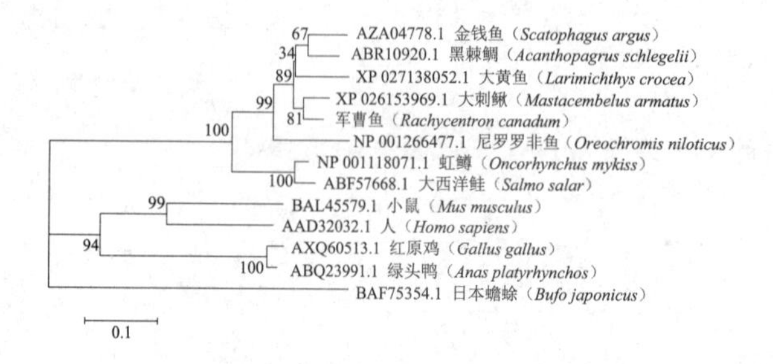

图 16　军曹鱼 PRLR1 氨基酸序列聚类分析

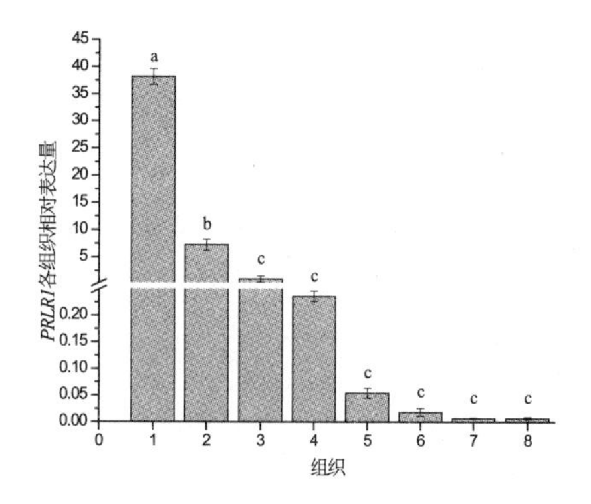

图 17　军曹鱼 PRLR1 在各组织中的相对表达量

1. 鳃;2. 肌肉;3. 体肾;4. 肠;5. 胃;6. 脾;7. 脑;8. 心脏。不同字母表示不同组织之间表达量差异显著（*P*＜0.05）

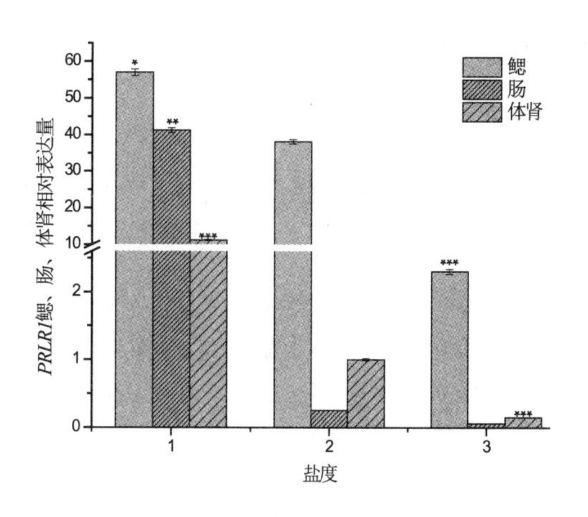

图 18　盐度适应后军曹鱼 *PRLR1* 在鳃、肠和体肾中的相对表达量

1. 10;2. 30;3. 35。*、、*** 表示 *PRLR1* 表达量与对照组差异显著,显著性水平分别为 *P*＜0.05,0.01 和 0.001**

（岗位科学家 陈刚）

河鲀种质资源与品种改良技术研发进展

河鲀种质资源与品种改良岗位

河鲀种质资源与品种改良岗位重点开展了红鳍东方鲀和暗纹东方鲀种鱼和苗种的选留、红鳍东方鲀全同胞家系的构建、红鳍东方鲀稚鱼生长性状的遗传力估计、红鳍东方鲀和暗纹东方鲀的大规模杂交试验、暗纹东方鲀生长性状候选基因 SNP 的筛选与其与生长性状的关联分析、红鳍东方鲀和暗纹东方鲀种质资源的调查、重组白介素 2 对红鳍东方鲀的血液生化指标及免疫指标的影响等工作。

1 河鲀种鱼的选留、提供健康的苗种

按照红鳍东方鲀和暗纹东方鲀的品种特点，选留了红鳍东方鲀 3 龄以上的种鱼 700 多尾，暗纹东方鲀 3 龄以上的种鱼 8500 多尾。根据繁殖方案和年度市场销售计划，繁殖、培育并提供了健康的红鳍东方鲀苗种 400 多万尾、暗纹东方鲀 600 多万尾。

2 红鳍东方鲀快速生长家系的构建和养殖

对 2017 年构建并选留的快速生长家系 39 号进行了培育和养殖，2018 年构建并选留的家系 18、家系 20、混合家系和日本群体进行了培育和养殖。

2019 年，采用全同胞家系的育种方法构建了 18 个家系，在育苗阶段根据成活率、生长情况进行了选择。1 月龄时，选留 10 个家系，并对这 10 个家系进行了体重、体长和体全长等生长性状的测定。2 月龄时也做了生长性状的测定。1 月龄、2 月龄时各家系的生长情况见表 1。红鳍东方鲀家系构建、育苗、放苗、回捕情况见图 1。

由表 1 可知，无论是 1 月龄还是 2 月龄，各家系在体重、体长和体全长等生长性状上有较大的差异。家系 5、家系 6、家系 3 在 10 个家系中的测定值是最高的，家系间表现出了极显著（$P < 0.01$）或显著的差异水平（$P < 0.05$）。1 月龄时变异系数最小的性状是家系 3 的体重、家系 5 的体长和全长，说明这两个家系内的个体间的差异不是很大，个体间较均匀。1 月龄时变异系数最大的性状是家系 9 的体重、家系 6 的体长和全长，说明这两个家系内的个体间差异较大。2 月龄时变异系数最小的性状是家系 14 的体重、体长和全长。2 月龄时变异系数最大的性状是家系 12 的体重、家系 7 的体长和全长。表 1 表明，家系 5、家系 6、家系

11 和家系 3 的生长情况较好，而家系 10、家系 7 的生长情况较差。

上述家系群体于 5 月份转移至室外土池，经过 4 个多月的养殖，于 10 月份开始回捕。根据生长和存活情况，家系 9、家系 10、家系 13 和家系 14 等 4 个新建家系群体被选留运回室内越冬。

图 1　红鳍东方鲀家系构建、育苗、放苗、回捕

表 1　1 月龄、2 月龄红鳍东方鲀不同家系间体重、体长和体全长的分析

月龄	家系	个体数	体重 /g		体长 /mm		全长 /mm	
			平均数及标准差$\overline{X}\pm\sigma$	变异系数 /%	平均数及标准差$\overline{X}\pm\sigma$	变异系数 /%	平均数及标准差$\overline{X}\pm\sigma$	变异系数 /%
1	3	100	0. 16±0. 04c	0. 25	14.79 ± 1.35^{c}	9. 13	18.55 ± 1.57^{b}	8. 46
	5	100	0. 27±0. 05a	18. 52	17.45 ± 1.04^{a}	5. 96	21.6 ± 1.16^{a}	5. 37
	6	100	0. 17±0. 05b	29. 41	15.38 ± 1.92^{b}	12. 48	18.58 ± 2.32^{b}	12. 49
	7	100	0. 13±0. 03e	23. 08	13.15 ± 1.6^{f}	12. 17	16.17 ± 1.76^{de}	10. 88
	9	100	0. 12±0. 04e	33. 33	14.01 ± 1.44^{d}	10. 28	17.13 ± 1.62^{c}	9. 46
	10	100	0. 1±0. 03f	30	12.66 ± 1.35^{g}	10. 66	15.76 ± 1.43^{e}	9. 07
	11	100	0. 14±0. 03d	21. 43	13.83 ± 1.27^{de}	9. 18	17.36 ± 1.42^{c}	8. 18
	12	100	0. 07±0. 02g	28. 57	10.28 ± 1.36^{h}	13. 23	13.31 ± 1.38^{f}	10. 37
	13	100	0. 13±0. 03e	23. 08	13.47 ± 1.23^{ef}	9. 13	17.06 ± 1.42^{c}	8. 32
	14	100	0. 13±0. 03e	23. 08	13.09 ± 1.11^{f}	8. 48	16.26 ± 1.36^{d}	8. 36

续表

月龄	家系	个体数	体重 /g		体长 /mm		全长 /mm	
			平均数及标准差$\overline{X}\pm\sigma$	变异系数 /%	平均数及标准差$\overline{X}\pm\sigma$	变异系数 /%	平均数及标准差$\overline{X}\pm\sigma$	变异系数 /%
2	3	99	1. 82±0. 49[cd]	26. 92	37. 21±3. 56[c]	9. 57	43. 19±4. 04[c]	9. 35
	5	100	2. 79±0. 67[a]	24. 01	42. 67±4. 15[a]	9. 73	50. 46±4. 40a	8. 72
	6	100	2. 03±0. 62[b]	30. 54	38. 96±4. 59[b]	11. 78	45. 99±4. 84[b]	10. 52
	7	100	1. 25±0. 46[f]	36. 8	32. 67±4. 42[e]	13. 53	39. 09±5. 09[f]	13. 02
	9	100	1. 43±0. 41[e]	28. 67	35. 28±3. 71[d]	10. 52	42. 90±4. 11[c]	9. 58
	10	100	1. 25±0. 38[f]	30. 4	33. 54±3. 96[e]	11. 81	40. 84±4. 46[e]	10. 92
	11	100	1. 88±0. 53[c]	28. 19	38. 03±3. 97[bc]	10. 44	45. 61±4. 32[b]	9. 47
	12	100	1. 38±0. 49ef	35. 51	33. 26±4. 42[e]	13. 29	40. 66±5. 13[e]	12. 61
	13	100	1. 71±0. 51d	29. 82	34. 96±3. 89[d]	11. 13	42. 61±4. 63[cd]	10. 87
	14	100	1. 36±0. 31ef	22. 79	34. 73±2. 79[d]	8. 03	41. 55±3. 24[de]	7. 8

注:相同字母间差异不显著,不同字母间差异显著、极显著。

3 红鳍东方鲀稚鱼生长性状的遗传力估计

利用 2019 年构建的 10 个全同胞家系体重、体长和体全长等生长性状的测定数据,对红鳍东方鲀稚鱼阶段生长性状的遗传力进行了估计。结果表明,1 月龄红鳍东方鲀的体重、体长、体全长的遗传力分别是 0. 68、0. 64、0. 66,经 t 检验均达到极显著水平($P<0.01$),均属高度遗传力;2 月龄这 3 个性状的遗传力分别是 0. 48、0. 37、0. 35,经 t 检验体重、体长遗传力均达到极显著水平($P<0.01$),体全长遗传力达到显著水平($P<0.05$),体重属高度遗传力,体长、体全长属中度遗传力。红鳍东方鲀稚鱼阶段的体重、体长和体全长等生长相关性状的遗传力较高,用个体选择的方法,可以进行生长快速的选育。研究结果为红鳍东方鲀的早期选育提供了参考。

4 红鳍东方鲀和暗纹东方鲀的大规模杂交试验

在 2018 年的杂交试验成功的基础上,2019 年本岗位与南通试验站联合开展了红鳍东方鲀与暗纹东方鲀的大规模杂交试验,繁殖 F1 杂交种 55 万余尾。目前,选留了暗纹东方鲀(雌)与红鳍东方鲀(雄)的正交杂交后代 1000 多尾,用于后续的科研试验。正交后代的体重比暗纹东方鲀纯种的体重提高了 30%~50%,体长提高了 15%~25%,体全长提高了 16%~30%,表现出了较强的杂种优势,为改良暗纹东方鲀的生长速度以及杂交育种提供了参考。养殖的杂交河鲀生长性状的测定情况及其与暗纹东方鲀的比较见图 2。

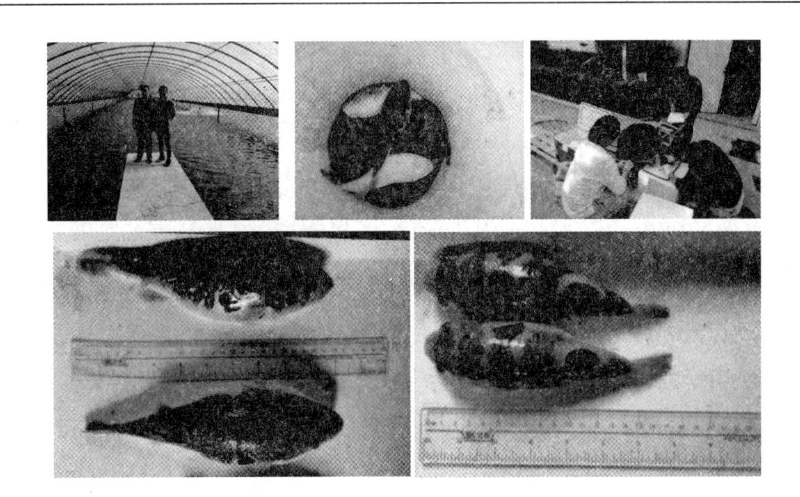

图 2　杂交河鲀的生长测定与暗纹东方鲀的比较

5　红鳍东方鲀的种群结构与进化分析

基于红鳍东方鲀的COI、COII、COIII、细胞色素b（Cytochromeb, cytb）基因和16S rDNA等基因，从辽宁省、河北省和山东省选取有代表性的红鳍东方鲀群体，进行了红鳍东方鲀的进化关系分析。首先提取了来源于不同地理位置（辽宁、河北和山东）（3家有关的养殖企业）的红鳍东方鲀的DNA；然后分别使用设计的特异引物进行PCR，扩增出特异基因序列，测序后获得序列用于亲缘分析。基于5种基因序列我们使用MEGA6.0软件分别进行了系统进化树构建。结果表明，基于COI、COII、COIII、cytb和16S rDNA等5种基因序列做出的系统树的结果是基本一致的，即采自辽宁的个体单独聚为一类，而河北群体和山东群体的个体有相互聚类，很难区分成两类，说明这两个企业的亲鱼有一定的亲缘关系。如果是自然的不同地理群体，进化树显示的聚类关系和这3个群体的地理位置是非常相关的，河北和山东的海岸线连接在一起，山东群体和河北群体之间出现基因交流的概率大，它们之间的亲缘关系比较近；而辽宁群体主要采集于辽宁沿海一线的黄海段，在地理位置上与河北和山东相隔甚远，中间有长距离的深海隔离，导致辽宁群体与其他两个群体之间鲜有基因交流，亲缘关系较远。但因为采集的红鳍东方鲀是养殖群体，所以结果证明河北群体和山东群体的亲鱼间可能存在一定的亲缘关系。在实际育种工作中，一定要要考虑父本、母本之间的亲缘关系，决定选配方式。

6　红鳍东方鲀和暗纹东方鲀的种质资源调查

6.1　红鳍东方鲀的种质资源情况

经调查，养殖红鳍东方鲀种鱼的企业只有6家，其中辽宁省有2家，但其中一家的种鱼在河北的分场养殖;河北省有2家养殖种鱼的企业,山东省有2家养殖的企业。这6家企业养殖的红鳍东方鲀3龄以上种鱼约2200尾,这些种鱼主要是2006年、2010年从日本引进的受精卵直接发育的后代,或者是从这些后代中挑选鱼种作为亲本再进行繁殖选留的。因此,截至目前,国内的红鳍东方鲀的种鱼基本上是来源于日本的红鳍东方鲀,尽管可能有的种鱼场曾捕到我国海域的野生红鳍东方鲀作为种鱼进行繁殖,但是种群的遗传结构基本没有变化。这6家企业养殖的种鱼甚至都有可能来源于较早从日本引进的红鳍东方鲀的受精卵繁殖的后代,所以这6家的种鱼可能存在一定的亲缘关系。本岗位选取了辽宁、河北和山东3家企业的种鱼,利用红鳍东方了的COI、COII、COIII、cytb和16S rDNA等基因对辽宁(LN)、河北(HB)和山东(SD)3个养殖企业的红鳍东方鲀进行了系统树分析。结果表明,用这5个基因序列做出的系统树的结果是基本一致的,即采自辽宁的个体单独聚为一类,而河北群体和山东群体的个体有相互聚类,很难区分成两类,说明河北和山东这两个企业的群体有一定的亲缘关系。这在分子水平上验证了调查的结论。最近几年各个红鳍东方鲀养殖场繁殖的商品鱼所表现出的生长缓慢,抗病抗逆能力差,饵料系数高,风味不好,低温、高温状态下死亡率高等诸多问题,或许就是因出现不同程度的近亲繁育、种质退化所导致的。

6.2 暗纹东方鲀的种质资源情况

暗纹东方鲀的养殖主要集中在长江中下游。2010年以后,野生的暗纹东方鲀种鱼几乎捕捞不到,因此一些养殖场自己从养殖群体中选留鱼种作为亲鱼。据调查,暗纹东方鲀3龄以上的种鱼约2500尾,约80%的3龄以上的暗纹东方鲀种鱼在江苏的一个良种场,其余约20%的种鱼分布在福建、上海、广东等少数几家企业。如红鳍东方鲀一样,养殖的暗纹东方鲀也在一定程度上表现出了近交衰退的现象。

7. 红鳍东方鲀生长性状候选基因的基因编辑方法的建立

肌肉生长抑制素(MSTN)基因起负调控的作用,抑制肌肉的生长。如果对MSTN基因进行敲除或编辑,则可使红鳍东方鲀快速生长。2019年3月,本岗位初步建立了对红鳍东方鲀MSTN基因进行编辑的方法(图3),摸索出红鳍东方鲀受精后较理想的显微操作时间段,为今后进一步开展该基因或有关基因的基因编辑工作提供了参考。

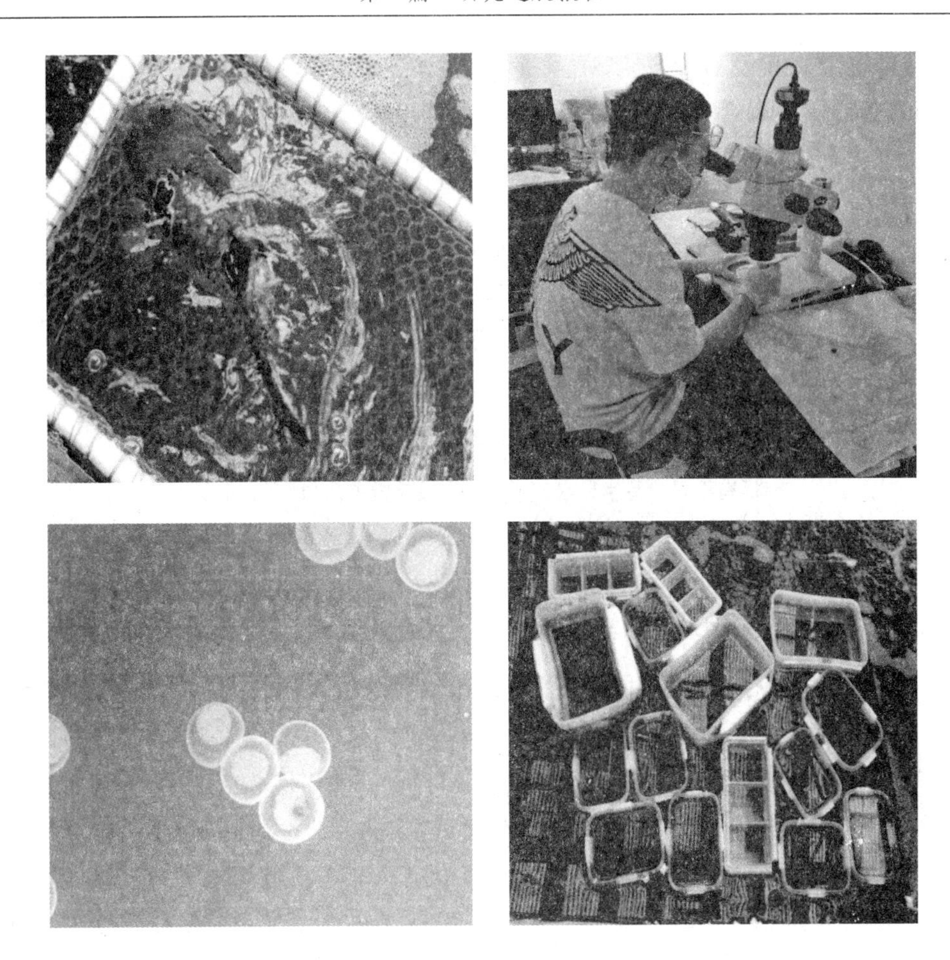

图3 显微操作现场

8 重组白介素2对红鳍东方鲀的血液生化指标及免疫指标的影响

为研究重组白介素2（Recombinant interleukin-2，rIL-2）对红鳍东方鲀血液生化指标及免疫指标的影响，选用体重为205.9 g±30.5 g的红鳍东方鲀进行了重组白介素2的免疫应答试验。rIL-2免疫剂量为2.5 μL、5 μL、7.5 μL、10 μL，在注射后的4 h、8 h、12 h进行采血。

8.1 血液生化指标检测

注射rIL-2之后不同浓度组在不同时间血液的生化指标变化见图4。从图4中可见：2.5 μL浓度组注射后4 h的白球比显著高于注射后8 h、12 h的白球比（$P < 0.05$），其余各组之间无显著差异（$P > 0.05$）。5 μL、7.5 μL浓度组尿素氮含量在注射后8 h显著高于同组内其他时间点，2.5 μL，10 μL浓度组注射后4 h的尿素氮含量显著低于同组其他时间点和其他浓度组各时间($P < 0.05$)。在注射了 rIL-2 之后,2. 5 μL 浓度组甘油三酯含量在注射后 8 h 显著高于 PBS 组,在注射后 4 h 甘油三酯含量有随着注射浓度增加而增加的趋势,在注射后 8 h 甘油三酯含量有随着注射浓度增加先降低再升高的趋势($P < 0.05$)。

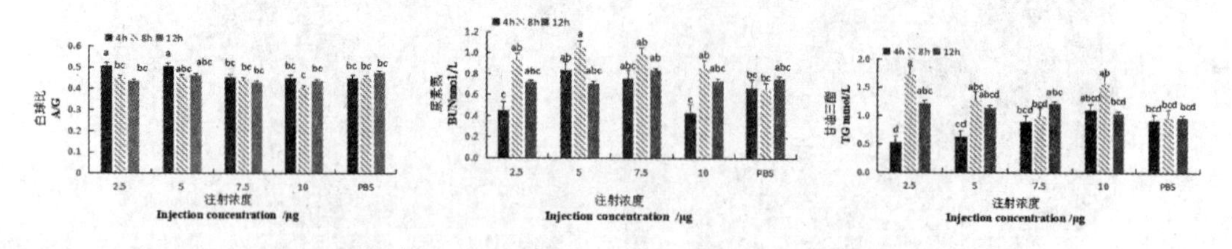

图 4　经 rIL-2 免疫之后红鳍东方鲀的血液的生化指标

标有不同小写字母者表示组间有显著性差异($P < 0.05$)

标有相同小写字母者表示组间无显著性差异($P > 0.05$)

8.2　血液非特异性免疫指标检测结果

注射 rIL-2 后不同浓度组在不同时间血液的非特异性免疫指标变化见图 5。由图 5 可知:注射 rIL-2 后,5 μL 浓度组在注射后 4 h 溶菌酶活性显著升高($P < 0.05$),但其他浓度组各时间点无显著差异($P > 0.05$)。2. 5 μL 浓度组谷草转氨酶活性 8 h 显著高于同组其他时间点,同时也显著高于 PBS 组;5 μL 浓度组在注射后 4 h,8 h 的谷草转氨酶活性显著高于同组其他时间点,也显著高于 PBS 组。整体看来 2. 5 μL,5 μL,7. 5 μL 浓度组的谷草转氨酶活性在注射后 8 h 显著高于其他时间点($P < 0.05$),10 μL 浓度组谷草转氨酶活性与 PBS 组无显著差异($P > 0.05$)。注射 rIL-2 之后,2. 5 μL,5 μL 浓度组超氧化物歧化酶活性在注射后 4 h 显著高于其他各组,5 μL 浓度组在注射后 8 h 超氧化物歧化酶活性也显著高于其他各组($P < 0.05$),其余浓度各时间点之间无显著性差异($P > 0.05$)。

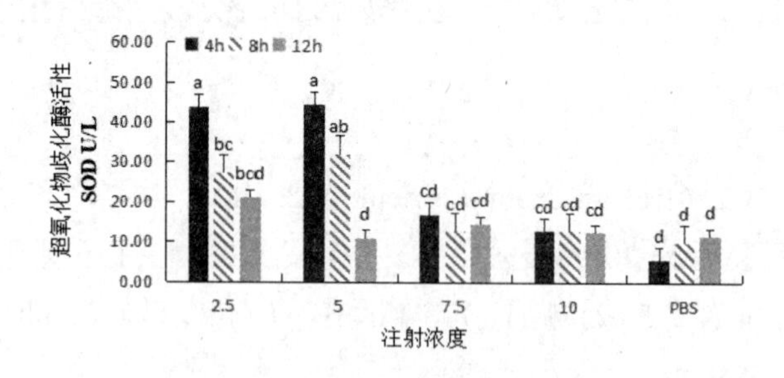

图 5　经 rIL-2 免疫之后红鳍东方鲀的血液非特异性免疫指标

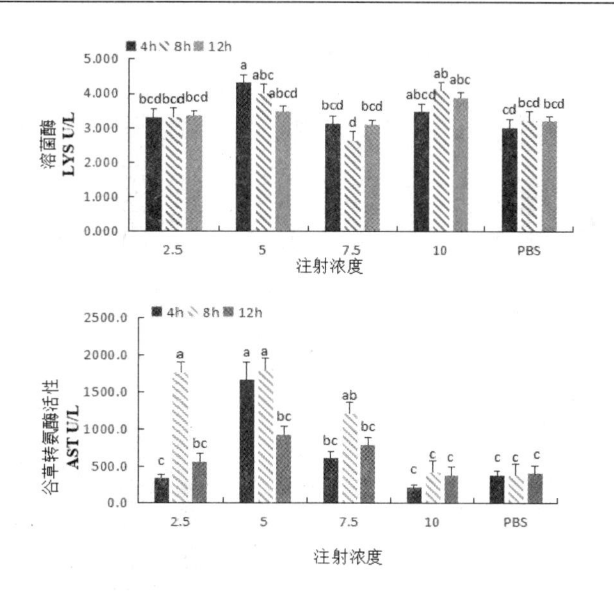

图 5 续　经 rIL-2 免疫之后红鳍东方鲀的血液非特异性免疫指标

8. 3　血液特异性免疫指标检测

注射 rIL-2 之后不同浓度组在不同时间血液的特异性免疫指标变化见图 6。由图 6 可知：各组血清补体 C3 含量受 rIL-2 含量和采样时间的影响显著($P < 0.05$)，5 μL 浓度组的补体 C3 含量在注射后 4 h 显著低于各组($P < 0.05$)，其余各浓度时间点内无显著性差异($P > 0.05$)。注射 rIL-2 后，随着注射浓度增加免疫球蛋白 E 含量有升高趋势，但各时间点各浓度组间无显著性差异($P > 0.05$)。5 μL 浓度组在注射 12 h 免疫球蛋白 G 的含量显著低于 PBS 组，7. 5 μL 浓度组在注射后 8 h，12 h 免疫球蛋白 G 含量显著升高($P < 0.05$)，其余各时间点各浓度组间无显著性差异($P > 0.05$)。各组血清免疫球蛋白 M 含量受 rIL-2 含量和采样时间的影响显著($P < 0.05$)，7. 5 μL 浓度组的免疫球蛋白 M 含量在注射后 12 h 显著低于其他各组($P < 0.05$)，其余浓度各时间点的活性无显著差异($P > 0.05$)。

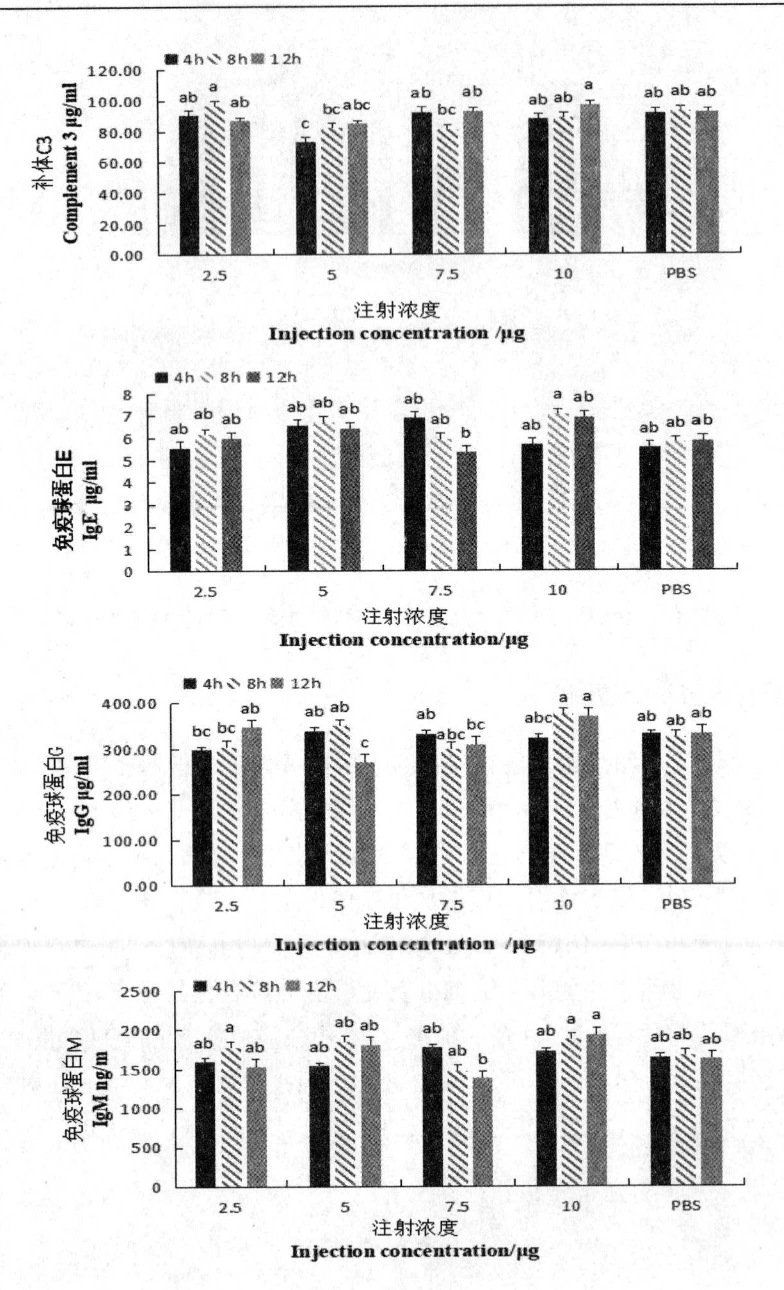

图6 注射rIL-2后红鳍东方鲀血液生化指标变化情况

(岗位科学家 王秀利)

鲆鲽类营养需求与饲料技术研发进展

鲆鲽类营养需求与饲料岗位

2019年，鲆鲽类营养需求与饲料岗位重点围绕“海水鱼饲料新型蛋白源开发及利用”开展了鲆鲽类营养需求与代谢、新型水产饲料蛋白源评估、非鱼粉蛋白高效利用技术、功能性饲料添加剂等方面研究工作。系统评估了2种新型鲆鲽类饲料蛋白源的应用价值，筛选了5种可用于鲆鲽类饲料的生物活性物质，优化了复合蛋白发酵技术，并开发了2套提升发酵植物蛋白利用技术。该系列研究进一步提高了鲆鲽类对非鱼粉蛋白的利用效率，降低了其对鱼粉这一有限资源的依赖，提升了养殖鱼类的生长率、饲料转化率和养殖生产效益，对于鲆鲽类产业的健康发展具有重要意义。

1　泡盛曲霉发酵豆粕对大菱鲆氧化平衡及炎症反应的影响

实验以大菱鲆幼鱼营养需求为基础，鱼粉为主要蛋白源，鱼油和大豆卵磷脂为主要脂肪源，小麦粉、谷朊粉为碳水化合物源，设计大菱鲆实验饲料。鱼粉为对照组，对豆粕或泡盛曲霉发酵豆粕分别替代30%、45%、60%的鱼粉进行为期63 d的养殖实验。结果表明，泡盛曲霉发酵豆粕可以替代大菱鲆饲料中45%的鱼粉而不影响大菱鲆的生长性能，但豆粕只能替代到30%（表1）。进一步研究表明相比于豆粕，摄食泡盛曲霉发酵豆粕显著增强了大菱鲆血浆超氧化物歧化酶和溶菌酶活性，增大了大菱鲆后肠上皮细胞和微绒毛高度，显著上调了后肠抑炎因子*tgf*-β1的表达量，下调了促炎因子*tnf*-β、*il*-1β和mhaIIc的表达量(图1)。结果表明，泡盛曲霉发酵能显著降低豆粕中的抗营养因子含量，泡盛曲霉发酵豆粕能够大幅度替代水产饲料中的鱼粉，可作为提高非鱼粉蛋白利用效率的有效手段。

2　不同发酵豆粕替代鱼粉对大菱鲆幼鱼生长及营养利用的影响

为筛选可用于大菱鲆饲料的新型发酵菌株，本实验选取6种菌株对豆粕进行发酵后，替代饲料中鱼粉。6种发酵豆粕分别替代大菱鲆饲料中45%的鱼粉蛋白，配制7种等氮等脂的实验饲料（对照组FM，替代组分别为FMSB1、FMSB2、FMSB3、FMSB4、FMSB5和FMSB6)，对大菱鲆幼鱼进行10周的养殖实验。结果表明，6种发酵豆粕替代饲料中45%

的鱼粉蛋白均对大菱鲆幼鱼生长指标、全鱼体组成产生显著影响(表 2),但是对肌肉氨基酸组成影响不显著。FMSB4 与 FM 的干物质消化率差异不显著,且二者显著高于其他各组;FMSB6 的干物质消化率仅显著低于 FM 和 FMSB4;FMSB1 和 FMSB2 的干物质消化率显著低于其他各组。就粗蛋白消化率而言,FM 显著高于各替代组,FMSB4 仅显著低于对照组,FMSB1 的干物质消化率则显著低于其他各组(表 3)。

表 1 泡盛曲霉发酵豆粕对大菱鲆幼鱼生长性能及饲料利用的影响

组别	初体重 /g	末体重 /g	特定生长率	蛋白质效率
鱼粉	8. 54±0. 01	62. 60±0. 96[a]	3. 16±0. 02[a]	2. 60±0. 04[ab]
30% 豆粕	8. 53±0. 00	56. 31±1. 66[abc]	2. 99±0. 04[abc]	2. 31±0. 02[abc]
45% 豆粕	8. 53±0. 00	52. 23±1. 37[bc]	2. 88±0. 04[bc]	2. 12±0. 09[bc]
60% 豆粕	8. 52±0. 01	49. 95±1. 82[c]	2. 81±0. 06[d]	2. 00±0. 07[c]
30% 泡盛曲霉发酵豆粕	8. 53±0. 01	63. 41±1. 31[a]	3. 18±0. 03[a]	2. 40±0. 01[abc]
45% 泡盛曲霉发酵豆粕	8. 52±0. 01	59. 67±2. 47[ab]	3. 09±0. 07[ab]	2. 40±0. 06[abc]
60% 泡盛曲霉发酵豆粕	8. 52±0. 01	52. 09±1. 09[bc]	2. 87±0. 03[d]	2. 23±0. 01[abc]

* 注:表中不同字母表示差异显著。

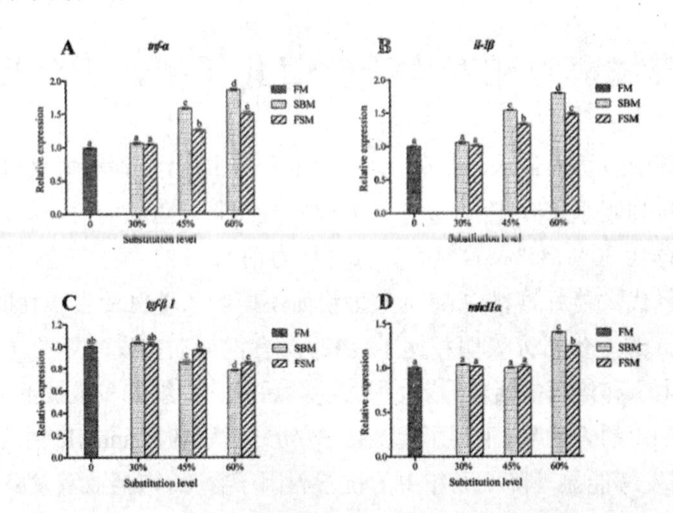

图 1 饲喂豆粕或泡盛曲霉发酵豆粕对大菱鲆炎症相关基因的影响

表 2 不同发酵豆粕对大菱鲆幼鱼生长性能及饲料利用的影响

项目	FM	FMSB1	FMSB2	FMSB3	FMSB4	FMSB5	FMSB6
末体重 /g	30.80 ± 1.08[a]	15.04 ± 0.88[d]	16.06 ± 1.25[d]	24.59 ± 0.65[b]	24.68 ± 0.31[b]	20.20 ± 0.72[c]	19.08 ± 0.27[c]
特定生长率	2.12 ± 0.05[a]	1.09 ± 0.08[d]	1.18 ± 0.11[d]	1.79 ± 0.04[b]	1.80 ± 0.02[b]	1.51 ± 0.05[c]	1.43 ± 0.02[c]
日摄食率 /%	1.50 ± 0.06[a]	1.10 ± 0.02[c]	1.36 ± 0.08[ab]	1.39 ± 0.01[ab]	1.26 ± 0.03[b]	1.44 ± 0.04[a]	1.28 ± 0.04[b]
饲料效率	1.27 ± 0.07[a]	0.99 ± 0.06[cd]	0.87 ± 0.03[d]	1.20 ± 0.03[ab]	1.33 ± 0.02[a]	1.00 ± 0.01[cd]	1.08 ± 0.03[bc]
蛋白质效率	2.41 ± 0.14[a]	1.86 ± 0.12[cd]	1.66 ± 0.06[d]	2.29 ± 0.06[ab]	2.54 ± 0.04[a]	1.91 ± 0.01[cd]	2.07 ± 0.06[bc]

表 3　不同发酵豆粕饲料干物质和粗蛋白表观消化率分析表(%)

项目	FM	FMSB1	FMSB2	FMSB3	FMSB4	FMSB5	FMSB6
干物质	59. 17±0. 90[a]	44. 66±1. 44[d]	44. 65±1. 09[d]	49. 62±0. 82[c]	61. 46±2. 02[a]	48. 46±0. 86[c]	53. 52±0. 63[b]
粗蛋白	92. 07±0. 17[a]	83. 34±0. 43[e]	84. 86±0. 30[d]	86. 93±0. 21[c]	90. 86±0. 48[b]	86. 81±0. 22[c]	87. 53±0. 17[c]

3　发酵豆粕中添加无机盐对大菱鲆幼鱼生长、健康及矿物质沉积的影响

实验制作 4 种等氮、等脂饲料，以鱼粉组作为对照组(FM)，分别在发酵豆粕替代 45% 鱼粉的基础上梯度添加 0× 无机盐(IS-0)、1× 无机盐(IS-1)、2× 无机盐(IS-2)。选取初始体重为(7. 17±0. 01) g 大菱鲆幼鱼，开展为期 10 周的养殖饲喂实验。结果表明，发酵豆粕替代鱼粉条件下，大菱鲆幼鱼生长、饲料利用随无机盐摄入量的增加呈显著递增趋势($P<0.05$)(表 4)。骨骼 Mg、K、Mn、Cr、Co、Mo、Ca、P、Zn、Fe、Se 沉积随无机盐摄入量的增加而增加($P<0.05$)，Cu 沉积随无机盐摄入量的增加无显著变化，Na 沉积随无机盐摄入量的增加呈递减趋势($P<0.05$)(图 2)。多种矿物元素之间具有协同作用，饲料中添加适宜水平(2×)的无机盐有利于骨骼矿化发育。

4　蛋氨酸对大菱鲆生长、氨基酸代谢和肠道稳态的影响

蛋氨酸是大多数植物蛋白源第一限制性氨基酸，蛋氨酸缺乏制约植物蛋白源在饲料中的利用，但目前对蛋氨酸如何影响大菱鲆氨基酸代谢和肠道稳态的研究较少。本实验以酪蛋白和明胶为主要蛋白源，以鱼油和大豆卵磷脂为脂肪源，设计 3 组蛋氨酸含量不同的大菱鲆饲料，开展为期 8 周的养殖实验。实验结果表明，蛋氨酸缺乏显著影响了大菱鲆的生长及饲料效率(表 5)。此外，蛋氨酸缺乏会减少血清中游离蛋氨酸、半胱氨酸、苏氨酸、精氨酸和组氨酸的含量，增加血清中甘氨酸、赖氨酸和丙氨酸的含量。而且蛋氨酸缺乏会导致肠道绒毛的长度缩短，杯状细胞的数量减少。

表 4　饲料中无机盐添加对大菱鲆幼鱼生长性能的影响

生长性能	组别			
	FM	IS-0	IS-1	IS-2
初体重 /g	7. 16±0. 01	7. 19±0. 02	7. 16±0. 01	7. 16±0. 01
末体重 /g	46. 28±0. 45[a]	25. 29±0. 50[c]	22. 25±1. 44[c]	30. 65±1. 80[b]
特定生长率	2. 49±0. 01[a]	1. 68±0. 03[c]	1. 51±0. 09[c]	1. 93±0. 08[b]

续表

生长性能	组别			
	FM	IS-0	IS-1	IS-2
摄食率 /%	1. 30±0. 01^{ab}	1. 35±0. 02^{a}	1. 27±0. 01^{b}	1. 34±0. 01^{a}
饲料转化率	1. 5±0. 01^{a}	1. 11±0. 02^{c}	1. 07±0. 04^{c}	1. 23±0. 03^{b}
干物质表观消化率	47. 49±1. 50^{b}	60. 41±1. 89^{a}	58. 44±1. 22^{a}	62. 86±1. 50^{a}
蛋白质利用率	24. 37±0. 22^{b}	24. 37±0. 88^{b}	29. 27±2. 18^{a}	28. 74±1. 50^{ab}

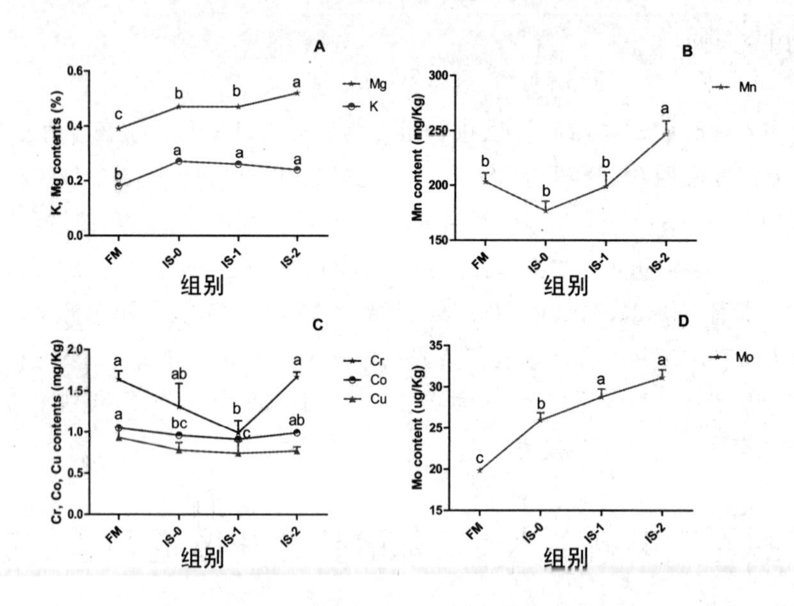

A. 骨骼 Mg、k 沉积;B. 骨骼 Mn 沉积;C. 骨骼 Cr、Co、Cu 沉积;D 骨骼 Mo 沉积。

图 2 无机盐添加对大菱鲆幼鱼骨骼矿物元素沉积的影响

表 5 饲料中蛋氨酸水平对大菱鲆生长性能及饲料利用的影响

项目	低蛋氨酸组	中蛋氨酸组	高蛋氨酸组
初体重 /g	13. 30±0. 01	13. 30±0. 01	13. 30±0. 01
末体重 /g	47. 31±1. 21	58. 06±0. 73	54. 89±0. 92
特定生长率	2. 26±0. 04	2. 63±0. 02	2. 53±0. 03
饲料效率	1. 20±0. 02	1. 42±0. 01	1. 37±0. 05
蛋白质效率	2. 17±0. 04	2. 58±0. 02	2. 47±0. 01

5 大菱鲆饲料中添加白藜芦醇对植物蛋白源应用效果研究

实验以大菱鲆幼鱼各营养成分需求为基础设计大菱鲆饲料。鱼粉对照组(FM)饲料含有60%的鱼粉，豆粕组（SBM）中45%的鱼粉被替换成豆粕，白藜芦醇添加组（RSV）每1 kg（干重）饲料含500 mg白藜芦醇。制作3种等氮、等能（粗蛋白52%，总能量20 kJ/g）的饲料，饲养初体重为（7.5 ± 0.01）g的大菱鲆幼鱼，实验周期为8周。结果表明，45%的鱼粉被豆粕替代后，大菱鲆的生长、饲料利用率、肠绒毛长度显著受到抑制（表6）。抗氧化酶sod、gsh-px、prx6D的基因表达也受到抑制（图3A）。白藜芦醇能够显著缓解由高比例豆粕替代引起的肠道损伤，并增加肝脏抗氧化酶的活性（图3B）。

表6　饲料中添加白藜芦醇对大菱鲆生长性能及饲料利用的影响

项目	鱼粉组	豆粕组	RSV
初体重 /g	7.50±0.01	7.50±0.01	7.50±0.01
末体重 /g	39.31±0.44	33.12±0.16	32.42±0.74
增重率(%)	424.11±5.92	341.54±2.07	332.68±9.56
饲料效率	1.44±0.01	1.28±0.03	1.22±0.04
蛋白质效率	2.88±0.02	2.56±0.05	2.44±0.08

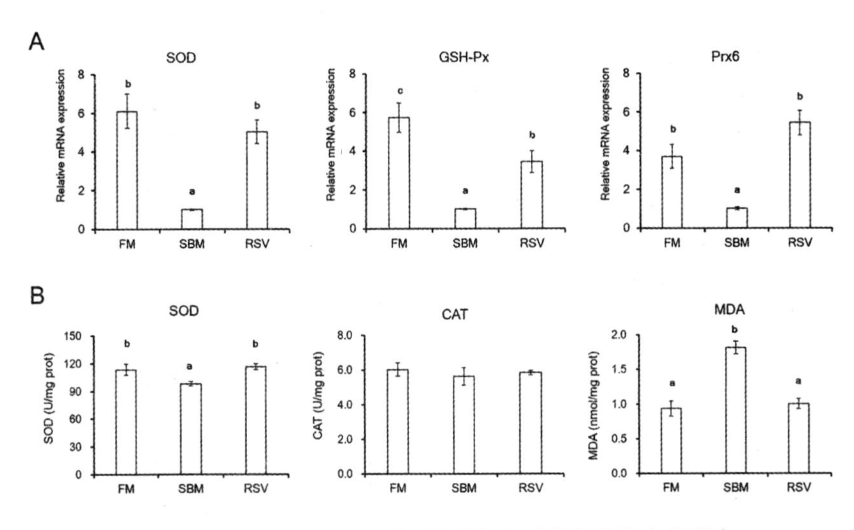

图3　饲料中添加白藜芦醇对大菱鲆肝脏抗氧化能力的影响

6　植物蛋白饲料中添加水飞蓟素对大菱鲆生长性能及饲料利用的影响

实验以大菱鲆幼鱼各营养成分需求为基础设计大菱鲆饲料配方。鱼粉对照组（FM）饲料含有60%的鱼粉，植物蛋白组（CON）中45%的鱼粉被替换成混合植物蛋白，3个水飞蓟素添加组（S1、S2、S3）分别添加100、200、400 mg/kg水飞蓟素。制作5种等氮等能饲料，实验周期为9周。养殖实验结束后，测定饲料中添加水飞蓟素对大菱鲆幼鱼生长、饲料利用和免疫的影响。结果表明:添加 100 mg/kg 水飞蓟素能够显著促进大菱鲆幼鱼生长(表 7)。添加 100、200 mg/kg 水飞蓟素能够显著增加 SOD 活力、抗氧化基因(SOD、谷胱甘肽过氧化物酶基因和过氧化物酶 6 基因)的表达水平和肠道绒毛长度。添加水飞蓟素能够显著抑制白介素 -8、tnf-α、和 TGF-β 在肠道中的表达(图 4)。这些结果表明,饲料中添加水飞蓟素可显著增强大菱鲆的抗氧化能力和非特异性免疫力。

表 7 饲料中添加水飞蓟素对大菱鲆生长及饲料利用的影响

项目	FM	CON	S1	S2	S3
初体重 /g	6. 5±0. 01	6. 5±0. 00	6. 5±0. 00	6. 5±0. 01	6. 5±0. 01
末体重 /g	42. 46±0. 40	32. 75±0. 14	36. 47±1. 15	34. 52±0. 70	34. 29±0. 15
增重率 /%	5. 53±0. 06	4. 05±0. 03	4. 61±0. 18	4. 31±0. 11	4. 28±0. 02
饲料效率	1. 40±0. 02	1. 28±0. 01	1. 34±0. 01	1. 29±0. 01	1. 27±0. 02
粗脂肪利用率 /%	3. 48±0. 16	3. 30±0. 09	3. 39±0. 14	3. 64±0. 13	3. 03±0. 18
粗蛋白利用率 /%	15. 49±0. 07	15. 18±0. 06	15. 36±0. 08	15. 64±0. 15	15. 26±0. 13
灰分利用率 /%	3. 56±0. 12	3. 69±0. 07	3. 83±0. 09	3. 87±0. 01	3. 64±0. 06

7 柠檬酸缓解大菱鲆豆粕诱导的肠道炎性反应和紧密连接紊乱

通过为期 12 周的养殖实验研究柠檬酸对 Toll 样受体(TLRs)参与的豆粕诱导的大菱鲆后肠炎性反应和紧密连接紊乱的作用机制。配制 4 种等氮、等脂的饲料分别用于 4 个实验组:鱼粉组(FM)、FM 中 40% 的鱼粉蛋白由豆粕蛋白替代组(SBM)、SBM + 1. 5% 柠檬酸组(1. 5%CA)和 SBM + 3% 柠檬酸。实验结果表明,与 FM 组相比,SBM 处理显著增加了 TLR (TLR2、TLR3、TLR5b、TLR9、TLR21、TLR22),MyD88 以及 TLR 相关分子(NF-κB、IRF-3、p38 和 JNK)的基因表达量,而在豆粕饲料中添加柠檬酸显著降低了这些基因的表达量。与此相似,在豆粕中添加柠檬酸显著抑制了后肠促炎细胞因子(TNF-α 和 IFN-γ)和成孔紧密连接蛋白 Claudin-7 的基因表达量,显著提高了抗炎细胞因子 TGF-β1 和能够降低细胞旁通透性的紧密连接蛋白(Claudin-3、Claudin-4、Occludin、Tricellulin 和 ZO-1)的基因表达量(图 5)。与 SBM 组相比,柠檬酸还能显著降低血清免疫球蛋白 M (IgM)和补体 4 (C4)的浓度。

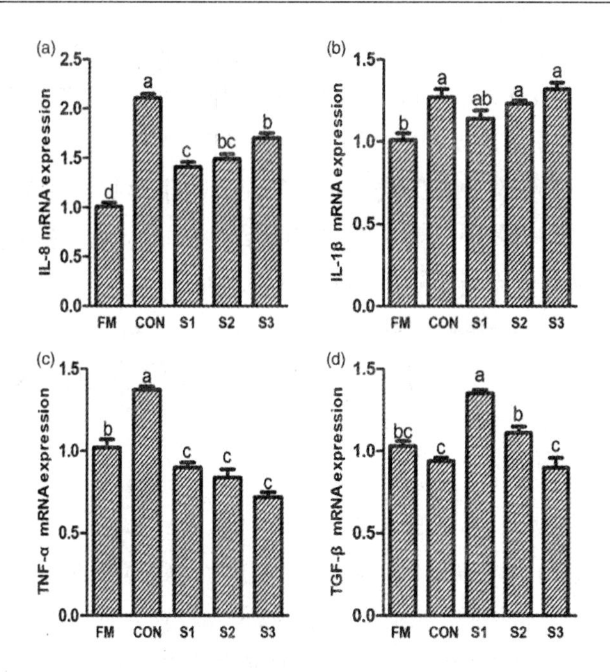

图 4　饲料添加水飞蓟素对大菱鲆肠道炎症相关基因的影响

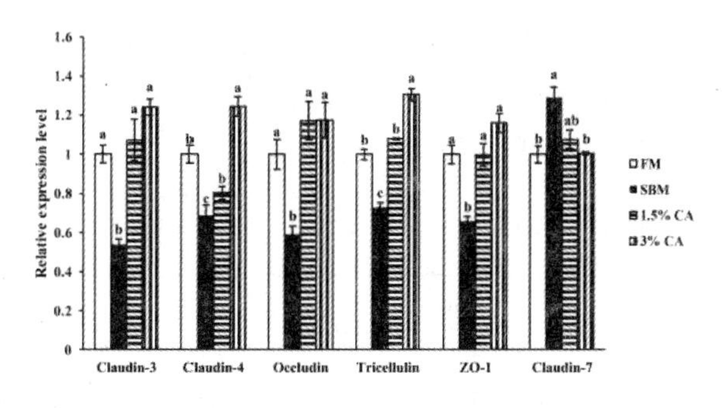

图 5　饲料添加柠檬酸对大菱鲆紧密连接蛋白相关基因表达的影响

8　天蚕素 AD 在大菱鲆饲料中应用效果评价

实验通过在饲料中添加不同剂量的天蚕素 AD (Cecropin AD，CAD)饲喂大菱鲆幼鱼，以探究 CAD 对大菱鲆肠道健康、免疫应答、抗病能力和生长性能的影响。结果表明，各处理组之间的生长性能、饲料利用率以及全鱼体组成均无显著差异($P > 0.05$)。与对照组相比，饲料中添加 CAD 显著提高了($P > 0.05$)大菱鲆幼鱼血清和后肠中溶菌酶活性和补体 3 (C3)含量，后肠杯状细胞数量和 IgM 含量也显著提高($P < 0.05$)，以及后肠免疫相关基因 IFN-γ、IL-1β 和趋化因子 SmCCL19 的表达水平显著提高($P < 0.05$)。与对照组相比，C4 组显著降低了($P < 0.05$)大菱鲆后肠肠道菌群的 α 多样性(包括 Shannon 指数和 Simpson 指数)、改变了门水平优势菌的组成并表现出与对照组不同的食物聚类，同时显著降低了(P

< 0.05)乳杆菌(*Lactobacillus*)的相对丰度。此外,拟杆菌属(*Bacteroides*)的相对丰度在C1、C3和C4组显著降低($P < 0.05$)。与对照组相比,C2和C3组大菱鲆在迟缓地进行爱德华氏菌(*Edwardsiella tarda*)攻毒实验后死亡率显著降低($P < 0.05$)。总之,饲料中添加适量的CAD能够增强大菱鲆的肠道免疫力和抗病能力而不影响肠道菌群结构。但是,CAD添加至1 000 mg/kg对肠道菌群结构有明显的改变作用,并对益生菌具有潜在的抑制作用。因此,CAD在大菱鲆饲料中的添加存在一定剂量效应。

9 酶解鱼溶浆替代鱼粉对大菱鲆幼鱼的摄食、生长和食欲相关基因的影响

本实验设置1%、5%和10%不同梯度的酶解鱼溶浆(SWH),分别与相应比例的发酵豆粕(FSBM)混合替代鱼粉,以研究酶解鱼溶浆同时作为诱食剂和动物蛋白源对大菱鲆幼鱼的摄食、生长和食欲相关基因的影响。结果显示:除鱼粉(FM)组外,特定生长率在10% SWH组最高($P < 0.05$);饲料效率、蛋白利用率、表观消化率和蛋白沉积率随酶解鱼溶浆含量的增加而增加,在10% SWH组最高,但与发酵豆粕组FSBM组无显著差异(表8)。与FSBM组相比,1%SWH组和10%SWH组脑组织中的NPY基因表达显著上调($P < 0.05$);随饲料中酶解鱼溶浆含量的增多,大菱鲆脑中的PYY基因表达呈下降趋势(图6),而肝脏中lepin和肠组织中ghrelin基因表达有上升的趋势。

表8 酶解鱼溶浆对大菱鲆幼鱼生长、饲料利用和生物指标的影响

项目	FM	FSBM	1% SWH	5% SWH	10% SWH
末体重/g	39.65 ± 1.52^{c}	24.69 ± 0.94^{a}	22.58 ± 0.16^{a}	24.8 ± 0.51^{a}	29.44 ± 1.14^{b}
特定生长率	2.26 ± 0.06^{c}	1.63 ± 0.05^{a}	1.62 ± 0.01^{a}	1.63 ± 0.02^{a}	1.86 ± 0.05^{b}
日均摄食量/(g/d)	9.70 ± 0.48^{c}	6.34 ± 0.27^{a}	6 ± 0.1^{a}	6.36 ± 0.13^{a}	7.58 ± 0.25^{b}
摄食率/(%/d)	1.38 ± 0.03	1.32 ± 0.04	1.37 ± 0.02	1.32 ± 0.02	1.37 ± 0.01
饲料转化率	1.34 ± 0.03^{c}	1.10 ± 0.04^{ab}	1.05 ± 0.02^{a}	1.10 ± 0.02^{ab}	1.17 ± 0.03^{b}
蛋白质效率	2.51 ± 0.05^{c}	2.08 ± 0.08^{ab}	1.99 ± 0.04^{a}	2.09 ± 0.03^{ab}	2.19 ± 0.05^{b}
蛋白质沉积率/%	39.46 ± 0.36^{c}	31.56 ± 1.71^{ab}	29.82 ± 0.79^{a}	30.90 ± 0.58^{ab}	33.24 ± 0.53^{b}
干物质消化率/%	70.52 ± 7.47^{b}	62.49 ± 0.42^{ab}	60.94 ± 1.96^{a}	61.55 ± 0.80^{ab}	62.61 ± 1.80^{ab}

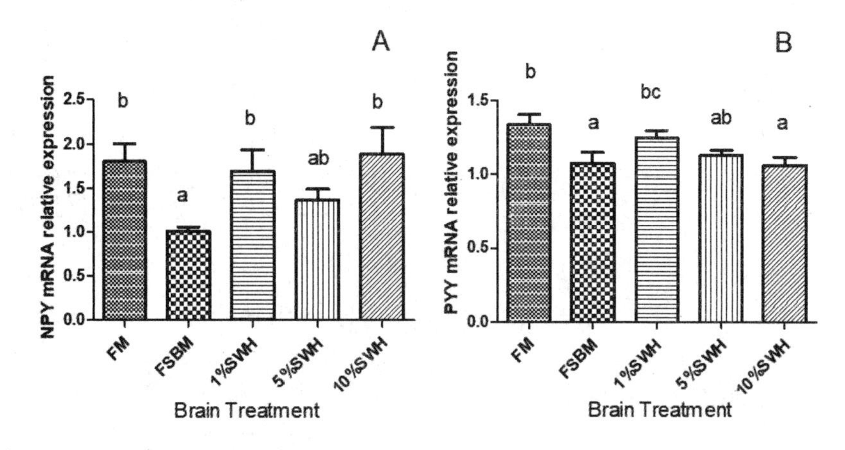

A. NPY mRNA 相对表达量 B. PYY mRNA 相对表达量

图 6　饲料中添加酶解鱼溶浆对大菱鲆脑组织食欲相关基因表达的影响

10　大菱鲆成纤维样肌细胞系构建及高效转染方式筛选

实验使用胰酶消化法从大菱鲆肌肉组织中分离构建了大菱鲆成纤维样细胞系(图 7)。该细胞系目前已在约 150 d 的培养过程中顺利传代 60 多次。大菱鲆成纤维样细胞培养在 L-15 培养基中，培养基中添加 HEPES、胎牛血清、GlutaMAX 以及成纤维生长因子(FGF)。大菱鲆成纤维样细胞最适培养温度为 24℃，该细胞系主要由高表达 TCF-4 的成纤维样细胞组成，染色体组成分析表明该细胞为二倍体共含有 44 条染色体。应用核转染方式，转染效率可达 54.95% ± 6.59%，死亡率为 8.70%。此外，该细胞系能够感知氨基酸浓度并调控 TOCR1 信号通路的活性。这些结果表明，该细胞系可以作为体外研究鱼类营养相关信号转导的有力工具。

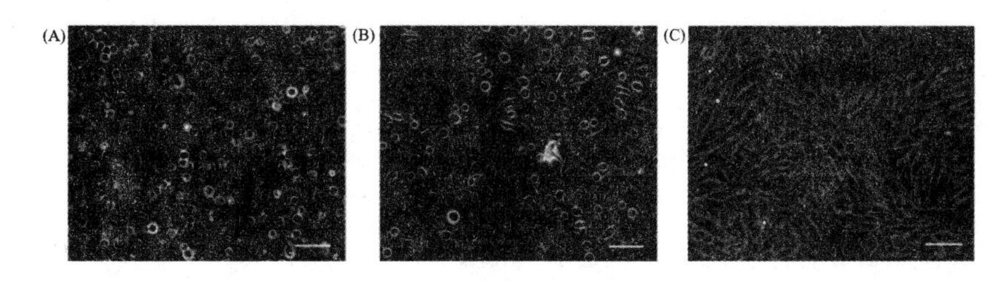

图 7　大菱鲆成纤维样细胞系分离培养 2h (A), 48h (B)和 8 天后细胞形态
标尺: 100 μm

（岗位科学家　麦康森）

大黄鱼营养需求与饲料技术研发进展

大黄鱼营养需求与饲料岗位

2019年大黄鱼营养需求与饲料岗位针对大黄鱼不同生长阶段养殖过程中营养与饲料的突出问题,主要开展了稚鱼营养和幼鱼营养研究。研究内容主要包括探究早期植物油营养程序化对大黄鱼生长和代谢的影响,筛选多种海洋性脂肪源,开发大黄鱼稚鱼的新型功能性添加剂,在此基础上进行高效微颗粒饲料生产工艺的优化和使用效果的提升,同时开展糖类和脂肪相互作用及调控机制的研究,评估多种功能性添加剂的降脂功效,并在此基础上进行高效配合饲料的开发。完成了2019年度国家海水鱼产业技术研发中心基础数据库和国家海水鱼产业技术体系大黄鱼营养需求与饲料岗位数据库的数据收集。本年度共发表(含接收)SCI论文8篇,新申请国家发明专利2项,另有2项国家发明专利进入实质审查阶段。培养全日制博士、硕士研究生共7人。研究成果一定程度上推动了水产动物营养与饲料学科的发展;通过与国内多家饲料企业合作,优化了大黄鱼饲料配方技术;大力推广配合饲料的应用,提高了大黄鱼配合饲料的普及率。2019年,大黄鱼高效环保配合饲料产量约7 000吨,饲料效率提高10%~23%,大黄鱼成活率提高10%~31%,极大推动了大黄鱼配合饲料的产业化推广。本年度共完成各类技术推介、宣传和培训20次,培训技术推广人员、相关从业人员和科技示范户1 200余人次,发放宣传手册1 200本。积极开展体系内、体系间以及体系外的交流与合作,积极参与国内外学术研讨会(如第五届水产动物脂质营养与代谢学术研讨会)。

1 稚鱼营养研究

1.1 早期植物油营养程序化对大黄鱼生长和脂肪代谢的影响

本实验旨在探究早期植物油营养程序化对大黄鱼生长和脂肪代谢的影响。实验中设置鱼油(对照)、商业饲料(CF)、混合油(豆油:亚麻油为1:1,替代100%的鱼油)3种实验饲料。实验分为3个阶段:第一阶段为植物油营养干预阶段,第二阶段为中期养成阶段,第三阶段为植物油刺激阶段。在植物油营养干预阶段,鱼苗随机分为FO和VO两组,每组3个重复,分别使用鱼油和混合油组饲料进行30 d的养殖实验;在中期养成阶段,FO和VO组全部使用商业饲料进行90 d的养殖实验;在植物油刺激阶段,FO组随机分为2组(FO-CF-FO和

FO-CF-VO)，分别投喂鱼油和混合油饲料，VO组重新编号为VO-CF-VO组并继续投喂混合油饲料，进行30 d的养殖实验。结果表明：植物油营养干预阶段，VO组显著抑制了鱼的生长(表1)；VO组显著上调了长链多不饱和脂肪酸合成相关基因Δ6fad和elovl4的表达量，可能促进了长链多不饱和脂肪酸的合成(图1)。

表1　营养程序化对营养干预阶段大黄鱼稚鱼存活和生长的影响

指标	FO	VO
初始体长 /mm	6. 28±0. 46	6. 28±0. 46
终末体长 /mm	17. 50±0. 23[a]	16. 54±0. 21[b]
初始体重 /mg	4. 71±0. 21	4. 71±0. 21
终末体重 /mg	114. 31±5. 24[a]	93. 72±2. 99[b]
特定生长率	10. 62±0. 15[a]	9. 97±0. 11[b]
存活率 /%	24. 15±2. 06	21. 46±1. 49

注：同行数值(平均数 ± 标准误差)有相同字母表示差异不显著($P > 0.05$；Tukey检验)

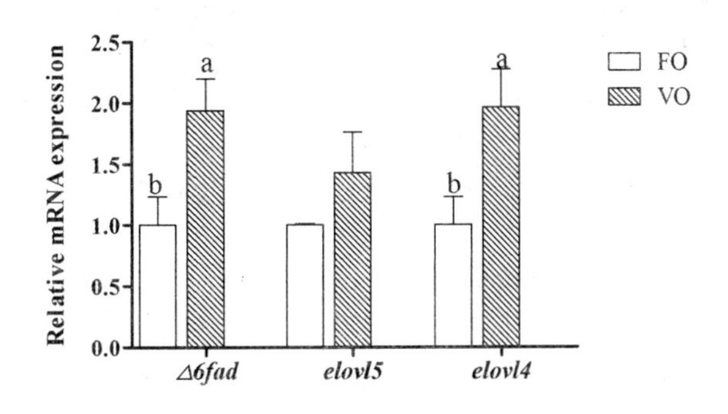

图1　营养程序化对营养干预阶段大黄鱼长链多不饱和脂肪酸合成的影响

1.2　不同海洋性脂肪源替代鱼油对大黄鱼稚鱼生长、消化酶活力及体组成的影响

与鱼油组相比，南极磷虾油和鱿鱼油组特定生长率和存活率没有显著差异，而裂壶藻油组存活率显著升高($P < 0.05$，表2)。与鱼油组相比，南极磷虾油和裂壶藻油组全鱼粗脂肪显著下降($P < 0.05$)，而各组之间全鱼粗蛋白含量无显著差异。裂壶藻油组肠段和肠道刷状缘的碱性磷酸酶(AKP)活力显著高于鱼油组($P < 0.05$)，其他各组之间无显著差异(图2)。因此，在饲料中用裂壶藻油替代鱼油能提高大黄鱼稚鱼存活率，促进其肠道发育。

表 2　饲料添加不同脂肪源对大黄鱼稚鱼存活和生长表现的影响

指标	鱼油组	磷虾油组	鱿鱼油组	裂壶藻油组
初始体长 /mm	6. 28±0. 46	6. 28±0. 46	6. 28±0. 46	6. 28±0. 46
终末体长 /mm	17. 17±0. 09[a]	17. 73±0. 19[a]	16. 8±0. 4[ab]	15. 76±0. 29[b]
初始体重 /mg	4. 71±0. 21	4. 71±0. 21	4. 71±0. 21	4. 71±0. 21
终末体重 /mg	83. 4±0. 54[a]	87. 35±1. 8[a]	80. 98±3. 44[ab]	60. 72±2. 65[b]
特定生长率	9. 58±0. 02[a]	9. 73±0. 07[a]	9. 48±0. 14[a]	8. 52±0. 14[b]
存活率 /%	18. 7±1. 06[bc]	20. 2±0. 74[ab]	14. 03±1. 25[c]	24. 2±1. 18[a]

注：同行数值(平均数 ± 标准误差)有相同字母表示不显著差异($P > 0.05$；Tukey 检验)

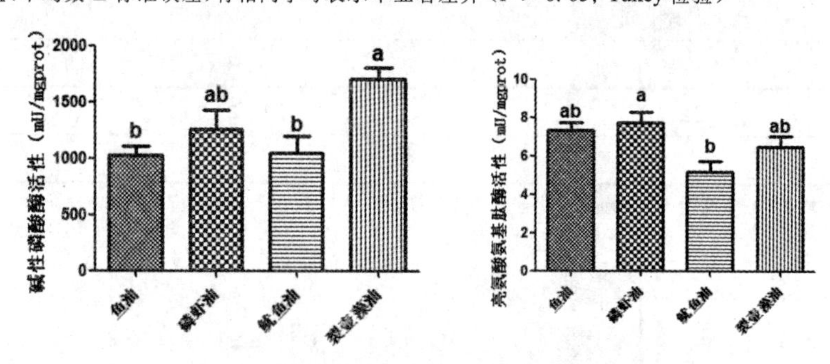

图 2　饲料中添加不同脂肪源对大黄鱼肠段酶活力的影响

1. 3　新型大黄鱼稚鱼功能性添加剂的开发

1.3.1　饲料中添加岩藻多糖养殖大黄鱼稚鱼的实验研究

岩藻多糖添加组较对照组可以显著提高大黄鱼稚鱼的特定生长率($P < 0.05$,表 3),但对鱼体粗蛋白、粗脂肪和水分含量无显著影响($P > 0.05$)。大黄鱼稚鱼抗氧化酶活力随着岩藻多糖添加比例的升高呈现上升的趋势。1. 00% 和 2. 00% 的岩藻多糖能够显著提高稚鱼内脏团超氧化物歧化酶活力($P < 0.05$)。此外,大黄鱼稚鱼的肠道发育相关基因 AKP、ZO-2、PCNA 和 ODC 随着岩藻多糖添加量的增加呈现先升高后降低的趋势(图 3)。岩藻多糖添加量为 0. 50% 时,AKP、ZO-2、PCNA 和 ODC 的相对表达量显著高于对照组($P < 0.05$)。因此,饲料中添加 0. 50% 的岩藻多糖能够促进大黄鱼稚鱼生长,提高抗氧化能力,增强消化酶活力,促进肠道发育成熟。

表 3　饲料添加岩藻多糖对大黄鱼稚鱼存活和生长表现的影响

指标	岩藻多糖添加水平			
	0%	0. 50%	1. 00%	2. 00%
初始体长 /mm	6. 00±0. 07	5. 94±0. 07	5. 83±0. 04	5. 87±0. 15
终末体长 /mm	16. 20±0. 13[b]	18. 02±0. 10[a]	17. 90±0. 32[a]	17. 51±0. 20[a]

续表

指标	岩藻多糖添加水平			
	0%	0. 50%	1. 00%	2. 00%
初始体重 /mg	3. 45±0. 20	3. 37±0. 13	3. 38±0. 09	3. 14±0. 09
终末体重 /mg	81. 52±2. 97^{b}	102. 77±7. 09^{a}	101. 53±2. 97^{a}	106. 14±2. 39^{a}
特定生长率	10. 55±0. 14^{b}	11. 38±0. 16^{a}	11. 34±0. 17^{a}	11. 73±0. 06^{a}
存活率 /%	23. 30±4. 91	18. 13±3. 85	26. 75±4. 58	26. 02±2. 11

注：同行数值（平均数 ± 标准误差）有相同字母表示差异不显著（$P > 0.05$; Tukey 检验）

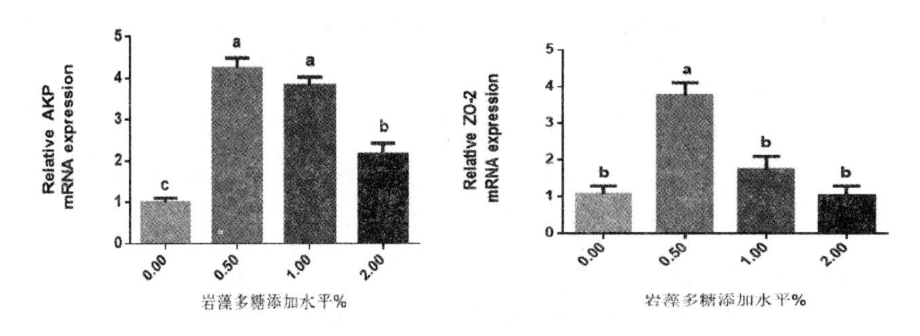

图 3　饲料中添加岩藻多糖对大黄鱼稚鱼肠道发育相关基因表达的影响

1.3.2　饲料中添加丁酸梭菌养殖大黄鱼稚鱼的实验研究

饲料中添加丁酸梭菌在一定程度上促进了大黄鱼稚鱼的生长表现。其中，0. 10% 的丁酸梭菌较对照组显著提高了稚鱼终末体重和终末体长（$P < 0.05$，表 4）。随着饲料中丁酸梭菌添加量的升高，大黄鱼稚鱼肠道发育相关基因的表达量呈现先上升后下降的趋势（图 4）。与对照组相比，丁酸梭菌显著提高了 ZO-2 和 ODC 基因的相对表达量（$P < 0.05$）。因此，饲料中添加 0. 10%～0. 20% 的丁酸梭菌能够促进大黄鱼稚鱼的生长，提高抗氧化能力，提高肠道发育相关基因的表达。

表 4　饲料添加丁酸梭菌对大黄鱼稚鱼存活和生长表现的影响

指标	丁酸梭菌添加水平			
	0%	0. 10%	0. 20%	0. 40%
终末体长 /mm	15. 57±0. 30^{b}	17. 48±0. 12^{a}	17. 00±0. 21^{a}	17. 07±0. 29^{a}
终末体重 /mg	72. 57±2. 12^{b}	97. 12±2. 76^{a}	88. 68±5. 33^{ab}	88. 53±4. 41^{ab}
特定生长率	10. 02±0. 03	10. 88±0. 17	10. 47±0. 28	10. 76±0. 24
存活率 /%	15. 26±1. 87	23. 20±2. 60	20. 35±1. 77	19. 83±2. 05

注：同行数值（平均数 ± 标准误差）有相同字母表示差异不显著（$P > 0.05$; Tukey 检验）

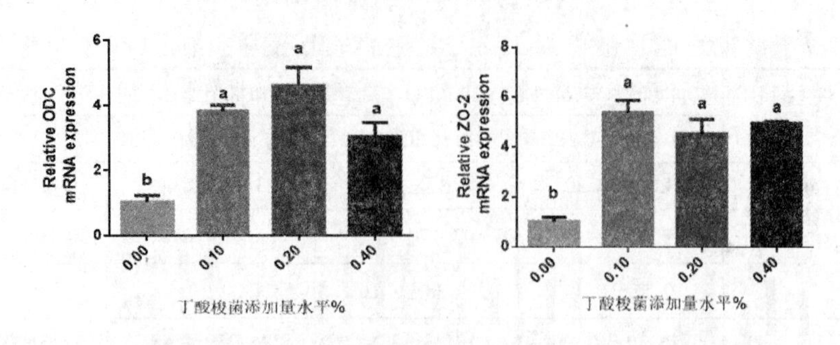

图4　饲料中添加丁酸梭菌对大黄鱼稚鱼肠道发育相关基因表达的影响

1.3.3　饲料中添加水飞蓟素养殖大黄鱼稚鱼的实验研究

饲料中添加 0. 005% 和 0. 015% 的水飞蓟素可以显著提高大黄鱼稚鱼的特定生长率（$P < 0.05$，表 5）。添加水平为 0. 005% 和 0. 015% 时，大黄鱼稚鱼内脏团 SREBP-1、FAS 基因表达量显著低于对照组，CPT1 基因表达量显著高于对照组。随着水飞蓟素添加量的升高，大黄鱼稚鱼肠段消化酶活力呈现先上升后下降的趋势。与对照组相比，0. 005% 的水飞蓟素能够显著提高稚鱼肠段胰蛋白酶活力（$P < 0.05$）。综上所述，饲料中添加 0. 005% 水飞蓟素对提高大黄鱼稚鱼生长性能、促进其脂肪代谢和提高消化酶活力有良好效果。

表 5　饲料添加水飞蓟素对大黄鱼稚鱼存活和生长表现的影响

指标	水飞蓟素添加水平			
	0%	0. 005%	0. 015%	0. 045%
初始体长 /mm	6. 28±0. 46	6. 28±0. 46	6. 28±0. 46	6. 28±0. 46
终末体长 /mm	14. 09±0. 17^{b}	15. 47±0. 19^{a}	15. 44±0. 25^{a}	14. 55±0. 12^{b}
初始体重 /mg	4. 71±0. 21	4. 71±0. 21	4. 71±0. 21	4. 71±0. 21
终末体重 /mg	49. 50±0. 48^{b}	59. 49±1. 98^{a}	58. 78±1. 91^{a}	51. 92±1. 07^{b}
特定生长率	7. 84±0. 03^{b}	8. 45±0. 11^{a}	8. 41±0. 11^{a}	8. 00±0. 07^{b}
存活率（%）	15. 67±0. 93	16. 83±0. 93	17. 57±1. 27	16. 40±0. 70

注：同行数值（平均数 ± 标准误差）有相同字母表示差异不显著（$P > 0.05$；Tukey 检验）

1.3.4　饲料中添加 *L*- 肉碱养殖大黄鱼稚鱼的实验研究

饲料中添加 0. 08% 的 *L*- 肉碱显著提高了大黄鱼稚鱼的特定生长率和存活率表 6。饲料中添加 0. 08% 的 *L*- 肉碱时，大黄鱼稚鱼全鱼超氧化物歧化酶（SOD）活性显著上升，丙二醛（MDA）含量显著下降，见图 5。饲料中添加 0. 08% 的 *L*- 肉碱时，大黄鱼稚鱼 SREBP-1、FAS 基因表达量显著低于对照组。综上所述，饲料中添加 0. 08% 的 *L*- 肉碱对提高大黄鱼稚鱼生长性能、促进其脂肪代谢和提高鱼体抗氧化能力有良好效果。

表 6　饲料添加 *L*- 肉碱对大黄鱼稚鱼存活和生长表现的影响

指标	*L*- 肉碱添加水平（%）		
	0%	0.02%	0.08%
初始体长 /mm	6.28±0.46	6.28±0.46	6.28±0.46
终末体长 /mm	14.09±0.17[b]	15.08±0.16[a]	15.33±0.23[a]
初始体重 /mg	4.71±0.21	4.71±0.21	4.71±0.21
终末体重 /mg	49.50±0.48[b]	52.93±1.90[ab]	57.45±2.07[a]
特定生长率	7.84±0.03[b]	8.06±0.12[ab]	8.33±0.12[a]
存活率 /%	15.67±0.93[b]	17.87±0.73[ab]	21.50±1.12[a]

注：同行数值（平均数 ± 标准误差）有相同字母表示差异不显著（$P > 0.05$；Tukey 检验）

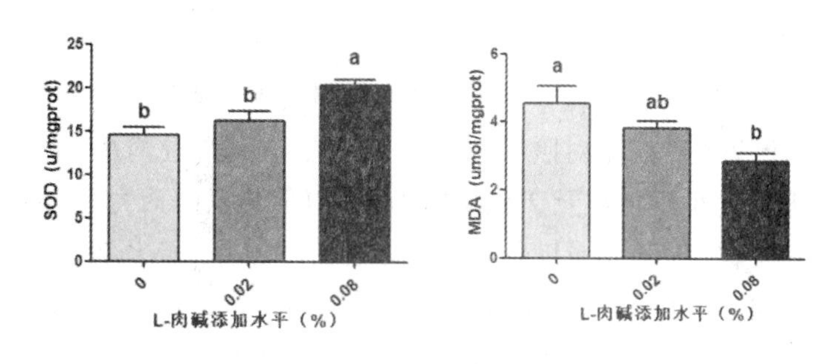

图 5　饲料中添加 *L*- 肉碱对大黄鱼稚鱼全鱼抗氧化能力的影响

1.3.5　饲料中添加大蒜素养殖大黄鱼稚鱼的实验研究

0.005% 和 0.01% 大蒜素添加组存活率显著高于对照组（$P < 0.05$），0.01% 大蒜素添加组终末体长、终末体重及特定生长率显著高于对照组（$P < 0.05$，表 7），各处理组的粗蛋白、粗脂肪及水分无显著差异（$P > 0.05$）。摄食相关基因 NPY 的相对表达量随大蒜素添加量的增加呈现先升高后降低的趋势，0.01% 大蒜素添加组的 NPY 基因相对表达量显著高于对照组（$P < 0.05$），添加 0.02% 大蒜素显著提高了 Leptin 基因相对表达量（$P < 0.05$，图 6）。因此，饲料中添加 0.01% 的大蒜素能够促进大黄鱼稚鱼生长、存活及影响摄食相关基因表达。

表 7　饲料添加大蒜素对大黄鱼稚鱼存活和生长表现的影响

指标	大蒜素添加水平（%）			
	0%	0.005%	0.01%	0.02%
终末体长 /mm	13.92±0.34[b]	15.31±0.45[ab]	15.82±0.57[a]	15.18±0.22[ab]
终末体重 /mg	58.23±1.36[b]	62.36±1.43[ab]	68.64±1.53[a]	57.88±1.29[b]
特定生长率	8.38±0.08[b]	8.60±0.08[ab]	8.93±0.07[a]	8.36±0.08[b]
存活率 /%	15.01±1.05[b]	21.36±1.00[a]	20.26±1.06[a]	18.46±0.42[ab]

注：同行数值（平均数 ± 标准误差）有相同字母表示差异不显著（$P > 0.05$；Tukey 检验）。

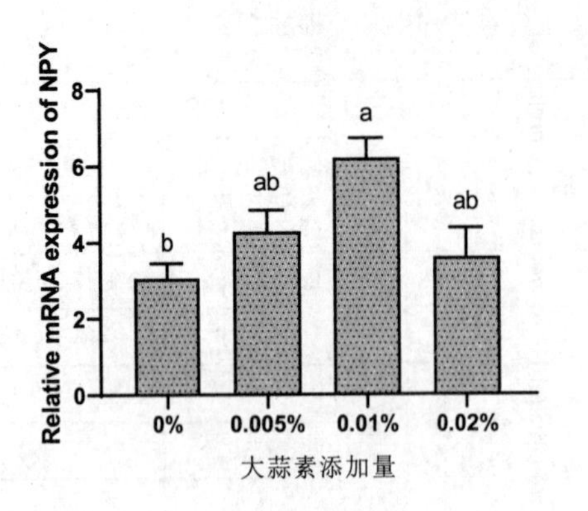

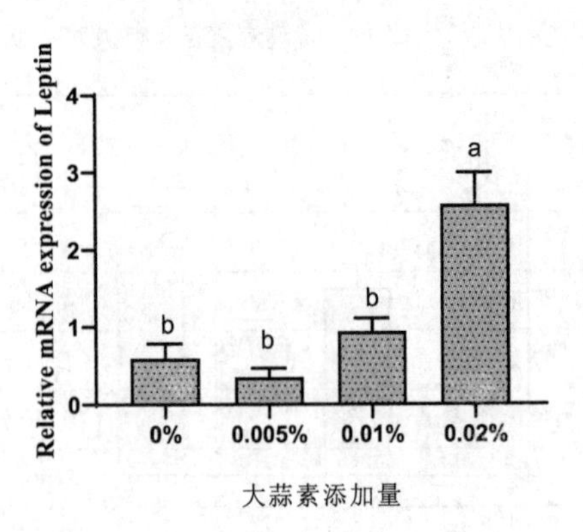

图 6　饲料中添加大蒜素对大黄鱼稚鱼摄食相关基因表达的影响

1.3.6　饲料中添加杜仲叶提取物养殖大黄鱼稚鱼的实验研究

大黄鱼稚鱼的溶菌酶活力随杜仲叶提取物添加量的增加呈现先升高后降低的趋势，1%添加组稚鱼溶菌酶活力显著高于对照组($P < 0.05$，图 7)，过氧化氢酶活力随杜仲叶提取物添加量的增加而升高，1% 添加组及 2% 添加组稚鱼过氧化氢酶活力显著高于对照组($P < 0.05$)。摄食相关基因 NPY 表达量随杜仲叶提取物的添加有升高趋势，但无显著差异($P > 0.05$)，摄食相关基因 Ghrelin 表达量先升高，后显著降低($P < 0.05$)。因此，添加 1%～2%杜仲叶提取物能提高稚鱼免疫能力并影响摄食相关基因的表达。

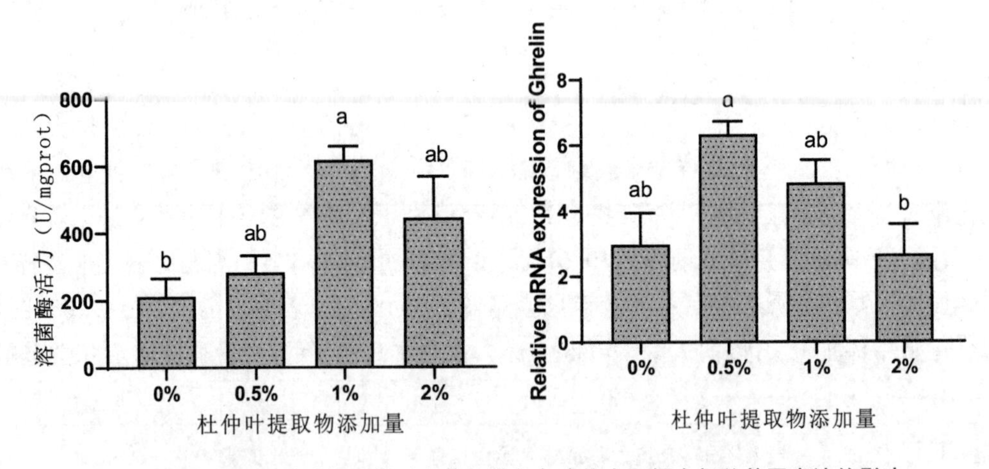

图 7　饲料中添加杜仲叶提取物对大黄鱼稚鱼免疫能力及摄食相关基因表达的影响

1.3.7　饲料中添加核苷酸二钠养殖大黄鱼稚鱼的实验研究

大黄鱼稚鱼肠道刷状缘的碱性磷酸酶活力随核苷酸二钠添加量的增加而升高，2% 添加组碱性磷酸酶活力显著高于对照组($P < 0.05$)。添加核苷酸二钠能显著提高肠道刷状缘的亮氨酸氨肽酶活力($P < 0.05$)。摄食相关基因 NPY 表达量随核苷酸二钠添加量的增加有升高趋势，2% 添加组的 NPY 表达量显著高于对照组($P < 0.05$)；0.5% 添加组及 2% 添加组的 Ghrelin 基因表达量显著高于对照组($P < 0.05$，图 8)。因此，添加 2% 核苷酸二钠能促

进大黄鱼稚鱼肠道发育，提高稚鱼食欲。

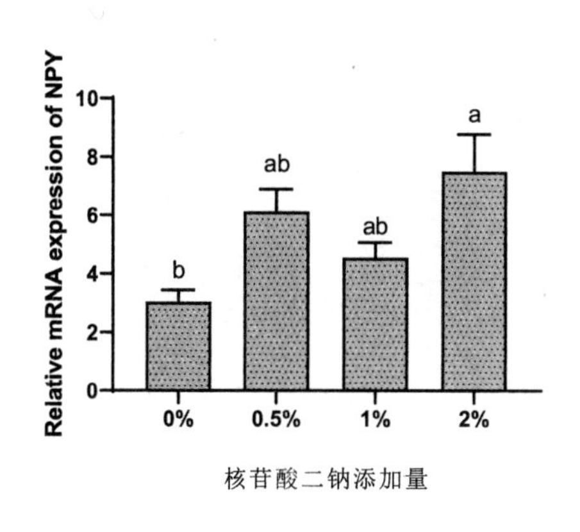

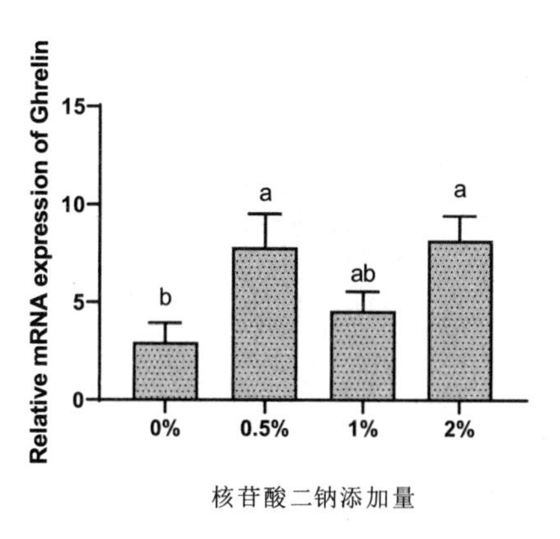

图 8 饲料中添加核苷酸二钠对大黄鱼稚鱼摄食相关基因表达的影响

2 幼鱼营养研究

2.1 高糖和 / 或高脂饲料对大黄鱼生长性能、存活和体组成的影响

高脂高糖组（HCHF）终末体重、增重率显著低于适宜糖脂组（CF），但与高糖组（HC）、高脂组（HF）比较无显著差异（表 8）；各组间全鱼粗蛋白和粗脂肪无显著差异，适宜脂肪组和高糖组肝脏粗脂肪显著低于高脂组和高糖高脂组。因此，大黄鱼幼鱼可以耐受一定范围的高糖而生长不受影响，高脂或高糖高脂会促进肝脏沉积。

表 8 高糖和 / 或高脂饲料对大黄鱼存活和生长表现的影响

指标	CF	HC	HF	HCHF
初始体重 /g	11. 21±0. 01	11. 2±0. 01	11. 19±0	11. 21±0. 01
终末体重 /g	60. 61±1. 5^{a}	58. 94±1. 08^{ab}	56. 66±1. 37^{ab}	52. 76±1. 93^{b}
增重率 /%	441. 04±13. 4^{a}	426. 26±9. 62^{ab}	406. 05±12. 21^{ab}	371±17. 19^{b}
存活率 /%	99. 5±0. 5	97±1. 29	98±1. 41	98±1. 41

注：同行数值（平均数 ± 标准误差）有相同字母表示差异不显著（$P > 0.05$；Tukey 检验）。

2.2 不同比例杜仲籽油替代鱼油对大黄鱼幼鱼生长、生理指标及脂肪代谢的影响

本实验以杜仲籽油分别替代 0%（对照组）、33. 3%、66. 7% 和 100% 的鱼油，配制出 4 种等氮、等脂的实验饲料，进行为期 70 d 的摄食生长实验。结果表明，随着杜仲籽油替代比例的升高，大黄鱼幼鱼成活率无明显改变，饲料系数呈先升高后降低的趋势（图 9）。其中，66. 7% 杜仲籽油替代鱼油组相较对照组可以显著提高大黄鱼幼鱼的饲料系数（$P < 0.05$）。杜仲籽油替代鱼油的比例升高还有降低脏体比的趋势，但肝体比会随之升高。后续基因表

达等相关实验正在进行中。

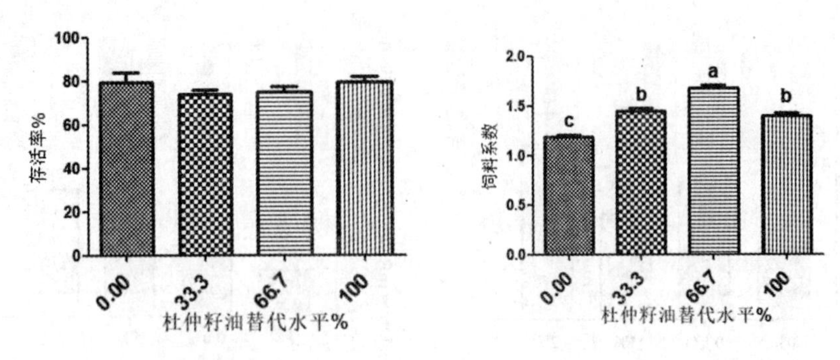

图 9　不同比例杜仲籽油替代鱼油对大黄鱼幼鱼存活率和饲料利用的影响

2.3　新型大黄鱼功能性添加剂的开发

2.3.1　甲基供体缓解高脂诱导的大黄鱼脂肪异常沉积的机制——从细胞器水平(线粒体和内质网)探究

本实验以我国重要的海水养殖鱼类大黄鱼为研究对象，探究以甜菜碱（betaine）、胆碱（choline）、*L*-肉碱（L-carnitine）和蛋氨酸（Met）为代表的甲基供体（methyl donor）在高脂饲喂鱼类中的降脂机制。70 d 的摄食生长实验结果表明：就生长参数来讲，高浓度甜菜碱组增重率显著高于高脂组，中／高浓度甜菜碱组、低／中／高浓度胆碱组、低／中浓度 *L*-肉碱组增重率显著高于对照组；高浓度甜菜碱组饲料效率显著高于高脂组，高浓度甜菜碱组、低／中／高浓度胆碱组、低／中浓度 *L*-肉碱组、低／中浓度蛋氨酸组饲料效率显著高于对照组（图 10）。从脂肪沉积相关情况来看，高脂组全鱼粗脂肪含量和肝脏粗脂肪含量显著高于对照组；低／高浓度甜菜碱组和胆碱组、低／高浓度 *L*-肉碱组全鱼粗脂肪含量显著低于高脂组，且与对照组无显著差异；低／中浓度甜菜碱组、低／中高浓度胆碱组和低／中浓度 *L*-肉碱组肝脏粗脂肪含量显著低于高脂组，且与对照组无显著差异；高浓度甜菜碱组肝脏粗脂肪含量显著低于高脂组，但显著高于对照组（图 11）。以上结果表明：甜菜碱、胆碱和 *L*-肉碱对高脂饲喂的大黄鱼有降脂的效果；与脂肪适宜的饲料相比，高脂饲料中添加甜菜碱、胆碱和 *L*-肉碱对大黄鱼有良好的促生长效果。甲基供体对高脂摄食大黄鱼脂代谢的细胞器水平的调控机制有待后期的深入研究。

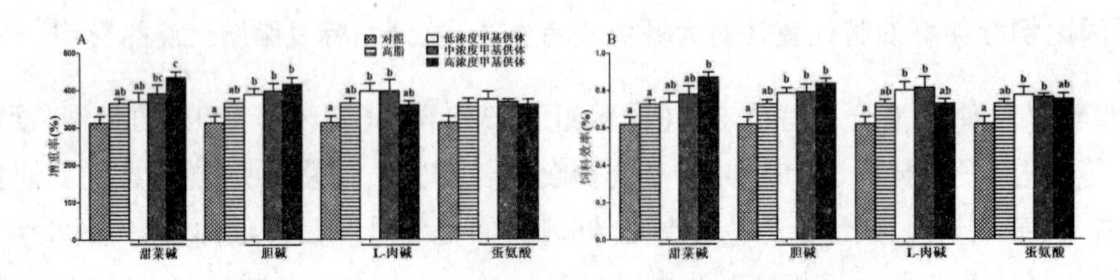

图 10　甲基供体对高脂饲喂大黄鱼生长和饲料效率的影响

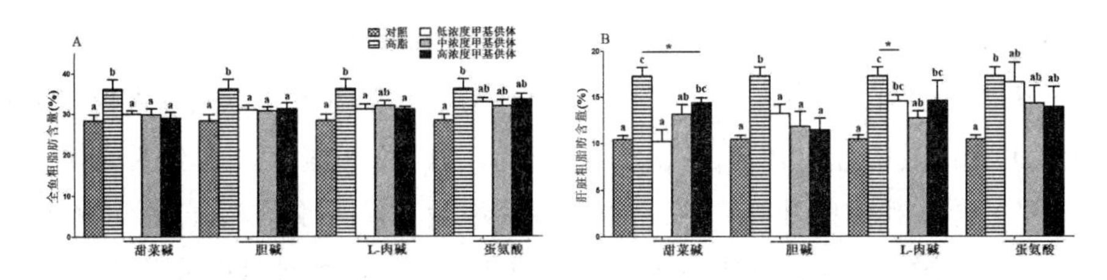

图 11　甲基供体对高脂饲喂大黄鱼全鱼和肝脏脂肪沉积的影响

2.3.2　高脂条件下 α- 硫辛酸对大黄鱼糖类和脂肪代谢的影响

随着高脂饲料中 α- 硫辛酸添加比例升高，大黄鱼幼鱼的终末体重、增重率和特定生长率等生长性能先上升后下降的趋势，高脂 0. 06% 添加组（H0. 06%）具有最佳生长性能，并显著高于 0. 18% 添加组（H0. 18%）（表 9）。因此，低比例添加 α- 硫辛酸能够促进大黄鱼幼鱼生长，反之高比例添加 α- 硫辛酸抑制生长。

表 9　高脂饲料中添加 α- 硫辛酸对大黄鱼幼鱼存活和生长表现的影响

指标	α- 硫辛酸添加水平（%）				
	L0%	0%	0. 06%	0. 12%	0. 18%
初始体重 /g	11. 19±0. 01	11. 19±0	11. 2±0. 01	11. 2±0	11. 2±0
终末体重 /g	56. 83±1. 79^{ab}	55. 53±2. 77^{ab}	57. 86±1. 59^{a}	49. 7±2. 02^{ab}	47. 45±2. 73^{b}
增重率 /%	407. 43±15. 91^{ab}	395. 63±24. 71^{ab}	416. 63±14. 22^{a}	343. 74±18^{ab}	323. 65±24. 37^{b}
存活率 /%	95. 33±1. 76	93. 33±2. 91	96. 67±2. 4	95. 33±3. 71	95. 33±3. 71

注：同行数值（平均数 ± 标准误差）有相同字母表示差异不显著（$P > 0.05$；Tukey 检验）。

2.3.3　高脂条件下丙酮酸对大黄鱼糖类和脂肪代谢的影响

随着丙酮酸添加比例的升高，大黄鱼幼鱼终末体重、增重率等生长性能显著下降，同时全鱼粗脂肪和肝脏粗脂肪显著下降，添加 0. 375%～0. 75% 的丙酮酸和对照组相比增重率无显著差异。因此添加适宜比例的丙酮酸可降低大黄鱼幼鱼体内脂肪沉积而不致生长性能显著下降。

表 10　高脂饲料中添加丙酮酸对大黄鱼幼鱼生长、存活和体组成的影响

指标	丙酮酸添加水平			
	0%	0. 375%	0. 75%	1. 5%
初始体重 /g	11. 19±0. 01	11. 2±0. 01	11. 19±0. 01	11. 22±0. 01
终末体重 /g	63. 58±1. 6^{a}	59. 04±3. 53^{a}	53. 67±2. 06^{a}	35. 74±2. 63^{b}
增重率 /%	467. 74±14. 26^{a}	427. 1±31. 5^{a}	379. 27±18. 47^{a}	218. 92±23. 39^{b}
存活率 /%	99. 33±0. 67	98±1. 15	94±1. 15	93. 33±3. 71

注：同行数值（平均数 ± 标准误差）有相同字母表示差异不显著（$P > 0.05$；Tukey 检验）。

2.3.4 饲料中添加发酵杜仲叶粉对大黄鱼幼鱼生长和抗氧化能力的影响

本实验在基础饲料(45%粗蛋白和12%粗脂肪)中分别添加0.00%(对照组)、1.00%、2.00%和4.00%的发酵杜仲叶粉,配制成4种等氮、等脂的实验饲料。结果表明,随着饲料中发酵杜仲叶粉添加比例的升高,大黄鱼幼鱼存活率没有显著改变,大黄鱼幼鱼终末体重和特定生长率升高后趋于平稳,2%的发酵杜仲叶粉添加组相较于对照组可以显著提高大黄鱼血清过氧化氢酶的活性($P < 0.05$),但与其他处理组比较差异不显著(图12)。因此,在饲料中添加1.00%的发酵杜仲叶粉可以显著提高大黄鱼的抗氧化能力。

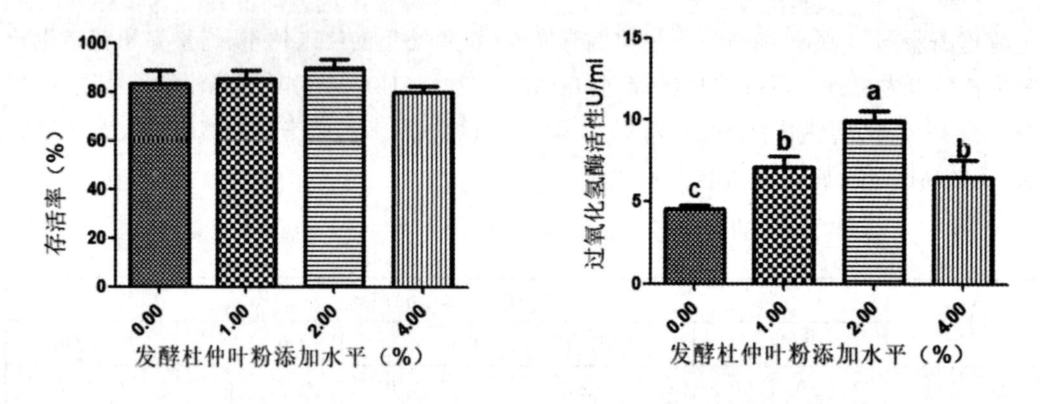

图12 饲料中添加发酵杜仲叶粉对大黄鱼幼鱼存活率和过氧化氢酶活性的影响

(岗位科学家 艾庆辉)

石斑鱼营养需求与饲料技术研发进展

石斑鱼营养需求与饲料岗位

2019年，本岗位按体系年度工作任务要求，围绕进一步集成消化道及动物健康的营养调控策略、研发饲料内在抗营养物质危害机制与控制技术、开发工业化循环水养殖系统的高效饲料、构建典型养殖模式下营养供给模型与示范及石斑鱼安全高效环保饲料技术集成与示范等方面开展工作，进展如下。

1　深入研究消化道及动物健康的营养调控

本部分的主要工作集中于在厘清鱼粉被替代后石斑鱼肠道健康及抗病免疫所受影响的基础上，开发谷氨酰胺、丁酸钠等添加剂以调控石斑鱼健康；此外，还对比了投喂配合饲料和冰鲜杂鱼后，石斑鱼生长性能、肠道结构和抗氧化能力的差异，研究集成消化道及动物健康的营养调控策略。

1.1　豆粕替代鱼粉对珍珠龙胆石斑鱼的影响

豆粕替代鱼粉的水平在30%以下对珍珠龙胆石斑鱼的生长性能没有显著影响，最适宜的替代水平为12.05%（图1）。豆粕替代鱼粉蛋白对石斑鱼肠道免疫基因表达造成不同程度的影响(图2)。当替代水平升至50%时，珍珠龙胆石斑鱼的肠道组织结构受到破坏(图3)。

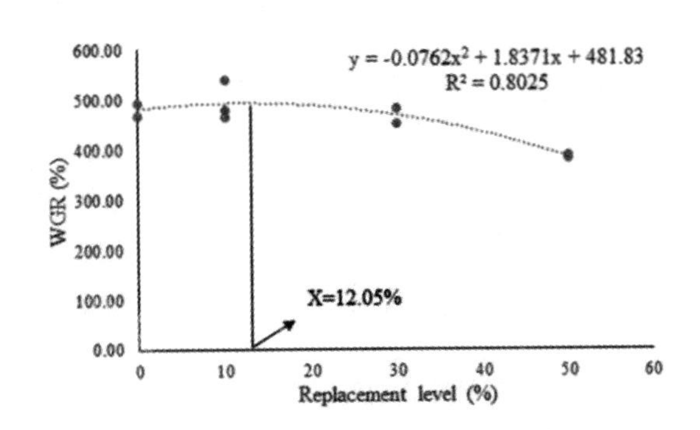

图1　豆粕替代鱼粉的水平与珍珠龙胆石斑鱼增重率的二次回归分析

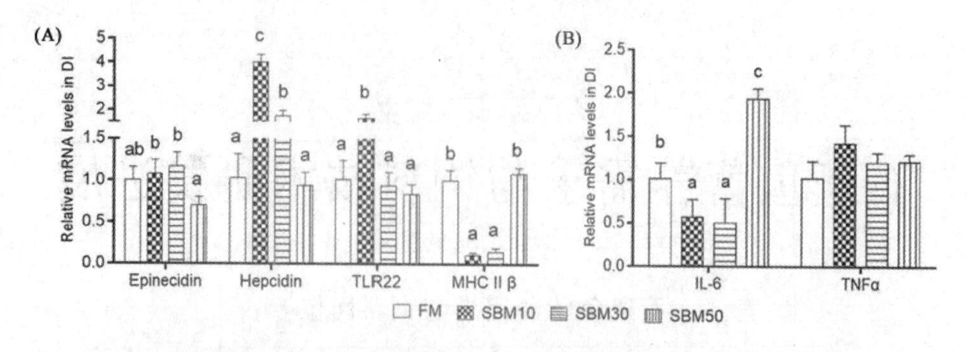

图2 豆粕替代鱼粉对珍珠龙胆石斑鱼肠道免疫基因和促炎基因表达的影响

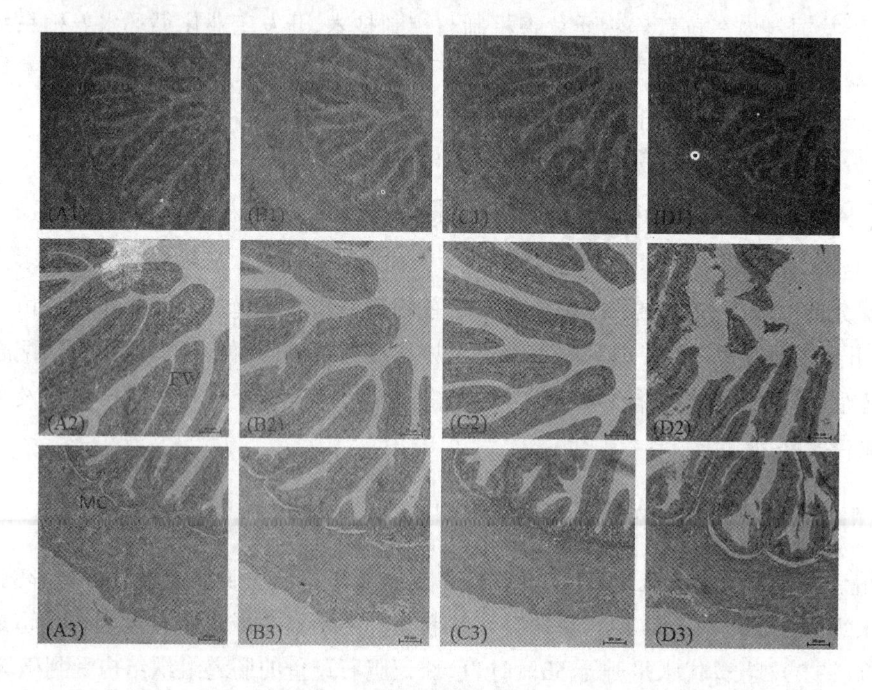

图3 豆粕替代鱼粉对珍珠龙胆石斑鱼后肠组织结构的影响

1.2 大豆浓缩蛋白替代鱼粉对珍珠龙胆石斑鱼的影响

当大豆浓缩蛋白含量超过 20.52% 时,珍珠龙胆石斑鱼的生长性能和饲料利用效率显著下降(表 1),珍珠龙胆石斑鱼幼鱼饲料中大豆浓缩蛋白替代鱼粉的适宜比例为 37.23%(图 4)。随看饲料中大豆浓缩蛋白替代鱼粉比例的升高,珍珠龙胆石斑鱼幼鱼肠道多个免疫基因的表达水平呈现出不同的变化趋势(图 5)。

表1 不同水平大豆浓缩蛋白替代鱼粉对珍珠龙胆石斑鱼生长、饲料利用的影响

替代水平	增重率 /%	特定生长率	存活率 /%	饲料系数	蛋白质效率	脏体比 /%	肥满度 / (g/cm³)
FM	446.18±3.53^{c}	3.22±0.03^{c}	97.78±1.11^{c}	0.71±0.02^{d}	2.91±0.05^{b}	3.26±0.13	3.17±0.08
SPC11	413.06±1.20^{c}	3.02±0.01^{c}	98.89±1.11^{bc}	0.74±0.02^{cd}	2.84±0.08^{b}	3.56±0.15	3.17±0.04

续表

替代水平	增重率 /%	特定生长率	存活率 /%	饲料系数	蛋白质效率	脏体比 /%	肥满度 / (g/cm³)
SPC22	443.85±8.52[c]	3.19±0.10[c]	96.67±1.92[bc]	0.78±0.03[bcd]	2.89±0.21[b]	3.47±0.23	3.31±0.03
SPC33	442.40±6.82[c]	3.16±0.01[c]	97.78±1.11[bc]	0.77±0.04[bcd]	2.89±0.13[b]	3.89±0.18	3.21±0.08
SPC44	431.07±13.20[c]	3.07±0.06[c]	90.00±5.77[abc]	0.84±0.02[abc]	2.50±0.11[ab]	3.45±0.11	3.23±0.01
SPC55	332.38±7.32[b]	2.65±0.04[ab]	82.22±2.94[ab]	0.86±0.01[abc]	2.40±0.04[ab]	3.94±0.39	3.35±0.00
SPC66	318.24±10.56[b]	2.73±0.06[b]	77.78±5.56[a]	0.88±0.08[ab]	2.39±0.09[ab]	4.18±0.08	3.26±0.08
SPC77	263.62±2.78[a]	2.39±0.06[a]	75.56±2.94[a]	0.95±0.02[a]	2.23±0.05[a]	3.33±0.17	3.22±0.02

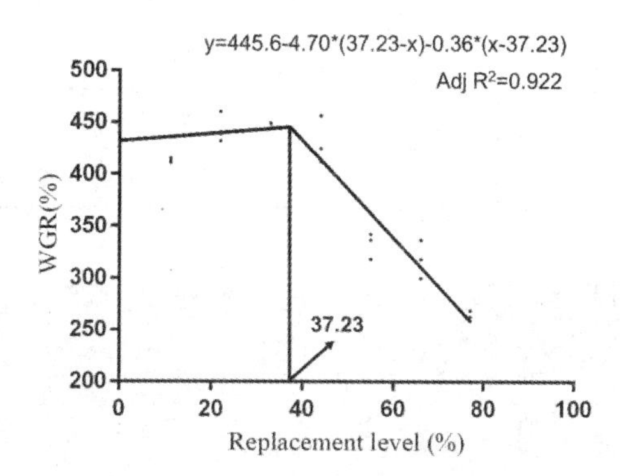

图 4　基于增重率和大豆浓缩蛋白替代水平的折现模型拟合方程

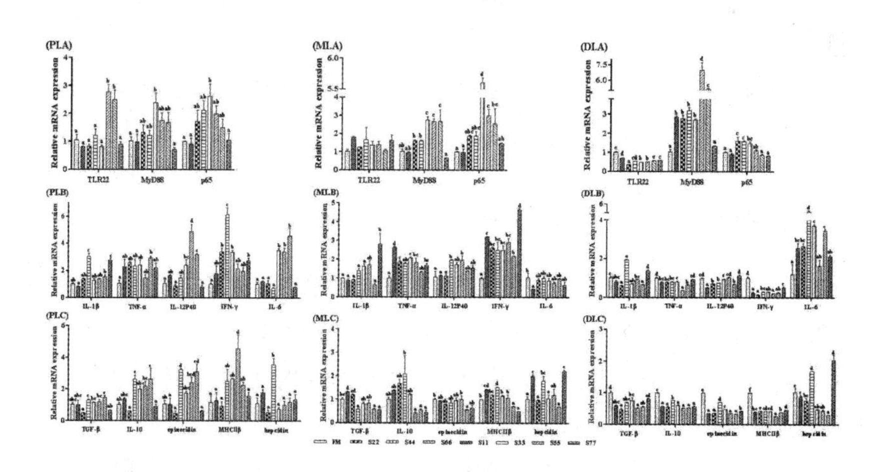

图 5　大豆浓缩蛋白替代鱼粉对珍珠龙胆石斑鱼不同肠段免疫基因表达的影响

1.3　脱酚棉籽蛋白替代鱼粉对珍珠龙胆石斑鱼的影响

脱酚棉籽蛋白替代鱼粉的水平在 60% 以下，对珍珠龙胆石斑鱼生长性能及饲料利用没有显著影响，但对肠道免疫和抗氧化能力产生不同影响（表 2）。当脱酚棉籽蛋白替代鱼粉的水平至 60% 时，珍珠龙胆石斑鱼的肠道组织结构受到显著破坏（图 6）。

表 2　脱酚棉籽蛋白替代鱼粉对珍珠龙胆石斑鱼肠道免疫和抗氧化指标的影响

指标	FM	CPC20	CPC40	CPC60	P-value
AKP/(U/mg)	79. 22	104. 49	100. 33	97. 92	0. 325
ACP/(U/mg)	33. 69	35. 49	40. 42	39. 90	0. 442
LYS/(U/mg)	1. 66^{a}	2. 48^{b}	2. 87^{c}	2. 92^{c}	0. 000
C3/(μg/mg)	42. 17^{b}	28. 20^{a}	62. 65^{c}	27. 86^{a}	0. 000
C4/(μg/mg)	60. 27^{b}	68. 46^{c}	49. 41^{a}	92. 61^{d}	0. 000
IgM/(μg/mg)	598. 45^{a}	742. 09^{b}	773. 60^{b}	762. 08^{b}	0. 000
SOD/(U/mg)	86. 56^{b}	74. 99^{ab}	65. 52^{a}	69. 31^{ab}	0. 027
CAT/(U/mg)	25. 85^{b}	24. 99^{b}	24. 82^{b}	19. 00^{a}	0. 000
T-AOC/(mmol/g)	164. 72	130. 90	125. 48	136. 29	0. 132

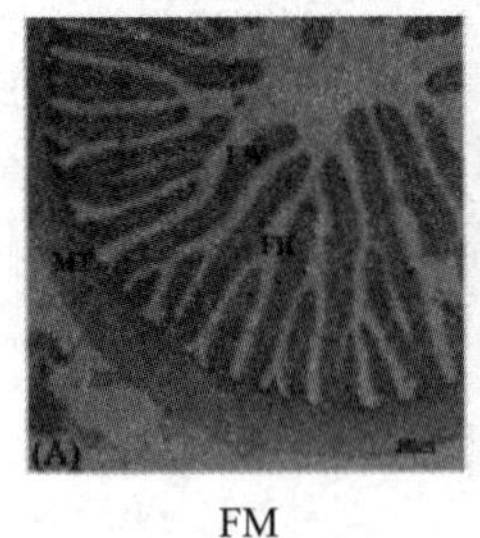

FM

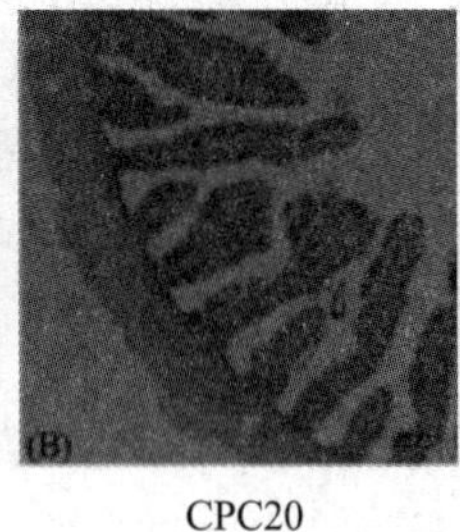

CPC20

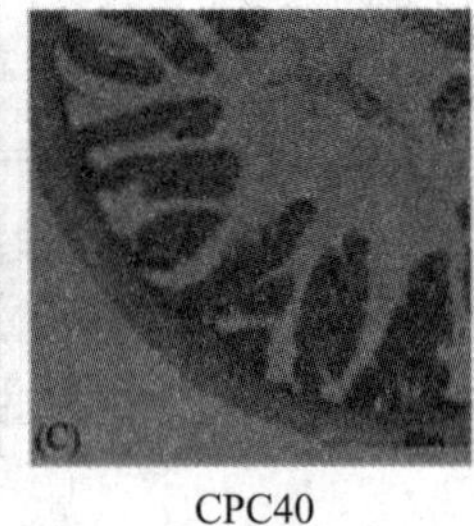

CPC40

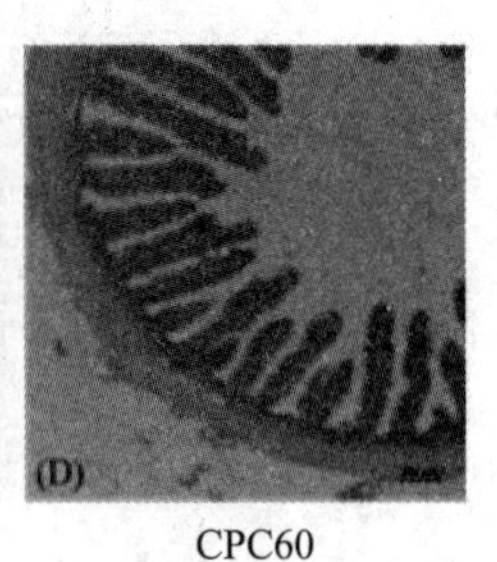

CPC60

图 6　脱酚棉籽蛋白替代鱼粉对珍珠龙胆石斑鱼前肠组织结构的影响

MT:肌层厚度;**FW**:皱襞宽度;**FH**:皱襞高度

1. 4　大豆球蛋白抑制珍珠龙胆石斑鱼生长和肠道形态发育

饲料中添加高浓度的纯化大豆球蛋白显著抑制了珍珠龙胆石斑鱼的生长及饲料利用($P<0.05$),添加 Ala-Gln 有改善作用(表 3)。从肠道组织结构形态来看,大豆球蛋白能抑制珍珠龙胆石斑鱼的肠道发育,添加 1% 或 2% 的 Ala-Gln 均能够起到改善作用,2% 的 Ala-Gln 对肠道损伤的保护作用更为明显(图 7)。

表 3　**Ala-Gln** 对饲喂大豆球蛋白的珍珠龙胆石斑鱼幼鱼生长性能的影响($n=4$)

项目	FM	11S	1% Ala-Gln	2% Ala-Gln	*P* value
末均重 /g	50. 83±0. 55^{b}	45. 31±1. 66^{a}	51. 09±2. 17^{b}	52. 78±0. 92^{b}	0. 019
增重率 /%	497. 63±6. 49^{b}	432. 69±19. 47^{a}	501. 16±25. 78^{b}	520. 52±10. 29^{b}	0. 019
特定生长率	3.19±0.02^{b}	2.98±0.06^{a}	3.20±0.08^{b}	3.26±0.03^{b}	0.017
摄食率 /%	0.97±0.04^{a}	1.11±0.02^{b}	1.12±0.01^{b}	1.08±0.03^{b}	0.023
蛋白质效率	2.44±0.11	2.12±0.08	2.2±0.06	2.21±0.09	0.137

续表

项目	FM	11S	1% Ala-Gln	2% Ala-Gln	*P* value
饲料系数	0.78±0.03	0.90±0.04	0.88±0.02	0.86±0.03	0.104
存活率 /%	97.5±1.60	98.34±0.96	98.34±0.96	97.5±1.60	0.938

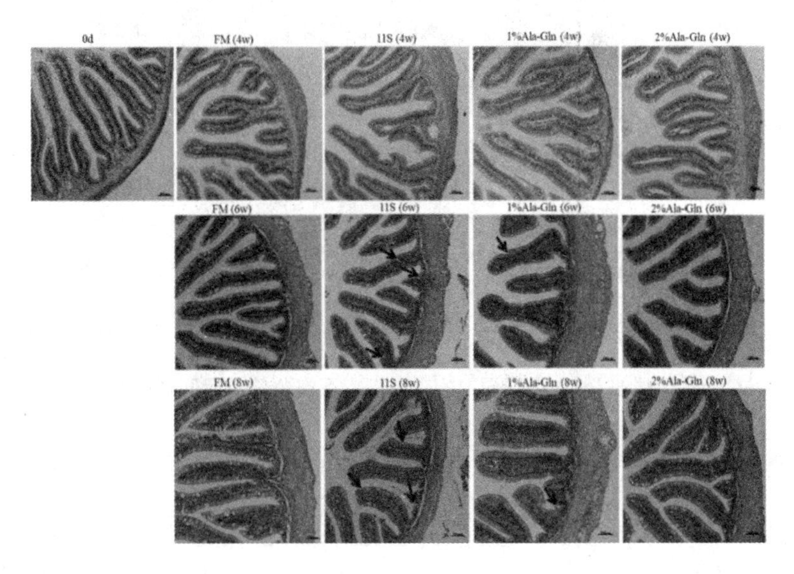

单向箭头表示纹状缘局部受损，双向箭头表示肌层厚度，圆圈表示皱襞局部断裂（**20×**）。

图 7　Ala-Gln 对饲喂大豆球蛋白的珍珠龙胆石斑鱼幼鱼前肠形态时序变化的影响

1.5　β 伴 - 大豆球蛋白抑制珍珠龙胆石斑鱼生长和肠道形态发育

饲料中添加高浓度的纯化 β 伴 - 大豆球蛋白显著抑制了珍珠龙胆石斑鱼的生长及饲料利用，添加 Ala-Gln 有改善作用。从肠道组织结构形态来看，大豆球蛋白能抑制珍珠龙胆石斑鱼的肠道发育，添加 1% 或 2% 的 Ala-Gln 均能够起到改善作用，2% 的 Ala-Gln 对肠道损伤的保护作用更为明显（图 8）。

表 4　Ala-Gln 对饲喂 β- 伴大豆球蛋白的珍珠龙胆石斑鱼幼鱼生长性能的影响（*n* = 4）

项目	FM	7S	1% Ala-Gln	2% Ala-Gln	*P* value
末均重 /g	50. 83±0. 55^{b}	46. 47±0. 63^{a}	49. 60±0. 99^{b}	49. 72±1. 21^{b}	0. 049
增重率 /%	497. 63±6. 49^{b}	446. 86±7. 21^{a}	483. 33±11. 74^{b}	484. 94±13. 63^{b}	0. 048
特定生长率	3. 19±0. 02^{b}	3. 03±0. 02^{a}	3. 15±0. 04^{b}	3. 16±0. 04^{b}	0. 050
摄食率 /%	0. 97±0. 04a	1. 19±0. 07^{b}	1. 09±0. 01^{ab}	1. 11±0. 02^{ab}	0. 038
蛋白质效率	2. 44±0. 11	2. 05±0. 14	2. 21±0. 02	2. 15±0. 09	0. 104
饲料系数	0. 78±0. 03	0. 96±0. 06	0. 86±0. 01	0. 89±0. 04	0. 075
存活率 /%	97. 50±1. 60	97. 50±0. 83	99. 17±0. 83	99. 17±0. 83	0. 517

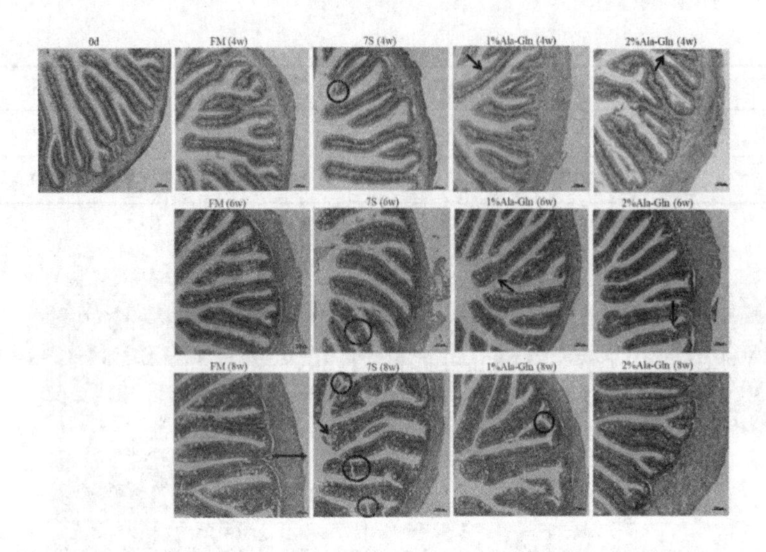

单向箭头表示纹状缘局部受损,双向箭头表示肌层厚度,圆圈表示皱襞局部断裂(**20×**)。

图 8　Ala-Gln 对饲喂 β- 伴大豆球蛋白的珍珠龙胆石斑鱼幼鱼后肠形态时序变化的影响

1.6　比较投喂配合饲料和冰鲜鱼对珍珠龙胆石斑鱼的影响

投喂配合饲料与冰鲜鱼组珍珠龙胆石斑鱼的生长性能较无显著差异(表 5),投喂配合饲料有助于改善珍珠龙胆石斑鱼的肠道结构(图 9)。

表 5　配合饲料和冰鲜投喂对珍珠龙胆石斑鱼的生长性能、饲料利用的影响

处理组	增重率/%	特定生长率	饲料系数	存活率/%	脏体比/%	肝体比/%	肠体比/%	肥满度/%
CTF	476.90±6.17	2.50±0.01	2.82±0.21[b]	91.11±15.40	7.68±1.15	1.36±0.22[a]	0.69±0.08[b]	3.32±0.38
FM	483.69±5.61	2.52±0.02	0.94±0.01[a]	95.56±5.09	8.20±0.63	2.10±0.21[b]	0.59±0.06[a]	3.24±0.27
P	0.29	0.31	0.00	0.66	0.261	0.000	0.010	0.609

CTF:投喂冰鲜鱼组

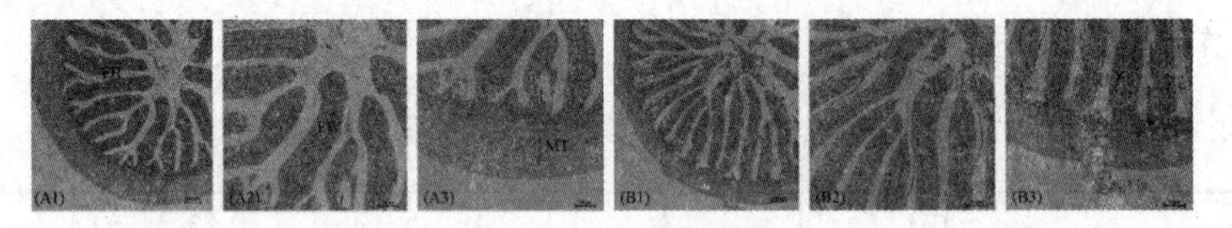

A1～A3. CTF 组;B1～B3. FM 组

图 9　配合饲料和冰鲜投喂对珍珠龙胆石斑鱼的后肠肠道结构

2　饲料内在抗营养物质危害机制与控制

本部分研究了饲料原料中存在的抗营养物质产生危害作用的机制,主要针对现有替代鱼粉的蛋白源在应用中存在的不易消化吸收，含大豆球蛋白、β- 伴大豆球蛋白、棉酚、皂苷等抗营养因子等问题，提出添加饲料添加剂、酶解、乳化等应对办法，并评估了氧化鱼油对珍珠龙胆石斑鱼的损害作用。

2.1 饲料中添加大豆球蛋白对珍珠龙胆石斑鱼生长性能、抗病力的影响

饲料中添加低水平大豆球蛋白能够显著提高珍珠龙胆石斑鱼的生长性能；添加高水平大豆球蛋白会显著降低珍珠龙胆石斑鱼的生长性能和抗病力，但对形态指标无影响。添加丁酸钠能够有效地改善由大豆球蛋白引起的生长抑制现象，但对抗病力无影响（图 10）。

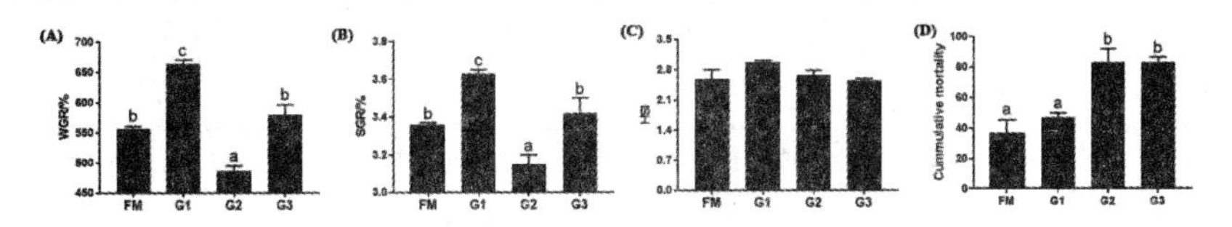

图 10 大豆球蛋白和补充丁酸钠对珍珠龙胆石斑鱼生长性能和抗病力的影响

2.2 饲料中添加 β- 伴大豆球蛋白对珍珠龙胆石斑鱼生长性能、抗病力的影响

饲料中添加低水平 β- 伴大豆球蛋白能够显著提高珍珠龙胆石斑鱼的生长性能，添加高水平 β- 伴大豆球蛋白会显著降低珍珠龙胆石斑鱼的生长性能和抗病力，但对形态指标无影响。添加丁酸钠能够有效地改善由 β- 伴大豆球蛋白引起的生长抑制现象，但对抗病力无影响（图 11）。

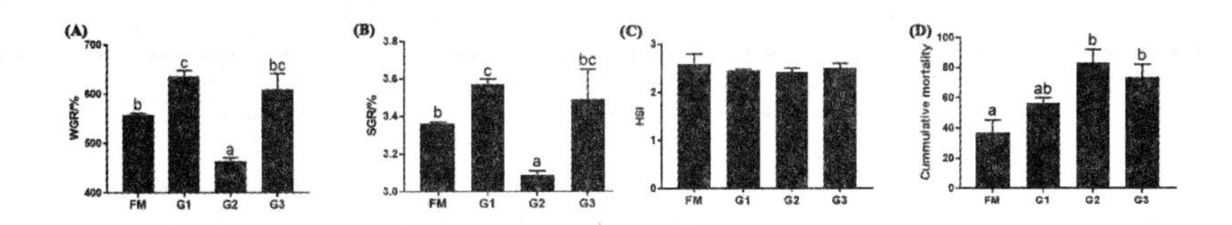

图 11 β- 伴大豆球蛋白和补充丁酸钠对石斑鱼生长性能和抗病力的影响

2.3 饲料中添加棉酚对珍珠龙胆石斑鱼生长性能、抗病力的影响

饲料中添加低水平棉酚能够显著提高珍珠龙胆石斑鱼的生长性能；添加高水平棉酚会显著降低珍珠龙胆石斑鱼的生长性能和抗病力，同时对形态指标产生影响。添加丁酸钠并未能有效地改善由棉酚引起的生长和抗病力抑制现象（图 12）。

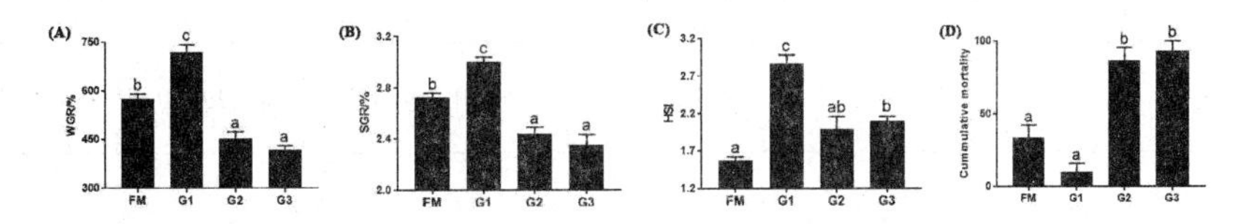

图 12 棉酚和补充丁酸钠对珍珠龙胆石斑鱼生长性能和抗病力的影响

FM：鱼粉组；G2% 大豆球蛋白组；G2：8% 大豆球蛋白组；G3：8% 大豆球蛋白 + 丁酸钠组

2.4 饲料中添加大豆酶解蛋白对珍珠龙胆石斑鱼的影响

当饲料中大豆酶解蛋白添加量大于2%时，珍珠龙胆石斑鱼的生长性能得到显著提高，其中添加量为4%时效果最显著(表6)。以增重率为评价指标，饲料中大豆酶解蛋白的最适添加水平为5.09%。饲料中添加大豆酶解蛋白对珍珠龙胆石斑鱼的抗氧化能力、消化酶活性等均造成一定影响(表7)。

表6 大豆酶解蛋白不同添加水平对珍珠龙胆石斑鱼幼鱼生长性能的影响

项目	大豆酶解蛋白添加水平				
	0%	1%	2%	4%	6%
初体重/g	12.5±0.36	12.5±0.29	12.5±0.48	12.5±0.43	12.5±0.47
增重率/%	418.8±3.76^{a}	412.12±13.56^{a}	441.10±2.06^{b}	462.30±15.91^{c}	452.21±7.59^{bc}
特定生长率	3.17±0.02^{a}	3.14±0.05^{a}	3.25±0.01^{b}	3.32±0.06^{c}	3.29±0.03^{bc}
饲料系数	0.88±0.06^{c}	0.87±0.02^{bc}	0.81±0.01^{a}	0.80±0.02^{a}	0.82±0.03^{ab}
蛋白质效率/%	2.38±0.17^{a}	2.40±0.05^{a}	2.55±0.09^{ab}	2.61±0.07^{b}	2.56±0.09^{ab}
存活率/%	95.56±5.09	97.78±1.92	98.89±1.92	96.67±3.34	93.33±6.67
脏体比/%	4.38±1.31	3.77±0.67	3.97±1.14	4.27±1.19	4.30±1.25
肝体比/%	11.71±1.56	11.13±1.28	11.06±0.81	11.71±1.54	11.78±1.66
肥满度/(g/cm^{3})	3.51w±0.35	3.56±0.28	3.32±0.23	3.28±0.14	3.49±0.32

表7 大豆酶解蛋白添加水平对珍珠龙胆石斑鱼血清生化指标、胃肠酶活性的影响

项目		大豆酶解蛋白添加水平				
		0%	1%	2%	4%	6%
血清生化指标	总蛋白/(mg/mL)	55.66±8.90^{b}	41.33±10.54^{a}	40.64±4.82^{a}	41.42±7.11^{a}	43.83±9.36^{a}
	甘油三酯/(mmol/L)	0.59±0.11	0.63±0.17	0.55±0.83	0.58±0.14	0.58±0.10
	总胆固醇/(mmol/L)	3.80±0.16^{b}	3.31±0.74^{ab}	3.50±0.31^{ab}	3.47±0.58^{ab}	3.09±0.18^{a}
	低密度脂蛋白/(mmol/L)	5.20±1.05^{b}	4.74±0.24^{ab}	5.04±0.71^{b}	5.18±0.44^{b}	4.11±0.54^{a}
	高密度脂蛋白/(mmol/L)	1.89±0.08^{b}	1.62±0.30^{b}	1.81±0.30^{b}	1.91±0.21^{b}	1.24±0.18^{a}
	白蛋白/(mg/mL)	7.09±0.76	6.31±1.32	6.93±1.09	7.39±0.85	7.39±0.70

续表

项目		大豆酶解蛋白添加水平				
		0%	1%	2%	4%	6%
胃肠消化酶	淀粉酶/(U/mg)	6.52±1.41[a]	13.39±2.56[c]	11.85±1.95[bc]	12.59±2.91[c]	8.31±0.36[ab]
	脂肪酶/(U/g)	9.06±1.75[a]	23.17±1.79[c]	19.49±3.11[c]	20.25±1.77[c]	12.74±0.66[b]
	胰蛋白酶/(U/mg)	40.34±6.60[a]	72.98±6.90[b]	71.77±10.37[b]	79.75±10.29[b]	50.61±3.51[a]
	淀粉酶/(U/mg)	6.52±1.41[a]	13.39±2.56[c]	11.85±1.95[bc]	12.59±2.91[c]	8.31±0.36[ab]

2.5 饲料中添加酶解肠膜蛋白粉对珍珠龙胆石斑鱼的影响

饲料中3%的酶解肠膜蛋白粉对珍珠龙胆石斑鱼的生长性能无显著影响；当添加量大于6%时，珍珠龙胆石斑鱼的生长性能受到抑制(表8)。饲料中添加酶解肠膜蛋白粉的浓度高于6%时，珍珠龙胆石斑鱼非特异性免疫和消化能力均受到显著影响(表9)。

表8　酶解肠膜蛋白粉对珍珠龙胆石斑鱼生长性能及形态学的影响

项目	鱼粉	酶解肠膜蛋白粉替代水平				
		0%	3%	6%	9%	12%
初体重/g	7.50±0.00	7.49±0.01	7.52±0.03	7.53±0.02	7.51±0.01	7.49±0.02
增重率/%	881.68±3.66[a]	847.07±4.61[a]	849.27±17.25[a]	787.65±8.02[b]	747.44±15.34[b]	688.27±11.11[c]
特定生长率	4.08±0.01[a]	4.02±0.01[a]	4.02±0.03[a]	3.90±0.02[b]	3.81±0.03[b]	3.69±0.03[c]
饲料系数	0.79±0.01[ab]	0.75±0.02[b]	0.79±0.02[ab]	0.81±0.02[ab]	0.83±0.02[ab]	0.87±0.02[a]
蛋白质效率/%	2.53±0.04[ab]	2.66±0.07[a]	2.61±0.10[a]	2.48±0.05[ab]	2.41±0.05[ab]	2.30±0.06[c]
存活率/%	92.22±2.22	97.78±2.22	97.78±2.22	100.00±0.00	98.89±1.11	98.89±1.11
脏体比/%	10.22±0.33[b]	11.32±0.44[ab]	11.20±0.32[ab]	10.90±0.43[b]	11.20±0.39[ab]	12.74±0.37[a]
肝体比/%	2.91±0.20[b]	2.79±0.06[b]	3.40±0.23[b]	3.12±0.32[b]	3.63±0.15[b]	4.80±0.15[a]
肥满度/(g/cm^3)	2.68±0.03	2.77±0.06	2.99±0.06	3.01±0.11	2.93±0.06	2.90±0.12

表9　酶解肠膜蛋白粉对珍珠龙胆石斑鱼血清生化指标和非特异性免疫酶、肠道消化酶的影响

项目	鱼粉	酶解肠膜蛋白粉替代水平				
		0%	3%	6%	9%	12%
血清生化指标						
总蛋白/(mg/mL)	63.87±0.19[a]	60.96±1.42[ab]	67.56±1.23[a]	51.02±0.53[c]	55.37±2.64[bc]	53.96±1.84[bc]
白蛋白/(mg/mL)	7.95±0.61[b]	9.91±0.18[ab]	11.87±0.83[a]	10.70±0.41[a]	9.97±0.33[ab]	10.24±0.57[ab]
总胆固醇/(mmol/L)	2.97±0.09[c]	2.99±0.18[bc]	3.72±0.20[abc]	4.06±0.18[ab]	3.82±0.20[abc]	4.09±0.40[a]
甘油三酯/(mmol/L)	0.74±0.06	0.62±0.07	0.74±0.02	0.66±0.01	0.56±0.01	0.72±0.04
血清非特异性免疫酶活性						

续表

项目	鱼粉	酶解肠膜蛋白粉替代水平				
		0%	3%	6%	9%	12%
超氧化物歧化酶/(U/mL)	17.45±1.13	18.18±0.68	20.14±0.91	18.79±0.24	18.87±0.60	17.01±0.72
过氧化氢酶/(U/mL)	6.18±0.22^{a}	5.24±0.37^{ab}	6.47±0.52^{a}	2.37±0.25^{c}	4.21±0.20^{b}	5.10±0.55^{ab}
谷草转氨酶/(U/L)	27.40±0.73^{ab}	25.09±1.34^{b}	28.04±1.10^{ab}	30.24±0.83^{ab}	33.01±2.32^{a}	33.86±1.85^{a}
谷丙转氨酶/(U/L)	5.32±0.65^{b}	4.47±0.71^{b}	4.65±0.59^{b}	5.64±0.60^{b}	7.30±0.31^{ab}	8.81±0.89^{a}
肠道消化酶活性						
糜蛋白酶/(U/g)	2.30±0.07^{bc}	3.00±0.04^{ab}	3.17±0.07^{a}	3.13±0.22^{a}	2.63±0.23^{abc}	1.91±0.16^{c}
脂肪酶/(U/g)	4.04±0.24^{bc}	4.81±0.12^{abc}	5.52±0.58^{a}	5.30±0.07^{ab}	5.42±0.07^{a}	3.85±0.16^{c}
淀粉酶/(U/g)	2.23±0.19^{b}	2.72±0.26^{ab}	2.39±0.15^{b}	3.22±0.23^{a}	2.62±0.06^{ab}	2.74±0.04^{ab}
胰蛋白酶/(U/mg)	12.57±0.46^{c}	11.25±0.31^{c}	14.74±0.35^{b}	20.57±0.29^{a}	15.01±0.42^{b}	8.96±0.52^{d}

2.6 饲料中添加酶解鸡肉粉对珍珠龙胆石斑鱼的影响

饲料中添加3%的酶解鸡肉粉显著提高珍珠龙胆石斑鱼生长性能;其他添加水平对珍珠龙胆石斑鱼的生长无显著影响;当添加量为18%时,珍珠龙胆石斑鱼对饲料的利用率显著下降(表10)。当添加量超过12%时,珍珠龙胆石斑鱼非特异性免疫和消化能力均受到显著影响(表11)。

表10 酶解鸡肉粉对珍珠龙胆石斑鱼生长性能及形态学的影响

项目	酶解肠膜蛋白粉替代水平						
	0	3	6	9	12	15	18
初体重/g	7.51±0.02	7.50±0.00	7.50±0.01	7.49±0.01	7.49±0.02	7.51±0.01	7.49±0.01
增重率/%	771.94±16.62^{b}	876.90±22.92^{a}	817.71±18.73^{ab}	810.73±3.81^{b}	805.67±0.38^{b}	782.92±8.94^{b}	705.91±5.52^{c}
特定生长	3.87±0.03^{b}	4.07±0.04^{a}	3.96±0.04^{ab}	3.95±0.01^{ab}	3.93±0.00^{b}	3.98±0.02^{b}	3.73±0.01^{c}
饲料系数	0.79±0.01^{b}	0.77±0.01^{b}	0.77±0.02^{b}	0.79±0.02^{b}	0.83±0.02^{ab}	0.84±0.02^{ab}	0.90±0.03^{a}
蛋白质效率/%	2.55±0.04a	2.64±0.04a	2.62±0.06a	2.52±0.05a	2.41±0.07ab	2.38±0.06ab	2.22±0.08b
存活率/%	98.89±1.11	95.56±1.11	94.44±1.11	100.00±0.00	94.45±2.22	94.45±2.22	98.89±1.11
脏体比/%	2.75±0.06^{b}	3.29±0.12^{a}	2.37±0.16^{b}	2.48±0.06^{b}	2.44±0.07^{b}	2.29±0.07^{b}	2.38±0.17^{b}
肝体比/%	9.95±0.16	10.80±0.49	10.68±0.33	10.47±0.24	10.19±0.10	10.28±0.28	10.11±0.26
肥满度/(g/cm^{3})	2.80±0.08	2.72±0.10	2.71±0.10	2.61±0.06	2.63±0.08	2.65±0.06	2.62±0.02

表11 酶解鸡肉粉对珍珠龙胆石斑鱼血清生化指标和非特异性免疫酶、肠道消化酶的影响

项目	酶解肠膜蛋白粉替代水平						
	0	3	6	9	12	15	18
血清生化指标							
总蛋白/(mg/mL)	57.37±1.94^{ab}	56.33±4.20^{ab}	56.77±1.31^{ab}	56.00±1.07^{ab}	62.77±2.64^{a}	46.67±1.25^{b}	49.02±1.53^{b}
白蛋白/(mg/mL)	8.51±1.26^{b}	11.99±1.30^{a}	11.34±1.11^{ab}	12.56±0.87^{a}	14.43±1.42^{a}	12.69±0.34^{a}	11.97±1.34^{a}

续表

项目	酶解肠膜蛋白粉替代水平						
	0	3	6	9	12	15	18
总胆固醇/(mmol/L)	2.73±0.53	2.96±0.71	2.74±0.40	3.21±0.20	2.56±0.44	2.91±0.01	2.69±0.25
甘油三酯/(mmol/L)	0.52±0.03[d]	0.50±0.06[d]	0.55±0.02[cd]	0.57±0.03[bcd]	0.63±0.02[abc]	0.66±0.06[ab]	0.70±0.02[a]
非特异性免疫酶活性							
超氧化物歧化酶/(U/mL)	17.50±0.47[b]	23.53±1.72[a]	19.09±0.28[b]	19.54±0.19[b]	16.49±0.77[b]	17.40±0.78[b]	17.49±0.37[b]
过氧化氢酶/(U/mL)	2.71±0.02[ab]	2.79±0.09[a]	2.62±0.14[ab]	2.6±0.09[ab]	2.67±0.07[ab]	2.24±0.03[b]	2.50±0.19[ab]
谷草转氨酶/(U/L)	22.50±1.07[ab]	29.88±0.84[a]	23.60±1.48[ab]	25.39±2.74[ab]	25.59±2.76[ab]	18.92±0.51[b]	21.88±1.22[ab]
谷丙转氨酶/(U/L)	20.00±0.80[a]	17.39±0.63[ab]	14.54±0.83[bcd]	14.27±0.53[bcd]	12.21±1.03[cd]	11.71±0.77[d]	15.47±0.76[bc]
肠道消化酶活性							
糜蛋白酶/(U/g)	1.66±0.13[d]	2.42±0.06[c]	2.55±0.22[bc]	3.11±0.12[ab]	3.33±0.03[a]	3.30±0.07[a]	2.68±0.15[bc]
脂肪酶/(U/g)	3.56±0.10[c]	3.74±0.19[c]	4.67±0.19[b]	5.73±0.28[a]	5.82±0.09[a]	5.71±0.16[a]	6.09±0.14[a]
淀粉酶/(U/g)	2.55±0.12[ab]	2.71±0.14[ab]	2.30±0.14[b]	2.74±0.20[ab]	3.16±0.20[a]	2.55±0.20[ab]	3.14±0.08[a]
胰蛋白酶/(U/mg)	13.58±0.49[b]	12.41±0.73[b]	13.38±0.29[b]	17.64±0.17[a]	17.64±0.56[a]	17.25±0.48[a]	14.05±0.14[b]

2.7 饲料中添加乳化肠膜蛋白粉对珍珠龙胆石斑鱼的影响

饲料中添加乳化肠膜蛋白粉对珍珠龙胆石斑鱼的生长性能无显著性影响(表 12)。当添加量超过 12% 时,珍珠龙胆石斑鱼的血清非特异性免疫酶活性显著升高;当添加量超过 9% 时,珍珠龙胆石斑鱼肠道和肝脏的消化酶活性显著升高(表 13)。

表 12　乳化肠膜蛋白粉对珍珠龙胆石斑鱼生长性能及形态学的影响

项目	鱼粉	酶解肠膜蛋白粉替代水平				
		0	3	6	9	12
初体重/g	7.50±0.00	7.49±0.01	7.49±0.02	7.49±0.00	7.50±0.02	7.48±0.02
增重率/%	881.68±3.66[a]	847.07±4.61[a]	851.25±13.50[a]	850.63±8.81[a]	805.74±5.32[b]	756.12±9.43[c]
特定生长	4.08±0.01[a]	4.02±0.01[a]	4.02±0.03[a]	4.02±0.02[a]	3.93±0.01[b]	3.84±0.02[c]
饲料系数	0.79±0.01	0.75±0.02	0.77±0.01	0.76±0.01	0.79±0.02	0.81±0.02
蛋白质效率/%	2.53±0.04	2.66±0.07	2.59±0.01	2.63±0.02	2.53±0.05	2.48±0.05
存活率/%	92.22±2.22	97.78±2.22	97.78±2.22	95.56±1.11	97.78±1.11	97.78±1.11
脏体比/%	10.22±0.33	11.32±0.44	12.09±0.40	11.28±0.56	11.51±0.53	11.46±0.45
肝体比/%	2.91±0.20[b]	2.79±0.06[b]	2.85±0.18[b]	3.05±0.36[b]	3.36±0.20[ab]	4.20±0.14[a]
肥满度/(g/cm^3)	2.68±0.03	2.77±0.06	2.88±0.09	2.87±0.11	2.76±0.10	2.89±0.12

表 13　乳化肠膜蛋白粉对珍珠龙胆石斑鱼血清生化指标和非特异性免疫酶、肠道消化酶的影响

项目	鱼粉	酶解肠膜蛋白粉替代水平				
		0	3	6	9	12
血清生化指标						

续表

项目	鱼粉	酶解肠膜蛋白粉替代水平				
		0	3	6	9	12
总蛋白/(mg/mL)	63.87±0.34[b]	60.96±2.47[b]	52.44±2.43[c]	77.52±0.06[a]	73.76±2.22[a]	72.94±1.81[a]
白蛋白/(mg/mL)	7.95±0.61[c]	9.91±0.18[bc]	10.07±0.53[abc]	12.05±0.51[a]	11.41±0.31[ab]	10.03±0.38[abc]
总胆固醇/(mmol/L)	2.97±0.09[b]	2.99±0.18[ab]	3.50±0.20[ab]	4.04±0.08[a]	3.69±0.06[ab]	3.62±0.27[ab]
甘油三酯/(mmol/L)	0.74±0.06[ab]	0.62±0.07[b]	0.58±0.04[b]	0.90±0.04[a]	0.66±0.03[b]	0.72±0.03[ab]
非特异性免疫酶活性						
超氧化物歧化酶/(U/mL)	17.45±1.13[ab]	18.18±0.68[ab]	18.47±0.54[ab]	17.29±0.21[b]	18.99±0.49[ab]	20.42±0.40[a]
过氧化氢酶/(U/mL)	6.18±0.22[c]	5.24±0.37[cd]	6.41±0.26[c]	3.87±0.47[d]	8.87±0.41[b]	10.98±0.55[a]
谷草转氨酶/(U/L)	27.40±0.73[b]	25.09±1.34[b]	29.88±1.11[ab]	34.06±2.13[a]	29.35±0.40[ab]	35.05±1.14[a]
谷丙转氨酶/(U/L)	5.32±0.65[ab]	4.47±0.71[ab]	3.94±0.30[b]	6.44±0.81[ab]	7.02±0.66[ab]	7.47±0.82[a]
肠道消化酶活性						
糜蛋白酶/(U/g)	2.30±0.07	3.00±0.04	2.47±0.12	2.59±0.20	2.91±0.37	2.33±0.21
脂肪酶/(U/g)	4.04±0.24[c]	4.81±0.12[ab]	3.35±0.22[bc]	4.66±0.22[ab]	4.95±0.05[a]	5.09±0.10[a]
淀粉酶/(U/g)	2.23±0.19[ab]	2.72±0.26[a]	1.88±0.11[b]	2.17±0.06[ab]	2.38±0.11[ab]	2.74±0.11[a]
胰蛋白酶/(U/mg)	12.57±0.46[bc]	11.25±0.31[c]	11.70±0.57[bc]	11.03±0.35[c]	15.80±0.23[a]	13.15±0.14[b]

2.8 氧化鱼油对珍珠龙胆石斑鱼的损害

摄食氧化鱼油组的珍珠龙胆石斑鱼终末鱼体重、增重率、特定生长率、饵料效率、肥满度均比新鲜组和低度氧化组显著降低(表 14)。随着饲料中氧化鱼油比例的增高,珍珠龙胆石斑鱼肝脏、肠道、脾脏和肌肉等组织结构受到明显破坏(图 13)。

表 14 氧化鱼油对珍珠龙胆石斑鱼生长性能及形态学的影响

项目	新鲜组	低度氧化组	中度氧化组	高度氧化组
初体重/g	30.33±0.02	30.33±0.02	30.36±0.02	30.34±0.02
增重率/%	263.29±19.71[a]	252.65±19.33[a]	178.81±16.44[b]	158.04±15.31[b]
特定生长	1.98±0.08[a]	1.94±0.08[a]	1.58±0.09[b]	1.46±0.09[b]
饲料系数	0.73±0.03[a]	0.68±0.03[a]	0.50±0.05[b]	0.45±0.04[b]
存活率/%	96.67±0.04	96.67±0.04	96.67±0.01	94.17±0.04
肝体比/%	1.06±0.34	1.50±0.41	1.63±0.39	0.95±0.63
脏体比/%	7.75±0.71	7.24±0.17	7.25±0.17	6.82±1.13
肥满度/(g/cm^3)	2.43±0.17[a]	2.26±0.08[a]	1.56±0.34[b]	1.42±0.08[b]
肠脂系数	1.55±0.21	1.49±0.54	1.19±0.52	1.82±0.60
脾体系数	0.09±0.01	0.08±0.01	0.14±0.04	0.09±0.04

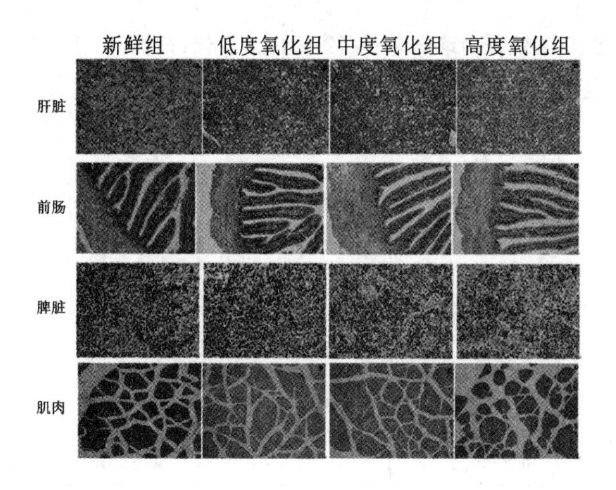

图 13　氧化鱼油对珍珠龙胆石斑鱼不同组织结构的影响(200×)

3　石斑鱼安全高效环保饲料技术

针对脂肪源和脂肪添加水平对石斑鱼机体健康的影响进行了研究。

3.1　不同脂肪源对珍珠龙胆石斑鱼生长性能、肝脏脂肪酸组成及血清生化指标的影响

以珍珠龙胆石斑鱼生长性能、肝脏脂肪酸组成、血清生化指标及脂肪代谢酶活性作为参考依据,豆油、亚麻籽油、菜籽油可以作为珍珠龙胆石斑鱼饲料中良好的植物油源,除 FO 组外,LO 组生长最好,其次是 RO 组和 SO 组(表 15,表 16),这为亚麻籽油、菜籽油和豆油替代鱼油提供了基础数据。

表 15　饲料脂肪源对珍珠龙胆石斑鱼生长性能的影响

项目	鱼油 FO	豆油 SO	亚麻籽油 LO	菜籽油 RO	花生油 PO
初重 /g	17.67±0.01	17.67±0.04	17.68±0.02	17.68±0.02	17.64±0.05
增重率 /%	352.51±37.59^{c}	268.24±11.33^{ab}	317.47±11.89^{bc}	289.75±14.08^{ab}	249.22±26.55^{a}
特定生长	2.79±0.15^{c}	2.41±0.06^{ab}	2.65±0.05^{bc}	2.52±0.07^{abc}	2.31±0.14^{a}
饲料系数	0.97±0.13^{a}	1.15±0.08^{ab}	1.12±0.04^{ab}	1.15±0.05^{ab}	1.29±0.08^{b}
存活率 /%	99.17±1.67	96.67±2.72	98.33±1.92	98.33±1.92	98.33±1.92
肝体比 /%	4.22±0.17^{a}	4.64±0.08^{ab}	4.42±0.15^{a}	4.38±0.18^{a}	5.03±0.19^{b}
脏体比 /%	11.41±0.80^{a}	11.81±0.70^{ab}	11.72±0.49^{a}	11.92±0.20^{ab}	13.23±0.31^{b}
肥满度 /(g/cm^{3})	2.86±0.83	2.33±0.13	2.67±0.20	2.80±0.20	2.68±0.30

表 16　饲料脂肪源对珍珠龙胆石斑鱼血清生化、抗氧化、免疫指标的影响

项目	大豆酶解蛋白添加水平				
生化指标	0%	1%	2%	4%	6%
甘油三酯/(mmol/L)	0.75±0.06[a]	0.91±0.03[b]	0.94±0.02[b]	1.01±0.09[b]	1.25±0.02[c]
总胆固醇/(mmol/L)	6.50±0.37[b]	7.46±0.31[c]	5.86±0.34[ab]	7.41±0.21[c]	5.22±0.35[a]
低密度脂蛋白胆固醇/(mmol/L)	3.06±0.22[b]	2.14±0.29[a]	1.93±0.09[a]	1.75±0.25[a]	2.09±0.10[a]
高密度脂蛋白胆固醇/(mmol/L)	2.19±0.21[b]	1.57±0.24[a]	1.67±0.11[a]	1.51±0.06[a]	3.35±0.16[c]
葡萄糖/(mmol/L)	9.46±0.18[d]	6.59±0.13[c]	6.75±0.05[c]	6.18±0.07[b]	5.79±0.14[a]
抗氧化酶活性					
超氧化物歧化酶/(U/mL)	462.30±2.17[e]	437.60±6.04[d]	419.50±3.40[c]	388.50±9.71[b]	344.30±5.01[a]
过氧化氢酶/(U/L)	45.71±3.03[c]	36.75±1.12[ab]	33.34±3.49[ab]	38.16±1.58[b]	30.30±1.99[a]
谷胱甘肽过氧化物酶/(U/mL)	370.39±10.20[d]	188.50±11.93[a]	262.87±8.81[bc]	298.80±22.82[bc]	259.13±10.23[b]
免疫指标					
溶菌酶活性/(U/L)	5.20±0.67[c]	4.82±0.56[bc]	3.55±0.62[ab]	5.34±0.15[d]	3.28±0.61[a]
补体(μg/mL)	85.24±0.78[b]	53.78±4.45[a]	62.49±3.66[a]	76.79±5.95[b]	52.82±3.92[a]

3.2　饲料 *n*-3 HUFA 水平对珍珠龙胆石斑鱼生长、免疫力及相关基因表达和抗病力的影响

适宜的 *n*-3 HUFA (1.47%～1.70%)可显著提高珍珠龙胆石斑鱼幼鱼的生长性能(表 17)、非特异性免疫力、抗病力和抑制炎症反应(图 14、图 15)。

表 17　饲料不同水平 *n*-3 HUFA 对珍珠龙胆石斑鱼生长性能的影响

项目	饲料 *n*-3 HUFAs 水平						*P*
	0.65%	1.00%	1.35%	1.70%	2.05%	2.40%	
初体重/g	12.05±0.01	12.06±0.02	12.06±0.01	12.06±0.02	12.05±0.00	12.05±0.00	0.556
末体重/g	55.85±2.01[a]	56.52±0.76[ab]	61.68±1.23[b]	59.14±1.37[ab]	56.58±2.99[ab]	54.77±2.87[a]	0.014
增重率/%	363.39±16.42[a]	368.71±5.61[ab]	411.34±9.86[b]	390.29±10.74[ab]	369.42±24.87[ab]	354.41±23.70[a]	0.014
特定生长率	3.07±0.07[ab]	3.09±0.02[ab]	3.26±0.04[b]	3.18±0.04[ab]	3.09±0.11[ab]	3.03±0.11[a]	0.018
饲料系数	0.81±0.02	0.80±0.01	0.79±0.02	0.80±0.01	0.79±0.01	0.82±0.01	0.083
存活率/%	99.38±1.25	100.00±0.00	100.00±0.00	98.75±1.44	100.00±0.00	100±0.00	0.164

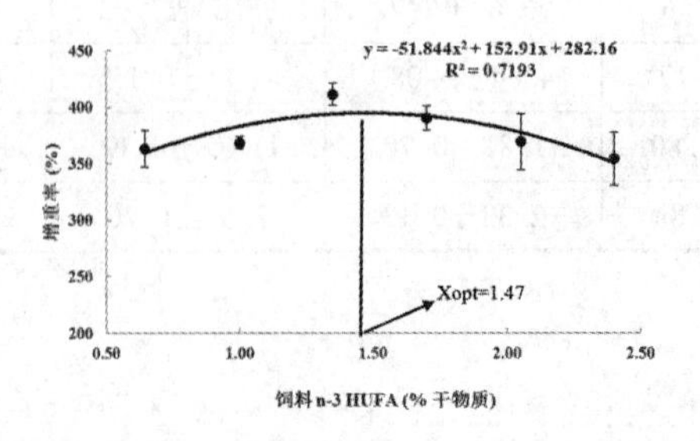

图 14　饲料 *n*-3 HUFA 水平与珍珠龙胆石斑鱼增重率的关系

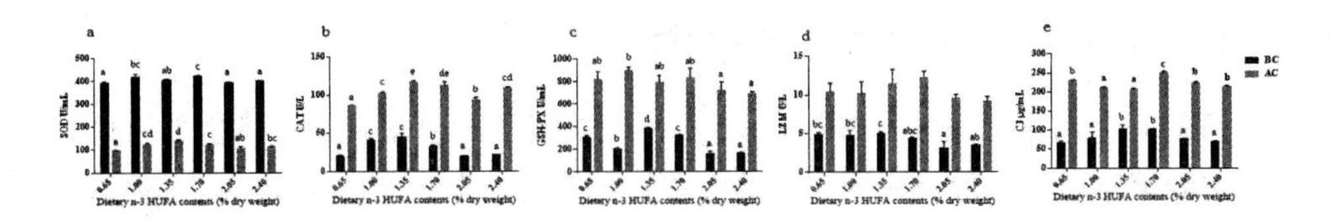

图 15　饲料 *n*-3HUFA 不同水平对珍珠龙胆石斑鱼抗氧化能力和免疫指标的影响

（BC：攻毒前；AC：攻毒后）

3.3　开发工业化循环水养殖系统的高效饲料

开发出消化利用率高、饲料稳定性好、有利于肠道健康的适合工业化循环水养殖的饲料配方及配套技术 2 套（分别适用于斜带石斑鱼、珍珠龙胆石斑鱼），基础饲料配方见表 18，并在在湛江、漳浦进行产业化示范。

表 18　石斑鱼饲料配方

原料	含量 / （g/kg）
红鱼粉	550
去皮豆粕	130
小麦谷蛋白粉	60
高筋面粉	173. 2
大豆磷脂油	20
鱼油	40
维生素 C	0. 5
氯化胆碱	5
磷酸二氢钙	10
维生素预混料	3
矿物质预混料	7
乙氧基喹啉	0. 3
三氧化二钇	1
营养水平	含量（%）
粗蛋白	50
粗脂肪	12

3.4　构建典型养殖模式下的营养供给模型

分别建立珍珠龙胆石斑鱼、斜带石斑鱼典型养殖模式（池塘、工业化循环水、网箱）下的营养供给模型 6 个。

3.5 集成石斑鱼安全高效环保饲料技术与示范

集成高效安全饲料配制技术并推广示范,初步构建了一套适合我国典型养殖模式下石斑鱼全周期养殖的高效安全饲料生产技术体系。在指定生产线(广东粤群、广东恒兴实业有限公司、湛江澳华水产饲料有限公司、珠海海壹水产饲料有限公司)生产推广饲料1.9万吨,新增产值2.5亿元;在广东粤群海洋生物研究开发有限公司、雷州、福建漳浦推广应用,饲料系数降低10%～15%,氮磷排放降低30%以上。行业配合饲料普及率提升到50%以上。

成果的推广应用提升了海水鱼高效饲料国产化率、优质蛋白源自给率、石斑鱼配合饲料普及率。

(岗位科学家　谭北平)

卵形鲳鲹营养需求与饲料研究进展

军曹鱼、卵形鲳鲹营养需求与饲料岗位

2019年，本岗位围绕重点任务开展了以下研究工作：① 基于卵形鲳鲹（金鲳）脂肪酸精准营养需求的乳化油、脂肪粉及6%鱼粉配合饲料在海水池塘网箱和近海普通网箱中的养殖中试；② 卵形鲳鲹配合饲料在养殖环境污染控制方面的作用与效果评估；③ 卵形鲳鲹脂类代谢调控与肌肉品质改良技术研究；④ 功能性饲料添加剂在卵形鲳鲹养殖中的应用研究。取得的主要研究进展如下。

1　基于新型饲料蛋白源和脂肪源、低鱼粉饲料的中试应用研究

1.1　恒兴公司海水池塘网箱养殖中试

2019年7月至9月，以恒兴公司的饲料配方（D0）为基础，利用本岗位2018年研制的基于卵形鲳鲹脂肪酸精准营养需求的乳化油、脂肪粉为脂肪源，在恒兴公司生产2种配合饲料（D2、D3）开展养殖中试。其中，饲料D1为恒兴公司商品饲料（脂肪源为公司10%液态油外喷），D2为本岗位10%乳化油外喷，D3为本岗位4%脂肪粉 +18 %乳化油外喷。D2和D3的其他饲料成分与D1一样，三者的鱼粉含量均为30%。此外，也在恒兴公司生产本岗位研制的6%鱼粉配合饲料（D4）。利用上述4种配合饲料，于恒兴公司的国家“863”基地养殖卵形鲳鲹幼鱼（初体重约65.0 g）8周。结果显示，卵形鲳鲹的终体重、增重率、特定生长率、饲料系数、肝体比、脏体比在各组间均无显著差异（图1）。结果说明，本岗位研制的乳化油和脂肪粉可用于生产卵形鲳鲹商品配合饲料，6%鱼粉饲料可用于卵形鲳鲹的大规模养殖生产。

比较分析各组鱼肌肉品质指标，发现D4组的肌肉剪切力、硬度、弹性、咀嚼性、胶着性、黏聚性、回复性均显著高于D1、D2和D3组（$P < 0.05$），各组肌肉持水率无显著差异（$P > 0.05$），D3和D4组熟肉率显著高于D1和D2组（$P < 0.05$）（表1）。结果说明，本岗位所研发的配合饲料（D4）可改善卵形鲳鲹肌肉品质，有利于养殖鱼品质的提高。

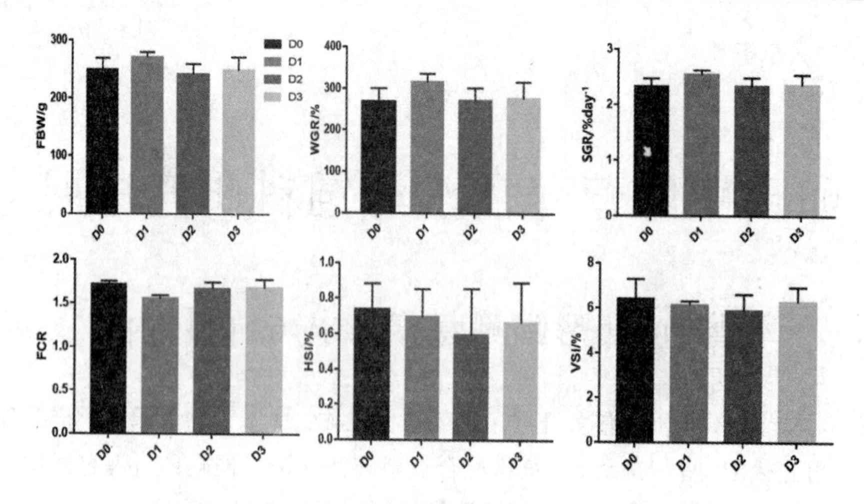

图 1　恒兴公司中试不同饲料投喂组卵形鲳鲹的生长性能指标

表 1　湛江中试不同饲料组卵形鲳鲹肌肉品质

肌肉品质指标	饲料处理组别			
	D1	D2	D3	D4
剪切力	2 032. 29±162. 96[b]	2 355. 87±143. 00[b]	1 550. 35±80. 35[a]	2 165. 00±125. 65[b]
硬度	307. 67±8. 76[a]	317. 06±7. 79[ab]	289. 11±11. 71[a]	341. 56±12. 06[b]
弹性 /mm	0. 17±0. 01[ab]	0. 19±0. 01[b]	0. 15±0. 01[a]	0. 22±0. 01[c]
咀嚼性 /gf	14. 18±1. 22[a]	16. 66±1. 37[a]	13. 90±1. 94[a]	24. 52±2. 19[b]
胶着性 /mm	80. 85±3. 62[a]	87. 48±4. 40[a]	81. 10±6. 00[a]	107. 49±5. 58[b]
黏聚性 /gf	0. 26±0. 01[a]	0. 27±0. 01[a]	0. 28±0. 01[a]	0. 31±0. 01[b]
回复性 /gf-mm	0. 66±0. 05	0. 68±0. 04	0. 66±0. 05	0. 72±0. 05
熟肉率 /%	6. 41±0. 70[ab]	4. 30±0. 75[a]	7. 38±0. 94[b]	6. 81±0. 74[b]
持水率 /%	6. 16±0. 80	5. 42±0. 37	7. 47±0. 79	5. 88±0. 70

1. 2　海大公司海水池塘网箱养殖中试

2019 年 6 月至 7 月，以海大公司的饲料配方（D5）为基础，利用本岗位研制的乳化油、脂肪粉为脂肪源分别配制 2 种配合饲料（D6 和 D7）。饲料 D5 的脂肪源为公司油（3% 内加 +6. 7% 外喷），D6 的脂肪源为本岗位乳化油（3% 内加 +6. 7% 外喷），D7 的脂肪源为本岗位脂肪粉（6% 内加 + 乳化油 6. 7% 外喷）。在广东海大公司阳江基地，利用上述 3 种饲料开展为期 6 周的卵形鲳鲹幼鱼（21 g 左右）养殖中试（由海大工人负责）。试验结果显示，各组鱼的末体重、增重率和饵料系数都无显著性差异（$P > 0.05$，图 2），中试效果良好，说明乳化油和脂肪粉可应用于卵形鲳鲹商品饲料和养殖生产。

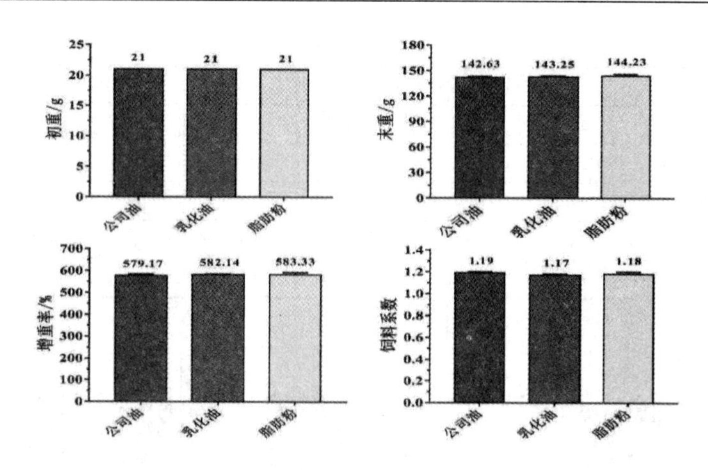

图 2　海大公司中试不同饲料组卵形鲳鲹生长性能指标

1.3　恒兴和海大公司配合饲料在汕头海区普通海水网箱养殖中试

2019 年 8 月至 10 月，以上述恒兴公司（D1～D4）和海大公司（D5～D7）的试验饲料在汕头大学南澳临海实验站海区的普通海水网箱中开展为期 11 周的卵形鲳鲹（46. 09 g ± 0. 15 g）的养殖试验，同时以冰鲜鱼为对照组（D8）。实验结果显示，D1～D7 配合饲料组鱼的增重率和特定生长率都显著高于 D8 组（$P < 0.05$，表 2）；但是，无论是恒兴饲料组（D1～D4）还是海大饲料组（D5～D7），乳化油、脂肪粉配合饲料组鱼的增重率和特定生长率都与相应公司的饲料组鱼没有差异，说明与池塘网箱的中试结果一样，本岗位研制的乳化油和脂肪粉可应用于卵形鲳鲹的商品饲料和养殖生产。由于 2 个公司的饲料配方和成本不同，生长性能在 2 个公司的饲料之间不能比较。同时，池塘和海区的环境不同，试验鱼的大小和来源不同，故相同公司的饲料在海区网箱和池塘网箱中的试验结果也不好比较。另外，本试验所用鱼的初体重只有 46 g 左右，而恒兴公司的饲料规格较大，导致鱼摄食不好，影响其生长。

另外，在肌肉品质指标方面，结果显示，各配合饲料组鱼肌肉的脆度、弹性、胶着性、咀嚼性和熟肉率都好于冰鲜鱼组，但持水率显著低于冰鲜鱼组（$P < 0.05$，图 3）。总体来看，D5～D7 组鱼肌肉的脆度、弹性、胶着性、咀嚼性等指标稍高于 D1～D4 组。

表 2　汕头普通海水网箱养殖中试不同饲料组卵形鲳鲹生长性能指标

饲料组	恒兴饲料				海大饲料			冰鲜鱼
饲料编号	D1	D2	D3	D4	D5	D6	D7	D8
初体重 /g	45. 57±0. 14	45. 57±0. 38	46. 41±0. 26	46. 08±0. 31	45. 81±0. 44	46. 54±1. 02	46. 19±0. 33	45. 76±0. 31
末体重 /g	173. 66±6. 7	187. 46±5. 73	186. 82±4. 24	171. 64±0. 81	192. 43±9. 22	198. 98±2. 52	194. 21±3. 38	139. 94±7. 59
增重率 /%	280. 99±13. 92	311. 35±12. 5	302. 69±11. 14	272. 48±4. 22	319. 77±16. 7	327. 75±4. 67	320. 45±4. 44	205. 9±10. 73
特定生长率	1. 71±0. 05	1. 81±0. 04	1. 78±0. 04	1. 69±0. 01	1. 84±0. 05	1. 86±0. 01	1. 84±0. 01	1. 43±0. 05
饲料系数	3. 73±0. 14	3. 58±0. 06	3. 3±0. 2	3. 74±0. 03	2. 8±0. 1	2. 75±0. 09	2. 64±0. 03	3. 16±0. 16

续表

饲料组	恒兴饲料				海大饲料			冰鲜鱼
饲料编号	D1	D2	D3	D4	D5	D6	D7	D8
肝体指数/%	0. 9±0. 07	1. 06±0. 11	0. 98±0. 07	1. 07±0. 07	1. 33±0. 12	1. 46±0. 12	1. 29±0. 08	1. 13±0. 06
脏体指数/%	8. 58±0. 76	7. 27±0. 35	6. 48±0. 36	6. 86±0. 29	7. 52±0. 44	7. 25±0. 54	7. 02±0. 27	5. 92±0. 22
肥满度/(g/cm^3)	3. 36±0. 05	3. 43±0. 13	3. 57±0. 08	3. 57±0. 09	3. 6±0. 07	3. 68±0. 09	3. 68±0. 09	3. 67±0. 13
存活率/%	0. 94±0. 01	0. 9±0. 02	0. 96±0. 02	0. 94±0. 00	0. 89±0. 04	0. 87±0. 02	0. 92±0. 01	0. 95±0. 00

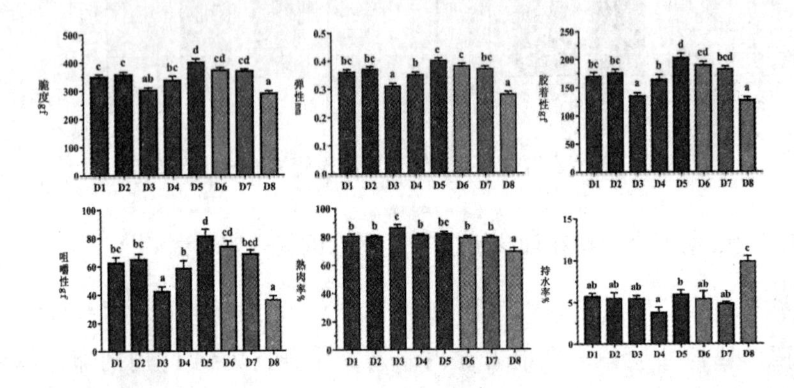

图 3　汕头普通海水网箱养殖中试不同饲料组卵形鲳鲹肌肉品质

2　配合饲料在养殖环境污染控制方面的作用与效果评估

利用本岗位研发的乳化油、脂肪粉为脂肪源，制备 6% 鱼粉含量的低鱼粉配合饲料（D1），同时以某公司的商品饲料（D2）及冰鲜鱼（D3）为对照组，利用此 3 种饵料在海上普通网箱开展为期 11 周的卵形鲳鲹幼鱼养殖实验，比较分析各组鱼的氮、磷排放量。结果表明，鱼体重每增长 1 kg，投喂饵料 D1、D2、D3 向水体的氮排放量分别为 56. 24 g、131. 81 g 和 270. 57 g，相应的磷排放量分别为 13. 09 g、27. 02 g 和 38. 76 g（图 4）。也就是说，使用本岗位研发的低鱼粉配合饲料，鱼体重每增长 1 kg，向水体的氮排放量分别比投喂商品料（D2）及冰鲜鱼（D3）组少 57. 33% 和 381. 10%，磷排放量分别少 51. 55% 和 66. 23%。以上结果说明，新开发的卵形鲳鲹高效低成本配合饲料的环保效果显著。

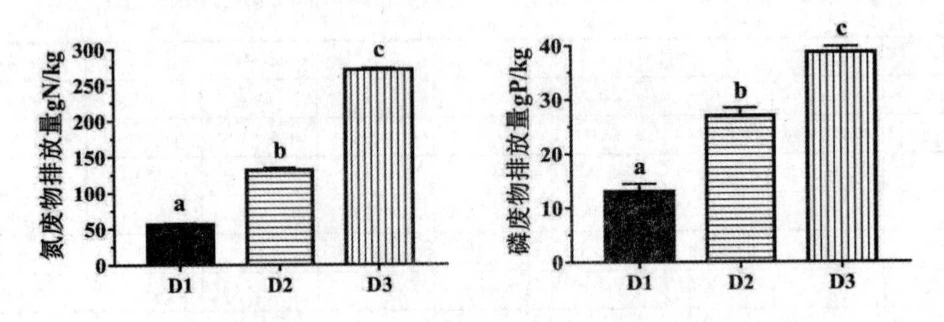

图 4　不同饵料投喂组卵形鲳鲹体重每增长 1 kg 向水体的氮、磷排放量

3　卵形鲳鲹脂类代谢调控与肌肉品质改良技术研究

3.1　饲料脂肪源对卵形鲳鲹肠道健康及菌群的影响

以鱼油（VF，富含 n-3 HUFA，对照组）、豆油（VS，富含 18∶2n-6）和亚麻籽油（VL，富含 18∶3n-3）为单一脂肪源配制 3 种等氮等脂的饲料（CP，50%；CL，12%），分别投喂卵形鲳鲹幼鱼（约 9.00 g）8 周。养殖结束后，比较分析各投喂组鱼的血清生化指标及肠道的消化酶活性、形态结构和菌群组成。结果显示，与 VF 组相比，VS 组鱼肠道皱褶的高度和数量都减少。同时，VS 和 VL 组淀粉酶（AMS）和脂肪酶（LPS）活性明显低于 VF 组（$P < 0.05$），VS 组胰蛋白酶活性显著低于 VF 组（$P < 0.05$）（图 5）。

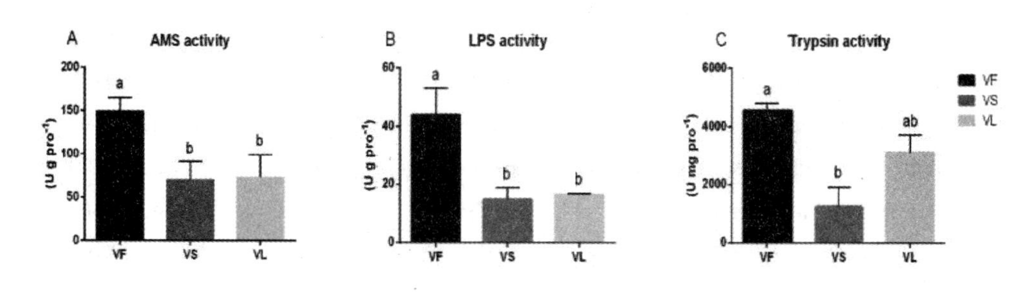

图 5　不同脂肪源饲料对卵形鲳鲹肠道消化酶的影响

相比于 VF 组，植物油组酸性磷酸酶（ACP）活性显著提高，VS 组肠道溶菌酶（LZM）和血清二胺氧化酶（DAO）活性也显著提高（$P < 0.05$），VL 组碱性磷酸酶（ALP）活性显著降低（$P < 0.05$）（图 6）。各组肠道丙二醛、总超氧化物歧化酶和谷胱甘肽氧化酶等指标无显著差异（$P > 0.05$）。在肠道组织紧密连接蛋白基因表达方面，植物油组肠道紧密连接蛋白（zonula occludens-1，zo-1）的 mRNA 水平下降。肠道菌群分析表明，2 种植物油饲料（特别是在豆油饲料）组鱼的肠道潜在致病菌（支原体菌和弧菌等）的丰度均显著增加，而肠道益生菌（芽孢杆菌和乳酸菌等）含量降低。以上结果表明，富含 n-3 HUFA 的鱼油更有利于维持卵形鲳鲹肠道结构完整性，改善肠道微生物群落结构，提高消化酶活性，有利于营养物质的消化。

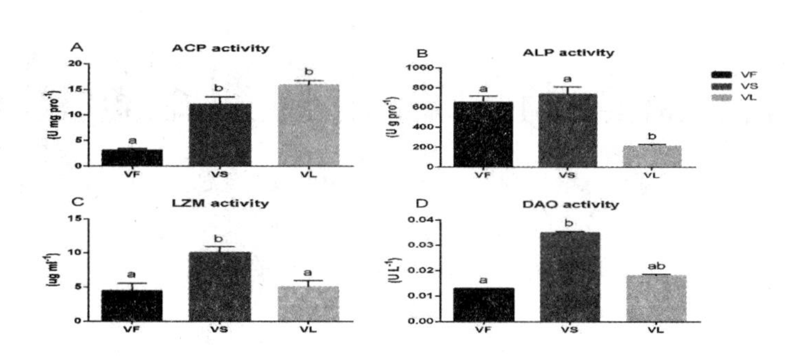

图 6　各饲料组卵形鲳鲹肠道或血清免疫相关酶活性

3.2 卵形鲳鲹 HUFA 转运机制的初步研究

对 1.0%（低水平）和 2.1%（高水平）n-3 HUFA 饲料投喂 8 周的卵形鲳鲹肝脏进行了转录组测序分析（上海美吉生物科技有限公司），共获得约 8 GB 数据量，筛选差异基因 287 个。其中，涉及 HUFA 转运、吸收和沉积的差异基因 10 个（表 3）。

表 3　涉及 HUFA 转运、吸收和沉积的差异基因

Description	Abbreviation	Log2FC	*P*
cholesterol 25-hydroxylase	CH25H	-1.07	2.44E-02
cholesterol 7α-hydroylase	CYP7A1	-1.70	2.97E-05
sterol 12α-hydroxylase	CYP8B1	-1.17	1.87E-02
3-oxo-5-beta-steroid 4-dehydrogenase	AKR1D1	-1.10	3.48E-02
sterol carrier protein 2	SCP2	-1.22	3.52E-02
acyl-CoA thioesterase 8	ACOT8	1.31	2.03E-03
long-chain fatty acid transport protein 6	FATP6	1.47	3.48E-04
liver-type fatty acid-binding protein	FABP1	1.13	4.73E-03
adipocyte-type fatty acid-binding protein	FABP4	1.85	1.14E-04
ileum-type fatty acid-binding protein	FABP6	1.46	1.20E-03

通过 qRT-PCR 验证发现，上述 10 个基因中，脂肪酸转运相关基因 *fatp6* 和 *fabp4* mRNA 表达变化最为显著（图 7）。进一步的 KEGG 分析发现，这些差异基因大多参与 PPAR 信号通路。在 PPAR 家族成员中，*pparγ* 的表达出现显著变化。这提示，*fatp6* 和 *fabp4* 可能是参与卵形鲳鲹 HUFA 吸收、沉积的候选基因；*PPARγ* 可能通过调控这些候选基因的表达，在 HUFA 吸收、沉积过程中发挥重要作用。

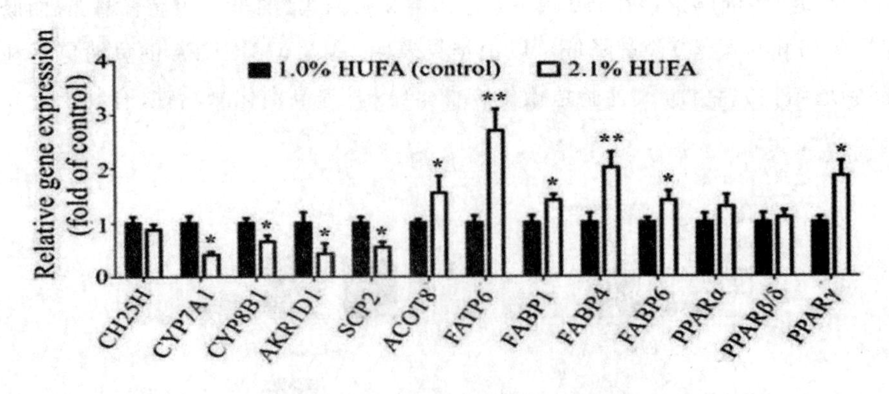

图 7　qRT-PCR 验证差异基因的表达

3.3　饲料 n-3 HUFA 水平对卵形鲳鲹肌肉品质的影响

2018 年，分析了饲料 *n*-3 HUFA 不同水平（0.64%～2.10%，D1～D6）对卵形鲳鲹幼鱼生长性能、血清生理生化指标和肉质特性的影响，得出饲料中 *n*-3 HUFA 的适宜添加水平为 1.2% 左右。2019 年，进一步分析了饲料 n-3 HUFA 水平对卵形鲳鲹肌肉脂肪酸组成及脂肪代谢相关基因表达的影响。结果显示，肌肉中 DHA、EPA 和 *n*-3 HUFA 的含量随着饲料 *n*-3 HUFA 水平的升高而升高（图 8）。D4 组（1.24% *n*-3 HUFA）鱼肌肉中脂质合成相关基因，如脂肪酸合成酶（*fas*）、单酰甘油磷酸酰基转移酶 3（*agpat3*）脂肪酸转移酶（*cd36*）和过氧化物酶体增殖物激活受体 γ（*pparγ*）的表达水平显著高于其他组（$P < 0.05$）（图 9）。以上结果说明，饲料 *n*-3 HUFA 的添加量为 1.24% 左右时，有利于肌肉脂质合成和沉积。

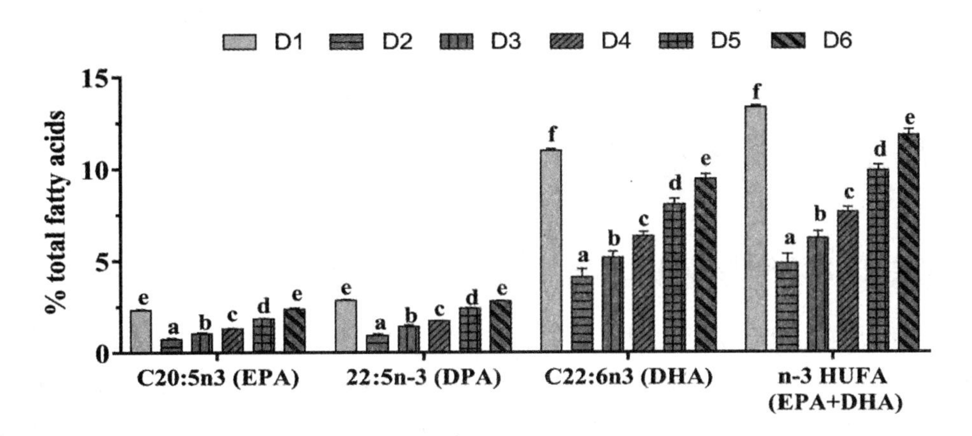

图 8　不同 n-3 HUFA 饲料组卵形鲳鲹肌肉 EPA、DPA、DHA 和 HUFA 含量

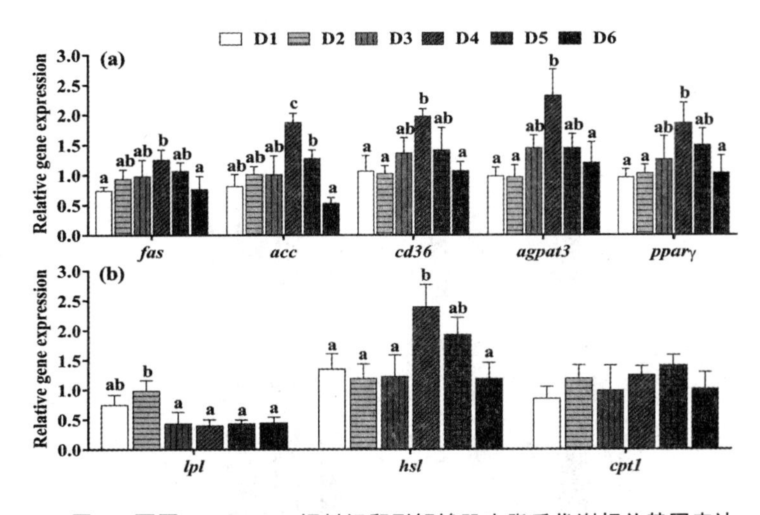

图 9　不同 n-3 HUFA 饲料组卵形鲳鲹肌肉脂质代谢相关基因表达

3.4 n-3 HUFA 调控改善鱼肉品质机制初探

本研究通过采用宏基因组学和转录组学等生物学技术，初步分析了饲料 *n*-3 HUFA 影响卵形鲳鲹肌肉品质的机制，所得结果如下：① 改善肠道微生物群落结构，维持肠道健康，促进消化吸收。富含 n-3 HUFA 鱼油饲料增加肠道芽孢杆菌和乳酸菌等益生菌的丰度，改善肠道健康状态；提高肠壁的厚度和肠道紧密连接蛋白(zo-1)基因的表达，维持肠道完整性；增加肠道皱褶的高度和数量，显著提高了肠道淀粉酶、胰蛋白酶和脂肪酶活性，有利于营养物质消化和吸收。② 促进脂质转运、脂肪酸合成，以及肌肉脂肪沉积。一方面，饲料 *n*-3 HUFA 通过提高卵形鲳鲹血液中高密度脂蛋白水平和降低低密度脂蛋白水平，促进鱼体脂质转运；另一方面，显著提高了肝组织中 *fatp6*、*fabp1*、*fabp4* 和 *fabp6* 等与脂肪酸转运相关基因的表达，促进肝脏脂质的转运；同时，提高肌肉中 *fas*、*cd36* 和 *pparγ* 等脂质合成相关基因的表达，降低脂肪酸氧化分解的基因表达，以促进肌肉脂肪沉积。

4 卵形鲳鲹健康养殖和功能性添加剂开发应用

4.1 不同类型丁酸添加剂在卵形鲳鲹饲料中的应用效果比较

以饲料级丁酸钠(SB，98%)、单丁酸甘油酯(MB，50%)和三丁酸甘油酯(TB，43%)为考察对象，以有效丁酸含量 0.01 mol/kg，0.02 mol/kg，0.04 mol/kg 为添加标准，配制 9 种等氮、等脂(45% CP，12% CL)的实验饲料(SB1～3、MB1～3 和 TB1～3)，同时设置不含丁酸成分的饲料为对照组(Control)。以卵形鲳鲹幼鱼(18.33 ± 0.18 g)为实验对象，进行为期 8 周的实验，结果表明：3 种丁酸添加剂对卵形鲳鲹的生长均有促进作用。以特定生长率为指标，饲料中 SB、MB 和 TB 的最适添加量分别为 0.445%（SB3)、0.649%（MB3)和 0.100%（TB1)(图 10)。

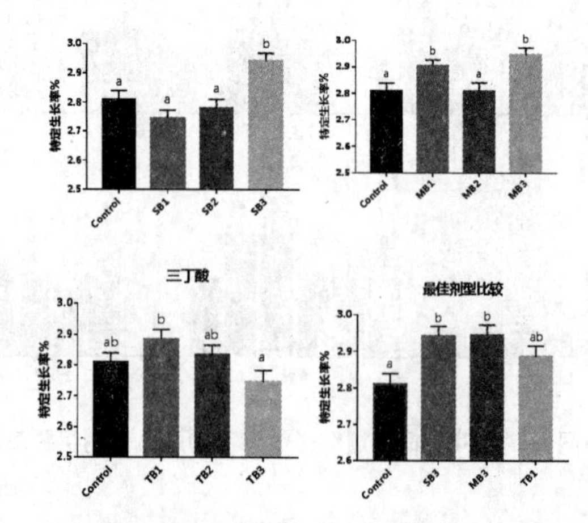

图 10 不同梯度丁酸添加剂对卵形鲳鲹特定生长率的影响
CP：粗蛋白，CL 粗脂肪。

不同饲料投喂组鱼肠道形态指标结果见表 4。结果显示，丁酸产品能显著影响卵形鲳鲹幼鱼的前肠绒毛宽度（PWV）、前肠绒毛上皮细胞高度（PEH）、后肠绒毛高度（DHV）和后肠绒毛上皮细胞高度（DEH）。其中，TB1 组的 PWV 显著高于其他组（$P < 0.05$），TB1 和 SB3 组的 DHV 显著高于对照组和 MB3 组（$P < 0.05$），对照组 DEH 显著高于其他组（$P < 0.05$）。以上结果说明，添加丁酸添加剂能改善卵形鲳鲹肠道形态结构，有利于肠道消化吸收。

表 4　不同饲料投喂组卵形鲳鲹肠道形态指标 单位：μm

项目	Control	SB3	MB3	TB1
PHV	836. 29±31. 84	824. 30±58. 67	854. 94±44. 24	965. 63±48. 21
PWV	67. 80±2. 15^{a}	65. 20±2. 18^{a}	64. 19±3. 22^{a}	82. 88±2. 88^{b}
PEH	33. 75±0. 75^{a}	35. 91±1. 38^{ab}	34. 13±2. 49^{a}	39. 66±1. 82^{b}
DHV	699. 24±23. 71^{a}	789. 75±41. 26^{b}	662. 53±14. 21^{a}	789. 54±26. 25^{b}
DWV	79. 13±3. 66	77. 14±3. 26	76. 43±3. 98	78. 36±2. 22
DEH	44. 85±1. 97^{b}	38. 47±1. 72^{a}	38. 19±1. 79^{a}	37. 68±3. 00^{a}

PHV：前肠体无高度，DWV：后肠绒毛高度。

4.2　小檗碱应用效果评价

为了探讨降脂药物小檗碱（Berberine，BBR）在高脂饲料养殖卵形鲳鲹的作用效果，分别配制了 3 种脂肪水平（6%，LF：12%，MF；18%，HF），以及在 18% 高脂饲料中添加不同浓度小檗碱（10 mg/kg，LBBR；100 mg/kg，MBBR；1000 mg/kg，HBBR）的饲料，在海上网箱中养殖卵形鲳鲹幼鱼（约 11. 50 g）8 周。比较分析不同饲料投喂组鱼的生长性能及生理生化指标。

生长性能指标结果（表 5）显示，MF 组、HF 组的增重率和特定生长率都显著高于 LF 组，说明 6% 脂肪水平不能满足卵形鲳鲹生长的需求。各药物添加组中，HBBR 组的增重率和特定生长率显著高于 LBBR 和 MBBR 组（$P < 0.05$）；MF 组、LF 组、HBBR 组的饲料系数显著低于其他饲料组（$P < 0.05$）；随饲料脂肪水平升高，全鱼粗脂肪水平显著升高，粗蛋白和灰分水平降低；随着小檗碱添加量增加，全鱼粗脂肪水平显著降低，粗蛋白、水分和灰分水平升高。以上结果说明，高脂饲料有利于鱼的生长，但饲料利用率较差，添加高剂量的小檗碱有利于改善卵形鲳鲹对高脂饲料的利用率。

血清生化指标结果（表 6）显示，随着饲料脂肪水平的升高，血清甘油三酯、胆固醇和低密度脂蛋白水平都显著升高（$P < 0.05$）；LF 组超氧化物歧化酶、溶菌酶显著低于 MF 和 HF 组（$P<0.05$）；相比于 MF 组，各添加剂组血清甘油三酯、总胆固醇和低密度脂蛋白的水平都显著降低（$P<0.05$），游离脂肪酸和高密度脂蛋白的浓度显著升高（$P<0.05$），超氧化物歧化酶、溶菌酶浓度显著降低（$P<0.05$）。

表 5　各饲料投喂组卵形鲳鲹生长性能和全鱼常规成分占干重比例比较

项目	饲料处理组					
	LF	MF	HF	LBBR	MBBR	HBBR
初始体重 /g	11. 41 ± 0. 11	11. 48±0. 08	11. 44 ± 0. 02	11. 52+0. 20	11. 53 ± 0. 15	11. 76 ± 0. 20
终末体重 /g	55. 42 ± 0. 09^{c}	59. 08 ± 0. 47^{d}	58. 57 ± 0. 63^{d}	48. 32±0. 15^{a}	48. 43 ± 0. 10^{a}	54. 43 ± 0. 26^{b}
增重率 /%	385. 70±5. 35^{c}	414. 65±0. 42^{d}	412. 00±4. 48^{d}	319. 70±6. 45^{a}	320. 02+5. 47^{a}	363. 11±8. 76^{b}
特定生长率 %day	2. 82±0. 02^{b}	2. 93±0. 00^{c}	2. 92±0. 02^{c}	2. 56±0. 03^{a}	2. 56±0. 02^{a}	2. 74±0. 03^{b}
饲料系数	1. 82±0. 02^{a}	1. 87±0. 02^{a}	1. 90±0. 05^{b}	2. 13±0. 07^{c}	2. 10±0. 11b^{bc}	1. 82±0. 05^{a}
成活率 /%	100+0. 00	100+0. 00	98. 67±1. 33	92. 00±4. 00	93. 33±3. 53	96. 00±2. 31
常规成分(% 干重)						
水分	68. 17±0. 56^{b}	68. 24±0. 83^{b}	65. 14±0. 30^{a}	65. 58±0. 48^{a}	67. 15±0. 04^{b}	68. 14±1. 12^{b}
粗蛋白	55. 33±0. 45^{c}	53. 13±0. 86^{bc}	49. 25+0. 17^{a}	49. 42±0. 77^{a}	50. 99±0. 89^{b}	51. 89±0. 55^{b}
粗脂肪	33. 75±0. 15^{a}	36. 73±0. 45^{b}	41. 69±0. 25^{c}	38. 89±1. 09^{bc}	36. 57±0. 09^{b}	32. 78±1. 41^{b}
粗灰分	12. 05±0. 36^{b}	11. 89±0. 79^{ab}	10. 80±0. 17^{a}	10. 48±0. 30^{a}	11. 93±0. 39^{ab}	12. 51±0. 16^{b}

表 6　不同饲料投喂组卵形鲳鲹的血清生化指标比较

项目	饲料处理组					
	LF	MF	HF	LBBR	MBBR	HBBR
胆固醇(/mmol/gprot)	3.70±0.11^{a}	4. 31±0. 09^{ab}	8. 94±0. 19^{d}	7. 38±0. 12^{c}	6.58±0.12^{c}	5.81±0.14^{b}
甘油三醇(/mmol/gprot)	0.66±0. 4^{a}	1.59±0. 01^{b}	2.98±0. 15^{c}	2.36±0. 13^{d}	0.90±0. 03^{c}	1.45±0. 01^{b}
高密度胆固醇(/mmo/L)	1.58±0. 05^{a}	2.24±0. 06^{b}	2. 73±0. 08^{h}	3.21±0. 04^{c}	3.39±0. 04^{e}	3.88±0. 26^{d}
低密度胆固醇(/mmo/L)	1.47±0. 03^{a}	1.71±0. 12^{b}	2.72±0. 05^{d}	0.63±0. 13^{cd}	2.47±0. 11^{c}	2.32±0. 03^{c}
游离脂肪酸(/mmo/L)	0.20±0. 01^{b}	0.11±0. 01^{ab}	0.05±0. 01^{a}	0.38±0. 03^{c}	0.57±0. 01^{d}	0.82±0. 07^{e}
超氧化物歧化酶(U/mL)	12.57±0. 38^{a}	14. 26±0. 39^{b}	14.15±0. 27^{b}	16.39±0. 27^{d}	15.44±0. 12^{c}	16.26±0. 31^{d}
丙二醛(/mmo/mL)	5. 35±0. 33^{b}	3.87±0. 17^{a}	6. 48±0. 03^{c}	5. 46±0. 10^{b}	6. 75±0. 16^{cd}	5. 06±0. 02^{b}
溶酸酶(/ug/mL)	0.61±0. 03^{a}	0.52±0. 03^{c}	1.21±0. 07^{b}	0.74±0. 04^{a}	0.97±0. 05^{b}	1.50±0. 04^{c}

在肝脏和肠道形态结构方面,饲料脂肪水平对其有明显影响。随着饲料脂肪水平升高,肝细胞中空泡增加,核偏移现象明显,脂滴数量增加、体积增大;肠壁变薄,绒毛长度变短,绒毛完整性降低。随着饲料小檗碱浓度升高,肝细胞的空泡减少,排列更紧密,核偏移现象更不明显;同时,肠壁增厚,绒毛变长且完整性得到改善。

(岗位科学家　李远友)

海鲈营养需求与饲料技术研发进展

海鲈营养需求与饲料岗位

海鲈营养需求与饲料岗位基于"海鲈精准营养调控与高效饲料配制技术"的研发任务，开展了一系列工作，相关研究进展如下。

1　开展高温下海鲈对精氨酸、蛋氨酸需要量及蛋能比研究

1.1　高温下海鲈对精氨酸需要量的研究

精氨酸是鱼类的10种必需氨基酸之一，不仅参与体内蛋白质合成，而且还会代谢产生多胺。目前在水产动物精氨酸需要量方面已有大量研究，但花鲈精氨酸需要量的研究尚未见报道。本实验研究不同温度下饲料精氨酸对花鲈的生长、免疫力及黏膜物理屏障功能的影响，以探究花鲈对精氨酸的需要量。设置精氨酸含量为1.11%、1.59%、2.07%、2.54%、3.01%、3.49%的6组饲料，分别投喂养殖在27 ℃和33 ℃条件下的花鲈8周。结果表明，花鲈对饲料精氨酸的需要量为2.58%，饲料适量精氨酸(3.02%)能增强花鲈的免疫力。实验记录的鱼体生长指标数据如表1所示：

表1　不同温度下饲料精氨酸水平对花鲈生长的影响

温度	精氨酸水平/%	末体重/g	增重率/%	特定生长率	个体摄食量/g	饲料效率
33 ℃	1.11	18.88 ± 0.67^{a}	551 ± 25.5^{a}	3.34 ± 0.07^{a}	23.66 ± 1.94^{ab}	0.68 ± 0.04^{a}
	1.59	22.73 ± 0.17^{b}	683 ± 5.55^{b}	3.68 ± 0.01^{b}	27.20 ± 0.93^{cde}	0.73 ± 0.02^{a}
	2.07	26.47 ± 0.07^{cd}	812 ± 0.22^{c}	3.95 ± 0.01^{cd}	28.49 ± 0.97^{de}	0.81 ± 0.02^{bc}
	2.54	24.47 ± 0.96^{bc}	741 ± 31.3^{b}	3.80 ± 0.04^{bc}	25.76 ± 0.67^{bcd}	0.82 ± 0.02^{bc}
	3.01	22.58 ± 0.59^{b}	677 ± 19.6^{b}	3.66 ± 0.07^{b}	22.08 ± 0.82^{a}	0.88 ± 0.03^{bcd}
	3.49	24.20 ± 0.50^{b}	735 ± 21.0^{b}	3.80 ± 0.05^{bc}	25.19 ± 0.36^{bc}	0.80 ± 0.03^{b}

续表

温度	精氨酸水平/%	末体重/g	增重率/%	特定生长率	个体摄食量/g	饲料效率
27 ℃	1.11	23.84±0.78[b]	722±26.5[b]	3.76±0.06[b]	24.42±0.20[abc]	0.83±0.01[bc]
	1.59	28.35±1.04[de]	882±34.6[cd]	4.08±0.06[d]	29.74±0.33[e]	0.89±0.03[cd]
	2.07	29.01±0.32[e]	899±11.2[d]	4.11±0.02[d]	26.92±0.10[cde]	0.96±0.01[e]
	2.54	28.74±0.76[e]	888±27.1[cd]	4.09±0.05[d]	27.48±0.50[cde]	0.94±0.02[de]
	3.01	27.16±0.40[de]	836±12.9[cd]	3.99±0.03[d]	25.72±0.50[bcd]	0.94±0.01[de]
	3.49	27.83±0.13[de]	863±4.71[cd]	4.05±0.01[d]	26.20±0.17[bcd]	0.95±0.01[de]

注:表中同列不同小写字母表示差异显著($P < 0.05$),下同。

1.2 高温下海鲈对蛋氨酸需要量的研究

蛋氨酸是鱼体的必需氨基酸,具有重要的生物学功能,如参与体内蛋白质合成、促进水产动物的生长发育、预防脂肪肝疾病等等。蛋氨酸不足会导致养殖鱼类生长受到抑制等不利影响。特别是近年来鱼粉的价格不断攀升,寻求合适的蛋白源替代鱼粉迫在眉睫,植物蛋白替代鱼粉必须解决的问题之一就是蛋氨酸的补充。因此,蛋氨酸对鱼体有着非常重要的意义。设置蛋氨酸含量为0.64%、0.85%、1.11%、1.33%、1.58%、1.76%的6组饲料,投喂分别养殖在27 ℃和33 ℃条件下的花鲈8周。结果表明,高温条件下花鲈对饲料蛋氨酸的需要量为1.26%。鱼体生长数据见表2。

表2 不同温度下饲料蛋氨酸水平对花鲈生长的影响

温度	蛋氨酸水平/%	末体重/g	增重率/%	饲料效率	摄食率/(%/d)
33 ℃	0.64	25.69±0.28[a]	785±10.8[a]	0.72±0.01	3.72±0.03
	0.85	31.53±1.18[b]	989±41.1[b]	0.73±0.02	3.84±0.10
	1.11	33.43±1.37[b]	1 052±48.2[b]	0.76±0.01	3.77±0.06
	1.33	28.59±1.37[ab]	916±62.4[ab]	0.74±0.02	3.72±0.09
	1.58	30.01±2.48[ab]	932±86.9[ab]	0.73±0.03	3.78±0.11
	1.76	29.93±1.51[ab]	933±52.1[ab]	0.72±0.01	3.70±0.09
27 ℃	0.64	33.15±1.79[b]	1 041±62.0[b]	0.80±0.02	3.52±0.08
	0.85	44.52±0.83[de]	1 437±30.2[de]	0.85±0.01	3.50±0.02
	1.11	52.02±1.54[f]	1 693±51.9[f]	0.89±0.00	3.38±0.02
	1.33	48.35±3.21[ef]	1 567±109[ef]	0.88±0.02	3.50±0.07
	1.58	42.22±0.78[cd]	1 359±27.2[cd]	0.87±0.02	3.40±0.10
	1.76	38.45±0.69[c]	1 224±22.7[c]	0.84±0.02	3.46±0.07

1.3　高温下海鲈饲料适宜蛋能比的研究

鱼类的一切生命活动都需要能量，能量可来满足机体的生长、繁殖及维持体内的基础新陈代谢。当饲料中的可消化能量比较低时，鱼体会以饲料中的蛋白质作为部分能量来源供机体使用，造成饲料中蛋白质的浪费。饲料中非蛋白能源物质的比例适当提高后，可以减少因缺乏能量而被作为能量消耗的蛋白质。因此，饲料适宜的蛋能比非常重要。分别设置蛋能比为22.31、23.27、23.47、24.05、24.35、25.55 g/MJ的6组饲料，投喂分别养殖在27℃和33℃条件下的花鲈8周。结果表明：正常温度条件下花鲈饲料适宜的蛋能比为24.35 g/MJ，高温条件下花鲈饲料适宜的蛋能比为23.47 g/MJ；适当提高饲料脂肪水平，可“节约”饲料蛋白质。

表3　饲料蛋能比对花鲈生长的影响

温度	蛋能比	末重/g	增重率/%	特定生长率	摄食量/(g/fish)	饲料系数	蛋白效率	成活率/%
27℃	22.31	46.53	1643.07	4.76	45.00	1.11	2.18	96.70
	23.27	44.59	1569.97	4.68	44.15	1.17	2.04	95.57
	23.47	44.03	1549.14	4.67	42.88	1.17	1.94	98.90
	24.05	40.25	1407.22	4.52	49.84	1.39	1.78	96.70
	24.35	48.70	1723.85	4.84	52.97	1.30	1.63	94.43
	25.55	44.55	1568.41	4.69	52.25	1.48	1.45	96.65
33℃	22.31	33.85	1166.78	4.23	34.47	1.34	1.74	96.70
	23.27	31.25	1070.94	4.10	37.62	1.27	1.79	97.80
	23.47	42.10	1478.24	4.60	40.56	1.14	1.98	97.80
	24.05	31.00	1059.65	4.09	38.76	1.35	1.69	96.67
	24.35	35.35	1225.00	4.31	39.94	1.27	1.67	97.80
	25.55	28.50	967.32	3.95	39.53	1.67	1.26	94.43

2　开发海鲈肠道有益微生物和改善肝脏健康的添加剂

2.1　海鲈肠道有益微生物的开发

2018年度比较研究了健康和豆粕型肠炎海鲈肠道可培养微生物的结构，发现暹罗芽孢杆菌LF4、乳球菌LF3、丛毛单胞菌LD3、芦荟微球菌LC3、云南微球菌LD5仅存在于健康组或者健康组数量明显高于肠炎组，且对多株常见水产病原微生物具有体外抑制作用，提示这些肠道微生物具有作为益生菌的潜力。

通过养殖实验,评价了这5株微生物在海鲈养殖中的应用效果。结果表明,饲料中添加不同的菌投喂海鲈6周后,海鲈的增重率、特定生长率均显著高于对照组(芦荟微球菌组除外),但饲料系数和蛋白质效率与对照组无显著差异(表4)。另外,暹罗芽孢杆菌组海鲈摄食量显著高于对照组,其余各组差异不显著。

表4 可能益生菌对海鲈生长性能和饲料效率的影响

项目	对照	暹罗芽孢杆菌	乳球菌	丛毛单胞菌	芦荟微球菌	云南微球菌
末体重 /g	82.6±1.7[c]	96.2±4.70[a]	92.9±0.94[ab]	90.1±0.31[ab]	88.8±2.06[b]	89.6±2.32[b]
摄食量 g	69.1±3.5[bc]	78.1±1.84[a]	73.3±3.42[ab]	67.9±0.86[c]	65.8±2.34[c]	69.8±1.21[bc]
蛋白效率	2.08±0.24	2.04±0.00	2.07±0.04	2.14±0.08	2.16±0.09	2.00±0.19
增重率(%)	254±7.28[c]	307±13.8[a]	291±8.09[ab]	286±1.34[ab]	274±15.2[bc]	283±6.44[ab]
特定生长率	2.64±0.04[c]	2.93±0.07[a]	2.84±0.04[ab]	2.82±0.01[ab]	2.75±0.08[bc]	2.81±0.04[ab]
饵料系数	1.08±0.13	1.09±0.03	1.07±0.02	1.04±0.04	1.03±0.04	1.11±0.11

5株可能益生菌对海鲈肠道消化酶活性的影响见表5。暹罗芽孢杆菌、乳球菌、丛毛单胞菌和芦荟微球菌组胰蛋白酶活性高于对照组,其中暹罗芽孢杆菌组显著高于对照组。暹罗芽孢杆菌和丛毛单胞菌脂肪酶活性高于对照组,但差异不显著。暹罗芽孢杆菌组淀粉酶活性显著高于对照组,而乳球菌、丛毛单胞菌和芦荟微球菌组淀粉酶活性显著低于对照组。

表5 可能益生菌对海鲈消化能力的影响

组别	脂肪酶活性/(U/mg)	胰蛋白酶活性/(U/mg)	淀粉酶活性/(U/mg)
对照	4.61±0.71	184.77±33.42[b]	1.01±0.05[b]
暹罗芽孢杆菌	5.36±0.50	445.97±92.62[a]	1.17±0.10[a]
乳球菌	4.31±0.98	240.66±31.55[b]	0.81±0.01[d]
丛毛单胞菌	5.33±1.17	226.31±21.05[b]	0.84±0.01[d]
芦荟微球菌	4.54±0.62	215.20±86.06[b]	0.87±0.07[cd]
云南微球菌	4.19±0.66	168.26±26.45[b]	0.94±0.05[bc]

5株可能益生菌对海鲈抗氧化能力的影响见表6。在血清中,暹罗芽孢杆菌组的过氧化氢酶(CAT)活性和超氧化物歧化酶(SOD)活性显著高于对照组,乳球菌组和云南微球菌组CAT活性显著高于对照组,而芦荟微球菌组CAT活性显著低于对照组;除芦荟微球菌组,各益生菌组丙二醛含量(MDA)均显著低于对照组。在肝脏中,各可能益生菌组的CAT活性、总抗氧化能力(T-AOC)和SOD均高于对照组,其中暹罗芽孢杆菌组T-AOC、CAT活性和SOD活性显著高于对照组,丛毛单胞菌组和云南微球菌组T-AOC显著高于对照组;除芦荟微球菌组和云南微球菌组,各可能益生菌组MDA含量均显著低于对照组。

表 6　可能益生菌对海鲈抗氧化能力的影响

样品	指标	对照	暹罗芽孢杆菌	乳球菌	丛毛单胞菌	芦荟微球菌	云南微球菌
血清	SOD/(U/mg)	34.95±2.49^{b}	40.46±1.63^{a}	31.65±2.56^{b}	36.57±0.84^{b}	37.5±1.41^{b}	30.14±1.61^{b}
	CAT (/U/mg)	7.55±0.28^{c}	17.09±1.61^{a}	12.74±1.85^{b}	8.66±0.35^{c}	5.42±0.81^{d}	11.58±1.76^{b}
	MDA/(nmol/mg)	40.31±4.41^{d}	21.40±4.95^{a}	28.48±7.94^{ab}	26.27±3.96^{ab}	35.90±4.30^{cd}	32.10±3.57^{bc}
肝脏	SOD/(U/mg)	11.65±1.50^{b}	14.16±1.08^{a}	13.79±1.38^{ab}	13.84±1.29^{ab}	13.88±1.09^{ab}	13.48±1.22^{ab}
	CAT/(U/mg)	2 555±25.2^{b}	2 873±131^{a}	2 758±153^{ab}	2 755±116^{ab}	2 746±176^{ab}	2 591±81.67^{b}
	T-AOC/(U/mg)	0.63±0.02^{b}	0.75±0.09^{a}	0.72±0.03^{b}	0.82±0.08^{a}	0.73±0.05^{ab}	0.76±0.06^{a}
	MDA/(nmol/mg)	1.49±0.24^{b}	1.07±0.17^{a}	1.10±0.17^{a}	1.02±0.12^{a}	1.29±0.09^{ab}	1.21±0.17^{ab}

5 株可能益生菌对海鲈血清免疫功能的影响见表 7。暹罗芽孢杆菌组和乳球菌组溶菌酶活性显著高于对照组，其余各组与对照组无显著差异。实验组补体 C3 和 IgM 活性与对照组无显著差异。

表 7　可能益生菌对海鲈免疫功能的影响

组别	溶菌酶 /(μg/mL)	补体 C3/(mg/mL)	IgM/(mg/mL)
对照	3066.67±149.07^{bc}	0.113±0.002	0.333±0.010
暹罗芽孢杆菌	4250.00±419.44^{a}	0.111±0.002	0.336±0.005
乳球菌	4066.67±434.61^{a}	0.109±0.001	0.330±0.004
丛毛单胞菌	3250.00±319.14^{b}	0.110±0.002	0.327±0.004
芦荟微球菌	2533.33±557.77^{c}	0.111±0.001	0.331±0.007
云南微球菌	2750.00±166.67^{bc}	0.111±0.002	0.328±0.009

氨氮胁迫实验(养殖水体中氨氮含量保持在 80 mg/L)结果(表 8)表明，胁迫实验前 48 h，可能益生菌组海鲈死亡率均低于对照组。胁迫实验 72 h 时，芦荟微球菌组和云南微球菌组死亡率显著高于对照组；实验 96 h 时，暹罗芽孢杆菌组和乳球菌组死亡率显著低于对照组，其余各组与对照组差异不显著。

表 8　氨氮胁迫下各组死亡率

组别	12 h	24 h	48 h	72 h	96 h
对照	15.01±14.37^{b}	15.01±14.37^{b}	20.63±18.02^{b}	26.20±8.56^{b}	84.90±14.37^{b}
暹罗芽孢杆菌	0.00±0.00^{a}	0.00±0.00^{a}	0.00±0.00^{a}	0.00±0.00^{a}	44.43±9.67^{a}
乳球菌	0.00±0.00^{a}	14.20±0.00^{b}	14.20±0.00^{b}	14.20±0.00^{ab}	14.20±0.00^{a}
丛毛单胞菌	0.00±0.00^{a}	0.00±0.00^{a}	0.00±0.00^{a}	0.00±0.00^{a}	92.85±7.15^{b}
芦荟微球菌	0.00±0.00^{a}	0.00±0.00^{a}	0.00±0.00^{a}	76.20±9.50^{c}	100.00±0.00^{b}
云南微球菌	0.00±0.00^{a}	0.00±0.00^{a}	17.10±2.90^{c}	70.00±30.00^{c}	75.23±31.34^{b}

总之,分离自海鲈肠道的暹罗芽孢杆菌 LF4 和乳球菌 LF3 能提高海鲈免疫功能、抗氧化和氨氮胁迫能力,提高生长性能。接下来将进一步研究这两株可能益生菌对海鲈豆粕型肠炎的预防和修复效果及可能机制。

2.2 饲料中添加黄连素对海鲈生长及肝脏健康的影响

海鲈的养殖过程中常出现营养性脂肪肝现象。鱼类脂肪肝是以肝脏脂肪沉积过多为典型特征的、会引起代谢紊乱的代谢性疾病的统称,常会给鱼体带来许多不利影响,如生长变慢、抗应激性变差等。因此,开发能够缓解海鲈脂肪肝的添加剂对其健康养殖有重要的意义。设计 4 种饲料配方,分别为 8% 脂肪组(L8)、8% 脂肪加 100 mg/kg 黄连素组(L8/BBR)、14% 脂肪组(L14)和 14% 脂肪加 100 mg/kg 黄连素组(L14/BBR),养殖海鲈 8 周。结果表明:添加黄连素能够减少鱼体、肝脏、腹腔脂肪的含量,黄连素减少肝细胞凋亡,但对海鲈生长有一定的负影响(表 9)。

表 9 饲料中添加黄连素对海鲈生长性能的影响

组别	增重率 /%	末体重 /g	饲料系数	蛋白质效率	腹脂率 /%
L8	$1\,407\pm35.31^{ab}$	40.25 ± 0.95^{ab}	1.35 ± 0.03	1.78 ± 0.14	4.80 ± 0.20^{a}
L8/BBR	$1\,257\pm32.15^{a}$	36.24 ± 0.86^{a}	1.27 ± 0.05	1.48 ± 0.06	4.50 ± 0.10^{a}
L14	$1\,728\pm10.84^{c}$	48.82 ± 0.29^{c}	1.34 ± 0.13	2.18 ± 0.14	8.20 ± 0.10^{c}
L14/BBR	$1\,507\pm58.48^{b}$	42.92 ± 1.56^{b}	1.14 ± 0.01	1.64 ± 0.13	6.08 ± 0.10^{b}

2.3 饲料中添加羟基酪醇对海鲈生长及肝脏健康的影响

本岗位前期研究发现,线粒体损伤是鱼类脂肪肝发生的内在原因,因此,靶向调控线粒体是鱼类脂肪肝营养调控的重要方向。基于此,本岗位提出了鱼类线粒体营养素的概念,开发能够提高线粒体功能的饲料添加剂。羟基酪醇主要存在于橄榄油 / 叶,具有修复线粒体的功能。设计 4 种饲料配方,分别为 11% 脂肪组(L11)、11% 脂肪加 200 mg/kg 羟基酪醇组(L11/HT)、16% 脂肪组(L16)和 16% 脂肪加 200 mg/kg 羟基酪醇组(L16/HT),养殖海鲈 8 周。结果表明:添加羟基酪醇能够减少鱼体、肝脏、腹腔脂肪的含量,促进鱼体生长,提高肝细胞线粒体功能(表 10)。羟基酪醇是一种非常有潜力的饲料添加剂。

表 10 饲料中添加羟基酪醇对海鲈生长性能的影响

组别	增重率 /%	摄食量 /g	饲料系数	蛋白质效率	腹脂率(%)
L11	401 ± 3.86^{c}	65.9 ± 1.68	1.51 ± 0.02^{b}	1.50 ± 0.02^{b}	5.51 ± 0.04^{a}
L11/HT	386 ± 3.87^{b}	67.6 ± 0.17	1.70 ± 0.01^{c}	1.34 ± 0.01^{a}	5.41 ± 0.07^{a}
L16	350 ± 5.86^{a}	66.3 ± 0.69	1.71 ± 0.02^{c}	1.33 ± 0.01^{a}	8.48 ± 0.02^{d}
L16/HT	453 ± 3.59^{d}	66.5 ± 0.61	1.33 ± 0.01^{a}	1.71 ± 0.01^{c}	6.50 ± 0.03^{b}

3　继续开展提高植物蛋白利用率的研究

本岗位系统比较了海鲈摄食以豆粕和鱼粉分别作为主要蛋白源的饲料后的代谢机制差异，发现以下几个差异代谢通路：肠道炎症通路、胍基乙酸生成通路、固醇合成通路等。特别是胍基乙酸生成通路，豆粕会降低胍基乙酸、牛磺酸的合成。因此，调控胍基乙酸生成通路有可能提高海鲈对豆粕的利用率，缓解低鱼粉饲料带来的负面影响。为此，在低鱼粉饲料中添加不同梯度的肌酸，探讨其对海鲈生长性能、能量代谢的影响。实验设 5 组：高植物蛋白组（替代 71.7% 的鱼粉，对照组），分别在对照饲料中添加 0.05%、0.1%、0.2%、0.4% 的肌酸，各组记为对照、0.05、0.1、0.2、0.4，对海鲈进行为期 8 周的生长实验。结果表明：高植物蛋白饲料添加肌酸能促进海鲈生长（表 11）、改善肌肉能量代谢（表 12）。

表 11　低鱼粉饲料中添加肌酸对海鲈生长性能的影响

指标	对照	0.05	0.1	0.2	0.4
增重率 /%	486 ± 54.6^{b}	586 ± 17.8^{ab}	582 ± 20.8^{ab}	617 ± 58.4^{b}	675 ± 17.8^{a}
特定生长率	3.14 ± 0.17^{b}	3.44 ± 0.05^{ab}	3.43 ± 0.05^{ab}	3.51 ± 0.15^{a}	3.66 ± 0.04^{a}
饲料效率	0.70 ± 0.08	0.77 ± 0.04	0.77 ± 0.06	0.77 ± 0.08	0.79 ± 0.02

表 12　低鱼粉饲料中添加肌酸对海鲈肌肉能量代谢相关指标的影响

指标	对照	0.05	0.1	0.2	0.4
肌酸激酶 /（U/mg）	1.95 ± 0.13^{b}	1.95 ± 0.23^{b}	3.35 ± 0.59^{a}	3.39 ± 0.29^{a}	3.94 ± 0.82^{a}
乳酸 /（mmol/g）	0.96 ± 0.16^{a}	0.81 ± 0.00^{ab}	0.70 ± 0.05^{b}	0.64 ± 0.03^{b}	0.79 ± 0.03^{ab}
乳酸脱氢酶 /（U/mg）	12.6 ± 0.11^{a}	11.6 ± 0.57^{b}	11.6 ± 0.16^{b}	10.1 ± 0.085^{c}	10.1 ± 0.30^{c}
肌肉糖元 /（mg/g）	0.78 ± 0.03	0.80 ± 0.08	0.81 ± 0.06	0.85 ± 0.04	0.80 ± 0.08
丙酮酸激酶 /（U/g）	16.54 ± 0.16^{a}	14.83 ± 2.66^{a}	8.23 ± 1.81^{b}	8.63 ± 0.76^{b}	8.65 ± 0.17^{b}

4　比较研究配合饲料与冰鲜鱼投喂的氮、磷排放

我国海水鱼类养殖中冰鲜鱼（野杂鱼）饵料使用量随着养殖规模的扩大而增大，大量冰鲜鱼的投喂就带来了很多问题，如饲料浪费、水环境污染、成本增加，以及加剧幼鱼捕捞而导致的渔业资源破坏等。因此，明确配合饲料与冰鲜鱼投喂的氮、磷排放，是一项非常重要的研究任务。为此，本团队开展了相关工作，分别用配合饲料和冰鲜鱼投喂海鲈 8 周，从生长速率、肉质、氮排放、磷排放比较二者的区别。结果表明：配合饲料组的鱼体生长速率低于冰鲜鱼组（表 13），两组肉质无显著差异，冰鲜鱼组的氮、磷排放高于配合饲料组。投喂后 72 h，冰鲜鱼组水体氨氮含量为配合饲料组的 1.65 倍，总磷为配合饲料组的 1.4 倍。

表 13　冰鲜鱼和配合饲料对海鲈生长的影响

指标	配合饲料	冰鲜鱼
初体重 /g	40. 21±0. 18	40. 09±0. 47
末体重 /g	127. 84±11. 53[a]	188. 59±13. 09[b]
增重率 /%	217. 84±27. 54[a]	370. 30±29. 77[b]
饲料系数 /%	1. 26±0. 02[a]	3. 33±0. 19[b]
肝体比 /%	0. 88±0. 17	1. 16±0. 06
脏体比 /%	10. 11±0. 57	9. 40±0. 36
肥满度	1. 77±0. 08[a]	2. 05±0. 06[b]

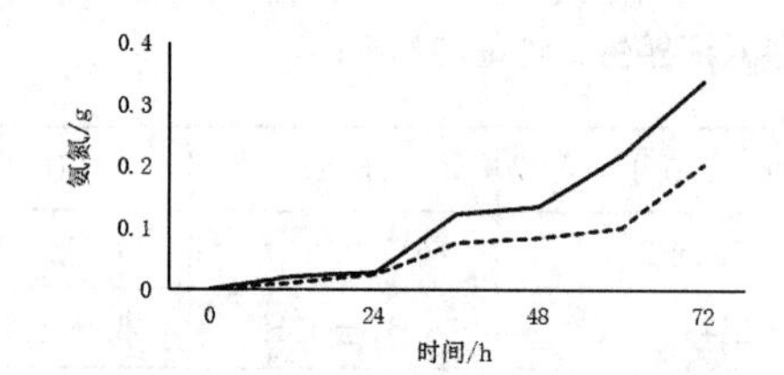

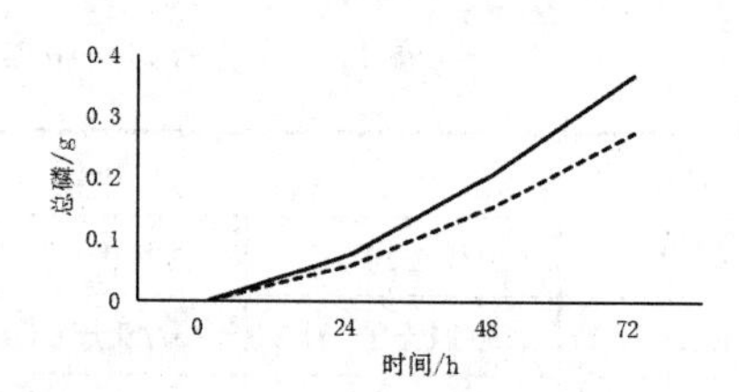

图 1　冰鲜鱼和配合饲料对水体氨氮、总磷的影响

（岗位科学家　张春晓）

河鲀营养需求与饲料技术研发进展

河鲀营养需求与饲料岗位

2019年度，河鲀营养需求与饲料岗位评估了饲料中鱼粉、豆粕等8种常用饲料原料的消化率；确定红鳍东方鲀适宜的蛋能比、脂肪需要量、投饲频率和投饲量；研究不同养殖密度对磷的需求量；研发红鳍东方鲀有效的免疫增强剂2种和微生态制剂1种；与饲料生产企业共同优化河鲀各养殖阶段优质高效环保型配合饲料工艺，促进了河鲀专用配合饲料在唐山市海都水产食品有限公司的大规模使用。具体进展如下。

1　完善河鲀营养需求及饲料利用参数

1.1　红鳍东方鲀对8种饲料原料的表观消化率研究

采用70%的基础饲料和30%的待测饲料原料，并添加0.1%的三氧化二钇（Y_2O_3）作为外源添加剂，选取平均体重为37.90 g的红鳍东方鲀为对象，研究红鳍东方鲀对红鱼粉、白鱼粉、豆粕、菜粕、花生粕、棉粕、玉米酒糟蛋白（DDGS）和肉骨粉中的干物质、粗蛋白、粗脂肪、氨基酸、总能和总磷的表观消化率。随机分成8组，每组3个重复，每个重复30尾鱼，按照不同处理分别投喂相应饲料，采用虹吸法收集粪便。结果表明：所有原料的干物质的表观消化率范围为43.35%～70.54%，其中白鱼粉、红鱼粉和豆粕的干物质表观消化率最高（60.37%～70.54%）（$P<0.05$）；粗蛋白的表观消化率范围为50.91%～92.78%，肉骨粉粗蛋白表观消化率最低（50.91%），显著低于白鱼粉、红鱼粉、豆粕、菜粕、花生粕和DDGS（$P<0.05$）；各待测饲料原料中总氨基酸表观消化率的变化趋势与粗蛋白的表观消化率基本一致；粗脂肪的表观消化率范围为70.6%～94.19%，白鱼粉粗脂肪表观消化率最高（94.19%），显著高于棉粕和肉骨粉（$P < 0.05$）；能量的表观消化率范围为30.58%～90.01%，白鱼粉、红鱼粉、豆粕和花生粕总能的表观消化率最高（76.26%～90.01%）（$P<0.05$）；磷的表观消化率范围为9.13%～68.14%，白鱼粉和红鱼粉的总磷表观消化率最高$P<0.05$，分别为66.98%和68.14%。

1.2　红鳍东方鲀适宜的蛋能比研究

以平均体重14.98 g的红鳍东方鲀幼鱼为研究对象，研究不同蛋白能量比的饲料对红鳍东方鲀幼鱼生长性能的影响。以鱼粉和豆粕作为主要蛋白源,鱼油和豆油作为主要脂肪源,设计两因素三水平(2×3)的交互实验,其中饲料蛋白水平分别为36%、42%、48%,每一组蛋白水平设置3个脂肪水平(8%、12%、16%),共9组饲料。在水温24～28 ℃条件下进行为期56 d的投喂养殖实验,每个处理组3个重复。由双因素分析方法得出,饲料的蛋白水平、脂肪水平和蛋能比水平均可显著影响红鳍东方鲀的末体重、特定生长率、摄食率和饲料效率,且饲料蛋白水平为36%的组显著低于饲料蛋白水平为42%和48%的组,但42%和48%两组之间无显著差异,饲料脂肪为8%的组,显著低于饲料脂肪水平为12%和16%的组,但12%与16%两组之间无显著差异;饲料脂肪含量的升高增加了肝体比和脏体比,但饲料蛋白含量对形体指标没有显著影响;此外,饲料的蛋白和脂肪水平对这些生长和饲料利用的指标没有显著的交互作用。由单因素分析方法得出,终末体重、特定生长率和饲料效率在D（42/8)组与D（42/12)、D（42/16)、D（48/8)、D（48/12)和D（48/16)组均无显著差异,D（42/12)与D（48/12)的特定生长率达到最高。综合考虑初始体重为14. 98 g的红鳍东方鲀幼鱼,在水温24～28 ℃条件下,适宜的蛋能比为蛋白42. 86%、脂肪12%,饲料的蛋能比为21. 27 mg/kJ。

1. 3　红鳍东方鲀适宜的投饲频率和投喂水平研究

以平均体重15. 88g的红鳍东方鲀幼鱼为研究对象,设计饱食投喂下的3个投喂频率梯度(2次／天、3次／天、4次／天),不同投喂频率的投喂时间分别是7:00,17:00(2次／天),7:00、12:00、17:00（3次／天),7:00、12:00、17:00、21:00（4次／天),探讨投喂频率对红鳍东方鲀生长及水质指标的影响。养殖实验在海阳市黄海水产公司基地养殖桶(方形,0. 7 m × 0. 7 m × 0. 4 m)中进行,养殖周期为28 d,养殖车间采用自然光周期、流水养殖,水温范围为20～22 ℃,盐度范围为30～31,pH范围为7. 4～8. 2,溶解氧范围为5～7 mg/L。结果显示:在饱食投喂状态下,每天不同时间投喂2、3或4次,对红鳍东方鲀的末体重、存活率、特定生长率、摄食率和饲料效率均无显著影响,对鱼体的肝体比、脏体比和肥满度也无显著影响;另外,在流水养殖状态下,摄食后2 h,尽管水质的活性磷、亚硝态氮、硝态氮和氨氮相比入水口的含量有所升高,但不同投喂频率对这些水质指标均无显著影响。该结果表明,在水温为20～22 ℃时,体重为15. 88 g的红鳍东方鲀的适宜投喂频率为2次／天。

设计5个投喂水平,分别投喂质量为体重的2. 0%、4. 0%、6. 0%、8. 0%和10. 0%的饲料,探讨投喂水平对红鳍东方鲀生长性能和水质指标的影响。养殖管理及水环境与投饲频率实验相同。结果显示:日投喂水平在投喂量为体重的2%时,末体重、特定生长率、饲料效率和摄食率显著低于其他投喂水平,而饲料效率显著高于其他投喂水平;当投喂水平达到体重的4%时,生长性能参数与投喂水平为6%、8%和10%时无显著差异,而鱼体的形体指标及对养殖水环境的影响在各个投喂水平之间无显著差异。该结果表明,在水温为20～22℃时,体重为15. 88 g的红鳍东方鲀的适宜投喂水平为体重的4%。

1.4　饲料磷含量及养殖密度对红鳍东方鲀幼鱼生长性能及磷排泄的影响

以平均体重14.98 g的红鳍东方鲀幼鱼为研究对象，设计两因素三水平（2×3）的交互实验，研究饲料磷含量及养殖密度对红鳍东方鲀幼鱼生长性能及磷排泄的影响。以鱼肉粉（低磷含量的柴鱼片）、大豆浓缩蛋白、酪蛋白为主要蛋白源，配制3种不同总磷浓度（0.68%、0.99%、1.31%）的等氮、等脂实验饲料，设置3个养殖密度梯度，即1.53 kg/m³（0.196 m³体积的实验桶，每桶20尾鱼）、2.30 kg/m³（每桶30尾鱼）、3.06 kg/m³（每桶40尾鱼），进行为期56 d的养殖实验，每个处理组设3个重复。结果表明：低磷组存活率显著高于高磷组，中磷组与高、低磷组没有显著差异；各处理组间的饲料效率无显著差异。低密度组摄食率显著高于中密度组，高密度组摄食率与中、低密度组没有显著差异。高磷组的增重率显著高于低磷组，中磷组与高、低磷组没有显著差异。低密度组的增重率显著高于高密度组，中密度组与高、低密度组没有显著差异。鱼体的肝体比、脏体比随饲料磷含量的升高而降低，各处理组的肥满度均无显著差异。饲料磷含量和养殖密度对红鳍东方鲀幼鱼生长指标的影响没有显著交互作用。静水投喂3 h后，高磷组活性磷酸盐浓度显著高于中、低磷组，中磷组显著高于低磷组。高密度组活性磷酸盐浓度显著高于低密度组，中密度组与高、低密度组差异不显著。高磷组总磷浓度显著高于中、低磷组，中磷组显著高于低磷组。高、中密度组活性磷酸盐浓度显著高于低密度组，中密度组与高密度组差异不显著。红鳍东方鲀在养殖密度为1.53 kg/m³时，饲料中磷的需要量为0.99%；而当密度达到3.06 kg/m³时，饲料中磷的需要量仅为0.68%。本实验结果表明，饲料中磷的需求量受养殖密度的影响，养殖密度越高，磷的需求量越低。

1.5　饲料脂肪水平对红鳍东方鲀幼鱼生长和脂肪代谢的影响

以初始体重19.5 g左右的红鳍东方鲀幼鱼为实验对象，通过为期63 d的摄食生长实验，研究饲料脂肪水平对红鳍东方鲀幼鱼生长和脂肪代谢的影响。以鱼粉、豆粕、大豆浓缩蛋白、啤酒酵母和酪蛋白为主要蛋白源，以鱼油作为主要的脂肪源，配制蛋白含量约为51%、脂肪含量约为8%的基础饲料（对照组）。在基础饲料中通过添加不同水平（0%、4%、8%）的鱼油，配制不同脂肪梯度（占饲料干物质8%、12%、16%）的实验饲料。每个处理有6个重复，每个重复放50尾鱼。在实验期间，每天按时饱食投喂2次（时间分别为6:00、18:00），每天光照14 h（06:00～20.00），利用交换器和加入适当井水控制水温范围为20～23 ℃，盐度范围为20～30，pH范围为7.4～8.2，溶解氧范围为5～7 mg/L。实验结果表明，8%脂肪组的终末体重和增长率显著高于12%和16%组（$P < 0.05$），摄食率、饲料效率和成活率在各组间无显著差异（$P > 0.05$）。饲料脂肪需求量为8%左右、脂肪含量为12%和16%时，会显著抑制初体重为19.5 g的红鳍东方鲀的生长。

2 研究适合河鲀的微生态制剂、免疫增强剂

2.1 饲料中添加枯草芽孢杆菌对红鳍东方鲀生长、非特异性免疫及水体氨氮含量的影响

在以鱼粉、豆粕、大豆浓缩蛋白、玉米蛋白、谷朊粉和花生粕为主要蛋白源的基础饲料中，分别添加1×10^5CFU/g的单一制剂的枯草芽孢杆菌和复合芽孢杆菌(枯草芽孢杆菌、地衣芽孢杆菌、蜡样芽孢杆菌等)，制成不含芽孢杆菌、含单一芽孢杆菌和含复合芽孢杆菌的等氮、等脂的3组实验饲料，分别记作C、T1和T2。实验设3个处理组，每个处理组3个重复，每桶放30尾红鳍东方鲀，进行为期75 d的养殖实验。结果表明，添加单一芽孢杆菌和复合芽孢杆菌对红鳍东方鲀终末体重、特定生长率和饲料效率均无显著影响，添加复合芽孢杆菌的T2组相比对照组C组存活率显著升高。另外，在红鳍东方鲀摄食后3 h，测定静止水体中的氨氮和亚硝态氮含量，发现相比对照组，单一芽孢杆菌组或复合芽孢杆菌组对水体中的氨氮含量影响不显著，但添加复合芽孢杆菌显著降低了水体中的亚硝态氮含量。对血清免疫指标的分析发现，添加单一芽孢杆菌或者复合芽孢杆菌相比对照组，均显著提高了血清免疫球蛋白M、补体C3、补体C4和溶菌酶的活性。该实验结果表明，饲料中添加芽孢杆菌能通过降低水体氨氮含量、提高鱼体非特异性免疫而提高红鳍东方鲀的成活率，且复合芽孢杆菌对红鳍东方鲀存活、非特异性免疫及水体氨氮含量的作用好于单一的枯草芽孢杆菌。

2.2 水解鱼蛋白对红鳍东方鲀免疫调节功能的影响

本实验评价了水解鱼蛋白替代鱼粉对红鳍东方鲀幼鱼非特异性免疫及生长性能的影响。设计了2组对照饲料，正对照组鱼粉含量为40%，负对照组鱼粉含量为22%，用水解鱼蛋白替代负对照组饲料的6%和12%鱼粉，配置成4组等氮、等脂的饲料。养殖实验在海阳市黄海水产公司基地养殖桶(方形，0.7 m × 0.7 m × 0.4 m)中进行。设置4个处理组，每组3个重复，每个养殖桶分别放30尾鱼苗，在08:00和19:00投喂至表观饱食。养殖周期为8周，养殖期间记录每天的摄食情况、死鱼数量和体重，监测海水温度、盐度和溶解氧等。养殖过程中，养殖车间采用自然光周期、流水养殖，水温范围为24～28℃，盐度范围为30～31，pH范围为7.4～8.2，溶解氧范围为5～7 mg/L。实验结果表明，各处理组间的存活率、饲料效率、摄食率均无显著差异。末体重和增重率在5.2%、10.4%水解鱼蛋白替代鱼粉的FPH1和FPH2组和高、低鱼粉组没有显著差异，但高鱼粉的正对照组显著高于负对照组，摄食率、饲料效率、肝体比、脏体比和肥满度在各处理组之间均无显著差异，表明水解鱼蛋白可以一定程度节约12%的饲料鱼粉。水解鱼蛋白替代鱼粉提高了血清补体C3的活性，而降低了血清补体C4的活性，表明水解鱼蛋白对红鳍东方鲀的免疫力产生了一定的影响。

2.3 虾青素作为免疫增强剂对红鳍东方鲀非特异性免疫及肠道健康的影响

饲料中分别添加 0、50、100、500 mg/kg 的免疫增强剂虾青素(ASTX),将 0 mg/kg 添加组记为对照组,50、100、500 mg/kg 添加组分别记为 ASTX150、ASTX100 和 ASTX500,配制成 4 组等氮、等脂的饲料,研究 ASTX 对红鳍东方鲀肠道抗氧化、非特异性免疫和肠道菌群的影响,养殖实验在海阳市黄海水产有限公司进行。选用初始体重 11.97 g 的红鳍东方鲀,进行为期 74 天的养殖实验。实验结果发现,相比对照组,添加 50 和 100 mg/kg 的 ASTX 降低了丙二醛(MDA)、过氧化氢酶(CAT)和超氧化物歧化酶(SOD)的活性,但添加 500 mg/kg 的 ASTX 显著升高了总抗氧化能力(T-AOC)(图 1)。与对照组相比,添加 ASTX 下调了核转录因子 E2 相关因子 2 (Nrf2)的表达而上调了 Kelch 样环氧氯丙烷相关蛋白 -1 (Keap1)的表达(图 2)。添加 50 和 100 mg/kg 的 ASTX 相比对照组和添加 500 mg/kg ASTX 组,降低了肠道固有层白细胞浸润,下调了肿瘤坏死因子 -α (TNF-α)和白介素 -8 (IL-8)的基因表达(图 3)。此外,ASTX 显著影响了肠道菌群结构,在添加量为 100 mg/kg 时显著降低有害菌属弓形杆菌属的相对丰度,而在添加量为 500 mg/kg 时显著升高弓形杆菌属的相对丰度。该研究表明,饲料中添加 50～100 mg/kg 的 ASTX 时,能有效改善红鳍东方鲀抗氧化活性、抑制肠道炎症、调节肠道菌群、降低有害微生物的丰度,但过量添加起到相反的作用。

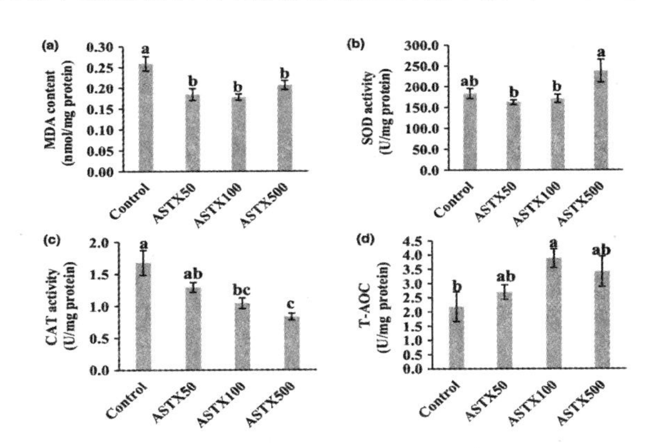

图 1 饲料中添加(ASTX)对红鳍东方鲀肠道抗氧化酶活性的影响

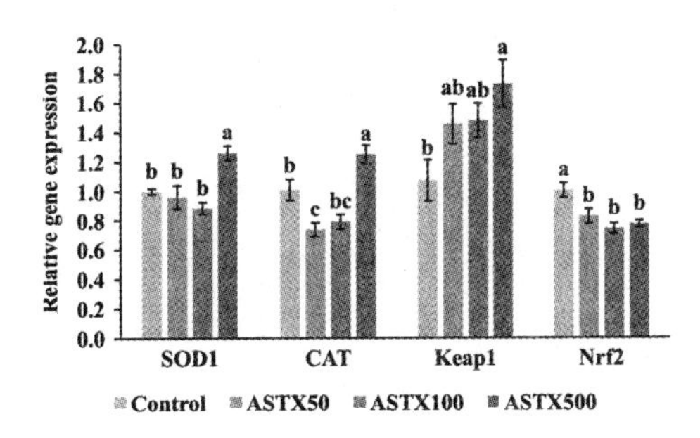

图 2 饲料中添加 ASTX 对肠道 SOD1、CAT、Keap1 和 Nrf2 基因表达的影响

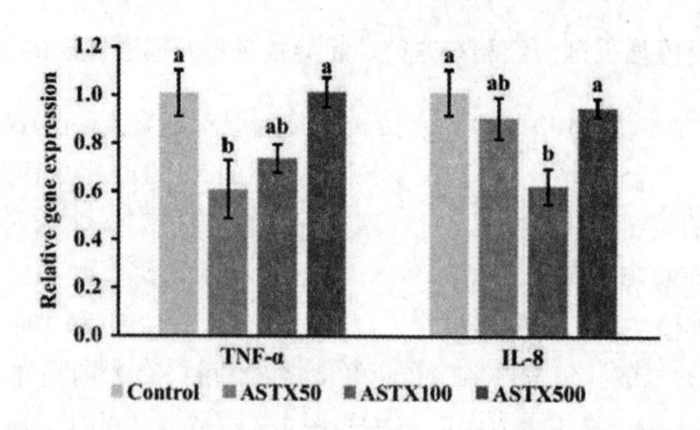

图3 饲料中添加ASTX对红鳍东方鲀肠道TNF-α和IL-8基因表达的影响

(岗位科学家 梁萌青)

海水鱼病毒病防控研究进展

病毒病防控岗位

2019年海水鱼体系病毒病防控岗位重点开展了我国主要海水养殖鱼类重要病毒性病原流行病学调查、病原分离鉴定、病原检测技术、SGIV灭活疫苗临床试验批件申报准备、益生菌深度发酵及应用等工作，取得的进展如下。

1 主要海水养殖鱼类重要病毒的发生和流行情况监测

对我国海水鱼主要养殖地（海南、广东、山东和福建等地）进行30多次病毒病发生和流行情况调研，共采集患病鱼组织样品200多份，采集的鱼种包括石斑鱼、篮子鱼、斑石鲷、金钱鱼、大黄鱼、海鲈和鲆鲽类等。病鱼的症状包括红头、红嘴、趴底、昏睡；脾脏肿大，鳍条出血，游泳能力减弱；眼球突出，呈灰白或青色，眼底浑浊；大规模死亡；等等。

1.1　我国海水养殖鱼类虹彩病毒病发生和流行情况

利用虹彩病毒科代表种病毒的特异性引物做PCR检测，包括蛙病毒属的新加坡石斑鱼虹彩病毒SGIV和肿大病毒属的传染性脾肾坏死症病毒（ISKNV）等（图1）。1～9月份的样品中，蛙病毒属的SGIV检出率约10%，肿大病毒属的ISKNV检出率约15%。鲆鲽鱼发病样品中未发现所检的这两种病毒，而以细菌感染为主。在所检测的样品中并未发现淋巴囊肿病毒。在北方养殖的部分斑石鲷中检测出肿大病毒属的斑石鲷虹彩病毒（SKIV）。此外，在部分样品中发现有两种病毒共感染的情况。

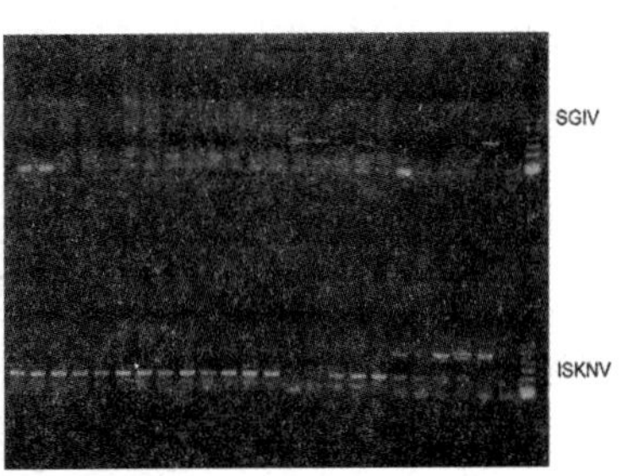

图1　虹彩病毒病患病鱼症状（A）及虹彩病毒PCR检测（B）

1.2 我国海水养殖鱼类神经坏死经病毒病发生和流行情况

在调研的过程中,部分养殖场出现鱼孵化后几天内鱼体发黑,发病鱼在水体狂游、打转等症状,发病几天后伴随大批量死亡。根据症状初步判断为神经坏死症,病原为神经坏死症病毒(NNV)(图2)。临床调研的结果显示,在石斑鱼和海鲈仔鱼、幼鱼中,神经坏死症病毒的检出率超过30%,死亡率超过70%。NNV不仅可以感染仔鱼,也可以感染成鱼,且在成鱼中具有一定的携带率。根据现有对重要病毒的流行暴发情况监测结果,初步确定NNV为海水鱼中主要的病毒性病原之一。这些工作为将来的疫苗研究提供了重要的病原参考数据,为疫苗的产业化应用提供流行病学参考。

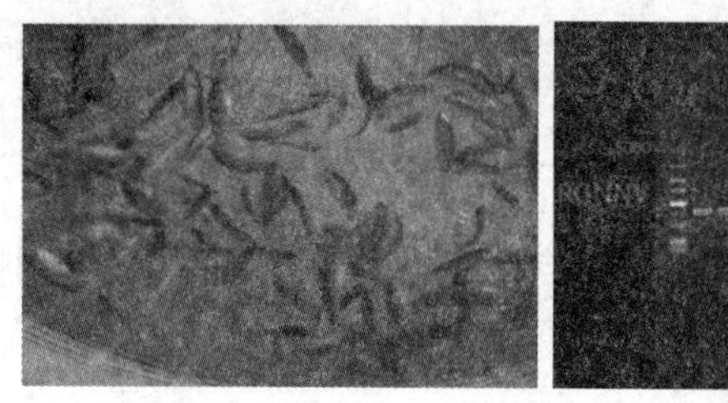
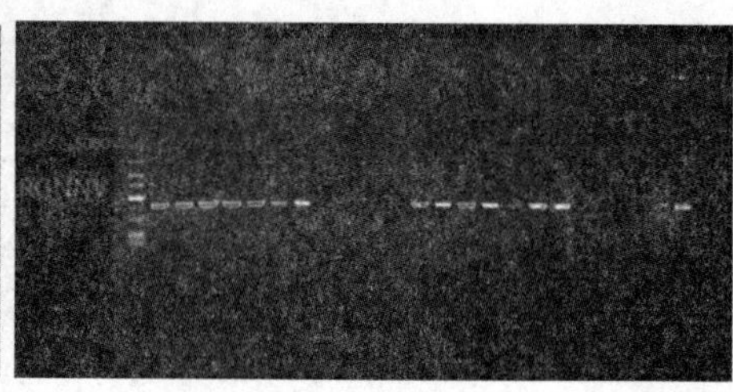

图2 神经坏死症病毒病患病鱼症状(A)及石斑鱼NNV的PCR检测

2 基于核酸适配体和纳米金粒子侧向流生物传感器的RGNNV检测试纸条的构建

发展了一个简单而敏感的快速检测石斑鱼神经坏死病毒(RGNNV)的基于核酸适配体(aptamer)的横向流生物传感器方法。在前期筛选到与RGNNV主要衣壳蛋白特异结合核酸适配体的基础上,在以RGNNVCP蛋白为靶标筛选的核酸适配体B11序列上增添了Nt. BbvCI酶的识别位点以及SDA反应的引物结合位点,命名为A-aptamer。将两种核酸适配体与靶标进行孵育。C-aptamer是结合核酸适配体用以结合靶标分子;A-aptame是扩增核酸适配体用于进行SDA扩增。两种核酸适配体与RGNNV孵育后加入磁珠,用磁器分离架收集复合物后进行SDA反应。SDA产生的大量单链DNA会与T线探针进行结合,而C线上的核酸可以与胶体金探针结合,5 min内即可观察到试纸条结果,从而建立了一种简便、快速诊断RGNNV的方法。只有在目标物和两种核酸适配体同时存在的情况下,我们才能在试纸条的检测区看到阳性条带。靶标物、A-aptamer、C-aptamer缺一不可。结果证明,该试纸条可以有效地检测出RGNNV-CP(图3)。

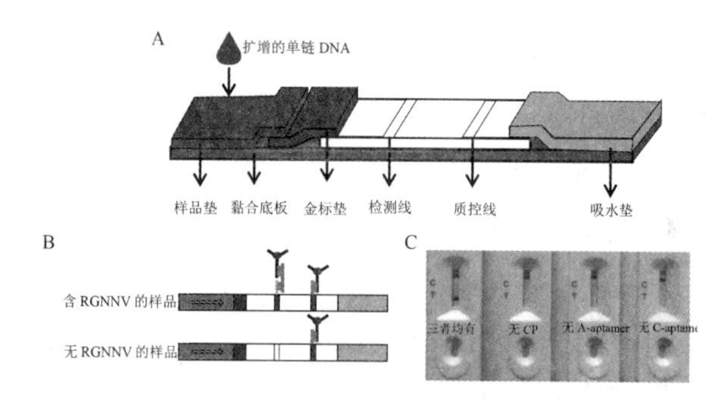

图 3　试纸条检测 RGNNV 原理(A、B)及侧向流层析试纸条有效检测 RGNNV-CP (C)

用 RGNNV-CP 和对照 MBP 蛋白检测该试纸条的特异性。CP 样本显示可见的测试线，而 MBP 无测试线。我们又检测了病毒感染细胞的裂解物样本，只有 RGNNV 感染的细胞裂解物能检测出条带，SGIV 和大口黑鲈虹彩病毒(LMBV)感染的细胞裂解物以及未感染的细胞裂解物的检测区与空白检测线相似，说明该生物传感器对 RGNNV 检测有特异性。

检测不同浓度 CP 和感染细胞的试纸条的结果表明，基于核酸适配体和纳米金粒子横向流生物传感器的方法可以检测低至 5 ng 或 5×10^3RGNNV 感染的石斑鱼脑细胞中的病毒 CP 蛋白(图 4)。该方法是基于核酸适配体的横向流生物传感器在水生动物病毒快速诊断中的首次应用，为水产养殖中该病的早期检测诊断提供了快速、灵敏、特异而便捷的检测手段。

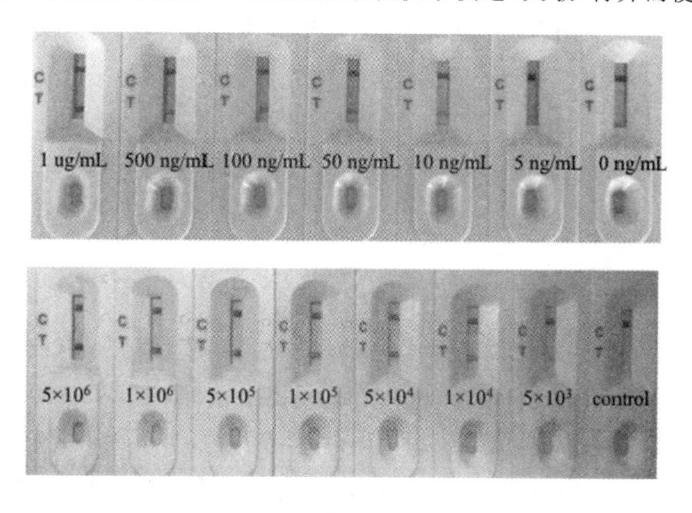

图 4　侧向流层析试纸条针对 RGNNV 检测的灵敏性

3　石斑鱼虹彩病毒 SGIV-HN 株灭活疫苗的研发

本年度严格按照申报疫苗临床试验批件的要求，在 GMP 中试车间内完成了石斑鱼虹彩病毒 SGIV-HN 株灭活疫苗的研发工作。

3.1 SGIV-HN株种子批的建立、鉴定及最高代次范围确定

将系统鉴定合格的SGIV-HN株原始毒种在赤点石斑鱼脾传代细胞系(EAGS细胞)中按常规方法连续传代20代(F1～F20),收获各个代次病毒液,冻干保存建立种子批,检测各个代次病毒的含量、纯净性和特异性。对检测合格的F5、F10、F15、F20代毒种进行毒力和免疫原性测定。结果表明,F1～F20各代次毒种均纯净、特异,病毒含量均稳定在$10^{7.0}$(以$TCID_{50}$表示,接种量为mL)。F5、F10、F15、F20代病毒的毒力和免疫原性之间均无显著差异。以此为依据,为保证疫苗生产的稳定性和有效性,将SGIV-HN株的原始种子代次限定为F1～F5,基础种子代次限定为F6～F10,基础种子传代5代以内作为生产种子,最高使用代次不超过F15。

3.2 赤点石斑鱼EAGS细胞库的建立、鉴定及最高代次范围确定

将赤点石斑鱼EAGS细胞从F0传代至F60,对F1～F60细胞进行显微镜下观察,对F5、F10、F15、F20、F25、F30、F40、F50和F60细胞进行无菌检验、支原体检验、病毒检验和病毒培养适应性检验,对F10、F20、F50和F60细胞进行胞核学检查和致瘤性实验。结果表明,各代次EAGS细胞的形态一致,均为纤维样细胞,细胞透明度大、折光性强、形态规则;EAGS细胞无细菌、真菌、支原体和病毒污染,对SGIV-HN株适应性良好,繁殖病毒的含量、毒力和免疫原性均稳定;F10、F20、F50和F60细胞的核型未改变,染色体众数为88(图5),均不能裸鼠成瘤,都能在软琼脂上形成集落。根据以上实验结果,结合生产实际,将EAGS细胞的原始库细胞代次限定为F1～F10,基础库细胞代次限定为F20以内,工作细胞库细胞代次限定为F30以内,生产用细胞传代不超过20代,最高使用代次不超过F50。

3.3 SGIV-HN株规模化生产工艺研究

使用转瓶培养规模化生产SGIV-HN株病毒液。对细胞培养阶段和病毒繁殖阶段转瓶机的转速、转瓶培养的接毒比例进行优化。确定使用转瓶繁殖SGIV-HN株的条件:细胞培养阶段的转速:10～12 r/h,形成良好单层时,弃去培养液,按1∶1000(V/V)的量加入SGIV-HN株病毒液,加入含2%新生牛血清的L-15维持液,调整转速为6～8 r/h继续培养,当致细胞病变效应(CPE)达到80%以上时收获病毒液,-20 ℃以下反复冻融3次。

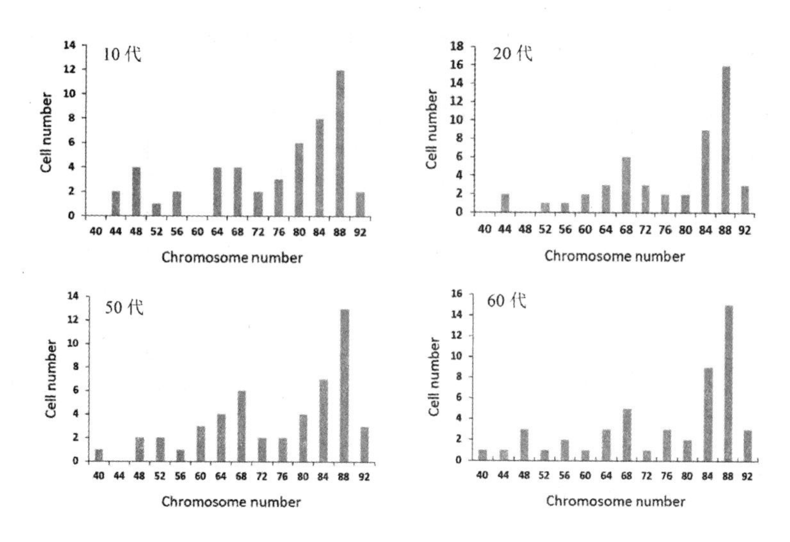

图5　不同代次EAGS细胞的染色体分布

3.4　SGIV-HN株灭活工艺研究

分别对甲醛和β-丙内酯(BPL)灭活SGIV-HN株的条件进行摸索,并比较两种灭活剂对石斑鱼安全性和对毒株免疫原性的影响,以确定疫苗的灭活工艺。结果显示,当甲醛浓度为0.1%(V/V)时,4 ℃灭活120 h、26 ℃灭活24 h均可使病毒液完全灭活(表1);当BPL浓度为2%(V/V)时,4 ℃灭活24 h可使病毒液完全灭活。3种方法灭活的抗原液对石斑鱼的安全性良好,均未引起石斑鱼的死亡。3种灭活抗原在不加任何佐剂的情况下免疫石斑鱼的相对保护率分别为83.33%(0.1%甲醛,4 ℃)、88.89%(0.1%甲醛,26 ℃)和80.56%(0.2%BPL)(表2)。根据上述结果,结合生产实际,确定使用甲醛溶液为制备本疫苗的灭活剂,灭活工艺为加入终浓度为0.1%(V/V)的甲醛溶液,4 ℃灭活120小时。

表1　甲醛浓度为0.1%时对石斑鱼虹彩病毒SGIV-HN株的灭活效果

灭活温度/℃	灭活前病毒含量（$TCID_{50}$/mL）	灭活时间/h	灭活检验（代次）		
			1代	2代	3代
4	$10^{8.00}$	24	+/+/+	+/+/+	+/+/+
		48	+/+/+	+/+/+	+/+/+
		72	-/-/+	-/+/+	+/+/+
		96	-/-/-	-/-/-	-/-/-
		120	-/-/-	-/-/-	-/-/-
		144	-/-/-	-/-/-	-/-/-
		168	-/-/-	-/-/-	-/-/-
26	$10^{8.00}$	24	-/-/-	-/-/-	-/-/-
		48	-/-/-	-/-/-	-/-/-
		72	-/-/-	-/-/-	-/-/-
		96	-/-/-	-/-/-	-/-/-
阴性对照	/	/	-/-/-	-/-/-	-/-/-

表 2 灭活抗原免疫石斑鱼的相对保护率

组别	灭活条件	免疫后攻毒数量/(尾)	健活数/(尾)	死亡数/(尾)	死亡率	相对保护率
1	0.1%甲醛 4℃灭活	50	44	6	12%	83.33%
2	0.1%甲醛 26℃灭活	50	46	4	8%	88.89%
3	0.2% β-丙内酯灭活	50	43	7	14%	80.56%
对照组	-	50	14	36	72%	-

4 海水鱼类肠道益生菌定向筛选、发酵及代谢产物的鉴定

4.1 肠道微生物多样性分析与益生菌分离鉴定

对健康与患病金鲳鱼肠道微生物多样性进行测序与结果分析,发现金鲳鱼肠道中的菌群主要包括肠弧菌属、螺旋体、诺卡氏菌属、希瓦氏菌属、普雷沃菌属、鲍曼不动杆菌属、红球菌属、伯克霍尔德菌属、韦荣氏球菌属、胃瘤球菌、欧陆森氏菌属、互营球菌属、鞘氨醇杆菌、毛螺菌科、发光杆菌属、脱硫弧菌属、拟杆菌属、黄杆菌属、韦荣球菌科、铜绿假单胞菌、琥珀酸弧菌科、食酸菌属、乳杆菌属、链球菌属、金黄杆菌和嗜冷杆菌属等(图 6)。

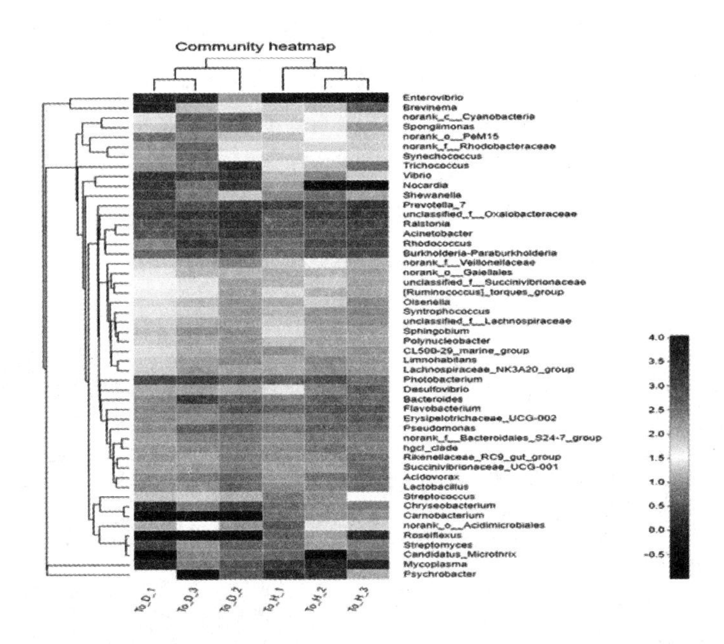

图 6　健康、患病石斑鱼与金鲳鱼肠道微生物多样性测序与分析

4.2　益生菌发酵及代谢产物鉴定

在前期从健康海水鱼类肠道定向筛选了枯草芽孢杆菌、地衣芽孢杆菌、解淀粉芽孢杆菌、屎肠乳酸球菌、嗜热乳酸链球菌、养料嗜冷杆菌等益生菌的基础上，对解淀粉芽孢杆菌及嗜热乳酸链球菌进行深层液体高密度发酵，分别收集发酵液与菌体，通过萃取、浓缩、液相色谱-质谱法等分析菌种发酵次级代谢产物，鉴定得到 10 多种脂肽类和脂类代谢产物。测试发现部分发酵代谢产物对无乳链球菌具有强抑制作用（图 7），并进一步分析其抗菌、抗病毒活性。

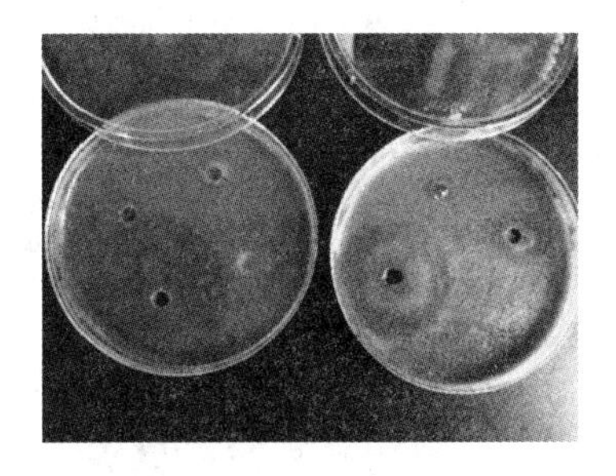

图 7　解淀粉芽孢杆菌代谢产物抑菌效果检测

4.3　益生菌发酵饲料新产品研发

利用自主分离的益生菌株——枯草芽孢杆菌 7K、解淀粉芽孢杆菌及嗜热乳酸链球菌，建立了一套发酵饲料生产工艺，包含优化发酵饲料配方、液体发酵培养菌种、喷淋混合接种菌液、固态发酵、好氧－厌氧后期深度发酵5步生产工艺，研发出系列益生菌发酵颗粒饲料产品。用开发的益生菌发酵颗粒饲料（图8）饲喂石斑鱼苗、石斑鱼成鱼、加州鲈鱼、海鲈、对虾等名优养殖品种，检测益生菌发酵颗粒饲料提升鱼类抗病免疫能力、帮助消化、防治消化道疾病的效果。初步生产应用实验表明，益生菌发酵饲料能有效改善珍珠龙胆石斑鱼肠道消化，与对照相比，摄食量提升约30%，产量提升约20%。此外，通过代谢组学测定益生菌发酵饲料的代谢产物丰富程度，指导优化发酵饲料生产技术与工艺。

A B

图8　研发出的益生菌发酵颗粒饲料

A为一号发酵沉水颗粒饲料；B为三号发酵浮水颗粒饲料

5　大黄鱼细胞系的建立及病毒感染致病机理

5.1　大黄鱼仔鱼原代细胞培养

为分离大黄鱼感染致病的病毒性病原，与体系宁波综合实验站合作，构建大黄鱼仔鱼细胞系。采用的大黄鱼为孵化3 d的仔鱼，来自宁波市海洋与渔业局大黄鱼繁殖基地。大黄鱼仔鱼用无菌蒸馏水和漂洗液（含400 U/mL青霉素、400 μg/mL链霉素和500 μg/mL链霉素的L-15培养基）漂洗后，用锋利刀片将仔鱼组织块切碎。吸去漂洗液，加胰酶，室温消化30 min。消化后的细胞悬液用100目的灭菌滤网过滤，转移滤液至离心管中，1 000 r/min链霉素离心10 min。吸去上清，用原代生长培养液（含400 U/mL青霉素、400 μg/mL制霉素、500 μg/mL制霉素和20%胎牛血清的L-15培养基）重悬沉淀，移入25 cm^2培养瓶中。每个培养瓶内添加生长培养液5 mL。将培养瓶置于25 ℃培养箱内培养。每2～3 d按半量换液方式更换培养液。第2天可观察到细胞贴壁，3 d后贴壁细胞数目明显增加，5 d细胞形成群落，8 d内细胞贴满培养瓶。

5.2　大黄鱼仔鱼细胞系的传代及病毒敏感性测定

原代细胞生长至铺满单层后进行传代。用0. 25%胰酶室温消化2～3 min，加入培养液吹下贴壁细胞。将细胞悬液接种于 2 个培养瓶中进行传代培养。之后每 3 ～ 4 天传代一次。细胞生长初期，上皮样细胞和成纤维样细胞同时存在，上皮样细胞占多数；在原代培养细胞中还观察到一种很小的上皮样细胞。细胞传至第 10 代时，将原代生长培养液中的血清浓度降低到 15%，抗生素浓度为正常使用浓度的 2 倍（200 U/mL 青霉素、200 μg/mL 链霉素、250 μg/mL 制霉素）。细胞传至第 20 代时，将原代生长培养液中的血清浓度降低到 10%，抗生素浓度为正常使用浓度（100 U/mL 青霉素、100μg/mL 链霉素）。至今，大黄鱼仔鱼细胞已传至 40 代。分别抽取冻存 8 和 15 代大黄鱼仔鱼细胞进行复苏，细胞复苏率达到 80% 以上。对 28 代的大黄鱼仔鱼细胞接种患病大黄鱼组织匀浆过滤液，结果表明，大黄鱼仔鱼细胞发生明显的病变，典型的症状为胞质出现大小不一的空泡（图 9）。对感染细胞做电镜观察，发现感染细胞中有大量的空泡，空泡中有大量的子弹状或杆状的病毒粒子（图 10）。后续将通过分子生物学的方法确定病原种类，并通过鱼体回接实验证明其为大黄鱼疾病的病原。

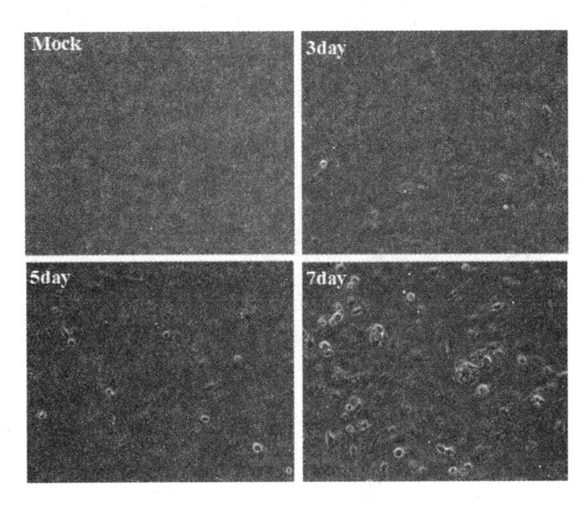

图 9　患病大黄鱼组织匀浆过滤液感染大黄鱼仔鱼细胞后出现的病变

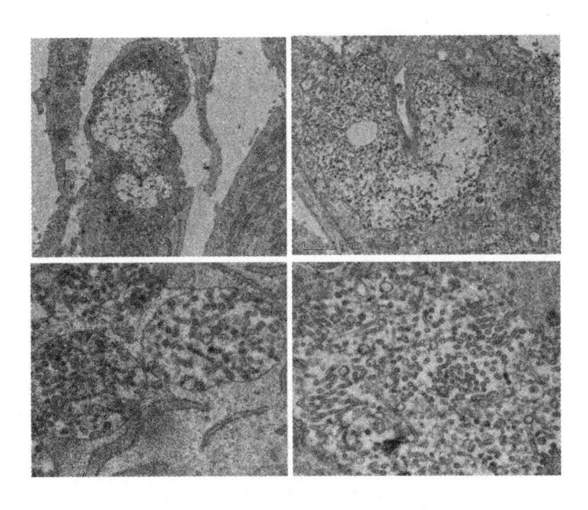

图 10　患病大黄鱼组织匀浆过滤液感染大黄鱼仔鱼细胞的电镜观察

6 小结

2019年度,病毒病防控岗位完成了我国主要海水养殖鱼类重要病毒性病原流行病学调查,调研30多次采集疑似患病鱼组织样品200余份,确定南方养殖石斑鱼的主要病毒性病原为SGIV和NNV,而北方鲆鲽类以细菌性疾病为主。完成了SGIV-HN灭活疫苗临床试验批件申报中的所有工作,正着手开展临床试验批件申报;建立了SGIV1个亚单位疫苗的制备工艺。完成了益生菌解淀粉芽孢杆菌及嗜热乳酸链球菌的深层液体高密度发酵以及发酵代谢产物鉴定,并检测部分发酵产物的抑菌作用;利用自主分离的益生菌株,研发出益生菌发酵颗粒饲料,在生产中开展应用效果实验。完成了基于核酸适配体的RGNNV胶体金试纸条的研制及初步检测。建立了大黄鱼仔鱼细胞系1个,能够用于分离纯化大黄鱼病毒性病原。

(岗位科学家　秦启伟)

海水养殖鱼类细菌病防控技术研发进展

细菌病防控岗位

1　大菱鲆鳗弧菌基因工程活疫苗获颁国家一类新兽药注册证书

作为鲆鲽鱼类重要病害弧菌病的专用高效疫苗产品，大菱鲆鳗弧菌基因工程活疫苗（MVAV6203株）于2018年9月通过农业农村部中国兽医药品监察所复核检验和兽药评审中心复审，报请农业农村部核准，于2019年4月4日正式获农业农村部颁发的国家一类新兽药注册证书（图1），《大菱鲆鳗弧菌基因工程活疫苗（MVAV6203株）制造与检验试行规程》和相应的质量标准同时生效。

这是我国也是目前国际上首例被行政许可批准的海水鱼类弧菌病基因工程活疫苗，不仅为今后促进开发更多新型水产疫苗提供了可靠的临床技术标准参考与借鉴，也丰富了我国水产疫苗的产品种类，必将为我国以鱼类为代表的现代水产养殖业的绿色健康发展提供具有国际先进水平的核心产业技术与配套产品支撑。接种疫苗取代抗生素等化学药品是不可动摇的产业发展趋势和市场的必然选择，这一药证的获批，是细菌病防控岗位在体系支持下为我国水产疫苗创新研发领域与产业化进程实现的又一次“零”的突破，填补了相关领域的产品空白，是本岗位具有重大原创性的科技成果。

中华人民共和国
新兽药注册证书
证号：（2019）新兽药证字15号

新兽药名称：大菱鲆鳗弧菌基因工程活疫苗（MVAV6203株）
注册分类：一类
研制单位：华东理工大学、上海浩思海洋生物科技有限公司
根据《兽药管理条例》，该兽药符合规定，准予注册，特发此证。

发证日期：二〇一九年四月四日

图1　大菱鲆鳗弧菌基因工程活疫苗（MVAV6203株）新兽药注册证书

2　大菱鲆鳗弧菌病灭活疫苗(EIBVA1 株)临床试验

大菱鲆鳗弧菌病灭活疫苗(EIBVA1 株)临床试验批件(批件号:20180026)自 2018 年 3 月获批后,根据临床批件要求,于 2018 年 6 月—2019 年 3 月在烟台综合试验站、葫芦岛综合试验站和天津综合试验站的协助下,分别于烟台开发区天源水产有限公司、兴城龙运井盐水水产养殖有限责任公司、天津市兴盛海淡水养殖有限责任公司开展临床试验。临床用疫苗产品为广东永顺生物制药股份有限公司生产的 10 批次 GMP 中试产品(图 2)。每一批次均对疫苗安全性和效力进行检验,其中,安全性检验包含单剂量安检和高剂量安检,试验规模为 35 000 尾。目前已完成全部临床试验,各项指标达到预期,计划于 2020 年上半年正式申报新兽药证书。

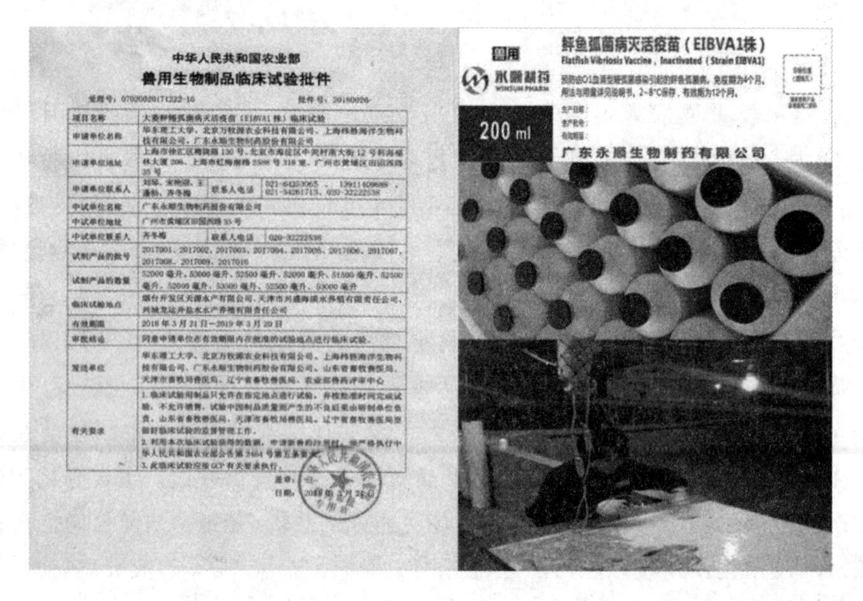

中华人民共和国农业部

兽用生物制品临床试验批件

项目名称	大菱鲆鳗弧菌病灭活疫苗(EIBVA1 株)临床试验		
中试单位名称	广东永顺生物制药股份有限公司		
中试单位联系人	齐冬梅	联系人电话	020-32222536
试制产品的批号	2017001、2017002、2017003、2017004、2017005、2017006、2017007、2017008、2017009、2017010		
有效期限	2018 年 3 月 21 日—2019 年 3 月 20 日		
审批结论	同意申请单位在有效期限内在批准的试验地点进行临床试验。		
有关要求	[illegible]		

图 2　大菱鲆鳗弧菌灭活疫苗获批临床批件并准予在山东、天津、辽宁等地开展临床试验

3　海水鱼重要养殖品种细菌性病原临床普查与实验室攻毒感染模型构建评价

本年度对我国南北方海水重要养殖鱼类品种进行新一轮病害临床调查,累计抽样 88 场次,覆盖辽宁、山东、天津、江苏、浙江、福建、广东等养殖主产区,涵盖大菱鲆、牙鲆、半滑舌鳎、红鳍东方鲀、许氏平鲉、大黄鱼、海鲈、石斑鱼、银鲑等重要养殖品种(图 3)。

图 3 重要养殖品种病原分离与流行情况研究

本次病原普查发现，大菱鲆优势病原菌为杀鱼爱德华氏菌（*Edwardsiella piscicida*），占样本总数的 44%；其次为杀鲑气单胞菌（*Aeromonas salmonicida*），占样本总数的 31%；居第三位的为鳗弧菌（*Vibrio anguillarum*）以及副乳链球菌（*Streptococcus parauberis*）。尚未鉴定到种的弧菌 11 场次，其他病原 4 场次，约 10% 样本场次未发现细菌感染，10% 左右检测到多病原感染。

大黄鱼优势病原为杀香鱼假单胞菌（*Pseudomonas plecoglossicida*）和哈维氏弧菌（*V. harveyi*），分别占样本总数的 49% 和 34%，其他为寄生虫感染。

海鲈优势病原为鰤鱼诺卡氏菌（*Nocardia seriolea*）和维氏气单胞菌（*Aeromonas veronii*），分别占样本总数的 42% 和 28%；其他未检测出细菌病，疑似为虹彩病毒。

综上所述，本年度采集样本约 200 份，分离获得 48 株重要病害病原（株），进一步完善和丰富了病原毒株（种）菌库。

同时以模式动物斑马鱼、大黄鱼、鲑鱼等为靶动物进行了实验室感染模型构建与初步评价工作，为进一步开展病原致病机制研究、新型疫苗设计与临床前研究奠定了坚实基础。

4 重要新病原保护性抗原筛选与高效多价载体疫苗候选株构建筛选

针对海水鱼类养殖面对多病原挑战的流行病学现状，开发多价疫苗是免疫防控策略的重要研究开发内容。在前期获得针对溶藻弧菌、哈维氏弧菌和嗜水气单胞菌等广谱抗原的基础上，继续开发针对新流行病原如杀香鱼假单胞菌高效抗原的筛选工作。

该项工作以本岗位获得农业转基因生物安全证书(证书号:农基安证字(2013)第 267 号,生产应用)的爱德华氏菌 WED 株为载体疫苗株。同时,利用三代高通量测序技术,对杀香鱼假单胞菌分离毒株 MYFP412 进行了全基因组测序,获得了总长 5. 5MB 的全基因组测序完成图(图 4),采用反向疫苗学策略,利用多种生物信息学软件,对该菌全基因组编码基因进行功能预测分析,从 246 个候选基因中筛查出多个编码抗原蛋白的基因,这些抗原蛋白与多个病原菌种的对应蛋白的同源性为 75%～98%,可作为广谱型保护性抗原用于爱德华氏菌多价疫苗的构建开发。

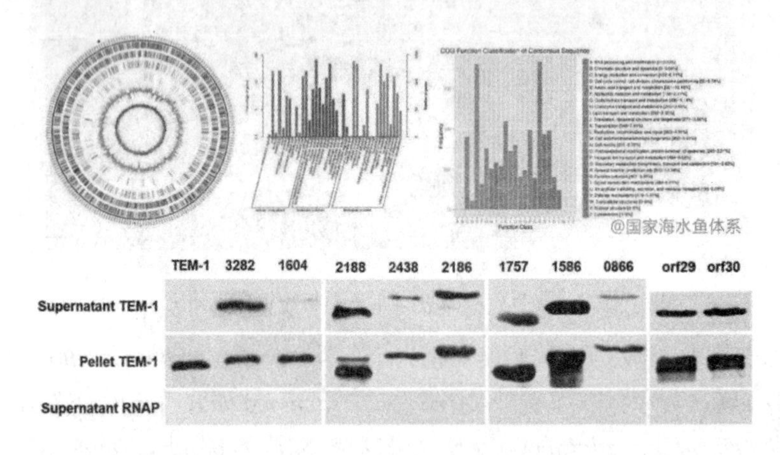

图 4　杀香鱼假单胞菌分离株全基因分析与广谱抗原反向疫苗学功能分析

利用斑马鱼作为保护性抗原蛋白筛选研究的模型动物,筛选获得具有良好免疫保护效果的候选广谱抗原蛋白 3282 和 2188(针对哈氏弧菌、杀香鱼假单胞菌、维氏气单胞菌、杀鲑气单胞菌)。此两种候选保护性抗原可在一定程度上激发免疫动物血清产生针对杀鱼爱德华氏菌、杀香鱼假单胞菌、维氏气单胞菌、哈维氏弧菌的抗体。接种以上 5 种病原菌抗原蛋白 3282 的斑马鱼针对以上病原可获得良好免疫保护效果,并产生一定的交叉免疫保护作用。同时,以爱德华氏菌 WED 株为载体构建了两株候选抗原蛋白多价疫苗,用大黄鱼进行免疫效力验证实验,其对上述几种病原毒株的交叉免疫保护力可达 69%。

5　红鳍东方鲀弧菌病活疫苗临床申报

在前期完成临床前研究和 GMP 中间试制工艺开发的基础上,起草制定了《红鳍东方鲀弧菌病活疫苗(MVAV6203 株)制造与检验试行规程》(草案)和相应的质量标准(草案),同时制定了《红鳍东方鲀弧菌病活疫苗生产免疫接种规程(试行)(图 5)》,为临床试验申报奠定了坚实的临床前技术基础。目前正在着手开展临床试验批件申报工作。

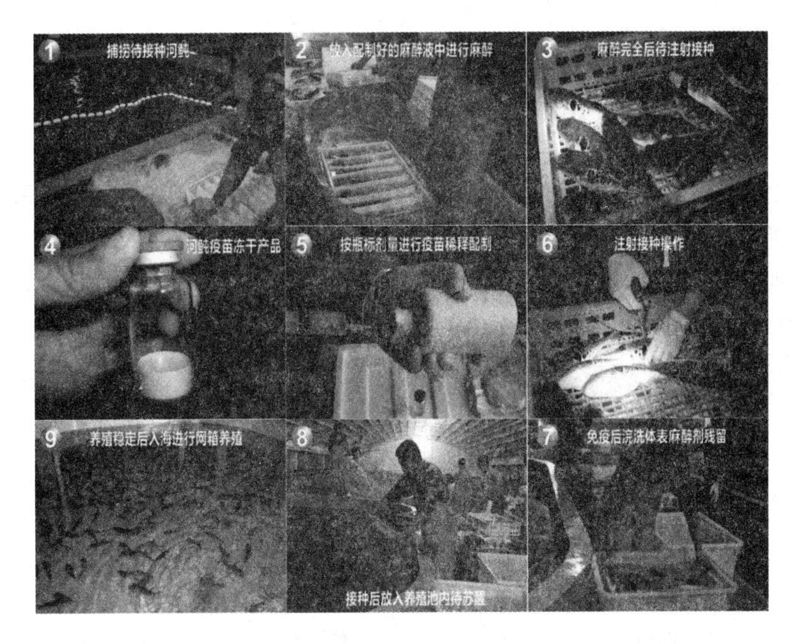

图5　红鳍东方鲀弧菌病活疫苗生产免疫接种试行规程图解

6 《海水鱼类病害防控科普图册》科普宣传册编印

为认真贯彻“科学技术研究为生产服务”的体系工作指导方针，使体系岗位研究工作成果落脚于生产实践，助力并促进水产养殖一线的管理和生产人员在解决养殖生产的关键问题上取得切实成效，本岗位与病毒病防控岗位、寄生虫病防控岗位以及环境胁迫性疾病与综合防控岗位共同编制了《海水鱼类病害防控科普图册》科普宣传册。该宣传册的编印和发放，将有助提升海水养殖生产一线的技术与生产人员的管理水平，对海水鱼类养殖业绿色发展起到积极的推动作用。

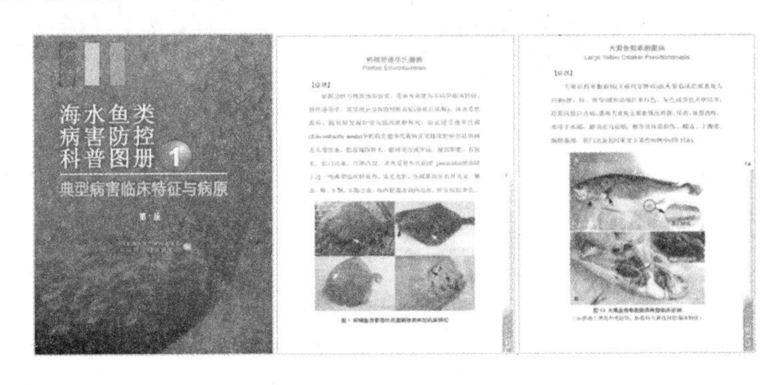

图6　《海水鱼类病害防控科普图册》一览

7 鲆鲽疫苗联合免疫生产应用示范与推广

响应农业农村部推进“无抗”养殖的倡议，本岗位在烟台综合试验站的协助下，在烟台天源水产有限公司牟平大菱鲆养殖基地进行了弧菌病疫苗和爱德华氏菌疫苗联合免疫技术与规程开发，实施了共计5万尾大菱鲆联合免疫接种。接种后，免疫大菱鲆病害发生率下降5%以下，各种兽药用量减少60%以上，显著减少了兽药使用量和病害干扰，为今后全面建立以疫苗为核心的“无抗”健康养殖新模式提供了示范样本。

同时，为进一步推进鲆鲽类疫苗产业化进程和完善生产免疫接种规程，本岗位在山东、辽宁、河北、天津等鲆鲽养殖主产区的工厂化养殖企业累计实施了30万尾份免疫接种的生产性应用示范(图7)体长和推广工作，注射接种5万尾(幼鱼，体长10 cm以上)和浸泡接种25万尾(稚鱼，体长3～5 cm)，其中腹水病与弧菌病疫苗联合接种5万尾。主要示范企业有烟台天源水产有限公司、天津兴盛水产养殖有限公司、兴城龙运井盐水水产养殖有限责任公司等。根据生产应用示范，对鲆鲽类养殖生产过程适宜接种免疫空间和免疫方式进行了优化，进一步完善了《鲆鲽疫苗生产性免疫接种操作规程》中的相关接种鱼龄标准与接种操作规范，使接种规程根据不同养殖生产方式标准化、规范化更加具有适用性。同时，起草制定了《鲆鲽弧菌病和腹水病疫苗联合生产免疫接种操作规程》(草案)。示范效果表明，目标病害防控效果明显，鲆鲽类免疫后生长状态优于生产对照，为养殖企业建立更为安全有效的病害防控生产体系提供示范参考。

图7 大菱鲆疫苗联合免疫生产接种示范

(岗位科学家 王启要)

海水鱼寄生虫病防控技术研究进展

寄生虫病防控岗位

为了推动海水鱼产业提质增效及绿色发展，2019年度，本岗位针对海水鱼寄生虫病，进一步完善了刺激隐核虫（*Cryptocaryon irritans*）病快速检测技术，针对前期研发的刺激隐核虫灭活疫苗进行了免疫保护性及保护期实验，建立了一种刺激隐核虫病防控效果评价体系，进一步验证了2018年杀虫药物防治刺激隐核虫病筛选结果，研发了一种防刺激隐核虫病的纳米杀虫涂料，开展了刺激隐核虫流行病学调查，研究了斜带石斑鱼3个基因在抗感染刺激隐核虫过程中的作用。以下为2019年寄生虫病防控岗位技术研究进展的详细介绍。

1　建立刺激隐核虫核酸检测技术

在前期研究的基础上，对海水中刺激隐核虫（*Cryptocaryonirritans*）幼虫核酸检测技术进行验证和完善。采用5μm滤膜，以抽滤方式收集和浓缩海水中的刺激隐核虫幼虫。采用蛋白酶K缓冲液直接消化幼虫细胞膜和核酸蛋白质，再通过硅胶滤膜离心柱回收DNA，以刺激隐核虫rDNA ITS序列保守区域设计特异性荧光定量引物，采用荧光定量PCR检测幼虫DNA含量。结果表明：重新筛选的引物具有良好的特异性和扩增效率（图1A），阳性样品倍比稀释前后浓度间的*Ct*差值的范围为0. 97～1. 20，扩增效率为106%；另外，第12孔的模板约为0. 4个幼虫核酸含量，而*Ct*值为23. 09。以上结果说明刺激隐核虫ITS引物和核酸样品具有高灵敏度和可靠性。运用抽滤法收集不同幼虫数量的检测结果显示：不同幼虫数量的*Ct*具有显著差异，组内*Ct*最大差值为1. 76，幼虫数量最大误差为2. 71倍（图1B）。对不同水况的检测结果显示：运用本方法检测不同水况中的刺激隐核虫幼虫，水况环境对检测结果无明显影响（图2）。目前，已形成一套重复性好、灵敏度高的荧光定量PCR检测海水中刺激隐核虫的技术体系。

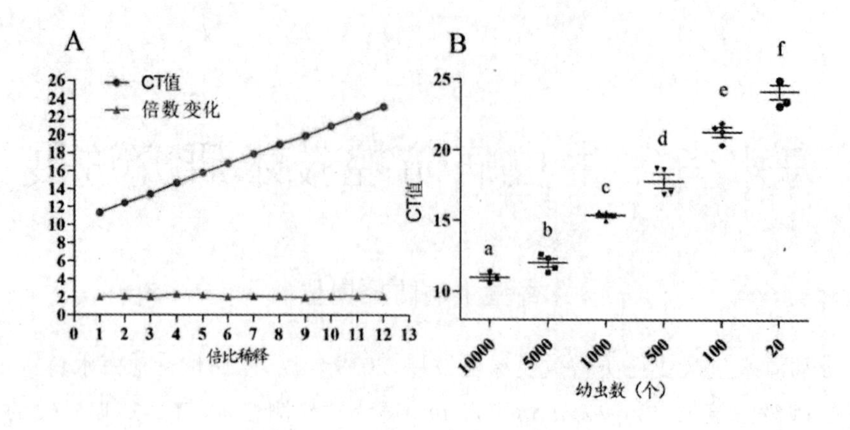

图1 引物扩增效率(A)和不同幼虫数量检测的稳定性(B)

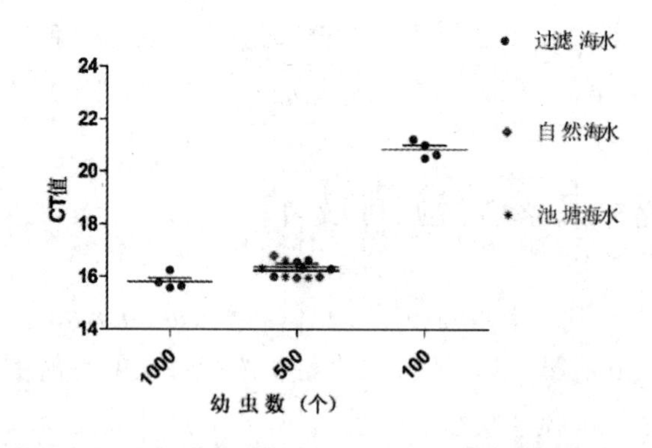

图2 不同水况下刺激隐核虫检测的稳定性

2 刺激隐核虫灭活疫苗保护实验

本实验前期以卵形鲳鲹(*Trachinotus ovatus*)为感染实验的模型动物,在此模型动物体上。虫体繁殖效率约为200倍,可繁殖大量虫体以满足生产疫苗的抗原需求,收集的包囊在体外人工条件下孵化出大量幼虫,经福尔马林灭活后,制成幼虫灭活疫苗。本年度针对前期研发的刺激隐核虫灭活疫苗,用虎龙杂交斑(*Epinephelus lanceolatus* ♀ × *E. fuscoguttatus* ♂)进行了免疫保护性及保护期实验。结果表明,虎龙杂交斑免疫刺激隐核虫灭活疫苗后有效保护期为4个月,免疫保护效果最强在第2个月,减虫率达33%(图3)。

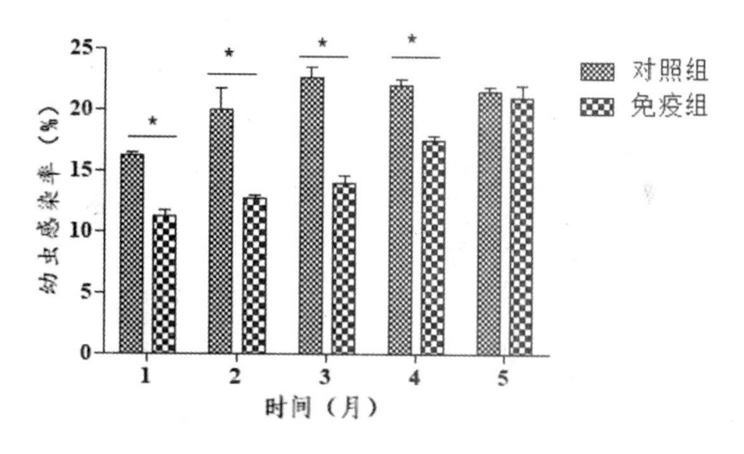

图 3　刺激隐核虫灭活疫苗免疫保护效果

3　构建刺激隐核虫病防控效果评价体系

为了准确评估药物或免疫制剂防控刺激隐核虫病的效果，设计了一种装置评估鱼体刺激隐核虫的负载量。该装置的原理是当发育成熟的刺激隐核虫离开鱼体后，在围栏的阻挡下沉到水底并黏附于垫布，将垫布取出后就可直接计数虫体数量（图 4）。通过人工感染动物模型实验发现该装置能收集到鱼体脱落的全部虫体，卵形鲳鲹被刺激隐核虫一次感染后用该装置分别在第 2、3 和 4 天进行收集，可得到全部包囊。动物模型实验结果表明，感染剂量与总包囊数的拟合线性模型为 $y=192.5+3.961x$（图 5），决定系数 R^2 来为 0.990，说明感染剂量与收集到的总包囊数呈良好的线性关系。此装置收集的包囊数可准确地反映鱼体刺激隐核虫的负载量，为筛选抗刺激隐核虫药物提供一种新的效果评价体系。

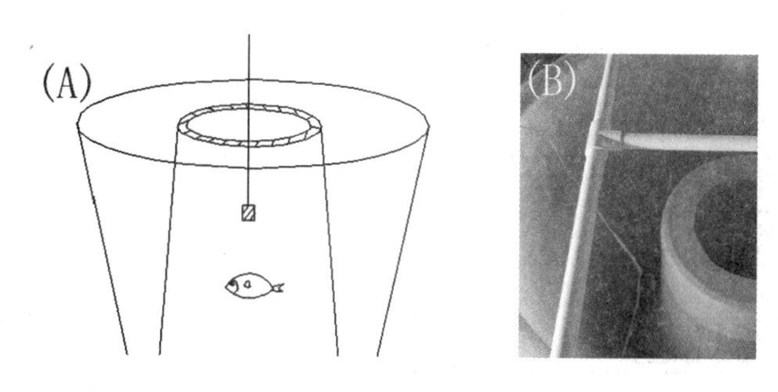

图 4　包囊收集装置设计图（A）与实物图（B）

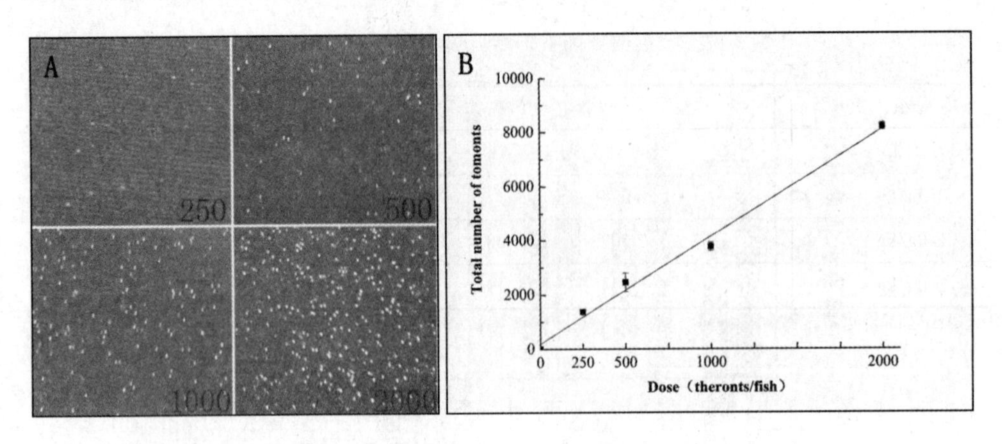

图 5 不同感染剂量与收集包囊的关系

A. 不同感染剂量下垫布上包囊的数量变化，B. 收集包囊总数与感染剂量的线性关系。250、500、1 000 和 2 000 分别代表感染剂量为 250、500、1 000 和 2 000 幼虫／尾。

4 防治刺激隐核虫病的药物筛选实验

结合 2018 年药物筛选实验结果，我们选取效果较好的盐酸氨丙啉、香芹酚、药物 A 和药物 B 展开进一步的抗刺激隐核虫药物实验。结果显示，香芹酚、盐酸氨丙啉、药物 A 和药物 B 连续投喂 7 d 后进行人工感染刺激隐核虫，相比于对照，包囊减少率依次为 10. 83%、15. 97%、7. 89% 和 10. 65%（表 1）。为了具体地确定盐酸氨丙啉抗刺激隐核虫的效果，设置盐酸氨丙啉添加量为 0、0. 5、1. 0、2. 0 g/kg，连续投喂卵形鲳鲹 7 d 后进行攻毒实验。结果显示，相比于对照，0. 5 g/kg 组、1. 0g/kg 组和 2. 0g/kg 组包囊数分别减少了 14. 54%、20. 61% 和 37. 10%（表 2）。实验表明，盐酸氨丙啉预防刺激隐核虫病具有开发价值。

表 1 药物防治刺激隐核虫病效果

分组	包囊数／个	减虫率／%
对照	19 187	
香芹酚	17 721	10. 83
盐酸氨丙啉	16 698	15. 97
药物 A	18 305	7. 89
药物 B	12 245	10. 65

注：减虫率 =（对照组鱼脱落包囊数 - 药物组鱼脱落包囊数）／对照组鱼脱落包囊数 ×100%。

表 2　盐酸氨丙啉防治刺激隐核虫病效果

分组	包囊数 / 个	减虫率(%)
对照	9 450. 5±112. 43	—
0. 5g/kg	8 076. 33±899. 45	14. 54
1. 0g/kg	7 502. 67±321. 08	20. 61
2. 0g/kg	5 944. 67±625. 19	37. 10

注：减虫率 =（对照组鱼脱落包囊数 - 药物组鱼脱落包囊数）/ 对照组鱼脱落包囊数 ×100%。

5　防刺激隐核虫病的纳米杀虫涂料研发

铜离子具有天然杀菌、杀虫功能，其制剂常用于植物和水产养殖中病害防治。刺激隐核虫滋养体脱离宿主之后沉降到水体底部形成包囊的过程中，虫体表面会分泌一些物质使包囊黏附于池底。根据刺激隐核虫生物学特性，本研究将耐腐蚀的纳米铜合金颗粒添加到鱼池涂料中，以期达到杀灭黏附于池底的刺激隐核虫包囊的目的。实验设置设空白组（无涂料）、对照组（正常涂料）和实验组（加纳米铜合金颗粒涂料），每组 3 个平行组，每个平行组放入感染刺激隐核虫的卵形鲳鲹 20 尾（约 20g，感染剂量为 2 000 只幼虫每尾），统计各组 20 d 内的累计死亡率。研究结果表明，空白组和对照组在第 7 天的死亡率达 100%，而实验组在第 20 天的死亡率为 0%（图 6），说明防虫涂料组可有效防止刺激隐核虫的二次感染。将包囊前体或包囊放到防虫涂料上，发现包囊前体接触涂料 3 h 开始出现破裂，在第 6 小时死亡率达 100%，包囊接触涂料 24 h 后死亡率达 100%（图 7）。

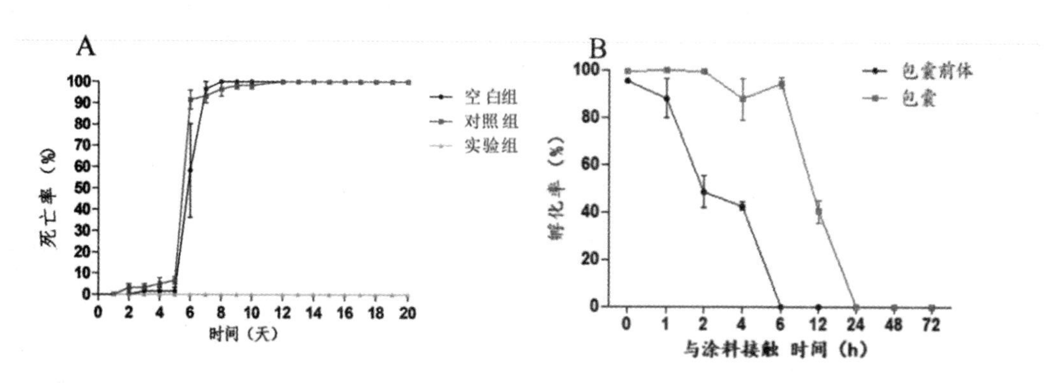

A. 累计死亡率，B. 包囊前体和包囊接涂料死亡时间。

图 6　纳米杀虫涂料防刺激隐核虫病效果

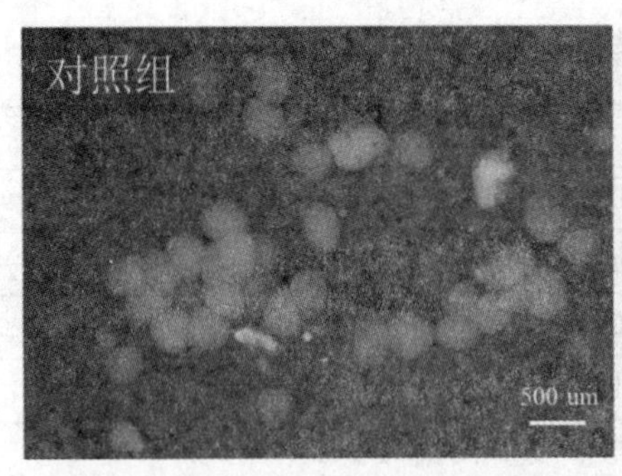

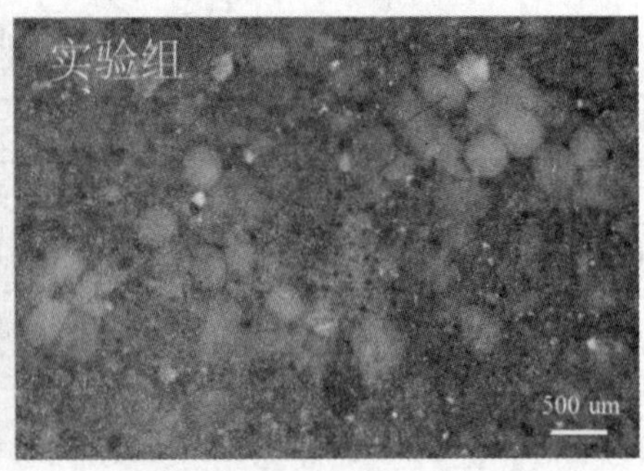

图 7 纳米杀虫涂料对包囊前体杀灭效果

6 重要寄生虫病流行病学研究

为查明我国海水鱼刺激隐核虫病流行情况，系统记录周年的刺激隐核虫感染和发病情况，选取广东惠州(石斑鱼)、广东湛江(卵形鲳鲹)和福建宁德(大黄鱼)作为调查点，以现场寄生虫检查和咨询问访调查为主，结合电话咨询方式进行调查。共开展了流行病学调查 18 场次、电话咨询 30 次，共采集样本 600 份，其中惠州 150 份、湛江 200 份、宁德 250 份。结果显示：2019 年我国海水鱼刺激隐核虫病呈局部发病，或鱼体长期带虫，而出现暴发性规模死亡次数较少(表 3)。其中，惠州调查点的石斑鱼养殖采取循环系统工厂化模式，只在 5 月和 9 月出现发病，但经过治疗后未出现明显死亡；湛江流沙港养殖区在 7 月初至 9 月底局部渔排的卵形鲳鲹检出刺激隐核虫，但虫体数量不多，只在 8 月 17 号因台风和低潮应激，鱼体质下降，出现卵形鲳鲹刺激隐核虫病规模性暴发，出现大量死亡；宁德大黄鱼养殖区在 6 月初至 9 月底多数渔排可检出刺激隐核虫，但数量很少，呈持续带虫状态，局部发病，未出现规模性死亡。

表 3 刺激隐核虫病调查信息表

时间	地点		
	惠州	湛江	宁德
2019 年 1～4 月	无	—	—
2019 年 5 月	出现发病	无	无
2019 年 6 月	无	无	局部渔排带虫，无明显影响
2019 年 7 月	无	局部带虫，无明显影响	多数发病，局部渔排出现死亡
2019 年 8 月	出现发病	带虫，部分渔排出现死亡	—
2019 年 9 月	无	极少	局部渔排带虫，无明显影响
2019 年 10 月	无	无	极少
2019 年 11～12 月	—	—	无

注：“—”代表未调查

7　石斑鱼感染刺激隐核虫的免疫反应机制初步研究

为了揭示宿主抗刺激隐核虫的免疫反应机制，2019年度，本岗位继续研究石斑鱼抗刺激隐核虫感染免疫机制，克隆了巨噬细胞表达基因1a/1b（EcMpeg1a/1b）、肿瘤坏死因子受体相关因子5（EcTRAF5）和髓样分化因子接头蛋白（EcMal），并对这些基因的功能进行了研究，主要结果如下。

对EcMpeg1的两种亚型进行蛋白结构预测，发现两者均包含一个信号肽、一个保守的膜攻击复合物区域、一个跨膜片段和一个细胞内区域。组织表达分析发现EcMpeg1a/1b基因在所有组织中均有表达，在头肾和脾脏的表达量最高。石斑鱼感染刺激隐核虫后，EcMpeg1a/1b基因在脾和鳃的表达量明显上调。此外，重组EcMpeg1a蛋白对刺激隐核虫幼虫具有良好的杀灭效果，并对革兰氏阴性菌和阳性菌均有抑制作用；而重组EcMpeg1b蛋白仅对革兰氏阳性菌有抑制作用。

与哺乳动物相似，EcTRAF5蛋白包含一个N端RING结构域、一个锌指结构域、一个C端TRAF结构域、一个卷曲螺旋结构域和MATH结构域。序列对比分析表明，EcTRAF5与其他物种的具有相对较低的同源性，但与其他鱼类的聚为一类。荧光定量PCR表明，EcTRAF5基因在石斑鱼各个组织中表达，在皮肤、后肠和头肾中表达量相对较高。石斑鱼感染刺激隐核虫实验表明，EcTRAF5基因在鳃和头肾中表达上调。细胞内定位分析表明，全长EcTRAF5蛋白均匀分布在细胞质中，EcTRAF5的卷曲螺旋结构域缺失突变体均匀分布在细胞质和细胞核中。此外，在HEK2931细胞中，EcTRAF5表达显著增强NF-κB的活化，缺失RING结构域或锌指结构域的EcTRAF5蛋白活化NF-κB的能力显著降低，说明EcTRAF5信号传导需要RING结构域和锌指结构域的参与。

EcMal开放阅读框为831 nt，编码276个氨基酸，并由包含3个外显子和2个内含子的1 299 bp的DNA序列编码。EcMal基因与其他物种的具有不同水平的差异，但聚为一类。组织分布实验表明，EcMal基因在所有测试的组织中均表达，在头肾表达量最高。感染实验结果表明，石斑鱼感染刺激隐核虫后，EcMal基因在鳃和脾中的表达量显著上升。此外，亚细胞定位实验表明，EcMal蛋白分布在细胞质和细胞核中。EcMal蛋白在石斑鱼脾细胞中可显著增强NF-κB的活性。

（岗位科学家　李安兴）

海水鱼养殖环境胁迫性疾病与综合防控技术研发进展

环境胁迫性疾病与综合防控岗位

2019 年，环境胁迫性疾病与综合防控岗位重点围绕海水鱼生理生化指标监测、海水鱼应激指标筛选、大黄鱼养殖环境监测和流行病调查、免疫调节剂和微生态制剂研发等体系重点任务开展工作。测定了春季、夏季和秋季大黄鱼、大菱鲆和石斑鱼的血清生理生化指标，获得相关数据 78 条，从中筛选获得可用于海水鱼环境胁迫性疾病诊断的生理生化指标 3 个；开展大黄鱼主要养殖区水体环境监测和流行病学调查工作，发现大黄鱼内脏白点病、体表白点病以及白鳃病的发病情况与水温密切相关，确定了每种疾病发病的温度范围，为大黄鱼养殖病害预警提供数据支撑；从低氧胁迫大黄鱼的脾脏和头肾中分别鉴定了 2 499 和 3 685 个差异表达基因，获得大黄鱼低氧胁迫标志基因 2 个；筛选、获得了调节养殖水质的益生菌 8 株，具有免疫调节作用的分子 3 种，其中，大黄鱼 IL-4/13A 蛋白作为免疫调节剂与弧菌亚单位疫苗联合使用，显著提高大黄鱼血清中特异性抗体效价，展现出良好的应用前景。

1 海水鱼生理生化参数检测

本年度测定了春季、夏季和秋季不同地区养殖大黄鱼、大菱鲆和石斑鱼的血清生理生化指标，获得相关数据 78 条（表 1）。其中，γ- 谷氨酰基转移酶（GGT）在大黄鱼、大菱鲆血清中未检出，丙氨酸氨基转移酶（ALT）在大菱鲆血清中未检出。大黄鱼血清中无机磷的浓度（0. 5～2. 1 mmol/L）显著低于大菱鲆（2. 0～5. 4 mmol/L）和石斑鱼（2. 0～5. 6 mmol/L）；血清中镁离子（Mg^{2+}）的浓度（0. 12～1. 2 mmol/L）与大菱鲆（0. 8～1. 3 mmol/L）和石斑鱼（0. 80～2. 0 mmol/L）的较为相近。总抗氧化能力（T-AOC）、总一氧化氮合成酶（NOS）和过氧化氢酶（CAT）在 3 种海水鱼血清中的含量相对稳定，不随季节变化而发生明显改变，适合作为海水鱼环境应激诊断的标志分子。

表 1 3 种海水鱼血清生理生化指标

编号	指标	大黄鱼	大菱鲆	石斑鱼
1	总抗氧化能力（T-AOC）/（U/mL）	0. 6～8. 1	21. 0～90. 2	1. 0～15. 0

续表

编号	指标	大黄鱼	大菱鲆	石斑鱼
2	总一氧化氮合成酶(NOS)/(U/mg)	1. 5～5. 6	3. 4～16. 8	1. 5～29. 0
3	溶菌酶(LSZ)/(U/mL)	439～1030	172. 0～1536. 6	49. 0～509. 0
4	超氧化物歧化酶(T-SOD)/(U/mL)	33. 0～71. 0	51. 0～192. 0	40. 0～83. 0
5	过氧化氢酶(CAT)/(U/mL)	2. 0～21. 0	1. 9～19	2. 0～23. 0
6	总 ATP 酶(ATP)/(U/mL)	3. 0～10. 2	7. 0～42. 0	0. 7～5. 9
7	肌酐(Cre-P)/(μmol/L)	2. 0～22. 0	2. 0～28. 0	36. 0～160. 0
8	γ- 谷氨酰基转移酶(GGT)/(U/L)	0	0	32. 0～120. 0
9	总接胆红素(T-Bil)/(μmol/L)	16. 0～28. 6	12. 2～29. 4	12. 0～40. 4
10	尿素氮(UREA)/(mmol/L)	20. 0～37. 0	0. 82～2. 90	84. 0～120. 0
11	丙氨酸氨基转移酶(ALT)/(U/L)	1. 0～8. 0	0	280. 0～820. 0
12	碱性磷酸酶(ALP)/(U/L)	11. 0～18. 9	22. 0～106. 0	56. 0～400. 0
13	直接胆红素(D-Bil)/(μmol/L)	0. 2～1. 4	0. 2～1. 9	1. 2～5. 6
14	高密度脂蛋白胆固醇(HDL-C)/(mmol/L)	0. 4～2. 1	1. 2～5. 5	0. 8～4. 8
15	低密度脂蛋白胆固醇(LDL-C)/(mmol/L)	0. 3～1. 1	1. 5～3. 3	0. 8～4. 8
16	天门冬氨酸氨基转移酶(AST)/(U/L)	1. 0～26. 2	6. 0～54. 0	12. 0～36. 0
17	甘油三酯(TG)/(mmol/L)	0. 2～1. 8	3. 9～14. 1	0. 4～1. 6
18	总蛋白(TP)/(g/L)	2. 8～14. 9	28. 8～36. 6	40. 0～55. 0
19	白蛋白(ALB)/(g/L)	0. 6～3. 2	6. 8～12. 6	8. 0～12. 0
20	总胆固醇(TC/CHO)/(mmol/L)	0. 2～3. 1	1. 8～4. 7	0. 8～2. 0
21	葡萄糖(GLU)/(mmol/L)	0. 4～1. 8	0. 5～2. 5	1. 2～4. 5
22	尿酸(UA)/(μmol/L)	2. 0～19. 0	24. 0～108. 0	4. 0～80. 0
23	钙离子(Ca^{2+})/(mmol/L)	0. 2～1. 9	1. 5～1. 9	0. 8～2. 0
24	镁离子(Mg^{2+})/(mmol/L)	0. 12～1. 2	0. 8～1. 3	0. 8～2. 0
25	二氧化碳(CO_2)/(mmol/L)	1. 4～3. 9	10. 6～15. 9	3. 0～12. 0
26	无机磷(IP)/(mmol/L)	0. 5～2. 1	2. 0～5. 4	2. 0～5. 6

2 宁德市大黄鱼主要养殖区环境监测和流行病调查

2019年1—10月，对福建省宁德市4个大黄鱼主要养殖区（官井洋、盘前、池下和大湾）的养殖水质进行了跟踪监测，监测指标包括水温、pH和盐度。水质检测结果表明，1—10月宁德大黄鱼主要养殖区水温和盐度随季节变化明显，水温变化范围在12.17～29.56 ℃，盐度为23.81～34.51，而pH相对稳定，变化范围为7.81～8.03（表2）。同时对3种大黄鱼主要病害（体表白点病、内脏白点病和白鳃病）的发病情况进行了跟踪调查。内脏白点病发病时间集中在2—5月，其中3月和4月内脏白点病大面积暴发，大黄鱼死亡较多；体表白点病发病主要集中在5—10月，其中6月出现大面积暴发，7月和8月逐渐消退，9月再次出现大规模暴发现象；白鳃病发病时期为6—10月，9月发病情况较为严重（表3）。

表2　2019年1月—10月大黄鱼养殖区1～10月份水质监测结果

月份	温度/℃				pH				盐度			
	官井洋	盘前	池下	大湾	官井洋	盘前	池下	大湾	官井洋	盘前	池下	大湾
1	14.47	14.40	14.30	14.37	7.87	7.82	7.86	7.86	28.45	28.59	28.04	28.90
2	12.17	12.57	12.77	12.57	7.95	7.88	7.95	7.96	25.8	25.49	23.81	25.49
3	14.87	14.77	15.70	15.47	7.95	7.97	7.97	7.98	28.79	29.19	25.13	26.79
4	18.1	18.20	18.73	19.23	8.03	8.03	7.95	8.02	30.20	30.23	26.91	27.49
5	20.23	20.40	20.47	20.60	7.85	7.82	7.81	7.83	30.84	30.02	30.47	28.34
6	25.00	25.00	25.87	25.13	8.03	7.98	7.96	7.99	31.95	30.65	29.51	31.11
7	26.94	27.12	27.88	27.92	8.01	7.98	7.99	8.01	31.64	31.94	29.48	30.53
8	27.84	28.00	29.48	29.56	7.98	7.94	7.87	7.86	34.43	34.20	33.98	34.51
9	28.22	28.26	28.14	28.36	7.90	7.87	7.82	7.84	33.72	33.47	34.49	34.27
10	25.14	25.08	25.08	25.10	8.02	8.03	7.96	8.00	32.06	31.01	31.01	31.01

表3　2019年1—10月份大黄鱼主要病害发病情况

月份	内脏白点病	体表白点病	白鳃病
1	无	无	无
2	盘前	无	无
3	官井洋、盘前、池下、大湾	无	无
4	官井洋、盘前、池下、大湾	无	无
5	官井洋、盘前、池下、大湾	官井洋、盘前、池下、大湾	无

续表

月份	内脏白点病	体表白点病	白鳃病
6	无	官井洋、盘前、池下、大湾	官井洋、盘前、池下、大湾
7	无	官井洋、盘前、池下、大湾	官井洋、盘前、池下、大湾
8	无	官井洋、盘前、池下、大湾	官井洋、盘前、池下、大湾
9	无	官井洋、盘前、池下、大湾	官井洋、盘前、池下、大湾
10	无	官井洋、盘前、池下、大湾	官井洋、盘前、池下、大湾

结合水质监测和流行病调查结果发现，大黄鱼内脏白点病、体表白点病以及白鳃病的发病情况主要与水温密切相关：内脏白点病发病时水温为 12～24 ℃，发病高峰期水温为 15～18 ℃；体表白点病发病时水温为 20～29 ℃，发病高峰期水温为 25～28 ℃；大黄鱼白鳃病发病时水温为 25～29 ℃，发病高峰期水温为 28～29 ℃。

3　低氧胁迫大黄鱼脾脏和头肾转录组学研究

测定了低氧胁迫大黄鱼脾脏和头肾转录组。低氧胁迫 6h、12h 和 48h，大黄鱼脾脏中分别发现了 791、425 和 300 个基因表达上调，996、421 和 400 个基因表达下调；相应时间点头肾中分别有 1 034、1 070 和 837 个基因上调表达，1 254、424 和 316 个基因下调表达（图 1）。基于 GO 和 KEGG 分类的结果，发现低氧胁迫导致脾脏中大量的先天性免疫基因表达量显著降低，包括 Toll 样受体基因（TLR1、TLR2-1、TLR2-2、TLR5 和 TLR8），F 型凝集素基因（FUCL1、FUCL4 和 FUCL5）、巨噬细胞甘露糖受体基因（MRC1）、抗菌肽（Hamp1）、溶菌酶（LYSG）等；而头肾中先天性免疫相关基因的表达模式不同于脾脏，如 Clec4e、Clec4m、Clec12b、MRC3、CCL20、CCR8、CCR9、CCR11、CXCR3、CXCR4、CML1、C1ql3、C1ql4、C1qR1、C7 等先天性免疫相关基因表达水平显著上调。这些结果说明不同的组织在低氧应答过程中发挥的作用不尽相同。此外，HIF-1α 和 HIF-1AN 在低氧胁迫大黄鱼的脾脏和头肾中表达水平都显著上调，可以作为检测大黄鱼低氧应激的标志基因。

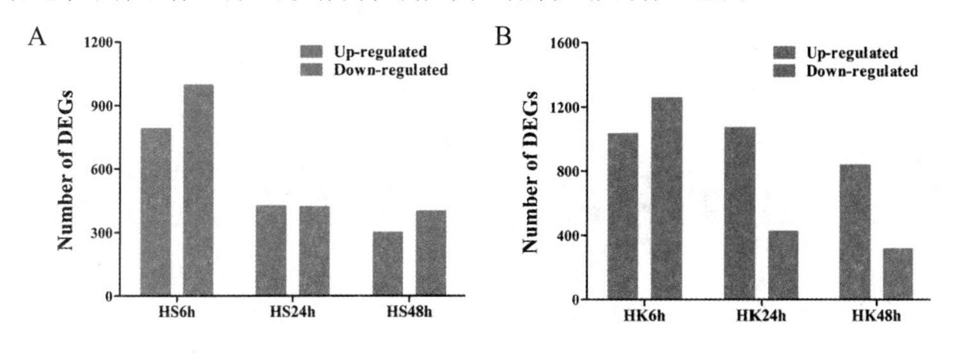

A. 脾脏；B. 头肾。

图 1　差异表达基因数量统计

4 鱼类免疫调节剂研发

4.1 大黄鱼粒细胞集落刺激因子 LcGCSFb

粒细胞集落刺激因子(GCSF)是一种多功能细胞因子,参与调节造血、先天性免疫和适应性免疫等过程。本研究通过 RACE-PCR 从大黄鱼脾脏 cDNA 文库中扩增得到 1 个 GCSF 的同源基因 LcGCSFb,其全长为 603 nt,编码 200 个氨基酸,含有 1 个包含 19 个氨基酸的信号肽和 1 个包含 181 个氨基酸的成熟肽。以 0.2 μg/g 大黄鱼的计量活体注射重组表达的 LcGCSFb 蛋白,以重组 Trx 蛋白作为对照,于注射后不同时间点收集大黄鱼头肾和血液样品,使用荧光定量 PCR 检测相关基因表达变化。每组实验重复 3 次。重组表达的 LcGCSFb 蛋白不仅能够显著上调大黄鱼头肾和血液中的炎症因子(IL-6 和 TNF-α)和中性粒细胞增殖相关转录因子 C/EBPβ 的表达水平(图 2),而且能增强头肾白细胞的吞噬活性,当 LcGCSFb 重组蛋白终浓度达到 1 000ng/mL 时,大黄鱼头肾白细胞的吞噬提高增加约 35%。以上结果表明,LcGCSFb 可能通过促进炎症反应和增强白细胞吞噬活性参与大黄鱼的抗细菌免疫应答。

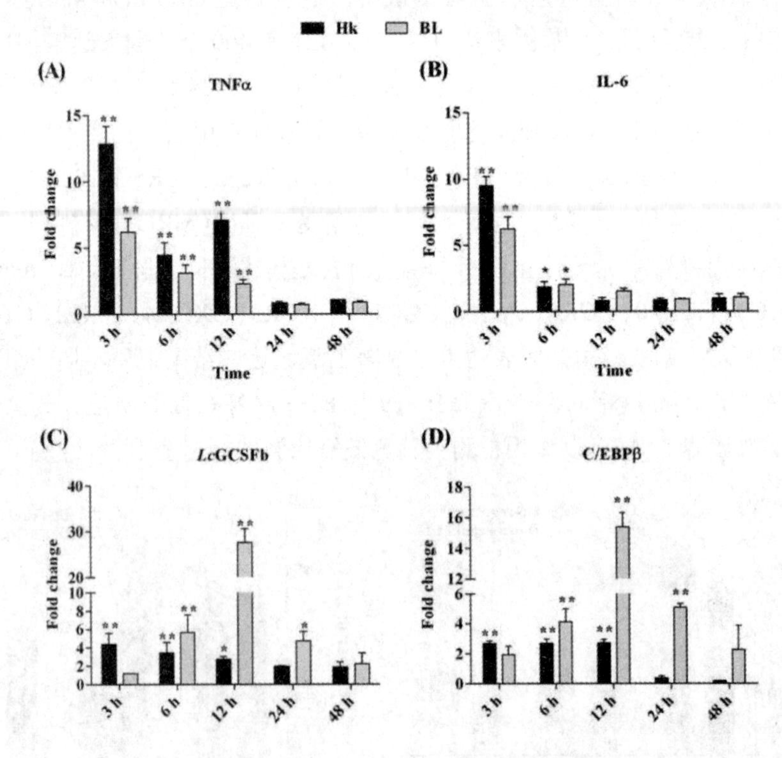

图 2 LcGCSFb 蛋白显著上调炎症因子和中性粒细胞增殖相关转录因子的表达

4.2　大黄鱼趋化因子 CXCL_F6

趋化因子是一类结构相似且具有趋化功能的细胞因子超家族，主要功能是调控细胞的迁移和活化。近年来，在硬骨鱼中发现了 5 类鱼类特有的 CXC 型趋化因子，分别命名为 CXCL_F1～CXCL_F5。本岗位从大黄鱼中鉴定了一个新的鱼类 CXC 型趋化因子，LcCXCL_F6，其开放阅读框含有 369 个核苷酸，编码包含 122 个氨基酸的蛋白质。病毒类似物 poly（I：C）和溶藻弧菌（*Vibrio alginolyticus*）诱导后，大黄鱼脾脏和头肾中 LcCXCL_F6 的转录水平显著上调，表明 LcCXCL_F6 可能参与大黄鱼抗病毒和抗细菌免疫应答。LcCXCL_F6 重组蛋白不仅可以趋化单核巨噬细胞和淋巴细胞（图 3），还可以增加单核巨噬细胞一氧化氮的释放量（图 4），并且促进单核巨噬细胞中促炎因子 TNF-α、IL-1β 和 CXCL8 的表达。这些结果表明 LcCXCL_F6 促进大黄鱼炎症反应。

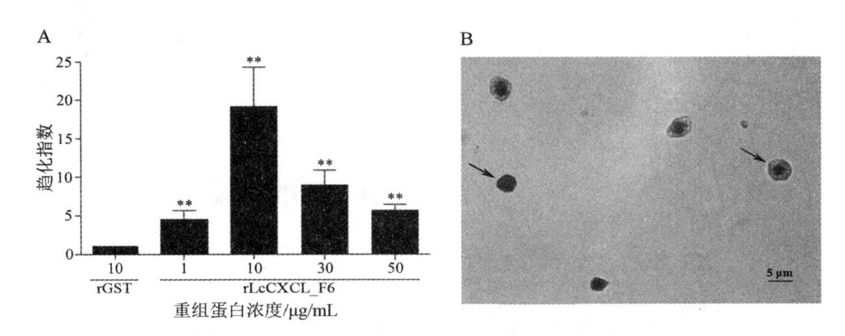

A. LcCXCL_F6 重组蛋白趋化实验。以相同系统重组表达 GST 的蛋白作为对照，趋化实验使用大黄鱼外周血白细胞。B. 吉姆萨染色 LcCXCL_F6 重组蛋白趋化的免疫细胞。蓝色箭头指示单核巨噬细胞，黑色箭头指示淋巴细胞。

图 3　LcCXCL_F6 趋化活性分析

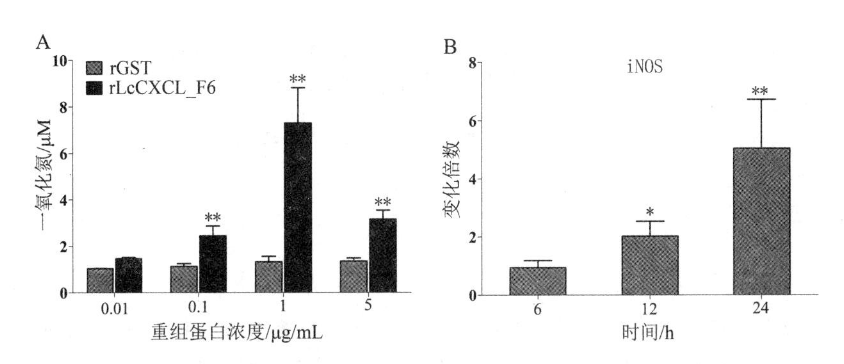

A. 分别以 0.01、0.1、1 和 5μg/mL 的重组 LcCXCL_F6 蛋白孵育大黄鱼头肾巨噬细胞，以相同浓度 GST 蛋白处理作为对照组，检测诱导后巨噬细胞内一氧化氮的浓度。B. LcCXCL_F6 重组蛋白对大黄鱼头肾巨噬细胞 iNOS 基因转录水平的影响。

图 4　LcCXCL_F6 对单核巨噬细胞一氧化氮释放产生的影响

4.3 大黄鱼干扰素 IFNc

大黄鱼干扰素 IFNc 属于 group Ⅱ 的 Ⅰ 型干扰素，包含有 6 个半胱氨酸，其中 4 个半胱氨酸(C28、C53、C130 和 C159)在硬骨鱼 group Ⅱ 的 Ⅰ 型干扰素中是高度保守的。大黄鱼 IFNc 在所有受试组织中呈组成型表达，在 poly (I:C)和嗜水气单胞菌(*Aeromonas hydrophila*)刺激后，IFNc 在脾脏和头肾中的表达量迅速上调。大黄鱼 IFNc 重组蛋白(图 5A)可诱导大黄鱼外周血细胞中抗病毒基因 Mx1、PKR 和 ISG15 的表达上调(图 5B)。用重组 IFNc 蛋白处理过的石斑鱼脾脏细胞，在石斑鱼感染虹彩病毒后，细胞病变效应有所减缓，病毒基因表达水平也显著下调(图 5C 和图 5D)，表明大黄鱼 IFNc 重组蛋白具有明显的抗病毒活性。此外，重组 IFNc 蛋白还可以诱导大黄鱼外周血白细胞和原代头肾细胞中其自身的表达，调控 Ⅰ 型干扰素应答。

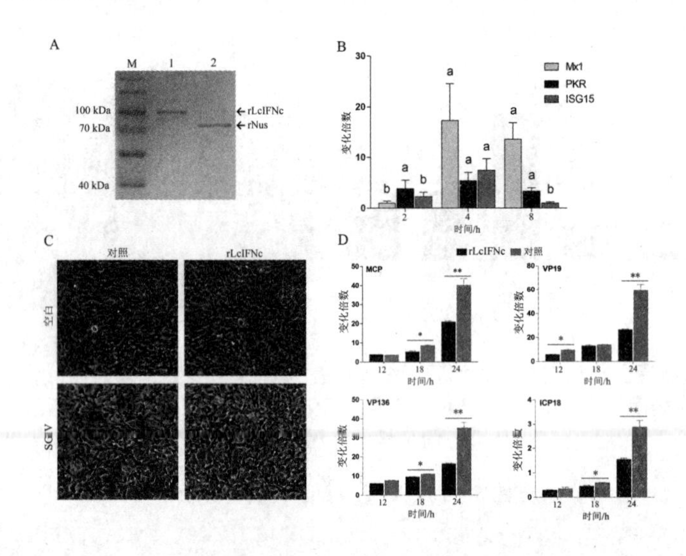

A. 大黄鱼 IFNc 蛋白重组表达。B. 干扰素刺激基因表达分析。C. 显微镜观察石斑鱼脾脏细胞感染 SGIV 的病变效果。D. 病毒基因表达水平变化。

图 5 重组大黄鱼 IFNc 的抗病毒活性

4.4 大黄鱼白细胞介素 IL-4/13A

使用 IL-4/13A 重组蛋白腹腔注射大黄鱼，大黄鱼脾脏、头肾和外周血中的 EDU 阳性 T 淋巴细胞和 IgM 阳性 B 淋巴细胞比例显著增加，说明大黄鱼 IL-4/13A 能够显著促进 T 淋巴细胞和 B 淋巴细胞增殖(图 6A)。大黄鱼 IL-4/13A 重组蛋白与弧菌亚单位疫苗 DLD 共同免疫大黄鱼，大黄鱼血清中 DLD 特异性抗体效价在免疫后第 5 周提高到原来的 2 倍左右(图 6B)。以上结果表明，大黄鱼 IL-4/13A 蛋白作为免疫调节剂显著促进大黄鱼 T 淋巴细胞和 B 淋巴细胞增殖，提高疫苗的抗体效价，展现出良好的应用前景。

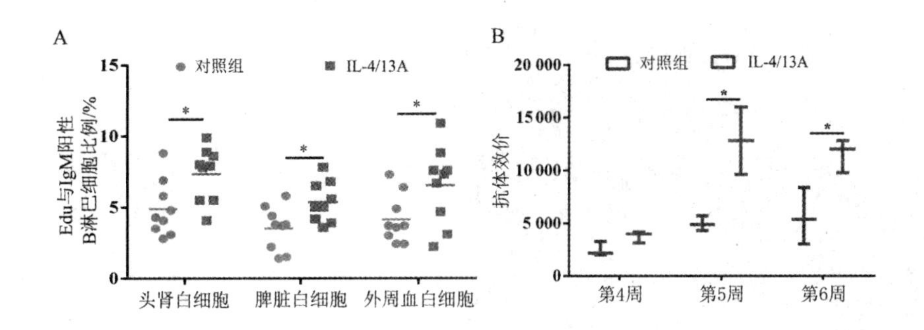

A. IL-4/13A 蛋白处理后大黄鱼 IgM 阳性 B 淋巴细胞增殖情况；B. 弧菌亚单位疫苗 DLD 的抗体效价分析。

图 6　大黄鱼 IL-4/13A 免疫增强效果评价

5　大黄鱼 IgM 单克隆抗体制备及 IgM 阳性 B 淋巴细胞鉴定

从大黄鱼血清中纯化得到了高纯度的大黄鱼 IgM 蛋白，免疫小鼠成功制备了抗大黄鱼 IgM 单克隆抗体。Westernblot 和免疫荧光实验表明，该抗体特异性结合大黄鱼血清中的 IgM 重链，并能够识别大黄鱼 B 淋巴细胞表面的 IgM 分子（图 7A 和 7B），说明制备的抗大黄鱼 IgM 单克隆抗体效果较好。利用小鼠抗大黄鱼 IgM 单克隆抗体分选得到了大黄鱼 IgM 阳性 B 淋巴细胞（图 7C 和 7D），通过 RT-PCR 在分选得到的 IgM 阳性 B 淋巴细胞中检测到 IgH、IgL 等 B 淋巴细胞特异性标志基因的表达，而 T 淋巴细胞标志基因都未检测到（图 7E），表明利用抗大黄鱼 IgM 单克隆抗体分选得到的细胞为 IgM 阳性 B 淋巴细胞。流式细胞技术分析发现，IgM 阳性 B 淋巴细胞在大黄鱼头肾、脾脏和外周血淋巴细胞中的比例分别为 29. 00%±1. 58%、33. 00%±1. 64% 和 16. 50%±2. 39%。此外，这 3 个组织中的 IgM 阳性 B 淋巴细胞都具有吞噬活性，吞噬 0. 5μm 荧光微球的比例分别达到 7. 56%±0. 58%、4. 05%±0. 62% 和 23. 17%±2. 26%，但吞噬 1 μm 荧光微球的比例仅为 2. 36%±0. 23%、1. 16%±0. 44% 和 6. 41%±0. 45%（图 7F），提示大黄鱼 IgM 阳性 B 淋巴细胞的吞噬能力与吞噬的颗粒大小密切相关。以上结果表明，本项目成功制备了小鼠抗大黄鱼 IgM 单克隆抗体，可以作为一种工具鉴定和分选大黄鱼 IgM 阳性 B 淋巴细胞、检测大黄鱼抗体效价，应用于大黄鱼疫苗效果评价。

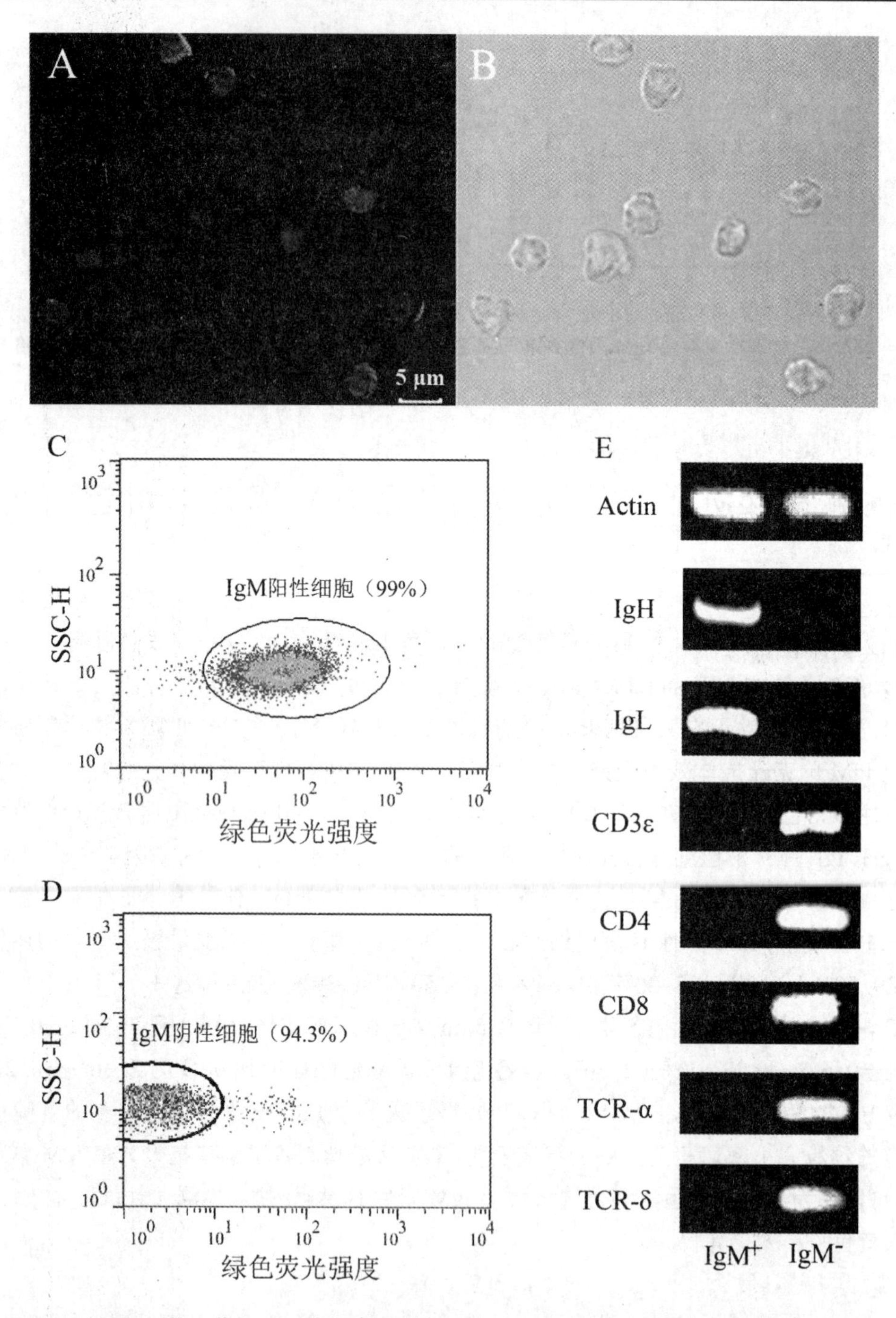

图 7　抗大黄鱼 IgM 单克隆抗体特异性分析与 IgM 阳性 B 淋巴细胞鉴定

A. 激光共聚焦显微镜观察大黄鱼 IgM 阳性 B 淋巴细胞 B. 激光共聚焦显微镜观察大黄鱼 IgM 阳性 B 淋巴细胞，C. 流式细胞术分析分选后的大黄鱼 IgM 阳性 B 淋巴细胞；D. 大黄鱼 IgM 阴性白细胞；E. RT-PCR 检测 IgM 阳性 B 淋巴细胞和 IgM 阴性白细胞中 B 细胞（IgH 和 IgL）和 T 淋巴细胞（CD4、CD8、D3ε、TCR-α 和 TCR-δ）标志基因表达情况；F. 不同组织 IgM 阳性 B 淋巴细胞吞噬微球能力比较。

6　微生态制剂研发

水体中的氨氮、亚硝酸盐、有机污染物、生物毒素等对养殖鱼类具有毒害作用，尤其是当水体中氨氮的浓度达到一定量时，会对鱼类的生长发育产生不利影响，甚至导致鱼类死亡。目前调节养殖水质的主要方法是使用微生态制剂，不仅具有较好的去除氨氮、亚硝酸盐和有机污染物的效果，而且可增加养殖水体中的溶解氧，对养殖鱼类无毒害作用，是一种对养殖环境的生态调节策略。本研究利用平板稀释分离法对采集的海水样品进行细菌分离纯化，经 16*S* 序列比对鉴定，获得了 8 株益生菌，其功能涉及分解有机物、微囊藻毒素和几丁质，以及降解石油烷烃、芳香烃、氨氮、亚硝酸盐等（表 4），复配使用能够有效改善养殖水质，可作为微生态制剂用于海水鱼养殖。

表 4　筛选得到的益生菌

菌株名称	培养温度 /℃	作用	菌落形态
深孔微小杆菌 *Exiguobacterium profundum*	28	分解有机污染物，可用于生物修复	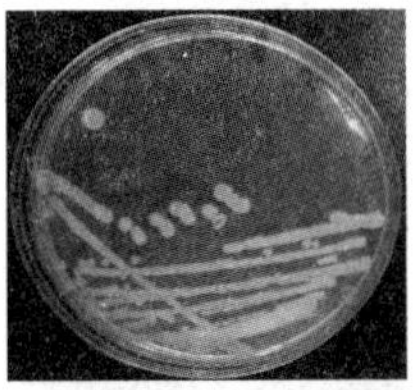
降解红球菌 *Rhodococcus degradans*	28	降解石油烷烃、芳香烃、有机腈、有机农药残留等环境污染物	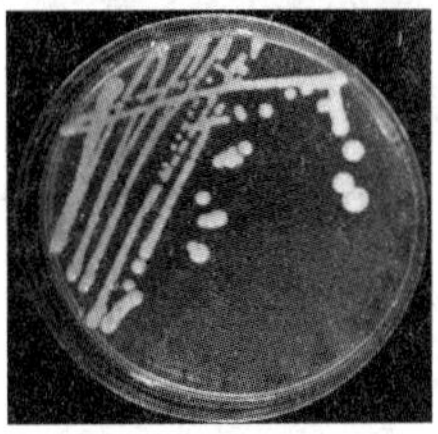
嗜酸寡养单胞菌 *Stenotrophomonas acidaminiphila*	28	具有一定的微囊藻毒素降解能力，用于生物修复	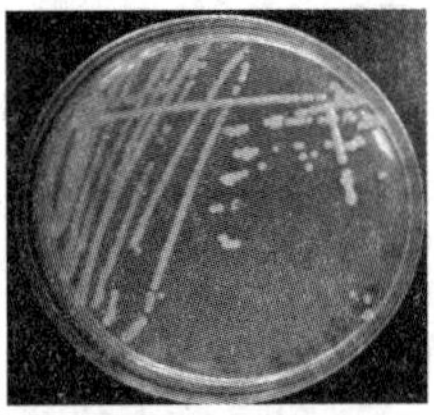
微囊藻毒素降解杆菌 *Paucibacter* sp.	28	具有一定的微囊藻毒素降解能力，用于生物修复	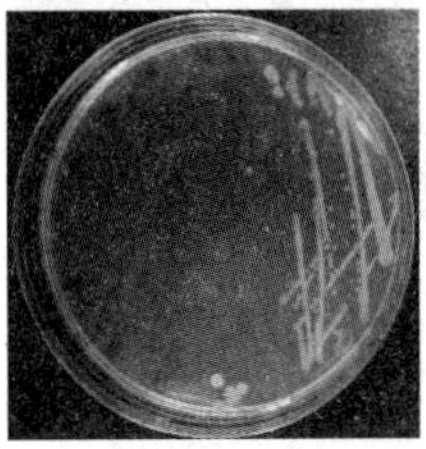

续表

菌株名称	培养温度/℃	作用	菌落形态
赖氨酸芽孢杆菌 *Lysinibacillus* sp.	28	分解有机质,改善环境,同时也抑制部分有害微生物的生长	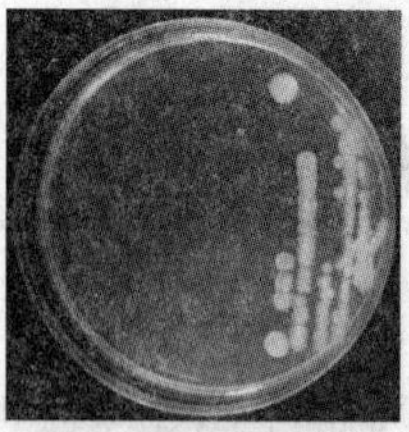
几丁质降解菌株 *Chitinimonas taiwanensis*	28	有效降解几丁质,可用于几丁质壳聚糖之类生物资源开发	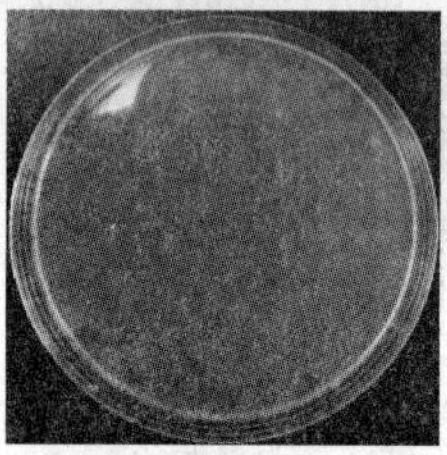
枯草芽孢杆菌 *Bacillus subtilis strain*203	28	降解氨氮、亚硝酸盐等,有效的改善养殖水质,	
地衣芽孢杆菌 *Bacillus licheniformis*207	28	降解氨氮、亚硝酸盐等,有效的改善养殖水质,	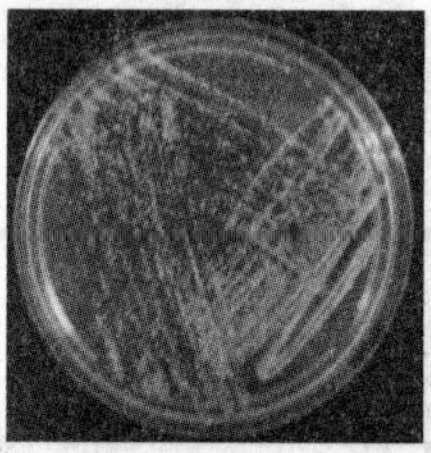

(岗位科学家　陈新华)

海水鱼循环水养殖系统与关键装备研发进展

养殖设施与装备岗位

2019年，养殖设施与装备岗位主要开展了游泳性和底栖性鱼类养殖船舱设计工艺研发、大型养殖平台气力投饲系统设计、养殖系统智能化信息采集系统研究等工作，完成山东省莱州市老旧车间技术升级改造、轨道式自动投饲系统技术示范推广等工作，取得的研究进展如下。

1　游泳性和底栖性鱼类养殖船舱设计工艺研发

1.1　游泳性鱼类舱养系统研发

研究分析了船舶横摇对养殖鱼舱水体运动特性的影响；针对养殖鱼舱晃荡影响颗粒物快速集中和排出的问题，设计提出一种分区反冲洗集污鱼舱结构；针对鱼舱收捕技术要求，设计提出一种可升降式网囊框架设施；针对鱼舱内的死鱼收集难题，设计研发一种浮力驱动的死鱼收集装置。

1.1.1　养殖鱼舱水体运动特性模拟研究

使用 Flow3D 软件，以模型和原型之间 Froude 数相似为基本原则，按 1∶1 比例构建三维养殖鱼舱，在换水率为 16 次 / 天的条件下对比分析了横摇角度（5°～ 12°）和周期（5s ～ 10s）对鱼舱（22. 2 m × 19. 5 m × 16. 5 m）水置换率、流速分布和流线形态的影响。结果显示：横摇角度对鱼舱水置换率无显著影响，但横摇角度的增加会导致鱼舱内的水流速度显著提高，使得与舱内的流线形态从沿竖直轴顺时针螺旋向下改变为绕水平轴的旋转运动，无法形成稳定流态；横摇周期对鱼舱水置换率有显著影响，周期越短，水置换率越高，周期趋于无穷大时，水置换率无限趋近于静置工况；横摇周期对水流速度同样有显著影响，周期越短，流速越高（图 1）。

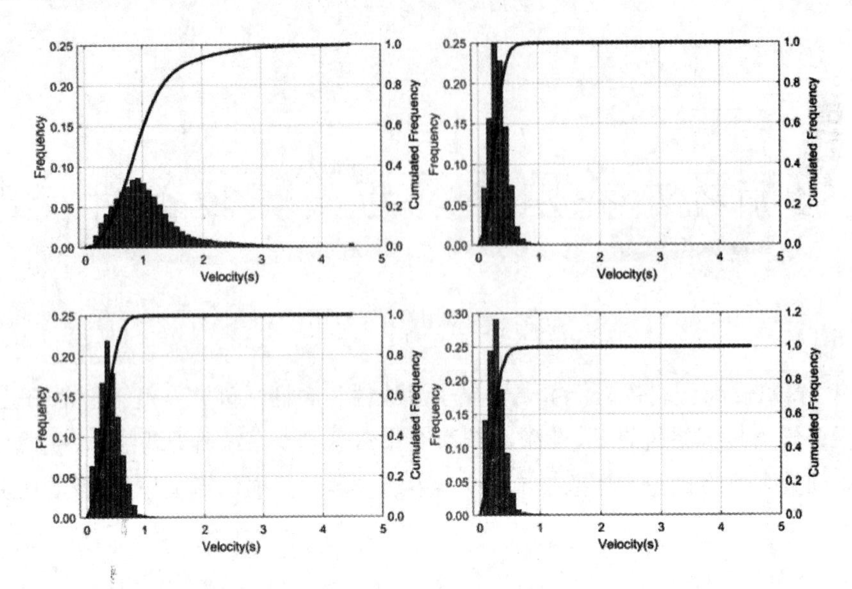

A. 横摇周期5S;B 横摇周期7.55S;C. 横摇周期10S;D. 横摇周期12S.

图1 横摇角度为7°时,不同横摇周期条件下的水流速度分布比例

1.1.2 分区反冲洗集污鱼舱

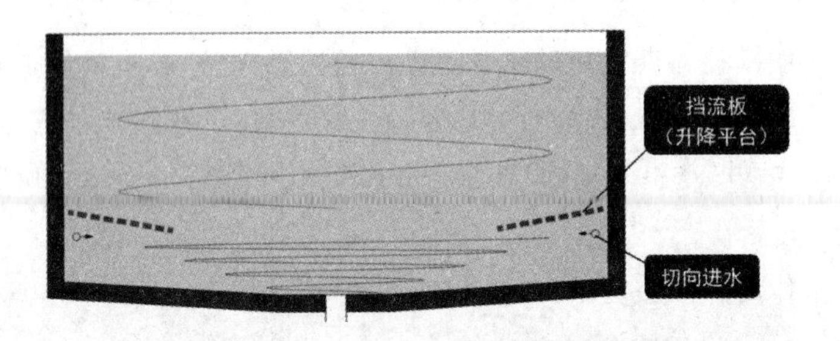

图2 分区反冲洗集污鱼舱技术原理图

针对养殖鱼舱水量较大,且船舶晃荡影响集排污效果的问题,设计提出一种分区反冲洗集污鱼舱结构。主要技术原理为在鱼舱底部设置环形挡流板,采用切向进水水流定期在养殖舱底部区域制造局部反冲洗旋涡,冲刷底部沉淀的固形物,从底部中央排水口排出鱼舱(图2)。其技术优势在于可以降低鱼池集排污对于旋转流态的要求,同时利用挡流板配合柔性网囊和升降机构,实现养殖鱼类的机械化围赶。

1.1.3 升降式网囊框架自动围赶设施

利用鱼舱分区反冲洗挡流板,配合可拆卸式网囊,形成整套围赶机构,并通过绞纲机实现围赶机构整体升降,将养殖活鱼围赶至鱼舱顶部,进而利用吸鱼泵将鱼抽吸出鱼舱进行转运(图3)。

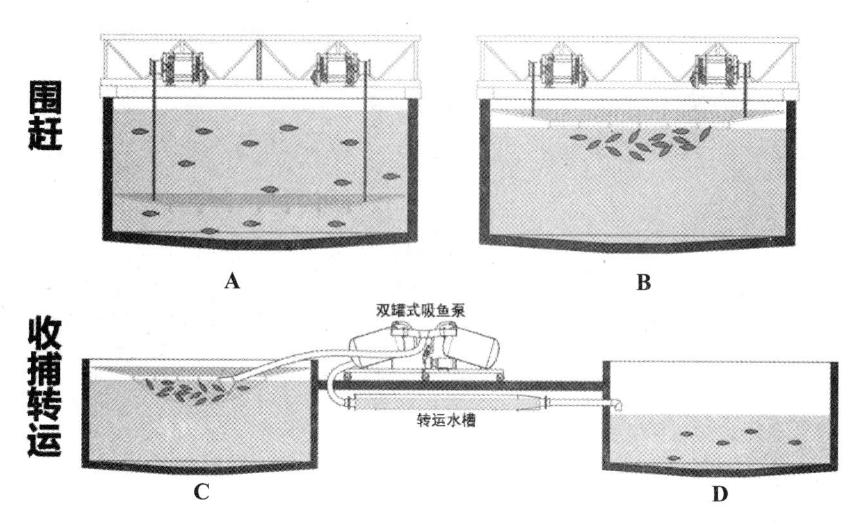

图 3　升降式网囊框架自动围赶设施技术原理图

1.1.4　死鱼自动收集技术研究

在鱼舱底排装置基础上设计集成一种浮体结构，利用充排气控制死鱼收集通道启闭(图 4)。实验对比了不同流速条件下的死鱼收集和排出效果，结果表明，鱼池流速为 20 cm/s 以上时可以实现死鱼的自动收集和排出。

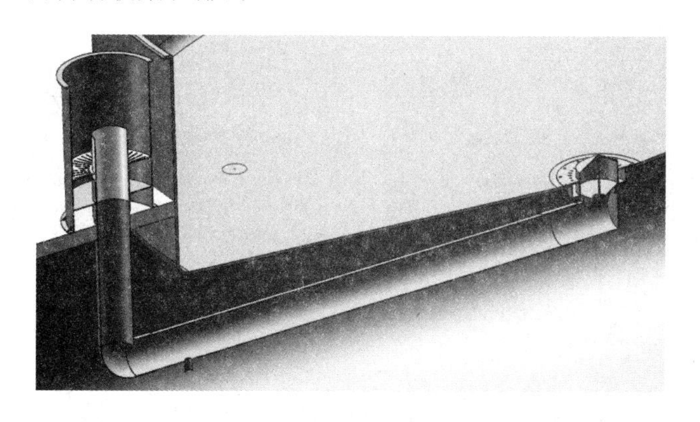

图 4　死鱼自动收集装置三维模型图

1.2　底栖性鱼类舱养系统研发

1.2.1　多层看台式舱养系统

本系统通过对鱼舱进行人为分层，从而提高养殖水体的空间利用率；通过看台式的结构设计，增加了结构的稳定性，并方便对鱼类行为进行观察，同时看台结构中央区域可以设置捕鱼网，便于将鱼引诱至中心部位，集中起网捕捞(图 5)。本系统已完成加工制作，正进行现场安装，后续将开展养殖实验及起捕实验。

图 5　多层看台式舱养系统效果图和设备安装现场

1.2.2　多层阵列式舱养系统

在鱼舱中部设置圆形浸没式栖息平台，鱼舱中部设置总排污管上下贯通。总排污管在每段隔层底部设开孔，进行集中排污（图 6）。每段隔层设计养殖密度为 20 kg/m^2。初步流态模拟结果显示，分层结构对实验模型鱼池的流态影响很大，原有的旋转流态被破坏，底部出水流量变小；单层网箱底部设置密网有助于水流从单层开孔位置排出；循环量增大能增加鱼池中的水流流速，但对整体流态影响不大。目前，项目组正在进行实体多层网箱的设计安装，以便研究网箱尺寸对鱼类密度、行为等的影响。

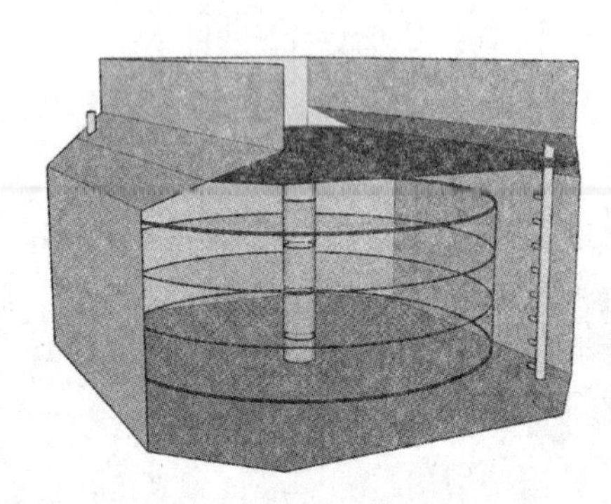

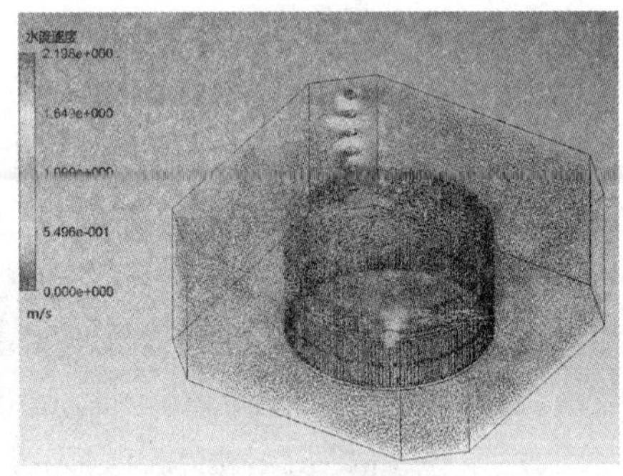

图 6　多层阵列式大菱鲆舱养系统效果图和流态模拟图

1.3　大型海上养殖工船模式推广

2019 年 4 月 11 日，中国水产科学研究院渔业机械仪器研究所（以下简称“渔机所”）、青岛国信蓝色硅谷发展有限责任公司、青岛海洋创新产业投资基金有限公司、中国船舶工业系统工程研究院、中船融资租赁（天津）有限公司及青岛蓝粮海洋工程科技有限公司等 6 家单位共同签署《智慧渔业大型养殖工船合作框架协议》。该合作旨在通过“研究所 + 国有企业 + 民营企业 + 投资公司”强强联合，打造世界首艘 10 万吨级大型养殖工船。9 月 30 日，渔机所通过竞标获得了该项目正式设计任务合同。

半年多时间里，岗位团队协助青岛蓝粮海洋工程科技有限公司顺利完成了项目商业计划书、项目招标书等技术文件编制工作。同时，在该项目中主要负责船载舱养海水置换、智能增氧、应急增氧、尾水处理、死鱼自动收集、水质自动监测等系统工艺和技术方案设计任务，参与了多次专家论证会和技术评审会（图7）。

2　大型养殖平台气力投饲系统设计

图7　智慧渔业大型养殖工船项目技术规格书专家评审会

以满足大型船载养殖鱼舱自动投饲需要为目标，设计一套气力投饲系统。系统由罗茨鼓风机、空气冷却器（制冷机和换热器）、料仓、下料器、分配器、撒料器、管路和控制系统组成（图8、图9）。每套投饲系统可配备1～3个料仓，可储存不同的饲料。每个料仓容量为0.2～5 t。每套系统最多可为24个投饲点位投喂任一料仓中的饲料，送料距离可达300 m。投喂速度可在5～20 kg/min调整（受饲料堆积密度影响），即持续投料量可达1.2 t/h，投喂量误差小于±3%。可实现圆周喷撒（360°旋转喷头），喷洒直径在1.5～4 m可调。系统具有料仓缺料报警和设备故障报警功能，可实现对任一养殖槽的半自动化投喂（人为临时指定需要投喂的点位及投饲量，手动启动系统，系统自动完成投饲过程），亦可根据预设程序全自动启动为指定的养殖池进行定时定量自动投喂，每天最多可设置8组自动投饲程序（即每天最多可喂8餐）。系统可通过现场触摸屏和按钮控制。系统预留有以太网口，可配备远程控制系统（或物联网系统）。

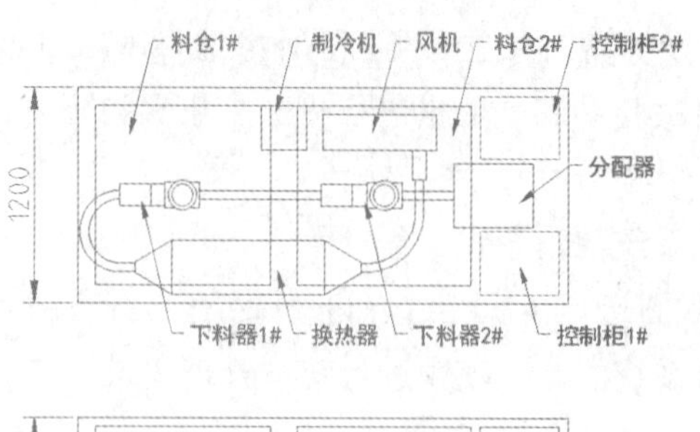

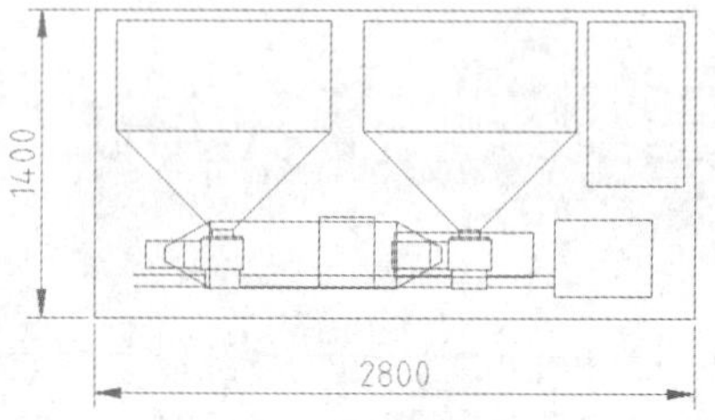

图8　气力投饲系统原理图

图9　养殖舱气力投饲系统效果图

3　养殖系统智能化信息采集系统研制

针对养殖场和实验基地日常生产管理技术要求,设计研发一套智能化信息采集系统。整个系统以Windows系统为平台,可通过各种终端设备的IE浏览器进行访问,所有设备通过物联网实现相互通信。

系统网络结构由PLC和仪表传感器等通过物联网组成数据自动采集系统,将养殖系统中的各种数据(水质数据、设备运行数据等)采集到系统数据库中,并自动备份到数据存储服务器和云端数据管理系统(图10)。通过Web/App等方式,可以直接访问云端数据管理系统(图11),读取养殖数据。

生产管理:对各养殖生产系统的数据进行集中采集和管理。自动记录各系统的投饲、增氧等设备的运行情况，以及养殖对象生长环境的水质变化；人工记录养殖对象的生长情况。

试验管理：对各养殖试验系统的数据进行集中采集和管理。自动记录试验数据，方便研究工作。

设备管理：对各养殖系统的设备进行统一管理，可实现远程控制功能。可直观地了解系统的状态和系统中各设备的运行情况并进行自动记录，具有追溯功能。

视频管理：对各养殖系统的监视视频进行统一管理记录。

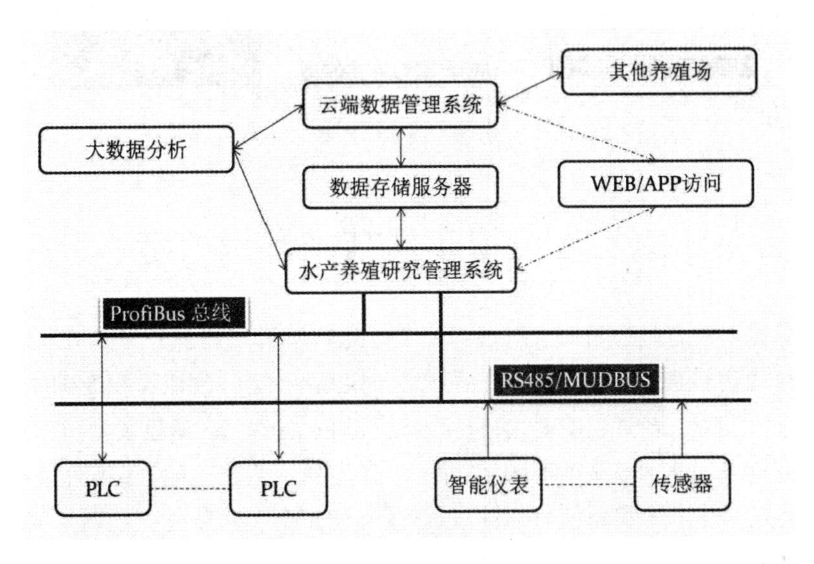

图 10　系统网络结构

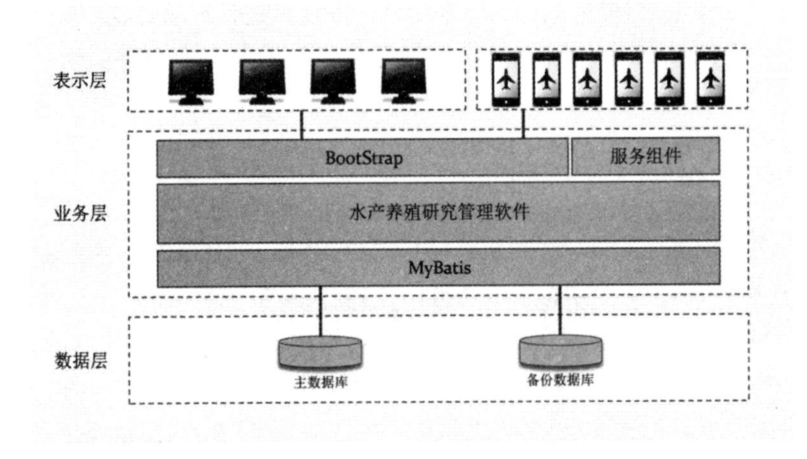

图 11　水产养殖研究管理软件层级分布

同时使用 Java 语言环境，研发一套基于安卓平台的工厂化养殖水质实时监测 App 软件(图 12)，可通过手机客户端查看养殖系统实时水质数据。具体功能包括溶解氧、水温、pH 等水质实时显示，水质超限报警，历史数据查询，等等。

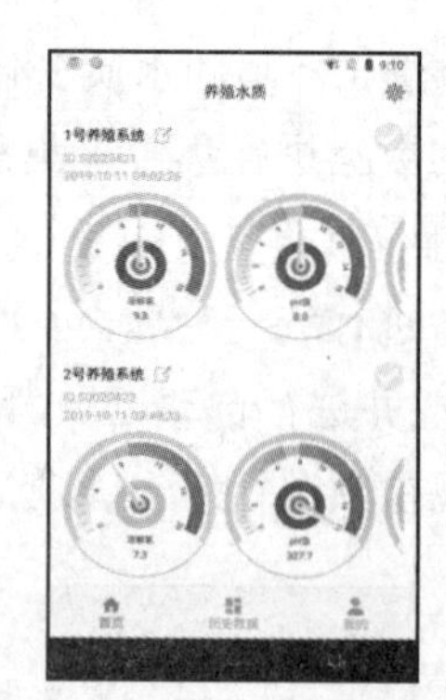
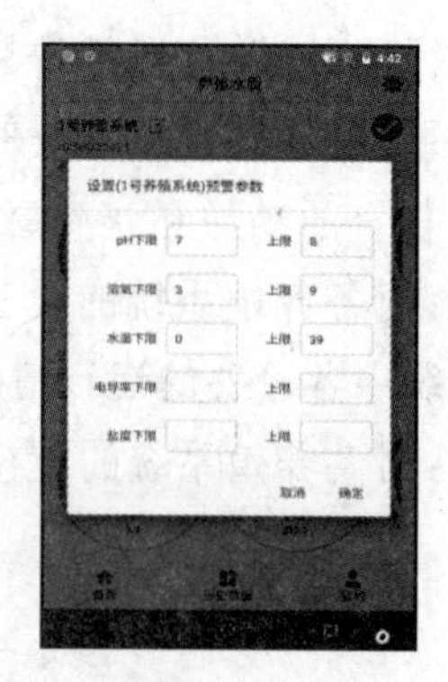

图 12　工厂化养殖水质实时监测 App 软件界面

4　山东省莱州市实施老旧车间技术升级改造

与莱州明波水产有限公司联合开展老旧工厂化养殖设施装备升级改造。将传统弧形筛装备升级为自动化转鼓式微滤机;改造循环水养殖系统 6 套,改造面积 5 040 m^2,解决了物理过滤效率低、耗工大、耗时长的问题;升级自动投饵设备 28 套;建设观测网 3 套,具备溶氧、水温、氨氮、亚硝态氮水质实时监测和水下鱼类行为视频监控功能,改造面积 4 800 m^2。提升了养殖车间自动化水平和系统可靠性,改善了养殖生产工作条件。经两年实际生产使用,项目与传统流水养殖相比,实现养殖节水 90%,大幅减少对地下水资源的利用,同时减少外排污染物 30% 以上。

2019 年 11 月 24 日,岗位团队组织专家对该任务项目进行现场验收,专家组认为该项目为国内老旧工厂化养殖车间技术升级改造提供了参考和借鉴,具有良好的示范带头作用。

5　轨道式自动投饲系统技术推广示范

通过项目实施对轨道式投饲系统机械结构、自动补料、充电等控制系统进行了全方位技术优化,并且在新疆、山东 2 个示范点成功推广 3 套,获得业界好评和广泛关注。

技术优化和创新点主要体现在:① 优化行走机构和控制系统。采用随动式导向装置解决了导向轮在弯轨中的卡别的问题;采用无刷电机、驱动器、码盘、光电开关、差速器、同步轮和同步带组成行走驱动模块,解决了成本高,弯轨中运行易卡顿、打滑或卡别,且故障无报警等问题;优化行走控制程序,具备高低速调节与多档速度设置功能,有效降低电机启停运转负荷以及对驱动装置的冲击,大幅提高了系统定位精度;开发行走路径智能算法,使投饲小车能够自动根据设定任务选择最优(最近)行走路径,为后续进一步开发多轨道、多小车的复杂投饲系统奠定基础。② 采用承载式车体结构形成模块化车身,使同一投饲模块中的随车料仓、下料器、撒料器、电池、电控设备和线缆全部集成安装于一体化车体外壳内部,提高了投饲小车的工业设计水平。③ 突破了传统电气自动控制系统框架，建立了基于对象模块化理念的自动控制系统架构和基于分布式独立自控理念的调度实现方法，使每一个功能部件都拥有属于自身的动作和状态属性，即对象的行为和属性，大大增加了投饲料仓的机动能力，甚至可以根据不同的投饲要求，自由组合投饲小车的数量、料仓的数量、补料的工位数量等。④ 系统利用无线方案和基于 HTML5 的显示技术，让设备随时随地进行监控（图 13）。

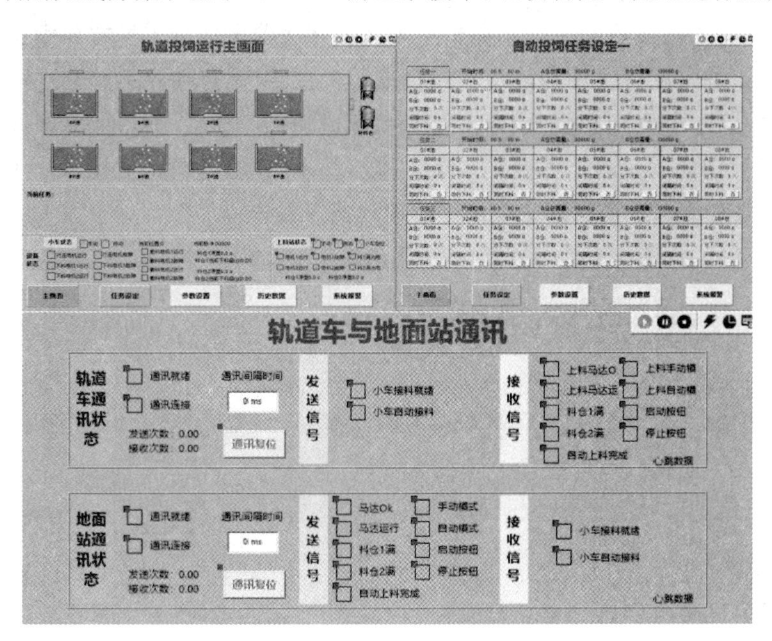

图 13　轨道式自动投饲系统人机交互界面

6　编写提交《海水鱼内陆养殖模式尾水排放现状调研报告》

为进一步摸清我国海水鱼内陆养殖模式尾水排放基本情况，指导产业技术升级和健康发展，本岗位于 2019 年 3—4 月对陆基工厂化流水、循环水以及池塘养殖尾水的主要理化指标进行了调研工作。范围覆盖辽宁、山东、天津、河北和广东五省（市），选取了 26 家具有代表性的养殖企业，涉及鲆鲽类、石斑类、海鲈、斑石鲷、许氏平鲉、尖吻鲈、黄鳍鲷、美国红鱼等 10 余个养殖品种。根据调研现状向产业技术中心提交《海水鱼内陆养殖模式尾水排放现状调研报告》。

7　小结

2019 年度，本岗位根据大黄鱼、大菱鲆、大西洋鲑等主养品种的行为习性以及船载舱养环境的特殊性，提出游泳性和底栖性鱼类养殖船舱工艺设计方案各一项，岗位团队目前正在与山东东方海洋科技股份有限公司合作,深入开展模拟舱实验系统构建工作。以满足大型船载养殖鱼舱自动投饲需求为目标,设计一套气力投饲系统,目前正在进行样机试制,预计在2020年年初完成安装调试工作。针对养殖场和实验基地日常生产管理技术要求,设计研发一套智能化信息采集系统;同时研发一套基于安卓平台的工厂化养殖水质实时监测App软件,可通过手机客户端查看养殖系统实时水质数据。完成山东省莱州市老旧车间技术升级改造9 840 m^2,为国内老旧工厂化养殖车间技术升级改造提供了参考和借鉴,具有良好的示范带头作用。通过项目实施对轨道式投饲系统机械结构、自动补料、充电等控制系统进行了全方位技术优化,并且在新疆、山东2个示范点成功推广3套,获得业界好评和广泛关注。为进一步摸清我国海水鱼内陆养殖模式尾水排放基本情况,指导产业技术升级和健康发展,编写并提交《海水鱼内陆养殖模式尾水排放现状调研报告》。

(岗位科学家　倪琦)

海水鱼养殖水环境调控技术研发进展

养殖水环境调控岗位

2019年，养殖水环境调控岗位优化了海水养殖尾水高效处理工艺及系统，进行了海马齿铁-碳人工湿地等尾水处理工艺研发，评估了养殖系统各个环节对水环境变化的贡献及处理能力，筛选了用于水产养殖水体氮磷营养盐检测的最佳方法，开展了养殖水质硝酸盐、二氧化碳对鱼类养殖生物过程影响的研究等工作，取得重要进展。

1　海水养殖尾水高效处理工艺及系统的优化升级

本岗位优化了工厂化养殖尾水处理工艺及处理系统（图1）。该系统集成了物理过滤、生物处理和杀菌消毒的技术和装备，更新了池体结构、生物滤池运行条件，提升了系统的处理效率。应用优化的养殖尾水处理工艺，在天津水产养殖企业建设完成与在建养殖尾水处理系统12套。目前，建设完成的养殖尾水系统处理效果良好（图2），处理后的尾水水质（氨氮、COD_{cr}、pH、总氮、总磷、高锰酸盐指数等）优于《天津市污水综合排放标准》（DB12/356—2018）二级标准和国家现行地表水环境质量标准（V类水标准），实现达标排放。

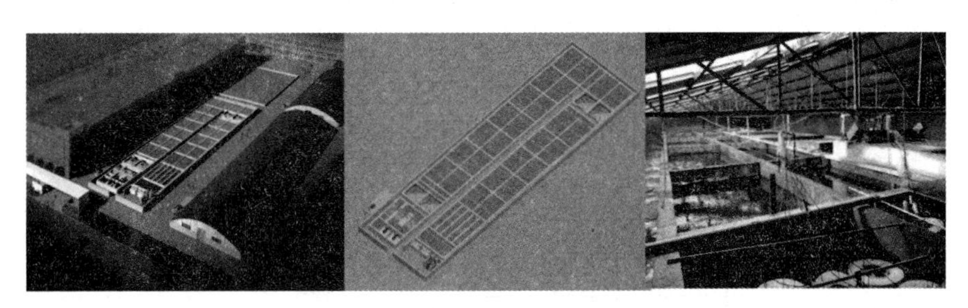

图1　养殖尾水处理系统

图2　养殖尾水处理前后水质情况对比

2　海马齿铁－碳人工湿地尾水处理系统的构建

本岗位完成了以海马齿为湿地植物，以沸石和铁－碳为湿地基质的垂直潜流人工湿地实验系统（图3）的构建，以探讨其对海水养殖尾水脱氮除磷的效能及机制。实验研究发现，该系统可有效去除海水养殖尾水中的总无机氮（NO_2^--N、NO_3^--N）磷酸盐（PO_4^{3-}－P），为湿地技术的推广应用提供理论依据和技术支持。

图3　人工湿地尾水处理系统

实验结果表明，海马齿铁－碳人工湿地能够有效处理海水养殖尾水，并可显著提高硝酸盐、磷酸盐的处理效率（表1）。其中，在无铁－碳存在条件下，TAN去除率为58.56%，NO_3^-－N去除率48.93%，PO_4^{3-}-P去除率22.27%；有铁－碳存在条件下，TAN去除率为57.13%，NO_3^--N去除率为68.73%，PO_4^{3-}-P去除率为45.90%，出水pH显著升高，可达8.17。

表1　铁－碳人工湿地系统处理海水养殖尾水进出水水质特点

项目	TAN/（mg/L）		NO_2^--N/（mg/L）		NO_3^--N/（mg/L）		PO_4^{3-}-P/（mg/L）		pH	
	A	B	A	B	A	B	A	B	A	B
进水	5.38±0.75^a		1.02±0.08		6.495±1.076^a		0.38±0.06^a		7.52±0.47^a	
出水	1.83±0.88^b	1.96±0.99^b	1.10±0.70	1.01±0.71	3.607±1.526^b	2.445±1.478^c	0.28±0.08^b	0.21±0.06^c	7.50±0.43^b	8.17±0.35^c
去除率/%	58.56±17.30	57.13±20.13	-13.87±0.79	-2.54±0.74	48.93±13.14	68.73±24.75	22.27±2.72	45.90±1.76	—	—

注：各处理之间的差异显著性以不同字母表示（$P<0.05$），下同。

3　不同光谱环境对大菱鲆仔、稚、幼鱼影响研究

研究表明，不同光谱对大菱鲆初孵仔鱼畸形率和死亡率产生影响，绿光显著增加了初孵仔鱼的畸形率。不同光谱对大菱鲆仔、稚、幼鱼氧化应激和非特异性免疫具有显著影响。变态前后，长波长的红光、橙光会引起大菱鲆的应激反应，而蓝光不会引起大菱鲆仔、稚、幼鱼

的应激反应。目前，在威海圣航水产科技有限公司采用全光谱LED灯加置蓝色LED灯，布设6个育苗池培育大菱鲆鱼苗，光照组大菱鲆鱼苗生长显著优于对照组，平均成活率提高18.5%，鱼苗全长范围24～30 mm，平均全长26.97mm，提高9.2%。

4　养殖系统各个环节对水环境变化的贡献及处理能力评估

本岗位明确了微滤机、蛋白分离器、生物滤池、紫外消毒等单元对氮磷营养盐、有机物、悬浮固体及细菌的处理能力（表2）。弧形筛对悬浮固体的贡献最大，蛋白分离器可有效降低氨氮和有机物，生物滤池对氨氮、亚硝态氮去除的贡献最大，紫外消毒可杀灭85%的细菌。基于此，初步建立设施设备、生物过程及生产技术工艺相结合的工厂化养殖水质调控技术。一是基于现有养殖系统的养殖品种、养殖密度、投喂量等，配备和设计合理的水处理工艺及生物滤池体积，使处理负荷能够满足要求；二是基于已有的水处理系统，对该系统的养殖管理进行调控，指导生产，合理投放养殖密度、设定投喂量，使产生的污染可被水处理系统有效净化。已成功指导设计和调控水产养殖系统10余套。

表2　养殖系统各个环节对水环境变化的贡献及处理能力

项目	进水	微滤机	蛋白分离器	生物滤池	紫外消毒
氨氮/(mg/L)	0.276±0.096	0.272±0.095 (1.42%)	0.183±0.057 (32.60%)	0.047±0.028 (74.31%)	0.041±0.026 (12.76%)
亚硝态氮/(mg/L)	0.029±0.01	0.028±0.008 (2.96%)	0.027±0.007 (3.36%)	0.005±0.001 (81.48%)	0.004±0.001 (20%)
硝酸盐/(mg/L)	0.316±0.098	0.406±0.103 (-6.47%)	0.325±0.091 (-6.16%)	0.381±0.106 (-17.18%)	0.406±0.103 (-6.47%)
磷酸盐/(mg/L)	0.227±0.057	0.225±0.057 (0.58%)	0.211±0.057 (6.41%)	0.216±0.054 (-2.51%)	0.202±0.061 (6.62%)
化学需氧量(COD)/(mg/L)	8.419±1.571	7.275±1.590 (13.59%)	5.544±1.474 (23.79%)	6.092±1.311 (-9.8%)	4.655±1.456 (23.58%)
悬浮固体/(mg/L)	36±7	13±2 (63.89%)	11±1 (5.55%)	14±1 (-8.33%)	13±1 (5.55%)
细菌指数/(个/毫升)	27 294±3 042	26 831±2 721 (1.70%)	15 744±2 669 (41.32%)	26 623±2 661 (-69.10%)	4 216±695 (84.57%)

5　海水养殖水无机氮、磷分析方法比较研究

本岗位筛选了用于水产养殖水体氨氮、亚硝态氮、硝酸盐、总氮、总磷检测的最佳方法。研究结果表明，海水养殖水体中氨氮的测定推荐稀释到盐度4，使用改良纳氏试剂比色法进行测量，回收率在94.5%～113.5%（表3）。亚硝态氮的测量推荐使用萘乙二胺分光光度

法,回收率为86.5%～97.34%(表4)。盐度大于18的海水养殖水体中硝酸盐的测定推荐直接使用锌镉还原法进行测量,回收率为102.63%～120.23%;其他盐度养殖水可稀释至4,使用紫外分光光度法测量,回收率为107.56%～126.75%(表5)。过硫酸钾氧化法适合测定盐度大于18的水体的总氮,回收率为94.5%～108.0%;碱性过硫酸钾消解紫外分光光度法和联合消化法适合测定盐度小于4的水体的总氮,回收率为94.0%～108.9%(表6)。盐度对总磷测定没有明显干扰。过硫酸钾氧化法测定盐度大于4的水体准确度更高,回收率为90.5%～105.5%;钼酸铵分光光度法和联合消化法测定盐度小于12的水体准确度更高,回收率为100.9%～107.0%(表7)。

表3 氨氮检测方法及结果

检测方法	方法来源	适用范围	实验结果
纳氏试剂分光光度法	环境保护标准(HJ 535—2009)	地表水氨氮测定	有沉淀
改良纳氏试剂比色法	文献	海水氨氮测定	稀释到盐度4,回收率为4.5%～113.5%
靛酚蓝分光光度法	海洋监测规范(GB 17378.4—2007)海水养殖水排放要求	大洋及近岸海水及河口水氨氮测定	测定低浓度氨氮(≤0.02 mg/L)准确率高,测定高浓度准确率低,反应时间长

表4 亚硝态氮检测方法及结果

检测方法	方法来源	适用范围	实验结果
紫外分光光度法	环境保护标准(HJ 535—2009)	地表水硝态氮测定	盐度越低,准确率越高
锌镉还原法	海洋监测规范(GB 17378.4—2007)海水养殖水排放要求	海水硝态氮测定	盐度越高,准确率越高

表5 硝氮检测方法及结果

检测方法	方法来源	适用范围	实验结果
碱性过硫酸钾消解紫外分光光度法	环境保护标准(HJ 535—2009)	地表水总氮测定	盐度小于4的水体,回收率为94.0%～108.9%
过硫酸钾消解紫外分光光度法	海洋监测规范(GB 17378.4—2007)	海水总氮测定	盐度大于18的水体,回收率在为94.5%～108.0%
总氮、总磷联合消化法	文献	海水总氮测定	盐度小于4的水体,回收率为94.0%～108.9%

表6 总氮检测方法及结果

检测方法	方法来源	适用范围	实验结果
碱性过硫酸钾消解紫外分光光度法	环境保护标准(HJ 535—2009)	地表水总氮测定	盐度小于4的水体,回收率为94.0%～108.9%
过硫酸钾消解紫外分光光度法	海洋监测规范(GB 17378.4—2007)	海水总氮测定	盐度大于18的水体,回收率为94.5%～108.0%
总氮、总磷联合消化法	文献	海水总氮测定	盐度小于4的水体,回收率为94.0%～108.9%

表 7　总磷检测方法及结果

检测方法	方法来源	适用范围	实验结果
过硫酸钾氧化法	环境保护标准(HJ 535—2009)	地表水总磷测定	盐度对总磷测定没有明显干扰
钼酸铵分光光度法	海洋监测规范(GB 17378.4—2007)	海水总磷测定	
总氮、总磷联合消化法	文献	海水总磷测定	

6　水环境中硝态氮浓度对大菱鲆幼鱼的影响

6.1　水环境中硝态氮浓度对大菱鲆幼鱼生长状况的影响

不同浓度的硝态氮对大菱鲆幼鱼的生长状况均具有负面影响，尤其是高浓度硝态氮影响显著。不同浓度硝态氮处理组比较结果显示，大菱鲆幼鱼的特定生长率随硝态氮浓度上升有下降趋势，大菱鲆幼鱼的体重增长率随硝态氮浓度上升有下降趋势，大菱鲆幼鱼的食物转化率随硝态氮浓度上升有上升趋势（图 4)。

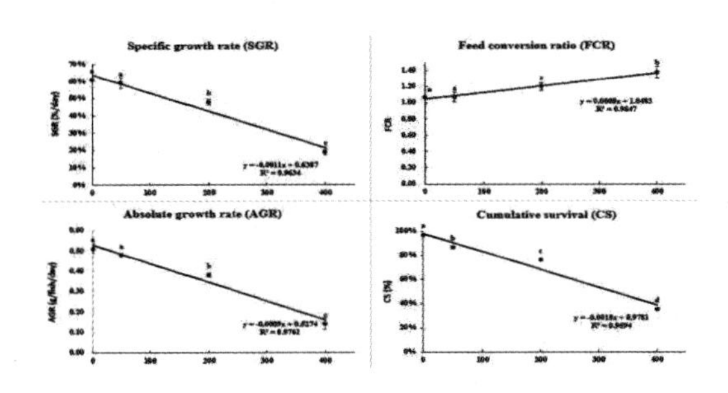

图 4　不同浓度硝态氮对大菱鲆幼鱼生长的影响

6.2　水环境中硝态氮浓度对大菱鲆幼鱼消化酶的影响

不同浓度硝态氮对大菱鲆幼鱼的消化酶活性均具有一定的抑制作用(图 5)。肠道的胰蛋白酶、淀粉酶、碱性磷酸酶等的活性均随硝态氮浓度的增加呈降低趋势；肝胰脏分泌水平也随硝态氮浓度增加而降低。

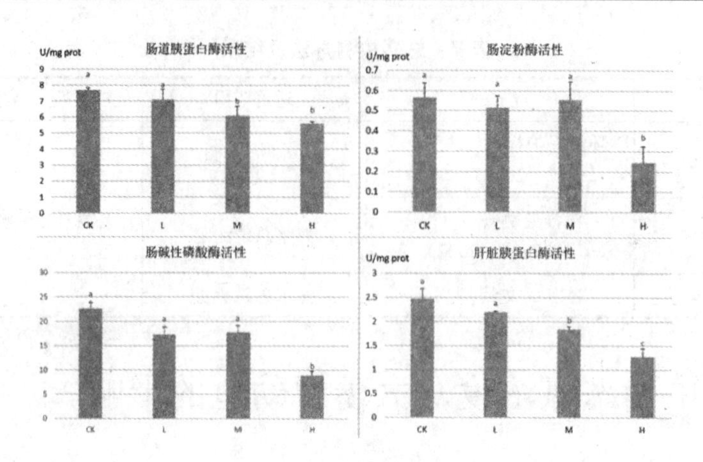

图 5　不同浓度硝态氮对大菱鲆幼鱼肠及肝胰脏消化酶的影响

6.3　水环境中硝态氮浓度对大菱鲆幼鱼健康状况的影响

不同浓度硝态氮对大菱鲆幼鱼均健康状况均存在一定程度的负面影响。大菱鲆的最终体重随硝态氮浓度的增加呈下降趋势，并且累积存活率随硝态氮浓度的增加而降低。对于肝体指数，高浓度组与其他 3 组之间存在显著差异；而脾体指数在 4 组之间不存在显著差异（表 8）。

表 8　不同浓度硝态氮对大菱鲆幼鱼健康状况的影响

处理组	初体重 /g	末体重 /g	累计存活率 /%	肝体指数 /%	脾体指数 /%
对照	68.60±1.83	98.96±3.23[a]	97.14±1.48[a]	1.95±0.08[a]	0.20±0.01
低浓度组	68.18±1.10	97.09±1.49[a]	86.67±0.87[b]	2.05±0.09[ab]	0.19±0.02
中浓度组	68.97±0.29	91.88±0.63[a]	76.19±0.88[c]	2.00±0.05[ab]	0.21±0.02
高浓度组	70.33±1.25	78.76±1.68[b]	35.24±0.89[d]	2.22±0.01[b]	0.21±0.02

6.4　水环境中硝态氮浓度对大菱鲆幼鱼血浆抗氧化能力的影响

水环境中硝态氮浓度显著影响大菱鲆幼鱼的血浆抗氧化酶 SOD、GSH、GSH-Px 和 CAT 的活性及氧化应激产物 MDA 的水平（表 9）。随硝态氮浓度的升高，大菱鲆幼鱼受到氧化应激损伤逐渐加剧，表明不同浓度硝态氮会显著影响大菱鲆幼鱼血浆的抗氧化能力。

表 9　水环境中硝态氮浓度对大菱鲆幼鱼血浆抗氧化能力的影响

指标	硝态氮浓度			
	0 mg/L	50 mg/L	200 mg/L	400 mg/L
SOD/（U/mL）	326.95±1.52[a]	312.77±3.41[a]	251.13±6.85[b]	212.05±9.11[c]
GSH/（μmol/L）	36.99±0.60[a]	34.15±0.49[a]	25.37±2.52[b]	18.62±2.38[b]

续表

指标	硝态氮浓度			
	0 mg/L	50 mg/L	200 mg/L	400 mg/L
GSH-PX/(U/mL)	127.64±1.86[a]	112.47±3.64[a]	85.32±2.74[b]	77.49±5.60[b]
CAT/(U/mL)	1.95±0.06[a]	1.9±0.06[a]	1.46±0.09[b]	1.08±0.10[b]
MDA/(nmol/mL)	5.40±0.13[a]	6.02±0.24[a]	7.54±0.12[b]	9.73±0.03[c]

7　水环境二氧化碳浓度对大菱鲆幼鱼的生长及生理响应

7.1　不同浓度二氧化碳对循环水水质的影响

二氧化碳浓度的变化对水质最直接的影响是pH水平，随二氧化碳浓度升高，pH逐步下降。二氧化碳浓度变化对水环境总氮(TN)、氨氮(NH_4^+-N)、亚硝态氮(NO_2^--N)和硝态氮(NO_3^--N)水平影响并不明显。但二氧化碳浓度升高对总固悬(TSS)以及COD影响较大(表10)。

表10　不同二氧化碳浓度下的水质变化情况

指标	源水	对照	8 mg/L	16 mg/L	24 mg/L	32 mg/L
CO_2/(mg/L)	1	1	6-9	14-18	22-25	30-36
盐度	-	19.11±0.03	20.15±0.05	19.89±0.03	20.07±0.04	19.04±0.04
温度℃	14.6±0.1	14.6±0.1	14.6±0.1	14.6±0.1	14.6±0.1	14.6±0.1
溶解氧/(mg/L)	4.49±0.13	8.41±0.14	8.49±0.17	8.69±0.08	8.35±0.33	8.77±0.33
pH	7.22±0.08	7.21±0.04	7.14±0.02	6.97±0.07	6.69±0.11	6.45±0.13
TN/(mg/L)	5.22±0.13	6.45±0.18	6.29±0.31	7.83±0.86	6.46±0.19	7.32±0.13
NH_4^+-N/(mg/L)	0.08±0.03	0.17±0.01	0.22±0.02	0.24±0.02	0.24±0.01	0.23±0.03
NO_2^--N/(mg/L)	0.005±0.001	0.028±0.003	0.040±0.004	0.023±0.003	0.022±0.007	0.025±0.007
NO_3^--N/(mg/L)	2.91±0.37	4.51±0.24	4.69±0.27	5.61±0.46	3.39±0.14	5.32±0.73
TSS/(mg/L)	14.47±2.38	12.27±1.21	11.67±3.66	14.63±2.42	16.67±5.73	21.33±5.73
COD/(mg/L)	1.44±0.11	2.10±0.32	2.16±0.47	3.75±1.32	5.22±0.99	5.61±0.85

7.2　不同浓度二氧化碳对大菱鲆生长状况的影响

二氧化碳浓度升高对大菱鲆的生长产生抑制性作用，浓度越高，影响越明显。高浓度组大菱鲆的生长速度比低浓度组的慢，对照组和低浓度组后期生长潜力明显高于高浓度组(图6)。

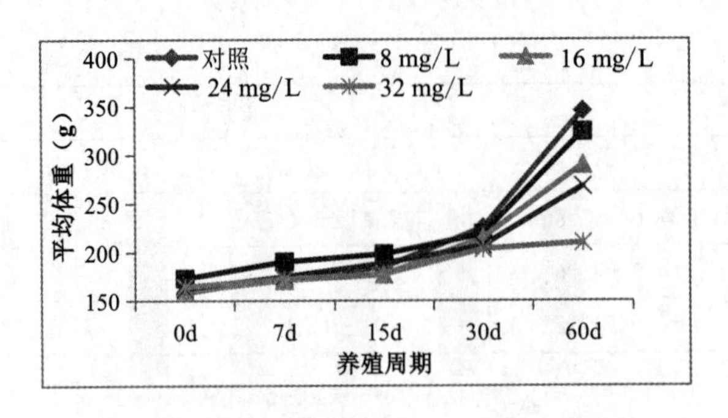

图6 不同二氧化碳浓度下的大菱鲆生长曲线

7.3 不同浓度二氧化碳对大菱鲆健康状态的影响

水环境二氧化碳浓度的升高会对大菱鲆产生胁迫,从而影响其健康状况。大菱鲆存活率随二氧化碳浓度的升高而递减(图7)。

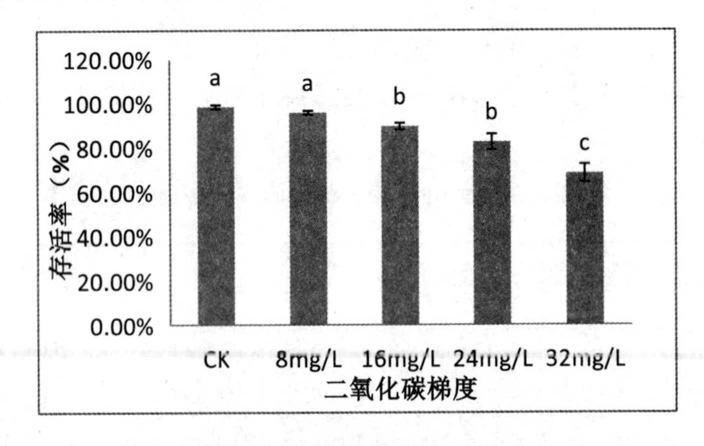

图7 不同二氧化碳浓度下的大菱鲆存活率

7.4 不同二氧化碳浓度下大菱鲆携氧能力的变化

不同浓度的二氧化碳对大菱鲆血红蛋白的携氧能力均有干扰作用。由图8可知,血浆中血红蛋白的总量及高铁血红蛋白的总量随二氧化碳浓度的增加而上升,高浓度组更为明显。这表明鱼体通过升高血红蛋白含量来抵抗高二氧化碳水平导致的缺氧状态。同时,高铁血红蛋白含量高,则表明低价铁血红蛋白的比例低,而低价铁血红蛋白具备携氧能力,因此在高浓度组,二氧化碳升高影响了大菱鲆血液携氧能力。

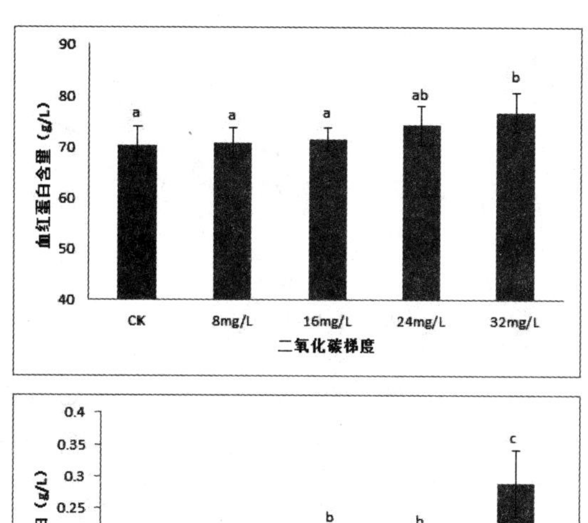

图 8　不同二氧化碳浓度下的大菱鲆血红蛋白和高铁血红蛋白含量

7.5　不同二氧化碳浓度对大菱鲆血液生理水平的影响

总体来说，抗氧化酶活性随二氧化碳浓度的升高呈上升趋势（表 11），表明抗氧化防御系统的抗氧化酶活性增加，以缓解低氧对生物体的应激压力。

表 11　不同二氧化碳浓度下的大菱鲆血浆指标变化

指标	二氧化碳浓度				
	O	8	16	24	32
SOD/（U/mL）	387.54±5.52[a]	382.33±3.54[a]	431.15±5.86[b]	496.11±9.05[c]	511.38±20.12[c]
GSH-Px/（U/mL）	135.62±4.38[a]	135.47±8.34[a]	143.52±4.65[a]	171.35±4.02[b]	184.55±3.58[c]
CAT/（U/mL）	2.77±0.47[a]	2.90±0.27[a]	3.46±0.13[b]	4.26±0.87[b]	5.37±0.41[c]
LZM/（μg/mL）	40.47±0.89[a]	42.48±3.43[a]	49.35±2.56[b]	57.81±4.58[c]	64.33±1.36[d]

（岗位科学家　李军）

海水鱼网箱设施与养殖技术研发进展

网箱养殖岗位

2019年,网箱养殖岗位围绕近海网箱产业模式升级、PET网衣网箱制作安装工艺、网箱养殖区水环境跟踪监测、生态围栏养殖模式构建、围栏水动力特性研究等重点任务开展技术研发,主要进展如下。

1 推动近海传统网箱升级改造

2019年,本岗位针对传统网箱升级改造所研发的新型环保抗风浪网箱在福建宁德海域得到了广泛应用。通过与金贝尔(福建)网箱制造有限公司合作,示范制造HDPE浮台式和板式塑胶新型网箱12 000余口。同时,体系宁德、漳州综合试验站及金贝尔养殖基地采用本岗位研发的新型网箱与布局模式开展养殖示范,累计应用全塑胶养殖渔排(4 m × 4 m × 5 m)688口、浮台式抗风浪网箱(24 m × 24 m × 10 m、周长60～90 m的圆形网箱)31口。其中,浮台式网箱养殖大黄鱼、花鲈,平均每箱单产达10 t以上。综合试验站及合作示范基地的成功示范有力推动了福建海域传统网箱升级改造。截止到2019年11月底,仅宁德市蕉城区已累计完成渔排升级改造5.81万口。

与北海试验站合作,示范推广钢制平台式方形抗风浪网箱(图1)外海养殖。钢制平台式网箱框架的主浮管采用直径0.5 m的优质钢管焊接而成,并经新型防海水腐蚀材料处理,每组4个网箱(规格15 m×15 m或12 m×12 m)呈“田”字形结构,中心设可供4个网箱使用的自动投饵系统和太阳能供电系统,可抵御外海的西南季风和台风,显著地提高了网箱养殖集约化效益。

图1 钢制平台式方形抗风浪网箱

2　PET网衣网箱制作安装工艺优化

完善新型抗风浪PET网衣网箱制作安装工艺（图2），在福建宁德和广西北海示范基地新建PET网箱各一个。采用PET聚酯材质代替现有的金属材质、尼龙材质制成网衣投放到海洋中，不受海水腐蚀，生态环保，且PET聚酯材料表面光滑，藻类不容易附着。同时，利用六边形的稳定性制成的六边形网眼牢固，再加上两条绞线边的结构，即使一个网眼的PET聚酯线断裂，其他网眼也不受影响。网衣本体由若干PET聚酯线编织成的六边形网眼构成，六边形网眼由4条直线边和2条绞线边组成，六边形网眼之间通过绞线边组成网衣本体。直线边为PET聚酯线，绞线边为2条PET聚酯线相绞形成，且直线边的长度与绞线边的长度一致，这样组成的正六边形网眼，可达到稳定牢固的效果。六边形网眼的净尺寸为40 mm×40 mm，以达到生态养殖的效果。

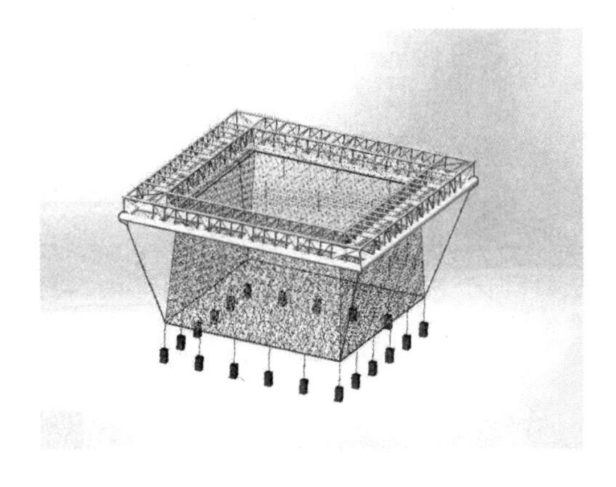

图2　PET网箱安装示意图

3　围栏、网箱养殖区生态环境监测与评估

3.1　莱州湾大型围栏养殖环境调查

在莱州湾开展管桩大围栏养殖对海区生态环境影响调查。根据海洋调查规范，设定养殖区2个站点、辐射区3个站点、对照区1个站点，共计6个监测站点。于2019年5月、8月、11月对6个监测站点进行了3次调查。

各单指标调查显示，3次调查各站位无机氮含量指标符合国家海水水质标准（GB 3097-1997）第一类海水水质标准。调查站点A、K、W1、W2表层海水活性磷酸盐含量指标均符合国家海水水质标准（GB3097-1997）第一类海水水质标准。3次调查各站点的溶解氧、pH、盐度、COD指标均符合国家海水水质标准（GB3097-1997）第一类海水水质标准。颗粒悬浮物呈现一定的季节性变化，管桩大围栏养殖区、辐射区、对照区未见明显差异。3次调查各站位沉积环境有机碳含量均符合国家海洋沉积物质量（GB18668-2002）第一类沉积物质量标准。总氮、总磷、有机碳含量呈现一定的季节性变化，管桩大围栏养殖区、辐射区、对照区未见明显差异。

通过公式计算得出3次调查各站点的水质富营养化指数值均小于1，处于贫营养状态。管桩大围栏养殖区、辐射区、对照区水质富营养化指数值呈现季节性变化。2019年5月，W1、W2、A站点均为轻度污染，B、C、K站点为中度污染。2019年8月，各调查站点有机污染指数值均小于1，为较好。2019年11月，各调查站点有机污染指数值为1.22～1.75，处于开始受到污染状态。管桩大围栏养殖区、辐射区、对照区有机污染指数值呈现明显的季节变化，但在相同季节处于同一污染程度分级。

调查结果显示，管桩大围栏养殖对养殖区和辐射区的水质和沉积环境未造成显著影响。各调查站位调查指标呈现季节性变化，符合国家第二类海水水质标准。沉积环境指标均符合第一类沉积标准。3次调查结果显示浮游藻类及浮游动物的种类组成、数量分布和群落特征季节性变化显著（图3～图8），管桩大围栏养殖对生物环境未见明显影响。

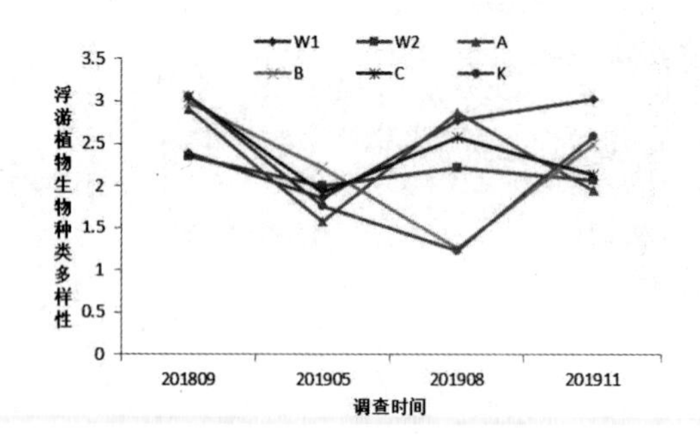

图3　各站位浮游藻类多样性指数

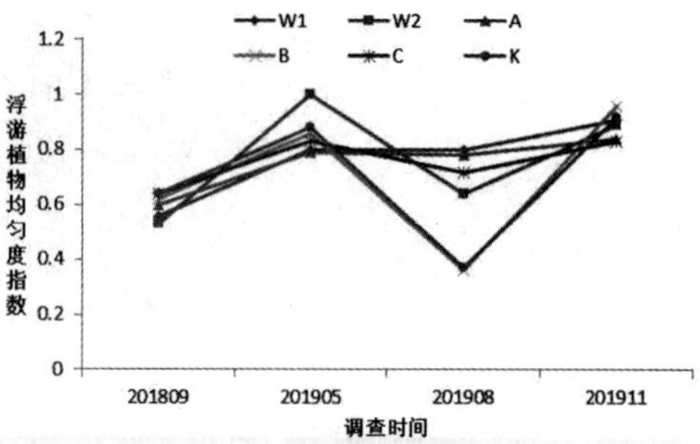

图4　各站位浮游藻类均匀度指数

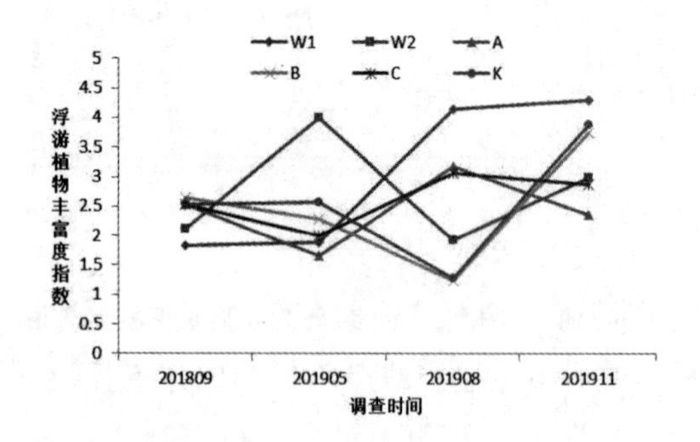

图5　各站位浮游藻类丰富度指数

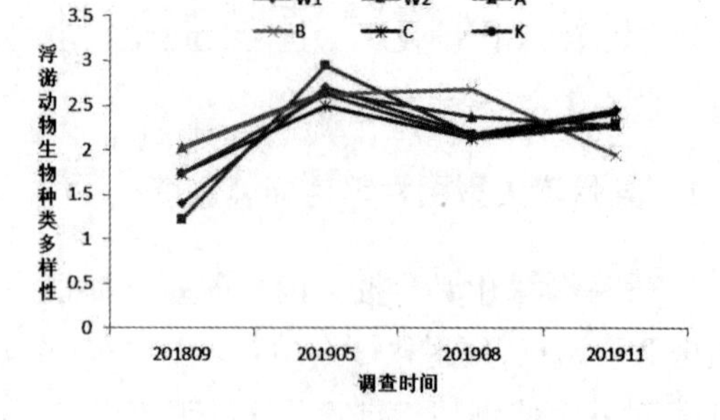

图6　各站位浮游动物生物多样性指数

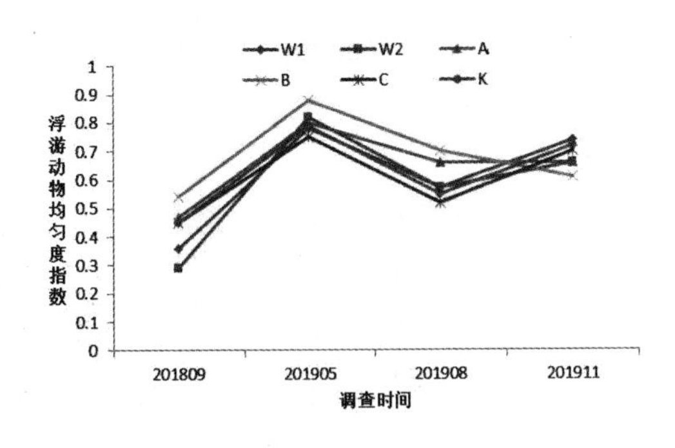

图 7 各站位浮游动物均匀度指数

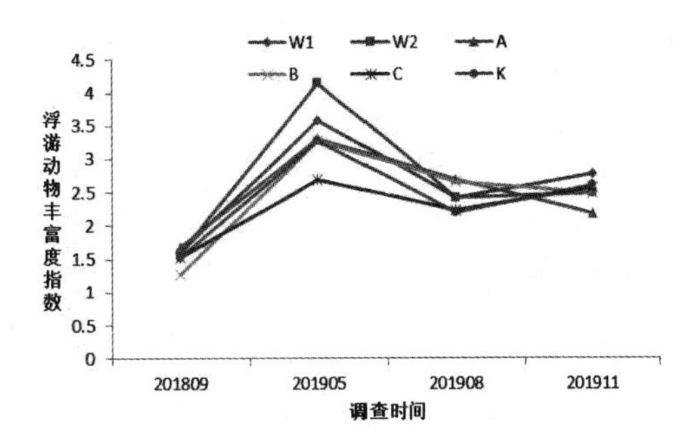

图 8 各站位浮游动物丰富度指数

3.2 福建宁德近海网箱养殖区环境调查

以深水网箱、近岸新型塑胶网箱和近岸传统木质网箱为主要监测对象，在宁德市三都澳海域深水网箱养殖区设置监测点 1 个、对照点（对照 2）1 个，在宁德市三都澳海域近岸新型塑胶网箱养殖区和近岸传统木质网箱养殖区各设 1 个监测点，另设 1 个对照点（对照 1）（注：对照 2 为深水网箱辐射区，对照 1 为新型塑胶网箱和传统木质网箱辐射区），以 2 次 / 年的频率对其进行网箱养殖环境基础数据采集，以掌握深水网箱、近岸新型塑胶网箱和近岸传统木质网箱养殖对环境的影响，通过对比分析，从环境和污染负荷等方面评价网箱设施装备升级改造效果。调查指标的现场观测、水样的采集和保存、样品的检测均按《海洋监测规范》（GB17378-2007）和其他相关规范的规定进行。

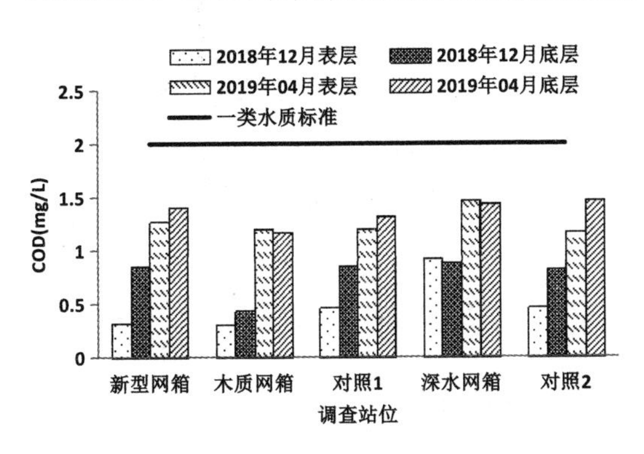

图 9 各监测站点表层、底层海水化学需氧量

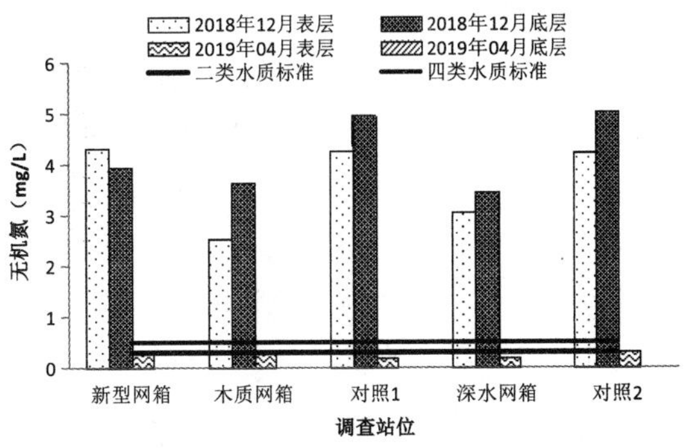

图 10 各监测站点表层、底层海水无机氮含量

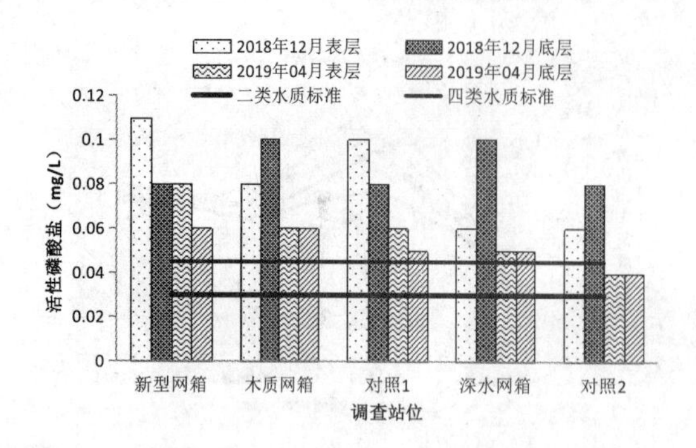

图 11 各监测站点表层、底层海水活性磷酸盐含量

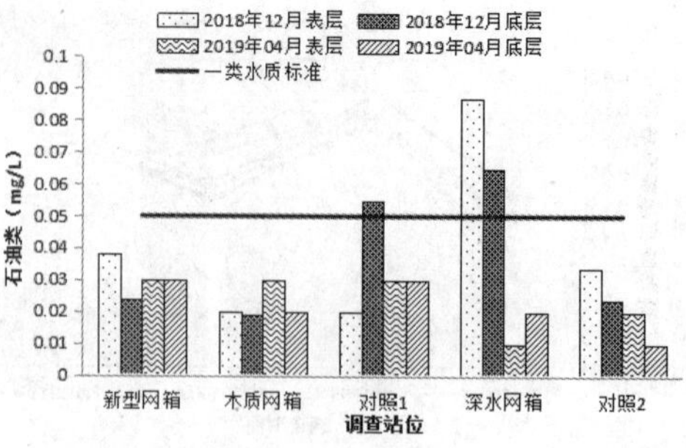

图 12 各监测站点表层、底层海水石油类含量

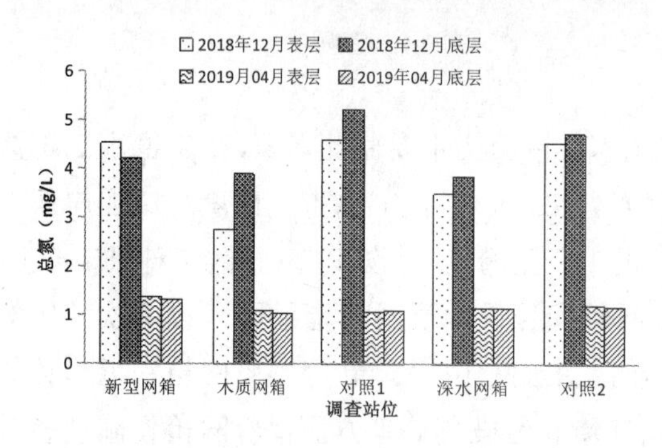

图 13 各监测站点表层、底层海水总氮含量

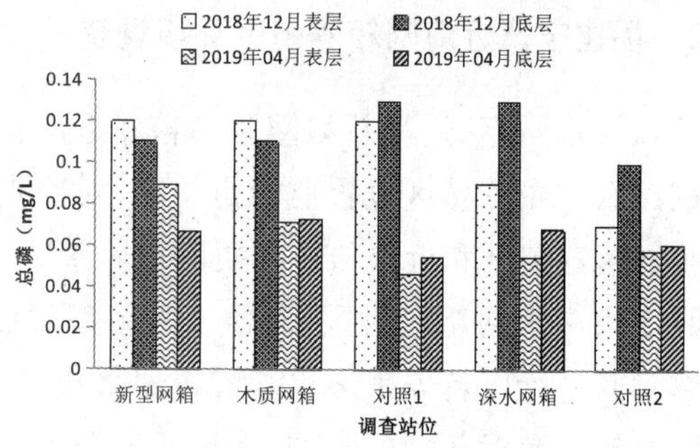

图 14 各监测站点表层、底层海水总磷含量

福建宁德三都澳海域自2018年开始实施传统木质网箱清理整治，2019年4月传统木质网箱被大面积移除，养殖密度急剧减小。2019年4月监测海域海水总氮、总磷、无机氮、活性磷酸盐、有机碳等指标显著低于2018年12月(图9～图14)。2018年12月水质为严重富营养状态，2019年4月处于中度富营养状态，水质富营养化改善明显。水质有机污染状况在2018年12月和2019年4月均为严重污染，但是2019年4月水质有机污染指数值较2018年12月显著减小，可以说明监测海区有机污染状况显著改善。因此，进行传统木质网箱升级改造，合理规划，控制养殖密度，可以有效改善三都澳海区水质环境。

4 大型围栏鱼类生态混合养殖模式构建

与莱州综合试验站联合设计建造的大型钢制管桩围栏(周长400 m，养殖水体160 000 m^3)经10个月的海上使用验证，显示出优良的抗风浪、耐流性能，应用效果良好。本年度，配套研发了养殖环境和鱼群监控设施1套(图15)，包括8路高清视频、360° 球机、红外摄像(200方网络像素)。水下影像观测仪(水平视角3～58°)。远程水质多参数传感器，实现了对围栏内养殖鱼类摄食、运动全天候实时监测；借助先进物联网系统，对围栏水域环境溶氧、温度等重要环境生态因子实现了远程无线监控，实时获取相关数据。

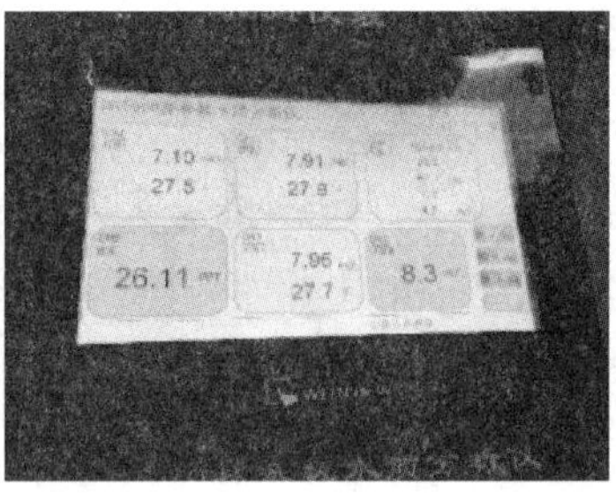

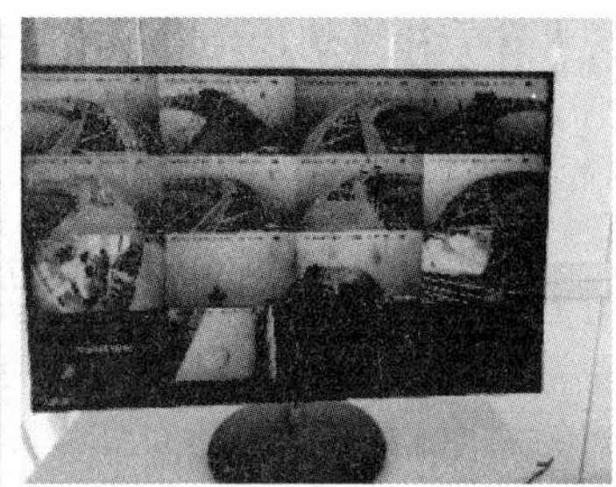

图 15　管桩式围栏养殖环境和鱼群检测系统

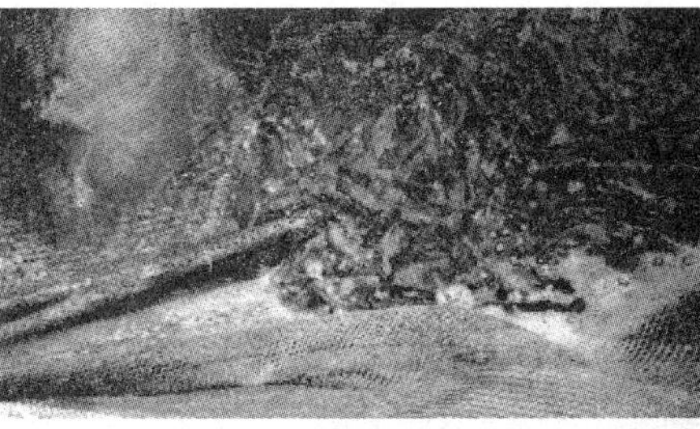
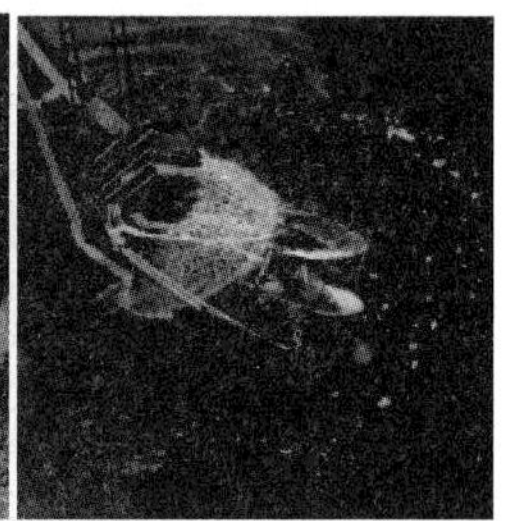

图 16　围栏斑石鲷、许氏平鲉和半滑舌鳎生态混合养殖

表 2　大型围栏斑石鲷、许氏平鲉和半滑舌鳎生长性状

	斑石鲷		许氏平鲉		半滑舌鳎	
	起始	结束	起始	结束	起始	结束
体重 /g	392. 4±57. 81	672. 77±52. 5	163. 03±37. 94	237. 16±28. 52	895. 77±142. 78	994. 63±230. 76
体长 /g	22. 99±1. 27	6. 76±2. 27	18. 38±1. 69	44. 4. ±1. 28	53. 47±1. 48	57. 23±2. 24
肝体比	0. 014±0. 003	0. 08±0. 12	0. 015±0. 0046	0. 15±0. 04	0. 0085±0. 003	0. 0133±0. 0032
脏体比	0. 070±0. 009	2. 71±0. 71	0. 07±0. 0088	0. 35±0. 05	0. 034±0. 005	0. 078±0. 007
SGR/%	0. 45	0. 31	0. 08			

依托管桩式围栏平台开展了半滑舌鳎、许氏平鲉和斑石鲷等鱼类生态混合养殖(图16)中试。2019 年 6 月 19 日经陆海接力转运，围栏内投放斑石鲷 113 660 尾，平均体重 392. 4±57. 81 g; 许氏平鲉 2920 尾，平均体重 163. 03±37. 94 g; 半滑舌鳎 740 尾，平均体重 895. 77±142. 78 g。经过 4 个月养殖实验，斑石鲷存活 111960 尾，养殖成活率 98. 5%，体重增至 672. 77±52. 5 g; 许氏平鲉存活 2550 尾，养殖成活率 87. 3%，体重增至 237. 16±28. 52 g; 半滑舌鳎存活 720 尾，养殖成活率 97. 3%，体重增至 994. 63±230. 76 g（表 1）。血液生理指标显示，经过 4 个月的养殖，斑石鲷、半滑舌鳎和许氏平鲉血液白细胞、红细胞、血红蛋白、红细胞比容无显著变化。养殖的半滑舌鳎、许氏平鲉和斑石鲷生长状况良好，达到项目预设考核指标。初步构建了大型围栏鱼类生态混合养殖模式。

5 管桩围栏水动力特性研究

实验在大连理工大学海岸和近海工程国家重点实验室进行。实验场地为波流水槽(图17)。水槽长60.0 m,宽2.0 m,深1.8 m,工作水深0.2～1.8 m,波浪周期0.5～5.0 s,配备液压伺服规则波、不规则波造波系统,计算机控制及数据采集系统,以及2台1.0 m^3/s轴流泵的双向流场模拟系统。综合考虑模型尺寸与实验条件,并参照《波浪模型试验规程》(JTJ/T 234—2001)相关技术要求,本次整体实验模型比尺定为1∶40,局部实验的模型比尺定为1∶20。实验模型主要按重力相似准则进行模拟。

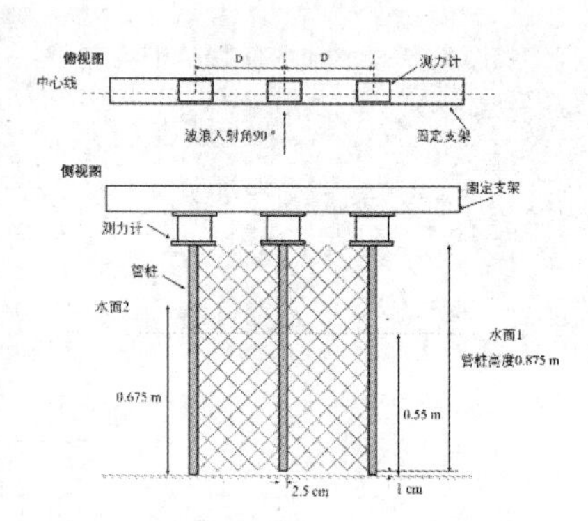

图17 整体与局部管桩受力试验示意图

本实验中网衣的设计采用重力相似准则结合变尺度的网衣模型相似新方法,可有效地解决波浪、水流作用下网衣水动力特性的模拟精度问题。该方法对网衣的轮廓尺寸采用与养殖平台相同的模型比尺,而对网衣的网目大小和网线直径这样的小尺度构件则采用另一套较大的模型比尺来缩放,从而避免模型网衣对水流流态以及雷诺数造成较大改变,保证水动力相似,并使网衣模型的制作可行。

从图18可以看出,实验水深为0.55 m的情况下,当波高为5 cm时,有无网衣对管桩受力没有明显的影响,同时波浪周期对管桩受力几乎没有影响。当波高变为10 cm时,有网衣时的管桩受力比无网衣时的受力明显增大,但是不同管桩间距的管桩受力并没有明显的区别,波浪周期对管桩受力的影响明显。当波高增大到15 cm时,不同管桩间距的管桩受力差距明显:当管桩间距为50 cm时,管桩的平均受力是管桩间距为25 cm时的1.9倍;当管桩间距为75 cm时,管桩的平均受力是管桩间距为25 cm时的2.4倍。从图19可以看出,实验水深为0.675 m的情况下,当波高为5 cm时,有无网衣对管桩受力没有明显的影响,同时波浪周期对管桩受力几乎没有影响。当波高变为10 cm时,有网衣时的管桩受力比无网衣时的受力明显增大,但是不同管桩间距的管桩受力并没有明显的区别,波浪周期对管桩受力的影响明显。当波高增大到15 cm,不同管桩间距的管桩受力差距明显;当管桩间距为50 cm时,管桩的平均受力是管桩间距为25 cm时的1.7倍;当管桩间距为75 cm时,管桩的平均受力是管桩间距为25 cm时的2.8倍;波高增大到20 cm,当管桩间距为50 cm时,管桩的平均受力是管桩间距为 25 cm 时的 1. 3 倍；当管桩间距为 75 cm 时，管桩的平均受力是管桩间距为 25 cm 时的 1. 7 倍。不同水深对管桩受力的影响见图 20。

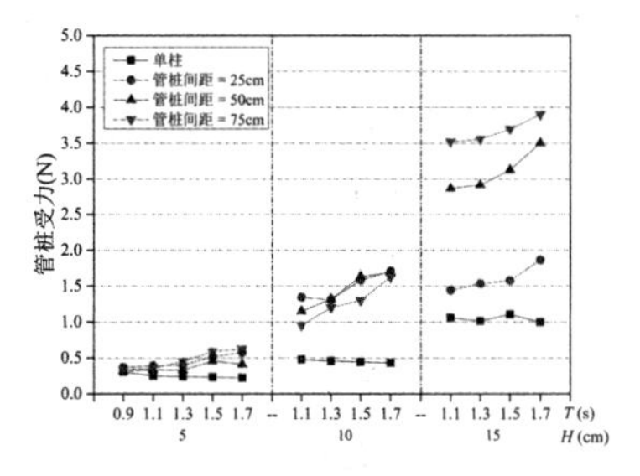

图 18　0. 55 m 水深管桩的受力

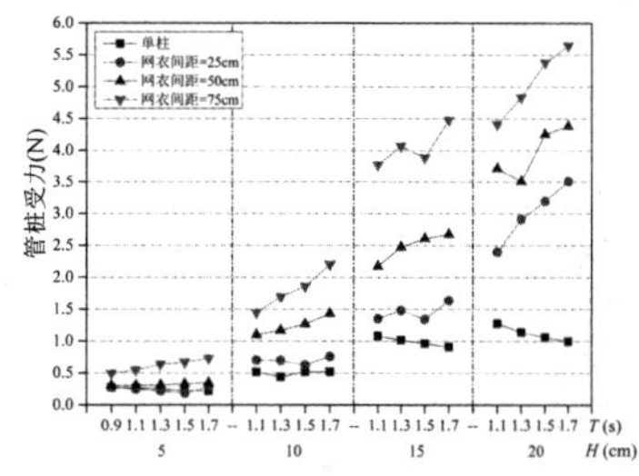

图 19　0. 675 m 水深管桩的受力

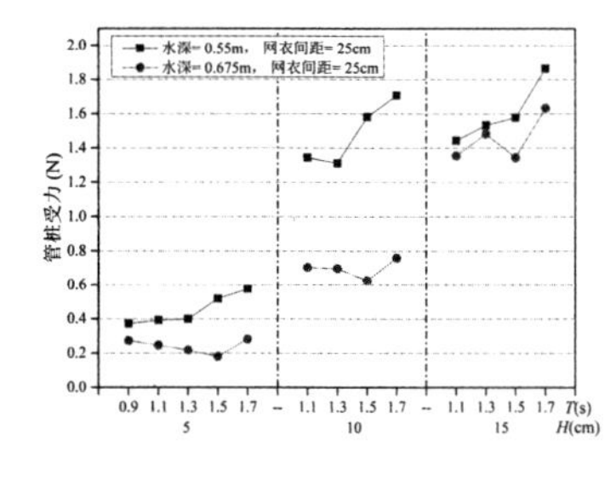

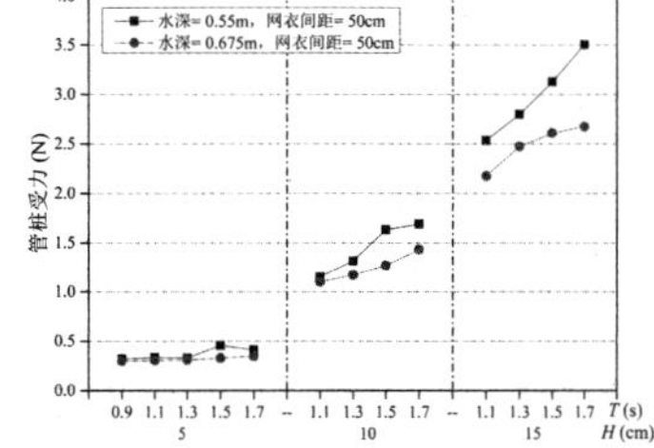

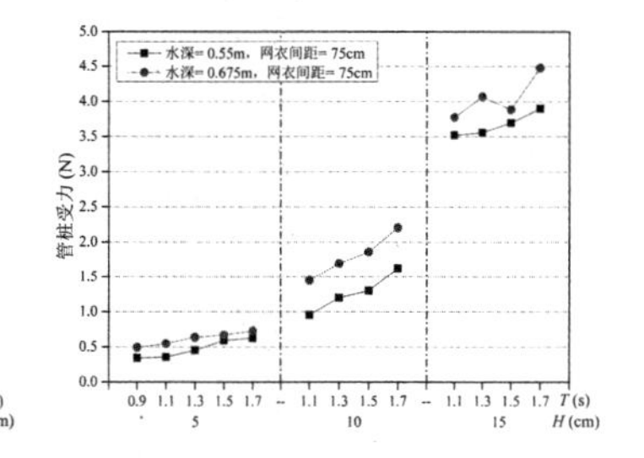

图 20　不同水深对管桩受力的影响

从图 21 可以看出，当水深为 0. 55 m 时，最小流速折减率为 4. 48%，最大流速折减率为 9. 7%，平均折减率为 7. 7%；当水深为 0. 675 m 时，最小流速折减率为 3. 8%，最大流速折减率为 8. 9%，平均折减率为 6. 2%。管桩围栏内部流速分布实验共设置了 12 个流速观测点和 5 组流速。不同流速下，围栏内流速分布示意图见图 22。

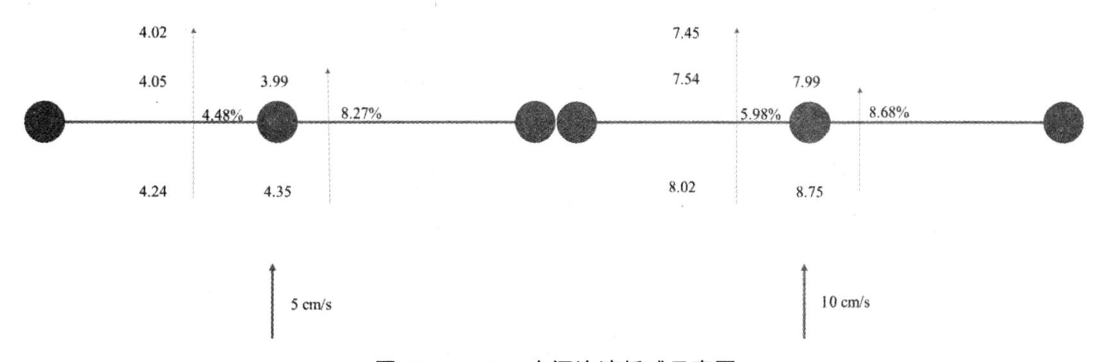

图 21　0. 55 m 水深流速折减示意图

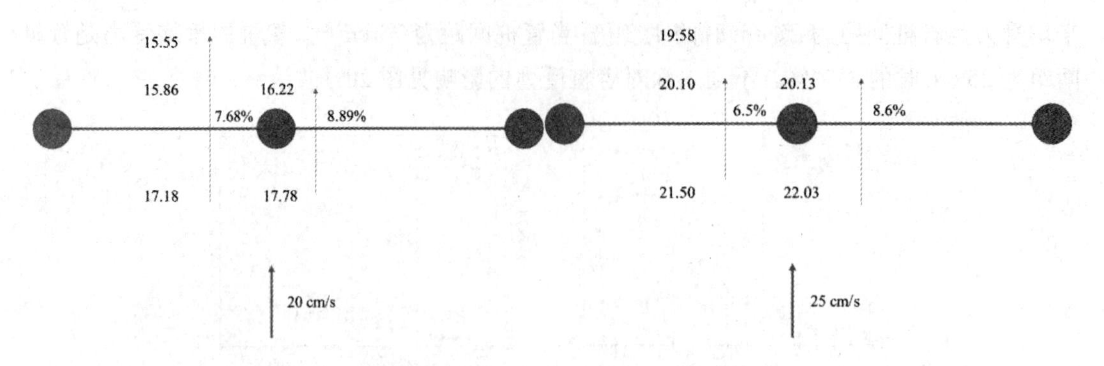

图 21 续　0. 55 m 水深流速折减示意图

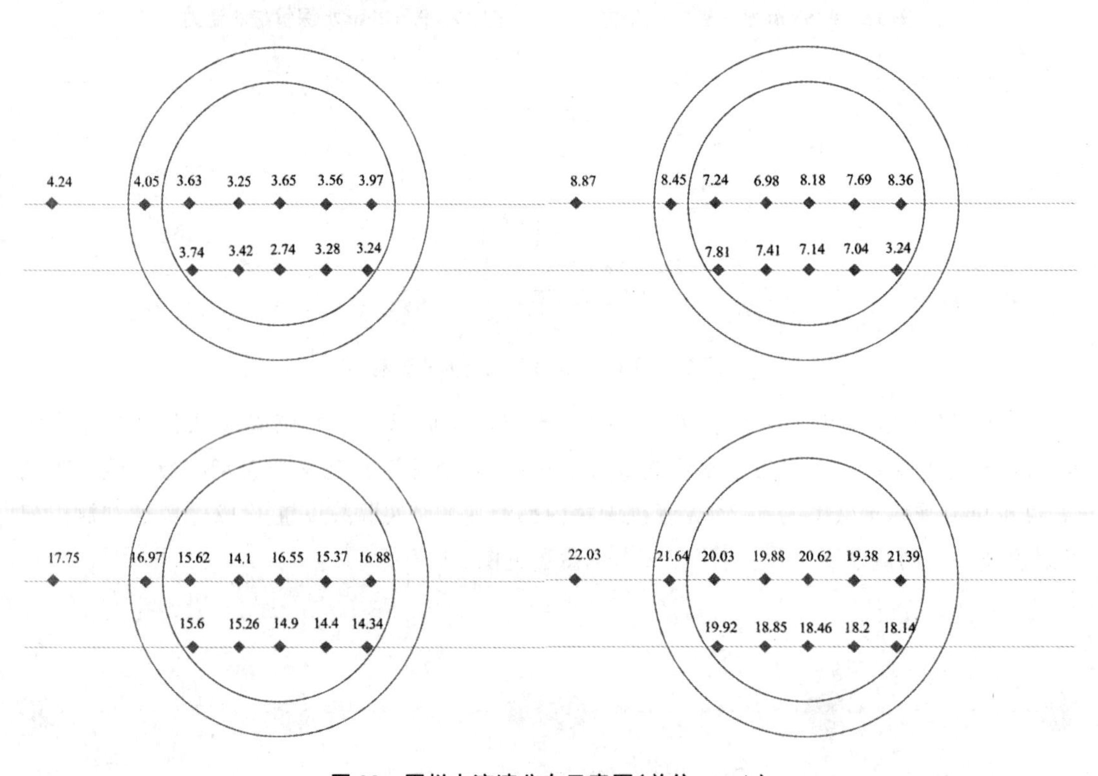

图 22　围栏内流速分布示意图(单位:cm/s)

6　小结

2019 年度,本岗位完善新型抗风浪 PET 网衣网箱制作安装工艺,在福建宁德和广西北海示范基地新建 PET 网箱各 1 个;在福建宁德、广西北海建立近海网箱产业升级示范基地,示范养殖规模达到 10 000 m^2,示范制造 HDPE 浮台式和板式塑胶新型网箱 12 000 余口;在宁德三都澳网箱养殖区与莱州湾围栏养殖区设置监测点,进行养殖环境基础数据采集,跟踪监测网箱养殖区水环境变化情况,撰写评估报告。研发出围栏养殖环境鱼群检测系统,开展了半滑舌鳎、许氏平鲉和斑石鲷等鱼类混合养殖中试，初步构建了大型围栏鱼类生态混合养殖模式。针对管桩围栏养殖设施，通过物理模型实验研究了不同波浪和流速条件下管桩的受力分布情况。

（岗位科学家　关长涛）

海水鱼池塘养殖技术研发进展

池塘养殖岗位

2019年,池塘养殖岗位开展了海鲈工程化池塘精养示范、牙鲆岩礁池塘工程化高效养殖技术示范、黄条鰤工程化池塘苗种培育技术开发等重点工作,并开展了养殖海水鱼类生殖与生长健康调控机制相关研究,为建立海水鱼类健康养殖技术提供理论依据。

1 海鲈工程化池塘精养示范

2019年,在广东珠海斗门新泗海水产养殖场开展了海鲈集约化池塘精养技术示范。对3口面积为10亩[①]的集约化池塘(编号A1、A2和A3)进行工程化设置,2月放养全长3～5 cm海鲈苗种。养殖过程中,研究了水环境pH调控、增氧与微生态调水、池塘浮游生物种类与丰度变动规律、海鲈消化道微生物结构与环境、应激消减等关键技术。构建了养殖池塘水质在线自动监测系统,并进行了优化和完善,建立了规范的水质数据采集操作方法,实现了水温、盐度、pH、溶解氧等水质指标的实时监测和远程信息传递。截止到11月底,3口池塘养殖单产分别达4 020千克/亩、4160千克/亩和4110千克/亩,养殖成活率达到80%以上(表1),形成了规范化的养殖技术工艺,于2019年12月1日通过了专家现场验收。

表1 海鲈工程化池塘精养示范结果

养殖池塘编号	放苗数量/尾	养殖鱼体重/g	养殖鱼体长/cm	养殖单产/(千克/亩)	养殖成活率(%)
A1	82 000	597.5	36.9	4 020	82.1
A2	80 500	608.5	39	4 160	84.9
A3	80 000	610.4	39.7	4 110	83.9

1.1 池塘浮游生物种类与丰度变动规律

池塘养殖过程中,在8月和10月测定了池塘浮游生物的变化情况。池塘中浮游生物种类和丰度随季节和养殖鱼生长而发生变化,浮游植物以硅藻、绿藻和甲藻为主(表2),浮游动物以枝角类和桡足类为主(表3),在早期苗种保育过程中,应加强优势浮游生物的原位繁殖和培养,以提高苗种早期保育成活率。

① "亩"不属于法定单位,但考虑到生产实际,本书予以保留,一亩约等于666.7平方米。

表 2　养殖池塘中浮游藻类种类与丰度季节变化

月份	中文名称	学名	类别	丰度
8 月	细线条月形藻	*Amphoralineolata*	绿藻	25 个 / 毫升
	舟形藻	*Navicula* sp.	硅藻	
	菱形藻	*Nitzschia* sp.	硅藻	
	菱形海线藻	*Thalassionemanitzschioides*	硅藻	
	裸甲藻	*Gymnodinium* sp.	甲藻	
	螺旋环沟藻	*Gyrodiniumspirale*	甲藻	
	微小原甲藻	*Prorocentrumminimum*	原甲藻	
10 月	小环藻	*Cyclotella* sp.	硅藻	19 个 / 毫升
	洛氏角毛藻	*Chaetoceroslorenzianus*	硅藻	
	颗粒直链藻	*Melosiragranulata*	硅藻	
	具槽帕拉藻	*Paraliasulcata*	硅藻	
	叉状角藻	*Ceratiumfurca*	甲藻	
	裸甲藻	*Gymnodinium* sp.	甲藻	
	栅藻	*Scenedesmuss* pp.	绿藻	
	原甲藻	*Prorocentrum* sp.	甲藻	
	裸藻	*Euglena* sp.	裸藻	
	三裂醉藻	*Ebriatripartite*	未定	
	圆筛藻	*Coscinodiscus* sp.	硅藻	
	矮小短棘藻	*Detonulapumila*	硅藻	

表 3　养殖池塘中浮游动物种类与丰度季节变化

月份	中文名称	学名	归类	丰度
8 月	鸟喙尖头溞	*Peniliaavirostris*	枝角类	21. 5 个 / 毫升
	中华哲水蚤	*Calanussinicus*	桡足类	
	小拟哲水蚤	*Paracalanusparvus*	桡足类	
	双毛纺锤水蚤	*Acartiabifilosa*	桡足类	
	太平洋纺锤水蚤	*Acartiapacifica*	桡足类	
	华异水蚤	*Acartieclasinensis*	桡足类	
	拟长腹剑水蚤	*Oithonasimilis*	桡足类	
	短角长腹剑水蚤	*Oithonabrevicornis*	桡足类	
	简长腹剑水蚤	*Oithonasimplex*	桡足类	
	强壮箭虫	*Sagittacrassa*	毛颚类	
	桡足类幼体	Copepodal arva	浮游幼体	
	无节幼体	Naupliusl arva	浮游幼体	
	短尾类幼体	Brachyura larva	浮游幼体	

续表

月份	中文名称	学名	归类	丰度
10月	晶囊轮虫	*Asplanchna* sp.	轮虫	16个/毫升
	臂尾轮虫	*Brachionus* sp.	轮虫	
	鸟喙尖头溞	*Peniliaavirostris*	枝角类	
	剑水蚤	Cyclopidae	桡足类	
	桡足类幼体	Copepoda larva	浮游幼虫	
	晶囊轮虫	*Asplanchna* sp.	轮虫	
	臂尾轮虫	*Brachionus* sp.	轮虫	
	裸腹溞	*Moina* sp.	枝角类	

1.2 池塘养殖海鲈消化道微生物结构与环境关联分析

1.2.1 海鲈消化道微生物群结构特征

小规格海鲈消化道共有优势物种包括肠杆菌科、乳杆菌科、莫拉氏菌科和假单胞菌科。随着养殖鱼的生长，消化道各部位共有优势物种的组成发生变化，主要包括梭杆菌科、毛螺菌科和莫拉氏菌科（图1、图2）。小规格海鲈消化道中梭菌科丰度较高，在胃部高达36.53%；而梭杆菌科丰度则随着鱼的生长急剧上升，在大规格海鲈消化道中成为优势物种，最低丰度为13.98%（图1）。

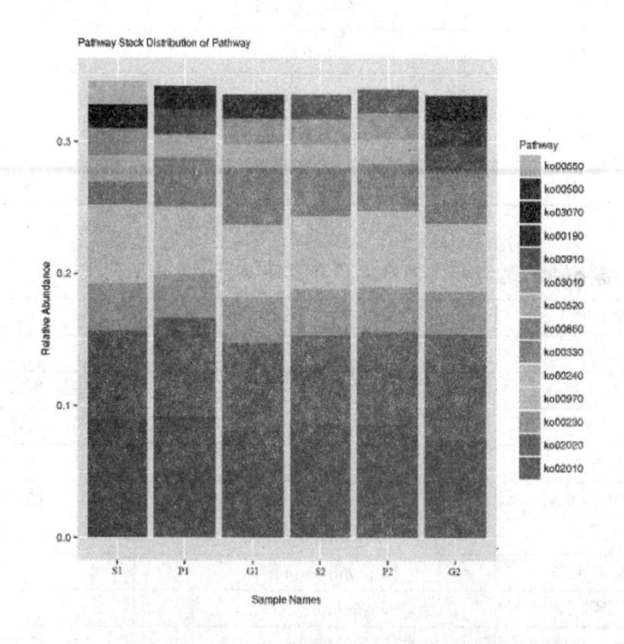

S1. 小规格海鲈胃部样品；**P1**. 小规格海鲈幽门盲囊样品；**G1**. 小规格海鲈肠道样品；**S2**. 大规格海鲈胃部样品；**P2**. 大规格海鲈幽门盲囊样品；**G2**. 大规格海鲈肠道样品。

图1 消化道科水平上的优势物种

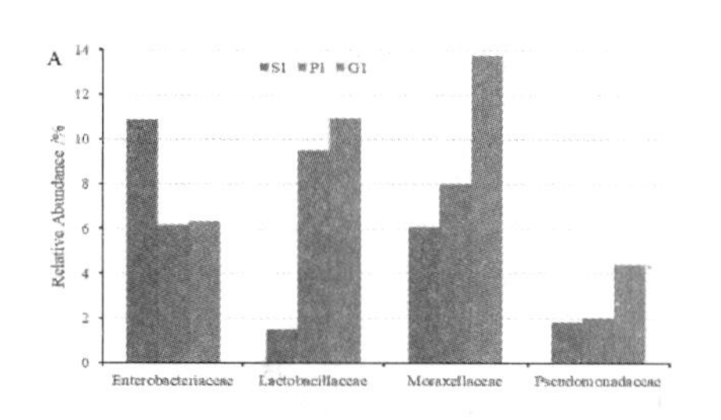

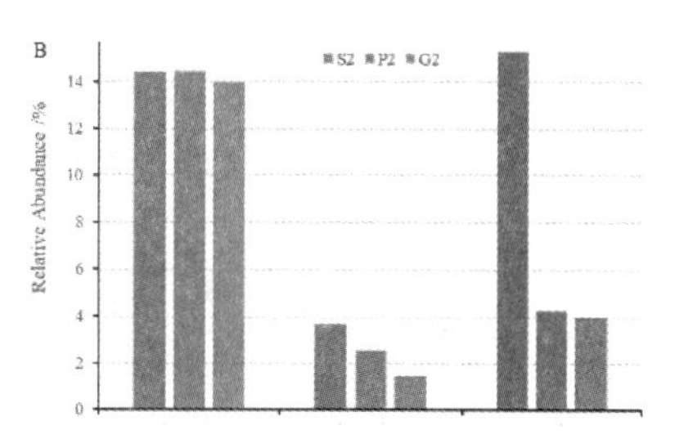

A. 小规格海鲈；**B**. 大规格海鲈

图 2　海鲈共有优势微生物变化趋势

功能分析表明，ABC 转运蛋白、二组分系统、嘌呤代谢、氨酰生物合成、嘧啶代谢、精氨酸和脯氨酸代谢为所有消化道样本共有的优势通路（图 3）。ABC 转运蛋白功能丰度最高，为 7. 42%～9. 06%，在两种规格海鲈中随消化道延伸均呈现下降趋势。

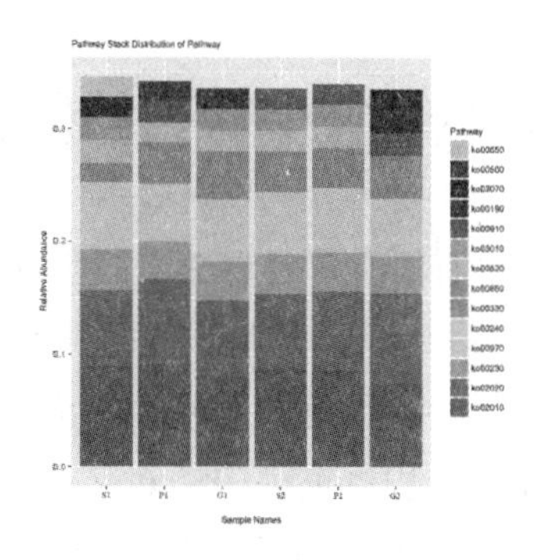

图 3　消化道各样本菌群丰度排列前十的功能分析

1.2.2　消化道微生物群与环境菌群组成相似性分析

两种规格的养殖海鲈消化道各部位与水环境共有可操作分类单元（OTUs）数目最高（图 4）。同时，消化道微生物 PCA 分析表明，PC1 轴的贡献率均远高于 PC2 轴和 PC3 轴的贡献率之和，说明在 OTUs 组成与丰度方面两种规格的海鲈消化道微生物群与水环境样本中菌群相似度更高（图 5）。

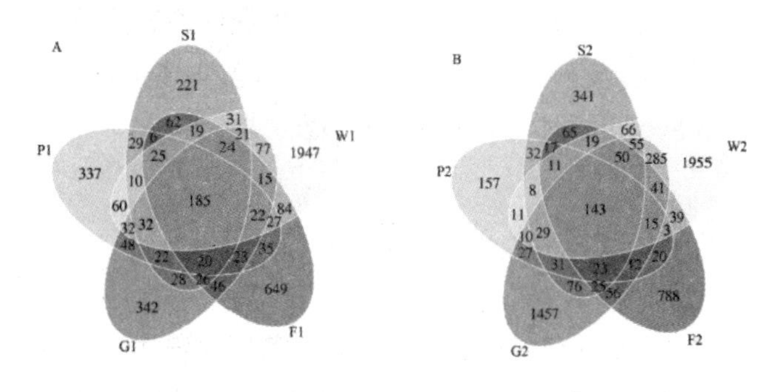

F1. 小规格海鲈饲料；**W1**. 小规格海鲈水；**F2**. 大规格海鲈饲料；**W2**. 大规格海鲈水

图 4　海鲈消化道及环境共有 OTUs 分析（A：小规格鱼；B：大规格鱼）

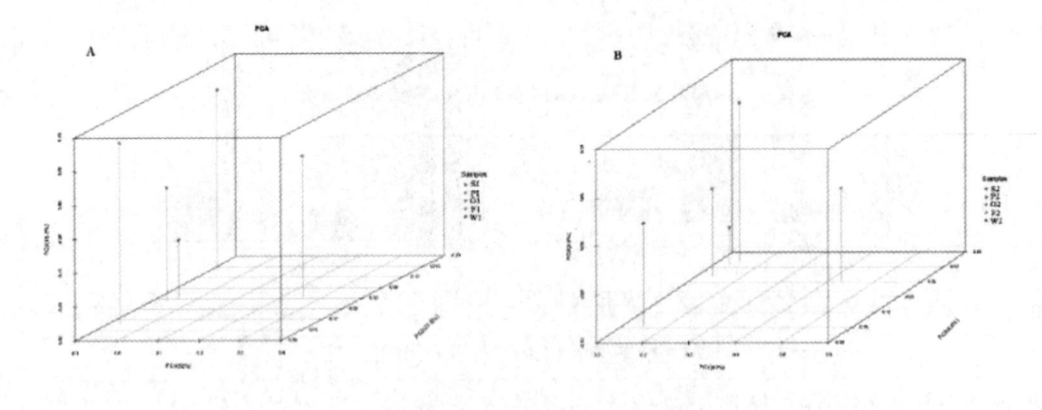

A. 小规格鱼；B. 大规格鱼

图 5　海鲈消化道样品、环境样品菌群 OTU 水平 PCA 分析

2　牙鲆工程化岩礁池塘高效养殖技术示范

2019 年，在青岛贝宝海洋科技有限公司利用 2 口面积分别为 10 亩和 12 亩的岩礁池塘，开展了牙鲆工程化池塘高效养殖技术示范。池塘设置了集污减排控制系统和环流增氧系统，形成了养殖池塘内水体的循环流动。4 月投放牙鲆大规格苗种（全长 15～20 cm）各 10 000 尾／亩。截止到 11 月底，养殖牙鲆平均体重达 783. 6 克／尾和 758. 1 克／尾，养殖单产达 7 115 千克／亩和 6 936. 6 千克／亩，养殖成活率分别为 90. 8% 和 91. 5%，养殖密度和养殖产量有了较大提高，丁 2019 年 12 月 14 口通过了专家现场验收。

3　黄条鰤工程化池塘育苗技术

2019 年，在大连庄河试验基地、大连富谷食品有限公司，利用自主设计构建的室外工程化小型连体池塘循环水养殖系统（10 口池塘，面积均为 2 亩）开展了苗条鰤苗种培育技术研究，探讨了池塘节能保温、水环境调控、饵料生物池塘生态培养等系列关键技术，成功培育出全长 4. 7～8. 6 cm 的优质黄条鰤苗种约 40. 32 万尾，首次实现了黄条鰤工程化池塘苗种规模化培育，于 2019 年 6 月 5 日通过了专家现场验收。

4　海水与池塘养殖尾水排放现状调研

2019 年 4 月，调研了珠海斗门区海鲈主养区的池塘尾水排放情况，走访代表性养殖企业和个体从业者 10 余家，对其中 3 家企业的养殖排放水、池塘养殖用水、生态沟处理排放水的 9 个主要水质指标进行了抽样检测（表 4）。通过本次调研，基本掌握了斗门地区海水海鲈池塘养殖尾水排放情况，形成了调研报告 1 份，为今后开展尾水处理技术研发提供了参考。

表 4　珠海池塘养殖排放尾水的主要水质参数情况

抽样编号	溶解氧 / (mg/L)	亚硝酸盐 / (mg/L)	悬浮物 /(mg/L)	pH	COD_{Mn} / (mg/L)	总磷 /(mg/L)	无机氮 /(mg/L)	总氮 /(mg/L)	活性磷酸盐 / (mg/L)
A	3. 1	0. 037	91. 0	7. 9	12. 8	0. 129	0. 359	0. 970	0. 068
B	3. 3	0. 035	79. 0	7. 4	13. 7	0. 389	0. 449	0. 923	0. 339
C	3. 1	0. 038	13. 0	7. 8	14. 8	1. 17	0. 700	2. 11	1. 17
D	4. 5	0. 033	3. 00	7. 5	13. 5	0. 560	0. 290	1. 73	0. 496

注：A. 沙棘池塘养殖排放水；B. 广益创一农社排放水样；C. 新泗海养殖场池塘养殖水样；D. 新泗海养殖场池塘排放水生态沟处理水样

5　半滑舌鳎生殖调控机制研究

5. 1　leptin 对半滑舌鳎卵巢周期成熟的调控作用

研究了半滑舌鳎脑、垂体和卵巢中 leptin（lepa、lpeb、lepr）在卵巢年发育成熟周期中的表达调控特征（图 6）及其可能的生理作用，揭示了 leptin 在 BPG 轴不同水平上的时空差异表达特征，为认识 leptin 对半滑舌鳎的生殖调控机制积累了理论素材。

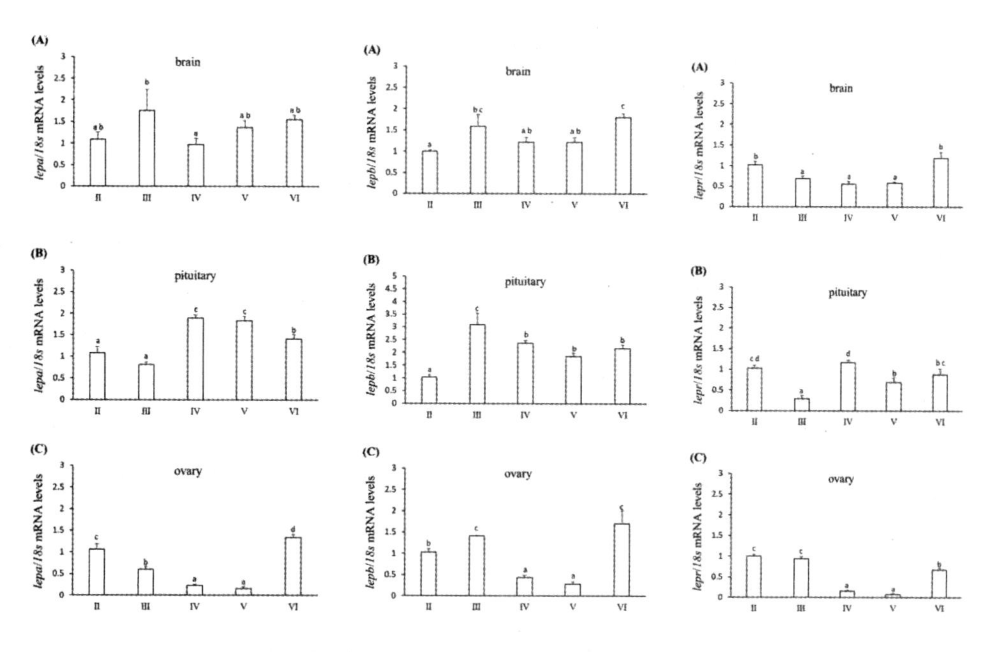

图 6　半滑舌鳎 leptin 在卵巢成熟周期中的表达调控特征

5. 2　重组半滑舌鳎 leptin 蛋白对生殖功能的调控作用

离体孵育实验结果显示，leptinA 和 leptinB 重组蛋白主要抑制下丘脑 Kiss2 及受体（图 7）、GnIH 受体的表达，但会上调 GnIH 基因的表达（图 8），表明 leptin 重组蛋白对半滑舌鳎生殖机能具有重要的表达调控作用。

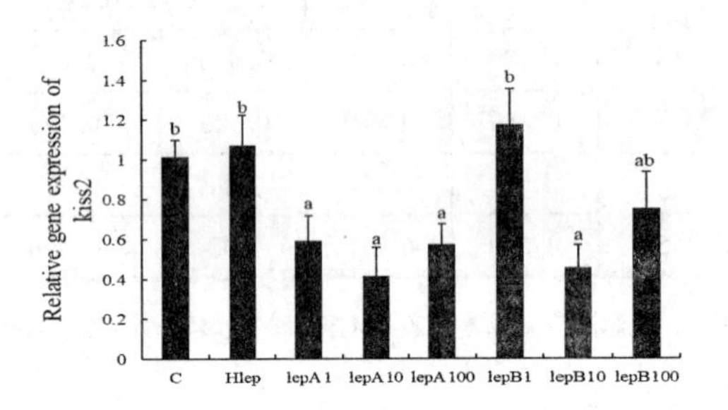

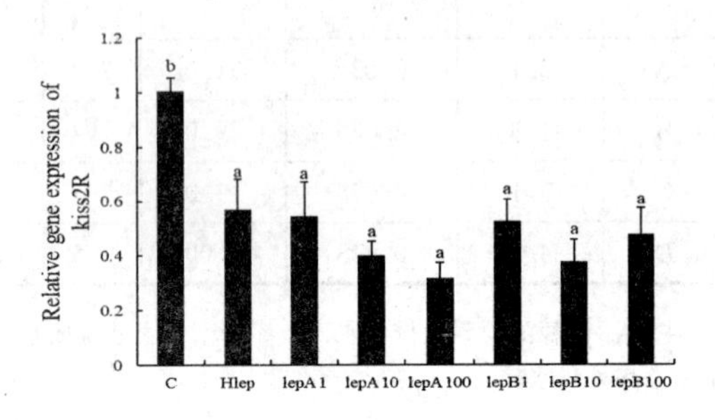

图 7　重组半滑舌鳎 leptin 对下丘脑 kiss2 和 kiss2r 表达的影响

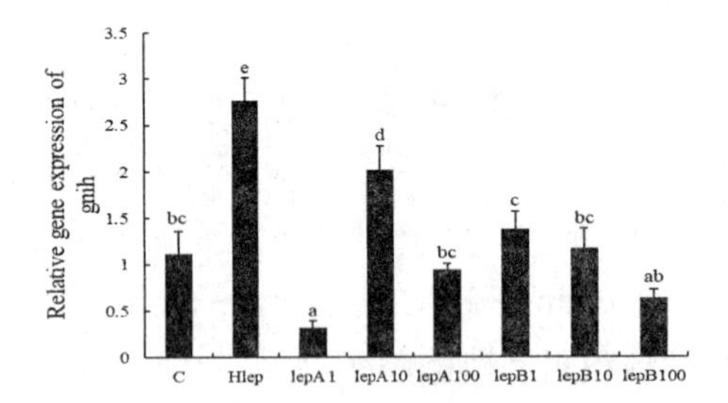

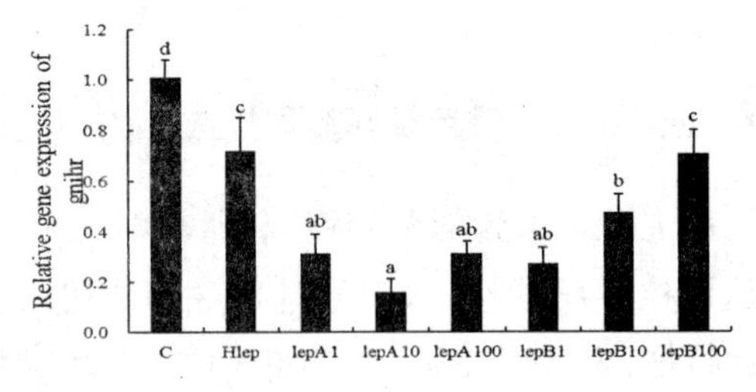

图 8　重组半滑舌鳎 leptin 对下丘脑 GnIH 及其受体表达的影响

5. 3　lpxrfa 与 Kisspeptin 在半滑舌鳎早期发育阶段的表达特征与生理功能

5.3.1　半滑舌鳎 lpxrfa 与 Kisspeptin 表达特征

lpxrfa 在胚体下包 70% 后表达水平显著升高（图 9A）；lpxrfa-r 在囊胚期的表达量显著增加，后逐渐降低直至胚体下包 50%，在胚体下包 70% 时达峰值（图 9B）。在仔稚幼鱼阶段，lpxrfa 表达量没有显著变化，lpxrfa-r 表达量在孵化后 6、25 d 分别显著升高（图 9D）。kiss2 表达水平随胚胎发育逐渐升高，在胚体下包油球 70% 时达到峰值后显著降低（图 10A）。kiss2r 表达水平在胚体下包 70% 时显著升高（图 10B）。在仔稚幼鱼阶段，kiss2 及 kiss2r 表达模式类似，表达水平均在孵化后 6 d 达峰值，随后逐渐降低（图 10C、D）。

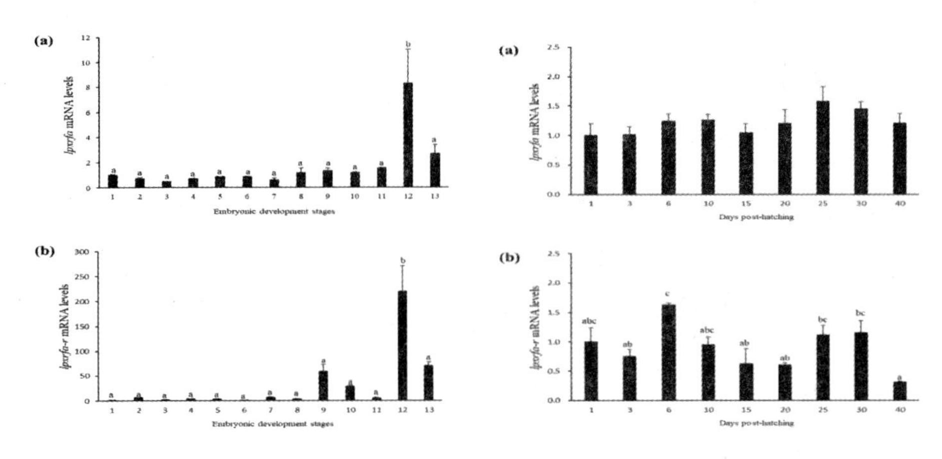

图 9 半滑舌鳎胚胎(左)、仔稚鱼(右)发育过程中 LPXRFa 及其受体表达特征

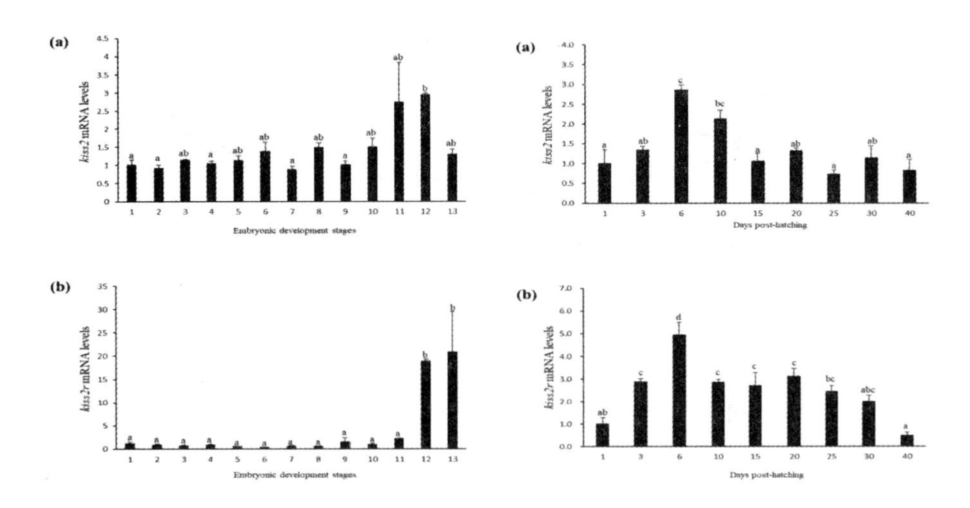

图 10 半滑舌鳎胚胎(左)和仔、稚、幼、鱼发育过程中 Kiss2 及其受体表达特征

5.3.2 半滑舌鳎 LPXRFa 与 Kisspeptin 生理功能及信号互作机制

垂体离体孵育实验表明，LPXRFa-1 多肽降低了 lhβ 的表达水平(图 11C)；LPXRFa-2 降低了 gthα 和 lhβ 的表达水平，增加了 gh 的表达水平(图 11E-G)。另外，Kiss2 多肽增加了 gthα 及 fshβ 表达水平(图 11J-K)。细胞转染及双荧光素酶实验表明，Kiss2 与其受体结合后激活了 PKA 及 PKC 信号通路，然而 LPXRFa 阻断了 Kiss2 诱导的 PKA 及 PKC 信号通路，说明 LPXRFa 可能通过阻断 Kiss2 诱导的信号通路阻断 Kiss2 的生理功能(图 12)。

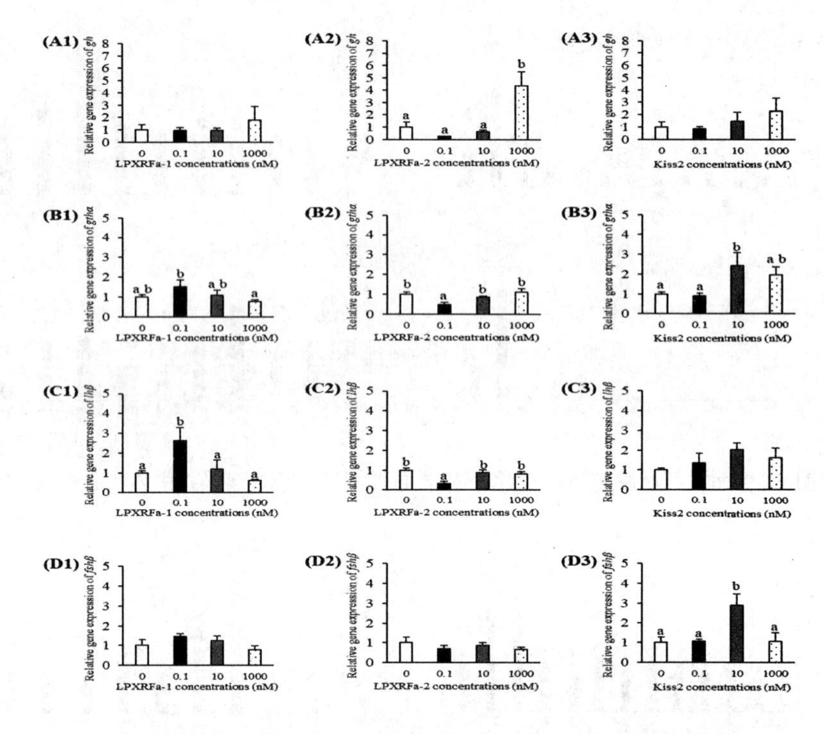

图 11　LPXRFa 及 Kiss2 对半滑舌鳎垂体相关基因的表达调控

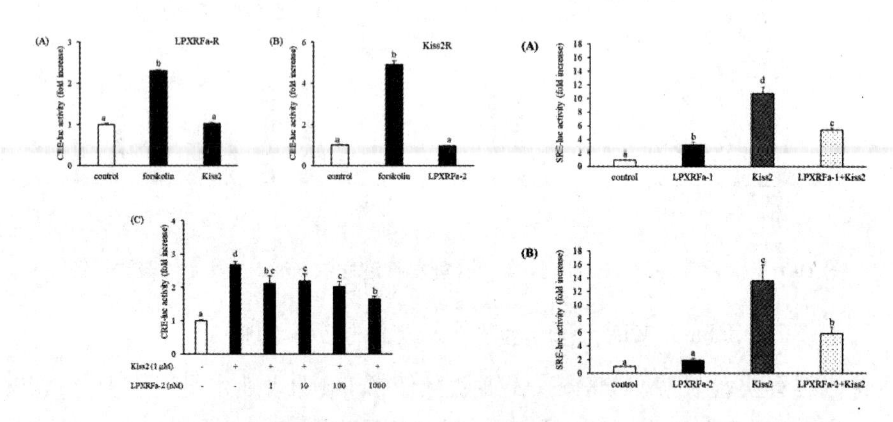

图 12　LPXRFa 阻断 Kiss2 诱导的 PKA、PKC 通路

6　黄条鰤生长调控机制研究

6.1　生肌因子的克隆与表达

克隆了黄条鰤生肌因子 MyHC，其 cDNA 全长为 6 143 nt，包括 135 nt 的 5′ UTR、5 811nt 的 ORF 和 197 nt 的 3′ UTR，编码 1 936 个氨基酸。MyHC 在肌肉中表达量最高。早期发育过程中，16 细胞前表达量较高，随后显著下降，至孵化期达峰值。仔、稚、幼鱼期，在孵化 30 d 达峰值后显著下降(图 13)。

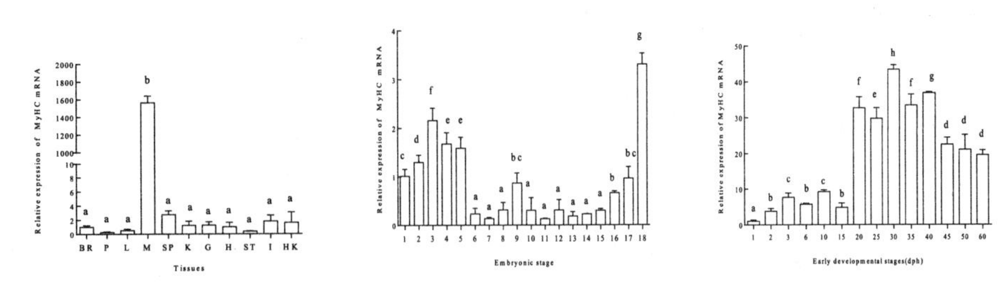

图 13　黄条鰤 MyHC 在不同组织和发育阶段的表达特征

BR. 脑;P. 垂体;L. 肝脏;M. 肌肉;SP. 脾脏;K. 肾脏;G. 鳃;H. 心脏;ST. 胃;I. 肠;HK. 头肾;1. 受精卵;2. 2 细胞;3. 4 细胞;4. 8 细胞;5. 16 细胞;6. 32 细胞;7. 多细胞;8. 桑葚胚;9. 高囊胚;10. 低囊胚;11. 原肠胚早期;12. 原肠胚中期;13. 原肠胚末期;14. 神经胚;15. 胚体下包 1/2;16. 胚体下包 2/3;17. 胚体全包;18. 孵化期

克隆了黄条鰤 Myf5 的 cDNA 序列,全长为 951 nt,包括 15 nt 的 5′ UTR、801 nt 的 ORF 和 330 nt 的 3′ UTR,编码 266 个氨基酸。在肌肉表达水平最高,鳃、胃中也检测到较高表达。在胚胎发育各时期都表达,自原肠胚早期表达量显著升高,神经胚时期达峰值后显著下降。自初孵仔鱼表达水平升高,至 30 日龄达峰值(图 14)。

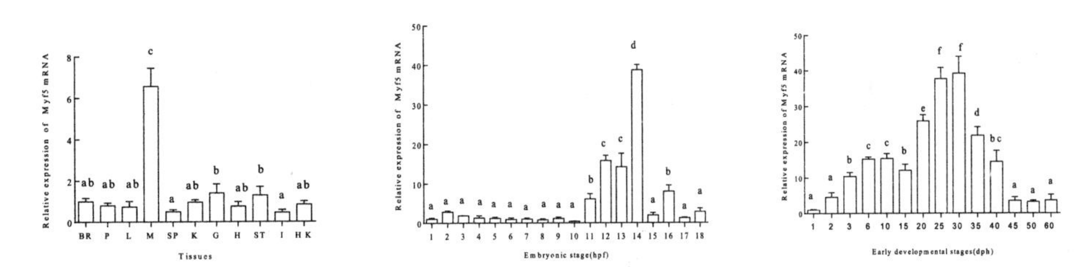

图 14　黄条鰤 Myf5 在不同组织和发育阶段的表达特征

6.2　生长相关因子在不同年龄黄条鰤中的表达特性

MyoD1 表达量在脑中随着年龄增加呈现下降趋势,在垂体和肌肉中呈现先升高、后下降的趋势,在肝脏中呈现升高趋势。MyoD2 表达水平在脑和肌肉中随着年龄增加呈现先升高后下降趋势,在垂体和肝脏中呈现先下降、后升高趋势(图 15)。

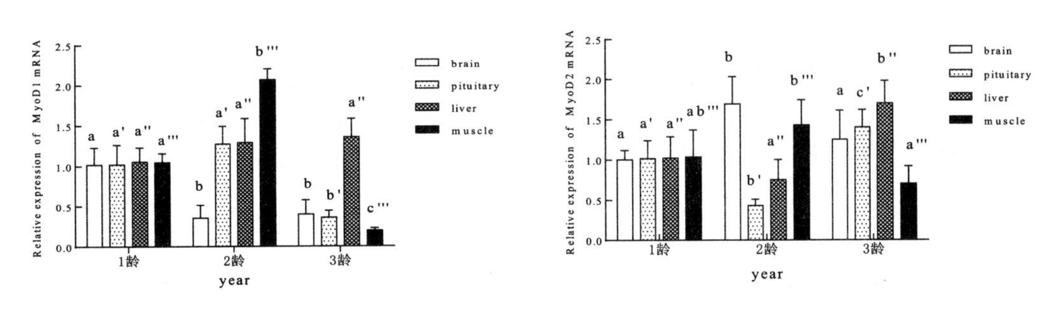

图 15　不同年龄黄条鰤脑、垂体、肝脏、肌肉 MyoD1、MyoD2 相对表达量

黄条鰤 Myf5 表达水平随年龄增加在脑中先下降后升高，在垂体和肌肉中呈现先升高、后下降趋势，在肝脏中逐渐升高，在 2 龄鱼肌肉组织中表达量最高（图 16）。MyoG 表达水平随着年龄增加在脑中无明显变化，在垂体中先升高、后下降，在肝脏中呈现先下降、后升高的趋势，在肌肉中呈现先升高、后下降的趋势，在 2 龄鱼肌肉中表达量最高（图 16）。

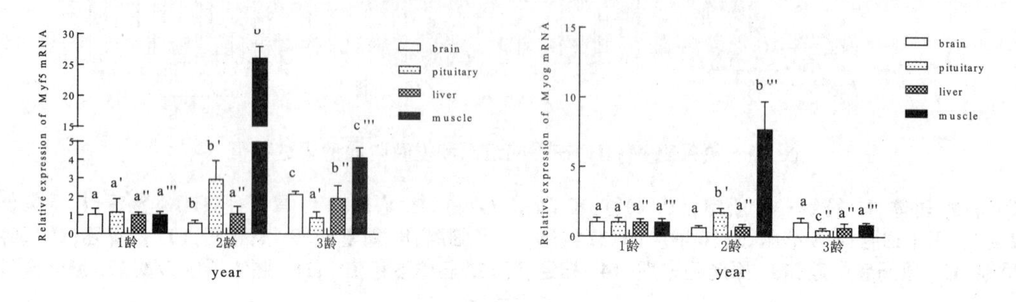

图 16　不同年龄黄条鰤脑、垂体、肝脏、肌肉 Myf5、MyoG 相对表达量

黄条鰤 MSTN 表达量在脑、垂体、肝脏中随年龄增加呈现先升高、后下降趋势，在 2 龄鱼肌肉中下降到最低，后又呈现升高的趋势。PTEN 表达量在脑和肝脏中逐渐下降，在垂体和肌肉中先升高、后下降，在 2 龄鱼肌肉中表达量最高（图 17）。

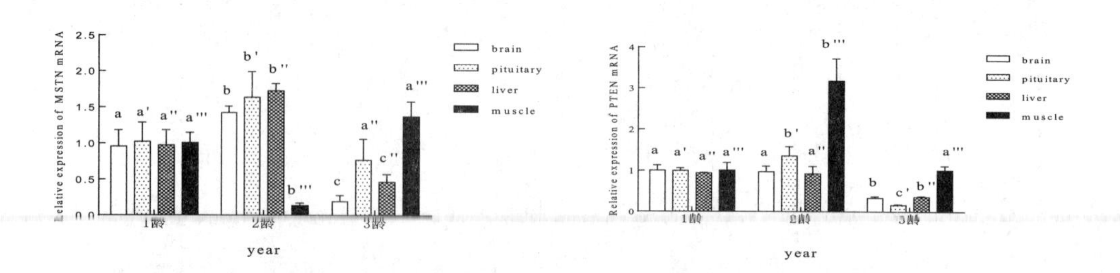

图 17　不同年龄阶段黄条鰤不同组织中 MSTN、PTEN 相对表达量

GH 表达量在脑、垂体和肌肉中呈现先升高、后下降趋势，肝脏中先下降、后升高；IGF-Ⅰ表达量在脑中呈现下降趋势，在垂体、肝脏和肌肉中先升高、后下降；IGF-Ⅱ表达量在脑和肝脏中呈现下降趋势，在垂体和肌肉中先升高、后下降，IGF-Ⅰ、IGF-Ⅱ在 2 龄鱼达到峰值（图 18）。

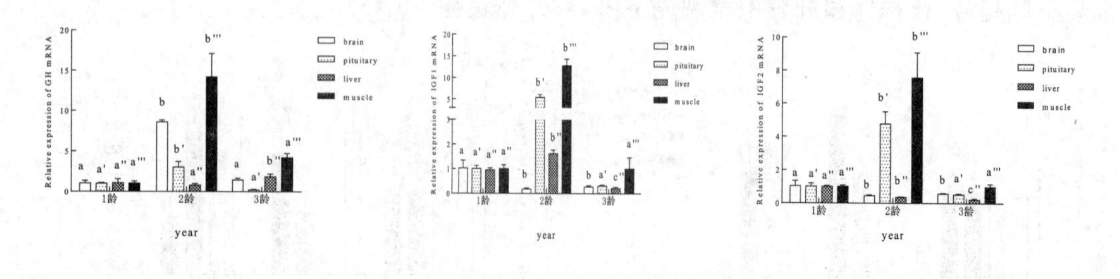

图 18　不同年龄黄条鰤脑、垂体、肝脏、肌肉中 GH、IGFⅠ、IGFⅡ相对表达量

6.2 黄条鰤早期消化生理特征

胚胎阶段即检测到脂肪酶、淀粉酶、碱性磷酸酶活性；初孵仔鱼体内初次检测出胰蛋白酶活性(图 19)。脂肪酶和碱性磷酸酶比活力在仔鱼孵化后显著增强，4d 开口时达峰值；淀粉酶、胰蛋白酶比活力分别在 7 d、15 d 时达峰值。脂肪酶、碱性磷酸酶和胰蛋白酶活力在幼鱼中呈现上升趋势(图 20)，表明随苗种生长发育，肠道结构和消化机能逐渐完善，并且对脂肪、蛋白质的需求逐渐增强。

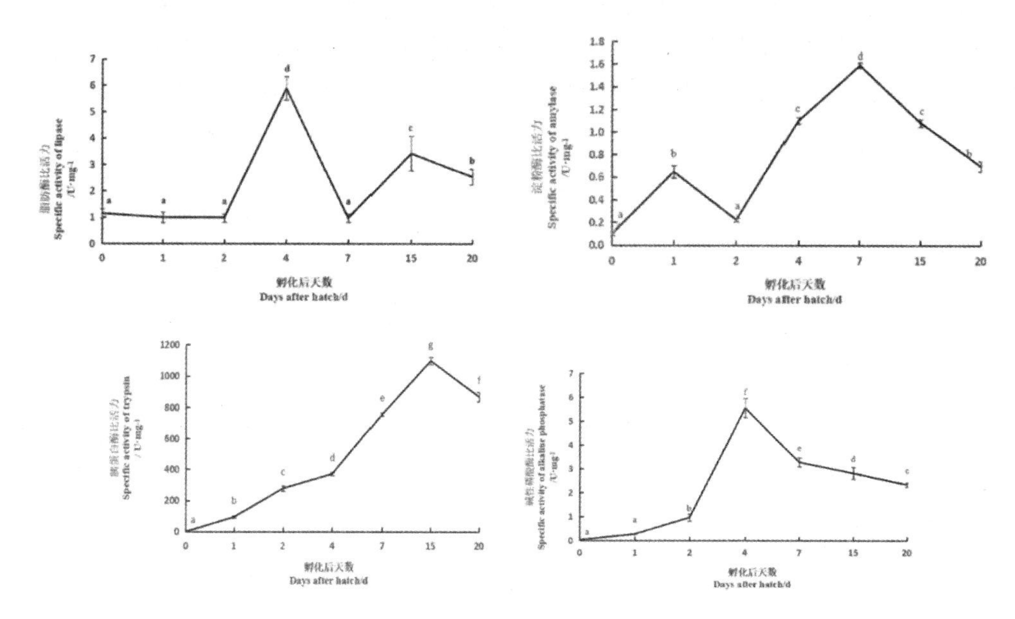

图 19　黄条鰤胚胎、仔鱼脂肪酶、淀粉酶、胰蛋白酶、碱性磷酸酶比活力变化

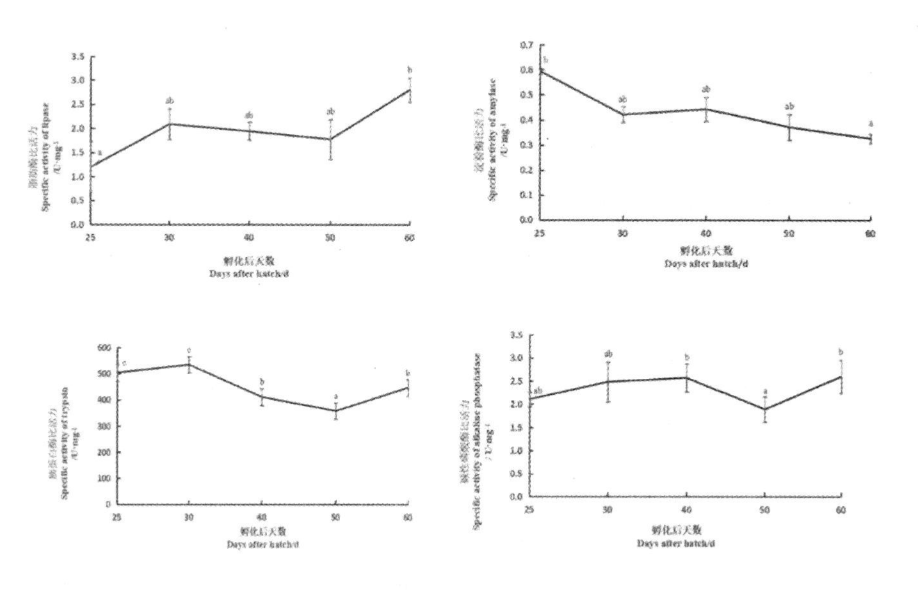

图 20　黄条鰤稚幼鱼脂肪酶、淀粉酶、胰蛋白酶、碱性磷酸酶比活力变化

7 小结

2019年度，本岗位完成了海鲈工程化池塘精养技术示范，养殖单产达4 096.7千克/亩，养殖成活率达83.6%，优化了养殖池塘水质在线自动监测系统，建立了规范的水质数据采集操作和监测预警方法；完成了牙鲆工程化岩礁池塘高效养殖技术示范，养殖单产达7 025.8千克/亩，养殖成活率达91.2%，建立了工程化岩礁池塘高效养殖技术规范；开发了黄条鰤工程化池塘育苗技术，成功培育出大规格优质黄条鰤苗种40余万尾，首次实现了黄条鰤工程化池塘苗种规模化培育的成功，为工程化池塘模式推广应用提供了新思路。在海水鱼类生殖与生长健康调控机制方面取得了新进展，为池塘养殖技术创新提供了理论依据。

（岗位科学家　柳学周）

海水鱼工厂化养殖模式技术研发进展

工厂化养殖模式岗位

2019年，工厂化养殖模式岗位围绕着四大重点研发任务－“工厂化循环水系统优化、工厂化高效健康养殖技术、健康养殖技术规范制定和系统装备信息化与智能化应用技术”，重点开展了工厂化循环水养殖模式和技术的集成和推广示范工作，具体研发内容如下：

1　工厂化循环水养殖系统的集成示范与技术推广

由工厂化养殖模式岗位编制完成的《日照市陆基海水工厂化养殖园区的总体规划》已通过专家评审，并由日照市海洋发展局发布实施。通过近几年对循环水系统的工艺优化研究与积累，由岗位提供设计和技术支持的日照东港区红旗现代渔业产业园一期工程中的工厂化养殖车间已基本建设完成。新建海水鱼循环水养殖系统36套，建筑面积27 000 m^2，总体达到国内先进水平。目前，新建循环水系统已进入设备安装调试阶段，开始养殖试运行。2019年挂牌成为国家海水鱼产业技术体系示范基地，被评为日照市第一个省级海洋特色产业园区。在威海山东科合海洋高技术有限公司新建工厂化循环水车间总计3 000 m^2，在海南万宁市在建的工厂化石斑鱼养殖车间5 000 m^2，并有多项循环水建设项目在设计规划中，岗位影响力在逐步提升。

2　LED在鱼类工厂化养殖过程中的高效应用技术研究和养殖示范企业物联网信息化建设

在日照东港区红旗现代渔业产业园一期工厂化养殖车间建设中，采用360套特定光谱和光照强度的LED灯具，单个灯具均实现开关时间、延时时长、光照强度的自动调节。36套循环水养殖系统实现物联网信息化全覆盖，示范面积27 000 m^2。并于2019年12月8日，在山东日照挂牌国家海水鱼产业技术体系示范基地。

3 工厂化循环水工业余热循环利用模式构建与技术提升应用

为加快我国农业竞争力提升科技行动暨鲆鲽类产业竞争力提升科技行动的推进工作，2019年度，本岗位联合海水鱼体系莱州综合试验站开展体系内合作，在莱州明波水产有限公司实施了工厂化循环水工业余热循环利用模式构建与技术提升应用示范工程。根据养殖场区周边华电莱州发电有限公司工业余热的排放现状，通过优化工业余热利用技术，建立了适用于工厂化循环水养殖的工业余热高效利用作业模式，实现了养殖水温的精准控制和能源的高效循环利用。项目完成5座工厂化循环水养殖车间的升级改造，示范面积16 600 m^2，实现了工业余热高效循环利用的技术全覆盖，建设工业余热采集和控温工作站一处，成功引入物联网技术，具备养殖车间水温、工作水体、水交换量等参数的实时采集以及同远端工作站实时联动的功能，实现了热能的精准供应，较传统燃煤锅炉供热方式节约能源42%以上，较电加热方式节约能源57%，减少碳排放64%以上，为国内工业余热循环利用在工厂化养殖业中的应用提供了产业化示范。

项目并于2019年11月进行了现场验收，专家组认为：该项目拓展了工厂化水产养殖新型能源开发利用领域，实现了工业余热在水产养殖中安全、高效的再利用，具备节能、降耗、减排的现实效果，可操作性强，具有良好的生产指导意义和推广应用前景。

4 工厂化流水养殖尾水排放现状调研

2019年3月下旬至4月14日，为配合全国渔业养殖尾水排放标准的调整，团队受海水鱼体系首席专家的指派，根据体系养殖与环境控制研究室的任务分配，分派两组总计10名科研人员，分赴辽宁省大连市、葫芦岛市和山东省烟台市等海水鱼工厂化养殖主产区，对12家养殖企业进行工厂化养殖尾水水质调研。通过尾水取样分析发现，辽宁地区尾水整体水质较山东地区差，对照《海水养殖水排放要求》(SC/T9103—2007)，辽宁地区6家企业尾水pH达到一级标准排放要求；尾水悬浮物、无机氮、总氮、COD_{Mn}、活性磷酸盐和总磷含量波动较大，除个别厂家尾水悬浮物含量超标外，均符合二级标准要求；直排尾水无机氮含量符合二级标准要求，但拔管排污水无机氮含量超标；除个别企业外，尾水COD_{Mn}和活性磷酸盐含量均值符合标准要求，拔管排污尾水活性磷酸盐含量均值超标。山东6家企业工厂化流水养殖模式下的尾水总体满足尾水排放二级标准，部分悬浮物和COD_{mn}指标超标。

鉴于工厂化流水养殖模式尾水水质总体良好，建议取消直排方式，要根据各地养殖品种、规格和饲料类型等具体情况，因地制宜采取不同尾水处理措施，方能达到尾水排放要求。编制提交《海水工厂化流水养殖尾水调研报告》1份。

5 地下海水铁、锰离子对循环水移动床生物滤器的影响研究

通过动态监测人工模拟海水移动床生物滤器在不同铁、锰离子浓度下的水质处理效果，探究铁、锰离子对海水移动床生物滤器成熟过程和运行效率的影响。利用理化分析和高通量测序技术研究铁、锰离子对MBBR生物膜EPS组分、含量及微生物群落结构特征的影响，进而解析铁、锰离子影响生物滤器成熟和运行效率的生态学机制。综合实验研究表明，生物处理阶段可以充分利用地下海水中的铁离子提高生物滤器的稳定性和高效性，从而降低铁离子处理成本。锰离子对生物滤器表现为低促高抑的趋势，当锰离子浓度高于1 mg/L时会对微生物产生毒性效应，所以地下海水中锰离子浓度宜降低至1 mg/L以下。这项研究为工厂化循环水养殖系统中添加补充使用地下海水的前处理工艺提供了理论依据。

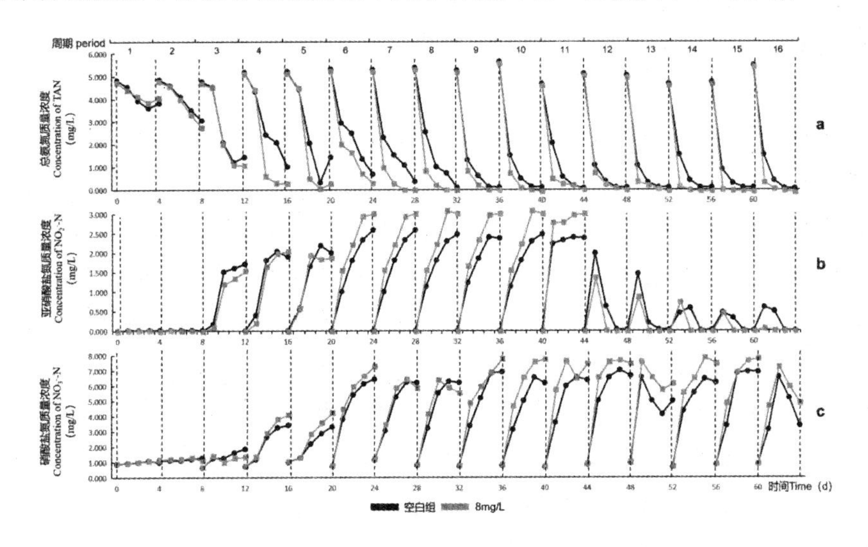

图3 空白组和8 mg/L浓度组对水质处理对比

6 红鳍东方鲀卵母细胞脂化模式及调控机制研究

为了提高红鳍东方鲀工厂化繁育技术水平，以红鳍东方鲀卵母细胞脂化为主线，系统研究其卵母细胞中性脂质沉积过程中LDLr基因结构特性、时空表达谱。利用原位杂交及免疫组化技术，发现LDLr定位于卵母细胞膜上，而且在卵黄合成早期及成熟期，信号大量增强（图4）。通过荧光标记技术证实脂蛋白的脂质基团通过卵母细胞膜大量进入卵母细胞。由此可推断，鱼类中也存在类似于哺乳动物的脂蛋白受体。

7 红鳍东方鲀暴露于工厂化高浓度亚硝酸盐条件下的机体氧化应激及凋亡机制和机体免疫应答机制研究

研究发现亚硝酸盐能够引起红鳍东方鲀氧化应激,导致抗氧化物质(SOD、CAT、GPx、GSH 等)含量上升。随着浓度的升高及暴露时间的延长,机体氧化应激所产生的 ROS 超过自身处理的能力时,导致抗氧化系统崩溃,从而引起抗氧化物质含量大幅度降低;机体抗氧化系统的崩溃,进一步诱发了线粒体凋亡途径及 p53—Bax—Bcl2 途径,从而引起细胞大量凋亡。同时发现,高浓度亚硝酸盐可以引起免疫相关因子(C3、C4、IgM、LZM)及炎症因子(TNF-α、IL-6、IL-12、BAFF)的含量升高,从而诱发了细胞炎症和免疫毒性。

8 投喂频率对越冬期红鳍东方鲀生长、应激、免疫、摄食、消化的影响研究

研究了不同投喂频率(1 次 / 天、2 次 / 天、4 次 / 天与 12 h 自动投饵机连续投喂)对越冬期红鳍东方鲀生长、摄食、消化、应激、免疫的影响。使用商用配合饲料结合越冬期室内工厂化循环水养殖方式对投喂对象(初始体重为 270±12 g)进行饲养。实验后发现,投喂对象的体重、体长增长幅度会在有限次数的投喂频率内随日投喂次数的增加而增加,4 次 / 天投喂组的身体生长数据增长幅度为最高,体重、体长增长率分别为 37. 29%±4. 28%、19. 64%±5. 63%,存活率在 91%;而 12 h 连续投喂组增长幅度则略低于 4 次 / 天投喂组。摄食食欲也会在有限次数的投喂频率下随每日投喂饲料次数的增加而增强,4 次 / 天的投喂组的食欲相关因子表达情况与其他投喂组差异显著,12 h 连续投喂组也稍弱于 4 次 / 天投喂组,4 次 / 天投喂组的速激肽、胆囊收缩素和瘦素的水平最低。应激免疫情况与消化代谢水平的趋势与摄食能力组相似,随着投喂频率的增加而显著提高,4 次 / 天投喂组的超氧化物歧化酶、碱性磷酸酶、酸性磷酸酶皆处于高水平状态,且较相邻低水平投喂组差异显著,12 h 连续投喂组的生长效果稍弱于 4 次 / 天投喂组。结果表明,鱼类养殖投喂效果会随着投喂频率的增加而增强;但在完全连续投喂的环境下,鱼会因进食频率过高而难以取得理想的生长效果。越冬期红鳍东方鲀的最佳投喂频率为 4 次 / 天。

9 低氧胁迫对工厂化养殖大菱鲆的影响和健康指标筛选

低氧是影响工厂化养殖鱼类生长和抗性等经济性状的主效应因素之一。研究了体重为 100. 50±0. 93 g 的大菱鲆对低氧的耐受能力,发现在模拟工厂化养殖自然海水和深井海水静止水体中,水温 16～18 ℃条件下大菱鲆幼鱼最低溶氧耐受浓度为 1. 80 mg/L,此后逐渐开始死亡,在随后 3 h 内全部死亡。同时发现,相关血液生理指标如皮质醇、葡萄糖的浓度显

著升高，红细胞比容、血红蛋白含量、血红蛋白浓度、血红蛋白变异系数和平均血小板体积显著升高(表 1)。

表 1　低氧胁迫对工厂化养殖大菱鲆血液生理指标影响

指标	正常对照组	低氧胁迫组
白细胞数目 /($\times10^9$/L)	87.35 ± 25.17^a	123.26 ± 20.49^b
红细胞数目 /($\times10^{12}$/L)	1.11 ± 0.28^a	1.26 ± 0.32^a
血红蛋白浓度 /(g/L)	57.18 ± 12.71^a	67.36 ± 14.65^a
红细胞比容 /%	17.17 ± 4.12^a	20.5 ± 5.40^a
平均红细胞体积 /fL	156.23 ± 8.24^a	164.9 ± 2.52^b
平均红细胞血红蛋白含量 /pg	41.83 ± 4.26^a	53.90 ± 6.58^b
平均红细胞血红蛋白浓度 /(g/L)	214.45 ± 26.95^a	332.18 ± 39.86^b
红细胞分布宽度变异系数 /%	19.60 ± 7.98^a	26.53 ± 11.17^b
血小板数目 /($\times10^9$/L)	40.90 ± 16.10^a	40.54 ± 17.80^a
平均血小板体积 /fL	5.16 ± 0.43^a	5.66 ± 0.232^b
血小板体积分布宽度	18.77 ± 0.76^a	19.25 ± 0.57^a

10　工厂化养殖条件下云龙石斑鱼摄食消化生理学研究

为阐明养殖新品种云龙石斑鱼在工厂化养殖条件下的摄食胃排空特征和消化酶活性变化规律，获取云龙石斑鱼最佳投喂时间，检测了体重为 680.35 g±39.84 g 云龙石斑鱼摄食后胃内容物百分比，比较了线性模型、平方根模型、立方模型 3 种数学模型对胃排空曲线的拟合程度，分析了云龙石斑鱼摄食后血清中葡萄糖、皮质醇含量和肝脏消化酶活性变化，并对胃排空率与消化酶进行了相关性分析。结果发现，云龙石斑鱼摄食后，胃排空率呈典型的先慢后快再慢的消化类型。直线模型、平方根模型、立方模型都能够拟合云龙石斑鱼的胃排空数据，其中立方模型拟合效果最佳(表 2)。由立方模型可知云龙石斑鱼胃 80% 排空(食欲基本恢复)时间为 9.5 h，100% 排空(食欲完全恢复)时间约为 14.8 h。

表 2　云龙石斑鱼胃排空曲线的 3 种数学模型拟合

模型	公式	R2	RSS*	SDR**
线性模型	$y=-0.757t+13.591$	0.670	539.93	14.59
平方根模型	$y^{0.5}=4.4878-0.248t$	0.943	92.76	2.58
立方模型	$y=-0.001t^3+0.099t^2-2.644t+20.677$	0.946	88.790	2.54

肝脏中消化酶(淀粉酶、糜蛋白酶、脂肪酶)的活性在摄食胃排空过程中均呈先升高后降

低的趋势，而肠道中消化酶活性除脂肪酶外无显著变化（图 7）。

综上，基于云龙石斑鱼胃排空特征和摄食消化特性，结合生产实践、工厂化养殖条件，投喂间隔为 10 h 左右，每日投喂 2 次，效果最佳。以上研究为工厂化养殖石斑鱼建立标准化的高效摄食投喂策略提供了技术支撑。

11　陆海接力养殖模式下大规格红鳍东方鲀比较生理学研究

本研究选取大规格红鳍东方鲀（雌鱼 424. 7 g±45. 3 g，雄鱼 436. 8 g±62. 8 g），在工厂化循环水和远海网箱进行为期 70 d 的养殖对比实验。运用统计学方法分析其生长性状的变化；采用转录组学方法构建两种养殖模式下转录表达谱，进行比较生理学研究。获得 22 751 个参考基因，其中表达上调基因最高可达 3 712 个，下调基因最多可达 3 522 个。以上结果表明，工厂化和网箱养殖大规格红鳍东方鲀转录水平上有显著差异。上述研究为红鳍东方鲀陆海接力养殖模式优化提供了理论基础和数据支撑。

12　大菱鲆或主要海水鱼养殖品种养殖投喂水平、投喂周期和饲料添加剂（大蒜素）的最佳组合研究

为了提高大菱鲆或其他海水鱼防控（肠道）细菌性疾病的机能，达到病害防控的目的，在前期开展大菱鲆投喂水平和投喂周期研究基础上，获得了适宜的投喂策略，即大菱鲆幼鱼在密度 240 尾 / 米^3、水温（13. 5±0. 5）℃的流水养殖条件下，适宜的投饲率为 1. 5%～1. 8%，每日投喂时间分别为 6：00、12：00 和 18：00，探讨大蒜素对大菱鲆幼鱼生长、非特异性免疫力及抗病力的影响，研究饲料添加剂（大蒜素）防控大菱鲆细菌性疾病的机制。

在山东莱州朱由养殖场进行生产性工厂化流水养殖实验。随机选取 15 个规格为 5 m × 5 m × 0. 6 m 的水泥养殖池，分成 5 组，每池放养 3 600 尾大菱鲆幼鱼（8. 12 ± 0. 03）g，日投喂率为大菱鲆体质量的 1. 5%，每日 6：00、12：00 和 18：00 投喂。在每千克饲料中分别拌入 0 mg（对照）、100 mg、200 mg、400 mg、800 mg 的大蒜素，制成 5 种饲料，开展为期 6 周的养殖实验。结果表明，大菱鲆幼鱼的特定生长率随着饲料中大蒜素含量的增加而逐渐升高，并在大蒜素添加量为 200 mg/kg 及以上时显著高于对照组（表 3）；对照组存活率显著低于其他各组。饲料系数随着饲料中大蒜素含量的增加而逐渐降低，并在大蒜素添加量为 100 mg/kg 及以上时显著低于对照组，但在 200 mg/kg 及以上时保持稳定。血清补体 C3 含量随着饲料中大蒜素含量的增加呈现出先上升、后下降的趋势，在大蒜素添加量为 200 mg/kg 和 400 mg/kg 两组达到最大值并显著高于其他各组。溶菌酶活力、超氧化物歧化酶活力则随着大蒜素含量的增加而逐渐升高，并在大蒜素含量达到 400 mg/kg 及以上时不再有显著变化。

人工感染实验表明，400 mg/kg 和 800 mg/kg 组的感染死亡率显著低于其他各组。综上，饲料中添加 200 mg/kg 的大蒜素有利于大菱鲆幼鱼生长，而 400 mg/kg 的大蒜素能更有效地提高其非特异性免疫力及抗病力。

表 3　饲料中不同含量的大蒜素对大菱鲆幼鱼生长、存活率及饲料系数的影响

大蒜素含量 /（mg/kg）	初始体质量	终末体质量重 /g	特定生长率	存活率 /%	饲料系数
0	8. 08±0. 04	21. 53±0. 29c	2. 33±0. 04c	90. 96±0. 41b	0. 60±0. 01a
100	8. 14±0. 10	22. 44±0. 06b	2. 41±0. 03bc	94. 53±0. 83a	0. 57±0. 01b
200	8. 15±0. 08	23. 33±0. 19a	2. 50±0. 01ab	93. 77±1. 20a	0. 54±0. 00c
400	8. 15±0. 20	23. 62±0. 17a	2. 53±0. 05a	94. 90±0. 38a	0. 53±0. 01c
800	8. 09±0. 07	23. 89±0. 13a	2. 58±0. 02a	94. 10±1. 15a	0. 52±0. 00c

注：同列中不同小写字母上标代表差异显著（$P < 0.05$）。

（岗位科学家　黄滨）

海水鱼深远海养殖技术研发进展

深远海养殖岗位

2019年度,为推动海水鱼养殖提质增效和绿色产业发展,深远海养殖岗位积极参与国家海水鱼产业技术体系相关工作,并结合体系内、体系间及体系外的联合协作,充分发挥本岗位的研究基础和技术优势,开展了智能升潜式养殖网箱结构优化、软件设计及模型水动力性能实验、单点系泊箱梁框架式大型养殖平台等深远海养殖设施相应水动力性能实验以及整体可移动式大型围栏养殖设施的创新设计,开展了深远海养殖用聚甲醛(POM)纤维和网片的研发与制备等工作,并取得重要进展。

1 智能化升潜式养殖网箱结构优化、软件设计及模型水动力性能实验

1.1 网箱结构优化及软件升级

1.1.1 结构优化

对浮舱、沉舱进行了结构优化,采用密封防水管线,提高舱体内水循环精准量度,精准调节网箱的平衡状态,保证网箱的升潜平衡。在网箱浮框上增配指示灯,实时掌握网箱升潜时的工作状态。针对控制中心浮态时稳定性较差,设计制作了稳定装置,增加了底部重量,运用陀螺仪工作原理,保证控制中心在水中的稳定性,如图1所示。

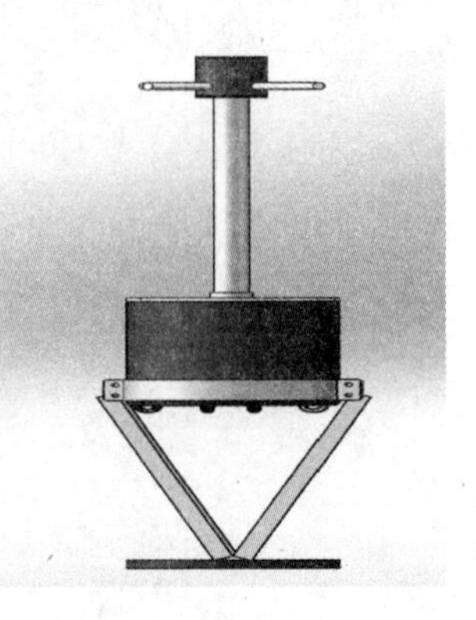

图1 优化后的网箱模型及稳定装置结构图

1.1.2 软件升级

新的软件界面融入气象、水质、水文、投食等系统，登录界面和网线监控界面见图2。

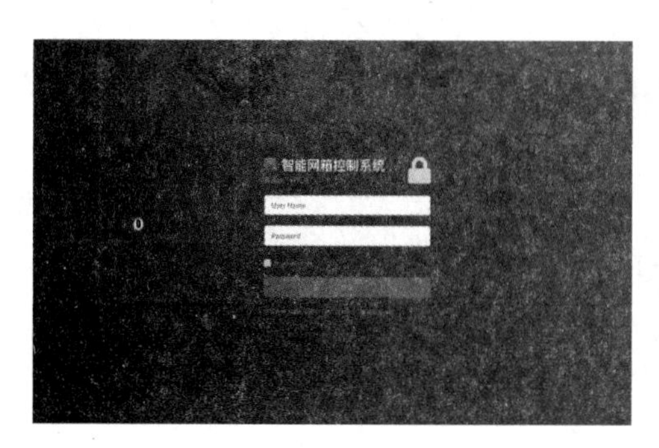

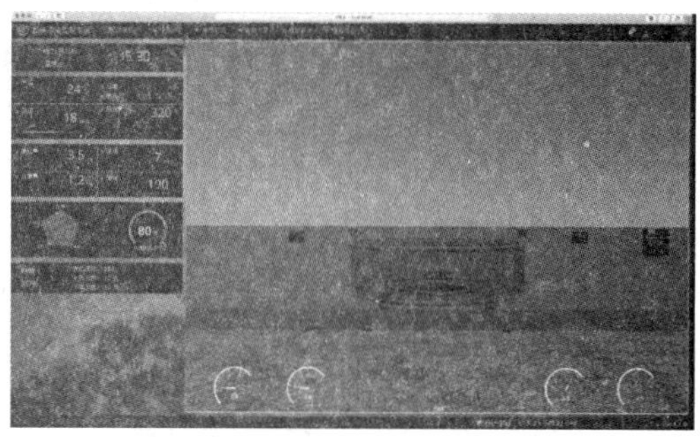

图2 智能网箱控制系统登录界面、监控界面

1.2 网箱模型水动力实验

通过开展沉降式深水网箱波浪流模型实验，了解和掌握深水网箱在各种海况条件下的水动力特性，获取台风等级海况深水网箱系统主要部件的力学相关数据，为网箱选址、设计、选型、安装提供关键数据支撑。

根据公式(1)计算网箱受力。

$$F_1 = F_2 \times \lambda^2 \times \lambda^1 \tag{1}$$

式中：F_1 为实物网箱受力(N)，F_2 为模型网箱受力，λ 为大尺度比；λ′ 为小尺度比。

试验选取的大尺度比为10，小尺度比为2。在流速为0.3 m/s时，浮态受力为14.4 kn，沉态为15.6 kn，在流速为1.05 m/s时，浮态受力为171 kn，沉态为193 kn。沉态的受力比浮态大8.3%～24%。

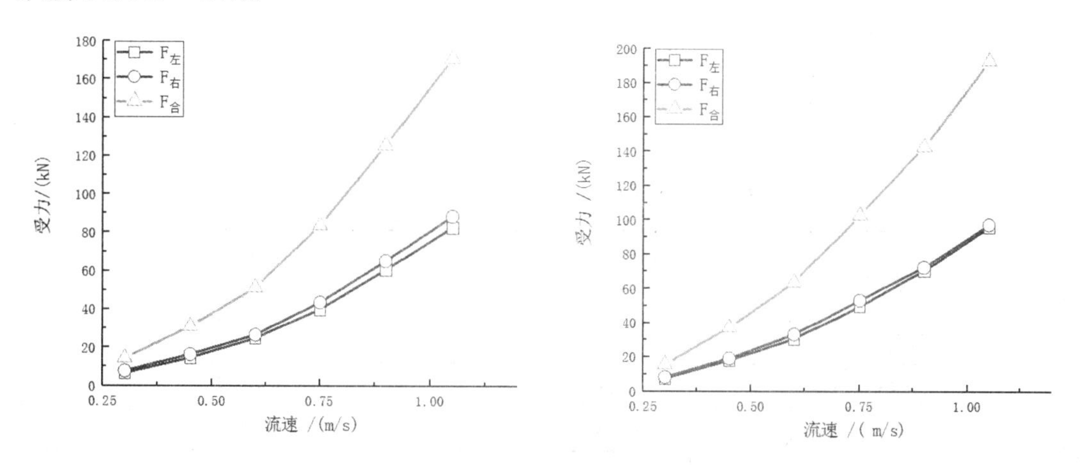

图3 网箱浮态与沉态受力图

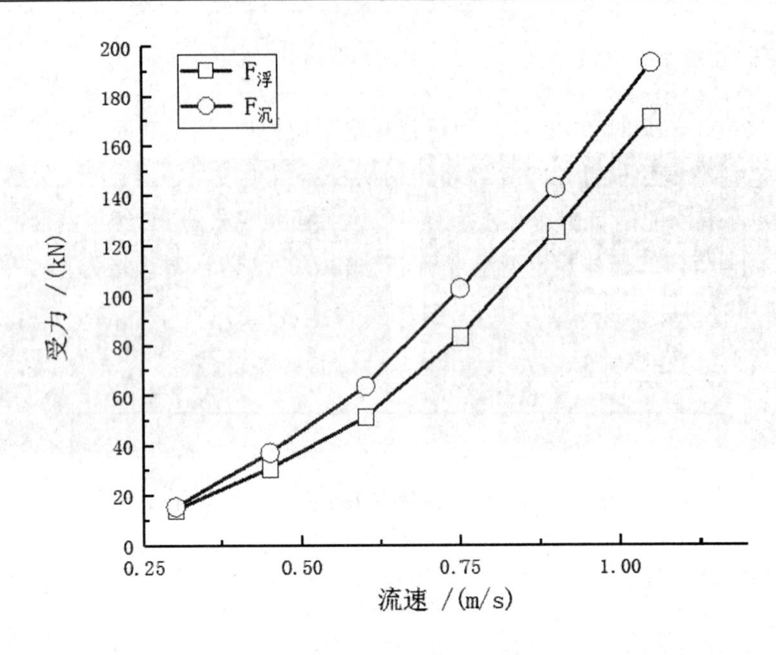

图 4　浮、沉态受力比较图

2　深远海养殖用 POM 编织网片研发与制备

聚甲醛(POM)单丝作为一种新型渔用纤维材料，与渔业领域常用聚乙烯(PE)单丝的性能有较大差异，因此现有渔网制造设备很难满足聚甲醛(POM)渔网片的制备。因此，本岗位在前期 POM 单丝的基础上，经过对 POM 网片制备的设备和工艺上进行探索和改进，成功开发了 POM 经编网，并与 PE 经编网的渔用性能进行对比。

2.1　POM 单丝和 PE 单丝性能对比

首先对 POM 单丝和 PE 单丝的强度性能进行了测试，结果见表 1。

表 1　POM 单丝与 PE 单丝强度性能测试对比

性能指标	POM 单丝	PE 单丝
线密度	371D	340D
断裂强度	81.7cN	57.9cN
断裂伸长率	27.47%	31.17%
打结强度	2.41cN	3.87cN

从表 1 可以看出，POM 单丝断裂强度为 81.7 cN，PE 单丝为 5.79 cN，POM 单丝的断裂强度比 PE 单丝高 41.11%，从而可以排除单丝自身质量对网片网目强度的影响。

2.2 POM经编网强度

将制备的POM经编网和PE经编网进行热定型后处理，测试其断裂强度。从表4可以看出，随着热定型温度的提高，POM经编网的网目断裂强度呈上升趋势；在热定型温度为130℃时，POM经编网的网目断裂强度为699.21 N，而同规格的PE经编网的网目断裂强度为517.65 N。由此可见，最佳热定型温度确定为130 ℃。此外，对规格为45纱网且8 cm的网片，POM网片的网目断裂强度为比PE网片高35.07%。

表2 POM经编网与PE经编网断裂强度对比

规格	热定型温度/℃	网目断裂强度/N
POM45、纱网目8 cm	120	596.66
POM45、纱网目8 cm	125	659.15
POM45、纱网目8 cm	130	699.21
POM270、纱网目8 cm	130	3 759.3
PE45、纱网目5 cm	100 ℃（水蒸气）	517.65

2.3 POM经编网的耐磨性能

网片的耐磨测试结果主要受压力、滚筒转速、转数等因素的影响。当测试压力为1.5 MPa、转速为27r/min时，结果如下，经过2 500（耐磨测试3 h），POM网片的强度保持率为87.1%，而PE网片在2 170转时出现磨断情况。

表3 POM经编网与PE经编网磨损测试

类型	初始网目断裂强度 σ_0/N	转数/r	磨损后网目断裂强度 σ_t/N	强度保持率
POM经编网	699.21	2 500	608.71	87.1%
PE经编网	517.65	2 170	网目磨断	—

注：强度保持率 $= [1-(\sigma_0-\sigma_t)/\sigma_0] \times 100\%$

然后，将耐磨测试时间进一步延长至8 h，POM网片的网目断裂强度保持率为78.9%。同时，将耐磨测试压力进一步增加至2.5 MPa时，经过2 500 r（即耐磨测试3 h），POM网片的强度保持率仍为60.8%，表现出优异的耐磨性能（图5）。

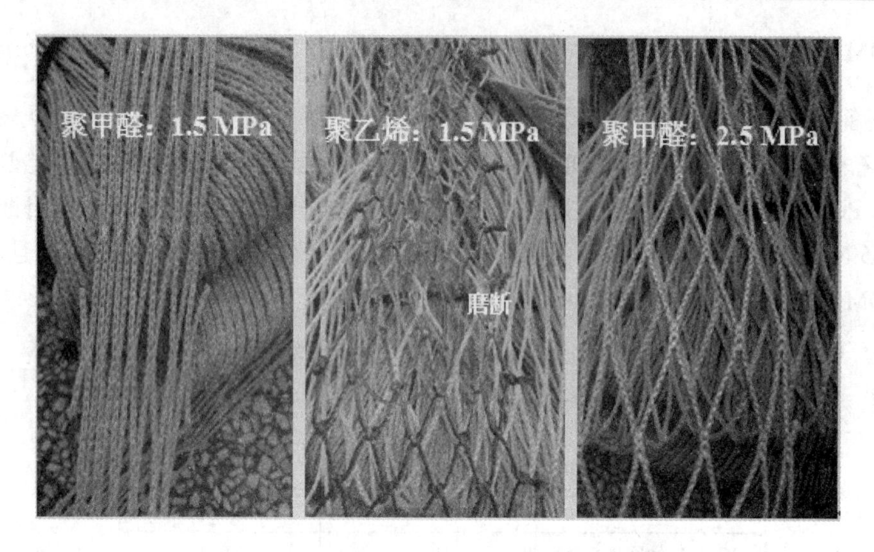

图 5　POM 经编网与 PE 经编网耐磨测试后的对比

3　完成 1 种“悬浮 + 潜降”深远海养殖平台创新设计

由于养殖网箱无法有效地随海水涨落潮调整其处在海水中的位置，导致在低潮位时养殖网箱部分养殖空间处在水面以上，网箱的实际有效养殖空间降低。海水涨落潮导致海水平面的起落变化，现有养殖网箱的主体结构无法有效避免处于海水的波浪能区内，因此海浪会直接冲击养殖网箱的主体结构，增加了养殖网箱主体结构被风浪冲击损坏的风险。这也导致养殖网箱抵抗台风的能力相对较弱，一般需要依附于岛礁进行建设，不适合台风强度更大的开放海域，限制了远海开放海域养殖网箱的构建与养殖应用。深远海悬浮式养殖平台结构见图 6。平台悬浮状态、半潜状态、全潜状态如图 7 所示。

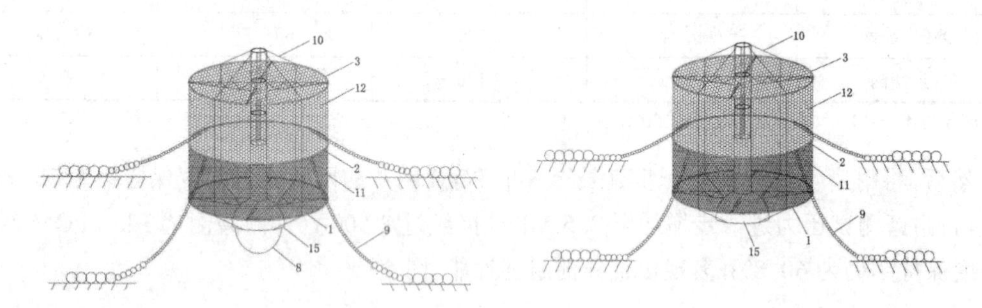

图 6　深远海悬浮式养殖平台结构

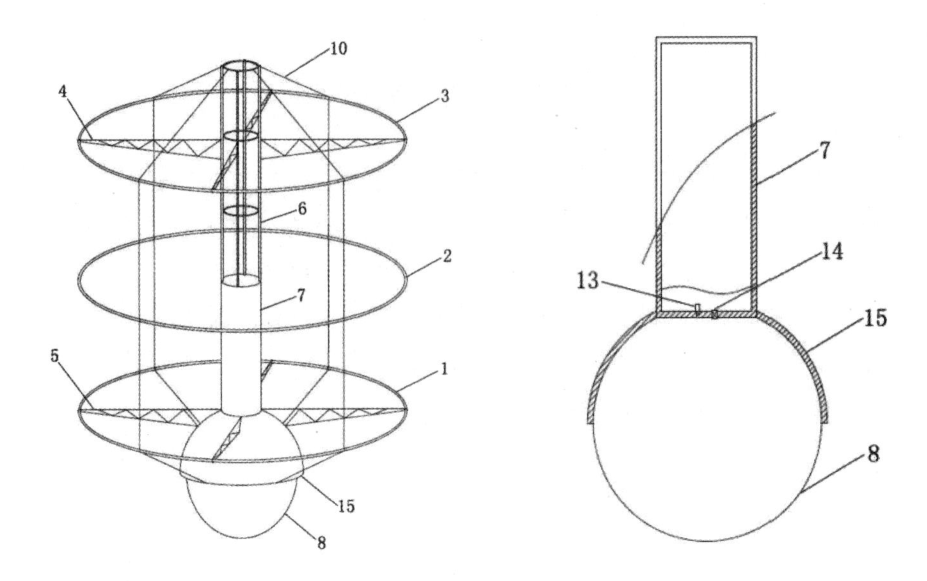

1- 第一浮管；2- 第二浮管；3- 顶部框架；4- 顶部支撑梁；5- 底部支撑梁；6- 支撑立柱；7- 储水仓；8- 浮力调节水袋；9- 锚链；10- 牵拉索；11- 第一网衣；12- 第二网衣；13- 潜水泵；14- 电磁阀；15- 防护罩。

图 6 续　深远海悬浮式养殖平台结构

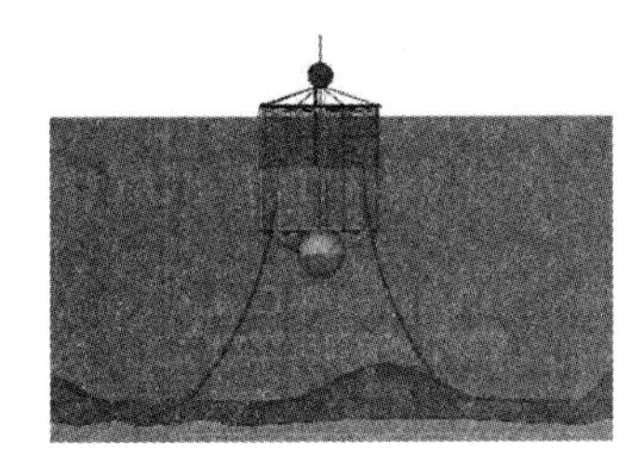
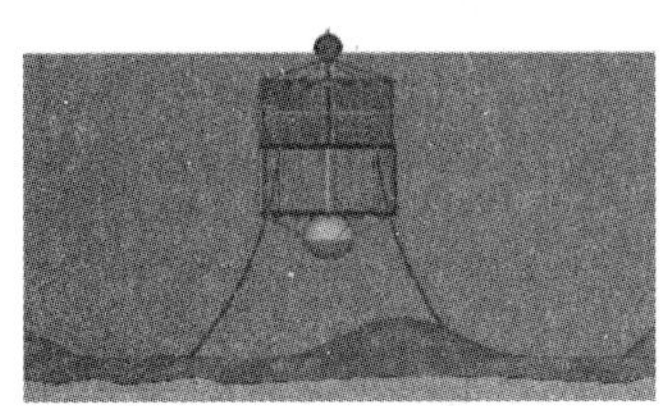

图 7　深远海悬浮式养殖平台悬浮状态、半潜状态、全潜状态

4　花鲈围栏养殖策略与技术规范

4.1　花鲈围栏养殖策略分析

海上大型围栏设施养殖是近些年来发展起来的一种新的养殖模式，具有抗台风能力强、鱼体活动空间大、水交换量多、水质好、自净能力强、病害少等优点。针对花鲈围栏养殖的养殖策略分析，主要可从以下两个层面来阐述。

第一，仿生态分阶段养殖，实现花鲈养殖提质增效。随着大型围栏养殖设施技术的发展，花鲈仿生态分阶段养殖新模式即陆基 - 近岸 - 远海这种新的陆海接力养殖模式逐步兴起，其养殖优势也日益凸显，不仅开拓了养殖海域，而且实现了花鲈养殖的提质增效。

大型围栏养殖设施的模式应用需充分结合花鲈生态习性，尤其是适温范围和栖息环境等,采用人工手段的移动来满足其生活史中赖以生存的自然条件,并对养殖技术进行优化组合和提升,形成的一种生态优先、品质至上的花鲈规模化养殖新模式,养殖花鲈的体形、肉质、风味均接近野生花鲈。

第二,亲鱼保种培育,提高花鲈亲鱼培育质量。大型围栏养殖设施海域风浪流较大,花鲈全生长周期的养殖在大型围栏养殖设施模式下很难实现,大规格花鲈的饲养效果则较为理想,因此,大型围栏养殖设施可作为花鲈亲鱼保种培育的一种有效手段。

优质的亲鱼资源是该物种优良种质性状得以延续的根本保障。因此,以大型围栏养殖设施为主要亲鱼培育模式,提升花鲈亲鱼培育质量,是保障花鲈子代个体质量的重要手段,也是我国花鲈养殖产业持续健康发展的重要基础。

4.2 花鲈围栏养殖技术规范

4.2.1 种苗放养

种苗质量要求:种苗需经检疫处理合格,选择体型匀称、体质健壮、无病无伤、无畸形、鳞片完整的种苗,且经过消毒处理。

放养前的准备工作:对围栏养殖设施及周边水质进行详细检查,要求围栏设施无破损,周边无硬物杂质,水质干净。

放养的时间:浙江及以北海域,建议放养时间在5月前后。福建及以南海域,考虑到养殖海域最低水温在花鲈适温范围内,其放养时间灵活性要大一些。

放养的规格与数量:放养的数量与规格应以能充分兼容围栏养殖区域水生资源环境,且不破坏周边水生动植物资源为原则,每亩水面可放养3万～5万尾花鲈(规格:0.25～0.40 kg)。

4.2.2 饲养管理

饲料品种:饲料品种主要包括配合饲料、冰鲜鱼肉糜、鱼肉块。配合饲料应符合GB 13078-2017和NY 5072-2002要求,天然饵料应符合GB 2733-2005的要求。提倡使用配合饲料。

投喂频率。投喂的次数和时间随天气变化而改变。气温升高会提高花鲈的进食需求,阴雨天和天气转凉的时候,花鲈的进食需求会下降。水温低于13 ℃可不投饵;水温13～15℃时每天投喂1次,阴雨天隔天1次,在下午气温稍高时投喂;水温15 ℃以上时每天2次,于早上与傍晚各投喂1次。小水潮时,在早上或傍晚投饵;在大水潮时,选择平潮或者缓潮投饵。当天的投喂量主要根据前一天的摄食情况,以及当天的天气、水色、潮流变化等情况来决定。先诱导性少量投喂,等鱼群集群后再加大投喂量,余下的饵料则慢慢投喂,这样可以充分利用饵料。保证鱼群都能吃到饵料,鱼种放养2～3 d基本适应网箱环境后再投饵。当出现鱼不上浮、不抢食的情况时,暂不投饵或者尽量少投。

投喂的要求:夏天气温高,饵料容易变质,因此要保证饵料新鲜,鱼虾做成饵料前可以先冷藏降温。不宜过量投喂,以免过多饵料残余在水里变质、沉底,影响花鲈的健康以及污染水质。坚持定时、定量投喂。在饲料中加入适量益生菌、维生素等，以预防疾病以及满足花鲈的营养需求。

4.2.3 病害防治

鱼苗、鱼种放入网箱养殖前，要严格进行消毒。贯彻以防为主的健康养殖原则。为了防止引进外来病原，对外购的鱼苗、鱼种必须进行检疫，并进行药残检验，从源头上严把质量关。防治病害药物主要以中草药为主，采用拌饵料投喂方式。应详细记录鱼病发生及用药情况。使用药物应符合 NY 5071-2002 的规定。鱼类捕捞前必须按规定停药 30 d。

4.2.4 巡查管理

每天对海水温度、盐度、天气、风浪等进行观测并记录，同时在养殖日志中记录投喂饲料的种类、数量，鱼的摄食、活动情况，死鱼、发病情况及用药、销售等情况，并做好各种安全防范工作。

4.2.5 成鱼捕捞

由于大型围栏设施养殖条件下养殖水面较大，通常采用下网拖拉起捕的方式集中捕获，或者按照市场的供应情况分批捕获。

4.2.6 产品可追溯性

在组织生产过程中，加强管理。在生产操作中，建立完整的文档记录体系，记录生产过程中的产品投入、产出、起捕和销售等所有环节，对花鲈养殖进行全程跟踪管理，满足水产品“从苗种到餐桌”全程监管要求，建立水产品可追溯性制度。

5 大型围栏养殖区海洋生态环境质量评价

5.1 厚壳贻贝对水体悬浮物的滤除作用

养殖水体有一些悬浮物，包括残饵、粪便等，其中包含一定量的有机物，有机物本身多数无毒或低毒，在水中氧供给充分的条件下，容易被氧化降解，最终产物是硝酸盐、硫酸盐、CO_2 和 H_2O 等简单无机化合物。分解过程会消耗水体中的氧气，造成水体溶氧降低，且这些富含营养的悬浮物到达底部后，底栖环境也会受到污染。贝类对一定粒径的悬浮物有一定的滤除作用。为了了解厚壳贻贝滤食的能力，设置对照组和低、中、高 3 个悬浮物浓度(表 4)的实验组。悬浮物来自海底沉积物，将沉积物晒干后研磨，过 200 目筛子，每隔 6 h 取一次水样，测定水样中的悬浮物浓度。

表 4　悬浮物浓度设置

低	中	高
68 mg/L	136 mg/L	272 mg/L

贝类对对照组、低浓度悬浮物组、中浓度悬浮物组、高浓度悬浮物组的过滤结果分别如图 8、图 9、图 10、图 11 所示。

结果表明,厚壳贻贝能较好地过滤水体中的悬浮物,并以粪便和假粪的方式沉积到底部,能有效地降低水体中的悬浮物浓度。

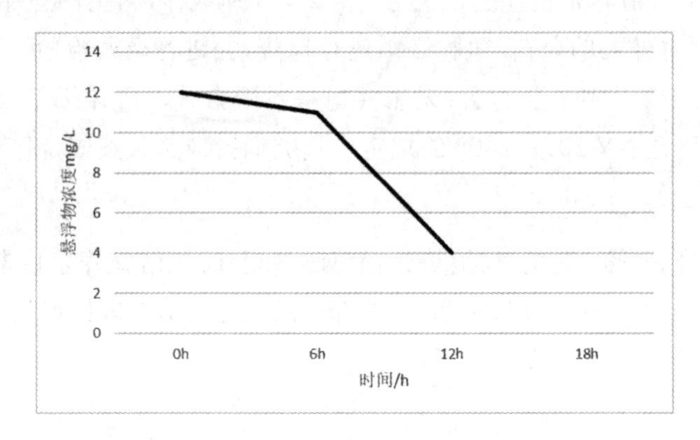

图 8　贝类对未加沉积物的海水中悬浮物过滤的结果

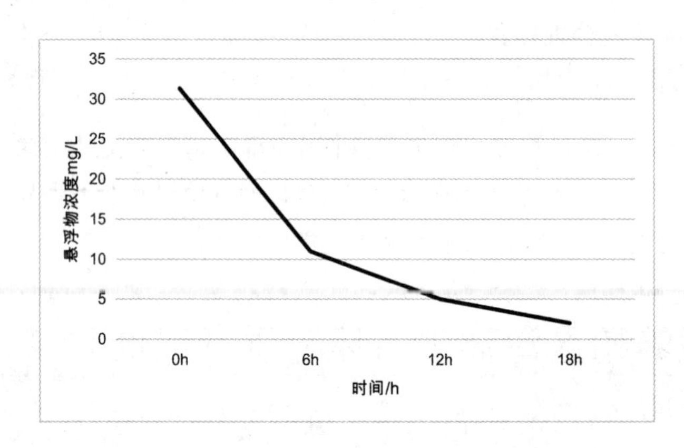

图 9　贝类对低浓度组悬浮物过滤的结果

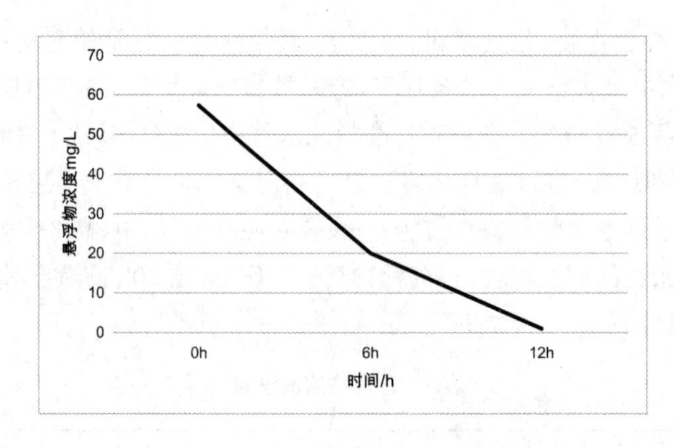

图 10　贝类对中浓度悬浮物过滤的结果

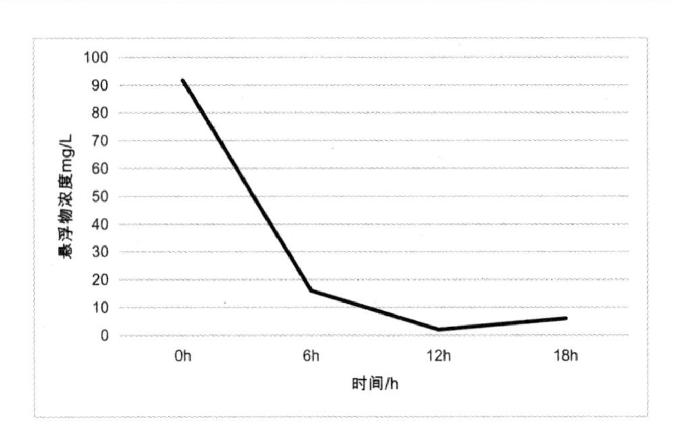

图 11　贝类对高浓度悬浮物组过滤的结果

5.2　厚壳贻贝对水质影响的实验

在室内条件下开展厚壳贻贝代谢产物对养殖水体环境影响的实验。实验设置一个对照组，不加营养盐；中浓度组的营养盐浓度与海区的相同；低浓度组营养盐浓度降为中浓度组的 1/2；高浓度营养盐浓度为中浓度组的 2 倍。每组 3 个平行，测定在不同营养盐浓度下贝类对水质的影响。水体监测指标包括氨氮、亚硝酸盐、硝酸盐、活性磷酸盐。

表 5　营养盐浓度设置

营养盐	低浓度组	中浓度组	高浓度组
硝酸盐 /（mg/L）	0.022	0.044	0.088
活性磷酸盐 /（mg/L）	0.502	0.104	0.208
氨氮 /（mg/L）	0.269	0.538	0.1076

对照组厚壳贻贝对水质影响的结果见图 12，低浓度组厚壳贻贝对水质的影响见图 13，中浓度组厚壳贻贝对水质的影响见图 14。

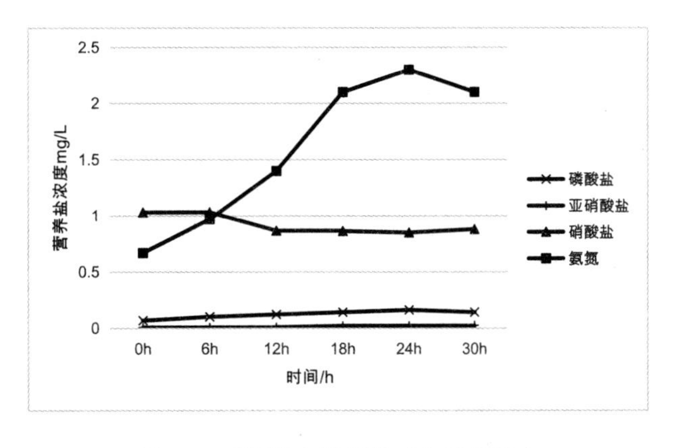

图 12　对照厚壳贻贝类对水质的影响

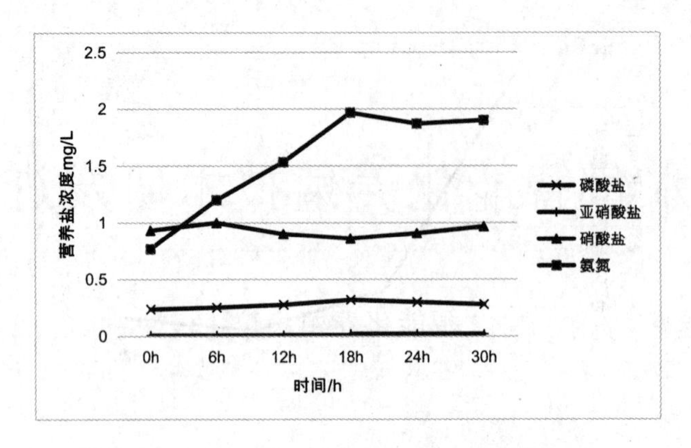

图 13　低浓度组厚壳贻贝对水质的影响

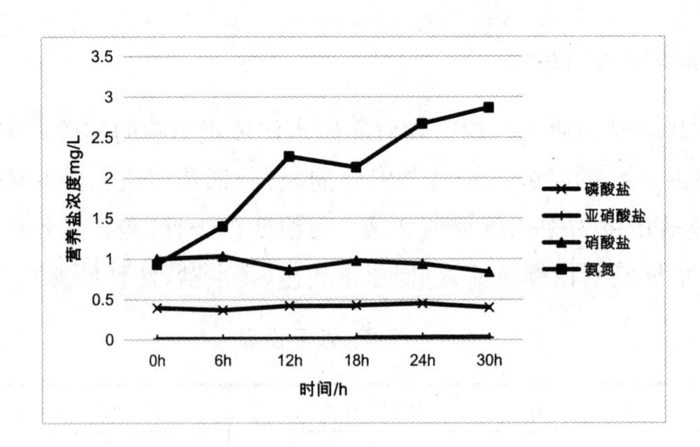

图 14　中浓度组厚壳贻贝对水质的影响

（岗位科学家　王鲁民）

海水鱼智能化养殖技术研发进展

智能化养殖岗位

1　工厂化循环水养殖“全环境、全流程、全要素”物联网监测系统

系统包括养殖水体水质监测、养殖车间环境监测、循环水系统监测和养殖池监测。

养殖水体水质监测：利用水质传感器实时采集养殖水体的溶解氧、水温、pH、电导率、亚硝酸盐等水质信息，实现水质信息的实时监测、全面感知、自动采集和数字化输出。

养殖车间环境监测：通过温度、空气湿度、光照等传感器监测养殖车间温度、湿度、光照强度、气压等养殖环境信息，为车间环境智能调控提供依据。

循环水系统监测：监测外源水水位，循环水处理区水质、水位，循环水管道水压、流速，等等。

养殖池监测：监测养殖池水位、进水口流量等。

2　工厂化循环水养殖环境下半滑舌鳎不同生长发育阶段的影响因子

开展了工厂化循环水养殖环境下半滑舌鳎不同生长发育阶段影响因子的筛选、分析，初步探明了主要的影响因子。开展了日投饲率实验，明确了不同规格半滑舌鳎的最佳投喂量。

2.1　主要因子筛选

筛选出海水工厂化循环水养殖模式下，影响半滑舌鳎健康生长的主要环境因子，包括水温（耐受范围 4～32 ℃，适宜水温 19～27 ℃）、盐度（适宜盐度 14～33）、溶解氧（≥ 5 mg/L）、光照强度（≤ 800 lx）、饲料营养、日投饲率、养殖密度（表 1）。

表 1　半滑舌鳎养成期间的适宜养殖密度

规格 / 克	养殖密度 / (尾 / 米^2)
1.5～5	310～500
5～10	220～310
10～50	100～220
50～100	70～100
100～200	50～70
200～400	35～50
400～800	25～35
800～1200	20～25
1200～2000	16～20

2.2　日投饲率实验

在工厂化循环水养殖模式下,设计半滑舌鳎幼鱼(初始体重 175 g±5 g)的日投饲量占体重的 0.8%、1.0%、1.2%、1.4%,用商品饲料连续喂食 60 d。结果表明,日投饲量对半滑舌鳎增重率有显著影响;1.0%、1.2%、1.4% 组的增重率接近,1.0% 组的增重率最高,0.8% 组的最低;增加日投饲量不利于体重增加;日投饲量对半滑舌鳎体长影响不显著;在工厂化循环水养殖模式下,该规格半滑舌鳎的最佳日投饲率为 1.0%,每天分 3 次投喂。

3　海水工厂化循环水养殖珍珠龙胆石斑鱼生长发育模型

应用大数据技术,开展了海水工厂化循环水养殖模式下珍珠龙胆石斑鱼生长发育模型研究。针对养殖数据海量、多维、异构以及高耦合等特点,采用主成分分析、逐步回归等方法对生长影响因素予以有效选取。应用机器学习方法开展生长发育建模研究,基于径向基函数神经网络构建了海水工厂化循环水养殖模式下珍珠龙胆石斑鱼的生长发育模型。通过构建训练集、测试集,完成生长发育模型的迭代训练与测试。结果表明,模型预测效果优于传统拟合回归方法,为今后开展基于生长发育模型的智能决策奠定基础。

(岗位科学家　田云臣)

海水鱼保鲜与贮运技术研发进展

保鲜与贮运岗位

2019年，海水鱼保鲜与贮运岗位重点开展了大黄鱼、花鲈冰温气调、生物保鲜剂保鲜工艺研究；开展了不同减菌化处理方式对暗纹东方鲀冷藏期间品质变化的影响研究；研发获得了卵形鲳鲹优化后的冷冻贮藏工艺；探明了石斑鱼活体贮运过程中生命特征指标的变化，提出了合适的保活工艺，并取得重要进展。

1　ε-聚赖氨酸与迷迭香提取物对冰鲜大黄鱼质构和蛋白质降解的影响

将冰鲜大黄鱼分别于1g/L ε-聚赖氨酸（ε-polylysine，PL）与2g/L迷迭香提取物（rosemary extract，RE）中，以无菌蒸馏水处理为对照组，浸渍20 min后沥干，置于4 ℃冰箱中冰藏，分别于0、3、6、9、12、15、18、21 d进行各项指标［感官、pH、质构、挥发性盐基氮（total volatile basic nitrogen，TVB-N）、微生物（菌落总数、嗜冷菌数、假单胞菌数和希瓦氏菌数）和蛋白质降解（组织内源酶B和D、TCA、SDS-PAGE），初步研究组织蛋白酶和微生物在蛋白质降解过程中的作用机制。结果表明，CK组的pH和TVB-N显著高于处理组（图2），表明ε-聚赖氨酸和迷迭香提取物具有抗氧化和抑菌作用。组织蛋白酶活性的降低（表2、图3）和蛋白质降解（图4）导致大黄鱼肉的质地下降，品质劣化。从微生物指标得出，ε-聚赖氨酸和迷迭香提取物显著抑制微生物的生长（图5）。综上所述，ε-聚赖氨酸结合迷迭香提取物处理可延缓腐败程度，抑制内源性酶活性，降低蛋白水解程度，抑制微生物生长。比较各组间的结果差异性，以ε-聚赖氨酸结合迷迭香提取物处理，综合评价效果相对较好。

表1　不同处理方式对冰藏大黄鱼硬度、弹性和咀嚼性的影响

贮藏时间/d	0	3	6	9	12	15	18	21
硬度（N）								
CK	1774.62 ± 339.05^{a}	1754.08 ± 173.16^{ab}	1619.97 ± 302.57^{a}	1526.55 ± 368.47^{a}	1364.92 ± 403.03^{a}	1268.42 ± 130.43^{ac}	1267.18 ± 292.44^{a}	1126.35 ± 296.32^{a}
PL	1774.62 ± 339.05^{a}	1757.39 ± 232.66^{a}	1715.60 ± 281.44^{a}	1625.74 ± 189.11^{a}	1567.22 ± 361.65^{ab}	1422.77 ± 444.01^{abc}	1364.04 ± 248.33^{abc}	1127.51 ± 549.44^{bc}
RE	1774.62 ± 339.05^{a}	1738.29 ± 762.71^{a}	1701.69 ± 511.63^{a}	1685.45 ± 609.29^{a}	1566.34 ± 366.45^{ab}	1464.92 ± 236.81^{ab}	1312.43 ± 229.05^{ab}	1202.64 ± 251.91^{ab}
PR	1774.62 ± 339.05^{a}	1763.26 ± 355.90^{a}	1734.17 ± 672.51^{a}	1707.47 ± 642.81^{a}	1567.25 ± 669.09^{ab}	1479.25 ± 251.68^{ab}	1393.39 ± 147.87^{ab}	1391.61 ± 231.09^{ab}
弹性（mm）								
CK	0.43 ± 0.22^{a}	0.41 ± 0.05^{a}	0.43 ± 0.03^{a}	0.43 ± 0.03^{a}	0.42 ± 0.05^{a}	0.42 ± 0.03^{a}	0.41 ± 0.04^{a}	0.39 ± 0.02^{a}

续表

贮藏时间 /d	0	3	6	9	12	15	18	21
PL	0.43±0.22[ab]	0.41±0.02[ab]	0.44±0.04[a]	0.43±0.08[a]	0.43±0.03[a]	0.43±0.05[a]	0.41±0.03[ab]	0.39±0.06[ab]
RE	0.43±0.22[a]	0.42±0.07[a]	0.44±0.06[a]	0.43±0.04[a]	0.43±0.03[a]	0.43±0.01[a]	0.42±0.04[a]	0.41±0.03[a]
PR	0.43±0.22[a]	0.44±0.07[a]	0.45±0.04[a]	0.44±0.03[a]	0.44±0.04[a]	0.44±0.04[a]	0.42±0.04[a]	0.41±0.07[a]
咀嚼性 (N mm)								
CK	207.21±49.81[a]	188.03±40.81[b]	184.86±41.92[ab]	168.90±48.40[ab]	155.36±55.90[b]	142.61±35.69[ab]	140.22±32.48[ab]	126.94±37.49[ab]
PL	207.21±49.81[a]	197.91±28.11[ab]	194.68±50.20[ab]	192.46±46.24[ab]	187.22±62.59[ab]	152.49±42.56[abc]	145.43±36.07[bc]	139.77±34.06[bc]
RE	207.21±49.81[a]	205.67±53.60[a]	192.38±53.63[ab]	186.61±47.86[ab]	167.02±37.17[ab]	156.14±42.83[ab]	151.65±26.39[ab]	149.12±37.88[ab]
PR	207.21±49.81[a]	210.70±28.96[a]	207.57±18.86[a]	199.00±47.04[a]	197.08±56.19[a]	192.36±33.52[a]	169.30±25.70[a]	159.93±26.82[a]

CK:无菌蒸馏水处理为对照组;

PL:1 g/L ε- 聚赖氨酸处理组;

RE:2 g/L 迷迭香提取物处理组;

PR:1 g/L ε- 聚赖氨酸 +2 g/L 迷迭香提取物复配处理组;

注:同列不同字母表示差异显著($P < 0.05$),结果以平均值 ± 标准差表示。

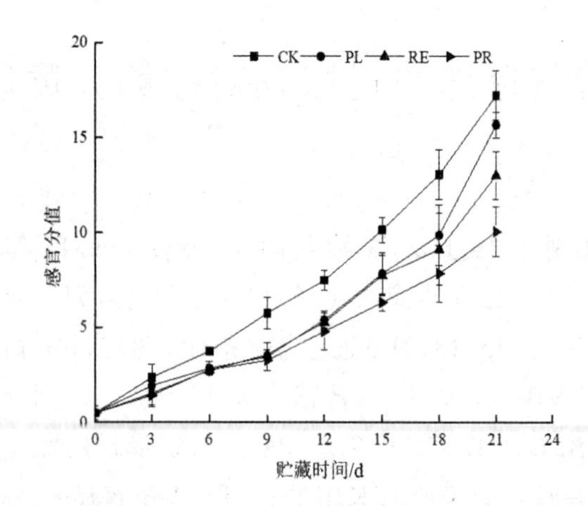

图 1 不同处理方式对冰藏大黄鱼感官分值变化的影响

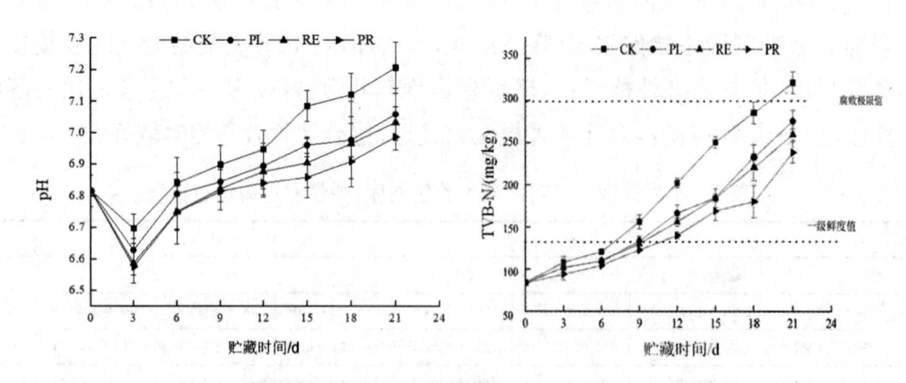

图 2 不同处理方式对冰藏大黄鱼 pH 与 TVB-N 的影响

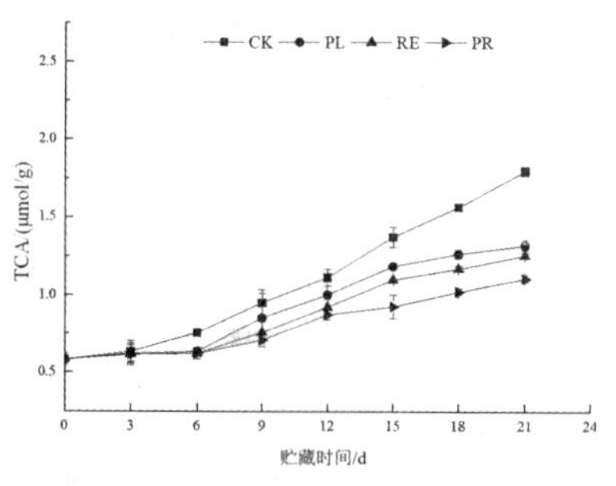

图 3 不同处理方式对冰藏大黄鱼 TCA 可溶性多肽变化的影响

图 4 不同处理方式对冰藏大黄鱼 SDS-PAGE 的影响

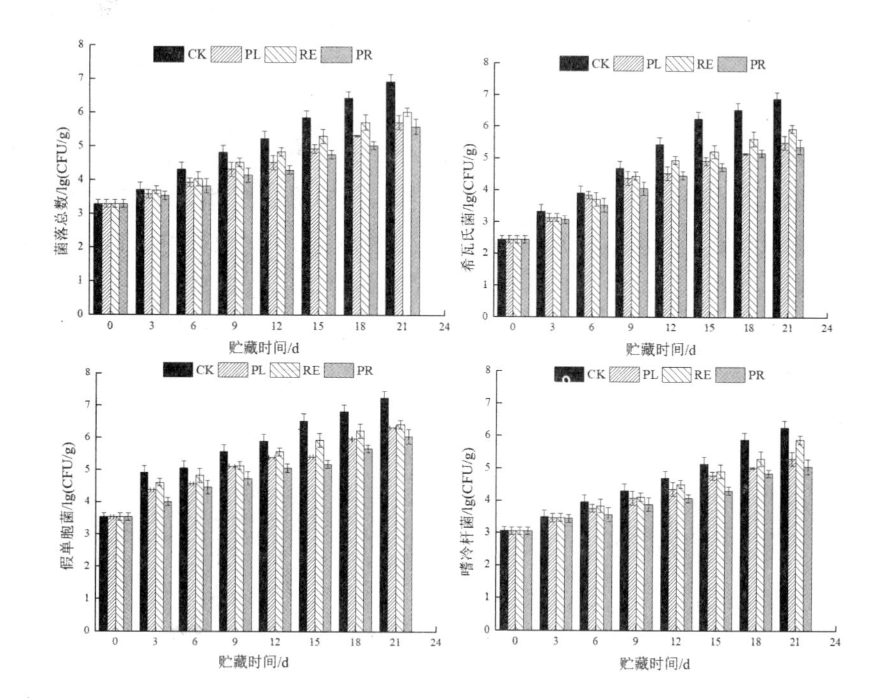

图 5 不同处理方式对冰藏大黄鱼微生物变化的影响

表 2 不同处理方式对冰藏大黄鱼组织蛋白酶 B 和蛋白酶 D 活性变化的影响

指标	组别	0 d	3 d	6 d	9 d	12 d	15 d	18 d	21 d
组织蛋白酶 B 活性 / (U/g)	CK	0.379±0.015^{a}	0.496±0.014^{ab}	0.521±0.016^{bc}	0.482±0.014^{b}	0.490±0.015^{a}	0.471±0.020^{a}	0.449±0.013^{ab}	0.446±0.013^{a}
	PL	0.379±0.015^{b}	0.452±0.015^{b}	0.474±0.013^{b}	0.441±0.022^{c}	0.443±0.014^{bc}	0.433±0.015^{c}	0.425±0.015^{b}	0.424±0.011^{b}
	RE	0.379±0.015^{a}	0.414±0.017^{c}	0.453±0.018^{bc}	0.436±0.017^{a}	0.434±0.014^{c}	0.421±0.011^{ab}	0.414±0.017^{ab}	0.417±0.015^{bc}
	PR	0.379±0.015^{b}	0.403±0.014^{bc}	0.419±0.014^{a}	0.379±0.016^{bc}	0.384±0.017^{b}	0.373±0.017^{b}	0.362±0.012^{c}	0.358±0.014^{c}
组织蛋白酶 D 活性 / (U/g)	CK	1.262±0.021^{ab}	0.876±0.028^{ab}	1.186±0.018^{a}	1.103±0.027^{b}	0.944±0.032^{b}	0.885±0.023^{ab}	0.842±0.024^{a}	0.899±0.018^{a}
	PL	1.262±0.021^{c}	0.718±0.018^{b}	0.832±0.015^{b}	0.789±0.017^{a}	0.746±0.027^{a}	0.727±0.034^{a}	0.671±0.027^{b}	0.688±0.023^{b}
	RE	1.262±0.021^{a}	0.802±0.019^{c}	1.060±0.023^{c}	0.813±0.027^{c}	0.748±0.019^{c}	0.764±0.031^{b}	0.703±0.014^{c}	0.701±0.017^{ac}
	PR	1.262±0.021d	0.704±0.025d	0.706±0.025d	0.714±0.013d	0.719±0.028^{c}	0.715±0.022^{c}	0.720±0.025d	0.662±0.024^{bc}

注：同列不同字母表示差异显著（$P < 0.05$），结果以平均值 ± 标准差表示。

2　迷迭香提取物与 ε- 聚赖氨酸复配液结合真空包装对大黄鱼冰藏期间鱼肉品质和水分迁移的影响

将新鲜大黄鱼置于 1g/L ε- 聚赖氨酸与 2 g/L 迷迭香提取物形成的复配液（PR）中浸渍处理 20 min 后沥干，分别放入聚乙烯袋（PR 组）和真空包装袋（V ＋ PR 组）中包装，在 4℃冰箱中碎冰贮藏，并以无菌水处理样品为 CK 组。贮藏期间分别进行感官评价、理化指标（pH、电导率、TVB-N、POV、TBARS）及菌落总数测定，并结合持水力、低场核磁共振技术（low-field nuclear magnetic resonance，LF-NMR）研究迷迭香提取物与 ε- 聚赖氨酸复配液结合真空包装对大黄鱼冰藏期水分迁移的影响。结果表明，CK 组样品在 9 d 后的感官指标已不可接受，此时鱼片暗淡、无光泽，肉质较松散，有较强腐臭味，而 V ＋ PR 组样品仍保持较好的感官品质，在 15 d时体表稍暗淡（图 6）；同时，pH 和电导率在贮藏期间呈先降后升的趋势（图 7），V ＋ PR 组 pH、电导率、TVB-N、硫代巴比妥酸反应物值、菌落总数均明显低于 CK 组（图 8、图 9），由此说明迷迭香复配液具有明显的抗氧化与抑菌性能；结合持水力和 LF-NMR 分析结果得出（图 10，表 3），迷迭香复配液能有效改善冰藏大黄鱼的持水性能，抑制自由水含量的升高，延缓其品质下降。综合各评价指标，CK 组样品的冰藏期为 6 ～ 9 d，PR 组样品可延至为 13 ～ 15 d，而 V ＋ PR 组样品可延至为 15 ～ 17 d。因此，迷迭香提取物与 ε- 聚赖氨酸复配液结合真空包装在不影响大黄鱼鱼肉感官品质的情况下可有效改善其贮藏品质，延长其冰藏期。

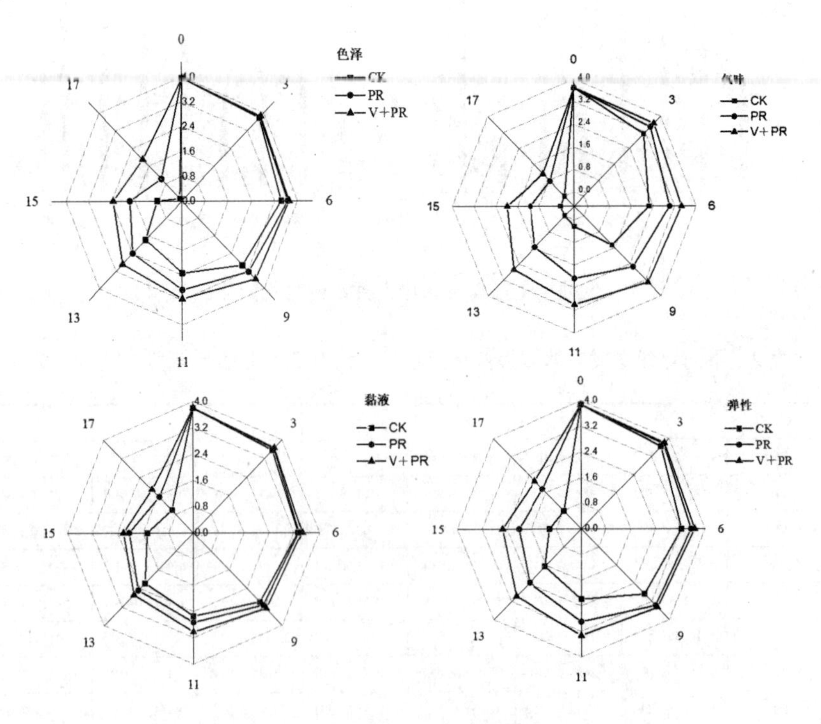

图 6　不同处理方式对大黄鱼冰藏过程中感官分值影响

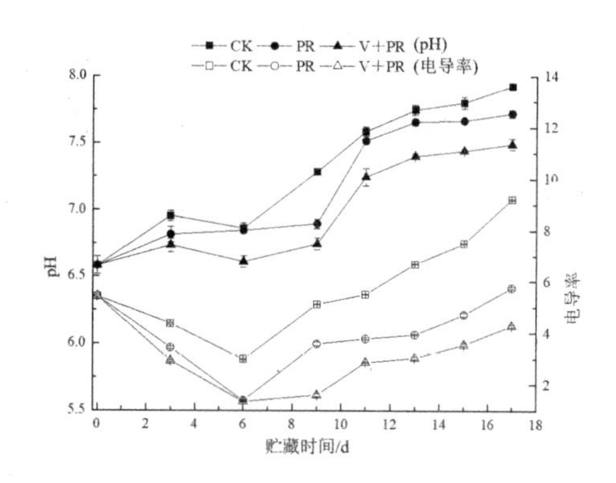

图 7　不同处理方式对冰藏大黄鱼 pH 和电导率变化的影响

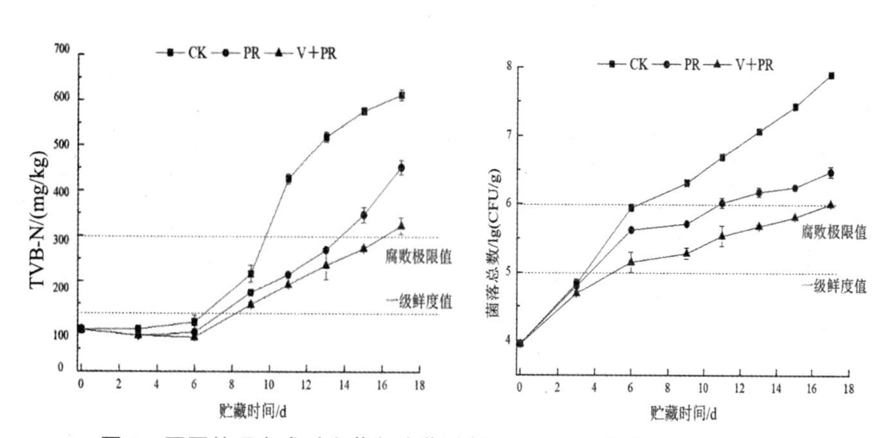

图 8　不同处理方式对大黄鱼冰藏过程 TVB-N 及菌落总数变化的影响

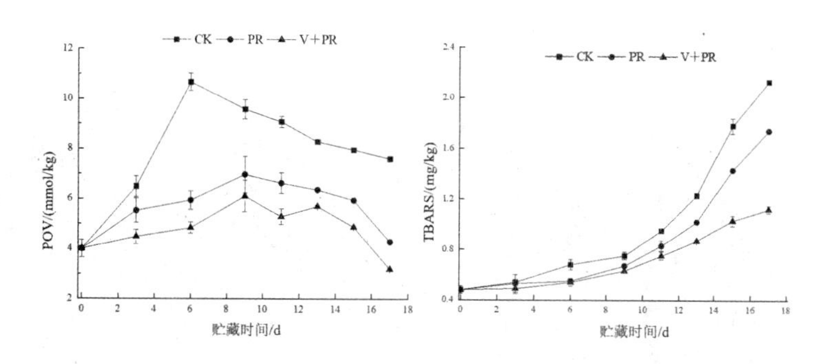

图 9　不同处理方式对大黄鱼贮藏过程中 POV 和 TBARS 的影响

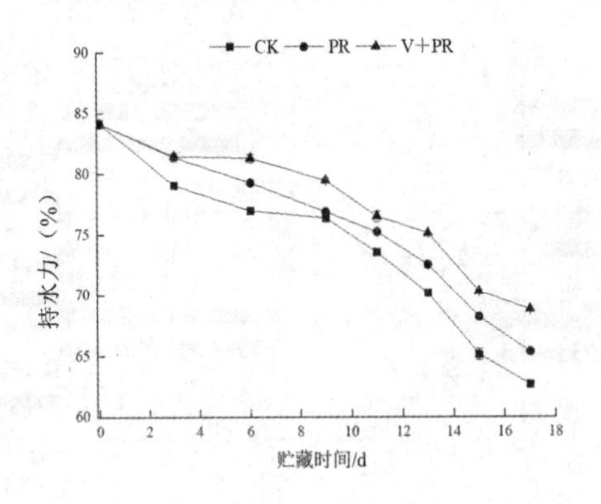

图 10　不同处理方式对冰藏大黄鱼持水力变化的影响

表 3　不同处理方式对冰藏大黄鱼各组分水分的百分含量 pT_{2i}（%）变化的影响

贮藏时间 /d		0	3	6	9	11	13	15	17
pT_{21}	CK	2.57	3.17	3.82	3.6	3.66	2.15	2.7	2.5
	PR		2.28	1.7	2.83	1.86	2.23	1.45	2.2
	V+PR		1.62	2.49	1.15	4.76	3.73	3.88	2.77
pT_{22}	CK	96.51	94.2	91.35	85.76	80.66	73.13	65.66	60.12
	PR		95.5	93.71	89.27	85.01	81.91	75.76	71.85
	V+PR		96.26	94.9	90.25	87.14	84.61	80.28	75.87
pT_{23}	CK	0.92	3.63	4.82	9.64	15.68	20.72	31.64	37.38
	PR		2.22	4.59	7.88	13.12	15.86	21.92	25.95
	V+PR		2.12	3.12	7.6	8.1	11.66	19.82	21.36

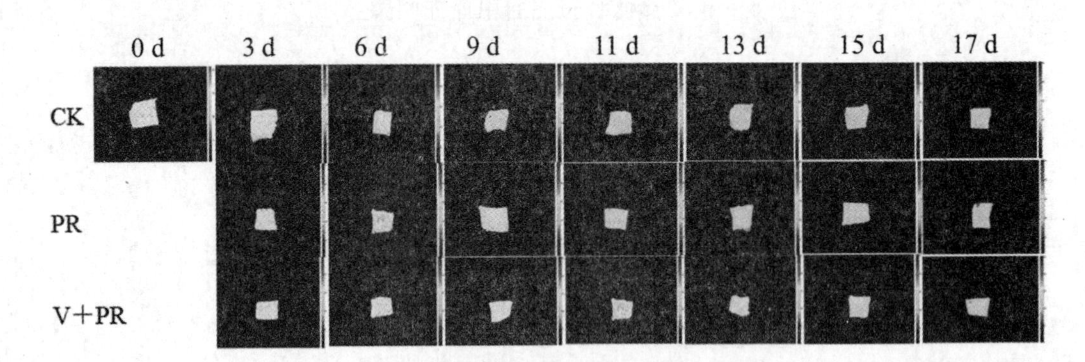

图 11　不同处理组样品贮藏期间核磁成像图

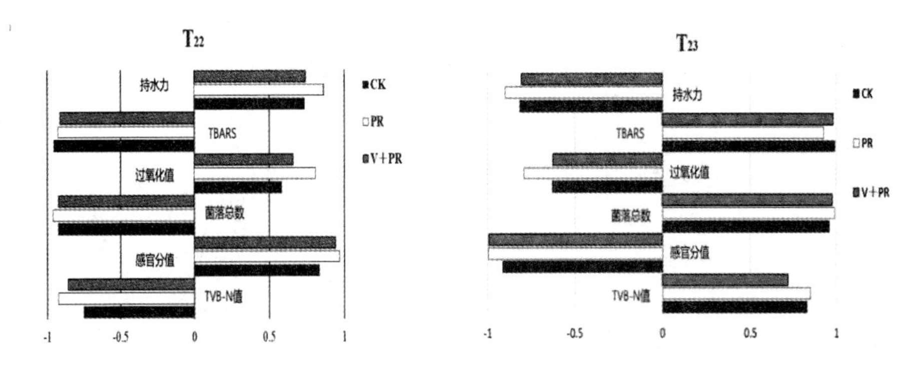

图 12　不同处理方式对大黄鱼鱼肉理化性质、微生物与水分迁移之间的相关性

3　不同气体比例对大黄鱼冷藏期间鱼肉品质变化的影响

将新鲜大黄鱼清洗后分别用 50% CO_2 + 50%N_2（MAP1 组）、75%CO_2+25%N_2（MAP2 组）、50%CO_2+25%N_2+25%O_2（MAP3 组）包装样品，以空气处理样品为对照组（CK），然后对大黄鱼进行冷藏处理。贮藏期间，分别测定各组样品的感官分值、TVB-N、pH、色差值、质构与微生物（菌落总数、产 H_2S 细菌、嗜冷菌与肠杆菌）指标并进行核磁成像分析，综合评价不同气体比例对大黄鱼冷藏期间鱼肉品质的影响。结果表明，大黄鱼经气调包装处理后，其感官分值优于对照组（表 14），其 TVB-N 与 pH 的上升得到有效抑制（图 13），样品的色差变化与质构特性明显改善（图 14、图 15、表 5），并能有效抑制菌落总数、产 H_2S 细菌、嗜冷菌与肠杆菌的升高（图 16），抑制微生物的生长繁殖。其中，MAP2 处理效果最佳，其能使大黄鱼的冷藏货架期延长 3～4 d。

表 4　不同气体比例对大黄鱼冷藏期间感官评价结果

指标	CK			MAP1			MAP2			MAP3		
	2d	5d	9d	2d	5d	9d	2d	5d	9d	2d	5d	9d
气味	鱼腥味	腥臭味	腐败味	中性、柔和	淡鱼腥味	腥臭味	中性、柔和	淡鱼腥味	鱼腥味	中性、柔和	淡鱼腥味	鱼腥味
颜色	明亮	低清晰度	发黄	明亮	低清晰度	暗黄色	明亮	明亮	低清晰度	明亮	低清晰度	发暗发黄
黏液	轻微发黏	黏液多	非常黏	不存在	轻微发黏	黏液多	不存在	轻微发黏	中等发黏	不存在	轻微发黏	中等发黏

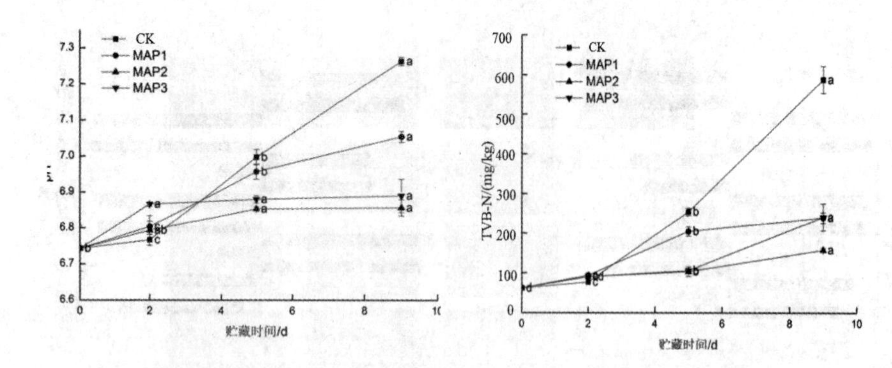

图 13　不同气体比例对大黄鱼冷藏期间 TVB-N 和 pH 变化的影响

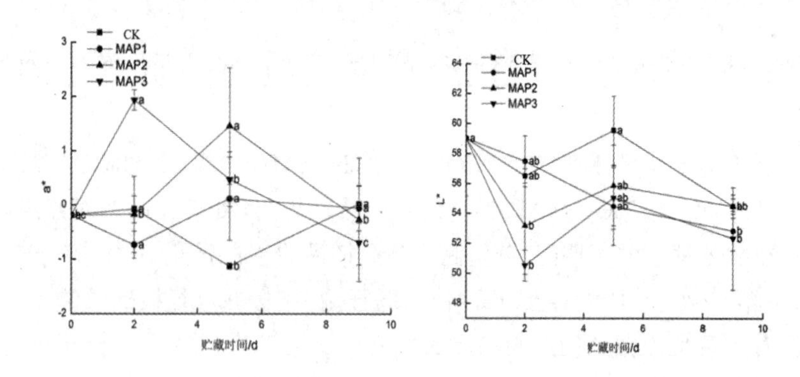

图 14　不同气体比例对大黄鱼冷藏期间色差值变化的影响

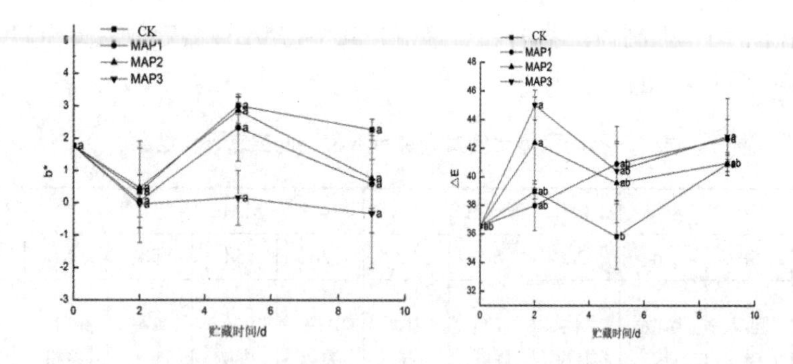

图 14　不同气体比例对大黄鱼冷藏期间色差值变化的影响续

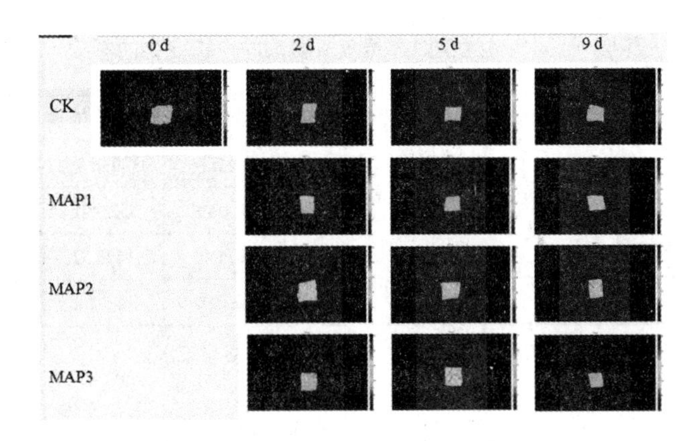

图 15　不同气体比例对大黄鱼冷藏期间核磁成像图

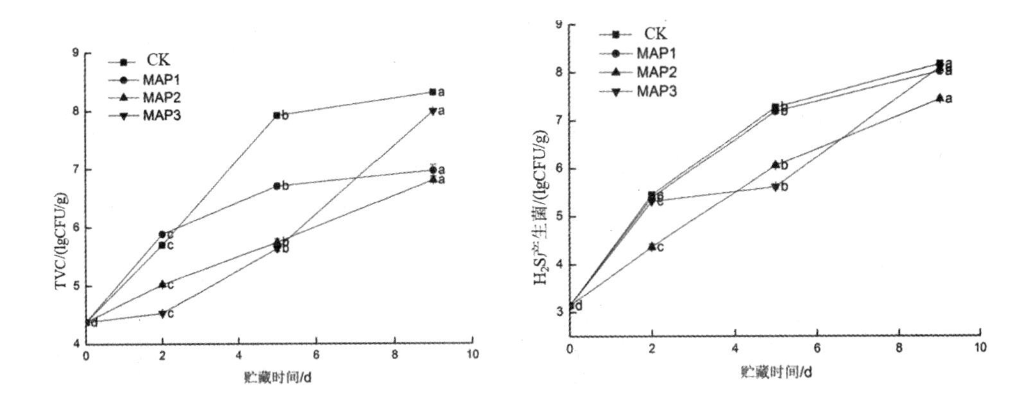

图 16　不同气体比例下大黄鱼鱼肉冷藏期间变化的影响

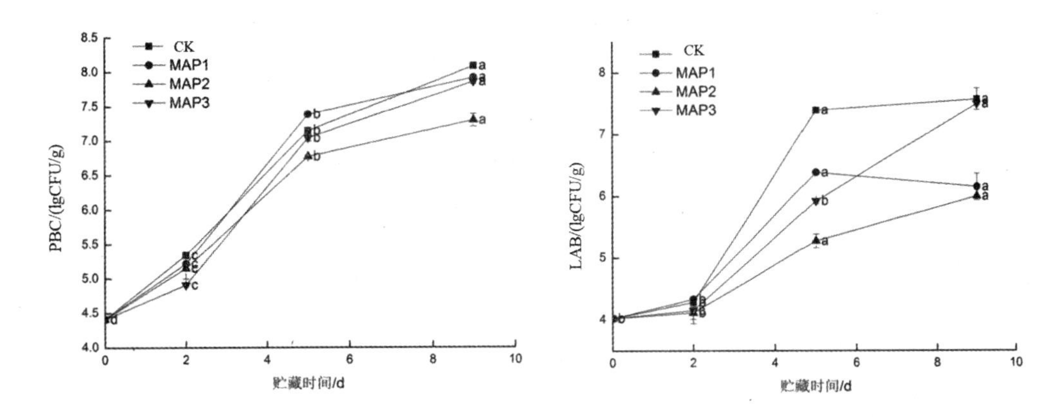

图 16　不同气体比例下大黄鱼鱼肉冷藏期间变化的影响

表 5　不同气体比例对大黄鱼冷藏期间质构变化的影响

组别	硬度/g	粘着性/(g.s)	弹性	咀嚼性/g	回复性
CK	1481.70±10.11^{b}	−30.59±24.97^{a}	0.54±0.02^{a}	303.72±142.33^{a}	0.15±0.01^{a}
MAP1	1000.84±356.91^{b}	−36.95±2.20^{b}	0.56±0.049^{a}	252.80±91.60^{ab}	0.16±0.02^{a}
MAP2	1702.94±159.24^{a}	−43.36±28.13^{a}	0.55±0.04^{a}	445.62±19.32^{a}	0.17±0.03^{a}
MAP3	1045.47±249.24^{b}	−114.05±42.06^{b}	0.69±0.19^{a}	342.82±71.01^{a}	0.22±0.02^{a}

注：同列不同上标字母表示差异显著($P<0.05$)，结果以平均值 ± 标准差表示。

4　不同保鲜冰处理对鲈鱼贮藏期间鱼肉品质变化的影响

研究流化冰(SI)、酸性电解水冰(acidic electrolyzed water ice，AEWI)、碎冰处理对鲈鱼鱼肉品质、ATP 关联物及微生物变化规律的影响，以期寻求一种有效的鲈鱼保鲜方法。对比分析了不同保鲜冰处理下鲈鱼贮藏期间鱼肉品质、ATP 关联物与微生物变化规律，采用碎冰为对照组(CK)，以 SI (AEWI)为处理组，通过检测感官、TVB-N、质构、ATP 降解(K、H 和 F_r 值)，与微生物(细菌总数、假单胞菌数和希瓦氏菌数)等指标进行分析。结果表明：SI 和 AEWI 在贮藏中后期能较好地保持鲈鱼的感官品质(图 17)，有效抑制菌落总数、希瓦氏菌、假单胞菌的生长繁殖(图 18)，延缓 TVB-N (图 19)、K 值(图 20)的上升和鲈鱼肌肉组织的分解速度，使鲈鱼的冰藏货架期从 9～12 d 延至 15～18 d。此外，3 个冰藏处理组样品的三磷酸腺苷(adenosine triphosphate，ATP)、肌苷酸(inosine monphosphate，IMP)含量随贮藏时间的延长显著下降($P<0.05$)，次黄嘌呤核苷(hypoxanthine nucleotide，HxR)呈先升高、后降低趋势，次黄嘌呤(hypoxanthine，Hx)含量在贮藏中不断累积(图 21)。SI 处理对鲈鱼 ATP 降解过程的抑制作用最为显著，AEWI 作用效果不明显。相关性与主成分分析表明，微生物指标与质构、IMP、HxR、Hx 显著相关，可用于表征鲈鱼冰藏期间的鲜度变化(表 5、图 22)。因此，利用 SI 和 AEWI 代替传统碎冰，可保持鲈鱼品质，延长其贮藏货架期，尤以 SI 处理保鲜效果最佳。

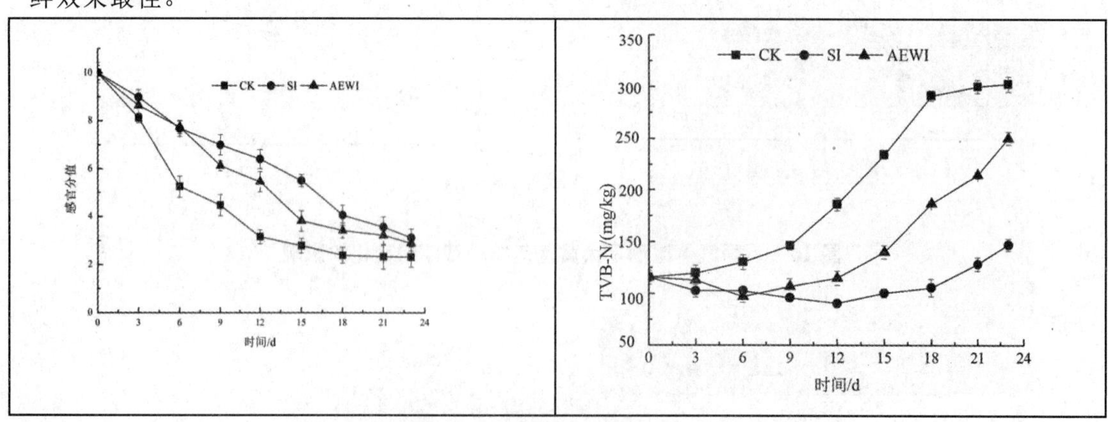

图 17　不同保鲜冰处理对鲈鱼感官分值变化的影响

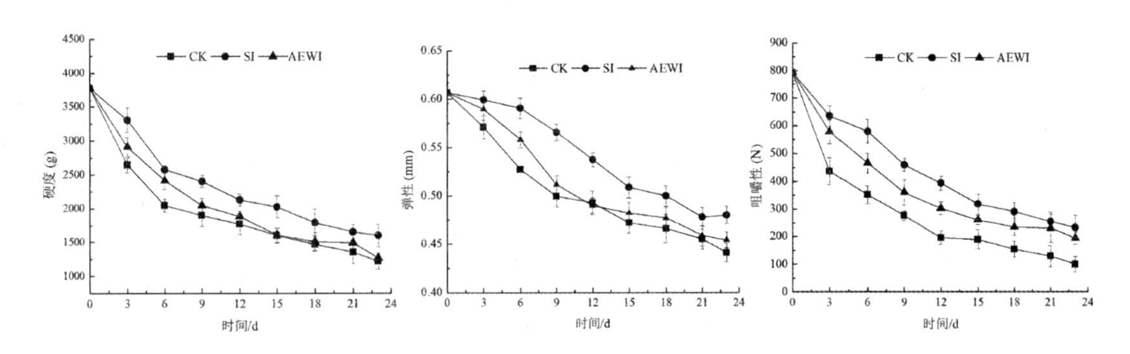

图 18　不同保鲜冰处理对鲈鱼硬度值、弹性与咀嚼性变化影响

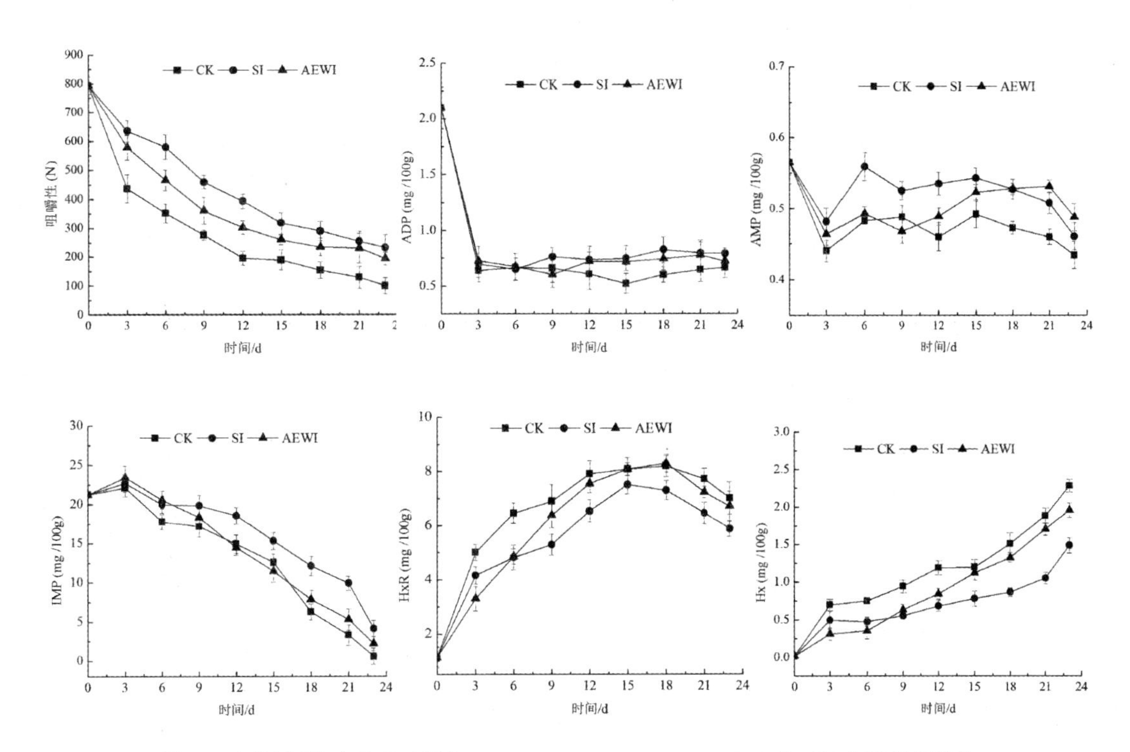

图 19　不同保鲜冰处理对鲈鱼 ATP, ADP, AMP, IMP, HxR 和 Hx 含量变化影响

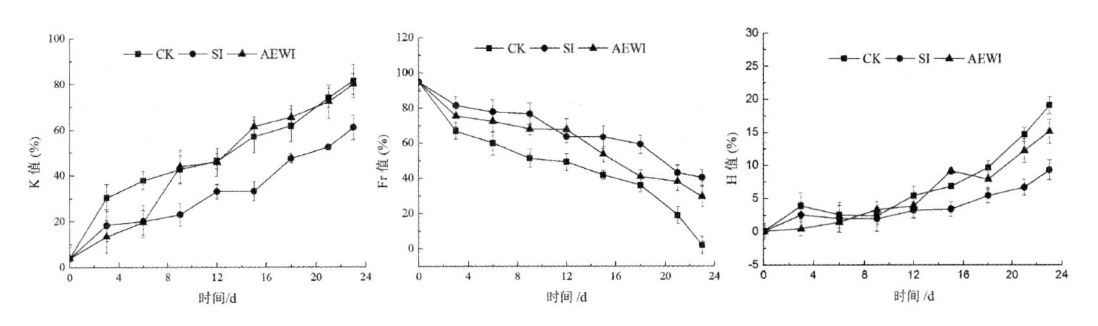

图 20　不同保鲜冰处理对鲈鱼 K、F_r 和 H 值变化的影响

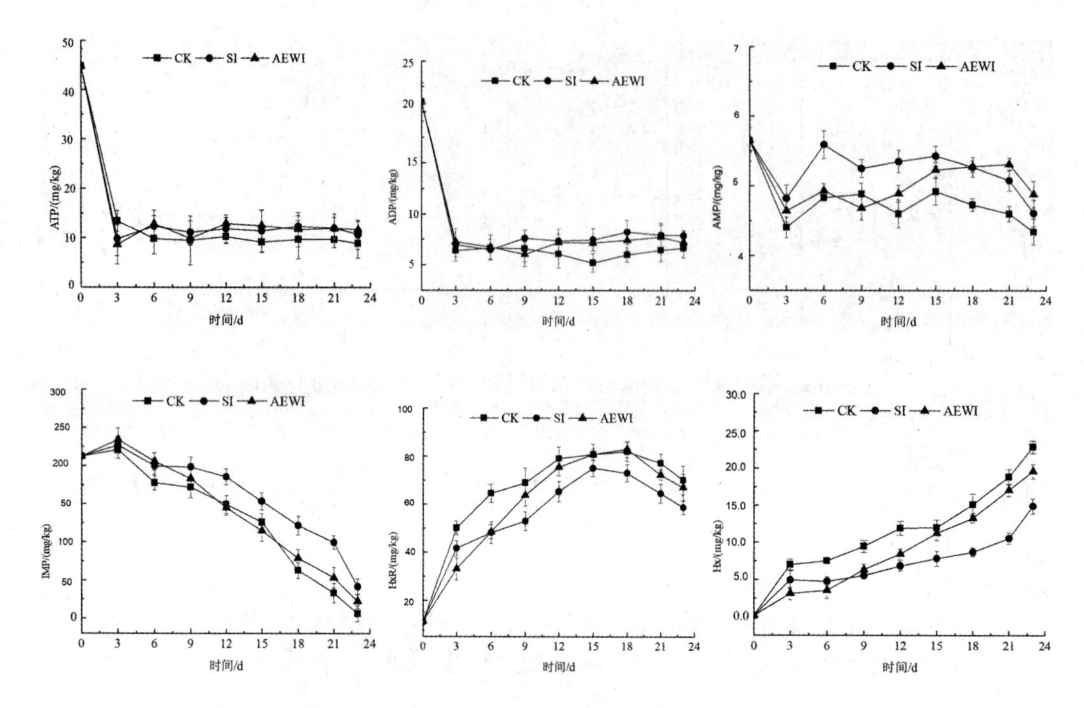

图 21 不同保鲜冰处理对鲈鱼菌落总数、假单孢菌数与希瓦氏菌数变化的影响

表 6 鲈鱼贮藏期间的微生物指标、质构与 ATP 关联物的皮尔森相关系数分析

项目	假单胞菌	希瓦氏菌	硬度	弹性	咀嚼性	ATP	ADP	AMP	IMP	HxR	Hx
TVC	0.970**	0.975**	-0.896*	-0.946*	-0.917*	-0.502	-0.496	-0.306	-0.894*	0.820*	0.918*
假单胞菌		0.981**	-0.925*	-0.970*	-0.924*	-0.551	-0.528	-0.304	-0.948*	0.810*	0.930**
希瓦氏菌			-0.909*	-0.952*	-0.910*	-0.512	-0.497	-0.316	-0.946*	0.799	0.933*
硬度				0.942*	0.983**	0.767	0.764	0.374	0.820*	-0.931*	-0.881*
弹性					0.950**	0.582	0.557	0.432	0.894*	-0.865*	-0.913*
咀嚼性						0.751	0.745	0.560	0.806*	-0.936*	-0.890*
ATP							0.981**	0.529	0.362	-0.796	-0.568
ADP								0.629	0.333	-0.806*	-0.546
AMP									-0.318	-0.410	-0.522
IMP										-0.638	-0.941**
HxR											0.739

注:* 表示在 0.05 水平上显著相关,** 在 0.01 水平上显著相关

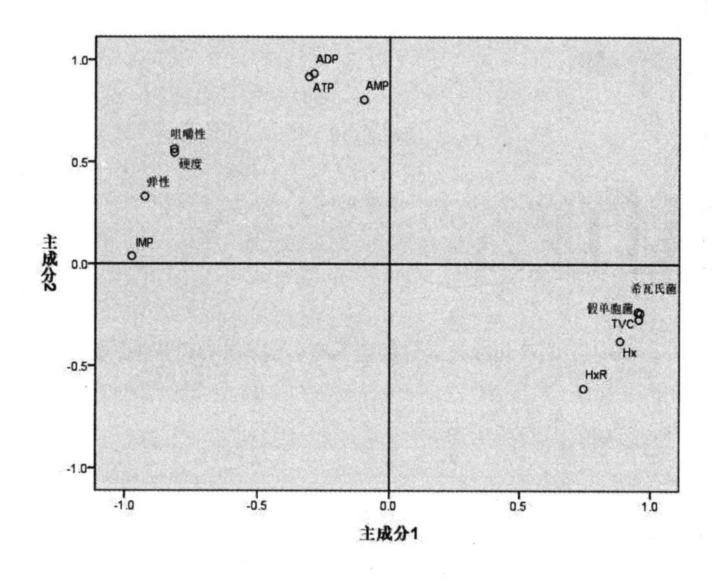

图 22　鲈鱼冰藏期间品质指标的主成分分析图

5　植物源提取液流化冰对鲈鱼贮藏期间抗氧化作用及微生物的影响

研究竹叶抗氧化物(antioxidant of bamboo，AOB)流化冰与迷迭香提取物(RE)流化冰对鲈鱼贮藏期间抗氧化作用及微生物影响。以流化冰处理样品作为对照组(SI)，分别使用 0. 1% AOB+SI (AOB-SI)与 0. 1% RE+SI (RE-SI)对鲈鱼进行冰藏处理。贮藏期间，分别测定各组样品的感官分值、菌落总数、脂质氧化 [过氧化值(peroxide value，POV)、丙二醛(malondialdehyde，MDA)、游离脂肪酸(free fatty acids，FFA)] 和蛋白质氧化(羰基值、巯基值)指标的变化。结果表明，AOB 流化冰与 RE 流化冰处理组可明显延缓鲈鱼样品的 POV、MDA 和 FFA 的升高 (图 23、图 24)，抑制羰基值、巯基值与菌落总数的上升(图 25)。贮藏中后期，AOB 流化冰处理对鲈鱼鱼的脂肪和蛋白质抗氧化效果与微生物的抑制效果略优于 RE 流化冰组样品。可见，AOB-SI 与 RE-SI 可有效延缓鲈鱼肉脂质的水解与蛋白质的氧化进程，抑制微生物的生长繁殖，能使鲈鱼的冰藏货架期相对延长 3～6 d。

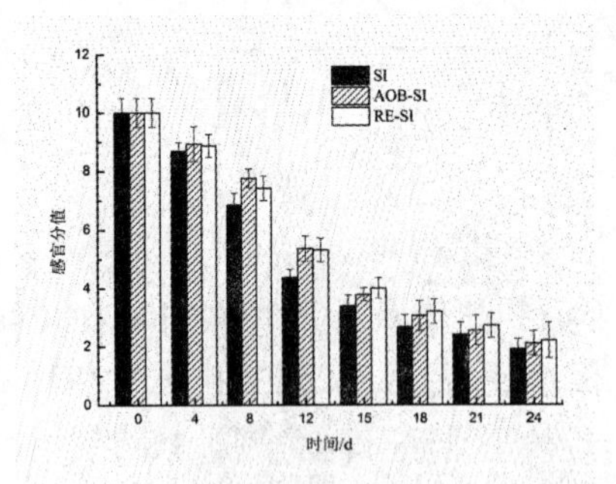

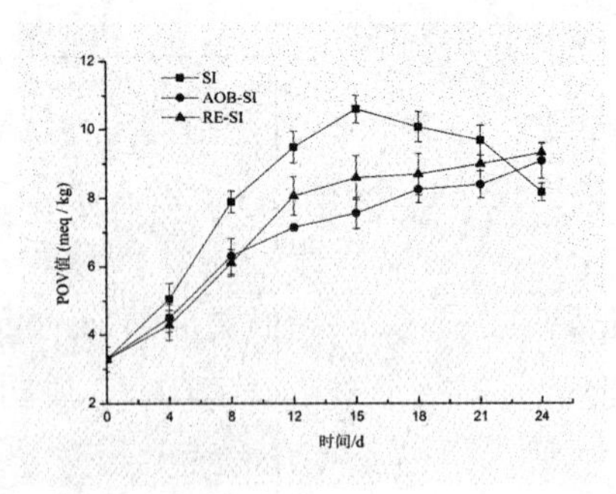

图 23　不同流化冰处理对鲈鱼感官分值与 POV 变化的影响

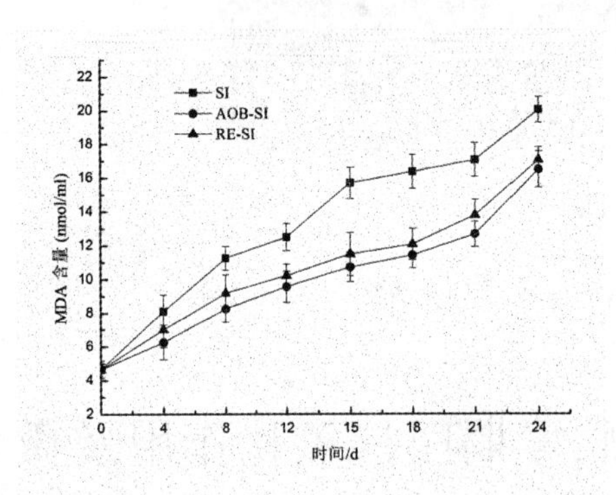

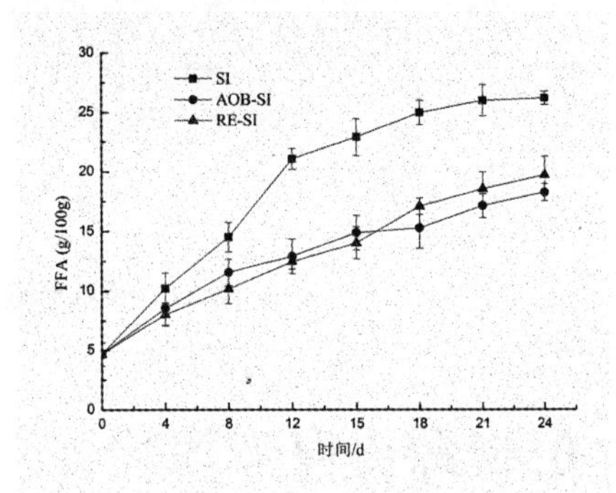

图 24　不同流化冰处理对鲈鱼 MDA 与 FFA 含量变化的影响

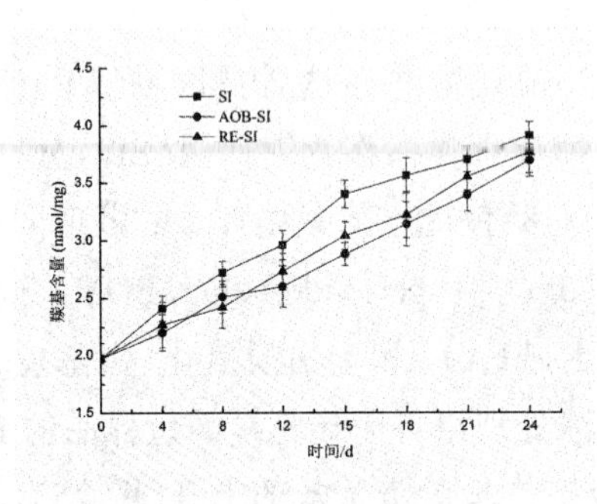

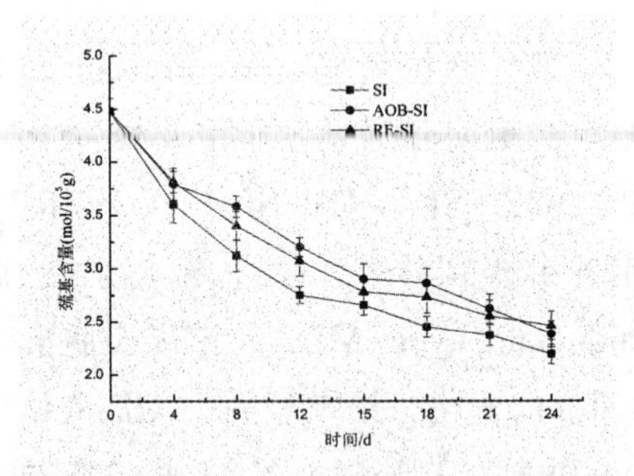

图 25　不同流化冰处理对鲈鱼肌原纤维蛋白羰基与巯基含量变化的影响

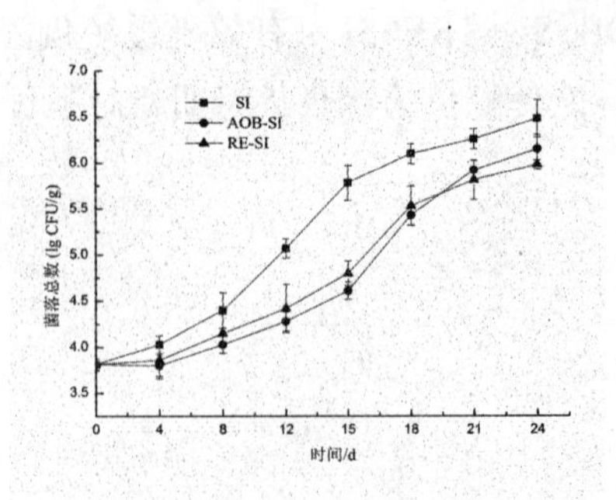

图 26　不同流化冰处理对鲈鱼菌落总数变化的影响

6　不同冻结方式对卵形鲳鲹水分、组织结构与品质变化的影响

本实验以鲜活卵形鲳鲹为原料，分别采用平板冻结(plate freezer, PF)、螺旋式冻结(spiral freezer, SF)、超低温冻结(cryogenic freezer, CF)和冰柜冻结(refrigerated freezer, RF)处理样品，随后通过pH、TVB-N、质构特性、色差、保水性(持水率、蒸煮损失率和汁液损失率)等指标，并结合低场核磁共振与光学显微镜观察，综合评价4种冻结处理方式对冷冻卵形鲳鲹水分、组织结构与品质变化的影响。结果表明，SF组样品的各项指标均显著优于RF组，CF组样品与SF组样品的pH值和TVB-N值较低，其质构、色差与保水性降幅缓于PF与RF组(表6、表7、图27～图31)。由低场核磁共振结果可知，样品的水分流失由高至低依次为RF > PF > CF > SF(图32)。由肌肉组织微观结构观察可知CF组与SF组样品肌原纤维间隙小、分散均匀，组织冰晶细小，能使卵形鲳鲹的综合品质得到较好保持(图33)。因此，与其他冻结方式相比，螺旋式冻结处理的综合效果最佳。

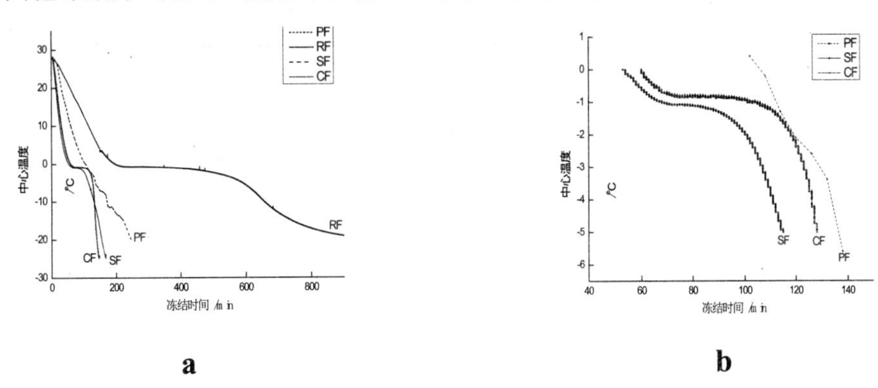

图11　不同冻结方式下卵形鲳鲹的冻结曲线

a为冻结曲线，b为PF、SF与CF三种处理方式的冻结点局部放大图

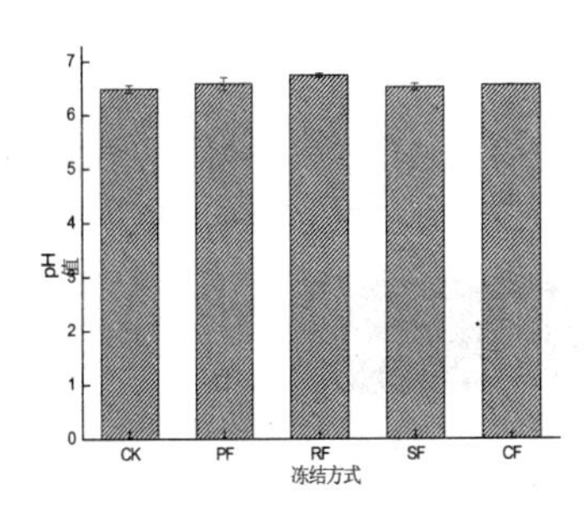

图2　不同冻结方式对卵形鲳鲹pH的影响

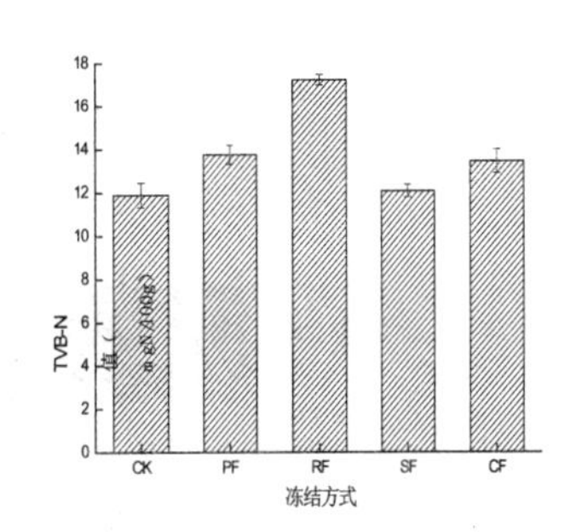

图3　不同冻结方式对卵形鲳鲹TVB-N的影响

图27不同冻结方式对卵行鲳鲹个指标的影响

表 7　不同冻结方式对卵形鲳鲹质构影响

组别	硬度 /g	黏着性 / (g. s)	弹性	咀嚼性	回复性
CK	6242. 4±435. 4[a]	-3. 36±2. 16[a]	0. 54±0. 02[a]	1497. 6±179. 7[a]	0. 22±0. 22[ab]
PF	5018. 7±989. 4[a]	-20. 91±4. 14[a]	0. 50±0. 05[a]	935. 9±184. 7[b]	0. 16±0. 01[b]
RF	4394. 1±1682. 6[a]	-19. 78±16. 92[a]	0. 51±0. 01[a]	841. 1±449. 6[b]	0. 18±0. 05[ab]
SF	5477. 6±1065. 6[a]	-23. 93±20. 85[a]	0. 50±0. 09[a]	1107. 5±181. 8[ab]	0. 24±0. 01[a]
CF	5119. 7±626. 2[a]	-20. 41±8. 40[a]	0. 51±0. 02[a]	1038. 5±332. 6[ab]	0. 21±0. 06[ab]

注:表中数据为平均值 ± 标准差。同一列数据不同上标字母代表有显著差异($P<0.05$)。

表 8　不同冻结方式对卵形鲳鲹保水性影响

组别	持水率 /%	蒸煮损失率 /%	汁液损失率 /%
CK	23. 1±9. 3[a]	16. 6±2. 9[a]	—
PF	14. 7±7. 2[bc]	16. 8±3. 3[a]	2. 9±0. 9[a]
RF	10. 1±3. 2[b]	19. 5±4. 2[a]	4. 6±0. 7[c]
SF	17. 3±8. 7[c]	18. 4±3. 7[a]	0. 5±0. 2[b]
CF	10. 7±7. 9[c]	18. 2±2. 8[a]	0. 4±0. 1[b]

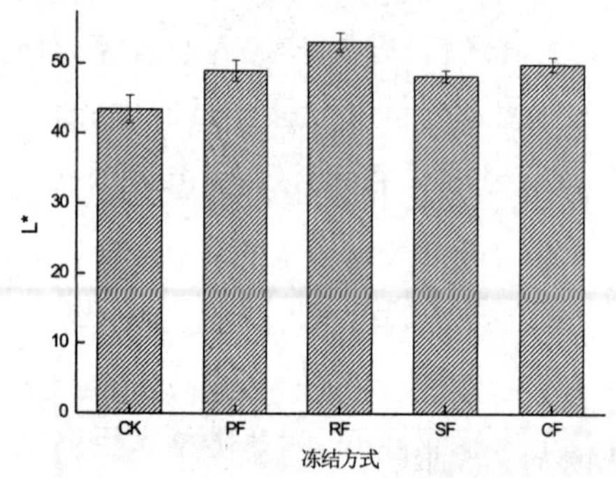

图 28　不同冻结方式对卵形鲳鲹色差的影响

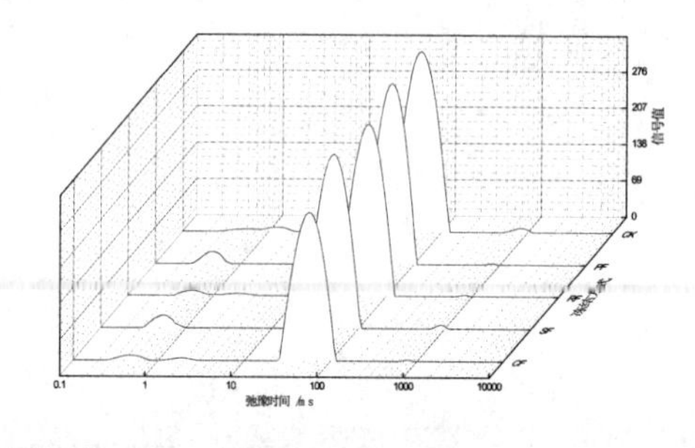

图 29　不同冻结方式对卵形鲳鲹弛豫时间变化的影响

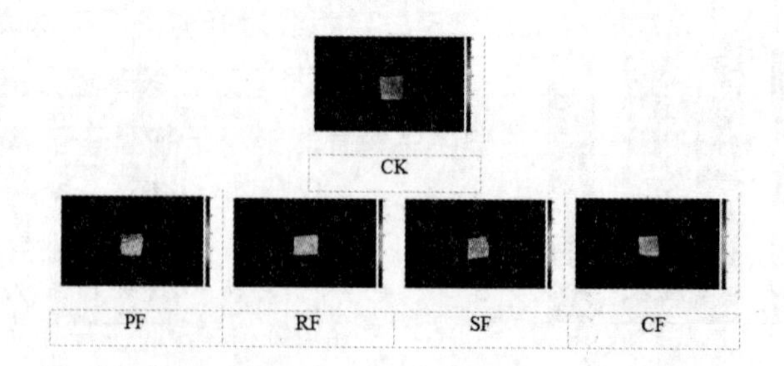

图 30　不同冻结方式样品的核磁共振伪彩图

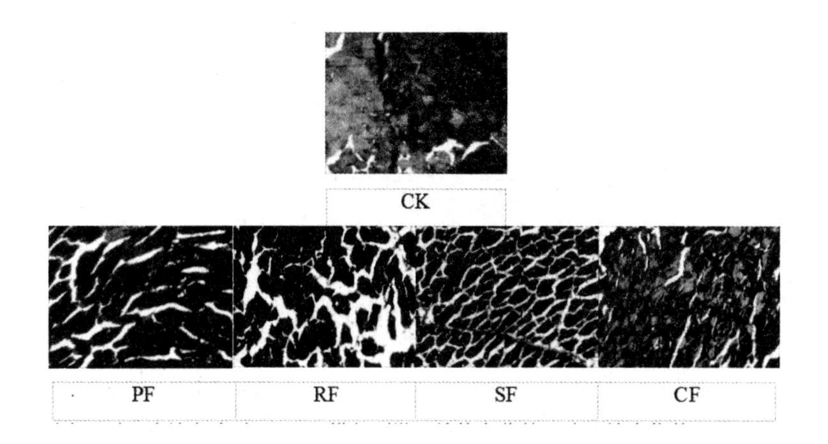

图 31　不同冻结方式对卵形鲳鲹横断面微观结构变化的影响(放大倍数:×100)

7　不同镀冰衣方式对卵形鲳鲹蛋白特性和品质变化影响

将鲜活卵形鲳鲹分别使用纯水镀冰衣、0. 1% 迷迭香提取物(0. 10%RE)镀冰衣与 0. 2% 迷迭香提取物(0. 20%RE)镀冰衣处理,每月分别进行 pH、TVB-N、TBA、羰基含量、巯基含量检测与核磁成像分析,综合评价不同镀冰衣方式对卵形鲳鲹冻藏期间鱼肉蛋白质与品质变化影响。结果表明,0. 20%RE 处理能延缓卵形鲳鲹冻藏期间鱼肉的氧化与蛋白质变性速率,且对其内部水分流失有较好的抑制作用(图 34～图 39),可用于卵形鲳鲹等海产品的冻藏保鲜。

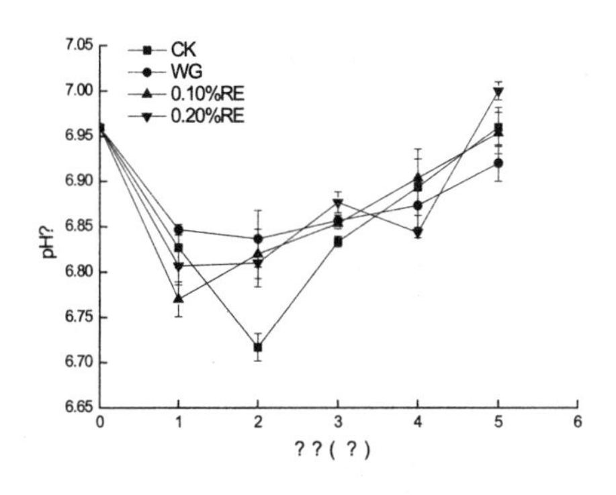

图 32　不同镀冰衣方式对卵形鲳鲹冻藏期间 pH 变化的影响

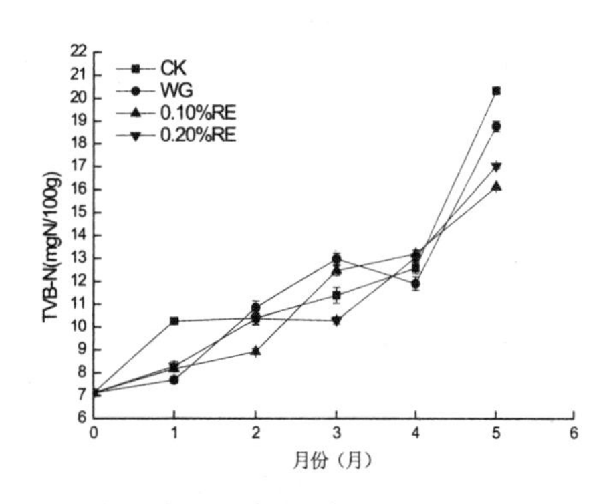

图 33　不同镀冰衣方式对卵形鲳鲹冻藏期间 TVB-N 变化的影响

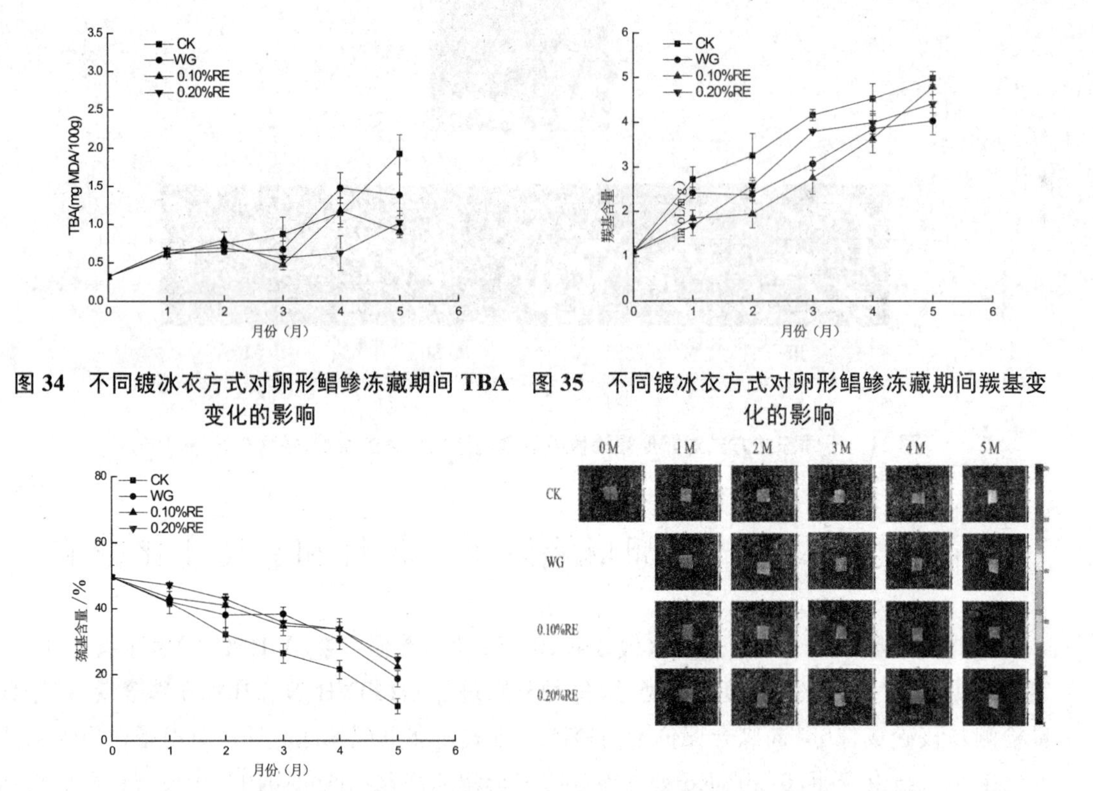

图 34 不同镀冰衣方式对卵形鲳鲹冻藏期间 TBA 变化的影响

图 35 不同镀冰衣方式对卵形鲳鲹冻藏期间羰基变化的影响

图 36 不同镀冰衣方式对卵形鲳鲹冻藏期间巯基变化的影响

图 37 不同镀冰衣方式对卵形鲳鲹冻藏期间核磁成像变化的影响

8 壳聚糖与迷迭香提取物复合镀冰衣对卵形鲳鲹冻藏期间抗氧化与抑菌作用的影响

将鲜活卵形鲳鲹分别使用纯水镀冰衣、0. 2% 迷迭香提取物(RE)镀冰衣、0. 5% 壳聚糖与 0. 2% 迷迭香提取物(0. 5%CH+RE)复合镀冰衣、1. 5% 壳聚糖与 0. 2% 迷迭香提取物(1. 5%CH+RE)复合镀冰衣处理，每月分别进行 pH、TVB-N、TBA、菌落总数检测与核磁成像分析，综合评价壳聚糖与迷迭香提取物复合镀冰衣对卵形鲳鲹冻藏期间抗氧化与抑菌作用的影响。结果显示，壳聚糖与迷迭香提取物复合镀冰衣处理能延缓卵形鲳鲹冻藏期间 TVB-N 与 TBA 的升高(图 39，图 40)，抑制菌落总数的上升(图 41)，且对其内部水分流失有较好的抑制作用(图 42)。其中以 0. 2% 迷迭香提取物与 1. 5% 壳聚糖复合镀冰衣处理效果较好，其可用于卵形鲳鲹等海产品的冻藏保鲜。

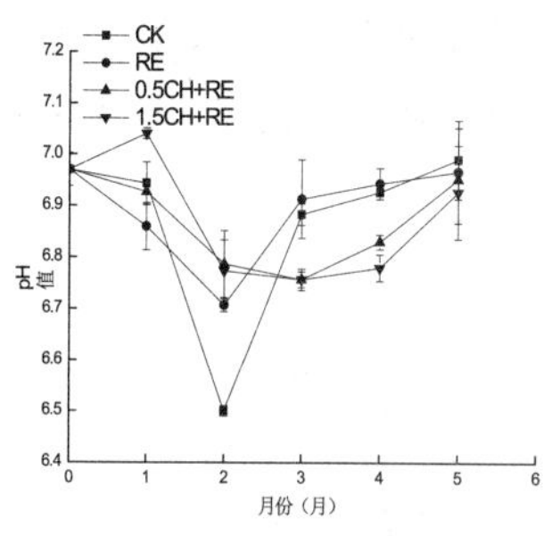

图 38　壳聚糖与迷迭香提取物复合镀冰衣对卵形鲳鲹冻藏期间 pH 值变化影响

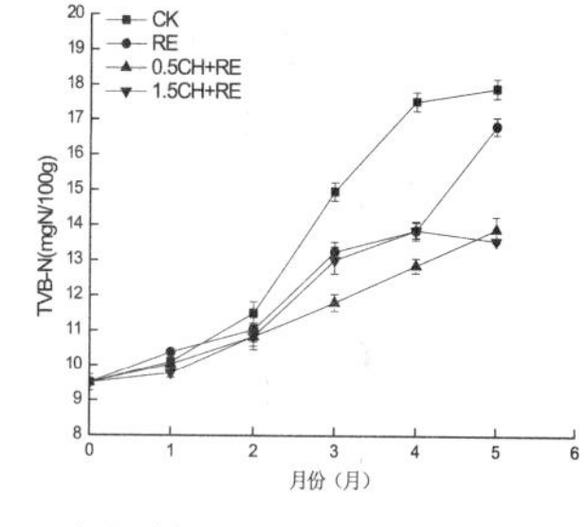

图 39　壳聚糖与迷迭香提取物复合镀冰衣对卵形鲳鲹冻藏期间 TVB-N 值变化影响

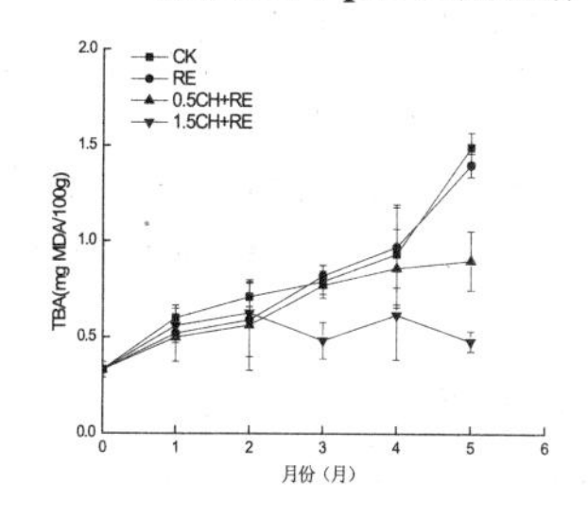

图 40　壳聚糖与迷迭香提取物复合镀冰衣对卵形鲳鲹冻藏期间 TBA 值变化影响

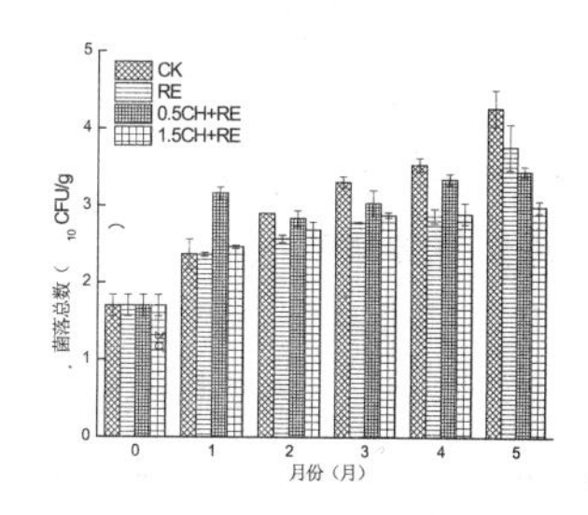

图 41　壳聚糖与迷迭香提取物复合镀冰衣对卵形鲳鲹冻藏期间 TVC 值变化影响

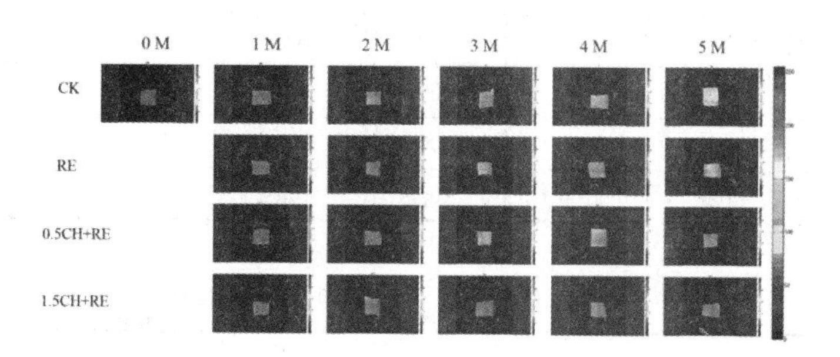

图 42　壳聚糖与迷迭香提取物复合镀冰衣对卵形鲳鲹冻藏期间核磁成像变化的影响

9　石斑鱼有水活运工艺的温度、盐度优化

以石斑鱼为实验对象，研究温度和盐度两个因素对石斑鱼有水活运运输应激的影响，并应用响应面法对其进行优化。结果表明，不同运输温度会诱发石斑鱼发生不同程度的应激反应。15℃有水活运环境下，石斑鱼运输存活率最高，该组石斑鱼血清皮质醇含量、血糖浓度、HSP70 表达量均显著低于 10℃、21℃、27℃、30℃四个运输环境组。5 过低盐度含量、40 过高盐度含量均诱发石斑鱼产生剧烈应激反应，导致机体损伤甚至死亡，而盐度 20 运输组的存活率显著高于其余组，血糖浓度显著低于其余组；盐度 30 运输组血清皮质醇含量、HSP70 表达量显著低于其余组，适宜的盐度范围可降低鱼体应激反应的程度。在单因素试

验的基础上，通过响应面法优化得出的石斑鱼有水活运最优温度条件为16℃、盐度条件为26，在此条件下，石斑鱼血清皮质醇为(15.834±1.065) ng/L，血糖浓度为(1.934±0.165) mmol/L，并试验验证该工艺。

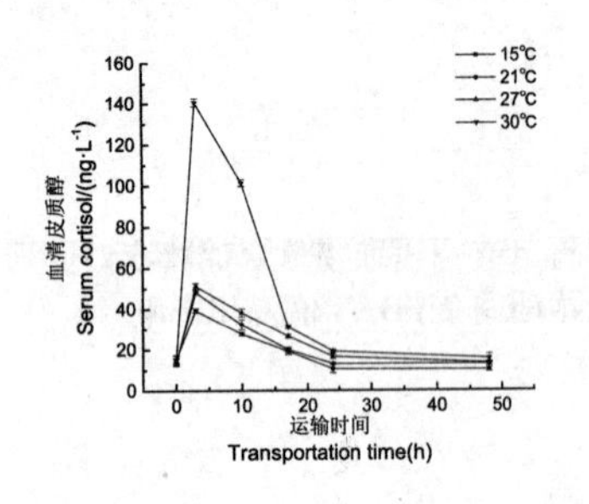

图43 不同温度对有水活运过程中石斑鱼血清皮质醇含量影响

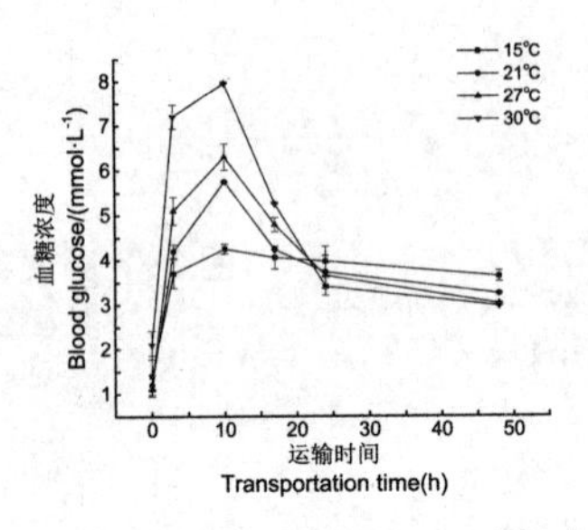

图44 不同温度对有水活运过程中石斑鱼血糖浓度影响

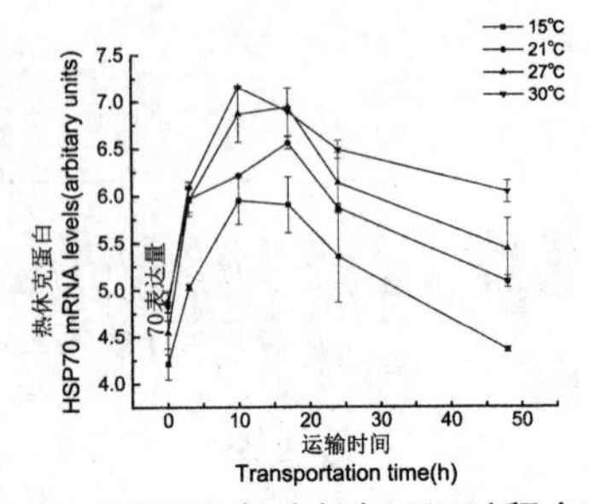

图45 不同温度对有水活运过程中石斑鱼热休克蛋白70表达量影响

表9 石斑鱼在不同温度与保活时间时存活率

温度/℃	保活时间/h						
	0	3	10	17	24	48	72
10	100	0	–	–	–	–	–
15	100	100	100	100	100	100	95
21	100	100	100	100	100	95	85
27	100	100	100	100	100	95	75
30	100	100	100	100	90	50	0

表10 石斑鱼在不同盐度与保活时间时的存活率

盐度	保活时间						
	0	3	10	17	24	48	72
5	100	0	–	–	–	–	–
10	100	100	100	100	100	95	85
20	100	100	100	100	100	95	90
30	100	100	100	100	95	90	80
40	100	100	100	95	85	50	10

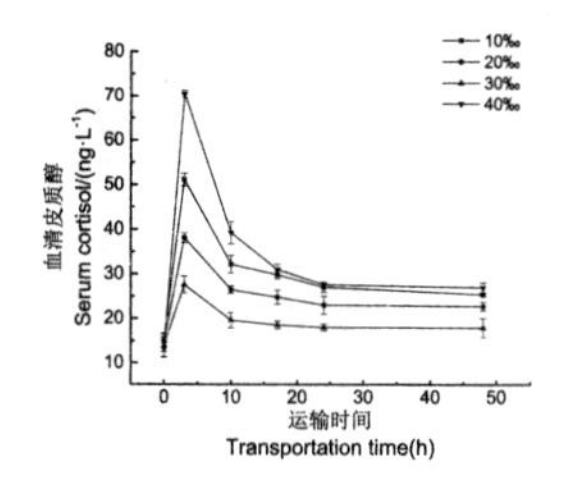

图 46　不同盐度对有水活运过程中石斑鱼血清皮质醇含量的影响

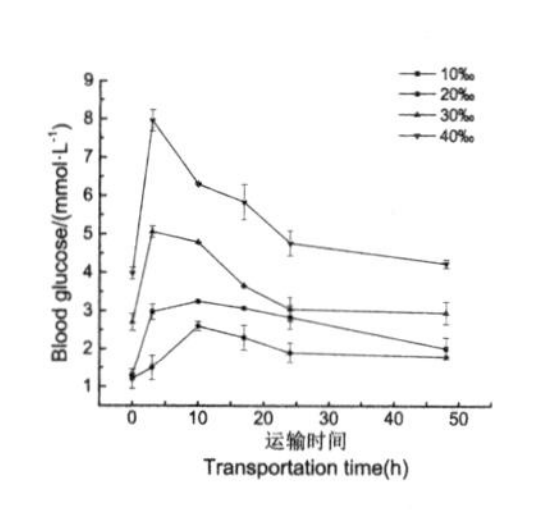

图 47　不同盐度对有水活运过程中石斑鱼血糖浓度的影响

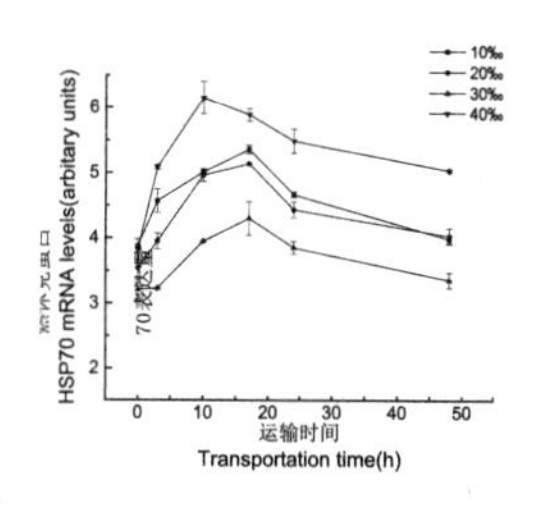

图 48　不同盐度对有水活运过程中石斑鱼热休克蛋白 70 表达量的影响

表 11　温度与盐度的试验设计组合结果

组别	编码值		实际值		血糖浓度 /(mmol/L)	皮质醇含量 /(ng/L)
	温度	盐度	温度	盐度		
1	0	0	21.00	20.00	4.875±0.458	43.875±2.125
2	0	0	21.00	20.00	4.45±0.323	42.525±1.879
3	-1	-1	16.76	12.93	2.7±0.221	24.95±1.442
4	-1	1	16.76	27.07	1.325±0.148	12.003±0.589
5	α	0	27.00	20.00	5.2±0.013	46.8±2.009
6	0	α	21.00	30.00	2.225±0.026	20.025±0.848
7	0	0	21.00	20.00	4.725±0.257	40.05±2.498
8	0	-α	21.00	10.00	7.9±0.011	70.934±1.924
9	-α	0	15.00	20.00	1.75±0.121	16.75±0.876
10	1	1	25.24	27.07	2.275±0.024	20.475±0.978
11	0	0	21.00	20.00	4.25±0.156	37.65±1.113
12	1	-1	25.24	12.93	8.45±0.327	76.93±1.693
13	0	0	21.00	20.00	4.575±0.278	41.175±1.576

表 12　温度和盐度对运输过程中石斑鱼血糖浓度的回归模型方差分析

方差来源	平方和	自由度	均方	F	P
模型	56.46	5	11.29	58.46	<0.0001
温度	16.76	1	16.76	86.76	<0.0001
盐度	30.33	1	30.33	156.98	<0.0001
$T\times S$	5.76	1	5.76	29.82	0.0009
T^2	3.36	1	3.36	17.41	0.0042
S^2	0.067	1	0.067	0.35	0.5733

续表

方差来源	平方和	自由度	均方	F	P
残差	1. 35	7	0. 19		
失拟项	1. 12	3	0. 37	6. 38	0. 0527
纯误差	0. 23	4	0. 058		
总离差	57. 81	12			

注:决定系数 R^2 = 0. 9766,校正系数 R^2 = 0. 9599

表 13　温度和盐度对运输过程中石斑鱼皮质醇含量的回归模型方差分析

方差来源	平方和	自由度	均方	F	P
模型	4560. 34	5	912. 07	55. 70	< 0. 0001
温度	1324. 82	1	1324. 82	80. 90	< 0. 0001
盐度	2499. 18	1	2499. 18	152. 62	< 0. 0001
$T \times S$	473. 24	1	473. 24	28. 90	0. 0010
T^2	242. 11	1	242. 11	14. 78	0. 0063
S^2	6. 32	1	6. 32	0. 39	0. 5543
残差	114. 63	7	16. 38		
失拟项	91. 90	3	30. 63	5. 39	0. 0687
纯误差	22. 73	4	5. 68		
总离差	4674. 96	12			

注:决定系数 R^2 = 0. 9755,校正系数 R^2 = 0. 9580

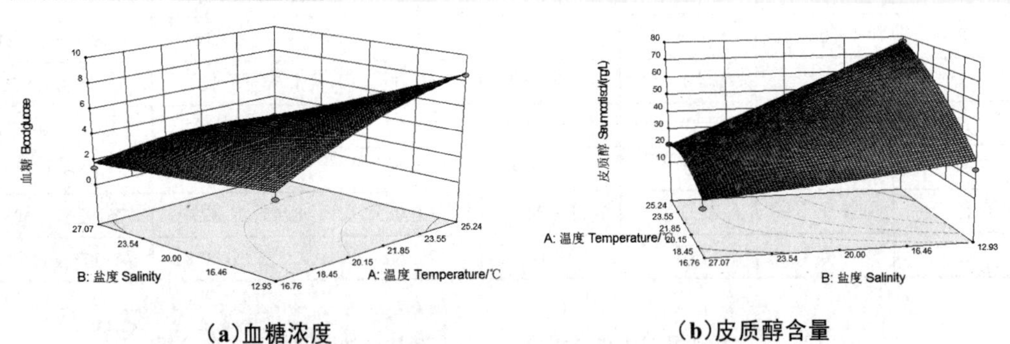

(a)血糖浓度　　　　(b)皮质醇含量

图 49　温度和盐度对有水活运过程中石斑鱼血糖浓度、皮质醇含量影响的响应曲面图

10　溶解氧水平和振动对有水活运过程中石斑鱼氧化应激的影响

通过评价机体内抗氧化酶活性、抗氧化能力、代谢产物及组织糖原、乳酸含量等的变化,研究不同包装充氧方式和运输道路条件对有水活运过程中石斑鱼氧化应激的影响。研究表明：持续曝气及较低氧振动环境下的石斑鱼体内各抗氧化酶活、抗氧化能力、代谢产物虽有变化但并不显著，说明机体可自行调节和维持抗氧化系统平衡；而极低溶解氧和持续曝气、强振环境下的石斑鱼体内各抗氧化酶活性、抗氧化能力、脂质代谢产物、无氧代谢产物力均随运输时间的延长变化显著，说明极低溶解氧含量、剧烈振动均会导致鱼体内自由基含量激增（无法及时清除），使鱼体氧化应激反应加剧，破坏其抗氧化系统平衡。石斑鱼有水活运时，应根据运输距离长短和运输道路情况，设计不同的包装充氧方式以保证存活率。

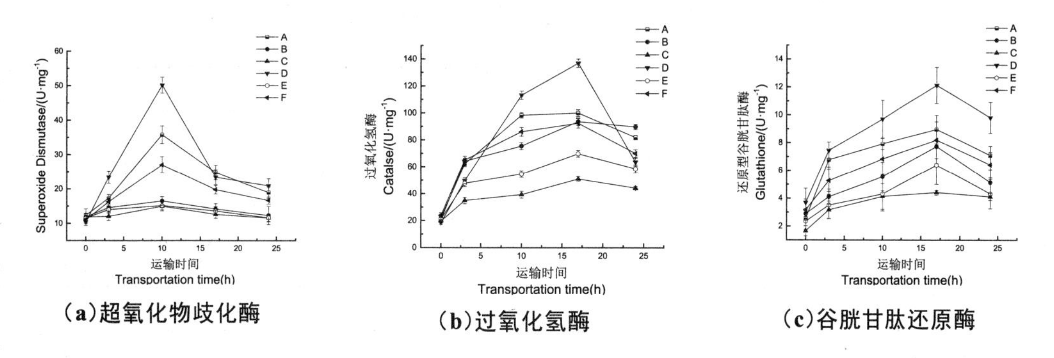

（a）超氧化物歧化酶　　（b）过氧化氢酶　　（c）谷胱甘肽还原酶

图 50　溶解氧浓度、振动幅度对有水活运过程中石斑鱼组织中抗氧化酶活性的影响

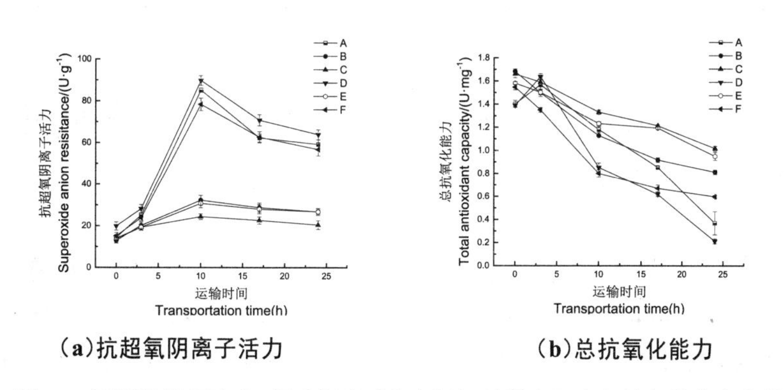

（a）抗超氧阴离子活力　　（b）总抗氧化能力

图 51　不同溶解氧浓度、振动幅度对有水活运过程中石斑鱼抗氧化能力的影响

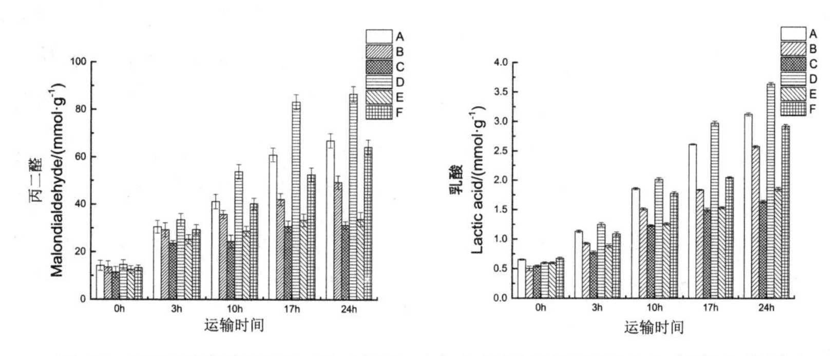

图 52　不同溶解氧浓度、振动幅度对有水活运过程中石斑鱼代谢产物影响

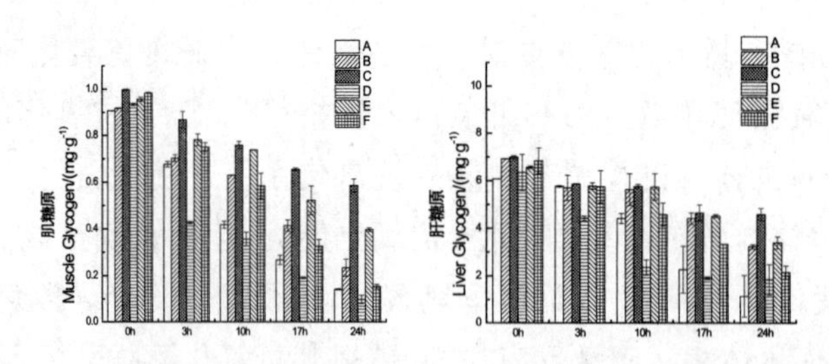

图 53　不同溶解氧浓度、振动幅度对有水活运过程中石斑鱼糖原影响

表 14　不同运输组与保活时间石斑鱼的存活率

运输组	保活时间 /h						
	0	3	10	17	24	48	72
A	100	100	100	100	95	70	—
B	100	100	100	100	100	90	75
C	100	100	100	100	100	100	90
D	100	100	100	100	90	65	—
E	100	100	100	100	100	95	85
F	100	100	100	100	100	90	70

11　不同减菌化处理方式对暗纹东方鲀冷藏期间鱼肉品质变化的影响

研究了微酸性电解水(slightly acidic electrolyzed water, SAEW)、臭氧水(ozonated water, OW)与乙醇溶液(ethanol water, EW)等 3 种不同减菌化处理方式对暗纹东方鲀冷藏期间鱼肉品质变化的影响。将新鲜暗纹东方鲀分别在 SAEW、OW 与 EW 溶液浸渍处理 10 min,沥干后装入无菌 PE 袋,于 4 ℃冰箱中贮藏,以无菌水清洗样品为对照组(CK)。贮藏期间每隔 2 d 进行微生物(菌落总数)、理化(pH、质构、TVB-N、硫代巴比妥酸、色差)与感官(色泽、气味、形态与弹性)等指标测定,综合评价其对暗纹东方鲀冷藏期间鱼肉品质变化的影响。结果表明,3 个处理组样品的 pH、TVB-N、质构、菌落总数与嗜冷菌数均优于对照组;EW 处理会使其脂肪氧化速度加剧,对样品色差、感官影响较大;SAEW 与 OW 处理样品后可有效抑制其微生物繁殖与脂肪氧化,延缓 TVB-N 与 pH 上升,维持暗纹东方鲀良好的感官品质,延长其冷藏货架期 2～3 d,而 EW 处理可延长冷藏货架期至少 3 d。由指标间相关性分析得出,TVB-N、TBA 同质构(弹性、回复力)、菌落总数与嗜冷菌数等指标均显著相关。

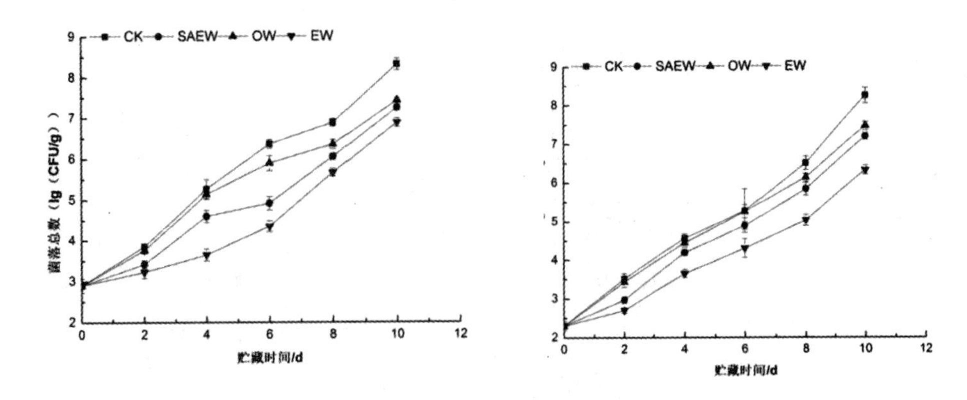

图 54　不同减菌化处理方式对暗纹东方鲀冷藏期间菌落总数与嗜冷菌数变化的影响

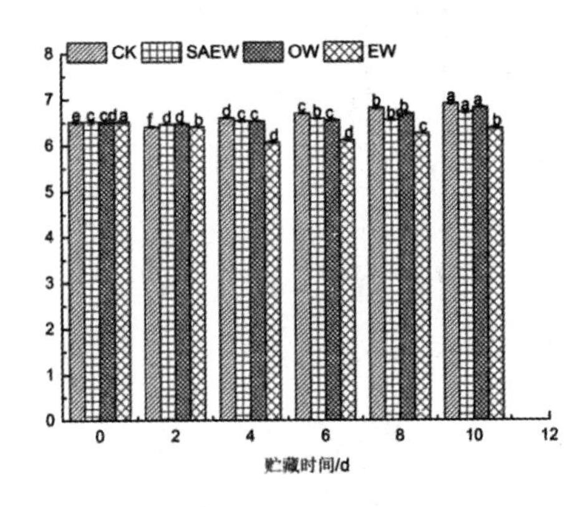

图 55　不同减菌化处理方式对暗纹东方鲀冷藏期间 pH 变化的影响

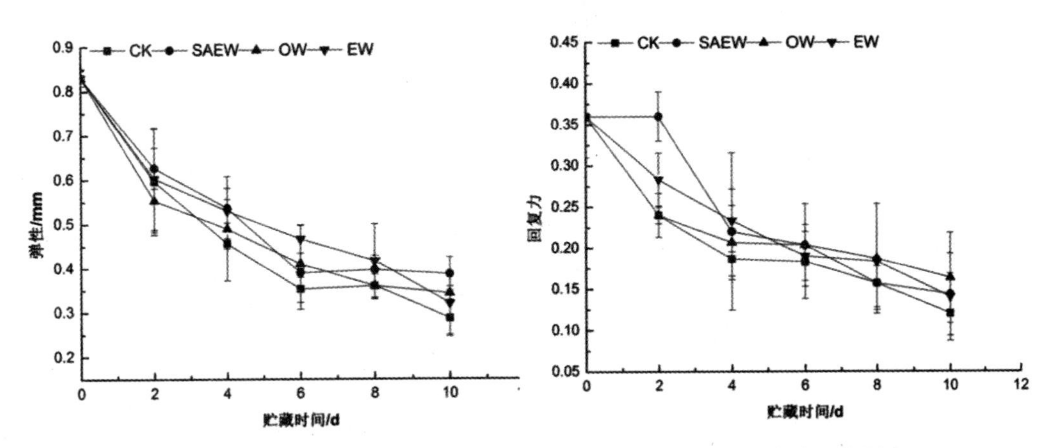

图 56　不同减菌化处理方式对暗纹东方鲀冷藏期间弹性和回复力变化的影响

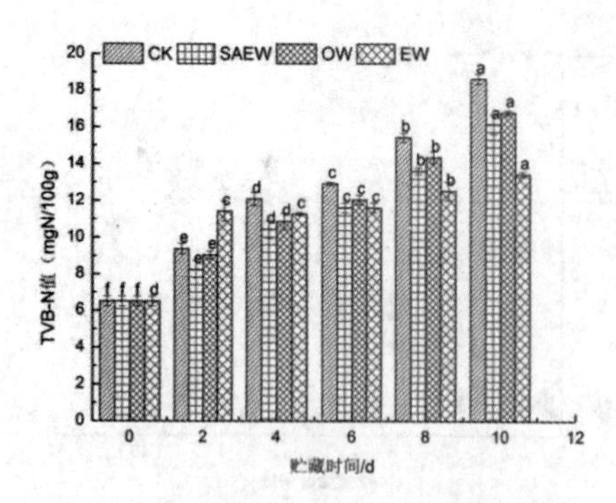

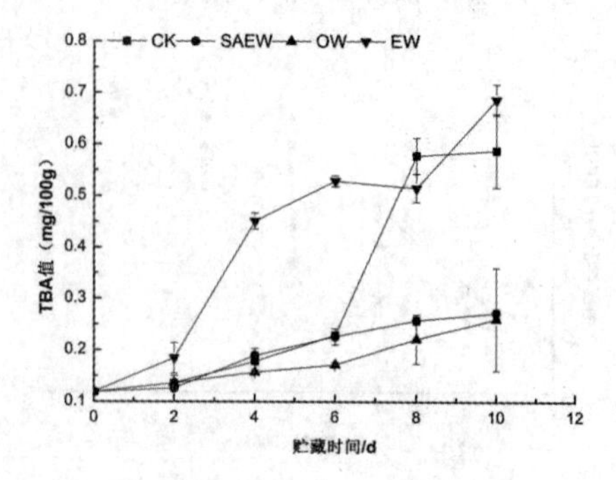

图 57　不同减菌化处理方式对暗纹东方鲀冷藏期间 TVB-N、TBA 变化的影响

（岗位科学家　谢晶）

海水鱼鱼肉特性与加工关键技术研究进展

鱼品加工岗位

1　不同热加工方式对卵形鲳鲹鱼肉品质的影响

1.1　不同加热温度对卵形鲳鲹鱼肉蛋白的影响

温度的升高导致卵形鲳鲹肌肉的收缩和蛋白质的变性，肌细胞内裂纹增多，肌细胞间隙增大，表面疏水性增强，总蛋白和碱溶性蛋白的含量上升，浊度和 pH 增大，水溶性蛋白和盐溶性蛋白的含量、巯基含量和 Ca^{2+}-ATP 酶活性下降（图 1～图 3）。卵形鲳鲹肌球蛋白、肌浆蛋白和肌动蛋白的变性温度分别是 49.4 ℃、63.0 ℃和 75.1 ℃，而加热至 70 ℃之后，SDS-PAGE 蛋白条带全部消失，指示蛋白质变性达到终点。鱼肉中心温度为 70～80℃时，卵形鲳鲹肌肉的白度更高，肉质口感更好。综合各指标检测结果，卵形鲳鲹实际加工和生产中的最佳加热终点温度为 75～80℃，这为卵形鲳鲹的合理热加工提供理论依据。

1.2　热加工方式对卵形鲳鲹肌肉蛋白的影响

蒸制、油炸、微波、烤制 4 种热加工方式均对卵形鲳鲹的肌原纤维蛋白和肌动球蛋白具有极大的破坏作用（图 4），致使蛋白质浊度、总巯基含量、表面疏水性显著下降，Ca^{2+}-ATP 酶完全失活，$(130～270)\times 10^3$ 的大分子蛋白条带明显变浅，肌球蛋白重链（MHC）被降解。微波处理对卵形鲳鲹肌肉蛋白的破坏作用最强。

1.3　不同热加工方式对卵形鲳鲹风味与营养品质的影响

由表 1、表 2 可见，蒸制方式对鱼肉损失率和粗脂肪含量影响最小，鱼肉水分含量最高，硬度和咀嚼性最小；油炸方式对鱼肉脂肪酸组成有较大影响，不饱和脂肪酸含量显著上升，而 EPA 和 DHA 损失严重，总量由 7.88% 降低到 1.42%；烤制方式使鱼肉呈味氨基酸相对含量最高，为 11.98 mg 每 100 mg；微波方式使鱼肉的必需氨基酸指数显著高于其他组，为 94.89。己醛、庚醛和壬醛这 3 种醛类物质在新鲜和蒸制、油炸、微波、烤制的卵形鲳鲹样品中均被大量检测到，而吡嗪类化合物只在油炸和烤制鱼肉中检测到（表 3）。卵形鲳鲹经蒸制和微波处理营养物质保存更好，更利于人体健康，而经油炸和烤制处理则具有更好的滋味和风味,感官综合评分也更高。

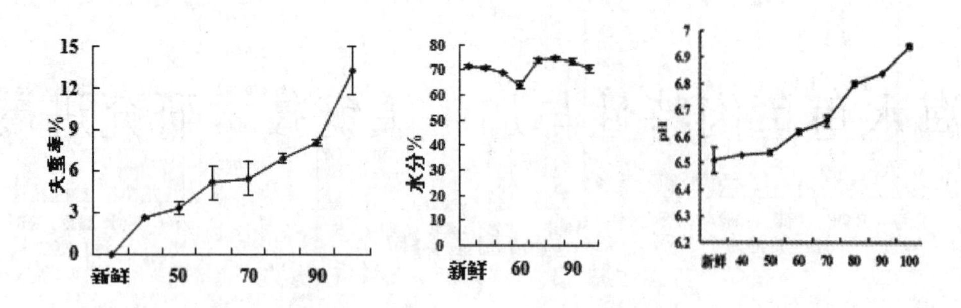

图 1　不同加热温度下卵形鲳鲹失重率、水分含量及 pH 的变化

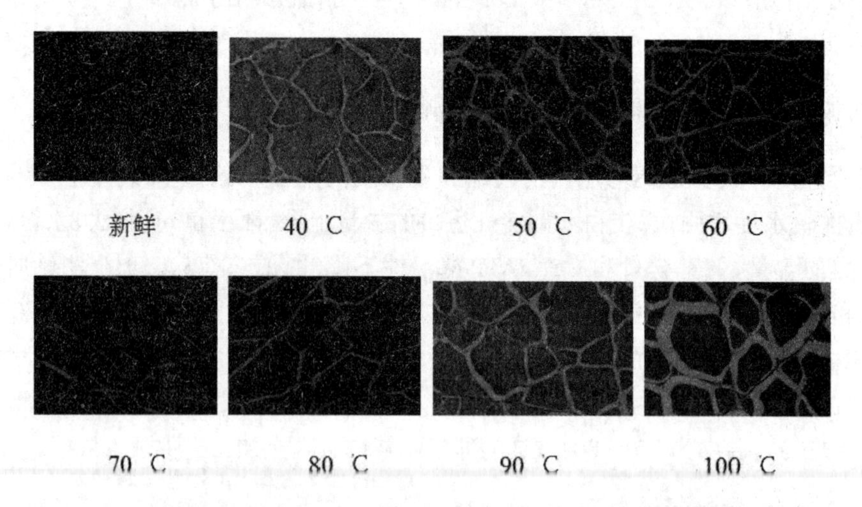

图 2　不同加热温度下卵形鲳鲹肌肉横切面(×400)显微结构图

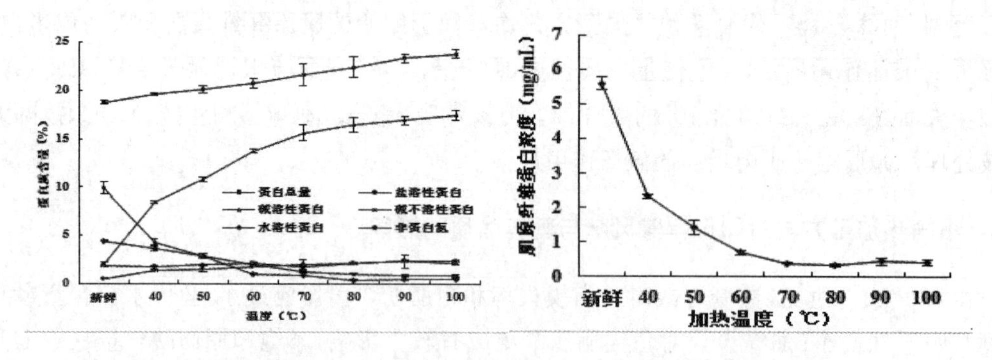

图 3　不同加热温度下卵形鲳鲹肌肉蛋白质组分与肌原纤维蛋白的变化

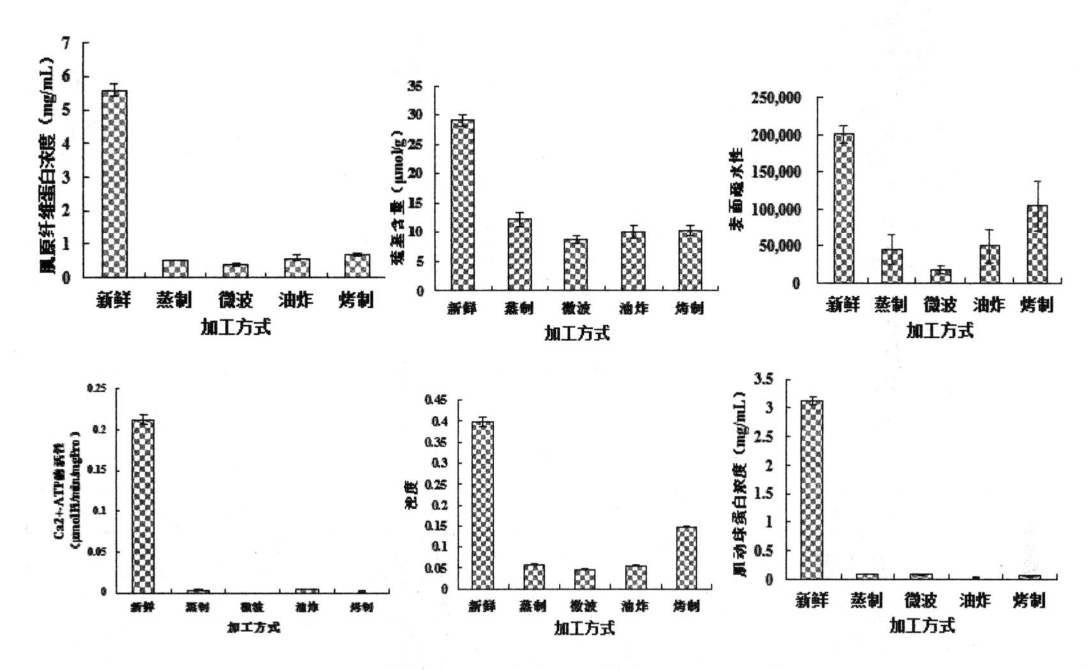

图 4　不同热加工方式下卵形鲳鲹肌肉蛋白的变化

表 1　不同热加工方式下每 100 mg 卵形鲳鲹肌肉的氨基酸组成

（单位：mg）

项目	新鲜	蒸制	微波	油炸	烤制
天冬氨酸（Asp）	1.94	2.20	2.61	2.86	3.34
苏氨酸（Thr）	0.88	1.01	1.20	1.31	1.52
丝氨酸（Ser）	0.75	0.85	1.02	1.10	1.29
谷氨酸（Glu）	2.84	3.15	3.74	4.04	4.74
脯氨酸（Pro）	0.53	0.58	0.66	0.73	0.90
甘氨酸（Gly）	1.01	1.26	1.44	1.61	1.90
胱氨酸（Cys）	0.1	0.13	0.14	0.15	0.18
丙氨酸（Ala）	1.15	1.33	1.56	1.71	2.00
缬氨酸（Val）	1.01	1.21	1.43	1.56	1.80
蛋氨酸（Met）	0.59	0.68	0.79	0.84	1.00
异亮氨酸（Ile）	0.90	1.04	1.22	1.34	1.54
亮氨酸（Leu）	1.52	1.79	2.10	2.28	2.62
酪氨酸（Tyr）	0.65	0.74	0.93	0.96	1.05
苯丙氨酸（Phe）	0.78	0.90	1.08	1.16	1.33
赖氨酸（Lys）	1.80	2.08	2.44	2.67	3.09
组氨酸（His）	0.46	0.50	0.56	0.70	0.77
精氨酸（Arg）	1.18	1.35	1.58	1.71	2.06

续表

项目	新鲜	蒸制	微波	油炸	烤制
氨基酸（AA）总量	18.09	20.80	24.50	26.58	31.13
必需氨基酸（EAA）总量	7.48	8.71	10.26	11.16	12.90
非必需氨基酸（NEAA）总量	10.61	12.09	14.24	15.42	18.23
鲜味氨基酸（DAA）总量	6.94	7.94	9.35	10.22	11.98
EAA/TAA	41.35	41.88	41.88	41.99	41.44
EAA/NEAA	70.50	72.05	72.06	72.37	70.76
DAA/TAA	38.36	38.18	38.16	38.45	38.48

表 2　不同热加工方式下卵形鲳鲹肌肉脂肪酸组成（%）

脂肪酸	新鲜	蒸制	微波	油炸	烤制
辛酸（C8:0）	—	—	—	0.01	—
月桂酸（C12:0）	0.02	0.04	0.03	0.09	0.03
十三碳酸（C13:0）	—	0.01	—	—	0.01
肉豆蔻酸（C14:0）	1.72	2.00	1.91	0.39	1.88
十五碳酸（C15:0）	0.20	0.30	0.29	0.06	0.28
棕榈酸（C16:0）	22.60	23.10	22.80	11.00	22.60
十七碳酸（C17:0）	0.24	0.36	0.36	0.11	0.34
硬脂酸（C18:0）	6.76	4.98	5.27	3.31	5.28
花生酸（C20:0）	0.52	0.38	0.31	0.31	0.36
二十一碳酸（C21:0）	—	0.05	0.05	0.01	0.05
二十二碳酸（C22:0）	0.55	—	0.32	0.52	0.34
二十三碳酸（C23:0）	0.13	0.13	0.11	0.04	0.14
二十四碳酸（C24:0）	-	1.29	1.36	0.40	1.40
肉豆蔻油酸（C14:1n-5）	0.02	0.02	0.21	—	0.02
棕榈油酸（C16:1n-7）	2.43	2.84	2.77	0.58	2.76
油酸（C18:1n-9c）	27.90	25.00	24.40	27.60	24.60
二十碳一烯酸（C20:1n-9）	2.06	1.19	1.23	0.39	1.40
芥酸（C22:1n-9）	0.75	0.62	0.42	0.09	0.47
二十四碳一烯酸（C24:1n-9）	0.85	0.29	0.28	0.07	1.01
亚油酸（C18:2n-6c）	20.50	26.20	26.40	52.50	25.60
γ-亚麻酸（C18:3n-6）	0.12	—	—	—	—
α-亚麻酸（C18:3n-3）	1.31	2.80	2.68	0.71	2.64
二十碳二烯酸（C20:2n-6）	1.93	1.49	1.62	0.28	1.58
二十碳三烯酸（C20:3n-6）	0.15	0.08	0.09	0.02	0.08

续表

脂肪酸	新鲜	蒸制	微波	油炸	烤制
花生四烯酸（ARA）（C20：4n-6）	0. 55	0. 29	0. 30	0. 08	0. 27
二十碳三烯酸（C20：3n-3）	0. 40	0. 41	0. 40	0. 06	0. 46
二十碳五烯酸（EPA）（C20：5n-3）	0. 50	1. 03	1. 01	0. 25	0. 91
二十二碳二烯酸（C22：2n-6）	0. 38	0. 21	0. 23	0. 04	0. 27
二十二碳六烯酸（DHA）（C22：6n-3）	7. 38	4. 97	5. 44	1. 17	5. 11
饱和脂肪酸（SFA）总量	32. 74	32. 63	32. 81	16. 24	32. 71
单不饱和脂肪酸（MUFA）总量	34. 01	29. 96	29. 31	28. 72	30. 26
多不饱和脂肪酸（PUFA）总量	33. 22	37. 47	38. 17	55. 10	36. 92
不饱和脂肪酸（UFA）总量	67. 23	67. 43	67. 48	83. 82	67. 17
n-3 族比例（%）	9. 59	9. 21	9. 53	2. 19	9. 12
n-6 族比例（%）	23. 63	28. 26	28. 64	52. 91	27. 80
（n-6）/（n-3）	2. 46	3. 07	3. 00	24. 15	3. 05
EPA/DHA	0. 07	0. 21	0. 19	0. 21	0. 18
EPA+DHA	7. 88	6. 00	6. 45	1. 42	6. 02

注：—表示未检出。

表 3　不同热加工方式下卵形鲳鲹肌肉挥发性成分组成

化合物名称	相对含量 /%				
	新鲜	蒸制	微波	油炸	烤制
烃类	7. 41	47. 04	35. 45	54. 86	56. 93
D-柠檬烯	0. 29	-	-	-	-
正十二烷	0. 57	3. 18	5. 39	6. 39	6. 78
环十二烷	-	-	-	0. 36	-
环十三烷	-	-	0. 51	-	-
十三烷	-	0. 67	0. 6	0. 34	0. 57
十四烷	0. 36	0. 59	0. 98	2. 79	1. 31
十五烷	-	3. 30	-	2. 89	2. 73
十六烷（鲸蜡烷）	-	0. 06	-	0. 08	1. 25
正十七烷	-	0. 23	-	-	0. 33
四十三烷	0. 12	-	-	-	-
2-甲基十一烷	-	-	0. 33	-	-
3-甲基十一烷	-	1. 13	-	-	2. 70
3-甲基十三烷	-	1. 30	1. 12	0. 90	1. 32

续表

化合物名称	相对含量 /%				
	新鲜	蒸制	微波	油炸	烤制
3-甲基十五烷	-	0.07	-	-	-
2-甲基十六烷	-	-	-	-	0.11
5-甲基十三烷	-	0.14	-	-	-
9-甲基十九烷	-	3.55	6.66	-	2.30
3-乙基辛烷	-	2.88	-	5.70	-
5-丁基壬烷	-	0.25	-	-	-
(2Z)-2-十二碳烯	-	-	-	2.28	-
1-十三烯	-	1.10	1.77	-	-
1-十四碳烯	-	0.16	-	-	0.57
7-十四碳烯	-	0.18	-	-	0.18
(*e*)-5-十四碳烯	-	-	-	0.21	0.18
十五烯	-	0.28	-	-	-
1-十六烯	-	-	-	-	1.84
正癸烯	-	-	-	-	1.50
2,6,10-三甲基十三烷	-	0.17	-	-	-
2,3,8-三甲基癸烷	-	-	7.23	-	-
2,7,10-三甲基十二烷	-	-	-	-	3.21
苯乙烯	3.63	-	1.27	-	0.33
环辛四烯	-	-	-	1.32	1.15
α-甲基苯乙烯	1.36	-	-	-	-
2,3-二甲基-1-戊烯	-	-	-	-	0.49
顺-菖蒲烯	-	0.16	-	-	-
反-菖蒲烯	-	-	-	0.16	-
降植烷;2,6,10,14-四甲基十五烷	-	0.90	1.46	0.60	-
1-乙基-2-戊基环丙烷	0.44	-	-	-	-
(3E)-3-乙基己-1,3-二烯	0.14	-	-	-	-
3,5,5-三甲基-2-己烯	0.34	-	-	-	-
6,9-二甲基十四烷	0.16	-	-	-	-
1,1,4,5-四乙基环己烷	-	-	-	-	0.17
1-乙炔基环己烯	-	0.78	-	-	-
蒎烯	-	0.28	-	-	0.28
3,7-二甲基-壬烷	-	-	-	5.21	4.38
壬基苯环戊烷	-	-	-	0.32	-

续表

化合物名称	相对含量/%				
	新鲜	蒸制	微波	油炸	烤制
2,2,4,4-四甲基辛烷	-	12.89	-	8.82	13.41
植烷	-	5.67	0.43	1.43	2.12
癸基-环戊烷	-	-	0.64	-	0.45
3,8-二甲基癸烷	-	0.45	-	5.77	-
2,6-二甲基辛烷	-	2.92	7.05	7.54	7.27
异松油烯[1-甲基-4-(1-甲基亚乙基)环己烯]	-	1.26	-	-	-
四氢二环戊二烯	-	2.47	-	1.73	-
醛类	42.62	27.12	23.39	17.79	16.35
异戊醛	1.39	-	-	-	-
戊醛	0.29	-	-	-	-
己醛	26.66	18.52	12.26	5.13	4.52
庚醛	0.64	4.92	5.12	2.65	1.61
辛醛	1.83	-	-	-	-
(*E*)-2-庚烯醛	0.41	-	-	-	-
(*Z*)-2-庚烯醛	-	0.60	-	-	-
壬醛	8.25	3.07	2.83	3.35	3.87
反-2-十二烯醛	0.21	-	-	-	1.62
正癸醛	1.57	-	1.30	-	-
安息香醛(苯甲醛)	1.14	-	1.87	4.73	2.47
苯乙醛	-	-	-	1.94	2.27
反式-2-壬烯醛	0.23	-	-	-	-
醇类	9.68	3.27	0.82	0	2.16
正丁醇	0.65	-	-	-	-
1-戊烯-3-醇	0.67	-	-	-	-
2-甲基-1-丁硫醇	-	-	-	-	1.25
1-己醇	0.33	-	-	-	-
1-己烯-3-醇	0.69	-	-	-	-
2-庚炔-1-醇	-	-	0.28	-	-
1-辛烯-3-醇	-	1.38	-	-	-
2-乙基-4-甲基戊醇	-	1.88	-	-	-
2-乙基己醇	4.90	-	-	-	-
正辛醇	1.05	-	-	-	-

续表

化合物名称	相对含量 /%				
	新鲜	蒸制	微波	油炸	烤制
(+/-) - 薄荷醇	0. 39	–	–	–	–
苯乙醇	0. 32	–	–	–	–
3,6- 二甲氧基 -9- (2- 苯基乙炔基)氟 -9- 醇	–	–	–	–	0. 11
4- 二羟基苯基乙二醇	–	–	–	–	0. 80
1- 十二(烷)醇;月桂醇	0. 12	–	–	–	–
2- 十六醇	0. 21	–	–	–	–
10 甲氧基 --17 醇	–	–	0. 54	–	–
苯氧乙醇	0. 35	–	–	–	–
酮类	0. 73	3. 88	4. 72	0. 44	0. 59
1- 己烯 -3- 酮	–	2. 46	–	–	–
1- (3- 乙酰基 -5- 甲基 -1H- 吡唑 -1- 基) -2- 丙酮	–	–	–	0. 44	–
甲基庚烯酮	0. 43	–	–	–	–
2,3- 辛二酮	–	1. 42	–	–	0. 59
苯乙酮	0. 30	–	–	–	–
8- (三氟甲基) 1,3- 二硫基 [4, 5-b] [1,3] 二硫代 -[4-5-E] 吡啶 -2-6- 二酮	–	–	0. 39	–	–
1- 环己基 -2- 丙酮	–	–	0. 80	–	–
4',5,6,7- 四甲氧基黄酮	–	–	3. 52	–	–
芳香类	5. 48	9. 62	14. 34	4. 62	6. 97
甲苯	1. 64	0. 66	0. 71	0. 31	0. 42
邻 - 异丙基苯	0. 14	2. 16	–	–	2. 54
异丙基苯	–	0. 38	–	–	–
(2- 甲基辛基) - 苯	1. 41	–	–	–	–
愈创木酚	0. 56	–	–	–	–
1- 亚甲基 -1H- 茚	–	0. 59	–	–	–
萘	–	–	1. 06	–	–
1- 甲基 -3- (1- 甲基乙基)苯	–	–	3. 16	–	–
1,2- 二甲基 -2,3- 二氢 -1H- 茚	–	0. 2	–	–	–
1- 甲基萘	–	0. 17	–	–	–
6- 叔丁基间甲酚	–	0. 11	–	–	–
邻二甲苯	–	1. 26	–	–	–

续表

化合物名称	相对含量 /%				
	新鲜	蒸制	微波	油炸	烤制
间二甲苯	–	–	1. 69	1. 21	0. 98
2,6- 二叔丁基对甲酚(BHT) *	1. 34	4. 10	7. 73	3. 11	3. 02
2,4- 二叔丁基酚	0. 23	–	–	–	–
4- 异丙基苯酚	0. 16	–	–	–	–
酯类	10. 46	4. 95	0. 42	0. 85	6. 21
碳酸,2,2,2- 三氯乙基 -2- 乙基己基酯	–	0. 64	–	–	–
十一烷基 -10- 炔酸十一酸酯	–	0. 74	–	–	–
2- 乙基十二酸甲酯	–	1. 66	–	–	–
三氯乙酸十二烷基酯	–	0. 33	–	–	–
亚硫酸丁基癸酯	–	0. 33	–	–	–
癸酸乙酯	–	0. 11	–	0. 15	–
邻苯二甲酸二丁酯	–	0. 06	–	–	–
草酸 -6- 乙基 -3- 基己基酯	–	–	–	0. 22	–
草酸,6- 乙基辛 -3- 庚基酯	–	–	–	–	0. 94
亚硫酸,2- 丙基十三烷基酯	–	–	0. 42	–	–
亚硫酸壬基戊酯	–	–	–	–	0. 17
十一烷基乙烯基碳酸酯	–	–	–	–	0. 25
1,2- 苯二甲酸丁基 -2- 甲基丙酯	–	–	–	0. 47	–
1,2- 二甲基丙酸十六烷基酯	–	–	–	–	0. 83
环戊基十一酸甲酯	–	0. 79	–	–	–
己酸甲酯	–	0. 29	–	–	0. 44
辛酸甲酯	–	–	–	–	2. 87
苯酸甲酯	0. 10	–	–	–	–
癸酸甲酯	–	–	–	–	0. 17
硅烷二醇二甲酯	8. 54	–	–	–	–
十四酸乙酯	0. 26	–	–	–	–
己二酸二丁酯	0. 48	–	–	–	–
邻苯二甲酸异丁基壬酯	–	–	–	–	0. 52
十六酸乙酯	0. 83	–	–	–	–
水杨酸 -2- 乙基己基酯	0. 25	–	–	–	–
酸类	1. 60	2. 62	9. 23	3. 26	3. 40
乙酸(醋酸)	0. 75	–	–	–	–

续表

化合物名称	相对含量 /%				
	新鲜	蒸制	微波	油炸	烤制
己酸	0.29	-	-	-	-
辛酸	0.21	-	-	-	-
正壬酸	0.16	-	-	-	-
苯甲酸(安息香酸)	0.19	-	-	-	-
十三烷基酯二氯乙酸	-	0.28	-	-	-
膦乙酸	-	2.09	8.24	3.26	2.60
2,5-二羟基苯甲酸	-	0.25	1.00	-	-
3-氯代癸酯丙酸	-	-	-	-	0.25
二(6-乙基-3-基)酯草酸	-	-	-	-	0.55
醚类	15.50	0.26	-	0.12	3.75
二十烷基壬基醚	-	0.21	-	0.12	-
十六烷基壬基醚	-	0.06	-	-	-
二(对叔丁基苯基)醚	-	-	-	-	3.75
丙二醇甲醚	13.76	-	-	-	-
乙二醇单丁醚	1.04	-	-	-	-
二辛醚	0.70	-	-	-	-
含氮类	6.54	1.26	11.64	18.08	3.66
吡啶	2.01	-	6.99	-	-
甲氧基-苯基-肟	4.25	-	-	-	-
4-十八烷基吗啉	0.28	-	-	-	-
2-[2-噻吩基]-4-乙酰基喹啉	-	0.67	-	-	-
4-(二甲基氨基)-1,2′-联萘-1′,4′-二酮	-	0.59	-	-	-
2,3,5-三甲基吡嗪	-	-	-	2.77	-
苯甲曲秦	-	-	-	3.08	-
2-氨基-4-羟基-6-苯乙基蝶啶	-	-	-	3.35	-
2-乙基-3,5-二甲基吡嗪	-	-	-	0.95	0.77
2,5-二甲基吡嗪	-	-	-	-	1.86
2-乙基-6-甲基吡嗪	-	-	-	-	0.68
2-乙基-3,6-二甲基吡嗪	-	-	-	0.45	-
2-苯并唑啉酮	-	-	-	2.08	-
2-氯-4-(4-甲氧基苯基)-6(4-硝基苯基)嘧啶	-	-	0.93	1.74	-

续表

化合物名称	相对含量 /%				
	新鲜	蒸制	微波	油炸	烤制
6-氯-4-苯基-2-丙基喹啉	-	-	-	0.44	-
1（4-乙氧基苯基）-苯并咪唑-5-胺	-	-	3.73	1.62	0.35
5,6-二甲氧基-2-（3,5-二甲氧基苯基）-3-甲基-1H-吲哚	-	-	-	1.59	-

2 大黄鱼腌制加工新技术

2.1 不同食盐含量对大黄鱼鱼肉的影响

腌制过程中由图 5 可见，随着大黄鱼鱼肉中食盐含量的不断增加，盐溶性蛋白含量不断减少，而总巯基含量先略微上升，再不断下降，总氮含量呈现先上升、后下降的趋势，而非蛋白氮及蛋白质水解指数呈现先下降、后上升的趋势，说明食盐含量对鱼肉蛋白质的影响较明显。随着鱼肉中食盐含量的不断增加，鱼肉的硬度和弹性呈现逐步上升的趋势，而咀嚼性呈现先下降、后上升的趋势，说明食盐含量对鱼肉的质构品质的影响较明显。鱼肉的 pH 随着鱼肉食盐含量的增加而降低。鱼肉中食盐含量对风味的影响较大。随着鱼肉含盐量的不断增加，大黄鱼鱼肉的挥发性风味成分先逐渐向烃类转化，再不断转化为给予腌制品特殊风味的醇类、醛类、酮类等物质。随着鱼肉含盐量越来越高，这 3 类物质的总占比越来越大(表 4)。

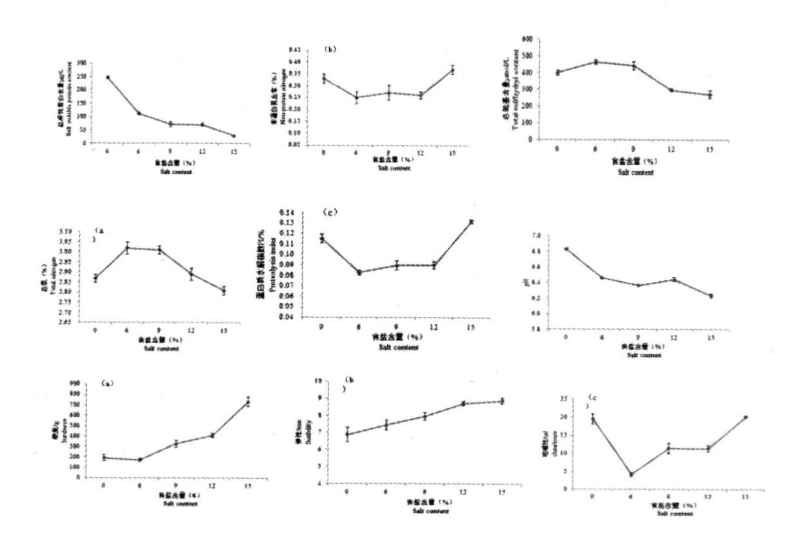

图 5 不同食盐含量对养殖大黄鱼肌肉蛋白和质构的影响

表4 不同食盐含量的鱼肉中挥发性风味成分种类及相对含量的比较

风味成分种类		样品含盐量 /%				
		0	6	9	12	15
醇类	种类数量	11	9	13	9	11
	相对含量 /%	32.02	6.51	10.16	24.81	28.67
醛类	种类数量	7	8	10	5	11
	相对含量 /%	19.31	5.53	8.76	18.18	29.28
酮类	种类数量	3	4	6	5	8
	相对含量 /%	8.14	3.75	5.06	14.12	16.69
酯类	种类数量	1	0	6	0	2
	相对含量 /%	0.94	0	1.25	0	5.80
烃类	种类数量	9	12	13	11	9
	相对含量 /%	32.56	81.27	68.86	29.76	9.64
含氮类	种类数量	4	0	0	1	1
	相对含量 /%	5.75	0	0	0.53	0.47
含硫类	种类数量	0	0	0	0	1
	相对含量 /%	0	0	0	0	0.05
芳香类	种类数量	10	7	13	11	10
	相对含量 /%	3.92	2.81	5.09	12.56	7.64
酸类	种类数量	3	2	3	1	4
	相对含量 /%	0.75	0.08	0.24	0.07	0.97
总计	种类数量	49	43	65	44	58
	相对含量 /%	100.50	99.95	99.42	100.00	99.21

2.2 低钠复合咸味剂轻腌大黄鱼工艺技术

优化得到低钠复合咸味剂最佳配比:食盐3.52%、氯化钾3.09%、葡萄糖酸钠0.60%、酵母提取物(YE) 0.39%、壳聚糖1.48%。用低钠复合咸味剂腌制的大黄鱼片,其感官评分为80.33,口感和品质更佳;含盐量为2.95%,钠含量为124.47 mg每100 g,比对照组减少了32.63%,具有良好的减钠效果;菌落总数结果为3.361 g (CFU/g),比对照组降低了35.41% (表5)。因此,用该低钠复合咸味剂腌制大黄鱼,不仅能使腌制大黄鱼的食盐含量较低,钠离子含量较低,菌落总数低,且产品鲜度和品质得到较好地提升,从而为黄鱼鲞的加工提供新的工艺技术,以开发满足不同人群需求的大黄鱼腌制产品。

表 5　食盐腌制与低钠复合咸味剂轻腌大黄鱼的比较

组别	食盐添加量 /%	氯化钾添加量 /%	葡萄糖酸钠添加量 /%	YE 添加量 /%	壳聚糖添加量 /%	感官评分	含盐量(%)	钠含量(每 100 g)/(mg)
食盐组	7. 50	0	0	0	0	69. 50±1. 29	2. 80±0. 09	184. 76±2. 43
咸味剂组	3. 52	3. 09	0. 60	0. 39	1. 48	80. 33±1. 21	2. 95±0. 02	124. 47±2. 541

2. 3　低钠盐轻腌大黄鱼的包装和贮藏条件

无论采用哪种包装方式和贮藏条件，复配盐 B 组（氯化钠添加量为 3. 52%、氯化钾添加量为 3. 09%、葡萄糖酸钠添加量为 0. 60%、YE 添加量为 0. 30%、壳聚糖添加量为 1. 48%）腌制的大黄鱼品质均优于传统食盐腌制组（对照组）和复配盐 A 组（氯化钠添加量为 3. 52%、氯化钾添加量为 3. 09%、葡萄糖酸钠添加量为 0. 60%）。

对照组中气调包装的鱼片货架期在 4℃时为 10 d，在 -3℃时为 28 d；A 组中气调包装的鱼片货架期在 4℃时为 12 d，在 -3℃时为 40 d；B 组中气调包装的鱼片货架期在 4℃的是 16 d，在 -3℃时为 44 d。因此，使用复配盐 A 和复配盐 B 腌制的大黄鱼片采用气调包装后在两种温度下货架期均得到了延长，而复配盐 B 腌制的鱼片的外观、气味及色泽等感官评分在整个贮藏期间均处于较高水平，且 B 组气调包装鱼片的货架期得到大幅度延长。所以采用复配盐 B 腌制的低钠盐轻腌大黄鱼片使用气调包装后在 -3℃条件下贮藏时的保鲜效果最好，货架期最长（图 6、图 7）。

依据以上研究结果，建立了低钠盐轻腌大黄鱼气调保鲜产品加工技术和低钠盐腌制大黄鱼半干产品加工技术，开发了两种大黄鱼预调理食品，并依据不同口味，在此工艺技术中适当采用不同的调味配方，开发了香辣低盐大黄鱼产品、茄汁大黄鱼调理产品、酸菜大黄鱼调理产品、酒香低盐大黄鱼产品等系列风味大黄鱼产品技术。

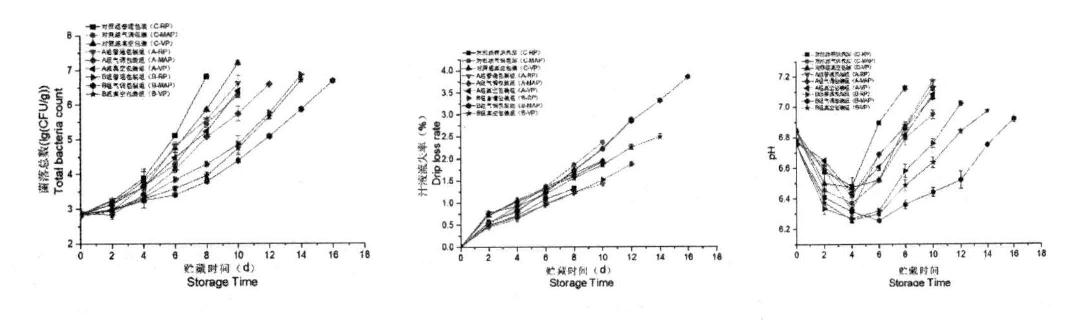

图 6　低钠盐大黄鱼片在 4 ℃贮藏过程中的品质变化

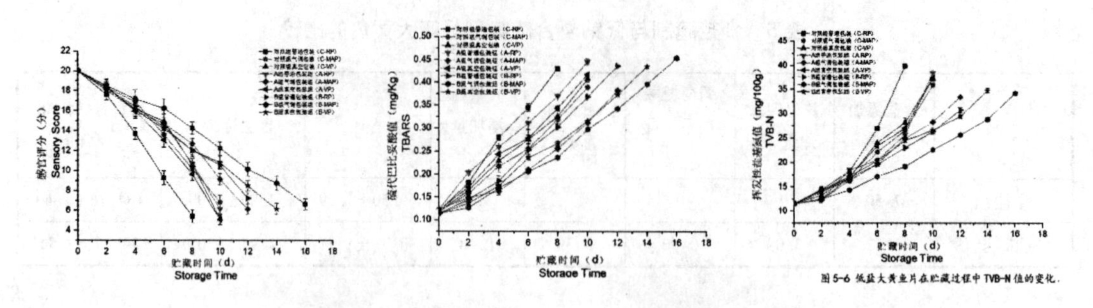

图 6　低钠盐大黄鱼片在 4 ℃贮藏过程中的品质变化（续）

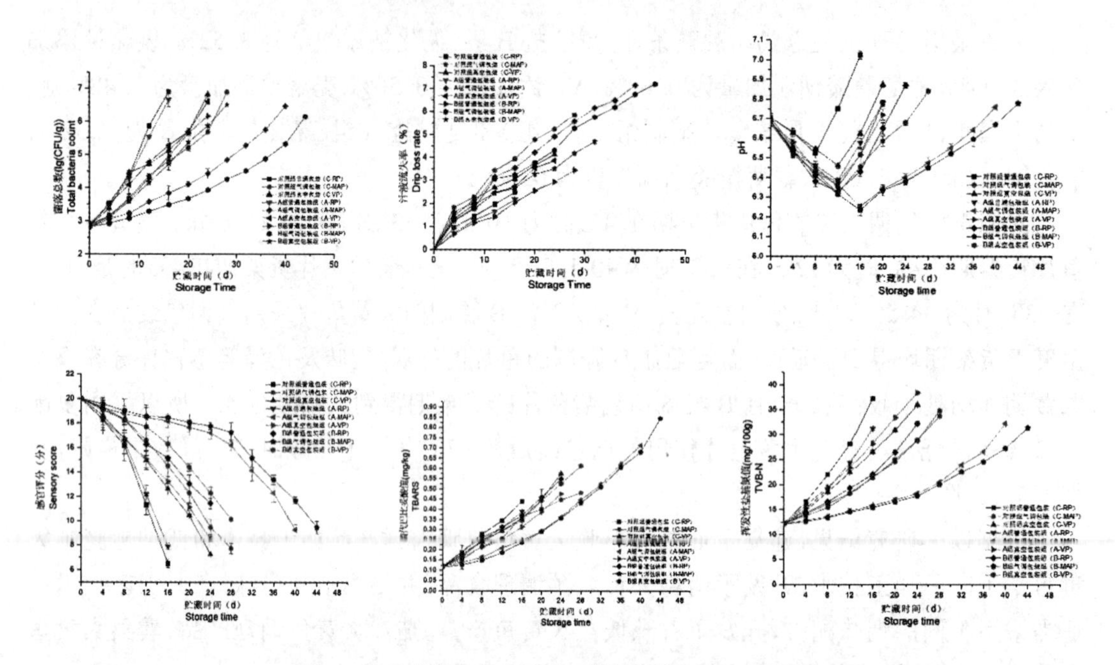

图 7　低盐大黄鱼片在 -3℃贮藏过程中的品质变化

3　优质海水鱼液体速冻加工关键技术

3.1　一种优质海水鱼液体速冻载冷剂

研究开发了速冻液的最佳配方：19.9% 乙醇、9.5% 低聚果糖、3% 柠檬酸、5% 氯化钙、10% 丙二醇（图 8）。该配方制备的速冻液的冻结点可达 -63.50℃，黏度为 4.64 mPa·s，具有冻结温度低、黏度小的特点，而且配方成本较低，操作方便，可应用于海水鱼等水产品及方便食品的快速冻结。

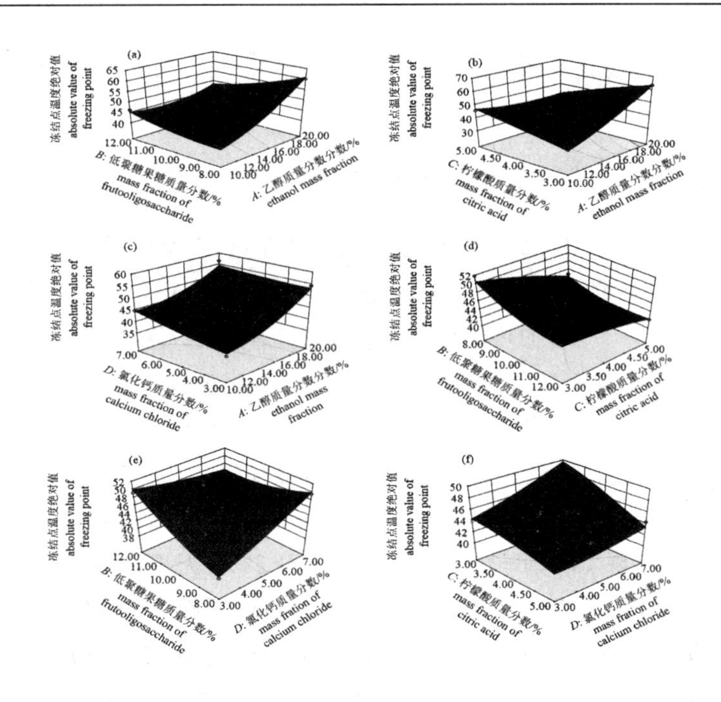

图 8 乙醇、柠檬酸、低聚果糖和氯化钙各因素交互作用对速冻液冻结点影响的响应面图

3.2 不冻液处理对石斑鱼在常温物流过程的品质和货架期的影响

鲜活石斑鱼采用不冻液处理，不仅可使鱼肉保持较好的品质，而且能明显延长常温流通货架期，物流时间可达到 80 h，该时间下其 TVB-N 达到 26.88 mg 每 100 g，K 为 47.965%，菌落数为 5.88lg(CFU/g)，鱼肉肌肉纤维结构完整，接近新鲜鱼肉，感官评价好，货架期比静止空气冻结组延长 10h，比无冻对照组延长 30h（图 9）。采用不冻液处理石斑鱼提高了生产效率，为常温直销物流模式提供技术和理论支撑，为养殖鱼类的销售流通提供新的模式，也为鱼类等水产品的保质保鲜技术提供依据，进一步拓展了石斑鱼市场，促进了产地到家庭的安全、简便的直销模式的发展。

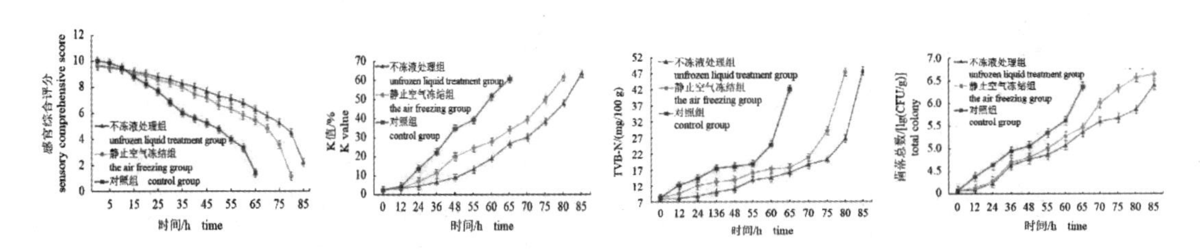

图 9 不冻液处理石斑鱼在常温直销物流过程中的感官评分、K、TVB-N、细菌总数的变化

4 海鲈鱼糜加工技术

4.1 海鲈鱼糜加工及凝胶形成过程中蛋白质的变化机制

海鲈鱼糜的凝胶强度456.93 g•cm，显著高于黄花鱼、金鲳鱼、红三鱼，并且具有相对较好的硬度和弹性。在海鲈鱼糜加工过程中，漂洗可调节鱼糜pH使其接近中性，斩拌和低温加热使pH降低，40 ℃和90 ℃加热对鱼糜含水量无显著影响。漂洗可有效抑制蛋白质降解，使TCA-可溶性肽下降83%，斩拌对TCA-可溶性肽、溶解度和巯基无显著影响（$P > 0.05$）。40 ℃加热时，由于组织蛋白酶的作用，TCA-可溶性肽含量升高68%（图10）。离子键和氢键含量在整个过程中呈持续下降趋势，加热后显著减少（$P < 0.05$）。疏水相互作用和二硫键含量呈上升趋势，均在90 ℃加热后含量最大。非二硫共价键在40 ℃加热时最大。漂洗后β-折叠结构含量下降13%，β-转角结构含量上升39%，无规则卷曲和α-螺旋变化不显著（$P > 0.05$），斩拌对β-折叠、β-转角、无规则卷曲和α-螺旋均影响显著（表6）。40℃加热，α-螺旋解旋、β-折叠含量上升8%；90℃加热，β-转角含量上升36%（$P < 0.05$），无规则卷曲含量变化不显著。经相关性分析，蛋白质间化学键与α-螺旋和β-转角显著相关，与β-折叠和无规则卷曲无明显相关性（表7）。

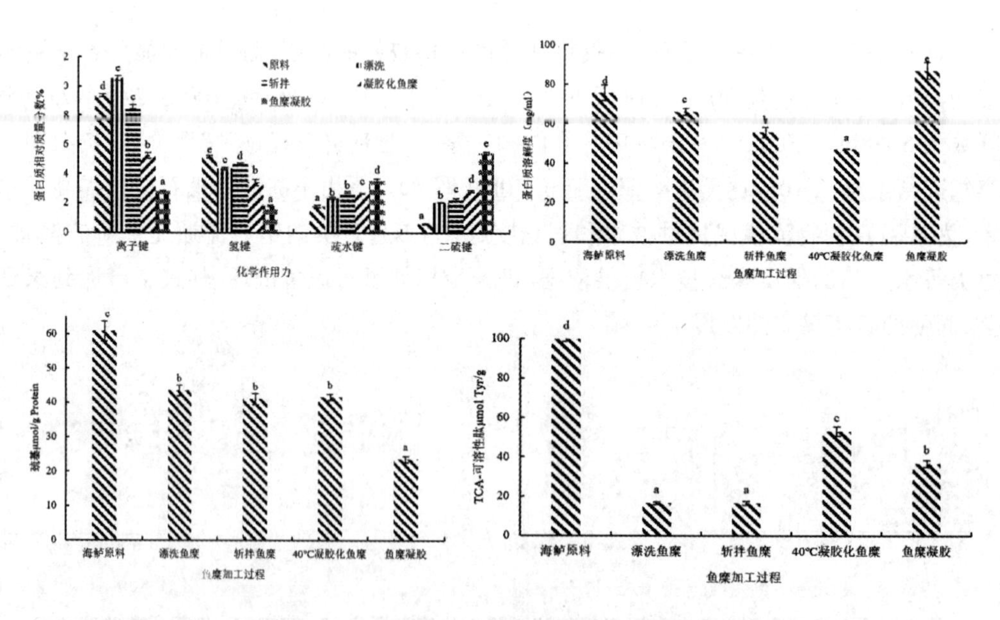

图10 鱼糜加工及凝胶过程中化学作用力、蛋白质溶解度、巯基含量、TCA-可溶性肽的变化

表 6　鱼糜加工及凝胶过程中蛋白质二级结构的变化

样品	β- 折叠	无规则卷曲	α- 螺旋	β- 转角
海鲈原料	43. 22±1. 44b	25. 93±1. 99ab	18. 51±1. 54a	12. 33±2. 11a
漂洗鱼糜	37. 40±2. 47a	24. 04±2. 38a	18. 31±2. 54a	20. 25±2. 46c
斩拌鱼糜	39. 11±1. 52ab	27. 92±2. 20b	16. 57±1. 44a	15. 06±0. 67ab
凝胶化鱼糜	42. 71±4. 20b	24. 41±0. 60a	16. 81±2. 08a	16. 05±2. 22b
鱼糜凝胶	37. 29±0. 95a	23. 95±0. 65a	15. 41±0. 96a	25. 14±0. 93d

注：不同小写字母表示同列之间差异显著（$P < 0.05$）。

表 7　鱼糜加工及凝胶过程中理化指标相关性分析

项目	离子键	氢键	疏水键	二硫键	巯基	溶解度	水解度	β- 折叠	无规则卷曲	α- 螺旋	β- 转角
离子键	1	0. 910**	-0. 807**	-0. 863**	0. 745**	-0. 259	0. 012	0. 087	0. 295	0. 545*	-0. 547*
氢键		1	-0. 887**	-0. 968**	0. 894**	-0. 385	0. 271	0. 328	0. 435	0. 54*	-0. 797**
疏水键			1	0. 966**	-0. 974**	0. 182	-0. 550*	-0. 467	-0. 233	-0. 620*	0. 764**
二硫键				1	-0. 967**	0. 345	-0. 432	-0. 455	-0. 354	-0. 562*	0. 827**
巯基					1	-0. 202	0. 635*	0. 544*	0. 282	0. 534*	-0. 810**
溶解度						1	0. 295	-0. 215	-0. 317	-0. 065	0. 482
水解度							1	0. 641*	-0. 001	0. 244	-0. 497
β- 折叠								1	0. 044	-0. 181	-0. 659*
无规则卷曲									1	0. 197	-0. 525*
α- 螺旋										1	-0. 39
β- 转角											1

注：* 表示显著相关（$P < 0.05$）；** 表示极显著相关（$P < 0.01$）。

4. 2　漂洗和斩拌对海鲈肌球蛋白理化特性的影响

海鲈鱼糜漂洗后肌球蛋白总巯基含量降低 19. 5%，活性巯基含量升高 63. 9%，而斩拌鱼糜后肌球蛋白总巯基和活性巯基的含量相比漂洗鱼糜分别降低 22. 6% 和 66. 8%，漂洗鱼糜的肌球蛋白变性程度最大。肌球蛋白浊度和表面疏水性在漂洗和斩拌后均增大，漂洗对表面疏水性影响更大，斩拌对浊度影响更大（图 11）。红外光谱显示漂洗对二级结构影响更明显。原料经过漂洗后，α- 螺旋含量降低了 33. 16%，无规则卷曲含量增加了 79. 42%，β- 折叠和 β- 转角含量分别增加 1. 11% 和 10. 38%。斩拌后，鱼糜肌球蛋白二级结构变化率较低。漂洗和斩拌都可改变肌球蛋白的表面形貌，使肌球蛋白聚集簇明显减小，聚集高度增加（图 12）。因此，漂洗和斩拌对肌球蛋白的基本理化性质以及变性和聚集有很大影响，是鱼糜加工过程中重要的前处理过程。

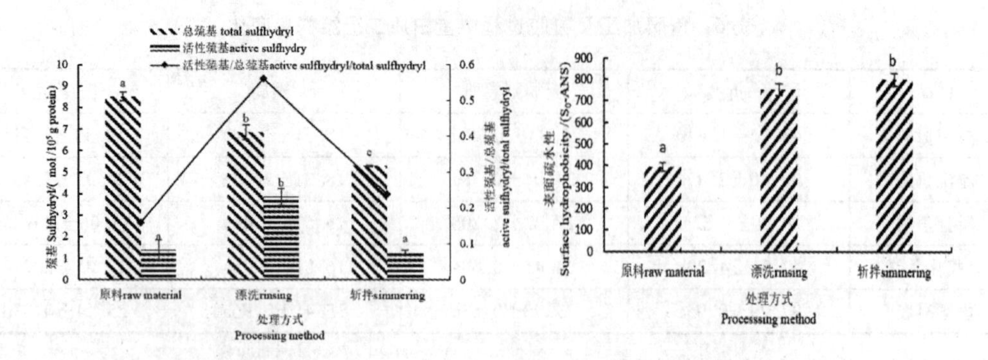

图 11　漂洗和斩拌对肌球蛋白巯基、表面疏水性的影响

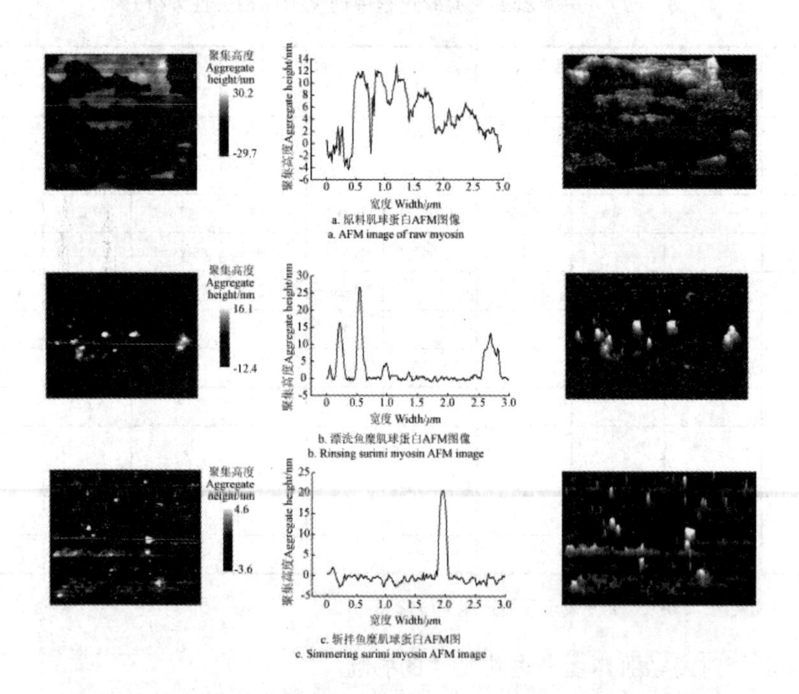

注：从左到右依次为：2D 图、左图沿线中相应的截面分析、3D 图。

图 12　不同条件处理的肌球蛋白 AFM 图像

5　冰藏对海鲈品质的影响

随着冰藏时间的延长，海鲈鱼肉色泽的亮度值($L*$)与红度值($a*$)显著降低($P < 0.05$)，黄度值($b*$)黄蓝值与红度值相比变化不明显(表 8)。贮藏后期海鲈鱼肉的硬度、内聚性、弹性、胶着性和咀嚼性指标均显著降低($P < 0.05$)。由图 13 可见，新鲜海鲈鱼肉的 TVB-N 值为 0. 91 mg/100 g，4 d 时 TVB-N 小于 15 mg/100 g，20 d 已超过鲜度标准 30 mg 每 100 g；贮存后期 TBA 值显著升高，冰藏海鲈鱼第 8 天的样品 K 值超过 20% 的鲜度标准，第 20 天

超过 60% 的鲜度标准，已不可加工食用。冰藏 4 d 时新鲜度仍处于良好状态，12 d 时鱼片发黏，16 d 时感官评分低于 8 分且鱼肉出现腐臭氨味，表明品质发生明显劣变。海鲈结构蛋白占比：肌原纤维蛋白 54%、肌浆蛋白 38%、碱溶性蛋白 7%。肌原纤维蛋白含量随贮藏时间的延长显著降低（$P < 0.05$），贮藏后期肌原纤维蛋白含量下降了 56%，肌浆蛋白含量下降了 49%。贮存 4 d 后肌浆蛋白与碱溶性蛋白含量整体呈下降趋势但均无显著变化（$P > 0.05$）。图 14 显示肌原纤维蛋白的相对分子质量集中在（11～200）×10^3，主要的蛋白成分有肌球蛋白重链（200×10^3）、肌动蛋白（45×10^3）、原肌球蛋白（35×10^3）肌球蛋白轻链（15×10^3）。冰藏过程中原肌球蛋白与肌球蛋白轻链含量明显增加。冰藏 16 d 后 90 kDa 的蛋白条带 I 消失，可能被完全降解。另外，30×10^3 左右出现一条新条带，这说明冰藏后期大分子蛋白降解形成新的蛋白质 / 亚基条带。冰藏 0～4 d，巯基含量略微下降；冰藏 8 d，巯基含量增加；而后含量呈下降趋势。羰基含量不断增加，特别是 12 d 后迅速增加，达到 1. 4 nmol/mg。

表 8　冰藏过程中海鲈鱼片色差值的变化

	0d	4d	8d	12d	16d	20d
L^*	57. 92±0. 66[a]	52. 34±2. 89[bc]	50. 47±1. 01[bc]	49. 77±1. 21[bc]	48. 03±0. 46[c]	46. 62±1. 54[c]
a^*	-4. 34±0. 39[a]	-4. 61±0. 63[ab]	-4. 58±0. 05[ab]	-4. 75±0. 15[ab]	-5. 21±0. 06[b]	-5. 21±0. 08[b]
b^*	2. 52±0. 13[a]	2. 61±1. 68[a]	2. 57±0. 69[a]	3. 62±0. 27[a]	4. 07±0. 09[a]	4. 65±0. 40[a]
白度	57. 62±0. 60[a]	52. 03±2. 72[a]	50. 19±0. 97[a]	49. 42±1. 24[a]	47. 67±0. 46[a]	46. 16±1. 56[a]

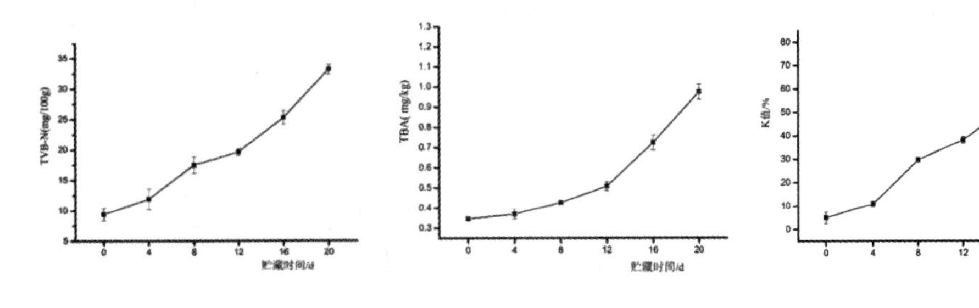

图 13　冰藏过程中海鲈鱼肉 TVB-N、TBA、*K*、感官评分、蛋白质的变化

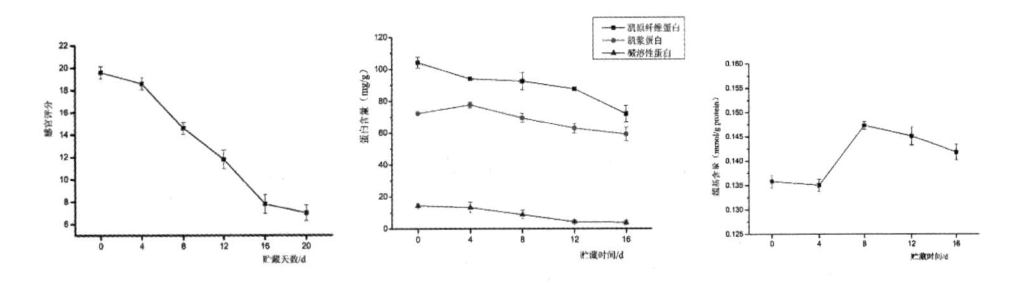

图 13　冰藏过程中海鲈鱼肉 TVB-N、TBA、*K*、感官评分、蛋白质的变化续

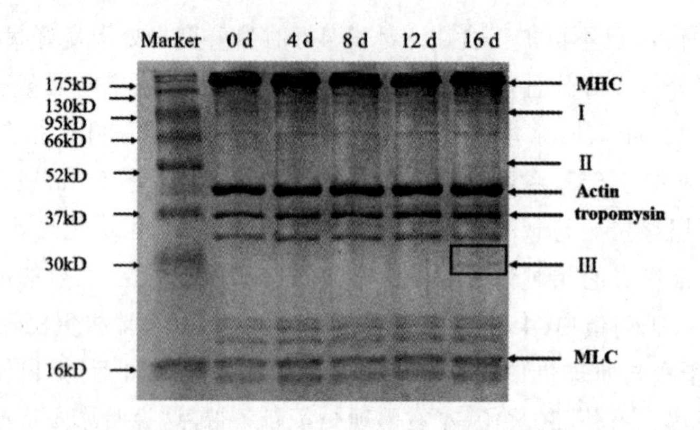

图 14　冰藏过程中海鲈肌原纤维蛋白 SDS-PAGE 电泳图

6　传统鱼露发酵过程代谢产物基本变化特征

从传统鱼露样品中总共提取了 22 816 个特征离子,总共筛选出 46 种对传统鱼露的品质和风味形成具有重要作用的差异代谢产物,主要包含氨基酸、短肽、有机酸、碳水化合物、胺类和核酸(图 15)。传统鱼露发酵过程中可能涉及 40 种差异代谢途径,涵盖 23 种特定代谢产物,大多数差异代谢产物属于氨基酸代谢途径,其中精氨酸和脯氨酸代谢相关的特定代谢产物改变最为显著(图 16)。该研究确定了氨基酸、短肽有机酸:碳水化合物、胺类核酸等化学成分,并对发酵引起的鱼露的口味质量提供了新颖的见解为下一步研究建立生物法加工鱼露新技术奠定基础。

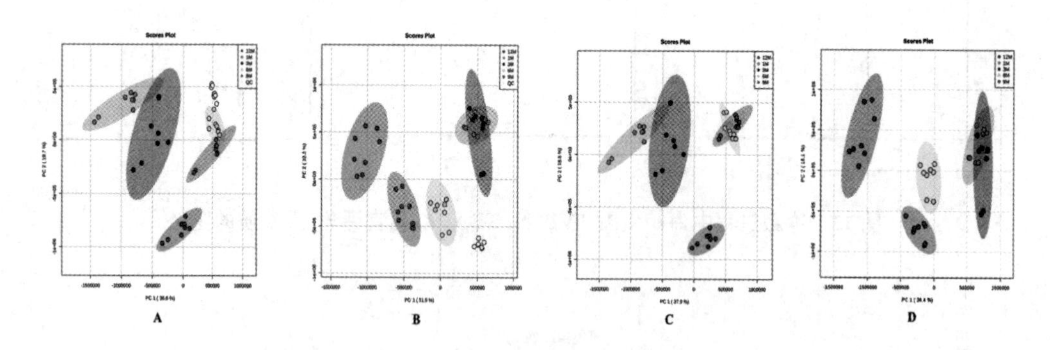

图 15　不同发酵时间点的传统鱼露样品的 PCA 得分图

A: 正离子模式下含有 QC 样品的 PCA 得分图

B: 负离子模式下含有 QC 样品的 PCA 得分图

C: 正离子模式下的 PCA 得分图

D: 负离子模式下的 PCA 得分图

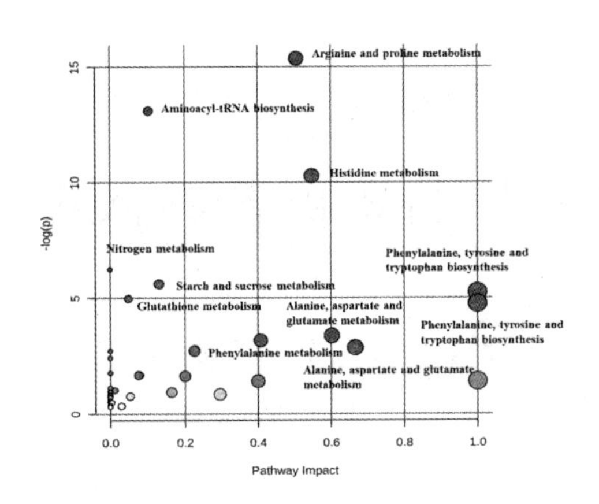

图 16 传统鱼露发酵过程影响较大的代谢和生物合成途径分析

（圆圈的尺寸越大并且颜色越深，对相应路径的影响越大）

（岗位科学家 吴燕燕）

质量安全与品质评价技术研发进展

质量安全与品质评价岗位

1 开发鱼类质量安全现场无损检测技术

研究以便携式近红外光谱仪为硬件支持,以云龙石斑鱼为研究对象,通过探究破坏性样本和整鱼样本对建模结果的影响,采用传统的偏最小二乘算法(PLS)和偏最小二乘法结合支持向量机回归(PLS-SVM)对比建模,建立了一种准确度较高、应用范围较广的石斑鱼新鲜度近红外光谱快速无损检测技术。将此模型应用于石斑鱼的其他品种,老虎斑和青石斑鱼,验证了该模型的通用性。老虎斑样本的 K 值预测结果:$R=0.8893$、RMSE=5.8475,菌落总数预测结果:$R=0.9408$、RMSE=0.5838;青石斑鱼样本的 K 值预测结果:$R=0.9482$,RMSE=5.2966;菌落总数预测结果:$R=0.9639$,RMSE=0.4867。这一结果表明此检测方法在石斑鱼不同品种间的通用性良好。通过实验证明以整鱼样本建立鱼类新鲜度近红外光谱检测技术的可行性,引入 PLS-SVM 算法提高模型的预测性能,真正建立了一种可以用于现场快速检测的鱼类新鲜度近红外无损检测方法。这一方法的建立不仅推动了鱼类新鲜度快速检测方法的研究进程,同时将近红外光谱技术在水产品新鲜度检测领域落到石斑鱼实际应用。见图 1、图 2。

图 1 石斑鱼检测区域

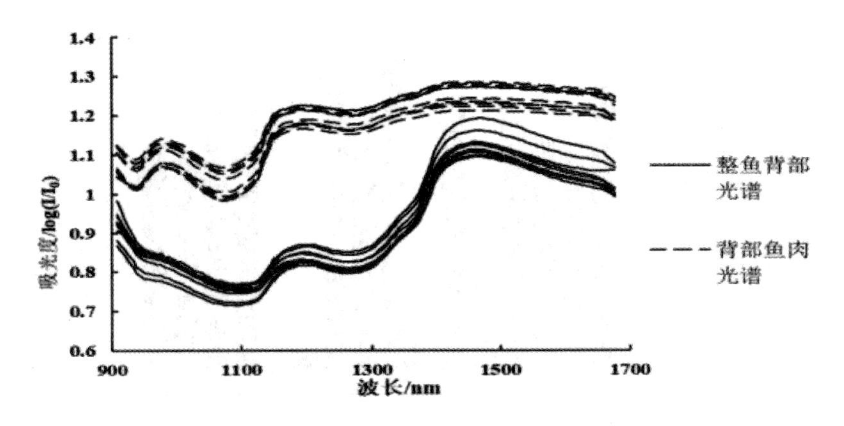

图 2　整鱼背部样本光谱和背部鱼肉样本光谱

2　建立快速检测技术，实现对典型药物的特异性识别

利用三甲基硅基三氟甲烷磺酸盐（TMSOTf）催化氰胺水解反应合成了一种新型的高效氯氟氰菊酯半抗原（图 3，a）。载体蛋白被琥珀酸酐活化，琥珀酸酐不仅提供了较少受阻的额外羧基端，并减弱了天然氨基的竞争性偶联。然后模拟半抗原的构象，并确认其显著的结构相似性（图 3，b）。

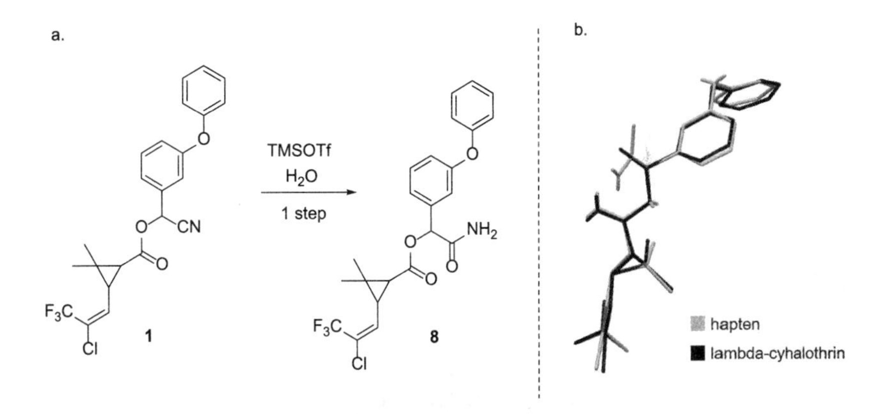

图 3　a：TMSOTf 催化氰化水解反应合成半抗原　b：高效氯氟氰菊酯和半抗原 8 的计算模拟

用活化的载体蛋白与该半抗原偶联产生完全抗原，免疫 16 只雌性 BALB/c 小鼠产生抗体。经过 5 轮免疫后，16 种抗血清的效价均超过 20 万，其中 12 只在 1 mg/kg 的高效氯氟氰菊酯存在下抑制率超过 30%（图 4）。

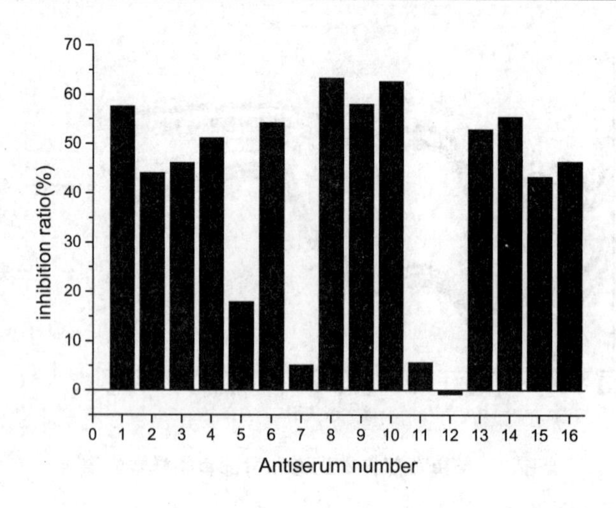

图4　16只抗血清对1 mg/kg的氟氯氰菊酯的抑制率

通过ic-ELISA绘制标准的抑制曲线(图5)。IC50值大约为50μg/L和最低检测极限(LOD)(IC10)大约10μg/L。在世界上许多地区,食物中高效氯氟氰菊酯的最大残留限量范围在50μg/kg～15mg/kg之间,这高于免疫测定的LOD值。且抗体对其他拟除虫菊酯无明显交叉反应。因此,如果对不同的样品进行有效的预处理,制备的抗体对高效氯氟氰菊酯的灵敏度是令人满意的。

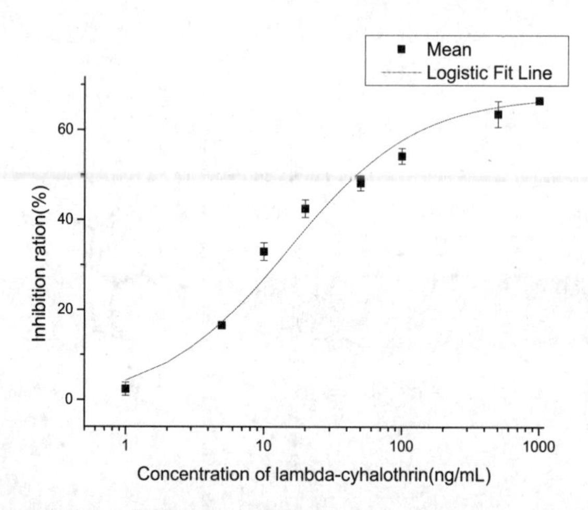

图5　优化后的高效氯氟氰菊酯酶联免疫吸附试验标准曲线
(包被抗原浓度5μg/L;抗体稀释1/100000;羊抗鼠二抗稀释,1/5000;pH为7.0)

3　推广快速检测方法并集成检测装置

针对海水鱼养殖中可能存在的呋喃唑酮代谢物药物残留,结合现有的胶体金免疫层析快速检测技术,研究开发适用于养殖现场的前处理方法,方便了药物残留的现场快速检测,该快速检测技术不需要大型仪器设备,所有仪器均可装在检测箱(图6)内随身携带,为养殖户自查自检提供了实用技术。

该检测技术主要针对呋喃唑酮代谢物残留。将大菱鲆、牙鲆、半滑舌鳎、鲈鱼、大黄花等海水鱼经斩切均质后，称取 0.6 g±0.01 g 均质样本于 2 mL 离心管中，添加 0.6 mL 的 1 号试剂，80 μL 的 2 号试剂，振荡器振荡或手动剧烈摇晃 4 min，放在 90℃水中加热 10 分钟，冷却至室温后加入 43 μL 的 3 号试剂，剧烈振荡使样品充分混匀，加入 300 μL 的 4 号试剂，充分混匀后加入 300 μL 的 4 号试剂再次混匀，离心 2 分钟，然后取 450 μL 最上层澄清液体于 2 mL 离心管中，60℃吹干，向离心管加入 500 μL 的 5 号试剂，180 μL 的 6 号试剂，充分混匀，然后离心 1 分钟至液体明显分层，从下层溶液中吸取 100 μL 滴到金标微孔中，完全溶解金标微孔底部紫红色物质后，吸取红色溶液到加样孔中，在 5～8 分钟内对检测结果进行判读（图 7）。该技术检测灵敏度达到 0.5 μg/kg，低于国家标准规定的 1.0 μg/kg。该技术已经集成形成现场快速检测箱，具备在体系各试验站、养殖基地的推广应用条件。

图 6　呋喃唑酮代谢物快速检测箱

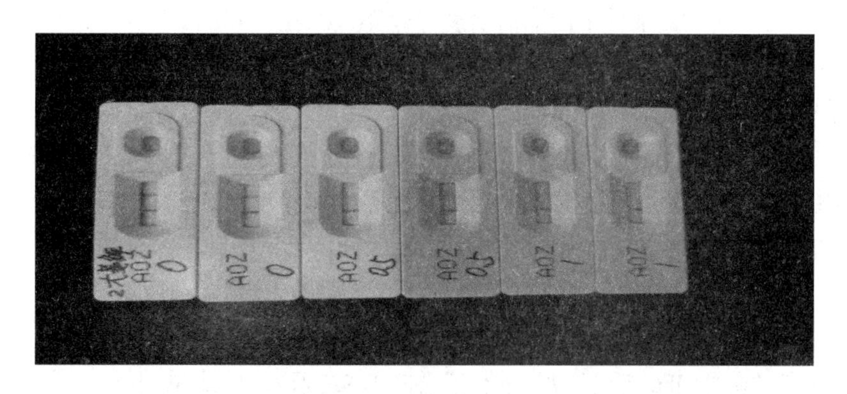

图 7　不同样本呋喃唑酮代谢物胶体金快速检测卡显色情况

4　完善常见海水鱼类安全与营养数据库建设

针对 9 种海水鱼（牙鲆、大菱鲆、半滑舌鳎、大黄鱼、海鲈鱼、河豚鱼，石斑鱼、卵形鲳鲹、军曹鱼）全面开展营养特征及分布特点的分析测定，比较常见的海水鱼营养、风味等质量指标，研究如何有效鉴别产品来源、物种真实性、品质与产地或养殖模式的相关性，搜集了国内外海水鱼类产品、主要危害因子、海水鱼营养与评价、质量安全追溯体系等相关信息，完成海水鱼类安全与营养信息数据库构建，数据量达到200余条。危害因子方面，在广东沿海有代表性地采集当地居民喜欢食用的鱼类、贝类13个品种，共81个样品，使用电感耦合等离子体质谱（ICP-MS）检测样品中Cd、Cr、Cu、Pb等重金属含量，同时对重金属污染的可能来源进行分析。主要是因为随着科技进步、工矿企业迅猛发展，海洋环境越来越受到重金属的污染，许多重要的海产品养殖区大多分布于近岸港湾和河口附近，这些水域也是陆源污染物和污水的主要收纳场所，导致了海水鱼可能出现的重金属污染。营养信息方面，对海鲈鱼和半滑舌鳎营养及活性成分进行补充。分别选取公司养殖、养殖场养殖、个体养殖户养殖、野生鱼、试验鱼等不同产地来源的海鲈鱼和半滑舌鳎，测定其粗蛋白、水分、粗脂肪、灰分、必需氨基酸总量、EPA+DHA（%）、可溶性/不可溶性胶原蛋白以及各种人体所需的微量元素含量。详细内容见海水鱼类安全与营养信息数据库。

5　冰温保鲜和冷藏保鲜对生食大西洋鲑品质影响的比较研究

探究了冰温保鲜（-2℃）对大西洋鲑品质变化的影响，并与常见贮藏条件4.0℃冷藏条件作比较，通过测定菌落总数、pH、挥发性盐基氮值、色差值，并进行感官评价，综合分析大西洋鲑在冰温保鲜和冷藏保鲜下的品质变化，以期获得一种操作简便、成本低廉的保鲜方式。

大西洋鲑在不同贮藏条件下的品质劣变速率不同。在4.0℃冷藏保鲜条件下，菌落总数值至第6d时达到生食临界值，K值在2d以内时处于一级鲜度、适合生食，感官评分至第6d时达到生食不可接受程度，所以，冷藏保鲜条件下生食大西洋鲑的货架期为2d。在-1.8℃冰温保鲜条件下，菌落总数值至第14d时仍然没有超过生食临界值，但K值至第5d时已经达到生食临界值，感官评分至第12d时达到生食不可接受程度，所以，冰温保鲜条件下大西洋鲑的保质期为5d。综合分析各评价指标，冰温保鲜显著地抑制了微生物的生长，对蛋白质降解有一定的延缓作用，并体现了良好的维持感官品质的作用。

6　液相色谱串联质谱检测牙鲆小清蛋白过敏原

利用高分辨质谱进行特征肽段的筛选，选择ALTDAETK、LFLQNFAFSASAR和SDFIEEDELK作为牙鲆小清蛋白过敏原的特征肽段，并对蛋白质提取液体和酶解过程的吲哚-3-乙酸（indole-3-acetic，IAA）浓度、酶用量、酶解时间进行了优化（图8），建立了以Tris

(浓度 0.1 mol/L)、甘氨酸(浓度 0.5mmol/L)为提取液,酶解过程中酶 / 蛋白质(质量比)为 2∶5,酶解时间为 12 h 的牙鲆中小清蛋白过敏原的前处理方法;以 ALTDAETK 为定量肽段,SDFIEEDELK、SDFIEEDELK 为定性肽段的牙鲆小清蛋白过敏原的 HPLC-MS/MS 检测方法,首次实现了用 LC-MS/MS 方法对牙鲆中主要过敏原小清蛋白精确定量检测。采用 LC-MS/MS 方法对牙鲆中小清蛋白的定量分析及对牙鲆小清蛋白的前处理优化过程未见文献报道。

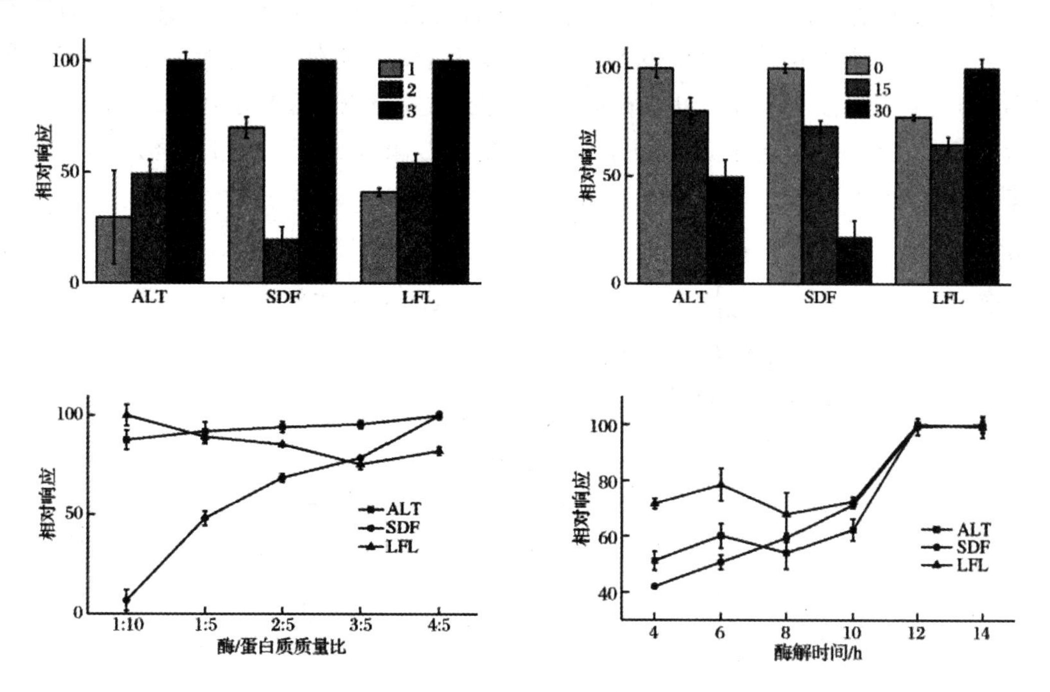

图 8 提取液优化(左上)、IAA 优化提取液优化(右上)、酶 / 蛋白质质量比的优化(左下)、酶解时间优化(右下)

7 氨基甲酸酯类农药半抗原的设计与改造

构建了一种针对氨基甲酸酯类半抗原的通用改造方案,以氨基甲酸酯类前体羟基化合物为原料,经过一步反应直接引入羧基基团,且中途不需要任何分离纯化便能得到标产物,改造后的半抗原易与载体蛋白偶联并制备特异性抗体。以涕灭威(氨基甲酸肟酯典型结构)和异丙威(N-甲基氨基甲酸芳香酯典型结构)为代表品种合成了涕灭威半抗原和异丙威半抗原,通过 Chem3D 软件分别对涕灭威与涕灭威半抗原、异丙威与异丙威半抗原进行空间结构的拟合,如图 9 所示。经计算涕灭威与其半抗原的重合度为 99.81%,异丙威与其半抗原的重合度为 99.90%,表明改造后的半抗原均很好地保留待测药物三维空间结构信息,推测改造后的半抗原效果较好。

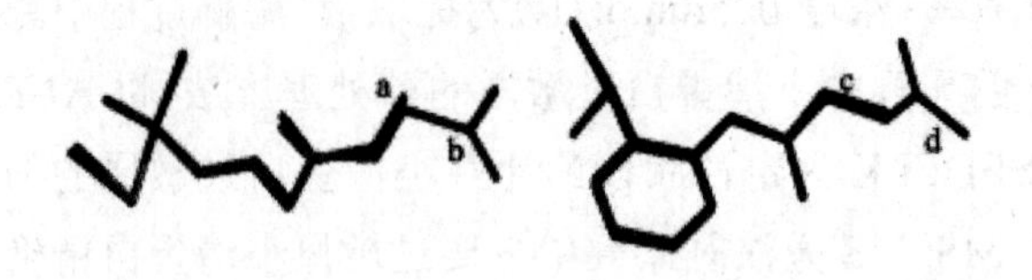

图 9　半抗原与目标药物空间结构拟合

使用该半抗原制备多克隆抗体，通过间接 ELISA 实验得到涕灭威抗体效价为 5.84×10^5，异丙威抗体效价为 4.1×10^5，两种抗体均有较高活性。为了进一步对抗体灵敏度和特异性进行表征，首先通过棋盘标定法确定了最佳抗原包被浓度为 10μg/mL，涕灭威抗体最佳稀释倍数 20 万，异丙威抗体最佳稀释倍数 15 万，随后进行了间接竞争 ELISA 实验，结果如图 10 所示。

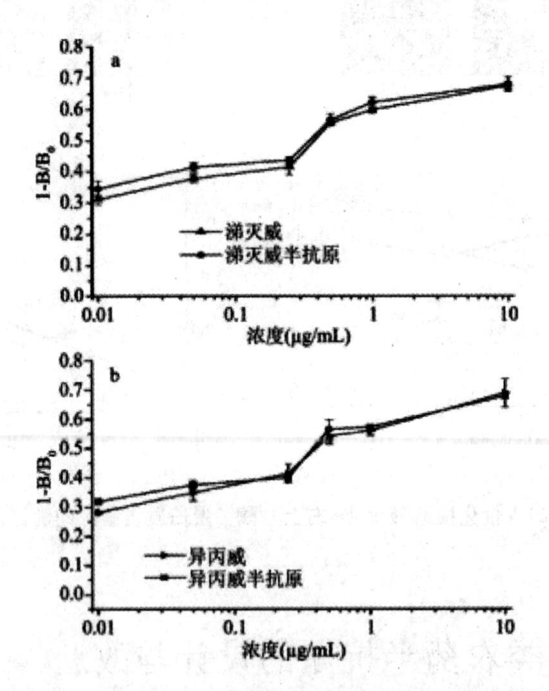

图 10　涕灭威（a）和异丙威（b）的间接竞争 ELISA 结果

由图 10a 可知涕灭威的 IC50 为 0.225μg/mL，涕灭威半抗原的 IC50 为 0.210μg/mL，以涕灭威抗体对涕灭威的交叉反应率（100%）为对照，则涕灭威抗体对涕灭威半抗原的交叉反应率为 107.14%。如图 10b 异丙威的 IC50 为 0.4μg/mL，异丙威半抗原的 IC50 为 0.38μg/mL，异丙威抗体对异丙威半抗原的交叉反应率为 105.26%。所制备的多克隆抗体对改造后半抗原和目标药物均具有很高的交叉反应率，表明改造后半抗原可以替代目标药物用于免疫检测中，半抗原改造效果良好。

（岗位科学家　林洪）

第二篇

主产区调研报告

第二章

普朗克辐射公式

天津综合试验站产区调研报告

1　示范县(市、区)海水鱼养殖现状

本综合试验站下设5个示范县(市、区),分别为:天津市塘沽区、天津市大港区、天津市汉沽区、天津市宁河区、浙江省温州市苍南县。其育苗、养殖品种、产量及规模见附表1:

1.1　育苗面积及苗种产量

1.1.1　育苗面积

五个示范县育苗总面积为35 000 m^2,其中汉沽区34 000 m^2,大港区1 000 m^2。按品种分:大菱鲆育苗面积14 000 m^2、半滑舌鳎育苗面积18 000 m^2,珍珠龙胆育苗面积3 000 m^2。

1.1.1.1　苗种年产量

五个示范县共计12户育苗厂家,总计育苗1 565万尾,其中:大菱鲆500万尾、半滑舌鳎965万尾、珍珠龙胆100万尾。各县育苗情况如下:

汉沽区:11户育苗厂家,生产大菱鲆500万尾、半滑舌鳎965万尾,用于天津地区养殖及供应山东、河北、辽宁,珍珠龙胆苗种80万尾,用于天津地区养殖及供应福建。

大港区:1户育苗厂家,生产珍珠龙胆苗种20万尾,用于天津地区养殖。

1.2　养殖面积及年产量、销售量、年末库存量

1.2.1　工厂化养殖

养殖方式有工厂化循环水养殖、工厂化非循环水养殖,养殖企业共有14家,工厂化养殖面积118500 m^2,年总生产量为970.1 t,销售量为747.3 t,年末库存量为219.8 t。其中:

塘沽区:3户,养殖面积60000 m^2。养殖半滑舌鳎40000 m^2,年产量333.4 t,销售230 t,年末库存103.4 t;养殖珍珠龙胆10000 m^2,年产量104.5 t,销售74 t,年末库存30.5 t;养殖斑石鲷10000 m^2,年产量106.2 t,销售86.2 t,年末库存20 t。

汉沽区:6户,养殖面积44500 m^2。大菱鲆6000 m^2,年产量43.8 t,销售40.8 t,年末库存3 t;半滑舌鳎38500 m^2,年产量224.5 t,销售187.5 t,年末库存34 t。

大港区:4户,养殖面积8000 m^2。半滑舌鳎6000 m^2,年产量77.2 t,销售59.8 t,年末库存17.4 t;珍珠龙胆1000 m^2,年产量24.9 t,销售22 t,年末库存2.9 t;红鳍东方鲀1000 m^2,

年产量22.6 t,销售20 t,年末库存2.6 t。

苍南县:仅1户,半滑舌鳎6000 m^2,年产量33 t,销售27 t,年末库存6 t。

1.2.2 池塘养殖(亩)

只有天津市宁河区采用池塘养殖的方式,种类为花鲈,采用与南美白对虾池塘混养,养殖户1户,养殖面积18亩,年总生产量为12 t,销售量为12 t,年末库存量为0 t。

1.3 品种构成

品种养殖面积及产量占示范县养殖总面积和总产量的比例:见附表2。

统计五个示范县海水鱼养殖面积调查结果,各品种构成如下:

工厂化育苗总面积为35 000 m^2,其中大菱鲆为14 000 m^2,占总面积的40.00%;半滑舌鳎为18 000 m^2,占总面积的51.43%;珍珠龙胆3 000 m^2,占总育苗面积的8.57%。

工厂化育苗总出苗量为1 565万尾,其中大菱鲆为500万尾,占总出苗量的31.95%;半滑舌鳎为965万尾,占总出苗量的61.66%;珍珠龙胆为100万尾,占总出苗量的6.39%。

工厂化养殖总面积为118 500 m^2,其中大菱鲆为6 000 m^2,占总养殖面积的5.06%;半滑舌鳎为90 500 m^2,占总养殖面积的76.37%;珍珠龙胆为11 000 m^2,占总养殖面积的9.28%;斑石鲷为10 000 m^2,占总养殖面积的8.44%;红鳍东方鲀为1 000 m^2,占总养殖面积的0.84%。

工厂化养殖总产量为970.1 t,其中大菱鲆为43.8 t,占总养殖产量的4.51%;半滑舌鳎为668.1 t,占总养殖产量的68.87%;珍珠龙胆为129.4 t,占总养殖产量的13.34%;斑石鲷为106.2 t,占总养殖产量的10.95%;红鳍东方鲀为22.6 t,占总养殖产量的2.33%。

池塘养殖总面积为18亩,全部为天津宁河养殖本地花鲈。

池塘养殖总产量为12 t,全部为天津宁河养殖本地花鲈。

从以上统计可以看出,在5个示范县内,半滑舌鳎、大菱鲆、珍珠龙胆、斑石鲷4个品种养殖面积和产量都占绝对优势。

2 示范县(市、区)科研开展情况

2.1 科研课题情况

在本站示范区域内集成岗位专家科技成果,为养殖企业提供科技服务,发展海水鱼产业,通过合作关系,能够更好地把体系成果应用到本区域示范企业中去。天津综合实验站集成应用海水鱼产业技术体系成果,构建符合我国国情、适合天津地区水质特点和满足主要养殖品种需求的建设成本低、运行能耗低、运行平稳高效的循环水养殖水处理工艺。天津综合试验站积极配合各岗位科学家工作,协助半滑舌鳎种质资源与品种改良岗位、养殖水环境调控岗位、产业经济岗位、海鲈营养需求与饲料岗位、智能化养殖岗位、青岛综合试验站对天津地区海水鱼养殖进行调研，为养殖企业提供技术服务，带领天津海水鱼养殖技术人员到北戴河试验站、秦皇岛试验站、宁波试验站进行交流学习。试验站依托单位积极申请海水鱼产业相关项目，做好产业技术支撑，目前承担着天津市地方产业技术体系海水鱼岗位工作，延伸和推广国家海水鱼产业体系在养殖模式、设施渔业和健康养殖先进理念，开展适合天津地区的水产健康养殖模式、养殖环境调控方式的研究与示范，实现产业增效，农民增收，使天津市海水鱼类养殖产业的技术水平和市场竞争力得到明显提升。

2.2　发表论文情况

获得专利 2 项，其中发明专利 1 项，实用新型 1 项。

[1] 一种手持电动鱼鳞刮刀，发明专利，ZL201710388999. 5，张博、贾磊、刘克奉。

[2] 海水养殖废水及海水水产品加工废水无害化处理装置，实用新型专利，ZL201821287897. 0，殷小亚、乔延龙、孙金生、贾磊等。

发表论文 5 篇。

[1] 陈春秀，马超，戴媛媛，等。纳米硒对半滑舌鳎幼鱼抗氧化水平的影响 [J]. 饲料研究，2019（1）：25-29。

[2] 王群山，贾磊，刘克奉，等。天津地区圆斑星鲽工厂化养殖技术 [J]. 科学养鱼，2019（3）：59-60。

[3] 陈春秀，马超，贾磊，等。不同月龄云纹石斑鱼（♀）× 鞍带石斑鱼（♂）杂交后代肌肉营养成分分析与品质评价 [J]. 江苏农业科学，2019，47(6)：163-167。

[4] 何晓旭，贾磊，陈春秀，等。不同月龄云纹石斑鱼（♀）× 鞍带石斑鱼（♂）杂交后代形态性状的分析 [J]. 经济动物学报，2019，23（3）：128-13。

[5] 张博，赵娜，贾磊，等 . Seminal Plasma Exosomes: Promising Biomarkers for Identification of Male and Pseudo-Males in *Cynoglossus semilaevis* [J]. Marine Biotechnology，2019，march（12）。

3　海水鱼产业发展中存在的问题

3.1　养殖品种单一，种质退化

由于养殖品种单一，导致产品供大于求，市场滞销，价格下降，造成海水工厂化养殖企业空置率较高。由于长期近亲交配、逆向选择，半滑舌鳎出现雌雄比例失衡、生长缓慢、抗病力下降、肉质变劣等种质退化问题。

3.2 循环水系统构建不成熟,管理水平低

目前天津市已建成的具有封闭循环水系统的养殖车间面积较大,但实际使用存在很多问题,系统的耦合性有待提高,适宜于每个企业的循环水养殖模式还没有完全成熟。企业负责人、技术员和员工普遍缺乏对循环水养殖系统运行和管理的知识和技能,管理水平差,存在不想用和不敢用等现象,利用率不高。

3.3 水资源受限,尾水排放环保要求高

近十年来养殖业的兴起,导致天津沿海地区地下水过量开采,回灌比例失调,特别是地热资源过度消耗,地面沉降严重。为此,滨海新区已采取封闭淡水井措施,禁止使用地下水进行水产养殖,导致鱼类养殖水资源受限。对超标入海排污口实施整改,鱼类养殖面临着尾水排放环保要求程度高,难以达标排放等问题。

附表 1　天津综合试验站示范县海水鱼育苗及成鱼养殖情况统计

		塘沽区			汉沽区			大港区			宁河区	苍南县
		半滑舌鳎	珍珠龙胆	斑石鲷	大菱鲆	半滑舌鳎	珍珠龙胆	半滑舌鳎	珍珠龙胆	红鳍东方鲀	花鲈	半滑舌鳎
育苗	面积 / m^2	—	—	—	14 000	18 000	2 000	—	1 000	—	—	—
	产量 / 万尾	—	—	—	500	965	80	—	20	—	—	—
工厂化	面积 / m^2	40 000	10 000	10 000	6 000	38 500	—	6 000	1 000	1 000	—	6 000
养殖	年产量 /t	333. 4	104. 5	106. 2	43. 8	224. 5	—	77. 2	24. 9	22. 6	—	33
	年销售量 /t	230	74	86. 2	40. 8	187. 5	—	59. 8	22	20	—	27
	年末库存量 /t	103. 4	30. 5	20	3	34	—	17. 4	2. 9	2. 6	—	6
池塘	面积 / 亩	—	—	—	—	—	—	—	—	—	18	—
养殖	年产量 /t	—	—	—	—	—	—	—	—	—	12	—
	年销售量 /t	—	—	—	—	—	—	—	—	—	12	—
	年末库存量 /t	—	—	—	—	—	—	—	—	—	0	—
户数	育苗户数	—	—	—	5	5	1	—	1	—	—	—
	养殖户数	1	1	1	1	5	—	2	1	1	1	1

附表2　天津综合试验站5个示范县养殖面积、养殖产量及品种构成

项目＼品种	年产总量	大菱鲆	半滑舌鳎	珍珠龙胆	斑石鲷	红鳍东方鲀	花鲈
工厂化育苗面积/m^2	35 000	14 000	18 000	3 000	—	—	—
工厂化出苗量/万尾	1 565	500	965	100	—	—	—
工厂化养殖面积/m^2	118 500	6 000	90 500	11 000	10 000	1 000	—
工厂化养殖产量/t	970.1	43.8	668.1	129.4	106.2	22.6	—
池塘养殖面积/亩	18	—	—	—	—	—	18
池塘年总产量/t	12	—	—	—	—	—	12
各品种工厂化育苗面积占总面积的比例/%	100	40.00	51.43	8.57	—	—	—
各品种工厂化出苗量占总出苗量的比例/%	100	31.95	61.66	6.39	—	—	—
各品种工厂化养殖面积占总面积的比例/%	100	5.06	76.37	9.28	8.44	0.84	—
各品种工厂化养殖产量占总产量的比例/%	100	4.51	68.87	13.34	10.95	2.33	—
各品种池塘养殖面积占总面积的比例/%	100	—	—	—	—	—	100
各品种池塘养殖产量占总产量的比例/%	100	—	—	—	—	—	100

（天津综合试验站站长　贾磊）

秦皇岛综合试验站产区调研报告

1　示范县(市、区)海水鱼类养殖现状

本综合试验站下设5个示范县(市、区),分别为昌黎县、丰南区、滦南县、乐亭县、黄骅市。2019年育苗、养殖品种、产量及规模见附表1。

1.1　育苗面积及苗种产量

1.1.1　育苗面积

5个示范县育苗总面积为13 000 m^2,其中乐亭县2 000 m^2、黄骅市11 000 m^2。按品种分,大菱鲆育苗面积2 000 m^2、牙鲆11 000 m^2。

1.1.2　苗种年产量

5个示范县共计3户育苗厂家,年育苗量630万尾,其中:大菱鲆300万尾、牙鲆330万尾。各示范县育苗情况如下:

乐亭县:共有大菱鲆育苗厂家1户,育苗水体共计2 000 m^2,年生产大菱鲆苗种300万尾。

黄骅市:共有牙鲆育苗厂家2户,育苗水体11 000 m^2,年生产牙鲆苗种330万尾。

滦南县、丰南区、昌黎县2019年无苗种生产。

1.2　养殖面积及年产量、销售量、年末库存量

1.2.1　工厂化养殖

5个示范县共有工厂化养殖户66家,养殖面积421 500 m^2,年总生产量3 053. 48 t,年销售量2620. 13 t,年末库存量3908. 03 t。其中:

昌黎县:47户,养殖面积240 000 m^2。其中大菱鲆养殖33户,养殖面积155 500 m^2,产量1 715. 59 t,销售1 391. 24 t,年末库存2 421. 66 t;牙鲆养殖10户,养殖面积30 000 m^2,年产量524. 56 t,销售412. 2 t,年末库存1 046. 48 t;半滑舌鳎养殖4户,养殖面积54 500 m^2,年产量618. 37 t,年销售562. 78 t,年末库存314. 85 t。

滦南县:牙鲆养殖1户,养殖面积5 000 m^2,年产量25. 46 t,年销售25. 46 t,年末库存19. 84 t。

乐亭县:18户,养殖面积176 500 m^2。其中,大菱鲆养殖16户,养殖面积175 000 m^2,年

产量 139. 25 t,年销售 208. 65 t,年末库存 83. 05 t;半滑舌鳎养殖 2 户,养殖面积 1 500 m^2,年产量 30. 25 t,年销售 19. 8 t,年末库存 22. 15 t。

黄骅市、丰南区 2019 年无海水鱼工厂化养殖厂家。

1.2.2 池塘养殖

5 个示范县共有普通池塘养殖户 2 家,养殖面积 1 300 亩,年总生产量 109. 91 t,年销售量 90. 63 t,年末库存量 49. 77 t。其中:

昌黎县:红鳍东方鲀养殖 1 户,养殖面积 300 亩,年产量 18. 27 t,年销售 18. 27 t,年末存量 0 t。

滦南县:红鳍东方鲀养殖 1 户,养殖面积 1 000 亩,年产量 91. 64 t,年销售量 72. 36 t,年末存量 49. 77 t。

黄骅市、丰南区、乐亭县 2019 年无海水鱼池塘养殖。

1.2.3 网箱养殖

本站示范区内 2019 年未进行海水鱼网箱养殖。

1.3 品种构成

每个品种养殖面积及产量占示范县养殖总面积和总产量的比例见附表 2。

统计 5 个示范县海水鱼类育苗、养殖情况,各品种构成如下:

工厂化育苗总面积为 13 000 m^2。其中大菱鲆 2 000 m^2,占育苗总面积的 15. 38%; 牙鲆 11 000 m^2,占育苗总面积的 84. 62%。

年总出苗量为 630 万尾。其中大菱鲆为 300 万尾,占总出苗量的 47. 62%; 牙鲆为 330 万尾,占总出苗量的 52. 38%。

工厂化养殖总面积为 421 500 m^2。其中大菱鲆为 330 500 m^2,占总养殖面积的 78. 41%; 牙鲆为 35 000 m^2,占总养殖面积的 8. 3%; 半滑舌鳎为 56 000 m^2,占总养殖面积的 13. 29%。

工厂化养殖总产量为 3 053. 48 t。其中大菱鲆为 1 854. 84 t,占总量的 60. 75%; 牙鲆 550. 02 t,占总量的 18. 01%; 半滑舌鳎为 648. 62 t,占总量的 21. 24%。

池塘养殖总面积为 1 300 亩,养殖品种为红鳍东方鲀,年总产量为 109. 91 t。

从以上统计数据可以看出,5 个示范县内,大菱鲆的工厂化养殖产量和面积占绝对优势,其次是半滑舌鳎、牙鲆。

2 示范县(市、区)科研开展情况

2.1 科研开展情况

1. 养殖系统升级改造

在北戴河新区河北省红鳍东方鲀良种场建设“全封闭循环水养殖示范基地”,进行海水鱼工厂化养殖模式的升级改造及尾水处理系统构建，升级改造工厂化养殖车间 2 700 m²，修建生物滤池 4 座、购置微滤机 1 台、弧形筛 8 片，紫外消毒器 4 台、增氧机 4 台，养殖尾水经沉淀、过滤、调温、曝气、生物净化、增氧、杀菌消毒等处理，可进行循环利用。经过养殖系统升级改造，实现养殖用水循环利用，达到养殖尾水零排放，该养殖系统可控性高，在实现海水鱼工厂化养殖绿色发展和提质增效的同时，可有效地减少养殖尾水排放、保护海洋生态环境

2. 工厂化循环水养殖技术示范

在示范基地秦皇岛粮丰海洋生态科技开发股份有限公司开展半滑舌鳎工厂化循环海水养殖示范，每月进行鱼体数据测量，对养殖池水质进行定期检测。累计示范面积 7 000 m²，到 12 月底半滑舌鳎平均体长 48. 5 cm，平均体重 460 克 / 尾，养殖成活率 90%，养殖尾水排放控制在 10% 以下，平均单产 24 kg/ m²。推广养殖面积 16 500 m²。

3. 优良品种的引进与示范推广

在岗位科学家指导下，在秦皇岛启民水产养殖有限公司进行全雌牙鲆抗淋巴囊肿苗种养殖示范，养殖苗种 8 万尾，到 12 月底全雌牙鲆抗淋巴囊肿苗种平均全长达 370 cm，平均体重 640 克 / 尾，单产 24. 5 kg/ m²，成活率 90% 以上，累计示范面积 4 500 m²，推广养殖面积 11 000 m²。

2. 2　发表论文情况

1. 发表论文 1 篇。

[1] 赵海涛，范宁宁，万玉美，孙桂清，吴彦，徐晨曦。雌核发育、野生及养殖牙鲆形态差异分析。河北渔业，2019，11 期 01-07 页。

2．出版著作 1 部。

[1] 主编：饶庆贺，宫春光，孙桂清，等。水产病害防治与养殖新技术。2019 年 6 月。

3　海水鱼养殖产业发展中存在的问题

河北省海水工厂化养殖多为流水式或换水式养殖，一是需要消耗大量地下水资源和外海水资源，导致水资源过度消耗，同时还有海水倒灌风险，辽宁省的葫芦岛、兴城就出现了此问题。目前天津市已禁止水产养殖业使用地下水，并全面启动封井工作，河北省工厂化养殖也存在地下水使用问题。二是按照农业农村部推进水产养殖绿色发展的要求，全国水产养殖尾水排放将严格进行管制。因此，建立循环水系统，改变养殖模式转向健康、可持续发展是该时期的迫切需要。

附表 1　2019 年秦皇岛综合试验站示范县海水鱼类育苗及成鱼养殖情况统计表

品种 / 项目		滦南县		黄骅市	乐亭县		丰南区	昌黎县			
		牙鲆	红鳍东方鲀	牙鲆	大菱鲆	半滑舌鳎		大菱鲆	牙鲆	半滑舌鳎	红鳍东方鲀
工厂育苗	面积 /m^2			11 000	2 000						
	产量 / 万尾			330	300						
池塘育苗	面积 / 亩										
	产量 / 万尾										
工厂养殖	面积 /m^3	5 000			175 000	1 500		155 500	30 000	54 500	
	产量 / t	25. 46			139. 25	30.25		1 715. 59	524. 56	618.37	
	销售量 / t	25. 46			208. 65	19.8		1 391. 24	412. 2	562.78	
	库存量 / t	19. 84			83. 05	22. 15		2 421. 66	1 046. 48	314.85	
池塘养殖	面积 / 亩		1 000								300
	产量 / t		91. 64								18. 27
	销售量 / t		72. 36								18. 27
	末库存量 / t		49. 77								0
户数	育苗户数			2	1						
	养殖户数	1	1		16	2		33	10	4	1

附表 2　秦皇岛综合试验站五个示范县养殖面积、养殖产量及品种构成

品种 / 项目	年产总量	半滑舌鳎	红鳍东方鲀	牙鲆	大菱鲆
工厂化育苗面积 /m^2	13 000			11 000	2 000
工厂化出苗量 / 万尾	630			330	300
池塘育苗面积 / 亩					
池塘出苗量					
工厂化养殖面积 /m^2	421 500	56 000		35 000	330 500
工厂化养殖产量 /t	3 053. 48	648. 62		550. 02	1 854.84
池塘养殖面积 / 亩	1 300		1 300		
池塘年总产量 /t	109. 91		109. 91		
各品种工厂化育苗面积占总面积的比例 /%	100			84. 62	15. 38
各品种工厂化出苗量占总出苗量的比例 /%	100			52. 38	47. 62
各品种池塘育苗面积占总面积的比例 /%	100				
各品种池塘出苗量占总出苗量的比例 /%	100				
各品种工厂化养殖面积占总面积的比例 /%	100	13. 29		8. 3	78.41
各品种工厂化养殖产量占总产量的比例 /%	100	21. 24		18. 01	60.75
各品种池塘养殖面积占总面积的比例 /%	100		100		
各品种池塘养殖产量占总产量的比例 /%	100		100		

（秦皇岛综合试验站站长　赵海涛）

北戴河综合试验站产区调研报告

1 示范县(市、区)海水鱼养殖现状

北戴河综合试验站下设5个示范县，分别为河北省唐山市曹妃甸区，秦皇岛市山海关区，辽宁省盘锦市盘山县，辽宁省营口市老边区和盖州市。2019年唐山曹妃甸区为工厂化和普通池塘两种养殖模式，秦皇岛山海关区以及盖州市2个示范县均为工厂化养殖模式，盘山县和老边区示范县为普通池塘养殖模式。其中曹妃甸区示范县主要养殖的鱼类品种包括半滑舌鳎、牙鲆以及红鳍东方鲀；山海关示范县和盖州市示范县主要养殖鱼类品种均为大菱鲆。盘山县主要养殖鱼类品种为海鲈鱼，营口老边区主要养殖品种为海鲈鱼，其次为牙鲆、其他鲆鲽类以及其他海水鱼。

1.1 育苗面积及苗种产量

示范县育苗情况见附表1。

1.1.1 育苗面积

5个示范县只有曹妃甸示范县和盘山县2个示范县进行了海水鱼育苗，工厂化育苗面积严重缩减，由2018年的52 000 m^2缩减至18 000 m^2，育苗品种与2018年不变，依然以半滑舌鳎为主，其次为红鳍东方鲀和牙鲆。2019年还增加了普通池塘育苗，育苗面积为30 000亩。

1.1.2 苗种年产量

曹妃甸区有工厂化育苗厂家8户，培育苗种1 700万尾，比2018年增加了900万尾苗种。半滑舌鳎育苗厂家3户，出苗量1 050万尾；红鳍东方鲀育苗厂家3家，出苗量300万尾；牙鲆育苗厂家2家，出苗量350万尾。另外，2019年盘山县新增的池塘鲈鱼育苗，出苗量为150万尾。

1.2 养殖面积及年产量、销售量、年末库存量

示范县各养殖模式的养殖情况见附表1。

5个示范县成鱼养殖厂家共787家，养殖模式包括工厂化养殖、普通池塘养殖。其中曹妃甸区以工厂化养殖模式为主，池塘养殖模式为辅；山海关区和盖州市主要是工厂化养殖模式；盘山县、老边区主要是池塘养殖模式。

1.2.1　工厂化养殖

工厂化养殖主要集中在曹妃甸区、盖州市和山海关区，我站示范县总的养殖面积 691 000 m^2，与 2018 年相差无几；年生产量为 3 160. 54 t，比 2018 年减少 5619. 4 t；年销售量为 3976. 11 t，比 2018 年减少 12 043. 32 t；年末总的库存量为 1513. 77 t。具体如下：

曹妃甸区：牙鲆养殖户 3 家、半滑舌鳎养殖户 10 家、红鳍东方鲀养殖户 7 家，养殖面积 635 000 m^2。年生产量 3 051. 96 t，比 2018 年减少 5706. 38 t；年销售量 3814. 83 t，比 2018 年减少 12047. 2 t；年末库存量 1364. 77 t。其中牙鲆养殖面积 200 000 m^2，年生产量 174. 37 t，年销售量 263. 78 t，年末库存量为 8. 11 t。半滑舌鳎养殖面积 400 000 m^2，年生产量 2 796. 29 t，年销售量 3 278. 5 t，年末库存量 1 344. 66 t。红鳍东方鲀养殖面积 35 000 m^2，年生产量 81. 3 t，年销售量 272. 55 t，年末无库存。同时该示范县 2019 年未开展石斑鱼养殖。

山海关区：养殖厂家 1 家，养殖品种为大菱鲆。养殖面积 18 000 m^2，年生产量 32 t，年销售量 83 t，年末库存量 12 t。

盖州市：大菱鲆养殖户 13 家，养殖面积 38 000 m^2，年生产量 76. 58 t，年销售量 78. 28 t，年末库存量 149 t。

1.2.2　池塘养殖

曹妃甸区、辽宁盘山县及营口老边区 3 个示范县均有池塘养殖。我站示范县池塘养殖总养殖面积为 54075 亩，比 2018 年多 1663 亩；年产量 1345. 6 t，比 2018 年增加 324. 1 t；年销售量 1358. 6 t，比 2018 年减少 475. 9 t；年末总存量为 5 t。池塘养殖的品种主要为红鳍东方鲀、海鲈鱼、牙鲆、其他鲆鲽类以及其他海水鱼类。具体如下：

唐山曹妃甸区，养殖品种为红鳍东方鲀，养殖户 14 家。池塘养殖面积 16675 亩，年生产量为 974. 6 t，年销售量为 974. 6 t，年末无库存。

盘山县，养殖品种为海鲈鱼，养殖户 730 家。池塘养殖面积 30 000 亩，年生产量 158 t，销售量 171 t，年末库存量为 5 t。

营口老边区，养殖品种为牙鲆、海鲈鱼、其他鲆鲽类和其他海水鱼，养殖户 14 家。池塘养殖面积 7400 亩（包括牙鲆 200 亩，海鲈鱼 5000 亩，其他鲆鲽类 200 亩，其他海水鱼类 2000 亩）。年养殖产量 213 t，年销售量 213 t，年末无库存。其中牙鲆全年生产量 4. 5 t，销售量 4. 5 t，年末无库存；海鲈鱼全年生产量 170 t，销售量 170 t，年末无库存；其他鲆鲽类全年生产量 4. 5 t，销售量 4. 5 t，年末无库存；其他海水鱼全年生产量 34 t，销售量 34 t，年末无库存。

1. 3　品种构成

每品种养殖面积及产量占示范县养殖总面积和总产量的比例见附表 2。

统计 5 个示范县海水鱼养殖面积调查结果，各品种构成如下：

工厂化育苗总面积为 18000 m^2，主要为半滑舌鳎、红鳍东方鲀和牙鲆育苗面积。其中半滑舌鳎育苗面积 10000 m^2，占总面积的 55. 55%；红鳍东方鲀育苗面积 5000 m^2，占总面积的 27. 78%；牙鲆育苗面积 3000 m^2，占总面积的 16. 67%。

工厂化育苗总出苗量为1700万尾。主要育苗品种为半滑舌鳎,育苗产量1050万尾,占总出苗量的61.76%;其次为牙鲆,育苗产量350万尾,占总出苗量的20.59%;最后为红鳍东方鲀,育苗产量300万尾,占总出苗量的17.65%。

工厂化养殖总面积为691000 m^2。其中半滑舌鳎为40000 m^2,占总养殖面积的57.89%;牙鲆为200000 m^2,占总养殖面积的28.94%;大菱鲆为56000 m^2,占总养殖面积的8.10%;红鳍东方鲀为35000 m^2,占总养殖面积的5.07%。

全年工厂化养殖总产量为3160.54 t。其中半滑舌鳎2796.29 t,占总量的88.47%;牙鲆174.37 t,占总量的5.52%;大菱鲆为108.58 t,占总量的3.44%;红鳍东方鲀为81.3 t,占总量的2.57%。

普通池塘育苗面积为30000亩,主要为海鲈育苗面积,占比100%。

普通池塘育苗总出苗量为150万尾。主要育苗品种为半滑舌鳎,占比100%。

池塘养殖总面积为54075亩。其中红鳍东方鲀16675亩,海鲈鱼35000亩,牙鲆200亩,其他鲆鲽类200亩,其他海水鱼2000亩。

池塘养殖年总产量为1345.6 t。其中红鳍东方鲀974.6 t,海鲈鱼328 t,牙鲆4.5 t,其他鲆鲽类4.5 t,其他海水鱼34 t。

从以上统计数据可以看出,工厂化育苗产量比2018年增加了1.125倍。并且2019年盘山县增加了海鲈鱼天然鱼苗培育。工厂化成鱼养殖产量和销售量缩减严重,主要集中在曹妃甸区。主要养殖品种滑舌鳎和牙鲆,出现不同程度的缩减。普通池塘养殖年销量缩减了25.94%。主要品种海鲈鱼销售量缩减严重。

2 示范县(市、区)科研开展情况

2.1 科研课题情况

北戴河试验站依托单位中国水产科学研究院北戴河中心实验站实施科研项目15项,其中国家级2项、省部级7项、院级6项。2019年首次实施了河北省重点研发计划项目“牙鲆抗淋巴囊肿种业科技创新”和农业部重点研发计划项目“半滑舌鳎抗神经坏死病毒病的分子基础”,开辟了新的项目申报渠道。

五个示范县中曹妃甸示范县实施了一项河北省产学研一体化项目“半滑舌鳎高雌苗种制种技术研究”。

2.2 发表论文、专利情况

2019年,发表论文9篇,其中SCI 4篇;申请发明专利2项,授权发明专利4项。

发表论文:

[1] Hou Ji-Lun, Zhang Xiao-Yan, et al. Novel breeding approach for Japanese flounder

using atmosphere and room temperature plasma mutagenesis tool. BMC Genomics, 2019, 20(1): 323.

[2] Guixing Wang, Xiaoyan Zhang, Zhaohui Sun, et al. Induction of gyno-tetraploidy in Japanese flounder *Paralichthys olivaceus*[J]. Journal of Oceanology and Limnology. 2019. 1-6.

[3] Xiaoyan Zhang, Guixing Wang, et al.. microRNA-mRNA analysis in pituitary and hypothalamus of sterile Japanese flounder[J]. Molecular Reproduction and Development, 2019, 86(6): 727-737.

[4] Yanan Guo, Nan Xingyu, Zhang Xiaoyan, et al. Molecular characterization and functional analysis of Japanese flounder (*Paralichthys olivaceus*) thbs2 in response to lymphocystis disease virus[J] Fish & shellfish immunology, 2019, 93: 183-190.

[5] 王桂兴，张晓彦，孙朝徽，等．牙鲆连续四代减数分裂雌核发育家系的遗传特征分析．渔业科学进展，2019，6：1-8.

[6] 崔剑斌，孙朝徽，赵雅贤，等．Cr^{6+}对牙鲆仔幼鱼的急性毒性效应研究．海洋渔业，2019，41(01)：82-90.

[7] 任玉芹，周 勤，孙朝徽，等．红鳍东方鲀精原干细胞鉴定、分离及纯化．水生生物学报，2019，43(04)：801-808.

[8] 司飞，任建功，王青林，等．基于浸泡法的牙鲆耳石锶标记技术研究．中国水产科学，2019，26(03)：133-144.

[9] 侯吉伦，郭亚男，付元帅，等．牙鲆 efhd2 和 tbc1d25 基因的克隆和表达分析．渔业科学进展，2019，3：57-68.

申请专利：

任玉芹，王玉芬，于清海，等．一种促使牙鲆精巢生殖细胞凋亡的方法．2019. 05. 05，申请号：CN201910366369. 7

孙朝徽，任玉芹，王玉芬，等．一种诱导鲆鲽鱼类卵巢生殖细胞凋亡的方法．2019. 04. 29，申请号：CN201910352333. 3

授权专利：

[1] 张晓彦，王桂兴，侯吉伦，等．一种与牙鲆数量性状相关的 SNP 标记、其筛选方法及应用．2019. 04. 19，专利号：ZL201610172234. 3.

[2] 侯吉伦，王桂兴，张晓彦，等．一种与牙鲆生长性状相关的 SNP 位点、其筛选方法及应用．2019. 05. 03，专利号：ZL201610172207. 6.

[3] 侯吉伦，王玉芬，王桂兴，等．一种牙鲆雌核发育四倍体的诱导方法．2019. 08. 16，专利号：ZL201711085865. 2.

[5] 王俊，司飞，于清海，等．一种牙鲆鱼耳石元素标记方法．专利号：201710373278. 7.

3 海水鱼产业发展中存在的问题

3.1 年总产量和销售量出现萎缩现象

由于养殖过程中病害严重以及现有养殖模式下养殖废水直排较为普遍,在水产养殖环保风暴下使得海水鱼养殖空间越来越小,出现了总产量和销售量萎缩现象。山海关区人民政府6月中旬下发通知,为消除水环境污染,保护和改善海洋环境,该区政府决定于2019年6月25日之前,对山海关区所有沿海违法违规排污或者存在其他违法行为的水产工厂化养殖企业采取限期整改,停产整顿等措施。该通知下发后,严重影响该示范县下半年的水产养殖生产量。所以,现有养殖模式不可持续,产业亟须转型升级。

3.2 科学化、规范化有待提高

实现科学化、规范化和标准化养殖,树立从业人员健康养殖理念以及提高其生产技能,使得海水鱼产业朝着绿色、健康及高效的方向发展。

附表 1　2019 年度北戴河综合试验站示范县海水鱼育苗及成鱼养殖情况统计表

品种 \ 项目		曹妃甸			山海关	盘山	盖州	老边区			
		牙鲆	半滑舌鳎	红鳍东方鲀	大菱鲆	海鲈鱼	大菱鲆	牙鲆	其他鲆鲽类	海鲈鱼	其他海水鱼
工厂育苗	面积 /m^2	3000	10000	5000							
	产量 / 万尾	350	1050	300							
池塘育苗	面积 / 亩					30000					
	产量 / 万尾					150					
工厂养殖	面积 /m^2	200000	400000	35000	18000		38000				
	产量 / t	174. 37	2796. 29	81. 3	32		76. 58				
	销售量 / t	263. 78	3278. 5	272. 55	83		78. 28				
	库存量 / t	8. 11	1344. 66	0	12		149				
池塘养殖	面积 / 亩			16675		30000		200	200	5000	2000
	产量 / t			974. 6		158		4. 5	4. 5	170	34
	销售量 / t			974. 6		171		4. 5	4. 5	170	34
	末库存量 / t			0		5		0	0	0	0
户数	育苗户数	2	3	3							
	养殖户数	3	10	21	1	730	13	2	2	6	6

附表 2　2019 年度北戴河综合试验站示范县海水鱼养殖面积、养殖产量及品种构成

品种 / 项目	年产总量	半滑舌鳎	红鳍东方鲀	海鲈鱼	牙鲆	大菱鲆	其他鲆鲽类	其他海水鱼
工厂化育苗面积 / m^2	18000	10000	5000		3000			
工厂化出苗量 / 万尾	1700	1050	300		350			
池塘育苗面积 / 亩	30000			30000				
池塘出苗量	150			150				
工厂化养殖面积 / m^2	691000	400000	35000		200000	56000		
工厂化养殖产量 / t	3160. 54	2796. 29	81. 3		174. 37	108. 58		
池塘养殖面积 / 亩	54075		16675	35000	200		200	2000
池塘年总产量 / t	1345. 6		974. 6	328	4. 5		4. 5	34
各品种工厂化育苗面积占总面积的比例 /%	100	55. 55	27. 78		16. 67			
各品种工厂化出苗量占总出苗量的比例 /%	100	61. 76	17. 65		20. 59			
各品种池塘育苗面积占总面积的比例 /%	100			100				
各品种池塘出苗量占总出苗量的比例 /%	100			100				
各品种工厂化养殖面积占总面积的比例 /%	100	57. 89	5. 07		28. 94	8. 10		
各品种工厂化养殖产量占总产量的比例 /%	100	88. 47	2. 57		5. 52	3. 44		
各品种池塘养殖面积占总面积的比例 /%	100		30. 84	64. 72	0. 37		0. 37	3. 70
各品种池塘养殖产量占总产量的比例 /%	100		72. 43	24. 38	0. 33		0. 33	2. 53

（北戴河综合试验站站长　于清海）

丹东综合试验站产区调研报告

1 示范县(市、区)海水鱼养殖现状

丹东综合试验站负责大连市的旅顺口区、瓦房店市、庄河市、营口市的鲅鱼圈区、丹东市的东港市五个示范县(市、区)。全区现有海水鱼养殖与育苗359户。养殖模式分别为全封闭循环水养殖、流水工程化养殖、海上网箱和陆基工厂化结合的陆海接力养殖以及沿海池塘生态养殖。养殖品种主要为大菱鲆、牙鲆、红鳍东方鲀、黄条鰤等。在示范县和示范基地主要进行海水鱼养殖技术的示范和推广工作,各个示范县区的人工育苗、养殖品种、产量及规模见附表1和附表2。

1.1 育苗面积及苗种产量

1.1.1 育苗面积

丹东综合试验站所辖5个示范县的工厂化育苗总面积为26000 m^2,池塘育苗200亩。其中,营口市鲅鱼圈区2000 m^2、庄河市2000 m^2及池塘200亩、东港市22000 m^2。按品种分:牙鲆22000 m^2、红鳍东方鲀2000 m^2及池塘50亩、黄条鰤150亩、鲈鱼2000 m^2。

1.1.2 苗种年产量

5个示范县共计9户育苗厂家,总计育苗3393万尾,其中:牙鲆3300万尾、红鳍东方鲀180万尾、黄条鰤13万尾。各县育苗情况如下:

鲅鱼圈区:1户育苗厂家,生产牙鲆苗200万尾,全部用于完成放流任务。

庄河市:1户育苗厂家,生产鲈鱼苗60万尾,红鳍东方鲀苗100万尾,黄条鰤苗13万尾。

东港市:7户育苗厂家,生产牙鲆苗3000万尾,红鳍东方鲀苗80万尾。

1.2 养殖面积及年产量、销售量、年末库存量

1.2.1 工厂化养殖

工厂化养殖有流水养殖与循环水养殖,5个示范县共计9家养殖户,养殖面积102500 m^2,年总生产量为793.8 t,年销售量1361.3 t,年末库存量为540 t。其中:

旅顺口区:养殖2户,工厂化流水养殖大菱鲆面积20000 m^2。全年生产量225 t,年销售179 t,年末库存125 t。

瓦房店市:养殖1户,养殖种类为大菱鲆,工厂化流水养殖面积5500 m^2,年产量32 t,年

销售 40 t,年末库存 30 t。

庄河市:养殖 1 户,工厂化循环水养殖面积 57000 m^2。其中,红鳍东方鲀养殖面积 20000 m^2,年产量 173 t,年销售量 740 t,年末库存 100 t;珍珠龙胆养殖面积 15000 m^2,年产量 157. 3 t,年销售量 157. 3 t,年末库存 0 t;黄条鰤养殖面积 22000 m^2,年产量 150 t,年销售量 180 t,年末库存 165 t。

东港市:养殖 5 户,工厂化养殖面积 20000 m^2,用于室内越冬。其中,红鳍东方鲀养殖面积 10000 m^2,年产量 36. 5 t,年销售量 15 t,年末库存 40 t;牙鲆养殖面积 10000 m^2,年产量 20 t,年销售量 50 t,年末库存量为 80 t。

1.2.2　池塘养殖

本试验站只有东港市进行池塘养殖牙鲆、红鳍东方鲀,均采用混养方式。养殖 341 户,池塘养殖总面积为 23400 亩,年产量 3558. 5 t,年销售量 3560 t,年末库存量为 0 t。其中:养殖牙鲆 21500 亩,年产量 3450 t,年销售量 3440 t,年末库存量为 0 t;养殖红鳍东方鲀 1900 亩,年产量 108. 5 t,年销售量 120 t,年末库存量为 0 t。

1.2.3　网箱养殖

5 个示范县共计 2 家养殖户,普通网箱养殖面积 45000 m^2,深水网箱养殖 55000 m^3。其中:

旅顺口区:养殖 1 户,普通网箱养殖牙鲆面积 5000 m^2,年产量为 60 t,年销售量 60 t,年末养殖库存 0 t。

庄河市:养殖 1 户,深水网箱养殖 55000 m^3,养殖黄条鰤鱼,年产量为 105 t,年销售量 80 t,年末转入室内,网箱养殖库存 0 t;普通网箱养殖面积 40000 m^2,养殖红鳍东方鲀,年产量为 177 t,年销售量 70 t,年末转入室内,网箱养殖库存 0 t。

1.3　品种构成

经过对本试验站内 5 个示范县区的海水鱼养殖情况的调查统计,每个品种的养殖面积及产量占示范县养殖总面积和总产量的比例情况(附表 2)如下:

工厂化育苗总面积为 26000 m^2,其中,牙鲆为 22000 m^2、红鳍东方鲀 2000 m^2、鲈鱼 2000 m^2,分别占总育苗面积的 84. 62%、7. 69%、7. 69%。

工厂化育苗的总出苗量为 3340 万尾,其中,牙鲆 3200 万尾、红鳍东方鲀 80 万尾、鲈鱼 60 万尾,分别占工厂化总出苗量的 95. 8%、2. 4%、1. 8%。

池塘育苗总面积尾 200 亩,其中,红鳍东方鲀 50 亩,黄条鰤 150 亩,分别占池塘总育苗面积的 25%、75%。

池塘育苗总出苗量为 113 万尾,其中,红鳍东方鲀 100 万尾,黄条鰤 13 万尾,分别占池塘育苗总出苗量的 88. 50%、11. 50%。

工厂化养殖的总面积为 102500 m^2,其中,牙鲆为 10000 m^2、大菱鲆为 22500 m^2、红鳍东方鲀为 30000 m^2、珍珠龙胆为 15000 m^2、黄条鰤为 22000 m^2,分别占总养殖面积的 9. 76%、

24.88%、29.27%、21.46%、14.63%。

工厂化养殖的总产量为793.8 t，其中，牙鲆20 t、大菱鲆为257 t、红鳍东方鲀209.5 t、珍珠龙胆为150 t、黄条鰤为157.3 t，分别占总产量的2.52%、32.38%、26.39%、18.90%、19.81%。

池塘养殖总面积为23400亩，其中，牙鲆21500亩、红鳍东方鲀1900亩，分别占总养殖面积的91.88%、8.12%。

池塘养殖养殖总产量为3558.5 t，其中，牙鲆3450 t、红鳍东方鲀108.5 t，分别占总产量的96.95%、3.05%。

普通网箱养殖面积45000 m^2，其中，养殖牙鲆5000 m^2、红鳍东方鲀40000 m^2。分别占普通网箱总养殖面积的11.11%、88.89%。

普通网箱养殖总产量237 t，其中，牙鲆60 t、红鳍东方鲀177 t，分别占总产量的25.32%、74.68%。

深水网箱养殖体积55000 m^3，全部养殖黄条鰤105 t，面积及产量占全部的100%。

从以上统计可以看出，在5个示范县内，育苗以牙鲆、红鳍东方鲀为主；工厂化养殖以大菱鲆、牙鲆、红鳍东方鲀、黄条鰤为主；池塘养殖品种以牙鲆、红鳍东方鲀为主；网箱养殖以牙鲆、红鳍东方鲀、黄条鰤为主。

2 示范县（市、区）科研、示范开展情况

2.1 科研课题情况

大连市旅顺口区示范区、庄河市示范区、瓦房店市示范区、营口市鲅鱼圈区、丹东市东港市示范区进行科研项目1项，承担单位为辽宁省海洋水产科学研究院，课题为“圆斑星鲽室内外接力养殖技术研究”。

2.2 示范开展情况

积极开展科技创新研究与示范推广，进行了海水鱼主要养殖模式的工程优化与示范、深远海养殖模式构建关键技术研发与示范、海水鱼种质资源评价与新品种培养示范、海水鱼饲料新型蛋白源开发与利用示范、海水鱼新型疫苗创制示范、产业技术培训与技术服务、养殖渔情信息采集工作及数字渔业示范基地的建设和海水鱼体系信息管理平台接入工作。在大连富谷水产有限公司现代产业园区，进行黄条鰤、红鳍东方鲀封闭循环水工厂化养殖示范，面积10000 m^2；陆海接力养殖黄条鰤、红鳍东方鲀，工厂化养殖与海上网箱养殖各10000 m^2；繁育牙鲆北鲆1号良种、鲆优2号苗种、繁育黄盖鲽、黄条鰤250万尾，丹东东港池塘生态混养示范50万尾，养殖面积2000亩；颢霖与富谷进行大菱鲆、河鲀等新型蛋白源饲料应用示范，示范面积10000 m^2，高效配合饲料在示范区企业推广和使用的占比达50%以上；进行大

菱鲆疫苗免疫鱼苗养殖示范 15 万尾;建立海水鱼渔情信息采集点 3 个,完成月度数据采集和网络电子版上报。在大连富谷水产公司建立水产养殖物联网视频在线监测系统一套,示范面积 1 万平方米;产业技术体系产业调研、调查 6 次,形成调查表 50 余份;进行技术指导与服务 60 余人次,产业培训 120 余人,发放资料 260 余份。

2.3 发表论文、标准、专利情况

无。

3 海水鱼产业发展中存在的问题

丹东综合试验站各示范县区主养大菱鲆、牙鲆,红鳍东方鲀、黄条鰤等,少量养殖珍珠龙胆等鱼类。各示范县区养殖条件与品种不同,养殖业存在的问题也不同。

3.1 大菱鲆养殖存在的问题

优质苗种供应不足,造成大菱鲆红嘴病流行,严重影响养殖业发展,造成养殖效益降低,养殖积极性受挫。因此应集中产业科研优势,重点攻关,解决红嘴病病害,提振大菱鲆养殖业成为当务之急。

3.2 牙鲆池塘养殖存在的问题

牙鲆池塘养殖面积大幅度下降,培养牙鲆优良品种,发展池塘多品种生态养殖,提高产量、降低成本成为池塘养殖发展的出路。

3.3 红鳍东方鲀养殖存在的问题

红鳍东方鲀工厂化养殖冬季病害严重,防控措施有待完善。

3.4 深水网箱养殖存在的问题

深水抗风浪网箱设施和养殖技术还不完善,机械化、自动化程度低,养殖管理劳动强度大,养殖技术和工艺尚需改进。

附表 1　2019 年度丹东综合试验站示范县海水鱼育苗及成鱼养殖情况统计表

		庄河				鲅鱼圈	旅顺		瓦房店	东港	
		红鳍东方鲀	黄条鰤	珍珠龙胆	鲈鱼	牙鲆	大菱鲆	牙鲆	大菱鲆	红鳍东方鲀	牙鲆
育苗	面积 / m^2	50 亩	150 亩		2000	2000				2000	20000
	产量 / 万尾	100	13		60	200				80	3000
工厂养殖	面积 / m^2	20000	22000	15000			20000		5500	10000	10000
	年产量 / t	173	150	157. 3			225		32	36. 5	20
	年销售量 / t	740	180	157. 3			179		40	15	50
	年末库存量 / t	100	165	0			125		30	40	80
池塘养殖	面积 / 亩									1900	21500
	年产量 / t									108. 5	3450
	年销售量 / t									120	3440
	年末库存量 / t									0	0
网箱养殖	面积 / m^2	40000	55000 (m^3)					5000			
	年产量 / t	177	105					60			
	年销售量 / t	70	80					60			
	年末库存量 / t	0	0					0			
户数	育苗户数	1	1	0	1	1		0	0	1	6
	养殖户数	1	1	1	0	0	2	1	1	6	335

附表2 丹东站5个示范县养殖面积、养殖产量及主要品种构成

项目＼品种	年产总量	牙鲆	大菱鲆	红鳍东方鲀	黄条鰤	鲈鱼	珍珠龙胆
工厂化育苗面积 / m^2	26000	22000		2000		2000	
工厂化出苗量 / 万尾	3340	3200		80		60	
工厂化养殖面积 / m^2	102500	10000	25500	30000	22000		15000
工厂化养殖产量 / t	793. 8	20	257	209. 5	150		157. 3
池塘养殖面积 / 亩	23400	21500		1900			
池塘年总产量 / t	3558. 5	3450		108. 5			
网箱养殖面积 / m^2	45000	5000		40000			
网箱年总产量 / t	237	60		177			
深水网箱养殖 / m^3	55000				55000		
深水网箱年总产量 / t	105				105		
各品种工厂化育苗面积占总面积的比例 / %	100	84. 62		7. 69		7. 69	
各品种工厂化出苗量占总出苗量的比例 / %	100	95. 80		2. 40		1. 80	
各品种工厂化养殖面积占总面积的比例 / %	100	9. 76	24. 88	29. 27	21. 46		14. 63
各品种工厂化养殖产量占总产量的比例 / %	100	2. 52	32. 38	26. 39	18. 90		19. 81
各品种池塘养殖面积占总面积的比例 / %	100	91. 88		8. 12			
各品种池塘养殖产量占总产量的比例 / %	100	96. 95		3. 05			
各品种网箱养殖面积占总面积的比例 / %	100	5. 00		40. 0	55. 0		
各品种网箱养殖产量占总产量的比例 / %	100	17. 55		51. 75	30. 70		

（丹东综合试验站站长　赫崇波）

葫芦岛综合试验站产区调研报告

1　示范县(市、区)海水鱼养殖现状

本综合试验站下设5个示范县(市、区),分别为:兴城市、绥中县、葫芦岛龙港区、锦州滨海经济区、凌海市。其育苗、养殖品种、产量及规模见附表1。

1.1　育苗面积及苗种产量

1.1.1　育苗面积

5个示范县育苗总面积为10000 m^2,兴城市5000 m^2,凌海市5000 m^2。

1.1.2　苗种年产量

5个示范县共计3户育苗厂家,年繁育牙鲆鱼苗170万尾。其中兴城市80万尾,凌海市90万尾,均用于牙鲆人工增殖放流。

1.2　养殖面积及年产量、销售量、年末库存量

5个示范县均为路基工厂化养殖,养殖户752户,面积276.5万平方米,年生产量为41852 t,销售量为36901 t,年末存池量为25974 t。其中:

兴城市:大菱鲆养殖户510户,养殖面积200万 m^2,年产量35150 t,销售32150 t,年末存池量16600 t。

绥中县:大菱鲆养殖户220户,养殖面积70万 m^2,年产量6012.5 t,销售4095 t,年末存池量8807.5 t。

葫芦岛龙港区:大菱鲆养殖户20户,养殖面积5万平方米,年产量603.5 t,年销售量600 t,年末存池量536.5 t。

锦州市滨海新区:其他海水鱼2户,养殖面积1.5万平方米,年产量86 t,销量56 t,年末存池量30 t。

凌海市:育苗企业2户,育苗水体5000 m^2,年繁育牙鲆鱼苗90万尾,用于人工增殖放流。

1.3　品种构成

本试验站5个示范县养殖面积、养殖产量及主要品种构成见附表2。

统计五个示范县海水鱼养殖面积、品种构成如下:

工厂化育苗总面积为10000 m^2,牙鲆育苗面积10000 m^2,占育苗面积100%。

工厂化育苗总出苗量为170万尾,全部为牙鲆鱼苗170万尾,占总出苗量的100%。

工厂化养殖总面积276.5万m^2,大菱鲆养殖面积275万平方米,大菱鲆养殖面积占总养殖面积99.46%。其他海水鱼养殖面积为1.5万m^2,占总养殖面积0.54%。

工厂化养殖总产量41852 t,大菱鲆总产量41766 t,大菱鲆产量占总产量99.79%。其他海水鱼产量占总产量0.21%。

从以上统计可以看出,在5个示范县内,工厂化养殖大菱鲆为主要养殖品种,其他海水鱼占小部分。

2　示范县(市、区)科研开展情况

葫芦岛综合试验站技术依托单位兴城龙运井盐水水产养殖有限责任公司,作为葫芦岛市农业产业化龙头企业,积极参加地方科研和技术服务工作,推广和宣传国家海水鱼产业技术体系在养殖模式、设施渔业和健康养殖方面的先进理念,推广葫芦岛地区工厂化健康养殖模式、养殖尾水治理模式,推进农业农村部水产健康养殖示范场建设。引进大菱鲆优质新品种,为推动葫芦岛地区大菱鲆养殖生产提供后续品种和产业技术,服务于地区海水鱼养殖产业发展。

3　海水鱼养殖产业发展中存在的问题

3.1　海水鱼养殖产业发展现状

葫芦岛综合试验站所辖5个示范县,分别为:兴城市、绥中县、龙港区、锦州滨海新区、锦州凌海市。5个示范区县海水鱼养殖方式主要为工厂化养殖,养殖的品种主要为大菱鲆,其他海水鱼有三文鱼等,放流的品种为牙鲆鱼。

3.2　海水鱼养殖业存在的问题

3.2.1　水产苗种繁育

葫芦岛地区开展海水工厂化养殖已有19年,由于受苗种繁育技术和条件的限制,用于养殖的苗种全部来源于外省市,同时适合本地区养殖的品种不多,因此水产繁育体系建设有待加强。

3.2.2　海水资源问题

葫芦岛示范县区养殖大菱鲆用水采用的均是地下井盐水,在多年工厂化养殖后,目前可抽取的地下水已经严重不足，水资源问题是突出问题。

3.2.3　循环水养殖引入和推广

由于循环水养殖设施、设备投入资金较大，对循环水养殖技术又不完全掌握，因此需要国家及地方政府投入资金，投入技术力量。

3.2.4　病害防控技术有待加强

目前本地区海水鱼养殖过程中病害凸显，直接影响到海水鱼养殖成活率和经济效益，由于病害防控技术不成熟，直接影响产业发展。

3.2.5　养殖尾水排放有待加强

由于养殖尾水治理排放没有统一标准，本地区在尾水治理方面虽然采取了一定的措施，但尾水治理设施、方式方法还不完善，急需改进。

3.2.6　配合饲料使用问题

本地区在海水养殖过程中，所喂饵料还是以冰鲜鱼为主，在投喂冰鲜鱼过程中存在的弊端有以下 3 个方面：一是在冰鲜鱼解冻过程中，要用大量的水进行清洗，清洗的废水未经处理直接排出，不利于环境治理。二是冰鲜鱼的质量难以保证，经常由于冰饵质量问题，造成鱼病发生。三是冰鲜杂鱼的存放需要一定吨位的冷库储存，增加了养殖成本。

附表1　2019年度葫芦岛综合试验站五个示范县海水鱼育苗及成鱼养殖情况

品种／项目		兴城市		绥中县	龙港区	锦州市滨海新区	凌海市
		大菱鲆	牙鲆	大菱鲆	大菱鲆	其他海水鱼	牙鲆
育苗	面积／m^2	–	5000	–	–	–	5000
	产量／万尾	–	80	–	–	–	90
工厂化养殖	面积／m^2	2000000	–	700000	50000	15000	–
	年产量／t	35150	–	6012. 5	603. 5	86	–
	年销售量／t	32150	–	4095	600	56	–
	年末库存量／t	16600	–	8807. 5	536. 5	30	–
池塘养殖	面积／亩	–	–	–	–	–	–
	年产量／t	–	–	–	–	–	–
	年销售量／t	–	–	–	–	–	–
	年末库存量／t	–	–	–	–	–	–
网箱养殖	面积／m^2	–	–	–	–	–	–
	年产量／t	–	–	–	–	–	–
	年销售量／t	–	–	–	–	–	–
	年末库存量／t	–	–	–	–	–	–
户数	育苗户数	0	1	0	0	0	2
	养殖户数	510	0	220	20	2	0

附表 2　葫芦岛综合试验站五个示范县养殖面积、养殖产量及主要品种构成

品种 项目	年产总量	牙鲆	大菱鲆	其他海水鱼
工厂化育苗面积(m^2)	10000	10000	-	-
工厂化出苗量(万尾)	170	170	-	-
工厂化养殖面积(m^2)	2765000	-	2750000	15000
工厂化养殖产量(t)	41852	-	41766	86
池塘养殖面积(亩)	-	-	-	-
池塘年总产量(t)	-	-	-	-
网箱养殖面积(m^2)	-	-	-	-
网箱年总产量(t)	-	-	-	-
各品种工厂化育苗面积占总面积的比例 %	100	100	-	-
各品种工厂化出苗量占总出苗量的比例 %	100	100	-	-
各品种工厂化养殖面积占总面积的比例 %	100	-	99.46	0.54
各品种工厂化养殖产量占总产量的比例 %	100	-	99.79	0.21
各品种池塘养殖面积占总面积的比例 %	-	-	-	-
各品种池塘养殖产量占总产量的比例 %	-	-	-	-

（葫芦岛综合试验站站长　王　辉）

大连综合试验站主产区调研报告

1 示范县(市、区)海水鱼养殖现状

本综合试验站下设5个示范县(市、区),分别为:大连市金普新区、大连市甘井子区、大连市长海县、福建省漳浦县、盘锦市大洼县。试验站主要示范、推广品种为红鳍东方鲀、双斑东方鲀等。本试验站育苗、养殖品种、产量及规模见附表1。

1.1 育苗面积及苗种产量

(1) 育苗面积:5个示范县海水鱼育苗总面积15500 m^2,其中金普新区无海水鱼育苗企业、甘井子区5500 m^2、长海县无育苗企业、漳浦县10000 m^2、大洼县无育苗企业。按品种分:牙鲆育苗面积5000 m^2,双斑东方鲀育苗面积10000 m^2,许氏平鲉育苗面积500 m^2。

(2) 苗种年产量:五个示范县共计8户育苗厂家,总计育苗3300万尾,其中:双斑东方鲀2000万尾(4～5 cm)、许氏平鲉500万尾(5～6 cm)、牙鲆1200万尾,各县育苗情况如下:

金普新区:无海水鱼育苗企业。

甘井子区:德洋水产、大连天正实业有限公司(大黑石基地)、鹤圣丰水产3家,主要生产褐牙鲆苗种、许氏平鲉苗种。

长海县:无海水鱼育苗企业。

漳浦县:有5家双斑东方鲀育苗室,生产双斑东方鲀苗种2000万尾(4～5 cm),全部用于本县养殖。

大洼县:无海水鱼育苗企业。

1.2 养殖面积及年产量、销售量、年末库存量

(1)工厂化养殖:甘井子区、大洼县、漳浦县均有工厂化养殖模式,除漳浦县主要用于育苗外,其他两个示范县作为成鱼养殖,养殖户普遍为开放式流水养殖,仅大连天正实业有限公司大黑石基地为全封闭式循环水养殖,共计养殖户34家,养殖面积60000 m^2,年总产量为530 t,销售量为1000 t,年末库存290 t。其中:

金普新区:无工厂化养殖企业。

甘井子区:33户,养殖面积50000 m^2,其中10000 m^2封闭式循环水养殖模式。大菱鲆养殖面积30000 m^2,产量190 t,销售390 t,年末存量100 t;牙鲆养殖面积10000 m^2,产量190 t,

全年销售 130 t,年末存量 60 余吨;红鳍东方鲀养殖面积 10000 m^2,产量 90 t,全年销售 400 t,年末存量 90 余吨。

长海县:无工厂化养殖企业。

漳浦县:仅 10 余家工厂化养殖企业,主要用于育苗生产。

大洼县:1 户,养殖面积 10000 m^2。红鳍东方鲀养殖面积 10000 m^2,产量 60 t,销售 80 t,年末存量 40 t。

(2)网箱养殖:金普新区、长海县、漳浦县是主要的网箱模式养殖地,共计养殖户 587 家,普通网箱养殖面积 150.35 万 m^2,深水网箱养殖总水体 35.4 万 m^3,年总生产量为 10175 t,销售量为 10175 t,年末库存 0 t。其中:

金普新区:38 户,普通网箱养殖面积 3500 m^2,深水网箱养殖水体 9.6 万 m^3。红鳍东方鲀深水网箱养殖水体 9.6 万 m^3,产量 1230 t,销售 1230 t,年末存量 0 t;许氏平鲉普通网箱养殖面积 3500 m^2,产量 110 t,销售 110 t,年末存量 0 t。

甘井子区:无网箱养殖企业。

长海县:58 户,深水网箱总水体 25.8 万 m^3。牙鲆养殖水体 3 万 m^3,产量 360 t,销售 360 t,年末库存 0 t;红鳍东方鲀养殖水体 13.2 万 m^3,养殖产量 560 t,销售 560 t,年末存量 0 t;海鲈鱼养殖水体 6 万 m^3,养殖产量 160 t,销售 160 t,年末存量 0 t;许氏平鲉养殖水体 3.6 万 m^3,养殖产量 105 t,销售约 105 t,年末存量 0 t。

大洼县:无网箱养殖企业。

漳浦县:491 户,普通网箱养殖面积 150 万 m^2,以石斑鱼养殖为主,养殖产量 7650 t,销售 7650 t,年末库存 0 t。

(3)池塘养殖:金普新区、甘井子区、大洼县、漳浦县为主要的池塘养殖区,共计养殖户 1698 户,主要为普通池塘养殖,养殖面积 6 万亩,年总产量为 5650 t,销售量为 4770 t,年末库存 880 t。其中:

金普新区:200 户,普通池塘养殖面积 10000 亩,主要为海参池塘套养牙鲆、海鲈鱼。其中,海鲈鱼养殖面积 5000 亩,养殖产量 250 t,销售 170 t,年末存量 80 t;牙鲆养殖面积 5000 亩,养殖产量 200 t,销售 200 t,年末存量 0 t。

甘井子区:无池塘养殖企业。

长海县:无池塘养殖企业。

大洼县:无池塘养殖企业。

漳浦县:1428 户,普通池塘养殖总面积 5 万亩,以双斑东方鲀养殖为主,养殖总产量 5200 t,销售 4400 t,年末存量 800 t。

1.3　品种构成

每品种养殖面积及产量占示范县养殖总面积和总产量的比例:见附件 2。

统计 5 个示范县各类海水鱼养殖面积调查结果,各品种构成如下:

工厂化育苗总面积为15500 m^2,其中牙鲆为5000 m^2,占总育苗面积的32. 26%;双斑东方鲀为10000 m^2,占总面积的64. 52%;许氏平鲉为500 m^2,占总面积的3. 23%。

工厂化育苗总出苗量为3300万尾,其中牙鲆1000万尾,占总出苗量的30. 3%;双斑东方鲀为2000万尾,占总出苗量的60. 6%;许氏平鲉为300万尾,占总出苗量的9. 1%。

工厂化养殖总面积为60000 m^2,其中大菱鲆为30000 m^2,占总养殖面积的50%;牙鲆为10000 m^2,占总养殖面积的16. 67%;红鳍东方鲀为20000 m^2,占总养殖面积的33. 33%。

工厂化养殖总产量为530 t,其中大菱鲆190 t,占总产量的35. 85%,牙鲆为190 t,占总产量的35. 85%;红鳍东方鲀为150 t,占总产量的28. 3%。

普通网箱养殖总面积150. 35万 m^2,深水网箱养殖总水体35. 4万 m^3。普通网箱养殖以石斑鱼和许氏平鲉为主,其他海水鱼为辅,养殖面积分别为150万 m^2、0. 35万 m^2;深水网箱养殖方面,牙鲆养殖水体16万 m^3,占总水体15. 38%;红鳍东方鲀养殖水体66. 4万 m^3,占总水体63. 85%;海鲈鱼养殖水体16万 m^3,占总水体15. 38%;许氏平鲉养殖水体5. 6万 m^3,占总水体5. 38%。

网箱养殖总产量10175 t,其中普通网箱养殖产量7760 t,深水网箱养殖产量2415 t。其中,红鳍东方鲀深水网箱养殖产量2350 t;石斑鱼普通网箱养殖产量7650 t;牙鲆深水网箱养殖总产量360 t;海鲈鱼深水网箱养殖产量160 t;许氏平鲉网箱养殖产量105 t。

池塘养殖总面积为6万亩,其中牙鲆5000亩,占总产量的8. 33%;双斑东方鲀5万亩,占总产量的83. 33%;海鲈鱼5000亩,占总产量的8. 33%。

池塘养殖总产量为5650 t,其中牙鲆产量200 t,占总产量的3. 54%;双斑东方鲀养殖产量5200 t,占总产量的92. 04%;海鲈鱼养殖产量250 t,占总产量的4. 42%。

从以上统计可以看出,在5个示范县内,主要养殖品种为石斑鱼、红鳍东方鲀、双斑东方鲀、大菱鲆、牙鲆和海鲈鱼。

2. 示范县(市、区)科研开展情况

2.1 科研课题情况

课题情况:

金普新区示范县进行科研项目5项,名称为:"金州区深水抗风浪养殖网箱""大连市重点研发计划——红鳍东方鲀全雄新种质创新及其产业化"等,主要参与人员张君。

甘井子区示范县进行科研项目10项,名称为:"辽宁省优势品种项目申报通知——黄带拟鲹海水养殖新品种引进与试养""国家重点研发计划'蓝色粮仓科技创新'——工厂化智能净水装备与高效养殖模式""大连市重点研发计划——红鳍东方鲀全雄新种质创新及其产业化""大连综合试验站自研项目——河豚鱼反季节培育""科学技术计划项目——红鳍东方鲀良种选育研究",主要参与人员刘海金、刘圣聪、张涛等。

长海县示范县进行科研项目1项，名称为："长海县农业农村局——深水抗风浪养殖网箱"，主要参与人员邹国华。

2.2　发表论文情况

目前大连综合试验站发表论文2篇：《一红鳍东方鲀不同家系群体的形态性状差异与相关性分析》和《红鳍东方鲀伪雌鱼卵巢发育迟滞的调控机制》。

3. 海水鱼养殖产业发展中存在的问题

3.1　金普新区养殖业存在的问题

金普新区以普通网箱和深水网箱养殖为主，养殖品种包括红鳍东方鲀、许氏平鲉，主要存在问题在于养殖产品的产量受到市场的制约，产量难以扩大。许氏平鲉养殖长期依赖于野生苗种，冬季网箱越冬安全性不高等，养殖品种也较为单一。

3.2　甘井子区养殖业存在的问题

甘井子区濒临渤海，冬季结冰，网箱等海上设施无法投放，基本以工厂化及池塘养殖为主，而池塘养殖受海参养殖热的影响，海水鱼养殖只能作为增加产值的副产品。

工厂化养殖以大菱鲆、牙鲆为主，大连天正基地冬季有一部海上养殖河豚鱼进入车间越冬。工厂化养殖仍旧存在着病害频发等问题，目前以大连天正为代表的规模企业已经进行了新型绿色疾病防控产品的使用，并开展海水鱼养殖投保，确保养殖安全性。

3.3　长海县养殖业存在的问题

长海县以深水网箱为主，养殖品种包括红鳍东方鲀、海鲈、鰤鱼、许氏平鲉等，由于大连海域仅许氏平鲉可能自然越冬，因此冬季其他种类海水鱼必须尽快销售或运输至车间等，而长海县水域位置限制了工厂化养殖的发展，很难为当年养殖鱼提供足够的越冬场所，造成秋季养殖鱼大批量、集中上市，价格受到影响。此外长海县水温略低，养殖鱼生长速度慢。

3.4　大洼县养殖业存在的问题

大洼县海域处于渤海北部，夏季养殖周期短，影响鱼的生长速度及出池规格。

3.5　漳浦县养殖业存在的问题

漳浦县养殖海水鱼从业者众多，几乎家家户户开展海水鱼网箱养殖或池塘养殖，不过该地区规模化养殖程度低，很少有大型的龙头企业，不能够有效推动地区海水鱼产业的发展。

附表 1　2019 年度大连综合试验站示范县海水鱼育苗及成鱼养殖情况统计表

		甘井子区				金普新区				长海县				大洼县	漳浦县	
		大菱鲆	牙鲆	红鳍东方鲀	许氏平鲉	红鳍东方鲀	许氏平鲉	牙鲆	海鲈鱼	许氏平鲉	海鲈鱼	红鳍东方鲀	牙鲆	红鳍东方鲀	双斑东方鲀	石斑鱼
育苗	面积 / m^2		5000		500										10000	
	产量 / 万尾		1200		500										2000	
工厂养殖	面积 / m^2	30000	10000	10000										10000		
	年产量 / t	190	190	90										60		
	年销售量 / t	390	130	400										80		
	年末库存量 / t	100	60	90										40		
池塘养殖	面积 / 亩							5000	5000						50000	
	年产量 / t							200	250						5200	
	年销售量 / t							200	170						4400	
	年末库存量 / t							0	80						800	
网箱养殖	面积 / m^2					9600	3500									1500000
	年产量 / t					1230	110			3600	6000	13200	3000			7650
	年销售量 / t					1230	110			105	160	560	360			7650
	年末库存量 / t					0	0			105	160	560	360			0
户数	育苗户数		3		1										10	
	养殖户数	26	7	52		14	5	91	107	3	12	31	12	12	1428	491

附表 2　大连站五个示范县养殖面积、养殖产量及主要品种构成

项目 \ 品种	总量	双斑东方鲀	红鳍东方鲀	石斑鱼	大菱鲆	牙鲆	海鲈	许氏平鲉
工厂化育苗面积 / m^2	15500	10000				5000		500
工厂化出苗量 / 万尾	3300	2000				1000		300
工厂化养殖面积 / m^2	60000		20000		30000	10000		
工厂化养殖产量 / t	530		150		190	190		
池塘养殖面积 / 亩	60000	50000				5000	5000	
池塘年总产量 / t	5650	5200					250	
网箱养殖面积 / m^2	1503500		1500000					3500
网箱年总产量 / t	7760			7650				105
深水网箱养殖 / m^3	354000		664000			160000	160000	56000
深水网箱年总产量 / t	2415		2350			360	160	
各品种工厂化育苗面积占总面积的比例 / %	100	64. 52				32. 26		3. 23
各品种工厂化出苗量占总出苗量的比例 / %	100	60. 61				30. 30		9. 09
各品种工厂化养殖面积占总面积的比例 / %	100		33. 33		50	16. 67		
各品种工厂化养殖产量占总产量的比例 / %	100		28. 3		35. 85	35. 85		
各品种池塘养殖面积占总面积的比例 / %	100	83. 33				8. 33	8. 33	
各品种池塘养殖产量占总产量的比例 / %	100	92. 04				3. 54	4. 42	
各品种普通网箱养殖面积占总面积的比例 / %	100			99. 77				0. 23
各品种网箱养殖产量占总产量的比例 / %	100			98. 58				1. 42
各品种深水网箱养殖水体占总水体积的比例 / %	100		63. 85			15. 38	15. 38	5. 38
各品种深水网箱养殖产量占总产量的比例 / %	100		97. 31			14. 91	6. 63	4. 35

（大连综合试验站站长　孟雪松）

南通综合试验站产区调研报告

1 示范县(市、区)海水鱼养殖现状

本综合试验站下设5个示范县(市、区),分别为:江苏省南通市海安市、广东省江门市江海区、广东省江门市新会区、广东省台山市和广东省中山市。示范基地十处,分别是江苏中洋集团股份有限公司南通龙洋水产有限公司、中洋渔业(江门)有限公司、中山市海惠水产养殖有限公司、泰州丰汇农业科技有限公司、海安县发华渔业专业合作社、信源水产有限公司、中山市好渔水产养殖场以及三个养殖户和养殖基地。在示范县和示范基地主要进行暗纹东方鲀养殖技术的示范和推广工作,其他海水养殖品种有零星养殖,不具规模,具体有石斑鱼和黄鳍鲷等。各示范县区的人工育苗、养殖品种、产量及规模见附表1。

1.1 育苗面积及苗种产量

1.1.1 育苗面积

5个示范县育苗总面积为89000 m^2,集中在江苏省南通市海安市,繁育的苗种为暗纹东方鲀。

1.1.2 苗种年产量

5个示范县共计1户育苗厂,总计繁育水花10000万尾,全部为暗纹东方鲀苗种,用于江苏、广东等地养殖。

1.2 养殖面积及年产量、销售量、年末库存量

5个示范县的海水鱼养殖模式主要是池塘养殖,其养殖面积为8194亩,年总养殖产量为4316 t,养殖品种主要为暗纹东方鲀。

1.2.1 池塘养殖

5个示范县池塘养殖面积为8194亩,全部为普通池塘养殖;海水鱼养殖全年产量4316 t,年销量2895 t,年末存量为1421 t,全部为暗纹东方鲀养殖。

1.3 品种构成

经过对本试验站内5个示范县区海水鱼养殖情况的调查统计,每个品种的养殖面积及

产量占示范县养殖面积和总产量的比例(附表2)情况如下:

工厂化育苗总面积为89000 m^2,其中暗纹东方鲀为89000 m^2,占总育苗面积的100%。

工厂化育苗的总出苗量为10000万尾,其中暗纹东方鲀10000万尾,占出苗总量的100%。

池塘养殖总面积为8194亩,全部养殖暗纹东方鲀,占总养殖面积的100%。

池塘养殖总量为4316 t,其中暗纹东方鲀4316 t,占总产量的100%。

从以上统计数据可以看出,五个示范县内,育苗全部是暗纹东方鲀,其育苗面积和出苗量均达到了100%。池塘养殖面积和产量均是暗纹东方鲀,占比均为100%。

2. 示范县(市、区)科研开展情况

2.1 科研课题情况

江苏中洋集团股份有限公司是南通综合试验站的建设依托单位,试验站始终保持与体系内外科研院所、岗位科学家、教授协作进行暗纹东方鲀种质资源调查和改良,营养饲料、养殖技术等各方面的合作和研究,并配合体系进行暗纹东方鲀等海水鱼品种的养殖技术试验和示范等工作。

2019年试验站依托单位江苏中洋集团提出“南鱼北养”计划,试验站充分发挥地域优势,展开反季节育苗并错开地域进行养殖。2019年在江苏提前繁苗,发往广东进行培苗。待鱼苗长至50～100 g后运往江苏进行养成。使河豚能够实现当年上市,实现效益的最大化。这种养殖模式充分利用了江苏和广东等地的地域、天气等等优势,延长河豚鱼最佳生长周期,实现河豚鱼的错峰销售,避免了河豚鱼价格的剧烈波动,有利于河豚鱼产业的健康、有序发展。

5月8日,农业农村部发布公告,公布14个经全国水产原种和良种审定委员会审定通过的水产新品种。由中洋集团培育的暗纹东方鲀“中洋1号”在列。标志着由中洋集团与中国水产科学研究院淡水渔业研究中心、南京师范大学共同合作,多年培育的河豚鱼新品种正式问世。

2018年,南通综合试验站和河鲀种质改良岗位科学家王秀利教授合作开发的河豚新品种经过小试,结果较为理想。2019年,试验站扩大繁育规模,与岗位科学家一起开展中试试验效果验证。6月投苗,9月份即可达到平均体重270 g,比同期暗纹东方鲀生长速度快30%,经济效益提升35%以上。具备大规模推广的条件。

采用5种商用诱食剂对体质量200～300 g暗纹东方鲀进行了诱食效果评价,结果表明诱食效果依次为诱食剂5＞诱食剂4＞诱食剂2＞诱食剂1＞诱食剂3,其中诱食剂5的诱食效果最为显著,诱食剂1和诱食剂3和对照组相比没有诱食效果。在此基础上,优化了诱食剂5的最适添加量,实验结果表明暗纹东方鲀膨化料中添加4‰的诱食剂5能显著提高暗纹东方鲀鱼种的摄食率。因此,对于200～300 g的暗纹东方鲀鱼种,在其膨化料中添加4‰的诱食剂5能够起到很好的诱食效果。

2.2 发表论文、标准、专利情况

获得(申请)专利11项,发表论文4篇,撰写论文1篇,编制标准(规范) 3项。

(1) 编制行业标准2项,地方标准1项,共3项标准。

行业标准:《牛蛙养殖技术规范》和《美洲鲥、美洲鲥 亲鱼和苗种》《美洲鲥人工繁育技术规范》;

地方标准:《长江刀鲚生态养殖技术规程》。

(2) 申请发明专利11项。

[1] 储智勇,钱晓明,叶建华. 毒素高的河豚鱼养殖方法:CN110050731A. 2019.

[2] 任鹏,钱晓明,朱永祥,徐跑,郭正龙,孙侦龙,闫兵兵,吴爱君,宋泰. 一种针对强应激性鱼类的渔业养殖池及方法:CN110226552A. 2019.

[3] 钱晓明,冯国富,叶建华,韩世询,卜健康,张晗,尤伟伟. 一种UDP协议和电力载波相结合的智能投饵机通信方法:CN109861724A. 2019.

[4] 钱晓明,冯国富,叶建华,孙帧龙,文朝武,秦巍仑,杨文静. 一种测量计算投饵机料斗内饵料量和投放定量饵料的技术:CN109937939A. 2019.

[5] 郭正龙,钱晓明,张巧云,朱浩拥,王耀辉,王巧丽. 提高暗纹东方鲀雌鱼和红鳍东方鲀雄鱼杂交受精率的方法:CN109601433A. 2019.

[6] 秦桂祥,闫兵兵,张琳琳,张巧云,史磊磊,徐逍. 一种集约化循环水养殖系统生态食物链的培育方法:CN109730007A. 2019.

[7] 闫兵兵,钱晓明,陈义培,张文龙,赵岩岩. 一种工厂化养殖模式下高密度培育鱼苗的方法:CN109717103A. 2019.

[8] 徐逍,钱晓明,孙侦龙,陈义培,朱新鹏. 一种三级净化水产养殖场污水零排放的方法:CN109730026A. 2019.

[9] 钱晓明,朱浩拥,温松来,秦巍仑,王巧利. 一种红鳍东方鲀雌鱼与暗纹东方鲀雄鱼杂交育种方法:CN109601438A. 2019.

[10] 钱晓明,朱浩拥,温松来,秦巍仑,王巧利. 一种水产养殖用光合细菌的制备及纯化方法:CN109666611A. 2019.

[11] 徐逍,朱永祥,陈义培,丛建华,于清泉. 一种改善冰冻河豚鱼鲜度和嫩度的烹饪方法:CN110050964A. 2019.

3) 发表论文4篇,撰写投稿1篇。

[1] Dongyu Dou, Xiuli Wang, Haoyong Zhu, Yulong Bao, Yaohui Wang, Jun Cui, Xuesong Meng, Yongxiang Zhu, Xuemei Qiu. The complete mitochondrial genome of the hybrid of *Takifugu obscurus* (♀)× *Takifugu rubripes* (♂). Mitochondrial DNA Part B 4. 2

(2019)：3196-3197.

[2] 朱浩拥，王巧利，朱永祥，王耀辉，徐跑．5 种诱食剂对暗纹东方鲀的诱食效果评价．科学养鱼，2019，09.

[3] 郭正龙，朱永祥，闫兵兵，王耀辉．暗纹东方鲀生态高效育苗试验初探．水产养殖：2019（11）.

[4] 闫兵兵，陈义培，卢玉平，郭正龙．暗纹东方纯“中洋 1 号”新品种育种技术．科学养鱼：2019，(7)，4.

[5] Hanyuan Zhang，Jilun Hou，Haijin Liu，Haoyong Zhu，Gangchun Xu，Jian Xu. Adaptive evolution of low salinity tolerance and hypoosmotic regulation in a euryhaline teleost, *Takifugu obscurus*. Marine Biotechnology.

3. 海水鱼养殖产业发展中存在的问题

3.1　缺乏有序管理，市场价格波动较大

虽然不少养殖品种都有相应的协会和组织，但是并没有起到多大的作用。养殖企业或者养殖户自律性较差，导致一窝蜂地养殖，从而造成供求关系的失衡。急需在体系的引导下，形成各个养殖品种的规模化、正规化。

3.2　先进技术和产品没有及时到达试验站

每年各个岗位和试验站都会有不少新的技术和产品产生，但是往往不能够在体系内部形成交流。使得研究和科研还是停留在科研阶段，产业的从业者并未得到多大的实惠。急需专家和相关人员认真走下去进行示范和推广，使我们体系内的养殖从业者得到实惠，加深彼此之间的联合和沟通。

3.3　疾病预防和治疗工作继续加强

疾病往往是导致养殖失败的重要原因，好的养殖模式和优秀防控体系的建立是养殖从业者很关心的话题。体系应该发挥大家的优势，集中攻克几种海水养殖品种的种质、养殖模式、营养饲料、防控体系等方面的难题。形成具有体系特色的海水研制品种，带领海水鱼从业者共同进步。

3.4　鱼类加工副产物难处理

体系内有部分是鱼类加工企业，水产品加工后的副产物往往较难处理，容易造成浪费。因此，鱼类下脚料的综合利用需要认真考虑和对待。

4 当地政府对产业发展的扶持政策

为促进现代渔业的绿色健康发展,依照农业农村部对水产养殖户的扶持政策,南通市对于渔用柴油涨价补贴,渔业资源保护和转产转业财政项目、渔业互助保险保费补贴,发展水产养殖业补贴,包括水产养殖机械补贴、良种补贴、养殖基地补贴,另有渔业贷款贴息、税收优惠等政策。对于渔业用地也有相应的经营财政补贴政策。

附表 1 2019 年度本综合试验站示范县海水鱼育苗及成鱼养殖情况

		海安市	江门市新会区	江门市江海区	广东省台山市	广东省中山市
		暗纹东方鲀	暗纹东方鲀	暗纹东方鲀	暗纹东方鲀	暗纹东方鲀
育苗	面积 / m^2	89000				
	产量 / 万尾	10000				
工厂养殖	面积 / m^2					
	年产量 / t					
	年销售量 / t					
	年末库存量 / t					
池塘养殖	面积 / 亩	664	4000	1160	1570	800
	年产量 / t	211	1240	96		
	年销售量 / t	203	1050	572	716	354
	年末库存量 / t	47	510	310	390	164
网箱养殖	面积 / m^3					
	年产量 / t					
	年销售量 / t					
	年末库存量 / t					
户数	育苗户数	1	0	0	0	0
	养殖户数	2	1	1	2	1

附表 2　本综合试验站五个示范县养殖面积、养殖产量及主要品种构成

项目 \ 品种	年产总量	暗纹东方鲀
工厂化育苗面积 /m^2	89000	89000
工厂化出苗量 / 万尾	10000	10000
工厂化养殖面积 /m^2	–	–
工厂化养殖产量 /t	–	–
池塘养殖面积 / 亩	8194	8194
池塘年总产量 /t	4316	4316
网箱养殖面积 /m^2	–	–
网箱年总产量 /t	–	–
各品种工厂化育苗面积占总面积的比例 /%	100	100
各品种工厂化出苗量占总出苗量的比例 /%	100	100
各品种工厂化养殖面积占总面积的比例 /%	–	–
各品种工厂化养殖产量占总产量的比例 /%	–	–
各品种池塘养殖面积占总面积的比例 /%	100	100
各品种池塘养殖产量占总产量的比例 /%	100	100
各品种网箱养殖面积占总面积的比例 /%	–	–
各品种网箱养殖产量占总产量的比例 /%	–	–

（南通综合试验站站长　朱永祥）

宁波综合试验站产区调研报告

1　示范县(市、区)海水鱼类养殖现状

宁波综合试验站下设5个示范区县(市、区),分别为舟山市普陀区、宁波市象山县、台州市椒江区、温州市洞头区、温州市平阳县。其育苗、养殖品种、产量及规模如下。

1.1　育苗面积及育苗产量

(1)育苗面积:5个示范区县中海水鱼育苗厂家主要分布于宁波象山、舟山普陀等地,育苗总面积为13 000 m^2,品种以大黄鱼为主。

(2)苗种年产量:五个示范区县年培育海水鱼苗种15938万尾,包括大黄鱼、黑鲷、黄姑鱼、银鲳、日本鬼鲉、褐菖鲉等种类,其中大黄鱼苗种12300万尾,占77.17%,其他海水鱼类3638万尾,占22.83%。

1.2　养殖面积及年产量、销售量、年末库存量

(1)普通网箱养殖:5个示范区县有普通网箱养殖面积365303 m^2,分布于普陀、象山、洞头和平阳等区县,共计养殖户214户,全年养殖生产量5777.15 t,销售量6781.35 t,库存量3923.7 t。其中:

普陀区:10户,养殖面积42315 m^2,产量387.15 t,销售457.35 t,年末库存量334.7 t。养殖大黄鱼10815 m^2,产量188.5 t,销售167 t,年末库存量180.75 t。海鲈鱼10500 m^2,产量65.85 t,销售110 t,年末库存量54.45 t;鲷鱼7500 m^2,产量39.8 t,销售50.35 t,年末库存量32 t;美国红鱼13500 m^2,产量93 t,销售130 t,年末库存量67.5 t。

象山县:109户,养殖面积244530 m^2,产量2317 t,销售1937 t,年末库存量2122 t。养殖大黄鱼215424 m^2,产量1805 t,销售1720 t,年末库存量1436 t;海鲈鱼23409 m^2,产量438 t,销售142 t,年末库存量636 t;美国红鱼5697 m^2,产量74 t,销售75 t,年末库存量50 t。

洞头区:83户,养殖面积58658 m^2,产量2964 t,销售4287 t,年末库存量1452 t。养殖大黄鱼20527 m^2,产量824 t,销售571.4 t,年末库存量751 t;海鲈鱼5535 m^2,产量803 t,销售1246 t,年末库存量110 t;鲷鱼5416 m^2,产量194 t,销售213.6 t,年末库存量194 t;美国红鱼17055 m^2,产量801 t,销售1394 t,年末库存量221 t;其他海水鱼以鮸鱼为主,10125 m^2,产量342 t,销售862 t,年末库存量176 t。

平阳县:12户,养殖面积19800 m²,全部养殖大黄鱼,产量109 t,销售100 t,年末库存量15 t。

(2)深水网箱养殖:五个示范区县有深水网箱养殖面积1037226 m³,分布于普陀、椒江、平阳和洞头等区县,全年养殖生产量2368.7 t,销售量2707.4 t,库存量1064.1 t。其中:

普陀区,深水网箱面积116040 m³,年产量475.5 t,销售量429.1 t,年末库存332.8 t。其中,大黄鱼65240 m³,年产量303 t,销售量329 t,年末库存174 t;海鲈鱼3048 m³,产量6.5 t,销售2 t,年末库存量6.8 t;鲷鱼20320 m³,产量30 t,销售8.1 t,年末库存量28 t;美国红鱼27432 m³,产量136 t,销售90 t,年末库存量124 t。

椒江区,深水网箱面积513500 m³,均养殖大黄鱼,年产量335 t,销售量645 t,年末库存135 t。

平阳县,深水网箱面积290986 m³,均养殖大黄鱼,年产量1515 t,销售量1505 t,年末库存550 t。

洞头区,深水网箱面积116700 m³,均养殖大黄鱼,年产量43.2 t,销售量128.3 t,年末库存46.3 t。

(3)围网养殖:五个示范区县有围网养殖面积812848 m²,分布于椒江、平阳、洞头等区县,全年养殖生产量2674 t,销售量1917 t,库存量1789 t。其中:

椒江区,围网面积396666 m²,均养殖大黄鱼,年产量1929 t,销售量1733 t,年末库存1156 t。

平阳县,围网面积12000 m²,均养殖大黄鱼,年产量190 t,销售量150 t,年末库存80 t。

洞头区,围网面积404182 m³,均养殖大黄鱼,年产量555 t,销售量34 t,年末库存553 t。

1.3 品种构成

统计5个示范区县主要养殖品种养殖面积及产量占示范区县养殖面积和总产量的比例:见附表2,各品种构成如下:

工厂化育苗总面积为13000 m²,其中大黄鱼为11500 m²,占育苗总面积的88.46%。

工厂化育苗总产量为15938万尾,其中大黄鱼为12300万尾,占育苗总产量的77.17%。

普通网箱养殖总面积为365303 m²,其中大黄鱼为266566 m²,占育苗总面积的72.97%;海鲈鱼为39444 m²,占总面积的10.80%;鲷鱼为12916 m²,占总面积的3.54%;美国红鱼为36252 m²,占总面积的9.92%;其他海水鱼为10125 m²,占总面积的2.77%。

普通网箱养殖总产量为5777.15 t,其中大黄鱼为2926.5 t,占总产量的50.66%;海鲈鱼为1306.85 t,占总产量的22.62%;鲷鱼为233.8 t,占总产量的4.05%;美国红鱼为968 t,占总产量的16.75%;其他海水鱼为342 t,占总产量的5.92%。

深水网箱养殖总面积为1037226 m²,总产量2368.7 t。主要为大黄鱼,面积为986426 m²,总产量2196.2 t。

围网养殖均为大黄鱼,总面积为812848 m³,总产量为2674 t。

从以上统计可以看出，浙江海水鱼主产区大黄鱼在各个方面，都占绝对优势。

2. 示范县（市、区）科研开展情况

2.1　科研课题进展

（1）参与“海水鱼生态健康养殖关键技术研发与集成示范（CARS-47-01A）”，开展大黄鱼网箱和大型围栏健康养殖技术综合示范，在普陀、象山、椒江、洞头和平阳五个示范县设立养殖示范企业 11 家，示范传统网箱养殖 9082 m^2、抗风浪深水网箱 42. 73 万立方米、设施化围栏养殖 8. 37 万平方米，继续开展高品质大黄鱼生态养殖技术示范与推广，制定完善《高品质大黄鱼健康养殖技术规范》，示范与应用大黄鱼“东海 1 号”“甬岱 1 号”等优良品种和品系；示范应用养殖疾病综合防控技术，成活率提高 10. 1%～12. 3%，综合效益提升 9. 2%；推广应用高效环保颗粒饲料，推广应用配合饲料 10500 t，配合饲料使用占比 40% 以上，实现降本增效 9. 5% 以上；培育高品质大黄鱼特色品牌，示范企业养殖大黄鱼品质接近野生种，产品销售价格较普通养殖提高 20%～200%，增效 15% 以上。

（2）参与“海水养殖鱼类种质资源评价与新品种培育（CARS-47-03B）”，继续开展大黄鱼新品种选育工作，选育的大黄鱼“甬岱 1 号”体型匀称修长，平均体高 / 体长为 0. 265，在相同养殖条件下，比未经选育的普通大黄鱼生长速度（体重）平均提高 16. 36%，平均体高 / 体长比值小 0. 02 以上，通过了国家水产原良种审定委员会专家的现场审核。 2019 年繁育大黄鱼“甬岱 1 号”优质健康苗种 5833 万尾，在浙江、福建应用示范养殖中试 68280 m^3 水体，增产增效 15% 以上。配合大黄鱼种质资源与品种改良岗位科学家开展了大黄鱼高 HUFA 选育系和抗内脏白点病选育系养殖试验工作；联合示范企业开展野生大黄鱼活体采捕工作，在大目洋南韭山海域采集大黄鱼 85 尾，保活养殖 61 尾。

（3）配合病毒病防控岗位科学家建立了大黄鱼初孵仔鱼细胞系；配合细菌病防控岗位科学家建立了大黄鱼疫苗临床前期研究养殖实验系统；配合大黄鱼营养需求与饲料岗位科学家继续开展大黄鱼仔稚鱼配合饲料研究和大黄鱼营养代谢与免疫机制研究。

2.2　创新技术研发

（1）大黄鱼超雄鱼构建，以 2017 年构建的大黄鱼“甬岱 1 号”功能性雌鱼为基础，培育出大黄鱼超雄鱼 1000 尾以上。

（2）大黄鱼系选育，以大黄鱼“甬岱 1 号”为基础群体，筛选构建了大黄鱼低氧耐受群体 2800 余尾，并开展相关基础研究。

2.3 专利与论文

2.3.1 专利

无。

2.3.2 发表论文3篇

[1] Jie Ding，Cheng Liu，Shengyu Luo，et al. Transcriptome and physiology analysis identify key metabolic changes in the liver of the large yellow croaker（*Larimichthys crocea*）in response to acute hypoxia. Ecotoxicology and Environmental Safety，2019（online）

[2] Cheng Liu，Weiliang shen，Congcong Hou，et al. Low temperature induced variation in plasma biochemical indices and aquaglyceroporin gene expression in the large yellow croaker *Larimichthys crocea*. Scientific Reports，2019，9：2717.

[3] 沈伟良，钱宝英，薛良义．饥饿和复投喂对大黄鱼（*Larimichthys crocea*）IGF-I、mTOR、MyoD和MHC基因表达的影响．海洋与湖沼，2019，50(4)：894-902.

3. 海水鱼养殖产业发展中存在的问题

3.1 近岸养殖环境容量不足，发展空间受限

随着沿海经济和城镇化的迅速发展，近岸传统养殖海域空间逐渐缩小，近岸养殖环境容量不足，发展空间受限。深远海养殖受装备和技术条件限制，目前主要依托离岸海岛作为天然屏障，开展围栏和抗风浪网箱养殖。由于对可养海区缺乏基于环境养殖容量的科学规划与布局，一些抗风浪条件较好的海岛局部区域，已出现区域养殖密度过载问题，极易爆发病害。同时，随着福建宁德地区浅海养殖环境整治工作的迅猛开展，一些被淘汰的落后产能，有向浙江转移的现象，加剧了浙江沿海养殖环境压力。

3.2 近岸养殖设施落后，抵御灾害能力弱

受2019年“利其玛”和“米娜”台风袭击，浙江近岸一些传统养殖鱼排受损严重，平阳、大陈等一些离岸海岛的传统养殖鱼排被摧毁，一些示范县养殖企业损失惨重。工程化围栏养殖等新型养殖设施受损较小，改造提升传统鱼排，提高灾害能力已刻不容缓。

3.3 依赖药物防控病害，存在药残风险隐患

养殖药物使用不科学，存在药残风险。近些年养殖病害呈多发、频发和复杂化态势，由于疫苗、抗病育种等预防技术和手段严重滞后，对病害的防控较多依赖于药物使用，专用水产药物缺乏，疗效较好药物种类极为单一，养殖户因缺乏药物使用科学指导，易出现药物滥

用或休药期执行不严格问题。如2019年市场水产品质量抽检中因病害防治大量使用恩诺沙星药物而造成沙星药物总量超标问题时有发生。

3.4 保鲜与加工已成为产业发展的短板

以大黄鱼产业为例，受大黄鱼品质要求影响，大黄鱼供应期较为集中，全年产能短期供给不仅造成养殖效益的下滑，也造成非供给期货源不足问题。以鲜活或冰鲜为主的养殖海水鱼运销方式已不能满足市场对养殖产品均衡上市和品质的需求，产业链冷链加工和保鲜技术和能力不足，已成为产业链中的短板。

3.5 品牌建设各自为战，整合度不高

在发展高品质大黄鱼养殖产业中，各地都高度重视品牌建设，创建的区域性公共品牌和企业品牌杂而多，但产量少，品牌建设各自为战，整合度不高，有些地区区域品牌与企业品牌衔接不够，影响整体竞争力。

附表 1　2019 年度宁波综合试验站示范区县海水鱼育苗及成鱼养殖情况统计

			宁波象山				台州椒江	温州洞头					温州平阳	舟山普陀			
			大黄鱼	海鲈鱼	美国红鱼	其他海水鱼	大黄鱼	大黄鱼	海鲈鱼	鲷鱼	美国红鱼	其他海水鱼	大黄鱼	大黄鱼	海鲈鱼	鲷鱼	美国红鱼
育苗	面积 / m^2		9000			1500								2500			
	年产量 / 万尾		10800			3638								1500			
养殖	普通网箱	面积 / m^2	215424	23409	5697			20527	5535	5416	17055	10125	19800	10815	10500	7500	13500
		产量 / t	1805	438	74			824	803	194	801	342	109	188. 5	65. 85	39. 8	93
	深水网箱	面积 / m^3					513500	116700					290986	65240	3048	20320	27432
		产量 / t					335	43. 2					1515	303	6. 5	30	136
	围网	面积 / m^2					396666	404182					12000				
		产量 / t					1929	555					190				
户数	育苗户数		3			3								3			
	养殖户数		99	75	56		10	9	38	36	36	39	12	10	5	6	5

附表 2　2019 年度宁波试验站示范县养殖面积、养殖产量及主要品种构成

品种 项目	年产总量	大黄鱼	海鲈鱼	鲷鱼	美国红鱼	其他海水鱼（包括鲷鱼）
工厂化育苗面积 / m^2	13000	11500				1500
工厂化育苗产量 / 万尾	15938	12300				3638
普通网箱养殖面积 / m^2	365303	266566	39444	12916	36252	10125
普通网箱养殖产量 / t	5777. 15	2926. 5	1306. 85	233. 8	968	342
深水网箱养殖面积 / m^3	1037226	986426	3048	20320	27432	
深水网箱养殖产量 / t	2368. 7	2196. 2	6. 5	30	136	
围网养殖面积 / m^2	812848	812848				
围网养殖产量 / t	2674	2674				
各品种育苗面积占育苗总面积的比例 / %	100	88. 46				11. 54
各品种育苗量占总育苗量的比例 / %	100	77. 17				22. 83
各品种普通网箱养殖面积占总面积的比例 / %	100	72. 97	10. 80	3. 54	9. 92	2. 77
各品种普通网箱养殖产量占总产量的比例 / %	100	50. 66	22. 62	4. 05	16. 75	5. 92
各品种深水网箱养殖面积占总面积的比例 / %	100	95. 10	0. 29	1. 96	2. 65	
各品种深水网箱养殖产量占总产量的比例 / %	100	92. 72	0. 27	1. 27	5. 74	
各品种围网养殖面积占总面积的比例 / %	100	100				
各品种围网养殖产量占总产量的比例 / %	100	100				

（宁波综合试验站站长　吴雄飞）

宁德综合试验站产区调研报告

1 示范县(市、区)海水鱼养殖现状

宁德综合试验站下设5个示范县(市、区),分别为福建省宁德市的蕉城区、霞浦县、福安市以及福建省漳州市的东山县、诏安县。示范基地10处,分别是宁德市富发水产有限公司、宁德市达旺水产有限公司、霞浦县蔡建华养殖场、霞浦县陈忠养殖场、福安市陈时红养殖场、福安市林亦通养殖场、东山县祥源汇水产养殖有限公司、福建省逸有水产科技有限公司、诏安县郑祖盛养殖场、诏安县高忠明养殖场,其示范区育苗、养殖品种、产量和规模见附表1。

1.1 育苗面积和苗种产量

1.1.1 育苗面积

五个示范县育苗总面积为201050 m^2,其中蕉城区为165550 m^2,霞浦和福安未统计到育苗场;东山县为23900 m^2,诏安县为6050 m^2;按品种来分,大黄鱼育苗面积为165550 m^2,石斑鱼为11800 m^2,鲷鱼为10500 m^2,鲈鱼为8100 m^2。

1.1.2 苗种年产量

5个示范县育苗户数为466户,总育苗量为21.63亿尾,其中大黄鱼为21.45亿尾,石斑鱼为360万尾,鲷鱼为790万尾,鲈鱼为610万尾。各县的育苗数量如下:

蕉城区:共有育苗户119家,共计育大黄鱼苗21.45亿尾;

东山县:共有育苗户321家,苗种繁育数量为1440万尾,其中石斑鱼苗330万尾,鲷鱼苗710万尾,鲈鱼苗300万尾;

诏安县:共有育苗户26家,苗种繁育数量为420万尾,其中石斑鱼苗30万尾,鲷鱼苗80万尾,鲈鱼苗310万尾。

1.2 养殖面积及年产量、销售量、年末库存量

1.2.1 工厂化养殖

5个示范县工厂化养殖面积为16500 m^2,其养殖产量为353 t,其中年销售量为261 t,年库存量为92 t。各县的养殖情况如下:蕉城区工厂化养殖面积5000 m^2,养殖产量110 t,销售74 t,年库存36 t;东山县工厂化养殖面积9000 m^2,养殖总产量182 t,年销售量为150 t,年库

存量为 32 t；诏安县工厂化养殖面积 2500 m^2，养殖总产量尾 61 t，年销售量为 37 t，年库存量为 24 t。

1.2.2　池塘养殖

5 个示范县池塘养殖面积为 7381050 m^2，养殖产量尾 8047 t，其中年销售量为 7551 t，年库存量为 39 t。各县养殖情况如下：蕉城区池塘养殖面积为 7380000 m^2，年产量为 7456 t，为全部销售；东山县池塘养殖总面积为 750 m^2，年产量为 65 t，销售量为 35 t，库存 30 t；诏安县池塘养殖总面积为 300 m^2，年产量 30 t，销售 21 t，库存 9 t。

1.2.3　网箱养殖

五个示范县网箱养殖总面积为 25930150 m^2，总产量为 149547 t，其中年销售量为 125278 t，库存 24269 t。各示范县的养殖情况如下：蕉城区网箱养殖面积为 15260000 m^2，养殖产量为 66769 t，销售 53477 t，库存 13292 t；霞浦县网箱养殖面积为 9382500 m^2，养殖产量为 49024 t，销售 41010 t，库存 8014 t；福安市网箱养殖面积为 986500 m^2，养殖产量为 18142 t，销售 16370 t，库存 1772 t；东山县网箱养殖面积为 301150 m^2，养殖产量为 15612 t，销售 14421 t，库存 1191 t；诏安县网箱养殖面积为 24150 m^2，养殖产量为 4260 t，销售 3527 t，库存 833 t。

1.3　品种构成

每品种养殖面积及产量占示范县养殖总面积和总产量的比例见附表 2。

统计 5 个示范县海水鱼养殖面积调查结果，各品种构成如下：

育苗面积：总育苗面积为 195500 m^2，其中大黄鱼育苗面积为 165550 m^2，占总育苗面积的 84. 68%；石斑鱼为 11800 m^2，占总育苗面积的 6. 04%；鲷鱼为 10050 m^2，占总育苗面积的 5. 14%；鲈鱼为 8100 m^2，占总育苗面积的 4. 14%。

育苗产量：5 个示范县育苗总量为 216260 万尾，其中大黄鱼为 214500 万尾，占总育苗量的比例为 99. 21%；石斑鱼育苗数量为 360 万尾，所占比例为 0. 17%；鲷鱼育苗数量为 790 万尾，所占比例为 0. 37%；鲈鱼育苗数量为 610 万尾，所占比例为 0. 28%。

工厂化养殖面积：工厂化养殖总面积为 16500 m^2，其中大黄鱼养殖面积为 5000 m^2，所占比例为 30. 30%；石斑鱼养殖面积为 11500 m^2，所占比例为 69. 70%。

工厂化养殖产量：工厂化养殖总产量为 353 t，其中大黄鱼养殖产量为 110 t，所占比例为 31. 16%；石斑鱼养殖产量为 243 t，所占比例为 68. 84%。

池塘养殖面积：池塘养殖总面积为 7381050 m^2，其中大黄鱼池塘养殖面积为 7380000 m^2，所占比例为 99. 98%；石斑鱼池塘养殖面积为 1050 m^2，所占比例为 0. 02%。

池塘养殖产量：池塘养殖总产量为 7551 t，其中大黄鱼池塘养殖产量为 7456 t，所占比例为 98. 74%；石斑鱼养殖产量为 95 t，所占比例为 1. 26%。

网箱养殖面积：网箱养殖总面积为 25954300 m^2，其中大黄鱼养殖面积为 25629000 m^2，所占比例为98.75%;石斑鱼养殖面积为112750 m²,所占比例为0.43%;鲷鱼养殖面积为38410 m²,所占比例为0.15%;鲈鱼养殖面积为74940 m²,所占比例为0.29%;美国红鱼养殖面积为76000 m²,所占比例为0.29%;鲟鱼养殖面积为23200 m²,所占比例为0.09%。

网箱养殖产量:网箱养殖总产量为152807 t,其中大黄鱼网箱养殖产量为133935 t,所占比例为87.65%;石斑鱼网箱养殖产量为4847 t,所占比例为3.17%;鲷鱼网箱养殖产量为5200 t,所占比例为3.40%;鲈鱼网箱养殖产量为5688 t,所占比例为3.72%;美国红鱼网箱养殖产量为2230 t,所占比例为1.46%;鲟鱼网箱养殖产量为1907 t,所占比例为1.25%。

2 示范县(市、区)科研开展情况

2.1 主要科研课题情况

(1)提供大黄鱼等宁德地区特色海水鱼类营养与饲料创新研究与应用的苗种、场地,并进行协助。宁德综合试验站配合海水鱼体系营养与饲料研究室岗位科学家麦康森院士及艾庆辉教授,开展大黄鱼的新型饲料蛋白源的开发与利用的试验示范。

(2)协助海水鱼体系疾病防控研究室岗位科学家对宁德地区主养海水鱼类主要爆发鱼病的调研,协助其进行病原微生物的取样和研究示范。目前已配合海水鱼体系疾病防控研究室的细菌病防控、寄生虫病防控、环境胁迫性疾病与综合防控等岗位科学家,对宁德养殖海水鱼类常见的刺激隐核虫病、内脏白点病、弧菌病、白鳃病等主要疾病爆发情况的调研和综合防治机制研究试验示范,为岗位科学家的病原取样、攻毒试验等提供了场地和生物材料便宜。2019年,宁德站还配合疾病防控研究室寄生虫岗位就宁德市大黄鱼养殖区"白点病"问题开展调研,实地调研了宁德市4个海域13家养殖企业和散户。

(3)传统养殖网箱升级改造和新型环保塑胶养殖基地的推广应用。传统的养殖网箱以小家庭作坊式的近海粗放养殖为主,设施简陋、工艺粗糙、管理水平低下,其生活垃圾随意丢放,泡沫浮球、木质走道等破损较为严重,养殖密度大导致水质恶化、疾病频发、损失惨重,存在环保隐患。因此,宁德试验站在大黄鱼主养区新增深水抗风浪养殖网箱6口(24 m × 24 m × 10 m)和改造340口的环保型全塑胶渔排(4.5 m × 4.5 m),并做了更加合理的改造,全周期按照无公害养殖标准进行规范化养殖生产,进一步科学规划了养殖网箱的布局、加强了渔排设施设备的优化升级与科学管理。

(4)2015年畜禽水产良种工程项目"大黄鱼原种保种场项目"(项目编号:0121.15146-1)于2019年11月28日已通过现场验收,项目新建水处理车间650 m²;改建选育1号车间800 m²,选育2号车间800 m²及选育3号车间500 m²,亲本保活和培育车间581.42 m²,实验室240 m²,购置仪器设备249台(套)。

(5)深入开展宁德地区深远海养殖模式的研究,完成适合本地区深远海养殖模式的实施方案。宁德综合试验站与福鼎市城市建设投资有限公司、福建福鼎海鸥水产食品有限公司联合申报的“福建福鼎单柱式半潜深海渔场建设项目”，拟在宁德台山岛海域开展半潜深海渔场养殖试验示范，项目目前进展良好，主体建造部分已完成，现于舟山长宏国际完成最后拼接工作。

2.2　发表论文、标准、专利情况

申请发明专利 2 项，授权发明专利 2 项，申请实用新型专利 9 项，发表论文 5 篇，其中 SCI 收录 4 篇。

（1）发表论文：发表论文 6 篇，其中 SCI 4 篇。

[1] 姜燕，徐永江，柳学周，郑炜强，陈佳，史宝，王滨．工厂化和网箱养殖大黄鱼幼鱼消化道微生物群结构与功能分析 [J]．饲料工业，2019，4(6)：35-43.

[2] 黄匡南，陈彩珍，陈佳，柯巧珍，翁华松，余训凯，潘滢．三都澳水产养殖海域水质情况分析 [J]．河北渔业，2019，7：30-34.

[3] Shengnan Kong, Qiaozhen Ke, Lin Chen, Zhixiong Zhou, Fei Pu, Ji Zhao, Huaqiang Bai, Wenzhu Peng, Peng Xu. Constructing a high-density genetic linkage map for large yellow croaker (*Larimichthys crocea*) and mapping resistance trait against ciliate parasite *Cryptocaryon irritans*[J]. Marine Biotechnology, 2019, 21: 262-275

[4] Zhixiong Zhou, Kunhuang Han, Yidi Wu, Huaqiang Bai, Qiaozhen Ke, Fei Pu, Yilei Wang, Peng Xu. Genome-Wide Association Study of Growth and Body-Shape-RelatedTraits in Large Yellow Croaker(*Larimichthys crocea*) Using ddRAD Sequencing[J]. Marine Biotechnology, 2019, 21: 655 - 670.

[5] Xiuxia Chen, Hongshu Chi, Binfu Xu, Zaiyu Zheng, Jia Chen, Ling Ke, Hui Gong. Oral bovine serum albumin immune-stimulating complexesimprove the immune responses and resistance of large yellowcroaker(*Pseudosciaena crocea*, Richardson, 1846) against Vibrioalginolyticus[J]. Aquaculture Research, 2019, 00: 1 - 8.

[6] Baohua Chen, Zhixiong Zhou, Qiaozhen Ke, Yidi Wu, Huaqiang Bai, Fei Pu, Peng Xu. The sequencing and de novo assembly of the *Larimichthys crocea* genome using PacBio and Hi-C technologies[J]. Scientific Data, 2019, 6(188): 1-10.

(2)专利申请：申请发明专利 2 项，授权发明专利 3 项，申请实用新型专利 9 项，授权实用新型专利 2 项。

申请发明专利 2 项：

一种条石鲷流水式促产方法及仔稚鱼培育方法，申请号：201911056221. X，专利类型：发明专利，申请日期：2019 年 10 月 31 日；

一种野生石首鱼类人工受精的方法，申请号：201911028758. 5，专利类型：发明专利，申请日期：2019 年 10 月 28 日。

授权发明专利 3 项：

大黄鱼养殖池内寄生虫收集及其消除方法,专利号:ZL201610541357.X,专利类型:发明专利,授权日期:2019年06月25日;

一种培育大黄鱼苗种的方法及其所使用的筛选分子标记,专利号:ZL201610686101.8,专利类型:发明专利,授权日期:2019年07月16日;

一种鱼类实验生物学观测装置及使用方法,专利号:ZL201710782807.9,专利类型:发明专利,授权日期:2019年11月21日。

申请实用新型专利9项:

一种养殖水槽,专利号:ZL201920111899.2,专利类型:实用新型专利,授权日期:2019年1月23日;

一种自动排污平底养殖池,申请号:201920112392.9,专利类型:实用新型专利,申请日期:2019年01月23日;

一种测量大黄鱼生物学数据的装置,申请号:201920112392.9,专利类型:实用新型专利,申请日期:2019年09月27日;

一种快速投喂大黄鱼冰鲜料装置,申请号:201921626464.8,专利类型:实用新型专利,申请日期:2019年09月27日;

一种大黄鱼快速收集转移装置,申请号:201921569958.7,专利类型:实用新型专利,申请日期:2019年09月20日;

一种防跑抄网,申请号:2019121942044.0,专利类型:实用新型专利,申请日期:2019年11月12日;

一种近海捕鱼装置,申请号:201922026991.1,专利类型:实用新型专利,申请日期:2019年11月21日;

一种鱼类结构调查的捕捞装置,申请号:201922123005.4,专利类型:实用新型专利,申请日期:2019年12月02日;

一种鱼类养殖装置,申请号:201921568285.3,专利类型:实用新型专利,申请日期:2019年09月20日。

授权实用新型专利2项:

一种养殖水槽,专利号:ZL201920111899.2,专利类型:实用新型专利,授权日期:2019年10月10日;

一种自动排污平底养殖池,专利号:ZL201920112392.9,专利类型:实用新型专利,授权日期:2019年09月04日。

(3)标准:制定企业标准6项。

企业标准《刺激隐核虫感染大黄鱼的攻毒实验操作规范》Q/NDFF 004—2019,于2019年6月3日在企业标准信息公共服务平台备案。

企业标准《大黄鱼原种保持操作规程》Q/NDFF 001—2019,于2019年02月25日在企业标准信息公共服务平台备案。

企业标准《淀粉卵甲藻病诊断规程》Q/NDFF 006—2019，于 2019 年 10 月 21 日在企业标准信息公共服务平台备案。

企业标准《银鲳工厂化养殖技术规范》Q/NDFF 003—2019，于 2019 年 05 月 09 日在企业标准信息公共服务平台备案。

企业标准《应用自动投饵系统养殖大黄鱼操作规程》Q/NDFF 002—2019，于 2019 年 01 月 09 日在企业标准信息公共服务平台备案。

企业标准《鱼类口服疫苗运载体制备工艺技术规范》Q/NDFF 006—2019，于 2019 年 08 月 08 日在企业标准信息公共服务平台备案。

3　示范县（市、区）海水鱼产业发展中存在的问题

（1）因市场供过于求以及恶性竞争关系，大黄鱼鱼价呈低迷状态，严重影响了产业的健康发展。

（2）养殖密度过大，大面积病害损耗现象时有发生，同时药物和冰鲜饵料的投喂更加剧了海区环境的污染，影响了原有的生态环境。

（3）养殖模式升级改造结束后，对于养殖理念和配套设备的更新还不够完善，高品质养殖产品产量不足，产业综合效益空间日益萎缩，需要政府出台支持政策和配套融资措施。

附表 1　2019 年度本综合试验站示范县海水鱼育苗及成鱼养殖情况

		蕉城区	霞浦县	福安市	东山县					诏安县		
		大黄鱼	大黄鱼	大黄鱼	石斑鱼	鲷鱼	鲈鱼	美国红鱼	鲆鱼	石斑鱼	鲷鱼	鲈鱼
育苗	面积 / m^2	165550	0	0	11000	9300	3600	0	0	800	750	4500
	产量 / 万尾	214500	0	0	330	710	300	0	0	30	80	310
工厂化养殖	面积 / m^2	5000	0	0	9000	0	0	0	0	2500	0	0
	年产量 / t	110	0	0	182	0	0	0	0	61	0	0
	年销售量 / t	74	0	0	150	0	0	0	0	37	0	0
	年库存量 / t	36	0	0	32	0	0	0	0	24	0	0
池塘养殖	面积 / m^2	7380000	0	0	750	0	0	0	0	300	0	0
	年产量 / t	7456	0	0	65	0	0	0	0	30	0	0
	年销售量 / t	7456	0	0	35	0	0	0	0	21	0	0
	年库存量 / t	0	0	0	30	0	0	0	0	9	0	0
网箱养殖	面积 / m^2	15260000	9382500	986500	101500	34210	66240	76000	23200	11250	4200	8700
	年产量 / t	66769	49024	18142	4037	3850	3588	2230	1907	810	1350	2100
	年销售量 / t	53477	41010	16370	3890	3530	3221	2067	1713	750	1120	1657
	年库存量 / t	13292	8014	1772	147	320	367	163	194	160	230	443
户数	育苗户数	119	0	0	240	63	18	0	0	0	0	0
	养殖户数	3300	2400	800	370	220	150	260	250	300	250	200

附表 2　本综合试验站五个示范县养殖面积、养殖产量及主要品种构成

	年总产量	大黄鱼	石斑鱼	鲷鱼	鲈鱼	美国红鱼	鲆鱼
育苗面积 / m^2	195500	165550	11800	10050	8100	0	0
育苗产量 / 万尾	216260	214500	360	790	610	0	0
工厂化养殖面积 / m^2	16500	5000	11500	0	0	0	0
工厂化养殖产量 / t	353	110	243	0	0	0	0
池塘养殖面积 / m^2	7381050	7380000	1050	0	0	0	0
池塘养殖产量 / t	7551	7456	95	0	0	0	0
网箱养殖面积 / m^2	25954300	25629000	112750	38410	74940	76000	23200
网箱养殖产量 / t	152807	133935	4874	5200	5688	2230	1907
各品种育苗面积占总面积的比例 / %	100%	84. 68%	6. 04%	5. 14%	4. 14%	0. 00%	0. 00%
各品种出苗量占总出苗量的比例 / %	100%	99. 21%	0. 17%	0. 37%	0. 28%	0. 00%	0. 00%
各品种工厂化养殖面积占总面积的比例 / %	100%	30. 30%	69. 70%	—	—	—	—
各品种工厂化养殖产量占总产量的比例 / %	100%	31. 16%	68. 84%	—	—	—	—
各品种池塘养殖面积占总面积的比例 / %	100%	99. 98%	0. 02%	—	—	—	—
各品种池塘养殖产量占总产量的比例 / %	100%	98. 74%	1. 26%	—	—	—	—
各品种网箱养殖面积占总面积的比例 / %	100%	98. 75%	0. 43%	0. 15%	0. 29%	0. 29%	0. 09%
各品种网箱养殖产量占总产量的比例 / %	100%	87. 65%	3. 17%	3. 40%	3. 72%	1. 46%	1. 25%

（宁德综合试验站站长　郑炜强）

漳州综合试验站产区调研报告

1 示范县(市、区)海水鱼养殖现状

漳州综合试验站下设5个示范县,分别为:福建省宁德市福鼎市、福建省福州市连江县、福建省福州市罗源县、福建省漳州市云霄县、广东省潮州饶平县。试验站主要示范、推广品种为鲈鱼、大黄鱼、鲷鱼。其育苗、养殖品种、产量及规模见附表1。

1.1 育苗面积及苗种产量

1.1.1 育苗面积

5个示范县育苗总体积为122760 m^3,其中福鼎市为38000 m^3、连江县为54760 m^3、罗源县为21500 m^3、饶平县为8500 m^3,云霄县没有苗种生产。按品种分:大黄鱼为53940 m^3、海鲈鱼为46750 m^3、鲷鱼22070 m^3。

1.1.2 苗种年产量

5个示范县年育苗10900万尾,其中:海鲈鱼4710万尾、大黄鱼5020万尾、鲷鱼1170万尾。各县育苗情况如下:

福鼎市:年生产海鲈鱼苗种3500万尾,大黄鱼苗种3000万尾,鲷鱼400万尾。

连江县:年生产海鲈鱼苗种460万尾,大黄鱼苗种1300万尾,鲷鱼290万尾。

罗源县:年生产海鲈鱼苗种200万尾,大黄鱼苗种420万尾,鲷鱼230万尾。

饶平县:年生产海鲈鱼苗种550万尾,大黄鱼苗种300万尾,鲷鱼250万尾。

云霄县:2019年没有育苗。

1.2 养殖面积及年产量、销售量、年末库存量

1.2.1 普通网箱养殖

5个示范县普通网箱养殖面积共计7899763 m^2,其中养殖产量较多的分别为鲈鱼、大黄鱼、鲷鱼,故仅统计这三类鱼品种,普通网箱共计为4574242 m^2,年总生产量为88943.23 t,销售量为79607.54 t,年末库存67024.15 t。

福鼎市:普通网箱养殖面积1996000 m^2,鲈鱼养殖面积721400 m^2,年产量19593 t,年销售量20396 t,年末库存量13489 t;大黄鱼养殖面积962000 m^2,年产量22101 t,年销售量

16537 t，年末库存量 17289 t；鲷鱼养殖面积 312600 m^2，年产量 3459 t，年销售量 2508 t，年末库存量 2412 t。

连江县：普通网箱养殖面积 1378000 m^2，鲈鱼养殖面积 473000 m^2，年产量 7021.05 t，年销售量 4952.65 t，年末库存量 5891 t；大黄鱼养殖面积 731300 m^2，年产量 12220 t，年销售量 11919.3 t，年末库存量 11060.7 t；鲷鱼养殖面积 173700 m^2，年产量 2559 t，年销售量 2104 t，年末库存量 2176.4 t。

罗源县：普通网箱养殖面积 1116382 m^2，鲈鱼养殖面积 220722 m^2，年产量 5000 t，年销售量 4936.63 t，年末库存量 3198.4 t；大黄鱼养殖面积 545200 m^2，年产量 8400.2 t，年销售量 8132.1 t，年末库存量 5295 t；鲷鱼养殖面积 350460 m^2，年产量 6399.98 t，年销售量 6353.88 t，年末库存量 4581.7 t。

云霄县：普通网箱养殖面积 59860 m^2，鲈鱼养殖面积 48700 m^2，年产量 1000 t，年销售量 661.15 t，年末库存量 776.35 t；鲷鱼养殖面积 11160 m^2，年产量 350 t，年销售量 256.23 t，年末库存量 264.53 t。

饶平县：普通网箱养殖面积 24000 m^2，鲈鱼养殖面积 24000 m^2，年产量 840 t，年销售量 850 t，年末库存量 590 t。

1.2.2　深水网箱养殖

5 个示范县内深水网箱养殖体积共计 203280 m^3，年总生产量约为 19669.28 t，销售量约为 9431.88 t，年末 15335.2 t。

福鼎市：深水网箱养殖体积 118300 m^3，其中鲈鱼养殖体积 43000 m^3，年产量 5464 t，年销售量 2781 t，年末库存量 4382 t；大黄鱼养殖体积 57000 m^3，年产量 6961 t，年销售量 3445 t，年末库存量 5358 t；鲷鱼养殖体积 18300 m^3，年产量 884 t，年销售量 411 t，年末库存量 598 t。

连江县：深水网箱养殖体积 76480 m^3，其中鲈鱼养殖体积 25900 m^3，年产量 2068 t，年销售量 640.4 t，年末库存量 1685.8 t；大黄鱼养殖体积 40200 m^3，年产量 3135 t，年销售量 1526.6 t，年末库存量 2400.4 t；鲷鱼养殖体积 10380 m^3，年产量 774.88 t，年销售量 244.48 t，年末库存量 632 t。

饶平县：深水网箱养殖体积 8500 m^3，鲈鱼养殖体积 8500 m^3，年产量 382.4 t，年销售量 343.4 t，年末库存量 279 t。

云霄县：深水网箱养殖面积小，未统计。

罗源县：没有深水网箱养殖

1.3　品种构成

每品种养殖面积及产量占示范县养殖总面积和产量的比例见附表 2。统计 5 个示范县海水鱼类养殖面积调查结果，各品种构成如下：

5 个示范县育苗总体积为 122760 m^3，其中，大黄鱼为 53940 m^3，占总育苗体积的 43.94%；鲈鱼为 46750 m^3，占总育苗体积的 38.08%；鲷鱼为 22070 m^3，占总育苗体积

17. 98%。

5个示范县年育苗10900万尾,其中:大黄鱼5020万尾,占总产量的46. 05%;鲈鱼4710万尾,占总产量的43. 21%;鲷鱼1170万尾,占总产量的10. 73%。

普通网箱养殖总面积为4574242 m^2,其中鲈鱼为1487822 m^2,占总面积的32. 53%;大黄鱼为2238500 m^2,占总面积的48. 94%;鲷鱼为847920 m^2,占总面积的18. 53%。总产量为88943. 23 t,其中鲈鱼为33454. 05 t,占总产量的37. 61%;大黄鱼为42721. 2 t,占总产量的48. 03%;鲷鱼为12767. 98 t,占总产量的14. 36%。

深水网箱养殖总体积为113280 m^3,其中鲈鱼为77400 m^3,占总体积的38. 07%;大黄鱼为97200 m^3,占总体积的47. 82%;鲷鱼为28680 m^3,占总体积的14. 11%。总产量为19669. 28 t,其中鲈鱼产量为7914. 4 t,占总产量的40. 24%;大黄鱼为10096 t,占总产量的51. 33%;鲷鱼为1658. 88 t,占总产量的8. 43%。

2. 示范县(市、区)科研开展情况

2.1 科研课题情况

福建闽威实业股份有限公司是漳州综合试验站建设依托单位,试验站积极与体系内外科研院所、岗位科学家、研究人员合作,开展海鲈鱼种质选育、水产品精深加工、网箱养殖技术等方面的合作和研究,并踊跃向有关部门申请海水鱼产业相关项目。试验站为发挥好带头示范和产业技术支撑作用,为各示范县提供优质花鲈苗种,示范建设全塑胶深水网箱面积共11520 m^2,推广绿色健康养殖模式。同时,为提高水产品附加值,对精深加工水产进行研发和生产,取得产业增效、农民创收的显著成果。

示范县福鼎市作为海鲈鱼苗种生产和养殖的主产区,承担福建省星火项目“花鲈健康苗种繁育及大网箱养殖模式的示范与推广”。课题组从花鲈健康苗种繁育及其大网箱养殖模式研究着手,致力于研究开发一套适合于花鲈的健康养殖模式并加以推广,目前该项目已成功通过验收。我站与海鲈种质资源与品种改良岗位科学家温海深教授对接的海鲈鱼新品系选育工作也获得阶段性成果,成功获取苗种改良的重要指标,并发表论文两篇。此外,我站与福建华东船舶及海洋工程设计院周俊麟院长合作,对抗风浪围栏式网箱养殖装备进行研究,前期工作已顺利开展,并申请实用新型专利1项;为更好地保护鱼类鲜度,我站与福建农林大学食品科学学院副院长曾绍校合作,对鲈鱼和大黄鱼保鲜贮藏技术进行研究,已经申请发明专利2项。

2.2 发表论文、专利情况

收到授权专利1项,申请3项发明专利和4项实用新型专利:

[1] 鱼松炒制机,实用新型,ZL201821250956. 7,方秀。

[2] 一种海上养殖池及其养殖方法，发明专利，201911377780.0 方秀。

[3] 一种鲈鱼涂膜保鲜方法，发明专利，201911360986.2 方秀。

[4] 一种大黄鱼保鲜剂及其制备方法和使用方法，发明专利，201911361926.2 方秀。

[5] 一种鱼池育苗养殖用颗粒式投料机，实用新型，201922395158.4，方秀。

[6] 一种鱼卵收集网，实用新型，201922395244.5，方秀。

[7] 一种养殖池挤压式投料装置，实用新型，201922401427.3，方秀。

[8] 一种海上养殖池，实用新型，201922405724.5，方秀。

发表论文 2 篇：

[1] 王晓龙，温海深，张美昭，李吉方，方秀，张凯强，刘阳，田源，常志成，汪晴．花鲈早期发育过程的异速生长模式研究 [J]. 中国海洋大学学报，2019，49（12）：25-30.

[2] 胡彦波，李昀，温海深，孙亚龙，徐扬涛，王旭，陈守温，方秀．不同群体花鲈幼鱼温度耐受特征的初步研究 [J]. 中国海洋大学学报，2019，49（增刊 II）：01-07.

3 海水鱼养殖产业发展中存在的问题

（1）精深加工是产业发展的短板。目前所辖区精深加工技术欠缺，加工产品少，附加值低，产业链尚不完善，海水鱼深加工技术急需加强。

（2）海水鱼优质种苗覆盖不足。种苗市场仍处于价格比拼而非质量取胜阶段，优质良种未能大范围推广，多数发展阶段仍较低。

（3）配合饲料使用率不高。冰鲜小杂鱼饲料仍然是现在养殖方式所使用的主要饵料之一，养殖者普遍使用，配合饲料使用率仍然不足。而且饲料品种规范繁杂，没有统一的规范，质量也无法得到保障。

附表 1　2019 年度本综合试验站海水鱼育苗及成鱼养殖情况

		福鼎市			连江县			罗源县			云霄县			饶平县		
		鲈鱼	大黄鱼	鲷鱼	鲈鱼	大黄鱼	鲷鱼	鲈鱼	大黄鱼	鲷鱼	鲈鱼	大黄鱼	鲷鱼	鲈鱼	大黄鱼	鲷鱼
育苗	面积 / m^2															
	产量 / 万尾	3500	3000	400	460	1300	290	200	420	230				550	300	250
工厂养殖	面积 / m^2															
	年产量 / t															
	年销售量 / t															
	年库存量 / t															
普通网箱	面积 / m^2	721400	962000	312600	473000	7313000	173700	2207220	545200	35046000	487000		11160	24000		
	年产量 / t	19593	22101	3459	7021. 05	12220	2559	5000	8400. 2	6399. 98	1000		350	840		
	年销售量 / t	20396	16537	2509	4952. 65	11919. 3	2104	4936. 63	8132. 1	6353. 88	661. 155		256. 23	850		
	年库存量 / t	13489	17289	2412	5891	11060. 7	2176. 4	3198. 4	5295	4581. 7	776. 35		264. 53	590		
深水网箱	面积 / m^3	43000	57000	18200	25900	40200	10380							8500		
	年产量 / t	5464	6961	884	2068	3135	774. 88							382. 4		
	年销售量 / t	2781	3445	411	640. 4	1526. 6	244. 48							343. 4		
	年库存量 / t	4382	5358	598	1685. 8	2400. 4	632							279		
户数	育苗户数															
	养殖户数															

附表 2　漳州综合试验站五个示范县养殖面积、养殖产量及主要品种构成

	年产总量	鲈鱼	大黄鱼	鲷鱼
育苗面积 / m^3	122760	46750	53940	22070
出苗量 / 万尾	10900	4710	5020	1170
工厂化养殖面积 / m^2				
工厂化养殖产量 / t				
池塘养殖面积 / 亩				
池塘养年总产量 / t				
普通网箱养殖面积 / m^2	4574242	1487822	2238500	847920
普通网箱年总产量 / t	88943. 23	33454. 05	42721. 2	12767. 98
深水网箱养殖面积 / m^3	113280	77400	97200	28680
深水网箱年总产量 / t	19669. 28	7914. 4	10096	1658. 88
各品种育苗体积占总体积的比例 / %	100	38. 08	43. 94	17. 98
各品种出苗量占总体积的比例 / %	100	43. 112	46. 05	10. 73
各品种工厂化养殖面积占总面积的比例 / %				
各品种工厂化养殖产量占总面积的比例 / %				
各品种池塘养殖面积占总面积的比例 / %				
各品种池塘养殖产量占总面积的比例 / %				
各品种普通网箱养殖面积占总面积的比例 / %	100	32. 53	48. 94	18. 53
各品种普通网箱养殖产量占总面积的比例 / %	100	37. 61	48. 03	14. 36
各品种深水网箱养殖体积占总体积的比例 / %	100	38. 07	47. 82	14. 11
各品种深水网箱养殖产量占总体积的比例 / %	100	40. 24	51. 33	8. 43

（漳州综合试验站站长　方　秀）

烟台综合试验站产区调研报告

1 示范县(市、区)海水鱼养殖现状

本综合试验站下设5个示范县(市、区),分别为:烟台市福山区、海阳市、蓬莱市、长岛县,芝罘区。福山区、海阳市、蓬莱市以工厂化养殖海水鱼为主,养殖品种主要有大菱鲆、圆斑星鲽、大西洋鲑;长岛县及芝罘区以网箱养殖海水鱼为主,养殖品种主要有许氏平鲉、红鳍东方鲀。

1.1 育苗面积及苗种产量

1.1.1 育苗面积

5个示范县育苗总面积为22000 m^2,其中海阳市5500 m^2、福山区11500 m^2、蓬莱市5000 m^2。按品种分:大菱鲆育苗面积11000 m^2、牙鲆2500 m^2、半滑舌鳎3000 m^2、其他海水鱼类5500 m^2。

1.1.2 苗种年产量

5个示范县共计13户育苗厂家,总计育苗2040万尾,其中:大菱鲆940万尾(5～6 cm)、牙鲆250万尾(5～6 cm)、半滑舌鳎150万尾(5～6 cm)、许氏平鲉、黑鲷、黄盖鲽等其他海水鱼类700万尾,长岛县及芝罘区主要是网箱养殖海水鱼类,因此无育苗业户,所需苗种均为外地购买。各县育苗情况如下:

海阳市:5户育苗厂家,较大规模的育苗厂家为海阳黄海水产有限公司。大菱鲆育苗面积2000 m^2,生产苗种150万尾;牙鲆育苗面积500 m^2,生产苗种50万尾;半滑舌鳎育苗面积3000 m^2,生产苗种150万尾。

福山区:共6户育苗厂家,主要育苗企业有烟台开发区天源水产有限公司、山东东方海洋科技股份有限公司。大菱鲆育苗面积6000 m^2,生产苗种580万尾;牙鲆育苗面积2000 m^2,生产苗种200万尾;其他海水鱼育苗面积3500 m^2,生产苗种400万尾。

蓬莱市:2户育苗厂家,较大规模的为烟台宗哲海洋科技有限公司、烟台海益苗业有限公司。大菱鲆育苗面积3000 m^2,生产苗种210万尾;其他海水鱼育苗面积2000 m^2,生产苗种300万尾。

1.2　养殖面积及年产量、销售量、年末库存量

1.2.1　工厂化养殖

五个示范县中，海阳市、福山区、蓬莱市均为工厂化养殖，共计26家养殖户；养殖面积125900 m^2，工厂化流水式养殖面积94200 m^2，工厂化循环水养殖面积31700 m^2；年总生产量为3534.86 t，销售量为2344.7 t，年末库存量为1190.16 t。其中：

海阳市：现有11家养殖业户，工厂化养殖面积20700 m^2。大菱鲆养殖面积10000 m^2，年产量271.06 t，销售162.3 t，年末库存108.76 t；牙鲆1500 m^2，年产量100 t，销售75.6 t，年末库存24.4 t；半滑舌鳎9200 m^2，年产量210 t，销售134.6 t，年末库存75.4 t。

福山区：现共有6家养殖业户，工厂化养殖面积71200 m^2。大菱鲆养殖面积35000 m^2，年产量910 t，销售582.6 t，年末库存327.4 t；牙鲆养殖面积3000 m^2，年产量120 t，销售78.6 t，年末库存41.4 t；大西洋鲑养殖面积30000 m^2，年产量1010 t，销售615.8 t，年末库存394.2 t；其他海水鱼类养殖面积3200 m^2，年产量85.6 t，销售62.3 t，年末库存23.3 t。

蓬莱市：共有4个鲆鲽类养殖业户，工厂化养殖面积34000 m^2。大菱鲆养殖面积30000 m^2，年产量720 t，销售560.3 t，年末库存159.7 t；其他海水鱼类养殖4000 m^2，年产量108.2 t，销售72.6 t，年末库存35.6 t。

1.2.2　网箱养殖

在长岛县以深海网箱和浅海筏式网箱的养殖方式进行海水鱼类养殖，芝罘区则是浅海筏式网箱养殖为主，主要养殖品种为许氏平鲉、红鳍东方鲀等。

长岛县：海水鱼养殖业户有45户，网箱养殖面积42000 m^2，其中普通网箱养殖面积28000 m^2，深水网箱12000 m^2。养殖产量670.3 t，销售527.6 t，年末库存142.7 t。

芝罘区：海水鱼养殖业户9户，网箱养殖面积16300 m^2，养殖产量116.48 t，销售92.7 t，年末库存23.78 t。

1.3　品种构成

统计5个示范县海水鱼类育苗面积调查结果，各品种构成如下：

工厂化育苗总面积为22000 m^2。其中大菱鲆为11000 m^2，占育苗总面积的50%；牙鲆为2500 m^2，占育苗总面积的11.36%；半滑舌鳎为3000 m^2，占育苗总面积的13.64%；其他海水鱼类5500 m^2，占育苗总面积的25%。

工厂化育苗总产量为2040万尾。其中大菱鲆940万尾，占总产苗量的46.08%；牙鲆为250万尾，占总产苗量的12.26%；半滑舌鳎为150万尾，占总产苗量的7.35%；其他海水鱼类为700万尾，占总产苗的34.31%。

工厂化养殖总面积为125900 m^2。其中大菱鲆为75000 m^2，占总养殖面积的59.57%；牙鲆为4500 m^2，占总养殖面积的3.57%；半滑舌鳎为9200 m^2，占总养殖面积的7.31%；大西洋鲑为30000 m^2，占总养殖面积的23.83%；其他海水鱼类为7200 m^2，占总养殖面积的

5.72%。

工厂化养殖总产量为3534.86 t。其中大菱鲆为1901.06 t,占总量的53.78%,牙鲆为220 t,占总量的6.22%;半滑舌鳎为210 t,占总量的5.94%;大西洋鲑为1010 t,占总产量的28.57%;其他海水鱼类193.8 t,占总产量的5.48%。

网箱养殖总面积58300 m^2,养殖总产量786.78 t,普通网箱养殖产量为600.36 t,占总产量的76.31%;深水网箱养殖产量为186.42 t,占总产量的23.69%。

从以上统计可以看出,在进行工厂化养殖的3个示范县中,大菱鲆为主要养殖品种,面积和产量都占绝对优势。在进行网箱养殖的两个示范县中,受养殖环境限制,主要养殖品种为牙鲆和红鳍东方鲀。

2 示范县(市、区)科研开展情况

2019年,示范区域内正在实施的跨年度课题项目5项:烟台开发区天源水产有限公司承担的山东省重点研发计划项目"鲆鲽类弧菌病和腹水病基因工程疫苗联合接种策略与生产应用技术平台开发"、山东省良种工程项目"大菱鲆种质资源精准鉴定与选种育种创新利用"、烟台市重大科技研发计划"大菱鲆育种及养殖产业技术优化集成与示范"、烟台海益苗业有限公司承担的山东省重点研发计划项目"裸盖鱼苗种繁育及养殖技术研究与集成"、烟台宗哲海洋科技有限公司承担的烟台市科技创新计划项目"海马北方高效繁育技术体系构建及示范"。项目进展顺利,均已按计划完成年度规定的各项研究和经济指标。共发表论文5篇,申请专利3项。

3 海水鱼产业发展中存在的问题及产业技术需求

现在海水鱼养殖除陆基工厂化养殖外,也向深远海和海洋牧场方面发展,而养殖品种更是受限于养殖环境条件,现网箱养殖品种单一,经济价值相比较不高。因此需要针对深海养殖环境,筛选经济价值高的品种进行苗种繁育研发,以支撑网箱养殖业。

4 当地政府对产业发展的扶持政策

2019年烟台市政府重点扶持海洋经济产业,拨出资金支持海洋牧场、深海大网箱、海洋平台等设施建设,提供政策和资金对海水养殖产业进行扶持。烟台开发区政府大力引进海洋创新平台,建立以包振民院士为领头人的科研创新团队,建设"蓝色种业硅谷",依靠自贸区平台条件,建设种业中转基地。

附表 1　2019 年度烟台综合试验站示范县鲆鲽类育苗及成鱼养殖情况统计

项目	品种	海阳市			福山区		蓬莱市		长岛县		芝罘区	
		大菱鲆	牙鲆	半滑舌鳎	大菱鲆	牙鲆	大菱鲆	其他海水鱼类	许氏平鲉	其他	红鳍东方鲀	其他
育苗	面积 / m^2	2200	500	3000	6000	2000	3000	2000	/	/	/	/
	产量 / 万尾	150	50	150	580	200	210	300	/	/	/	/
工厂化养殖	面积 / m^2	10000	1500	9200	35000	3000	30000	4000	/	/	/	/
	年产量 / t	271. 6	100	210	910	120	720	108. 2	/	/	/	/
	年销售量 / t	162. 3	75. 6	134. 6	582. 6	78. 6	560. 3	72. 6	/	/	/	/
	年末库存量 / t	108. 76	24. 4	75. 4	327. 4	41. 4	159. 7	35. 6	/	/	/	/
网箱养殖	面积 / m^2	/	/	/	/	/	/	/	40000	2000	14800	1500
	年产量 / t	/	/	/	/	/	/	/	640. 3	30	96. 48	20
	年销售量 / t	/	/	/	/	/	/	/	497. 6	30	72. 7	20
	年末库存量 / t	/	/	/	/	/	/	/	142. 7	/	23. 78	/
户数	育苗户数	5	/	/	6	/	2	/	/	/	/	/
	养殖户数	11	/	/	6	/	4	6	36	1	8	1

附表 2　烟台综合试验站五个示范县养殖面积、养殖产量及品种构成

品种 / 项目	年产总量	大菱鲆	牙鲆	半滑舌鳎	许氏平鲉	其他海水鱼
工厂化育苗面积 / m^2	22000	11000	2500	3000	/	5500
工厂化出苗量 / 万尾	2040	940	250	150	700	/
工厂化养殖面积 / m^2	125900	75000	4500	9200	/	37200
工厂化养殖产量 / t	3534. 86	1901. 06	220	210	/	1203. 8
各品种工厂化育苗面积占总面积的比例 / %	100	50	11. 36	13. 64	/	25
各品种工厂化出苗量占总出苗量的比例 / %	100	46. 08	12. 26	7. 35	/	34. 31
各品种工厂化养殖面积占总面积的比例 / %	100	59. 57	3. 57	7. 31	/	29. 55
各品种工厂化养殖产量占总产量的比例 / %	100	53. 78	6. 22	5. 94	/	34. 05
品种 / 项目	年产总量	许氏平鲉	红鳍东方鲀	其他		
网箱养殖面积 / m^2	58300	40000	14800	3500	/	/
网箱年总产量 / t	786. 78	640. 3	96. 48	50	/	/
各品种网箱养殖面积占总面积的比例 / %	100	68. 61	25. 39	6. 00	/	/
各品种网箱养殖产量占总产量的比例 / %	100	81. 38	12. 26	6. 36	/	/

（烟台综合试验站站长　杨志）

青岛综合试验站产区调研报告

1　示范县(市、区)海水鱼养殖现状

本综合试验站下设5个示范县(市、区),分别为:青岛市黄岛区、烟台市莱阳市、日照市岚山区、威海市环翠区和江苏省赣榆县。其育苗、养殖品种、产量及规模见附表1:

1.1　育苗面积及苗种产量:

1.1.1　育苗面积

5个示范县区育苗总面积为39000 m^2,其中黄岛区2000 m^2、环翠区32000 m^2,岚山区5000 m^2,赣榆县和莱阳市没有苗种生产。

1.1.2　苗种年产量

5个示范县区总计育苗2500万尾,与2018年相比减少33.5%。苗种产量中,大菱鲆共计2100万尾,占总产量的84.0%,仍为示范县区海水鱼苗种产量最大的品种。

1.2　养殖面积及年产量、销售量、年末库存量

1.2.1　工厂化养殖

青岛市黄岛区大菱鲆工厂化养殖面积500000 m^2,与2018年相比有所减少,大菱鲆的养殖产量为640 t。半滑舌鳎产量为49 t。

莱阳市大菱鲆工厂化养殖面积50000 m^2,与2018年相比大幅减少。该地区2019年工厂化养殖的海水鱼品种仍只有大菱鲆,养殖模式也全部为工厂化养殖。

日照岚山区工厂化养殖面积17000 m^2,较2018年有所减少,养殖品种仍呈现多样化特点,其中大菱鲆23 t、牙鲆23 t、半滑舌鳎22 t。

赣榆县海水鱼工厂化养殖总面积180000 m^2,与2018年相比养殖面积显著减少,养殖品种为大菱鲆,产量2026 t。

1.2.2　池塘养殖(亩)

各县区均无海水鱼池塘养殖。

1.2.3 网箱养殖

各县区均无规模化的海水鱼网箱养殖。

1.3 品种构成

每品种养殖面积及产量占示范县养殖总面积和总产量的比例:见附表2。

统计五个示范县海水鱼养殖面积调查结果,各品种构成如下:

工厂化育苗总面积为39000 m^2,其中大菱鲆为34000 m^2,占总育苗面积的87.18%;牙鲆2000 m^2,占总面积的5.13%;许氏平鲉3000 m^2,占总面积的7.69%。

工厂化育苗总出苗量为2500万尾,其中大菱鲆2100万尾,占总出苗量的84.00%;牙鲆为100万尾,占总出苗量的4.00%;许氏平鲉300万尾,占总出苗量的12.00%。

工厂化养殖总面积为750000 m^2,其中大菱鲆为734000 m^2,占总养殖面积的97.87%;牙鲆为6000 m^2,占总养殖面积的0.08%;半滑舌鳎为10000 m^2,占总养殖面积的1.33%。

工厂化养殖总产量为3268 t,其中大菱鲆3174 t,占总量的97.12%,牙鲆为23 t,占总量的0.70%;半滑舌鳎为71 t,占总量的2.17%。

从以上统计可以看出,在五个示范县内,大菱鲆育苗、养殖的产量和面积都是最高的,占绝对优势。无规模性的池塘养殖和网箱养殖。这表明在5个示范县区内,工厂化养殖大菱鲆是海水鱼养殖的主要品种和养殖模式。

2 示范县(市、区)科研开展情况

2.1 科研课题情况

青岛市黄岛区青岛通用水产养殖有限公司是青岛综合试验站的建设依托单位,在持续与岗位科学家协作进行大菱鲆全雌苗种研究,并进行循环水养殖的试验与示范、大菱鲆疫苗免疫试验与示范等研究工作。2019年,青岛综合试验站开始的研究项目主要有:① 参加了中国水产流通与加工协会大菱鲆分会委托体系的养殖大菱鲆品质研究。② 海水源热泵应用研究;③ 尾水排放标准及尾水处理技术研究等。

威海环翠区威海圣航水产科技有限公司在2019年继续与科研院所合作开展了大菱鲆选育等研发工作,该公司是海水鱼重要的受精卵供应商,亲鱼储备多,有很好的资源进行技术研发。2019年,在威海圣航水产科技有限公司成立了上海海洋生物疫苗工程技术研究中心威海疫苗研发试验基地,进行鱼类疫苗研究与应用试验。

2.2 发表论文情况

无。

3. 海水鱼产业发展中存在的问题

3.1　提升产品质量是海水鱼强提质增效的一个方向

大菱鲆、石斑鱼等海水鱼主要是鲜活上市，鱼的营养与口味存在差异性，建议根据不同品种的特性，建立口味营养方面的质量标准，整体提高产品的质量、标准的一致性，也便于开拓新零售、加工等市场。

3.2　养殖尾水净化处理技术

为符合未来环保的要求，养殖用水需净化后排放，尾水净化技术缺乏，需研发。当前，尾水排放标准尚未明确，各地实施标准不一，影响了尾水净化技术的发展。建议体系推进尾水排放标准的制定。

3.3　重要病害防治技术

建立病害防治技术是保障和促进产业发展的重要技术支撑。每种海水鱼都存在其易感、易发、危害严重的病害。需要建立对重点病害的防控技术，包括症状、诊断要点、发病特点、防治措施等。并根据研究的进展、技术的发展定期更新。这样有利于综合试验站向产业进行培训、示范、推广，以便更好地支撑产业发展。建议不断完善和补充《海水鱼常见病害防控手册》。

3.4　产业面临转型发展的压力

海水鱼产业处在向工业化升级的关键阶段，而大多数养殖业户仍以经验养殖为主。建议体系更多地进行养殖工艺方面的研究，为养殖业户提供更多生产技术的直接指导，推动养殖的科学化、标准化，从而提高养殖稳定性、质量和效益。

3.5　产业急需推广循环水养殖技术

水源短缺是限制大菱鲆养殖产量和产品质量的瓶颈，循环水养殖是该瓶颈问题的重要解决方案，也是海水鱼产业向工业化养殖发展的重要措施。

3.6　环保温控技术

海水鱼育苗生产需温控，以前多为燃煤锅炉升温，现需根据环保要求采用新能源技术，建议体系对不同类型的环保温控技术予以研究，指导业者选型提升。

3.7　海水鱼育苗养殖过程中骨骼畸形问题

海水鱼在育苗养殖过程中存在一定的骨骼畸形问题，不同品种、不同育苗技术会导致发生畸形的类型和程度不同。给产业造成严重的损失。我国在此方面研究尚不多。这可能涉及营养、培育的多种生物条件、非生物条件，亟待研究。

3.8 饵料生物的营养问题

海水鱼育苗期间需要饲喂轮虫、卤虫等饵料生物，饵料生物的营养强化对育苗成活率、鱼苗质量有重要的影响。关于饵料生物的营养问题，我国在此方面的研究尚不充分，亟待研究。

4. 当地政府对产业发展的扶持政策

虽然海水鱼养殖仍是各示范县区重要的产业之一，但从2019年各示范县区主管部门的扶持政策看整体是较少的。海水养殖面临用地限制等方面的困难。

5 海水鱼产业技术需求

根据2019年示范县区调研及我站对示范县区产业状况的分析，总结技术需求如下：

(1)大菱鲆育苗阶段腹水病防治技术；

(2)循环水养殖技术：系统的设计建造与运行管理技术；

(3)大菱鲆全雌苗种繁育技术；

(4)养殖所需的机械化、自动化设备和技术；

(5)海水鱼病害垂直传染类病害防控技术；

(6)环保温控技术；

(7)海水鱼育苗养殖过程中骨骼畸形问题；

(8)不同品种鱼苗培育过程中饵料生物的营养强化技术；

(9)海水鱼养殖尾水处理技术；

(10)海水鱼初级加工技术。

附表 1　2019 年度青岛综合试验站示范县海水鱼育苗及成鱼养殖情况统计

		青岛市黄岛区			日照市岚山区				江苏省赣榆县	莱阳市	威海市环翠区
		大菱鲆	牙鲆	半滑舌鳎	许氏平鲉	大菱鲆	牙鲆	半滑舌鳎	大菱鲆	大菱鲆	大菱鲆
育苗	面积 / m^2	2000			3000		2000				32000
	产量 / 万尾	100			300		100				2000
工厂养殖	面积 / m^2	500000		3000		4000	6000	7000	180000	50000	
	年产量 / t	640		49		23	23	22	2026	485	
	年销售量 / t	550		49		23	13	19	1910	545	
	年末库存量 / t	250		0		0	16	12	171	190	
池塘养殖	面积 / 亩										
	年产量 / t										
	年销售量 / t										
	年末库存量 / t										
户数	育苗户数	2			1		1				21
	养殖户数	35		3		20	18	12	70	20	

附表 2　青岛站 5 个示范县养殖面积、养殖产量及品种构成

项目 \ 品种	年产总量	大菱鲆	牙鲆	半滑舌鳎	许氏平鲉
工厂化育苗面积 / m^2	39000	34000	2000		3000
工厂化出苗量 / 万尾	2500	2100	100		300
工厂化养殖面积 / m^2	750000	734000	6000	10000	
工厂化养殖产量 / t	3268	3174	23	71	
池塘养殖面积 / 亩					
池塘年总产量 / t					
网箱养殖面积 / m^2					
网箱年总产量 / t					
各品种工厂化育苗面积占总面积的比例 / %	100	87. 18	5. 13		7. 69
各品种工厂化出苗量占总出苗量的比例 / %	100	84. 00	4. 00		12. 00
各品种工厂化养殖面积占总面积的比例 / %	100	97. 87	0. 08	1. 33	
各品种工厂化养殖产量占总产量的比例 / %	100	97. 12	0. 70	2. 17	
各品种池塘养殖面积占总面积的比例 / %					
各品种池塘养殖产量占总产量的比例 / %					

(青岛综合试验站站长　张和森)

莱州综合试验站产区调研报告

1　示范县（市、区）海水鱼养殖现状

莱州综合试验站下设莱州市、昌邑市、龙口市、招远市、乳山市5个示范县产业技术体系的示范推广和调研工作。其育苗、养殖品种、产量及规模见附表1。

1.1　育苗面积及苗种产量

（1）育苗面积：5个示范县育苗总面积为160000 m^2，其中莱州市150000 m^2、乳山市10000 m^2。按品种分：大菱鲆育苗面积94600 m^2、半滑舌鳎25000 m^2、石斑鱼30000 m^2、斑石鲷10000 m^2、牙鲆400 m^2。

（2）苗种年产量：5个示范县共计63户育苗厂家，总计育苗2728万尾，其中：大菱鲆1500万尾（5 cm）、半滑舌鳎700万尾（5 cm）、石斑鱼408万尾（6 cm）、斑石鲷110万尾（6 cm）、牙鲆10万尾（5 cm）。各县育苗情况如下：

莱州市：29家育苗企业，其中大菱鲆育苗企业12家、半滑舌鳎育苗企业15家、石斑鱼育苗企业1家、斑石鲷育苗企业1家。生产大菱鲆1400万尾、半滑舌鳎700万尾、石斑鱼408万尾、斑石鲷110万尾。苗种除自用外，其余主要销往辽宁、河北、天津、山东、江苏、福建、广东、海南等省市，并出口日本、韩国。

乳山市：34家育苗企业，其中大菱鲆育苗企业33家、牙鲆育苗企业1家。生产大菱鲆100万尾、牙鲆苗种10万尾。苗种除本市自用外，其余销往山东沿海县市。

1.2　养殖面积及年产量、销售量、年末库存量

试验站所辖五个示范县养殖模式为工厂化养殖和网箱养殖，其中工厂化养殖面积为2469500 m^2，年产量为14461.8 t、年销售量为13334 t、年末库存量为6160 t，养殖企业共计832家；网箱养殖面积为34000 m^2，年产量为50 t、年销售量为20 t、年末库存量为60 t，养殖企业共计2家。

莱州市：工厂化养殖企业300户，养殖面积1612500 m^2，养殖大菱鲆1513000 m^2，年产量6543 t、年销售量4543 t、年末存量3211 t；养殖半滑舌鳎14500 m^2，年产量429 t、年销售量663 t、年末存量198 t；养殖石斑鱼40000 m^2，年产量124 t、年销售量145 t、年末存量40 t；养殖斑石鲷40000 m^2，年产量85 t、年销售量180 t、年末存量225 t。网箱养殖企业2户，养殖

面积 34000 m^2,养殖斑石鲷 34000 m^2,年产量 50 t、年销售量 20 t、年末存量 60 t。

龙口市:工厂化养殖企业 53 户,养殖面积 193000 m^2,养殖大菱鲆 18000 m^2,年产量 1505 t、年销售量 1300 t、年末存量 500 t;养殖半滑舌鳎 13000 m^2,年产量 116. 3 t、年销售量 115 t、年末存量 45 t。

招远市:工厂化养殖企业 38 户,养殖面积 71000 m^2,养殖大菱鲆 65000 m^2,年产量 422. 5 t、年销售量 570 t、年末存量 142 t;养殖半滑舌鳎 6000 m^2,全年产量 58 t、年销售量为 92 t、年末存量 13 t。

昌邑市:工厂化养殖企业 317 户,养殖面积 515000 m^2,养殖大菱鲆 450000 m^2,年产量 3897 t、年销售量 3847 t、年末存量 1220 t;养殖半滑舌鳎 50000 m^2,年产量 523 t、年销售量 1099 t、年末存量 213 t;养殖斑石鲷 15000 m^2,年产量 40 t、年销售量 20 t、年末存量 40 t。

乳山市:工厂化养殖企业 124 户,养殖面积 78000 m^2,养殖大菱鲆 60000 m^2,年产量 597 t、年销售量 621、年末存量 216 t;养殖牙鲆 18000 m^2,年产量 122 t、年销售量 119 t、年末存量 37 t。

1.3 品种构成

每个品种养殖面积及产量占示范县养殖总面积和总产量的比例见附表 2。统计 5 个示范县海水鱼养殖面积调查结果,各品种构成如下:

工厂化育苗总面积为 160000 m^2,其中大菱鲆为 94600 m^2,占总育苗面积的 59. 13%;半滑舌鳎为 25000 m^2,占总面积的 15. 63%;牙鲆为 400 m^2,占总面积的 0. 25%;石斑鱼为 30000 m^2,占总面积的 18. 75%;斑石鲷为 10000 m^2,占总面积的 6. 25%。

工厂化育苗总出苗量为 2728 万尾,其中大菱鲆 1500 万尾,占总出苗量的 54. 99%;半滑舌鳎为 700 万尾,占总出苗量的 25. 66%;牙鲆为 10 万尾,占总出苗量的 0. 37%;石斑鱼为 408 万尾,占总出苗量的 14. 96%;斑石鲷为 110 万尾,占总出苗量的 4. 03%。

工厂化养殖总面积为 2469500 m^2,其中大菱鲆为 2268000 m^2,占总养殖面积的 91. 84%;半滑舌鳎为 83500 m^2,占总养殖面积的 3. 38%;牙鲆为 18000 m^2,占总养殖面积的 0. 73%;石斑鱼为 40000 m^2,占总养殖面积的 1. 62%;斑石鲷为 60000 m^2,占总养殖面积的 2. 43%。

工厂化养殖总产量为 14461. 8 t,其中大菱鲆 12964. 5 t,占总量的 89. 65%;半滑舌鳎为 1126. 3 t,占总量的 7. 79%;牙鲆为 122 t,占总量的 0. 84%;石斑鱼为 124 t,占总量的 0. 86%;斑石鲷为 125 t,占总量的 0. 86%。

网箱养殖总面积为 34000 m^2,其中斑石鲷为 34000 m^2,占总养殖面积的 100%;网箱养殖总产量 50 t,其中斑石鲷为 50 t,占总量的 100%。

从以上统计可以看出,在 5 个示范县内,大菱鲆养殖面积和产量最大;其次为半滑舌鳎,牙鲆养殖面积最小,产量最少。

2　示范县(市、区)科研开展情况

2.1　科研课题情况

试验站依托莱州明波水产有限公司，积极申请承担省市海水鱼良种研发、生态养殖模式创新等相关科研课题，设立企业横向课题、自研课题，做好产业技术支撑和引领。承担国家重点研发计划“新一代水产养殖精准测控技术与智能装备研发”“开放海域和远海岛礁养殖智能装备与增殖模式”、国家海水鱼产业技术体系莱州综合试验站、山东省农业良种工程“深远海适养石斑鱼优质高产抗病良种选育”、山东省重大科技创新工程“深远海养殖鱼类的健康综合管理”、十三五海洋经济“烟台市海洋经济创新发展示范城市产业链协同创新类项目”、烟台市重点研发计划“基于现代育种技术的石斑鱼良种创制与苗种规模化繁育技术研究”、莱州市科技发展计划“斑石鲷等优质海水鱼良种选育与生态养殖技术研究”等课题；设立横向课题“云龙石斑鱼表型、遗传性状分析及新品种申报”“斑石鲷抗病良种选育”“大老虎斑新种质选育技术开发”。科研课题的开展，有力推动石斑鱼良种开发、斑石鲷抗病良种选育、大型管桩围网立体生态养殖模式构建等研发创新，带动试验站示范县及全国海水养殖业提质转型、创新发展。

3　海水鱼产业发展中存在的问题

3.1　价格竞争的无序化不利于行业健康发展

随着鲆鲽类产业逐渐稳定发展，苗种繁育和养殖技术的成熟，对育养技术、设施设备、从业人员素质要求的门槛降低，育苗量、养殖量逐年增长，导致鲆鲽类产业产能过剩，养殖利润逐渐被压缩，同时产品质量安全存在风险。而育养门槛的降低及利润空间的压缩，导致市场的无序化，特别是出现食品安全事件或产能过剩时，价格出现较大变化，引起行业育养量较大波动，不利于产业健康发展。

3.2　海水鱼种质退化现象显现、养殖效益不高

在大菱鲆、半滑舌鳎、石斑鱼等海水鱼类繁育过程中，由于亲本活体种质库更新缓慢、亲本选育不足，常年近亲繁殖，种质退化严重，后代苗种抗病能力下降、生长速度降低，养殖效益不高。

3.3　养殖模式落后、生态环境压力大

北方以工厂化流水养殖为主，南方以池塘、高位池、近海网箱养殖为主，养殖设施设备简单，抵御自然灾害能力弱，对近海生态环境压力大，不符合渔业环境友好、可持续发展的理念。

附表 1　2019 年度莱州综合试验站示范县海水鱼育苗及成鱼养殖情况统计

		莱州市					昌邑市			招远市		龙口市		乳山市	
		大菱鲆	半滑舌鳎	石斑鱼	斑石鲷	红鳍东方鲀	大菱鲆	半滑舌鳎	斑石鲷	大菱鲆	半滑舌鳎	大菱鲆	半滑舌鳎	大菱鲆	牙鲆
育苗	面积 / m^2	85000	25000	30000	10000	-	-	-	-	-	-	-	-	9600	400
	产量 / 万尾	1400	700	408	110	-	-	-	-	-	-	-	-	100	10
工厂养殖	面积 / m^2	1513000	14500	40000	45000	-	450000	50000	15000	65000	6000	180000	13000	60000	18000
	年产量 / t	6543	429	124	85	-	3897	523	40	422. 5	58	1505	116. 3	597	122
	年销售量 / t	4543	663	145	180	-	3847	1099	20	570	92	1300	115	621	119
	年末库存量 / t	3211	198	4	225	-	1220	213	40	142	13	500	45	216	37
池塘养殖	面积 / 亩														
	年产量 / t														
	年销售量 / t														
	年末库存量 / t														
网箱养殖	面积 / m^2				34000										
	年产量 / t				50										
	年销售量 / t				20										
	年末库存量 / t				60										
户数	育苗户数	12	15	1	1	-	0	0	0	0	0	0	0	33	1
	养殖户数	259	38	1	2	-	196	120	1	35	3	49	4	98	26

附表 2　莱州综合试验站五个示范县养殖面积、养殖产量及品种构成

项目 / 品种	年总产量	大菱鲆	半滑舌鳎	牙鲆	石斑鱼	斑石鲷	红鳍东方鲀
工厂化育苗面积 / m^2	160000	94600	25000	400	30000	10000	-
工厂化出苗量 / 万尾	2728	1500	700	10	408	110	-
工厂化养殖面积 / m^2	2469500	2268000	83500	18000	40000	60000	-
工厂化养殖产量 / t	14461. 8	12964. 5	1126. 3	122	124	125	-
池塘养殖面积 / 亩							
池塘年总产量 / t							
网箱养殖面积 / m^2	34000					34000	
网箱年总产量 / t	50					115	
各品种工厂化育苗面积占总面积的比例 / %	100	59. 13	15. 63	0. 25	18. 75	6. 25	-
各品种工厂化出苗量占总出苗量的比例 / %	100	54. 99	25. 66	0. 37	14. 96	4. 03	-
各品种工厂化养殖面积占总面积的比例 / %	98. 64	91. 84	3. 38	0. 73	1. 62	2. 43	-
各品种工厂化养殖产量占总产量的比例 / %	99. 66	89. 65	7. 79	0. 84	0. 86	0. 86	-
各品种池塘养殖面积占总面积的比例 / %							
各品种池塘养殖产量占总产量的比例 / %							

（莱州综合试验站站长　翟介明）

东营综合试验站产区调研报告

1 示范县(市、区)海水鱼养殖现状

本综合试验站下设5个示范县(市、区),分别为日照东港、烟台牟平、威海荣成、威海文登、滨州无棣,其中威海荣成是全国大菱鲆苗种的主要产区。各示范县育苗、养殖品种、产量及规模见附表1。

1.1 育苗面积及苗种产量

(1)育苗面积:5个示范县育苗总面积为141000 m^2,其中日照东港9000 m^2、威海荣成120000 m^2、滨州无棣12000 m^2、烟台牟平和威海文登无育苗生产。按品种分:大菱鲆育苗面积122000 m^2、半滑舌鳎14000 m^2、牙鲆5000 m^2。

(2)苗种年产量:5个示范县共计34户育苗厂家,总计育苗18931万尾,其中,大菱鲆18050万尾、半滑舌鳎331万尾、牙鲆550万尾。各县育苗情况如下:

日照东港:大菱鲆育苗厂家3家,生产大菱鲆苗种50万尾;半滑舌鳎育苗厂家2家,生产半滑舌鳎苗种31万尾;牙鲆育苗厂家8家,生产牙鲆苗种550万尾。

威海荣成:大菱鲆育苗厂家20家,生产大菱鲆苗种18000万尾。我国目前大菱鲆生产所需苗种主要来自威海荣成。

滨州无棣:半滑舌鳎育苗厂家仅海城生态科技集团有限公司一家,生产半滑舌鳎苗种300万尾。

烟台牟平:无育苗生产。

威海文登:无育苗生产。

1.2 养殖面积及年产量、销售量、年末库存量

(1)工厂化养殖:五个示范县均为工厂化养殖,共计280家养殖户,养殖面积30830 m^2,年总生产量为3892 t,销售量为3240 t,年末库存量为2479 t。其中:

日照东港:262户,大菱鲆、半滑舌鳎、牙鲆养殖面积分别为100000 m^2、120000 m^2、1500 m^2。大菱鲆产量1562 t,销售1494 t,年末存量694 t;半滑舌鳎产量1775 t,销售1191 t,年末存量1486 t;牙鲆产量17 t,销售为0,年末存量17 t。

威海荣成:荣成原为网箱养殖的重要产区,但受海洋环保督察影响,近海网箱已全部拆

除，目前以育苗为主。

威海文登：文登目前成鱼养殖 14 户，养殖面积 50000 m^2，生产大菱鲆 233 t，销售 203 t，年末存量 189 t。

滨州无棣：2 户，养殖面积 20000 m^2，生产半滑舌鳎 227 t，销售 261 t，年末存量 40 t。

烟台牟平：2 户，养殖面积 16800 m^2，生产大菱鲆 78 t，销售 91 t，年末存量 53 t。

1.3　品种构成

每品种养殖面积及产量占示范县养殖总面积和总产量的比例：见附表 2。

统计五个示范县养殖面积调查结果，各品种构成如下：

工厂化育苗总面积为 141000 m^2，其中牙鲆为 5000 m^2，占总育苗面积的 3.5%；半滑舌鳎为 14000 m^2，占总面积的 10%；大菱鲆为 122000 m^2，占总面积的 86.5%。

工厂化育苗总出苗量为 18931 万尾，其中牙鲆 500 万尾，占总出苗量的 2.6%；半滑舌鳎为 331 万尾，占总出苗量的 1.7%；大菱鲆为 18050 万尾，占总出苗量的 95.3%。

工厂化养殖总面积为 308300 m^2，其中半滑舌鳎为 140000 m^2，占总养殖面积的 45.4%；大菱鲆为 166800 m^2，占总养殖面积的 54.1%；牙鲆为 1500 m^2，占总养殖面积的 0.5%。

工厂化养殖总产量为 3892 t，其中半滑舌鳎为 2002 t，占总量的 51.4%；大菱鲆为 1873 t，占总量的 48.1%；牙鲆产量为 17 t，占总量的 0.4%。

从以上统计可以看出，在五个示范县内，半滑舌鳎与大菱鲆养殖面积和产量均大致相当。

2　示范县（市、区）科研开展情况

试验站同时承担了山东省农业重大应用技术创新项目“高山岛复合型生态海洋牧场构建与示范”以及“许氏平鲉深远海网箱大规格苗种规模化培育技术”等项目。其中无棣示范县还承担了“黄河三角洲‘参贝菜’生态循环型海水农业新模式构建与示范”，东营示范基地承担了山东省渤海粮仓科技示范工程项目“黄河三角洲盐碱湿地生态共生农业模式创新和增效技术集成示范”以及山东省农业重大应用技术创新项目“海水工厂化养殖余热循环利用技术研究与应用”。

2019 年发表论文 3 篇，分别为《两株海水鱼肠道芽孢杆菌的分离鉴定及特性分析》《许氏平鲉发育早期的氨基酸与脂肪酸组成及变化》《许氏平鲉体质量与形态性状的表型特征分析》。授权实用新型专利 1 项，《一种适用于现场测定沉积物耗氧率的装置》，专利号：2018 2 20172092.8。

3 海水鱼产业发展中存在的问题

3.1 环保压力再次为产业发展套上了缰绳

2019年,某些示范县区地方政府出台硬性指标,要求养殖尾水排放必须达标。由于占地以及成本等原因,大多数养殖户没有条件进行养殖尾水处理系统建设,使得这一政令没有完全推行下去,但不排除后续政府会采取强制措施。如何采用较低成本实现尾水净化,为体系提出了新的技术要求。

3.2 部分品种的发展与市场出现了脱节

2019年,马面鲀繁育实现了技术上的突破,苗种在荣成、文登两示范县的产量达到了上千万尾。但由于此前该鱼种市场需求量小,导致了大量优质苗种卖不出,很多育苗户不得不进行成鱼养成。如何以市场需求规范产业发展仍是一大难题。

3.3 从业人员素质不高,技术更新缓慢

海水工厂化从业人员大都只有初中及以下学历,几乎没有高端人才。规模小、分布散的行业现状极大制约了高端人才的引进,使养殖人才缺失,与渔业科研高等院所对接困难,严重滞缓了产业跨越式发展的进程。

3.4 科技支撑力度不够,新品种、新技术更新缓慢

从事渔业技术研究与推广专业技术的人员少,与新形势的渔业技术需求不相适应,渔业发展科技支撑力度不够。

附表1　2018年度东营综合试验站示范县海水鱼育苗及成鱼养殖情况统计

		东港			荣成	文登	牟平	无棣
		大菱鲆	牙鲆	半滑舌鳎	大菱鲆	大菱鲆	大菱鲆	半滑舌鳎
育苗	面积/m^2	2000	5000	2000	120000	-	-	12000
	产量/万尾	50	550	31	18000	-	-	300
工厂养殖	面积/m^2	100000	-	120000	-	50000	16800	20000
	年产量/t	1562	17	1775	-	233	78	227
	年销售量/t	1494	0	1191	-	203	91	261
	年末库存量/t	694	17	1486	-	189	53	40
池塘养殖	面积/亩	-	-	-	-	-	-	-
	年产量/t	-	-	-	-	-	-	-
	年销售量/t	-	-	-	-	-	-	-
	年末库存量/t	-	-	-	-	-	-	-
网箱养殖	面积/m^2	-	-	-	-	-	-	-
	年产量/t	-	-	-	-	-	-	-
	年销售量/t	-	-	-	-	-	-	-
	年末库存量/t							
户数	育苗户数	3	5	3	20	-	-	1
	养殖户数	115	1	145	-	14	2	2

附表 2　东营综合试验站五个示范县养殖面积、养殖产量及品种构成

项目＼品种	年总产量	牙鲆	半滑舌鳎	大菱鲆
工厂化育苗面积 / m^2	141000	5000	14000	122000
工厂化出苗量 / 万尾	18931	550	331	18050
工厂化养殖面积 / m^2	308300	1500	140000	166800
工厂化养殖产量 / t	3892	17	2002	1873
池塘养殖面积 / 亩	-	-	-	-
池塘年总产量 / t	-	-	-	-
网箱养殖面积 / m^2	-	-	-	-
网箱年总产量 / t	-	-	-	-
各品种工厂化育苗面积占总面积的比例 / %	100	3. 5	10	86. 5
各品种工厂化出苗量占总出苗量的比例 / %	100	2. 6	1. 7	95. 3
各品种工厂化养殖面积占总面积的比例 / %	100	0. 5	45. 4	54. 1
各品种工厂化养殖产量占总产量的比例 / %	100	0. 4	51. 4	48. 1
各品种网箱养殖面积占总面积的比例 / %	-	-	-	-
各品种网箱养殖产量占总产量的比例 / %	-	-	-	-

（东营综合试验站站长　姜海滨）

日照综合试验站主产区调研报告

1 示范县(市、区)鲆鲽类养殖现状

本综合试验站下设5个示范基地(市、区),分别为山东省日照市开发区、山东省潍坊市滨海开发区、山东省青岛市崂山区、山东省青岛市即墨区、山东省东营市利津县。

1.1 育苗面积及苗种产量

1.1.1 育苗面积

5个示范基地育苗总面积为63140 m^2。其中,潍坊市滨海区58000 m^2,东营利津县2240 m^2,青岛即墨区2900 m^2。按品种分:大菱鲆育苗面积6400 m^2,半滑舌鳎育苗面积55940 m^2,海鲈鱼育苗面积800 m^2。

1.1.2 苗种年产量

5个示范基地总计育苗458.24万尾,其中大菱鲆20.94万尾,半滑舌鳎437.5万尾。各县育苗情况如下:

潍坊市滨海区:大菱鲆育苗面积4000 m^2,全年生产20万尾;半滑舌鳎育苗面积54000 m^2,全年生产202.3万尾。

东营市利津县:半滑舌鳎育苗面积1440 m^2,全年生产235万尾;海鲈鱼育苗面积800 m^2。

青岛市即墨区:大菱鲆育苗面积2400 m^2,全年生产0.94万尾。

1.2 养殖面积及年产量、销售量、年末库存量

日照综合试验站所辖区域主要是工厂化流水养殖、深水网箱养殖。5个示范基地共计养殖面积476830 m^2,年总生产量为963.58 t,销售量为1136.42 t。其中:

青岛市崂山区:养殖面积51100 m^2,养殖海鲈鱼22000 m^2,产量66 t,销售量249 t,年末库存量0 t;许氏平鲉养殖面积22000 m^2,产量149.85 t,销售量239 t,年末库存量102.85 t;大黄鱼养殖面积4700 m^2,产量0.5 t,销售量11.55 t,年末库存量0 t;鲷鱼养殖面积1500 m^2,产量3 t,销售量13 t,年末库存量0 t;其他海水鱼养殖面积900 m^2,产量21.85 t,销售量4.5 t,年末库存量21.05。

潍坊滨海开发区:养殖面积 164000 m^2。半滑舌鳎养殖面积 56000 m^2,产量 5. 58 t,销售量 10. 07 t,年末库存量 23. 56 t;暗纹东方鲀养殖面积 54000 m^2,产量 4. 5 t,销售量 4. 5 t,年末库存量 0 t;海鲈鱼养殖面积 54000 m^2,产量 3 t,销售量 3 t,年末库存量 0 t。

日照开发区:养殖面积 254930 m^2。养殖大菱鲆 85000 m^2,产量 292 t,销售量 240 t,年末库存量 121 t;牙鲆养殖面积 75000 m^2,产量 138 t,销售量 119 t,年末库存量 38 t;半滑舌鳎养殖面积 79000 m^2,产量 107 t,销售量 104 t,年末库存量 16 t;海鲈鱼养殖面积 130 m^2,产量 24. 5 t,销售量 15. 5 t,年末库存量 9 t;其他鲆鲽鱼养殖面积 15800 m^2,产量 93 t,销售量 70 t,年末库存量 9 t。

青岛市即墨区:养殖面积 2900 m^2。养殖大菱鲆 2400 m^2,产量 16. 8 t,销售量 12. 8 t,年末库存量 6 t;养殖半滑舌鳎 500 m^2,产量 0. 4 t,销售量 0 t,年末库存量 1. 2 t。

东营利津县:养殖面积 3900 m^2。海鲈鱼养殖面积 3700 m^2,产量 13. 8 t,销售量 15 t,年末库存量 10 t;其他海水鱼养殖面积 200 m^2,年末库存量 10 t。

1. 3 品种构成

统计 5 个示范基地鲆鲽类养殖面积调查结果,各品种构成如下:

工厂化育苗总面积为 63140 m^2。其中大菱鲆育苗面积为 2800 m^2,占总育苗面积的 4. 43%;半滑舌鳎育苗面积为 55940 m^2,占总育苗面积的 88. 60%;海鲈鱼育苗面积为 800 m^2,占总育苗面积的 1. 37%。

工厂化育苗总出苗量为 458. 24 万尾。其中,大菱鲆 20. 94 万尾,占总出苗量的 4. 57%;半滑舌鳎 437. 3 万尾,占总出苗量的 95. 43%。

养殖总产量为 963. 58 t,其中海鲈鱼 107. 3 t,占总量的 11. 14%;半滑舌鳎 112. 98 t,占总量的 11. 73%;大菱鲆 308. 8 t,占总量的 32. 05%;牙鲆 138 t,占总量的 14. 32%;许氏平鲉 149. 85 t,占总量的 15. 55%;大黄鱼 0. 5 t,占总量的 0. 05%;鲷鱼 3 t,占总量的 0. 03%;暗纹东方鲀 4. 5 t,占总量的 0. 03%;其他鱼类 138. 65,占总量的 14. 39%。

养殖总面积为 476830 m^2,其中大菱鲆 87400 m^2,占总量的 18. 33%;牙鲆 75000 m^2,占总量的 15. 73%;半滑舌鳎 135500 m^2,占总量的 28. 42%;海鲈鱼 79830 m^2,占总量的 16. 74%;许氏平鲉 22000 m^2,占总量的 4. 61%;大黄鱼 4700 m^2,占总量的 0. 99%;鲷鱼 1500 m^2,占总量的 0. 31%;暗纹东方鲀 54000 m^2,占总量的 11. 32%;其他鱼类 16900 m^2,占总量的 3. 54%。

从以上统计可以看出,在 5 个示范基地内,大菱鲆的养殖和产量占绝对优势,其次是牙鲆,大黄鱼和鲷鱼所占的比例很小。

2　示范县(市、区)科研开展情况

2.1　专利申请与获得授权情况

本年度未获得专利授权。

2.2　人才培养

与中国海洋大学和大连工业大学合作提供实习基地协助培养研究生4名、本科25名；在山东美佳集团培养工程师6名，助理工程师10名。

2.3　产业技术宣传与培训情况

2.3.1　培训与技术推介

2019年4月2日至4月4日，日照综合试验站安排信息采集员参加在河北石家庄召开的渔业体系信息采集调查人员培训班。本次培训是由农业农村部渔业渔政管理局委托全国水产技术推广总站、中国水产学会组织的，目的是发挥国家现代产业技术体系的作用，提高信息采集调查人员的工作效率，进一步加强我国养殖渔情监测工作的科学性和规范性。

2019年4月22日上午9:00，日照综合试验站依托单位山东美佳集团有限公司举办加工技术及质量安全培训会议，会上对《国家食品安全法》、水产品加工质量标准、HACCP计划书进行讲解，针对加工过程中出现的技术及质量问题，开展相关谈论，本次会议培训相关人员63人。

2019年7月11日上午，在日照综合试验站依托单位山东美佳集团有限公司举办海水鱼加工技术培训会议，本次培训针对车间加工人员，班组长共计60余人，培训目的是让他们明确加工流程、了解技术要点等。

2019年8月21日至23日，本站团队成员孙爱华参加在烟台举办的2019年度国家海水鱼产业经济发展动态暨渔情信息采集工作研讨会。会上听取了专家对2019年海水鱼养殖产业经济运行分析报告、特色淡水鱼养殖产业经济发展报告、海水鱼加工与质量安全政策动态与发展思考、渔情采集系统在产业经济中的应用等渔情报告，并做了本试验站所辖示范区域海水鱼产业动态及渔情信息采集的报告。

2019年9月27日至28日，日照综合试验站团队成员孙爱华参加由葫芦岛综合试验站、丹东综合实验站、大连综合试验站、青岛综合试验站、河豚种质资源与品种改良岗位主办、中国水产流通与加工协会大菱鲆分会、辽宁省水产学会、葫芦岛市现代农业发展服务中心协办的2019年海水鱼产业技术培训及研讨会，会上听取了专家对海水鱼产业发展、工厂化循环水养殖、加工质量安全控制与营养，渔药快速检测技术及方法等的报告，会后听取了对产业发展的讨论、养殖户在养殖过程中的问题，并与专家探讨解决方法等。

2.3.2 宣传材料发放

发放培训材料160份。

3 海水鱼养殖产业发展中存在的问题

经费的下达时间比较晚,给试验站的工作开展带来一定的困难。

海水鱼类的加工成本相较于鲜活鱼类还是比较高的,如何协调成本与产出效益及顾客的价格预期是目前工作开展中存在的主要问题。

4 轻简化实用技术

(1)开展海水鱼产品开发与市场推广工作,针对大菱鲆、卵形鲳鲹、黑鲽鱼骨、石斑鱼开展产品研发,开发4种产品,完成海水鱼类新产品开发5项,制定新产品工艺流程,完成样品生产。

A. 发酵金鲳鱼产品开发。以金鲳鱼为原料,采用自然固态发酵方式制备发酵鱼。真空包装后室温发酵15天,经发酵后,室温放置3个月无异味,经检测挥发性盐基氮小于15 mg/kg。

B. 鲽鱼鱼骨高汤产品开发。鱼骨高汤具有补充雌激素、补钙、补血、调理肠胃、抗衰老、健脑益智、增强抵抗力等作用,开发出的鲽鱼鱼骨高汤产品可用于火锅底料和各类调味料。

C. 石斑鱼系列产品开发。开发出生食石斑鱼切片、盐烤带骨鱼腹、凉拌鱼皮、鱼骨汤四种。

D. 开发大菱鲆豆豉味、剁椒口味AB包产品。开发的大菱鲆豆豉味、剁椒口味AB包产品,搭配特制酱料,满足使用方便、营养全面的需求。

(2)开展加工技术的培训和交流活动。在示范县区范围内组织开展或参加技术培训和交流活动7次,培训养殖和加工技术人员160人次,发送各类宣传材料160余份。

(3)开展海水鱼产品加工副产物的综合利用技术工艺开发及产品试制。

A. 开展海洋食品加工副产物智能化全利用,生产免疫增强饲料蛋白的关键技术与示范,对加工鱼皮、内脏、鱼排等副产物进行再利用,开发出免疫增强饲料蛋白。

B. 对鲽鱼鱼骨产品进行开发,开发出鲽鱼骨火锅高汤产品,已有客户预定订单。

(4)海水鱼养殖渔情采集工作。

完成体系每月、每季度对海水鱼养殖渔情数据的采集、整理,网上平台数据的录入工作。

(5)数字渔业示范基地的建设和海水鱼产业技术体系信息管理平台接入工作。

完成日照润达水产公司数字化渔业示范基地的建设,并实现与海水鱼产业技术体系信息管理平台接入工作,体系平台可实时了解基地大菱鲆养殖情况。

附表 1　2019 年度日照综合试验站示范县海水鱼育苗及成鱼养殖情况统计

		日照经济技术开发区					东营利津县				青岛崂山区						潍坊滨海区				青岛即墨区	
		大菱鲆	牙鲆	半滑舌鳎	其他海水鱼	海鲈鱼	半滑舌鳎	海鲈鱼	海鲈鱼	其他海水鱼	海鲈鱼	许氏平鲉	大黄鱼	鲷鱼	其他海水鱼	海鲈鱼	大菱鲆	半滑舌鳎	暗纹东方鲀	海鲈鱼	大菱鲆	半滑舌鳎
育苗	面积 / m²						1440	800									4000	54000			2400	500
	产量 / 万尾						235	0									20	202.3			0.94	0
工厂化养殖	面积 / m²	85000	75000	79000					200							2000		56000	54000	54000	2400	500
	年产量 / t	292	138	107					0							20		5.58	4.5	3	16.8	0.4
	年销售量 / t	240	119	104					0							20		10.07	4.5	3	12.8	0
	年末库存量 / t	121	38	16					0							0		23.56	0	0	6	1.2
池塘养殖	面积 / 亩					130																
	年产量 / t					24.5																
	年销售量 / t					15.5																
	年末库存量 / t					9																
网箱养殖	面积 / m²				15800			3500		200	20000	22000	4700	1500	900							
	年产量 / t				93			13.8		23.8	46	149.85	0.5	3	21.85							
	年销售量 / t				70			15		25.5	229	239	11.55	13	4.5							
	年末库存量 / t				23			0		10	0	102.85	0	0	21.05							
户数	育苗户数																					
	养殖户数																					

附表 2　日照综合试验站五个示范县养殖面积、养殖产量及主要品种构成

项目 \ 品种	年总产量	大菱鲆	半滑舌鳎	海鲈鱼	暗纹东方鲀	许氏平鲉	牙鲆	大黄鱼	鲷鱼
工厂化育苗面积 / m^2	63140	6400	55940	800					
工厂化出苗量 / 万尾	458. 24	20. 94	437. 3	0					
工厂化养殖面积 / m^2		87400	135500	56200	54000		75000		
工厂化养殖产量 / t		308. 8	112. 98	23	4. 5		138		
池塘养殖面积 / 亩				130					
池塘年总产量 / t				24. 5					
网箱养殖面积 / m^2									
网箱年总产量 / t									
深水网箱养殖 / m^3				23500		22000		4700	1500
深水网箱年总产量 / t				59. 8		149. 85		0. 5	3
各品种工厂化育苗面积占总面积的比例 / %		100%	100%	100%					
各品种工厂化出苗量占总出苗量的比例 / %									
各品种工厂化养殖面积占总面积的比例 / %		100%	100%	70. 4%	100%		100%		
各品种工厂化养殖产量占总产量的比例 / %		100%	100%	21. 4%	100%		100%		
各品种池塘养殖面积占总面积的比例 / %				0. 2%					
各品种池塘养殖产量占总产量的比例 / %				22. 8%					
各品种网箱养殖面积占总面积的比例 / %				29. 4%		100%		100%	100%
各品种网箱养殖产量占总产量的比例 / %				55. 7%		100%		100%	100%

(日照综合试验站站长　郭晓华)

珠海综合试验站产区调研报告

1　示范县(市、区)海水鱼养殖现状

珠海综合试验站下设5个示范县区，分别为：珠海万山区、阳江阳西县、湛江经济技术开发区、珠海斗门区、惠州惠东县。2019年鱼苗、养殖品种、产量及规模见附表1。

1.1　育苗面积及苗种产量

1.1.1　育苗面积

5个示范县鱼苗总面积为84300 m^2；其中，阳西县75700 m^2、湛江经济技术开发区7200 m^2、斗门区1400 m^2。按品种分：珍珠龙胆10700 m^2、卵形鲳鲹育苗面积65000 m^2、鲷鱼8600 m^2。

1.1.2　苗种产量

5个示范县共计育苗2442万尾。其中，珍珠龙胆642万尾，卵形鲳鲹1090万尾，鲷鱼710万尾。情况如下：

阳西县：育苗总数为2090万尾。其中，珍珠龙胆苗种约290万尾，卵形鲳鲹苗种1090万尾，鲷鱼苗种710万尾，用于本地区养殖及供应海南和粤西等地区。

湛江经济技术开发区：育苗均为珍珠龙胆苗种约352万尾，用于本地区养殖及供应海南、广西和福建等地区。

斗门区：生产鲷鱼苗种560万尾，用于本地区养殖。

1.2　养殖面积及年产量、销售量、年末库存量

1.2.1　池塘养殖

5个示范县池塘养殖面积36520亩，年总生产量115274 t，销售量为109530 t，年末库存量为63854 t。

阳西县：养殖面积1220亩，年总产量716 t。其中，养殖珍珠龙胆360亩，年产量302 t，销售173 t；养殖鲷鱼460亩，年产量414 t，销售607 t。

湛江经济技术开发区：工程化池塘养殖珍珠龙胆面积2100亩，年总产量526 t，销售量1138 t，年末库存量182 t。

斗门区:养殖面积32850亩,年总产量113138 t,全年销量106352 t,年末存量62918 t。其中,珍珠龙胆养殖面积250亩,全年产量255 t,销售量438 t,年末存量81 t;海鲈鱼养殖面积25800亩,全年产量105400 t,全年销量97100 t,年末存量59300 t;鲷鱼3800亩,养殖年产量1806 t,年销售量944 t,年末存量1130 t;美国红鱼3000亩,全年产量5677 t,全年销量7870 t,年末存量2407 t。

惠东县:养殖面积750亩,年总产量894 t,全年销量1260 t,年末存量333 t。其中,珍珠龙胆养殖面积270亩,全年产量398 t,销量576 t,年末存量168 t;鲷鱼养殖面积480亩,全年产量496 t,全年销量684 t,年末存量165 t。

1.2.2 网箱养殖

5个示范县区普通网箱养殖海水鱼总面积201900 m^2,养殖总产量5425 t,全年销售6133 t,年末存量1833 t;深水网箱养殖总水体466000 m^3,年总产量8887 t,全年销售量8545 t,年末存量1392 t。其中:

万山区:普通网箱养殖面积62500 m^2,养殖海水鱼总产量3155 t,年销售量2929 t,年末存量942 t。其中,珍珠龙胆养殖面积6000 m^2,年产量366 t,年销售量430 t,年末存量196 t;其他石斑鱼养殖面积4500 m^2,年产量383 t,年销售量313 t,年末存量182 t。深水网箱养殖水体149800 m^3,养殖海水鱼总产量4325 t,年销售量3765 t,年末存量833 t。其中,大黄鱼养殖水体36000 m^3,养殖产量266 t,年销售量256 t,年末存量90 t;卵形鲳鲹养殖水体68000 m^3,养殖产量2123 t,养殖销售量1846 t,年末存量362 t;军曹鱼养殖水体12000 m^3,养殖产量980 t,年销售量943 t,年末存量37 t;鲕鱼养殖水体11800 m^3,养殖产量608 t,年销售量396 t,年末存量290 t;其他类海水鱼养殖水体22000 m^3,年产量348 t,年销售量324 t,年末存量54 t。

阳西县:普通网箱养殖面积51900 m^2,养殖海水鱼总产量1376 t,年销售量1988 t,年末存量447 t。其中,珍珠龙胆养殖面积14000 m^2,养殖总产量284 t,养殖销售量862 t,年末存量27 t;其他石斑鱼养殖面积29000 m^2,年产量597 t,年销售量849 t,年末存量178 t;其他海水鱼养殖面积8900 m^2,年产量495 t,年销售量277 t,年末存量242 t。阳西县以深水网箱为主养殖的鱼种是卵形鲳鲹,养殖水体170000 m^3,养殖总产量1861 t,年销售量2166 t,年末存量90 t。

湛江经济技术开发区:普通网箱养殖面积4500 m^2,养殖海水鱼总产量65 t,年销售量75 t,年末存量20 t;主养珍珠龙胆养殖面积2000 m^2,养殖产量29 t,年销售量50 t,年末存量3 t;其他海水鱼养殖面积2500 m^2,养殖产量36 t,年销售量25 t,年末存量17 t。深水网箱养殖主养卵形鲳鲹,养殖水体117200 m^3,养殖产量2096 t,年销售量2023 t,年末存量270 t。

惠东县:普通网箱养殖面积83000 m^2,养殖产量829 t,年销售量1141 t,年末存量424 t。其中,珍珠龙胆养殖面积3000 m^2,养殖产量114 t,年销售量142 t,年末存量49 t;大黄鱼养殖面积33000 m^2,养殖产量340 t,年销售量489 t,年末存量260 t;卵形鲳鲹养殖面积32000 m^2,养殖产量174 t,年销售量188 t,年末存量38 t;其他海水鱼养殖产量15000 m^2,养殖产量

201 t，年销售量 322 t，年末存量 77 t；深水网箱养殖水体 26000 m³，养殖产量 546 t，年销售量 525 t，年末存量 199 t。其中，卵形鲳鲹 21200 m³，养殖总产量 334 t，年销售量 293 t，年末存量 130 t；鲷鱼养殖水体 1200 m³，年产量 154 t，年销售量 194 t，年末存量 8 t；鰤鱼深水网箱养殖水体 3600 m³，年产量 58 t，年销售量 38 t，年末存量 61 t。

1.3　品种构成

每品种养殖面积及产量占示范县养殖总面积和总产量的比例：见附表 2。

统计 5 个示范县海水鱼养殖面积与产量调查结果，各品种构成如下：

网箱养殖中普通网箱养殖总面积为 201900 m²。其中，珍珠龙胆 25000 m²，占总养殖面积的 12.38%，其他石斑鱼 33500 m²，占总面积的 16.59%；海鲈为 2000 m²，占总养殖面积的 0.99%；大黄鱼为 36000 m²，占总养殖面积的 17.83%；卵形鲳鲹 41000 m²，占总养殖面积 20.31%；军曹鱼为 14000 m²，占总养殖面积的 6.93%；鲷鱼养殖面积为 3800 m²，占总养殖面积的 1.88%；美国红鱼为 1200 m²，占总养殖面积的 0.59%；鰤鱼为 11000 m²，占总养殖面积的 5.45%；其他海水鱼养殖总面积为 34400 m²，占总养殖面积的 17.04%。

普通网箱养殖总产量为 5425 t。其中，珍珠龙胆产量为 793 t，占总产量的 14.62%；其他石斑鱼产量为 980 t，占总产量的 18.06%；海鲈鱼产量为 125 t，占总产量的 2.30%；大黄鱼产量为 522 t，占总产量的 9.62%；卵形鲳鲹产量为 621 t，占总产量的 11.45%；军曹鱼产量为 965 t，占总产量的 17.79%；鲷鱼产量为 160 t，占总产量的 2.95%；美国红鱼产量为 28 t，占总产量的 0.52%；鰤鱼产量为 269 t，占总产量的 4.96%；其他海水鱼产量为 962 t，占总产量的 17.73%。

深水网箱养殖总养殖水体为 466000 m³。其中，大黄鱼为 36000 m³，占总养殖水体的 7.73%；卵形鲳鲹为 376400 m³，占总养殖水体的 80.77%；军曹鱼为 15000 m³，占总养殖水体的 3.23%；鲷鱼为 1200 m³，占总养殖水体的 0.26%；鰤鱼为 15400 m³，占总养殖水体的 3.30%；其他海水鱼养殖水体为 22000 m³，占总养殖水体的 4.72%。

深水网箱总产量为 8887 t。其中，大黄鱼产量为 266 t，占总产量的 2.99%；卵形鲳鲹产量为 6414 t，占总产量的 72.17%：军曹鱼产量为 1039 t，占总产量的 11.69%；鲷鱼产量为 154 t，占总产量的 1.73%；鰤鱼产量为 666 t，占总产量的 7.49%；其他海水鱼产量为 348 t，占总产量的 3.92%。

池塘养殖总面积为 36520 亩。其中，珍珠龙胆 2980 亩，占总养殖面积 8.16%；海鲈鱼为 25800 亩，占总养殖面积的 70.65%；鲷鱼为 4740 亩，占总养殖面积的 12.98%；美国红鱼 3000 亩，占总养殖面积的 8.21%。

池塘养殖总产量为 115274 t。其中，珍珠龙胆为 1481 t，占总产量的 1.29%；海鲈鱼为 105400 t，占总产量的 91.43%；卵形鲳鲹为 389 t，占总产量的 0.31%；鲷鱼为 2716 t，占总产量的 2.36%；美国红鱼为 5677 t，占总产量的 4.92%。

2 示范县(市、区)科研开展情况

在全程协助中国水产科学研究院南海水产研究所联合天津德赛环保科技有限公司于2018年开发出半潜桁架结构大型智能化渔场,并经受住台风“山竹”考验的基础上,协助养殖企业开展“德海1号”试养工作,探索评估了大型渔场养殖种类对渔场及深远海养殖海域的适应性。在试验站团队前期深水网箱系统装备研究成果的基础上,集成了1套深远海养殖设施智能化投喂系统,系统的最大投饵输送距离大于300 m,最大投饲能力为1246 kg/h,系统风量为5.56 m^3/min,系统风压为49 kPa。吨料能耗最大为8.4 kW·h/t(平均为5.0 W·h/t),投饵破碎率小于0.7%,喷投距离达11.3 m。此外,该系统的自动控制系统具备进一步扩展的功能,可与养殖品种的生物学、影响养殖的主要环境因子、海况等要素进行数字化技术处理,实现精准制导养殖。

“德海1号”养殖试验从2018年11月至2019年7月,投放两批共4000尾规格6.8千克/条的军曹鱼和一批次约20万尾规格230克/条的大黄鱼。养殖试验达到预期效果,军曹鱼上市规格达9.6千克/条,珠江口海域越冬成活率98%以上;大黄鱼上市规格420克/条,试验养殖成活率达90%。

获得授权专利1项:一体化对称翼型深水网箱养殖系统,专利号:ZL201810148140.1,王绍敏、陶启友、郭杰进、黄小华、胡昱、袁太平、刘海阳、郭根喜。

3 海水鱼养殖产业发展中存在的问题

(1)广大消费者对海水鱼的了解认知不足,较难做到优质优价,加之品种多,较难形成消费聚集,替代性强,加之消费过程的不信任,单一养殖品种产量不高,在加强行业规范生产、经营外,还需加大对广大消费者的宣传引导。

(2)台风、病害对海水鱼生产影响明显,持续加大研发投入,特别是产业经济(定价机制、市场流通、宣传推广)特性研究、养殖产品保鲜与贮运和鱼品加工等急需重点突破。

附表 1　2019 年度珠海综合试验站示范县海水鱼育苗及成鱼养殖情况

品种 / 项目		万山区										阳西县					
		珍珠龙胆	其他石斑鱼	海鲈鱼	大黄鱼	卵形鲳鲹	军曹鱼	鲷鱼	美国红鱼	鲕鱼	其他海水鱼	珍珠龙胆	其他石斑鱼	卵形鲳鲹	鲷鱼	其他海水鱼	军曹鱼
育苗	面积 / m²	–	–	–	–	–	–	–	–	–	–	3500		65000	7200		
	产量 / 万尾	–	–	–	–	–	–	–	–	–	–	290		1090	710		
工厂化养殖	面积 / m²	–	–	–	–	–	–	–	–	–	–						
	年产量 / t	–	–	–	–	–	–	–	–	–	–						
	年销售量 / t	–	–	–	–	–	–	–	–	–	–						
	年末库存量 / t	–		–	–	–	–	–	–	–	–						
池塘养殖	面积 / 亩	–	–	–	–	–	–	–	–	–	–	360			460		
	年产量 / t	–	–	–	–	–	–	–	–	–	–	302			414		
	年销售量 / t	–	–	–	–	–	–	–	–	–	–	173			607		
	年库存量 / t	–	–	–	–	–	–	–	–	–	–	165			256		
网箱养殖	面积 / m²	6000	4500	2000	3000	9000	14000	3800	1200	11000	8000	14000	29000			8900	
	水体 / m³（深水网箱）				36000	68000	12000			11800	22000			170000			1200
	年产量 / t	366	383	125	448	2570	1945	160	28	877	578	284	597	1861		495	29
	年末库存量 / t	196	182	62	140	539	37	57	8	415	139	27	178	90		242	0

附表 1　2019 年度珠海综合试验站示范县海水鱼育苗及成鱼养殖情况表

续表

品种	项目	湛江经济技术开发区				斗门区				惠东县					
		珍珠龙胆	军曹鱼	卵形鲳鲹	其他海水鱼	珍珠龙胆	海鲈鱼	鲷鱼	美国红鱼	珍珠龙胆	大黄鱼	卵形鲳鲹	鲷鱼	鰤鱼	其他海水鱼
育苗	面积 /m²	7200	–	–	–	–		1400					–	–	–
	产量 / 万尾	352	–	–	–	–		560					–	–	–
工厂化养殖	面积 /m²		–	–	–	–							–	–	–
	年产量 / t	–	–	–	–	–							–	–	–
	年销售量 / t														
	年末库存量 / t														
池塘养殖	工厂化池塘面积 / 亩	2100													
	普通池塘面积 / 亩					250	25800	3800	3000	270			480		
	年产量 / t					255	105400	1806	5677	398			496		
	年销售量 / t					438	97100	944	7870	576			684		
	年库存量 / t					81	59300	1130	2407	168			165		
网箱养殖	面积 /m²	2000			2500					3000	33000	32000			15000
	水体 /m³（深水网箱）		1800	117200								21200	1200	3600	
	年产量 / t	29	30	2096	36					114	340	508	154	58	
	年末库存量 / t	3	0	270	17					49	260	168	8	61	

附表 2　珠海综合试验站五个示范县养殖面积、养殖产量及主要品种构成

	年总产量	珍珠龙胆	其他石斑鱼	海鲈	大黄鱼	卵形鲳鲹	军曹鱼	鲷鱼	美国红鱼	鰤鱼	其他
工厂化育苗面积 /m²	84300	10700	-	-	-	65000	-	8600	-	-	-
工厂化出苗量 / 万尾	2442	642.	-	-	-	1090	-	710	-	-	-
工厂化养殖面积 / t	-	-	-	-	-	-	-	-	-	-	-
工厂化养殖产量 / t	-	-	-	-	-	-	-	-	-	-	-
池塘养殖面积 / 亩	36520	2980	-	25800	-		-	4740	3000	-	-
池塘年总产量 / t	115274	1481		105400			-	2716	5677	-	-
网箱养殖面积 /m²	201900	25000	33500	2000	36000	41000	14000	3800	1200	11000	34400
深水网箱养殖水体 /m³	466000	--	--	-	36000	376400	15000	1200	-	15400	22000
网箱年总产量 / t	5425	793	980	125	522	621	965	160	28	269	962
深水网箱年总产量 / t	8887	-	--	--	266	6414	1039	154	-	666	348
各品种工厂化育苗占总面积的比例 /%	-	12. 69				77. 11	-	10. 20	-	-	-
各品种工厂化出苗量占总出苗量的比例 /%	-	26. 29	-	-	-	44. 64	-	29. 07	-	-	-
各品种工厂化养殖面积占总面积的比例 /%	-	-	-	-	-	-	-	-	-	-	-
各品种工厂化养殖产量占总产量的比例 /%	-	-	-	-	-	-	-	-	-	-	-
各品种池塘养殖面积占总面积的比例 /%	-	8. 16	-	70. 65	-		-	12. 98	82. 15	-	-
各品种池塘养殖产量占总产量的比例 /%	-	1. 28	-		-	91. 43	-	2. 36	4. 92	-	-
各品种网箱养殖占总面积的比例 /%	-	12. 38	16. 59	0. 99	17. 83	20. 31	6. 93	1. 88	0. 59	5. 45	17. 04
各品种网箱养殖产量占总产量的比例 /%		14. 62	18. 06	2. 30	9. 62	11. 45	17. 79	2. 95	0. 52	4. 96	17. 73
深水网箱养殖占总水体的比例 /%	-	-	-	-	7. 73	80. 77	3. 23	0. 26		3. 30	4. 72
深水网箱养殖产量占总产量的比例 /%	-	-	-	-	2. 99	72. 17	11. 69	1. 73		7. 49	3. 92

（珠海综合试验站站长　陶启友）

北海综合试验站产区调研报告

1 示范区县海水鱼养殖情况

北海综合试验站下辖5个示范县,分别是广西钦州市钦南区龙门港、防城港市防城区和港口区、北海市铁山港区和合浦县。5个示范县已经基本覆盖全广西主要的海水鱼养殖产区,其中合浦县因为处在入海口,海水浊度高,海水鱼养殖只有少量池塘养殖和木排养殖。

1.1 示范县海水鱼育苗情况

广西作为一个沿海海水鱼养殖省份,一直以来缺少海水鱼育苗企业,主要原因有3个。一是广西海水鱼养殖方式相对落后,产业分散程度高。广西传统海水鱼养殖以木排网箱和池塘为主,养殖户比较分散,每户养殖的规模不大,一般每户有一到几组木排网箱(一组十二口)。但广西海水鱼养殖的品种很多,传统养殖品种有卵形鲳鲹、黑鲳鱼、泥猛(褐篮子鱼)、金鼓(点篮子鱼)、海鲈鱼、真鲷、黄鳍鲷、海鲈鱼、军曹鱼等等。二是临近省份海水鱼养殖发展更早、更快,临近省份比如广东、福建、海南、养殖规模大,产业集中度高,育苗产业成熟。广西海水鱼养殖户一般从海南购买卵形鲳鲹苗和石斑鱼苗,从福建购买海鲈鱼苗。三是地理原因,如海南平均气温高,3～4月就有卵形鲳鲹苗出售,广西平均气温低,如果不使用加温设施要6月左右才能出苗。卵形鲳鲹从体长3 cm的苗种养到体重0.5 kg的商品鱼需要6个月左右的时间,广西冬季因为水温低卵形鲳鲹无法过冬,在10月底就陆续开始卖鱼,在11月底之前卖完。养殖户如果使用广西本地孵化的卵形鲳鲹苗,需等到6月中下旬才能投苗,在11月寒潮来临时达不到出售规格。

根据2019年对下辖示范区县的调查,防城港市港口区光坡镇的永贺水产公司为新成立的海水鱼育苗企业,有育苗车间220 m^2,池塘9口,每口4亩,年生产珍珠斑苗种约230万尾。

1.2 养殖面积及年产量、销售量、年末库存量

1.2.1 普通木排网箱养殖

示范区内共有木排网箱养殖105000 m^2,年产量约5375 t,产量基本约等于销售量,年末有少量海鲈鱼、卵形鲳鲹存养于网箱。近年广西冬季较冷,2018年冬季网箱存养的石斑鱼和军曹鱼损失比例较大,因此2019年养殖户对过冬鱼养殖积极性不高。

其中北海市铁山港区养殖面积 27000 m^2，年产量约 1800 t。钦州市钦南区养殖面积 21000 m^2，养殖产量约 1095 t。防城港市港口区养殖面积 30000 m^2，养殖产量约 2100 t。防城港市防城区养殖面积 25000 m^2，养殖产量约 380 t。

1.2.2　深水网箱养殖

示范区内共有深水网箱养殖水体 2236470 m^3，总产量约 24602 t，2019 年年末全区各类海水鱼约有 300 t 存网量。

其中北海市铁山港区有养殖水体 1263000 m^3，养殖产量约 13206 t。钦州市钦南区龙门港有养殖水体 542000 m^3，产量约 6896 t。防城港市港口区有养殖水体 139650 m^3，产量约 1380 t。防城港市防城区有养殖水体 291820 m^3，养殖产量约 3120 t。

1.3　品种构成

每个品种的养殖面积及产量占总养殖面积和产量的比例：见附表 2。

统计 5 个示范县的海水鱼养殖面积及产量，结果如下：

目前仅防城港市港口区内有 1 家海水鱼鱼苗生产企业。

示范县木排网箱养殖总面积 105000 m^2，其中卵形鲳鲹 45000 m^2，石斑鱼养殖 35000 m^2，海鲈鱼 25000 m^2。

示范县木排网箱养殖总产量 5375 t，其中卵形鲳鲹 2715 t，石斑鱼 2280 t，海鲈鱼 380 t。

示范县深水网箱养殖总水体 2236470 m^3，基本均为卵形鲳鲹养殖。

示范县深水网箱养殖总产量 24602 t。

从 2018 年数据看，木排网箱养殖品种多以卵形鲳鲹和石斑鱼为主，深水网箱基本用于养殖卵形鲳鲹。2019 年卵形鲳鲹成鱼价格较高，过冬鱼价格约 31 元／千克，9～11 月集中上市期基本在 26 元／千克左右。石斑鱼全年价格波动较大，但总体环比都较 2018 年的价格低。

2. 示范区县科研开展情况

广西示范区县 2019 年共进行科研项目 3 项：

项目一："深水抗风浪网箱生态养殖模式创新与示范"，合同编号：桂科 AA17204095-9，承担单位为北海市铁山港区石头埠丰顺养殖有限公司、广西壮族自治区水产科学研究院、广西海世通食品股份有限公司、北海海洋渔民专业合作社，实施时间为 2017～2020 年；

项目二："卵形鲳鲹规模化繁育技术创新与示范"，合同编号：桂科 AA17204094-4，承担单位为广西壮族自治区水产科学研究院、北海市铁山港区石头埠丰顺养殖有限公司、钦州市桂珍深海养殖有限公司，实施时间为 2017 年～2020 年；

项目三："深水抗风浪网箱（钢制）创新升级与金鲳鱼养殖技术"，合同编号：桂科

AB16380155，承担单位为北海市铁山港石头埠丰顺养殖有限公司，实施时间为2016～2019年。

3 海水鱼养殖产业发展中存在的问题

3.1 养殖设备落后

目前广西区大多数海水鱼养殖户使用的仍然是木排网箱。近年来在政府的扶持下有越来越多的养殖户开始使用深水网箱养殖，但是由于缺乏养殖工船配套，海域使用证不完善，以及较高的养殖成本，很多养殖户依然无法走向远海养殖。国家对于缺乏海域使用证的非法养殖网箱正在开展逐步拆除，大多数广西海水鱼养殖户面临的形式依然很严峻。

3.2 缺乏优质苗种

作为广西规模化养殖的主要品种卵形鲳鲹和石斑鱼目前仍然处于缺乏优质苗种的状态。一方面由于广西气候原因出苗较晚，大多购进海南及广东苗种。另一方面近年来育苗病害问题凸显，石斑鱼育苗成活率低；养殖户购进苗种以后的养殖成活率也较低，2019年卵形鲳鲹4～5月的投苗成活率只有6～7成，而2018年同期的投苗活率有8成左右。

3.3 养殖品种和模式单一

2019年卵形鲳鲹商品鱼价格较高，依据商品鱼的规格不同和上市时间不同，价格在20～30元/千克间波动，同比提高10%～20%。主要是广西卵形鲳鲹产量在海水鱼总产量中占绝大比例，容易受海水小瓜虫病害影响和台风影响，养殖户为规避小瓜虫的危害而集中上市，造成价格大幅波动，增大了养殖风险。

3.4 产业结构有待升级

目前广西海水鱼养殖销售模式基本依赖鲜活鱼和冻鱼，主要养殖品种卵形鲳鲹90%以上的产品销售途径为鲜活或者冻条。产业链短，产品单一，造成价格不稳定，产品附加值低，难以根据市场需求变化做出有效调整，养殖户收益低，养殖风险大。

4 产业发展建议

4.1 扶持优秀育苗企业

目前广西区内缺乏海水鱼育苗企业的困境正在逐步凸显，作为广西最大养殖海水鱼品种的卵形鲳鲹基本没有经过选育，苗种质量参差不一，苗种培育成活率降低，生长速度减缓，个体大小不均匀。由于卵形鲳鲹价格逐步走高，导致市场对苗种的需求量增大，需要有更多优秀的育苗企业参与其中，政府应提供资金扶持企业开展卵形鲳鲹品种选育工作。

4.2　增加技术培训和政策扶持

目前国家拆除不具有海域使用证的非法养殖网箱已成定局，对于大多数养殖户而言如何转型深水网箱养殖，走向远海已经成为迫在眉睫的问题。目前，广西区内规划的深水网箱养殖区域均离岸较远，距离在 8～20 n mile，海域风浪大，普通养殖户想要转型需要各方面的支持。一是设备购置上，转型需要购置深水网箱和管理船舶。二是需要提高养殖技术，深水网箱离岸较远，养殖管理技术与普通网箱有很大不同。三是需要政策引导合作养殖，深水网箱离岸较远，往来运输等管理成本很高，规模较小的养殖户无法承受。

4.3　丰富养殖种类和增加产业链深度

目前广西主要养殖品种只有卵形鲳鲹一种，过于单一。卵形鲳鲹养殖收益主要受由病害爆发产生的成本变化和市场价格波动引起的产值变化影响。卵形鲳鲹近年来价格变化很大，规格为 0.5 千克 / 尾的成鱼养殖成本为 18～20 元 / 千克，而销售价格在 16～36 元 / 千克间波动，养殖户的利润差别很大，养殖风险较高。因此广西的海水鱼产业一是需要丰富养殖种类，开发其他经济价值较高且稳定的深水网箱养殖品种，分散市场波动风险；二是增加产业链深度，通过提高卵形鲳鲹的附加值，打开市场销路。

附表 1　2019 年度北海综合试验站示范县海水鱼育苗及成鱼养殖情况表

		北海市铁山港区		防城港市港口区		防城港市防城区		钦州市钦南区	
		卵形鲳鲹	其他	卵形鲳鲹	珍珠斑	卵形鲳鲹	海鲈鱼	卵形鲳鲹	珍珠斑
育苗	面积 / m^2	/	/	/	250	/	/	/	/
	产量 / 万尾	/	/	/	270	/	/	/	/
深水网箱	水体 / m^3	1263000	/	139650	/	291820	/	542000	/
	年产量 / t	13206	/	1380	/	3120	/	6896	/
	年销售量 / t	12996	/	1380	/	3120	/	6896	/
	年末库存量 / t	300	/	/	/	/	/	70	/
池塘养殖	面积 / 亩	/	/	/	/	/	/	/	/
	年产量 / t	/	/	/	/	/	/	/	/
	年销售量 / t	/	/	/	/	/	/	/	/
	年末库存量 / t	/	/	/	/	/	/	/	/
网箱养殖	面积 / m^2	27000	/	/	32000	/	25000	18000	3000
	年产量 / t	1800	/	/	2100	/	380	915	180
	年销售量 / t	1625	/	/	2100	/	0	915	180
	年末库存量 / t	175	/	/	/	/	380	/	/
户数	育苗户数	/	/	/	1	/	/	/	/
	养殖户数	120	37	18	23	56	78	30	32

附表 2　北海综合试验站四个示范县养殖面积、养殖产量及主要品种构成

	示范县总量	卵形鲳鲹	石斑鱼	海鲈鱼
普通网箱养殖面积 / m^2	105000	45000	35000	25000
普通网箱养殖产量 / t	5375	2715	2280	380
深水网箱养殖水体 / m^3	2236470	2236470	0	0
深水网箱养殖产量 / t	24602	19250	0	0
普通网箱养殖面积占比 / %				
普通网箱养殖产量占比 / %	17. 93	12. 36	100	100
深水网箱养殖水体占比 / %			0	0
深水网箱养殖产量占比 / %	82. 07	87. 64	0	0

（北海综合试验站站长　蒋伟明）

陵水综合试验站产区调研报告

1　示范县(市、区)海水鱼养殖现状

根据体系安排新增加3个示范县,目前陵水综合试验站下设8个示范市县,分别为琼海市、东方市、万宁市、陵水黎族自治县、临高县,海口市、澄迈县以及昌江县。根据示范县海水鱼养殖模式、品种等各有不同,如陵水黎族自治县以石斑鱼、卵形鲳鲹及军曹鱼为主养品种,养殖模式以池塘养殖、普通网箱养殖、深水网箱养殖为主;琼海市、东方市以池塘养殖及工厂化养殖石斑鱼为主;临高县以深水网箱养殖卵形鲳鲹、池塘及工厂化养殖石斑鱼为主;万宁市以池塘及普通网箱养殖石斑鱼为主;海口市以普通网箱养殖军曹鱼为主;澄迈县以深水网箱养殖卵形鲳鲹为主;昌江县以深水网箱养殖卵形鲳鲹为主。其人工育苗、养殖品种、产量及规模见附表1。

1.1　育苗面积及苗种产量

1.1.1　育苗面积

示范县育苗总面积为1561000 m^2,其中陵水900000 m^2、琼海200000 m^2,东方300000 m^2,万宁89000 m^2,临高1000 m^2,育苗品种主要包括卵形鲳鲹、石斑鱼和军曹鱼。

1.1.2　苗种年产量

示范县育苗厂家散养户较多,粗略统计共计139户规模较大育苗厂家,总计培育苗种22730万尾,各县育苗情况如下:

陵水:50户育苗厂家,其中卵形鲳鲹30户,生产苗种13000万尾,主要用于深水网箱养殖苗种;石斑鱼20户,生产苗种1100万,主要用于池塘、工厂化及普通网箱养殖。军曹鱼5户,生产苗种300万尾,主要用于普通网箱养殖。

琼海:55户育苗厂家,生产石斑鱼苗种4000万尾,主要用于工厂化及池塘养殖。

东方:主要有14户育苗厂家,生产石斑鱼苗种3200万尾,主要用于工厂化及池塘养殖。

临高:主要有4户育苗厂家,生产石斑鱼苗种30万尾,主要用于工厂化及池塘养殖。

万宁:主要有11户育苗厂家,生产石斑鱼苗种1100万尾,主要用于池塘养殖及普通网箱养殖。

1.2　养殖面积及年产量、销售量、年末库存量

示范县成鱼养殖厂家散养户较多，有2838家，包括工厂化养殖、池塘养殖、普通网箱养殖和深水网箱养殖。

1.2.1　工厂化养殖

4个示范县工厂化养殖品种都以石斑鱼为主，养殖面积34000 m^2，年总生产量为250 t。2019年销售量310 t，年末库存量为890 t。其中：

琼海：工厂化养殖面积20000 m^2，年产量100 t，销售60 t，年末库存40 t。

东方：工厂化养殖面积8074 m^2，年产量560 t，销售200 t，年末库存360 t。

临高：工厂化养殖面积15000 m^2，年产量200 t，销售50 t。

万宁：工厂化养殖面积12800 m^2，年产量340 t，销售0 t。

1.2.2　池塘养殖

示范县池塘养殖面积19792亩，主要养殖品种为石斑鱼，年产量24117 t，年销售量10800 t，年末库存量13606 t。

陵水县：池塘养殖面积980亩，年产量450 t，年销售量200 t。

琼海市：池塘养殖面积5500亩，年产量10711 t，年销售量6711 t，年末库存量4000 t。

东方市：池塘养殖面积2500亩，年产量2000 t，年销售量1000 t，年末库存量1000 t。

临高县：池塘养殖面积3800亩，年产量1400 t，年销售量500 t。

万宁市：池塘养殖面积7012亩，年产量9556 t，年销售量2100 t，年末库存量7456 t。

1.2.3　网箱养殖

示范区内，普通网箱养殖主要有陵水县、万宁市、澄迈县以及海口市，养殖面积749492m^2，主要养殖品种为石斑鱼和军曹鱼，产量共计11700 t；深水网箱养殖示范区有陵水县、临高县、昌江县以及澄迈县，养殖主要品种为卵形鲳鲹，养殖水体3435416m^3，产量40866 t。

陵水县：普通网箱养殖面积286992 m^2，养殖品种以石斑鱼及军曹鱼为主，石斑鱼普通网箱养殖面积268992 m^2，年产量2100 t，年销售量1000 t，年末库存1100 t；军曹鱼养殖面积18000 m^2，年产量3900 t，年销售量3300 t。深水网箱养殖水体170708 m^3，养殖品种主要为卵形鲳鲹，年产量3340 t，年销售量2700 t。

万宁市：普通网箱养殖面积252000 m^2，养殖主要品种为石斑鱼，年产量2750 t，年销售量810 t，年库存量1940 t。

临高县：深水网箱养殖水体2810000 m^3，养殖主要品种为卵形鲳鲹，年产量30026 t，年销售量30026 t。

海口市：普通网箱养殖面积100500 m^2，养殖主要品种为军曹鱼，年产量1000 t，年销售量800 t，年库存量200 t。

昌江县:深水网箱养殖水体 256000 m^3,养殖主要品种为卵形鲳鲹,年产量 4500 t,年销售量 4500 t。

澄迈县:深水网箱养殖水体 198708 m^3,养殖主要品种为卵形鲳鲹,年产量 3000 t,年销售量 3000 t。

1.3 品种构成

每个品种养殖面积及产量占示范区养殖总面积和总产量的比例见附表 2。

工厂化育苗总面积 35000 m^2,其中石斑鱼 35000 m^2,占育苗总面积 100%。

工厂化出苗量 4500 万尾,其中石斑鱼 4500 万尾,占总出苗量 100%。

工厂化养殖的总面积为 55874m^2,养殖主要品种为石斑鱼,养殖总产量 1200 t。

池塘养殖总面积为 19792 亩,养殖品种为石斑鱼,养殖总产量为 24117 t。

普通网箱养殖总面积为 749492 m^2,其中石斑鱼 621492 m^2,占普通网箱总养殖面积 82.92%,总产量 5300 t,占普通网箱养殖总产量 45.30%;军曹鱼普通网箱养殖面积 128000 m^2,占普通网箱总养殖面积 17.08%,总产量 6400 t,占普通网箱养殖总产量 55.70%

深水网箱养殖总水体 3435416 m^3 ,养殖主要品种为卵形鲳鲹,深水网箱养殖产量 40866 t。

从以上统计可以看出,在示范县内,育苗以石斑鱼、卵形鲳鲹、军曹鱼为主;工厂化养殖及池塘养殖以石斑鱼为主;普通网箱养殖以石斑鱼及军曹鱼为主;深水网箱养殖以卵形鲳鲹为主。

2 示范县(市、区)科研、开展情况

2.1 科研课题情况

试验站依托单位海南省海洋与渔业科学院积极申请海水鱼产业相关项目,做好产业技术集成与示范,通过地方科研体系与国家体系对接,更好地完成产业体系的示范工作。海南省重大科技计划项目“三沙渔业资源开发利用关键技术集成与示范”项目于 2019 年结题验收,本项目通过在目前三沙网箱养殖基础上开展鱼类繁殖技术研究,评估三沙现有潟湖网箱养殖对潟湖生态影响,在三沙主要养殖海域开展渔业资源调查与利用研究,从资源可持续利用角度,提出三沙网箱养殖高效利用饵料资源方式和方法,结合捕捞作业管理等综合管理手段,促进礁盘海区渔业资源恢复,以达到促进资源恢复和渔业增收的目的,为三沙的渔业资源开发与有效利用提供科技支撑,引领三沙渔业走向可持续发展道路,以实际行动捍卫祖国主权和维护领海权益。

2.2　发表论文、标准、专利情况

2019年，陵水综合试验站发表文章1篇，申报专利1项，具体如下：

刘龙龙，罗鸣，王永波，等．一种水泥池工厂化养殖石斑鱼的吸底装置，2019205147528

刘龙龙，罗鸣，陈傅晓，等．不同盐度对珍珠龙胆石斑鱼幼鱼生长及鳃肾组织学结构的影响．大连海洋大学学报，2019，34（4）：505-510.

3　海水鱼产业发展中存在的问题

陵水综合试验站各示范县区主养石斑鱼、卵形鲳鲹、军曹鱼等鱼类。各示范县区养殖条件与品种不同，养殖存在的问题也不同。目前在示范区海水鱼养殖过程中存在的主要问题有：

（1）优良苗种缺乏。优良苗种不足是目前石斑鱼产业发展的主要问题，卵形鲳鲹则由于种质退化，所育苗种生长速度和抗病能力降低。

（2）养殖病害种类较多。网箱养殖区片面追求高密度、高产量，超过了环境容纳量引发鱼病种类越来越多。

（3）在全省海岸带环保督查背景下，对池塘及工厂化养殖影响较大，需要区县开展全面设施更新改造。

（4）养殖综合效益低。养殖品种单一，产品集中上市造成水产品市场价格剧烈波动，严重影响养殖户生产积极性。

（5）水产品储运加工生产技术滞后，水产品附加值低。

4　当地政府对产业发展的扶持政策

陵水综合试验站与示范区多家海水养殖企业签订科技合作协议，为养殖企业提供科技服务，将最新的成果在示范区进行推广应用，帮助养殖企业多渠道争取资金支持，同时通过合作关系，能够更好地把体系成果应用到本区域示范企业中去。

5　海水鱼产业技术需求

海水鱼产业涉及海水鱼贮藏加工、苗种繁育、配套饲料生产和病害防治科技攻关，充分发挥示范区龙头企业的骨干和带动作用，加强水产品质量和环境保护。

5.1　规模化苗种繁育技术

目前虽已在石斑鱼、卵形鲳鲹、军曹鱼等海水鱼繁育和苗种培育技术方面取到了重大突

破,并已实现规模化批量生产,但还缺乏规模化大型繁育基地。

5.2 产品质量和环境保护监测技术

水产品的质量安全是在激烈市场竞争中取胜的重要保证,所以在生产原料、饲料、病害防治药物、养殖和加工环境质量和工艺方法等标准和监测方法的制定、实施等方面都十分重要和值得重视。

5.3 海水鱼工厂化提质增效养殖技术

工厂化循环水养殖设备投入高,关键技术尚需完善,影响了推广应用。

附表 1　2019 年度陵水综合试验站示范县海水鱼育苗及成鱼养殖情况统计表

品种	项目	陵水			琼海	东方	临高		昌江	万宁	海口		澄迈	
		石斑鱼	卵形鲳鲹	军曹鱼	石斑鱼	石斑鱼	石斑鱼	卵形鲳鲹	卵形鲳鲹	石斑鱼	军曹鱼	石斑鱼	卵形鲳鲹	军曹鱼
育苗	面积 / m²	15000	900000	6000	200000	300000	1000			89000				
	产量 / 万尾	1100	13000	300	4000	3200	30			1100				
工厂养殖	面积 / m²				20000	8074	15000			12800				
	年产量 / t				100	560	200			340				
	年销售量 / t				60	200	50			0				
	年末库存量 / t				40	360	150			340				
池塘养殖	面积 / 亩	980			5500	2500	3800			7012				
	年产量 / t	450			10711	2000	1400			9556				
	年销售量 / t	200			6711	1000	500			2100				
	年末库存量 / t	250			4000	1000	900			7456				
普通网箱	面积 / m²	268992		18000						252000	80000	20500		110000
	年产量 / t	2100		3900						2750	1000	450		1500
	年销售量 / t	1000		3300						810	800	200		1500
	年末库存量 / t	1100		600						1940	200	250		0
深水网箱	水体 / m³		170708					2810000	256000				198708	
	年产量 / t		3340					30026	4500				3000	
	年销售量 / t		2700					30026	4500				3000	
	年末库存量 / t		640					0	0				0	0
户数	育苗户数	20	30	5	55	14	4		0	11	0	0	0	0
	养殖户数	400	18	20	1600	30	25	12	2	686	20	10	5	10

附表2　陵水综合试验站8个示范县养殖面积、养殖产量及主要品种构成

项目 \ 品种	年总产量	石斑鱼	卵形鲳鲹	军曹鱼
工厂化育苗面积 / m^2	35000	35000	0	0
工厂化出苗量 / 万尾	4500	4500	0	0
工厂化养殖面积 / m^2	55874	55874		
工厂化养殖产量 / t	1200	1200		
池塘养殖面积 / 亩	19792	19792		
池塘年总产量 / t	24117	24117		
普通网箱养殖面积 / m^2	749492	621492		128000
普通网箱年总产量 / t	11700	5300		6400
深水网箱养殖水体 / m^3	3435416		3435416	
深水网箱年总产量 / t	40866		40866	
各品种工厂化育苗面积占总面积比例 / %	100	64	0	0
各品种工厂化出苗量占总出苗量的比例 / %	100	45	0	0
各品种工厂化养殖面积占总面积的比例 / %	10	10		
各品种工厂化养殖产量占总产量的比例 / %	5	5		
各品种池塘养殖面积占总面积的比例 / %	100	100		
各品种池塘养殖产量占总产量的比例 / %	32	32		
各品种普通网箱养殖面积占总面积的比例 / %	100	72. 25		27. 75
各品种普通网箱养殖产量占总产量的比例 / %	100	58. 18		41. 82
各品种深水网箱养殖水体占总面积的比例 / %	100		100	
各品种深水网箱养殖产量占总产量的比例 / %	53. 3		53. 3	

（陵水综合试验站站长　罗　鸣）

三沙综合试验站产区调研报告

1　示范县(市、区)海水鱼养殖现状

本综合试验站下设5个示范县(市、区),分别为:儋州市、乐东县、三亚市、文昌市、三沙市。乐东县、三亚市、文昌市以育苗养殖为主,儋州以鱼苗标粗为主,三沙以养殖为主。其鱼苗、养殖品种、产量及规模见附表1。

1.1　育苗面积及苗种产量

三沙试验站所负责五个示范县育苗面积3700亩,石斑鱼总产量2850万尾,苗种标粗面积15000 m^3,产量1500万尾。

文昌育苗面积3000亩,产量6900万尾,乐东育苗水面300亩,产量980万尾,三亚育苗面积400亩,产量1100万尾。

1.2　养殖面积及年产量、销售量、年末库存量

珍珠龙胆池塘养殖面积26000亩,产量8900 t,其中2019年度销售8010 t,存货1660 t;工厂化养殖218000立方米,产量1844 t,2019年度售出1552 t,存货452 t。其他石斑鱼(东星斑)工厂化养殖水面40500立方米,产量503 t,2019年度售出387 t,存货151 t;工厂化循环水养殖水面2000立方米,其他石斑鱼(东星斑)养殖总量5 t,2019年度售出5 t,存0 t。南沙养殖尖吻鲈20万尾,尖吻鲈售15万尾,存货5万尾,平均0.75 kg。

1.3　品种构成

示范县所养殖品种为:珍珠龙胆、东星斑、少量龙石斑、少量尖吻鲈。

2　示范县(市、区)科研开展情况

2.1　科研课题情况

试验站依托单位三沙美济渔业开发有限公司,如何建立和完善南沙岛礁潟湖与开放性水域增养殖方案,实现及落实绿色可持续发展理念,同时关注、积极参与及推动国家渔业战

略发展、装备建设及构建立足南沙的“陆海接力”养殖模式产业发展的基本思路。与渔业捕捞合作社形成“养捕结合”渔业生产管理方式,带动渔民增产增收。试验站所属县市养殖情况调研,组织技术交流,展开体系外合作,与藻类产业技术体系海南站合作,引种海藻开展南沙岛礁养殖。与热带中药材产业技术体系海南站合作,开展南沙岛礁大棚菜种植。与贝类体系三亚站合作开展珍珠贝养殖,构建“金枪鱼”南沙苗种驯养基地。

2.2 发表论文情况

发表论文 1 篇:Physical responses of Latescalcarifer to acute nitrite stress. Hu J, Allais L, Yang R, Liu Y, Zhou S, Qin JG., Ma Z, Meng X。

编制标准(规范)2 项。

申报水标委标准;

《深水网箱通用技术要求》第 11 部分:工作平台;

《珍珠贝养殖笼》;

发明专利 2 项,实用新型 3 项。

一种水产网箱养殖船载巡戈式气力投饵机(发明和实用新型),一种智能投饵机及投饵机智能控制系统(发明和实用新型),一种用于颗粒状饵料的到料机构和饵料仓。

2.3 人才培养

培养渔机协会认证中级职称 2 名,初级职称 1 名。

培养智能化工业循环水养殖技术本科生 1 名。

产业技术宣传与培训

培训与技术推介、宣传材料发放

(1)2019-03-30,接受关于渔业体系信息采集调查人员培训事宜,落实人员参加;

(2)2019-11-01,培训合作社人员养殖相关技术规程。

3 海水鱼养殖产业发展中存在的问题

(1)本区域近海养殖大多集中在岸基。因缺少有效的装备设施等不确定因素,本年度仍然未实现走向外海的目标。

(2)大型渔场在应用推广过程中,因养殖品种选择难、大型装备本身存在的建造费用高、某些技术的应用仍存在过程风险等因素难以及时落地。

(3)岸基实施工厂化循环水养殖方式,推广还存在困难,加之投资大等因素,目前仍处于观望状态。

(4)病害问题比较严重。主要病原是感染石斑鱼的神经坏死病毒和虹彩病毒。感染主要发生在育苗阶段,育苗成功率低,且没有对应药可治。

（5）亲鱼退化严重，鱼卵质量下降。

（6）环保和养殖区的划分，现到处拆迁，养殖户处在观望和等待中。

附表 1　三沙综合试验站示范县海水鱼育苗及成鱼养殖情况统计

		文昌		三沙		儋州			乐东		三亚	
		珍珠龙胆	东星斑	老虎斑	金目鲈	珍珠龙胆	东星斑	金鲳鱼	珍珠龙胆	东星斑	珍珠龙胆	东星斑
育苗	面积 / 亩	2000	1000	0	0	13000 立方米	2000 立方米		200	100	300	100
	产量 / 万尾	5100	1800			1200	280		820	160	700	400
工厂养殖	面积 / m^2	200000	35000						3000	1500	15000	4000
	年产量 / t	1120	385						22	10	702	108
	年销售量 / t	960	285						40	14	552	88
	年末库存量 / t	200	120						2	1	250	30
池塘养殖	面积 / 亩	15000							6000		5000	
	年产量 / t	6350							810		1820	
	年销售量 / t	4340							1450		2220	
	年末库存量 / t	1200							60		400	
网箱养殖	面积 / m^2				1620							
	年产量 / t				20							
	年销售量 / t				15							
	年末库存量 / t			0	5							
户数	育苗户数	200	50			300	20		20	10	20	10
	养殖户数	1500	500	1					80	5	300	20

附表 2　三沙综合试验站 5 个示范县养殖面积、养殖产量及品种构成

品种 / 项目	年总产量	珍珠龙胆	东星斑	老虎斑	尖吻鲈	尖
池塘育苗面积 / 亩	3700	2500	1200			
池塘出苗量 / 万尾	8980	6620	2360			
工厂化养殖面积 / m^2	260500	218000	42500			
工厂化养殖产量 / t	2352	1844	508			
池塘养殖面积 / 亩	31000	31000				
池塘年总产量 / t	8980	8980				
深水网箱养殖面积 / m^2	2430				1620	
深水网箱年总产量 / t	20				20	
各品种池塘育苗面积占总面积的比例 / %	100	0. 68	0. 32			
各品种池塘出苗量占总出苗量的比例 / %	100	0. 74	0. 26			
各品种工厂化养殖面积占总面积的比例 / %	100	0. 84	0. 16			
各品种工厂化养殖产量占总产量的比例 / %	100	0. 78	0. 22			
各品种池塘养殖面积占总面积的比例 / %	100	100				
各品种池塘养殖产量占总产量的比例 / %	100	100				
各品种网箱养殖面积占总面积的比例 / %	100				1	
各品种网箱养殖产量占总产量的比例 / %	100				1	

（三沙综合试验站站长　孟祥君）

第三篇

轻简化实用技术

大菱鲆“多宝1号”选育技术

1　技术要点

1.1　亲本选择和培育

（1）严格按照快速生长和高成活率性状遗传分析的结果选用亲鱼。选择规格：雌、雄鱼1.5龄以上，体重750 g以上。

（2）亲鱼在3龄以上可进行人工生殖调控。亲鱼日常培育；利用人工配制的配合饲料、软颗粒饲料和饲料鱼等饲喂。配合饲料应符合《无公害食品　畜禽饮用水质》（NY 5072—2008）的要求。引用《大菱鲆配合饲料》（SC/T 2031—2004）大菱鲆配合饲料。配合饲料的日投饲量为鱼体重的1%～2%，鲜活饵料的日投喂量为1.5%～3.0%，每日投喂1～2次。

1.2　苗种培育

1.2.1　培育池

培育池分前期培育池和后期培育池。

前期培育池：圆形或方形水泥池，面积10～20 m^2，深0.8～1.0 m。后期培育池：面积20～40 m^2，水深1～1.5 m，有独立的进、排水口；池底向排水孔以一定的坡度倾斜，以利于排水。

1.2.2　培育水质

苗种培育的盐度以20～40为宜。水温13℃～18℃。早期仔鱼培育期，水温应与孵化水温一致，第2 d开始缓缓升温，10 d后升到16℃～18℃，并稳定在18℃。光照强度：500 lx～2000 lx，光线应均匀、柔和。pH为7.8～8.2。溶解氧6 mg/L以上。

1.2.3　培育密度

培育密度根据水温、溶解氧、氨氮等水平而定。

1.2.4 轮虫添加量

轮虫作为开口饵料。从孵化后3 d投喂，连续投喂15～20 d；每日投喂2次～4次，轮虫每次投喂使水体达到5～10个/毫升，苗种培育期间使用的轮虫应冲洗干净，无病原。

1.2.5 卤虫无节幼虫

从9～10 d开始投喂卤虫无节幼体,连续投喂20 d左右;每日投喂2～4次,卤虫每次由开始的0.1～0.2个/毫升,逐步增加至1～2个/毫升。苗种培育期间使用的卤虫应与卤虫壳完全分离。

1.2.6 微粒配合饵料

第12～15 d开始投喂颗粒配合饲料直至育苗结束。配合饲料的安全卫生指标应符合NY5072的要求。

1.2.7 池底吸、排污

采用专用的清底工具(“丁”字形吸污器),一般每天清底1～2次。

1.2.8 水量管理

1～5 d仔鱼可采用静水培育方式,日换水量可由1/5增至全部换水,日换水次数可由每天1次逐步增至每天两次。从6 d开始建立流水培育程序,水交换量随仔鱼的生长和密度的增大而逐步增加,可渐增至3～4个循环/日。仔鱼体质量0.1克/尾,换水量5～6个循环/日。仔鱼体质量0.5克/尾,换水量6～8个循环/日。变态伏底稚鱼(体质量2克/尾),换水量8～10个循环/日。

1.2.9 分苗

随着育苗的生长应定期进行分苗。孵化后15～20 d进行首次分苗,第30～35 d可以进行第二次分苗,第60天进行第3次分苗。第1次和第2次分苗可从密度上加以稀疏,第3次则需按大、中、小3个等级进行分拣,分类培育。

1.3 养殖生产

1.3.1 用水管理

养成水深一般控制在60～80 cm,流水量为养成水体的5～10倍,并根据养成密度及供水情况进行调整。养成水体应清洁无污染,及时清除池中污物。

1.3.2 饲料管理

1.3.2.1 种类

养成饲料包括软颗粒饲料、饲料鱼、干颗粒饲料。软颗粒饲料由粉状配合饲料与饲料鱼混合制成;饲料鱼洗净后可以直接投喂,但不宜长时间投喂单一品种的饲料鱼。干颗粒饲料为符合《无公害食品　畜禽饮用水水质》(NY 5027—2008)规定的大菱鲆专用配合饲料。

1.3.2.2 安全要求

配合饲料的安全卫生指标应符合NY5072的规定;饲料鱼应新鲜、无病害、无污染。

1.3.2.3 投饵管理

投喂量:配合饲料日投喂量为鱼体重的1%～2%,饲料鱼日投喂量为鱼体质量的

1.5%～3%。具体的投饵量根据鱼摄食情况来确定，不宜有残饵。

投喂次数：体质量200 g以内，每天投喂3～4次；体质量200 g～300 g，每天投喂2～3次；体质量300～400 g，每天投喂2次。在水温低于或高于22℃及鱼摄食不良时，应适当减少投饵次数及投喂量。

2　适宜区域

适宜在我国沿海人工可控的海水水体或地下井水水体中养殖，主要在山东、河北、辽宁、天津、江苏等沿海省市推广应用。

3　注意事项

为保证亲鱼质量，只从国家级原良种场山东烟台天源水产有限公司获得亲鱼，并遵守授权生产协约。

4　技术委托单位及联系方式

4.1　中国水产科学研究院黄海水产研究所

联系地址：山东省青岛市南京路106号。

邮政编码：266071。

联系人：马爱军。

联系电话：0532-85835103。

电子信箱：maaj@ysfri.ac.cn。

4.2　山东省烟台市开发区天源水产有限公司

联系地址：山东烟台开发区丹阳小区69号蓬莱市刘沟镇海头村北。

邮政编码：264003。

联系人：曲江波 徐荣静。

联系电话：0535-6979388。

电子信箱：yantaitianyuan@163.com。

卵形鲳鲹优质苗种培育技术

1 技术要点

1.1 亲鱼催产及优质受精卵

按照制订的亲本选配方案对卵形鲳鲹亲鱼进行分组后,将亲鱼拉至海南陵水新村港外海进行促熟。利用鱼粉、鲜活饵料以及其他营养原料配制卵形鲳鲹亲鱼营养强化饵料,具体为:鱼粉 35%、粉碎的鲜活饵料(鲣鱼:虾:鱿鱼 =1:1:1) 50%、复合维生素 2%;螺旋藻 1%、磷脂 2%、磷脂 6.9%、酵母粉 2%、大蒜素 0.1%、鱼油 1%。每天投喂 1 次,投喂量为鱼体重的 8%。定时做好养殖网衣换洗等日常管理,催产后获得优质受精卵。

1.2 优质苗种规模化培育技术

1.2.1 高位池选取和消毒

选取面积为 1.5～3 亩、水深 1.5～2.5 m、池壁与池底加铺黑色塑料防渗膜的高位池作为育苗池塘,在距离池塘底部边缘 1～2 m 处设置一圈充气石,每个充气石上面加一个铅坠,相邻充气石的间距为 2 m,且其中一个充气石距离池塘底部边缘 1 m,则其相邻充气石距离池塘底部边缘 2 m。待高位池加入 20～30 cm 海水后,使用有效率含量 30% 的漂白粉按照 30～50 千克 / 亩进行池底消毒处理,经过 2 天浸泡消毒后,把高位池内的海水排放干净。

1.2.2 有益藻定向培育

向高位池塘加入 200 目筛网过滤的新鲜海水,水深 1～1.2 m。选取天气晴朗的上午 8～10 时,按照 2 千克 / (亩•米)和 1 千克 / (亩•米)的用量称取尿素和氮磷钾复合肥,无机化肥经海水完全溶解后泼洒入池塘,同时小球藻浓缩液、育藻膏、氨基丽藻源和藻类微量源分别按照 5 升 / (亩•米)、2 千克 / (亩•米)、2 升 / (亩•米)和 200 克 / (亩•米)用量加入池塘中,并打开增氧机进行全池充气,3～4 天后池塘慢慢呈现绿色,透明度在 20～35 cm 之间。此后根据天气和藻相变化及时适量补加肥水产品、光合细菌、乳酸菌和芽孢杆菌等益生菌,光合细菌和乳酸菌用量均为每天 5 升 / (亩•米),芽孢杆菌用量为每隔 3～5 天补加 400 克 / (亩•米),维持育苗池塘藻相。

1.2.3 生物饵料生态扩繁

利用育苗池塘内单胞藻类、氨基酸与葡萄糖等发酵营养液高效培育轮虫、桡足类和枝角类等生物饵料，其中氨基酸与葡萄糖等发酵营养液的制作配方为200 L淡水、20 kg红糖、10 kg鳗鱼粉、10 kg虾多宝和10 L乳酸菌，加入水桶后密封发酵3～5天后可使用，用量为每天投喂10 L发酵营养液/（亩•米）。

1.2.4 受精卵孵化和鱼苗放养育苗池塘

制作孵化架和孵化网箱：使用联塑PVC排水管制作孵化架，规格为4 m×4 m×0. 2 m，孵化箱采用彩条布制作，并在其上方利用蓝银编织防雨布搭建遮阳布盖。孵化网箱放置于育苗池塘内靠近塘壁处，便于放入受精卵和观察孵化情况。在受精卵运入育苗场的当天，向孵化网箱加入新鲜干净海水，海水经棉布滤水袋过滤，孵化网箱加水至1 m水位，孵化箱悬浮于育苗池塘内，内部水位与育苗池塘水位相一致。在孵化箱内均匀设置16个充气石，即每1立方水体放置1个充气石，开启增氧机进行不间断充气，调整充气量保证孵化箱内水体均匀沸腾。

受精卵孵化：先将受精卵包装袋放入孵化箱中，经20～40 min后包装袋内水温和孵化箱中水温一致后，拆开包装袋，让受精卵缓慢流入孵化箱中孵化，孵化密度为8～12万粒/立方米，调节充气量使鱼卵均匀分布于孵化箱内。在盐度为28～30，水温为26℃～28℃情况下，受精卵孵化36小时后孵化为仔鱼，及时调小充气量。

鱼苗放入育苗池塘：仔鱼出膜后3日龄时，鱼苗口已开能摄食浮游动物，可把鱼苗放入育苗池塘中。苗种入池塘前，泼洒500 g拜激灵于孵化箱周边，避免鱼苗入塘后出现应激现象；解开孵化箱，待仔鱼将随着水流缓慢游入育苗池塘中，鱼苗放养密度为20～30万尾/亩。

1.2.5 苗种培育与管理

在育苗池塘内进行鱼苗养殖管理，包括生物饵料精细投喂、配合饲料有序更换、水质监测与调控和日常巡塘管理。具体步骤如下：

（1）生物饵料精细投喂

在苗种培育过程中，通过定期添加小球藻藻种、有机肥水产品和益生菌等。鱼苗3日龄至6日龄投喂轮虫，轮虫数量为0. 6～1个/毫升；7日龄至9日龄投喂轮虫和桡足类，轮虫数量为0. 4～0. 6个/毫升，桡足类数量为0. 5～0. 8个/毫升；10日龄至14日龄投喂桡足类和枝角类，桡足类数量为0. 3～0. 5个/毫升，枝角类数量为0. 8～1. 2个/毫升，生物饵料均于每日8:00～8:30之间投喂一次，用新鲜海水清洗干净后再投喂。

（2）配合饲料有序更换

在鱼苗第15日龄时，开始驯化投喂人工配合饲料，采用饥饿状态下先投喂人工配合饲料后投喂枝角类的驯化方法，经过4天驯化，鱼苗可完成摄食人工配合饲料。随着鱼体规格不断增大，逐次改变人工配合饲料型号，依次为鳗鱼粉、海马牌香鱼配合饲料0号专用料、海马牌香鱼配合饲料0号料和海马牌香鱼配合饲料1号料。每天投喂4～6次，少量多餐，每天人工配合饲料投喂总量为育苗池塘鱼体总重的5%。

(3) 水质检测与调控

每天2次测量水质理化因子,上午和下午各1次,养殖环境因子具体数值:水温为25℃~29℃,盐度为30~33,溶解氧大于5 mg/L,pH为8.2~8.5,氨氮小于0.2 mg/L,亚硝酸盐小于0.005 mg/L。每日育苗池塘注入适量新鲜干净海水,并更换一定量池塘水,具体方案为仔鱼3日龄~6日龄育苗池塘不换水,补加2%新鲜海水,仔鱼7日龄~9日龄每日更换海水5%,育苗10~14天更换海水15%,育苗15~30天更换海水30%。

(4) 日常巡塘管理

每天巡塘6次,上午、下午和晚上各2次,观察和记录育苗池塘水色藻相变化和苗种活动情况,捞取鱼苗细致查验其健康状态和摄食情况,做好病害防治措施,严防病害发生,详细撰写每天养殖日志。此外检查育苗池塘充氧情况是否正常,保证育苗池塘充足的氧气供应。

2 适宜区域

广东、广西、海南以及福建等为卵形鲳鲹主要养殖区。

3 注意事项

(1) 投喂配合饲料后,若水质变差,及时加大换水量。

(2) 养殖后期可进行苗种大小筛选分塘,降低苗种密度,及早出售大规格苗种。

4 技术委托单位及联系方式

技术委托单位:中国水产科学研究院南海水产研究所。

联系人:张殿昌。

联系方式:020-89108316。

卵形鲳鲹工厂化苗种培育关键技术研究

主要完成人员：郭华阳，张殿昌，江世贵，张楠，朱克诚，赵超平，刘波。

工作起止时间：2017-01—2018-12

验收时间：2019 年 7 月 26 日。

验收地点：中国水产科学研究院南海水产研究所。

组织验收单位：中国水产科学研究院南海水产研究所。

验收结果（300 ～ 500 字）：

项目在前期已收集保藏的卵形鲳鲹活体种质资源基础上，进一步筛选获得卵形鲳鲹优质亲本 325 尾；优化了卵形鲳鲹亲鱼促熟催产技术，确定了卵形鲳鲹适宜催产剂量和配比；建立了受精卵筛优、孵化、仔稚鱼培育、饲料驯化以及分级筛选等苗种培育技术流程，建立了卵形鲳鲹工厂化苗种培育技术体系，并与广东海兴农集团公司开展工厂化苗种，培育卵形鲳鲹苗种 117 万尾。发表学术论文 2 篇，其中 SCI 论文 1 篇；申请发明专利 3 项，授权实用新型专利 1 项；培养研究生 1 名。

深远海围栏设施“网-桩”连接技术

1　技术要点

技术方案构成主要包括柱桩,超高相对分子质量聚乙烯环带,超高相对分子质量聚乙烯板,工程塑料螺栓与铜合金编织网,见图1。

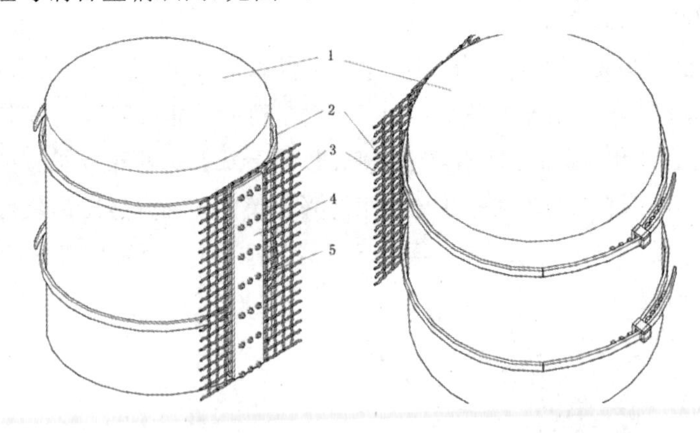

1. 柱桩 2. 超高相对分子质量聚乙烯环带 3. 铜合金编织网
4. 超高相对分子质量聚乙烯板 5. 工程塑料螺栓

图1　铜合金编织网连接示意图

1.1　柱桩

围栏网养殖设施用柱桩,主要为钢管桩或混凝土桩,本方案采用柱桩规格为直径1000 mm。

1.2　超高相对分子质量聚乙烯环带

超高相对分子质量聚乙烯薄板,高度为30 mm,厚度5 mm,一端为扣眼结构,一端为卡齿结构,环带的长度根据柱桩的尺寸而定,本方案的设计长度为3400 mm,见图2。环带的纵向距离为480 mm,实际可根据需要调整。

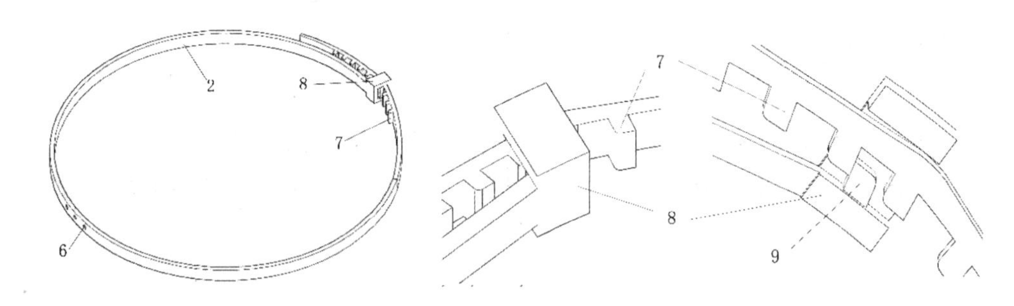

6. 超高相对分子质量聚乙烯环带开孔 7. 卡齿 8. 扣眼 9. 扣齿

图 2　超高相对分子质量聚乙烯连接件

1.2.1　超高相对分子质量聚乙烯环带开孔

共3个开孔，间距40 mm，用于将超高相对分子质量聚乙烯环带固定于铜合金编织网上。

1.2.2　卡齿

宽度 30 mm，厚度 5 mm，间距 10～15 mm，每个环带卡齿数量为 15 个，卡齿带长度 200 mm。

1.2.3　扣眼

位于超高相对分子质量聚乙烯环带的一端，扣眼眼孔的内部宽度 32 mm，高度 17 mm，扣眼眼孔的壁厚为 8 mm，扣眼内部有扣齿。

1.2.4　扣齿

位于扣眼内部，扣齿宽度 30 mm，厚度 5 mm，用于卡住卡齿，防止超高相对分子质量聚乙烯环带从扣眼中脱出。

1.3　铜合金编织网

铜丝相互交叉织成的网片，铜丝丝径 4 mm，方形网目边长 40 mm。

1.4　超高相对分子质量聚乙烯板

板厚 5 mm，宽度为 140 mm，高度根据铜合金编织网的高度而定。板上开孔，横向 3 列孔间距 40 mm，纵向开孔行间距 120 mm。利用工程塑料螺栓将铜合金编织网夹紧固定于两块板中间。

1.5　工程塑料螺栓

规格为直径 10 mm，配对应规格工程塑料螺帽，用于固定超高相对分子质量聚乙烯板，铜合金编织网与超高相对分子质量聚乙烯环带。

2 适宜区域

本技术适用于铜合金编织网网衣－柱桩式（钢管桩／水泥桩）围栏设施，该设施的建造选址海域包括但不限于水深 10～20 m 的离岸或深远海海域，同时海域的基础条件需要满足养殖条件，包括海域地理环境、水文气象、海洋资源等。

3 注意事项

本技术目的是提供一种方便快捷的网－桩连接构件与方法，并保证其牢固耐用，因此在制作过程中，需要注意连接构件的选材及尺寸标准化，根据网－桩的规格调整连接件尺寸，达到技术设计要求。本技术可根据网衣结构和柱桩的结构尺寸变化进行调整，扩大技术适用范围。

4 技术委托单位及联系方式

中国水产科学研究院东海水产研究所，地址：上海市军工路 300 号，联系电话：021-65810264。

海水工厂化循环水养殖物联网监测技术

1　技术要点

海水工厂化循环水养殖物联网监测系统包括养殖水体水质监测、养殖车间环境监测、循环水系统监测和养殖池监测。

养殖水体水质监测：通过水质传感器实时采集养殖水体水质信息，实现水质信息的实时监测、全面感知、自动采集和数字化输出。

养殖车间环境监测：通过温度、空气湿度、光照等传感器监测养殖车间温度、湿度、光照强度、气压等养殖环境信息，为车间环境智能调控提供依据。

循环水系统监测：监测循环水外源水水位，循环水处理区水质、水位，循环水管道水压、流速等。

养殖池监测：监测养殖池水位、进水口流量等。

2. 适宜区域

海水工厂化循环水养殖。

3. 注意事项

无。

4. 技术委托单位及联系方式

技术依托单位：天津农学院。

地址：天津市西青区津静路 22 号，邮编 300384。

联系电话：13920516899，联系人：田云臣。

第四篇

年度主要成果汇编

第四章

[illegible]

水产养殖物联网关键技术研究与应用示范

1　获奖级别

天津市科技进步二等奖。

2　获奖时间

2019年4月8日。

3　主要完成单位

天津农学院，天津市海发珍品实业发展有限公司，天津市天祥水产有限责任公司，天津立达海水资源开发有限公司，天津市凯润淡水养殖有限公司。

4　主要完成人员

田云臣，王文清，马国强，华旭峰，单慧勇，李海丰，余秋冬，孙学亮，杨永海，张修成，孙少起。

5　工作起止时间

2013年1月1日—2018年4月30日。

6　内容摘要（300～500字）

“水产养殖物联网关键技术研究与应用示范”在传感器集成、传感器自动清洁、循环水自动控制、精细管理模型等方面开展了系统研究，成果经专家鉴定综合评价达到国际先进水平。

发明的水质传感器自动清洁装置,解决了传感器难以清洁的问题,延长了传感器使用寿命;发明的低功耗水产养殖物联网介质访问控制方法,降低了传感器采集数据的能量损耗;发明的多路循环水水质监测装置,实现了只需一组传感器就能监测多路水质,降低了成本;发明的循环水设备自动控制系统,实现了输水、排水、增氧、投饲、微滤等设备的集中自动控制;创新了水产品个体身份标记和识别方法,发明了新的RFID电子标签防冲突算法,解决了鲜活水产品无法实现个体追溯的难题;建立了基于Richards生长函数的精细管理模型;系统制订了水产养殖物联网地方标准。

成果在天津市滨海新区、宁河区等地进行了示范应用,3年累计示范海水循环水养殖面积14.08万平方米,经济社会效益显著。

冰鲜大黄鱼复合生物保鲜技术

1　技术要点

将冰鲜大黄鱼置于 1 g/L ε- 聚赖氨酸与 2 g/L 迷迭香提取物等比例复配液中，浸渍 20 min 后沥干，置于 4℃冰箱中冰藏。与蒸馏水处理组样品相比，可使其冰藏货架期延长 3～6 d。

2　适宜区域

无限制。

3　注意事项

保持复配液比例与温度恒定。

4　技术委托单位及联系方式

上海海洋大学食品学院，谢晶（021-61900351, 15692165513）。

冰鲜大黄鱼复合保鲜技术

1 技术要点

将新鲜大黄鱼置于 1 g/L ε- 聚赖氨酸与 2 g/L 迷迭香提取物复配液中浸渍处理 20 min 后沥干，放入真空包装袋中，在 4 ℃冰箱中碎冰贮藏。与无菌水处理组样品相比，此法处理可使大黄鱼的冰藏货架期由 6～9 d 延至为 15～17 d。

2 适宜区域

无限制。

3 注意事项

保持复配液比例、温度与真空条件恒定。

4 技术委托单位及联系方式

上海海洋大学食品学院，谢晶（021-61900351，15692165513）。

冷藏大黄鱼气调包装技术

1　技术要点

将新鲜大黄鱼清洗后，用体积比例为75%的CO_2加25% N_2包装样品，随后进行冷藏处理。以空气处理组样品相比，其能使大黄鱼的冷藏货架期延长3～4 d。

2　适宜区域

无限制。

3　注意事项

保持气体比例与温度恒定。

4　技术委托单位及联系方式

上海海洋大学食品学院，谢晶（021-61900351, 15692165513）。

鲈鱼流化冰与酸性电解水冰处理技术

1　技术要点

利用流化冰机制取流化冰，所得冰浆由80%冰与20%水组成，含盐质量分数为3.3%，流化冰体系温度在(-1.8±1.0)℃；使用质量浓度为1 g/L的NaCl溶液电解5 min后取酸性电解水，将其立即密封置于-20℃低温箱中冷冻24 h成冰，制成的酸性电解水冰有效氯含量、pH、氧化还原电位分别为(25±1) mg/kg，3.64±0.03，(1 124±0.8) mV。将制得的流化冰与酸性电解水冰用于鲈鱼保藏。与碎冰处理组相比，流化冰与酸性电解水冰处理可分别延长鲈鱼的货架期6～9 d。

2　适宜区域

无限制。

3　注意事项

保持温度恒定。

4　技术委托单位及联系方式

上海海洋大学食品学院，谢晶(021-61900351, 15692165513)。

鲈鱼生物保鲜剂流化冰保鲜技术

1　技术要点

将0.1%竹叶抗氧化物与0.1%迷迭香提取物分别制成流化冰，分别用于鲈鱼保藏。与流化冰处理组样品相比，两种生物保鲜剂流化冰处理能使鲈鱼的冰藏货架期相对延长3～6 d。

2　适宜区域

无限制。

3　注意事项

保持温度恒定。

4　技术委托单位及联系方式

上海海洋大学食品学院，谢晶（021-61900351, 15692165513）。

卵形鲳鲹冻藏处理技术

1 技术要点

分别采用平板冻结、螺旋式冻结与超低温冻结处理卵形鲳鲹。与冰柜冻结处理相比,螺旋式冻结处理样品综合品质较好,可用于其冻藏保鲜。

2 适宜区域

无限制。

3 注意事项

保持温度恒定。

4 技术委托单位及联系方式

上海海洋大学食品学院,谢晶(021-61900351,15692165513)。

卵形鲳鲹镀冰衣处理技术

1　技术要点

将0.2%迷迭香提取物镀冰衣处理卵形鲳鲹后，予以冻藏处理。与纯水镀冰衣处理组相比，0.20%迷迭香提取物镀冰衣处理能延缓卵形鲳鲹冻藏期间的氧化与蛋白质变性速率，且对其内部水分流失有较好的抑制作用，可用于卵形鲳鲹等海产品的冻藏保鲜。

2　适宜区域

无限制。

3　注意事项

保持浓度与温度恒定。

4　技术委托单位及联系方式

上海海洋大学食品学院，谢晶（021-61900351，15692165513）。

卵形鲳鲹复合镀冰衣处理技术

1 技术要点

将鲜活卵形鲳鲹使用1.5%壳聚糖与0.2%迷迭香提取物复合镀冰衣处理后,予以冻藏处理。与纯水镀冰衣处理组相比,壳聚糖与迷迭香提取物复合镀冰衣处理能延缓卵形鲳鲹冻藏期间的品质劣变,且对其内部水分流失有较好的抑制作用,可用于卵形鲳鲹等海产品的冻藏保鲜。

2 适宜区域

无限制。

3 注意事项

保持浓度与温度恒定。

4 技术委托单位及联系方式

上海海洋大学食品学院,谢晶(021-61900351, 15692165513)。

石斑鱼有水活运运输技术

1　技术要点

通过有水活运技术进行石斑鱼的保活运输工艺研究。其有水保活最优温度为16℃、盐度为26,采用该技术能明显提高石斑鱼的运输成活率。

2　适宜区域

无限制。

3　注意事项

保持温度与盐度恒定。

4　技术委托单位及联系方式

上海海洋大学食品学院,谢晶(021-61900351, 15692165513)。

海鲈鱼去腥增香技术

1 技术要点

以薄荷香精、YE组成的去腥增香液对海鲈鱼进行前处理,可有效去除海鲈的鱼腥味并提高鱼肉的香味。

2 适宜区域

无限制。

3 注意事项

在15℃左右温度条件下处理。

4 技术委托单位及联系方式

技术委托单位:中国水产科学研究院南海水产研究所。
联系人:吴燕燕。
联系电话:020-34063583。

禁用药呋喃唑酮快速检测技术与装置

1　技术要点

（1）将大菱鲆、牙鲆、半滑舌鳎、鲈鱼、大黄花等海水鱼经斩切均质后称取 0.6 g±0.01 g 均质样本于 2 mL 离心管中。

（2）添加 0.6 mL 的 1 号试剂，80 μL 的 2 号试剂，振荡器振荡或手动剧烈摇晃 4 min。

（3）放在 90 ℃水中加热 10 min。

（4）冷却至室温后加入 43 μL 的 3 号试剂使 pH 为中性，剧烈振荡使样品充分混匀。

（5）加入 300 μL 的 4 号试剂，充分混匀后再加入 300 μL 的 4 号试剂再次混匀，离心 2 min。

（6）取 450 μL 最上层澄清液体于 2 mL 离心管中，60 ℃吹干。

（7）向离心管加入 500 μL 的 5 号试剂，180 μL 的 6 号试剂，充分混匀，然后离心 1 min 至液体明显分层。

（8）从下层溶液中吸取 100 μL 滴到金标微孔中，完全溶解金标微孔底部紫红色物质，吸取红色溶液到加样孔中，在 5～8 min 内对检测结果进行判读。

2　适宜区域

适应于养殖现场进行现场快速检测，该快速检测技术不需要大型仪器设备，所有仪器均可在检测箱随身携带，为养殖户的自查自检提供了技术保障。

3　注意事项

保证离心后的上清液澄清透明，没有固体或油脂残留；严格按照检测箱快速检测方法步骤进行操作。

4 技术委托单位及联系方式

技术依托单位:中国海洋大学食品安全实验室。

联系人:曹立民。

通讯地址:山东省青岛市市南区鱼山路5号。

联系电话:13675323405。

E-mail:caolimin@ouc. edu. cn。

半滑舌鳎循环水工厂化高效养殖技术

1　技术要点

采用新型封闭式循环海水工厂化养殖技术，养殖水温15℃～26℃，溶氧不低于5 mg/L，保持水质清新、稳定，水温15℃以下，每月流换水量4～6个循环；水温15℃以上，应加大流换水量，夏季高水温时，每月流换水量8～12个循环。投喂优质配合饲料，体长6 cm，日投喂3～4次；体长10 cm以上，日投喂2～3次；体长15 cm以上，日投喂2次。日投饵率0.5%～1%。

2　适宜区域

河北沿海工厂化循环水养殖地区。

3　注意事项

半滑舌鳎雌、雄个体生长差异大，为避免饵料浪费，每月分选1次，逐渐淘汰雄性个体。

4　技术依托单位及联系方式

技术依托单位：河北省海洋与水产科学研究院（河北省海洋渔业生态环境监测站）。
联 系 人：赵海涛。
通讯地址：秦皇岛市山海关区龙海大道151号。
联系电话：13633356373。
E-mail：ninan-tao@163.com。

设施型工厂化循环水养殖技术

1 技术要点

1.1 系统组成

设施型循环水养殖系统中,设施占据较大比重。其与设备型循环水系统比较,用电设备更少,但是需要更多的空间用于水处理。其物理过滤依赖于弧形筛代替转鼓式微滤机,生物滤池占据约40%的系统水体。与设备性循环水优缺点对比见表1。

对比项	设备型循环水系统	设施型循环水系统
设备投资	高	中
耗电量	高	中
维护费用	高	低
水处理能力	高	中
对养殖品种要求	高	中
备注	设备型循环水投资大,运行费用高,需要养殖高价值鱼类才能够盈利,不适宜普通养殖者	设施型循环水投资、运行费用及对养殖品种要求较低,适宜普通养殖者的使用

1.2 品种选择

半滑舌鳎、石斑鱼、大菱鲆、红鳍东方鲀。

1.3 系统维护

根据系统实际使用情况,每年宜进行一次维护。

1.4 适宜区域

北方沿海各地区。

2 注意事项

(1) 循环水系统运行前,必须提前运转,可认为添加氮源,培养硝化细菌。

（2）鱼苗、鱼种进入车间后，宜做好过度，前期控制好饵料投喂，避免水质指标超标。

（3）养殖进入稳定期后，做好水质监测工作及系统清理工作。

（4）循环水系统养殖病害防治。

3　技术委托单位及联系方式

技术示范单位：大连天正实业有限公司；联系人：刘圣聪；联系方式：18940866275　0411-8439002。

许氏平鲉人工繁育技术

1 技术要点

1.1 亲本选择

亲本选择人工培育的野生苗种养成的成鱼,可直接选择自然交配后的怀卵发育成熟的母鱼作为待产亲本。

1.2 苗种培育

许氏平鲉卵胎生,亲鱼直接产出仔鱼,仔鱼在培育中需要进行轮虫、卤虫幼体、卤虫、配合饲料的投喂,水环境的控制等工作。

2 适宜区域

环渤海、黄海区域。

3 注意事项

(1) 亲鱼怀卵量差异较大,产仔后,仔鱼布池不一定均匀,要及时调整。

(2) 饵料转换中,死亡率增加属正常现象,不能过于直接。

(4) 中后期,苗种规格差异较大,做好规格筛选工作。

4 技术委托单位及联系方式

技术示范单位:大连天正实业有限公司;联系人:刘圣聪;联系方式:18940866275 0411-8439002。

多种循环水养殖技术规范

1　技术要点

无。

2　适宜区域

宜选择环境安静、水资源充足、周围无污染源、交通供电便利、公共配套设施齐全的地点,使用海水深井要特别注意海水中的二价铁离子和泥沙含量。

3　注意事项

(1) 制订特定品种病害防治计划,以预防为主,宜放养免疫鱼苗。

(2) 维持良好水质,特别注意 DO、水温、pH 等控制在适宜范围内。

(3) 在车间门口处建消毒池,人员进出车间时随时消毒。对使用的工具应及时严格消毒,操作宜轻快,避免对养殖对象的机械损伤。

(4) 发现病害应及时隔离,对病体进行解剖分析、显微镜观察,分析原因并进行针对性治疗。

4　技术委托单位及联系方式

技术示范单位:大连天正实业有限公司。

联系人:刘圣聪。

联系方式:18940866275,0411-8439002。

大型管桩围网生态混合养殖技术

1 技术要点

1.1 建设地点选择

(1) 建设地点选择地质较硬、泥沙淤积少水域,要求海底表面承载力不小于 4 t/m^2,淤泥层厚度不大于 600 mm。

(2) 建设地点海域透明度大,受风浪影响较少、不受污染的海区,日最高透明度 500 mm 以上的时间要求不少于 100 d,年大风(6 级)天数少于 160 d,水质符合渔业二类水质标准以上。

(3) 海域水流交换通畅,但流速不宜过急,要求不大于 1500 mm/s。

(4) 水深适宜,理论最低水深要求不低于 10 m。

(5) 禁止在航道、港区、锚地、通航密集区、军事禁区以及海底电缆管道通过的区域及其他海洋功能区划相冲突的海区进行建设。

1.2 钢制管桩围网设计

远海大型钢制管桩围网设计采用钢制管桩作为网衣的支撑架,采用双层结构,使用钢制管桩的原则是考虑到对国内废旧钢材的再利用,实现钢材去产能的目的。网衣采用特力夫超高相对分子质量网衣或 PET 网衣,目的是保障养殖生产安全。养殖结构为圆形主要目的:一是增加养殖水体,实现大水体养殖;二是养殖操作方便;三是抗风浪效果好。

1.3 管桩围网设施设备配套

围网建设多功能平台、休闲垂钓平台,发展休闲渔业,实现一、三产业融合发展;配套环境观测网系统、气象监测系统、大型气动投喂装备、吸鱼泵、分级筛等装备,实现水质在线监测、水上水下视频监控、自动投喂等智能化操作。

1.4 大型管桩围网生态混合养殖技术

构建管桩围网底层养殖半滑舌鳎、中上层养殖斑石鲷、黄鲕鱼、许氏平鲉等游泳性鱼类、内外管桩夹层养殖斑石鲷清理网衣的生态混合养殖。

2　适宜区域

适宜海域坡度平缓、水深适宜的我国大部分沿海地区。

3　注意事项

管桩围网建设选址前，须做好海域底质调查；管桩围网管桩直径与材质、围网周长、双层管桩间距、同层管桩间距等，可根据应用单位养殖需求、当地海域风浪大小等因素，进行科学化、个性化设计。为保证双层网衣的透水性、耐流性和抗附着性，可以选择较大网目的超高相对分子质量网衣、PET网衣等，适于养殖较大规格苗种。管桩围网养殖水体大，对改善鱼类体形、体色、肉质，提高鱼类附加值意义重大。因此，宜开展名贵鱼类的较低密度混合生态养殖。

4　技术委托单位及联系方式

技术依托单位：莱州明波水产有限公司。

地址：山东省烟台市莱州市三山岛街道吴家庄子村。

邮码：261418。

联系电话：0535-2743518。

联系人：李文升。

第五篇

验收成果汇编

大菱鲆选育苗种的生产和推广

主要完成人员：马爱军，王新安，黄智慧。

工作起止时间：2018～2019年。

验收时间：2019年11月6日。

验收地点：江苏省连云港仙忠水产养殖有限公司。

组织验收单位：中国水产科学研究院黄海水产研究所。

验收结果（300～500字）：

（1）大菱鲆耐高温性状苗种培育及推广：2019年培育大菱鲆耐高温性状苗种92万尾，推广至山东、江苏、福建等地。江苏省连云港仙忠水产养殖有限公司2018年7月从黄海水产研究所基地—烟台开发区天源水产有限公司购买了选育的大菱鲆耐高温苗种10万尾，进行养殖，（养殖水温：冬季水温15℃～17℃，夏季水温达25℃左右），安全经过夏季的高温，池中养殖规格平均760 g。养殖成活率达96%。2019年5月从黄海水产研究所基地—烟台开发区天源水产有限公司购买了选育的大菱鲆耐高温苗种8万尾，进行养殖，安全经过夏季的高温，目前养殖规格202 g，养殖成活率98%。

（2）大菱鲆“多宝1号”推广情况：2019年春季生产大菱鲆多宝1号苗种115万尾、52 kg受精卵，推广至山东、江苏、福建、辽宁等地，其中2019年推广到仙忠水产多宝1号5万尾。

半滑舌鳎高雌受精卵规模化繁育及抗病高产新品系对比养殖试验

主要完成人员：陈松林等。

工作起止时间：2018～2019年。

验收时间：2019年10月10日。

验收地点：唐山市维卓水产养殖有限公司。

组织验收单位：中国水产科学研究院黄海水产研究所。

验收结果（300～500字）：

（1）2019年在唐山市维卓水产养殖有限公司采用黄海水产研究所建立的半滑舌鳎雌性特异微卫星标记和遗传性别鉴定技术对4277尾雄鱼进行了遗传性别鉴定，筛选出ZZ优质雄鱼,用于高雌受精卵的批量化生产和抗病高产苗种培育。2019 年 1 月至 9 月共生产出高雌受精卵 148 千克,销售到河北、天津、山东和福建等地;唐山市维卓水产养殖有限公司留存部分受精卵,分 3 批共培育出高雌鱼苗 80 万尾。

(2) 2018 年 12 月,该公司放养"鳎优 1 号"新品系鱼苗 5794 尾(规格 10～32g)进行对比养殖试验。2019 年 10 月,对养殖情况进行了生长、性别比例和存活率等数据的采集和统计。"鳎优 1 号"雌鱼均重 916. 7 g,对照组雌鱼均重 690. 1 g,鳎优 1 号比对照组生长快 24. 7%;"鳎优 1 号"的存活率为 72. 48%,对照组存活率 49. 71%,比对照组高出 23%;鳎优 1 号雌鱼比例约 40%。

(3) 2018 年 5 月底,在唐山市维卓水产养殖有限公司繁育新品系鱼苗 25 万尾,按照常规半滑舌鳎成鱼养殖方法生产出约 5 万尾 750 g 以上的头鱼(头鱼产出比例为 20%,比普通苗种的头鱼比例提高 10%以上),尾均重 1134. 9 g,对照组平均 791. 5 g,比对照组提高 25%以上。新品系鱼苗养殖成活率达 80%以上,而对照组存活率不到 50%。

大黄鱼基因组选择育种技术研究与应用(现场验收)

主要完成人员:王志勇,方铭,李完波,王秋荣,张东玲,叶坤。

工作起止时间:2017 年 1 月至 2019 年 4 月。

验收时间:2019 年 4 月 25 日。

验收地点:福建省宁德市蕉城区。

组织验收单位:集美大学科研处。

验收结果(300～500 字):

(1) 2019 年春季,用基因组育种方法培育了 3 种选育的鱼苗,其中 *n*-3 HUFA 性状的继代选育组(福康 1901)鱼苗数量合计 47 万尾,平均全长 4. 14 cm,平均体重 0. 51 g;抗内脏白点病选育鱼苗数量合计 237 万尾,平均全长 4. 06 cm,平均体重 0. 46 g;耐粗饲选育组(鱼粉鱼油需求量低,JB1901)鱼苗数量合计 42 万尾,平均全长 4. 42 cm,平均体重 0. 59 g。

(2) 2019 年春季,从 2017 年培育的"闽优 1 号"及"福康"大黄鱼中挑选亲本,共繁育出鱼苗 900 万尾,平均全长 3. 78 cm,平均体重 0. 38 g。

“虎龙杂交斑”新品种育苗现场验收

主要完成人员：张海发、刘晓春、等。

工作起止时间：2017—2019年。

验收时间：2019年4月18日。

验收地点：广东省惠州大亚湾。

组织验收单位：广东水产学会。

验收结果（300～500字）：

（1）现场保存经2代群体选育的棕点石斑鱼亲本1200尾（成熟亲本200尾，后备亲本1000尾），鞍带石斑鱼亲本1000尾（成熟亲本100尾，后备亲本900尾）。

（2）2017年至2019年共培育体长3 cm的虎龙杂交斑鱼苗226万尾。其中，2017年培育鱼苗75万尾，2018年培育鱼苗86万尾，2019年培育鱼苗65万尾。测得现场存池鱼苗68万尾，其中，全长15 cm以上规格鱼苗3万尾，全长3 cm以上规格65万尾。另外，还有现场工厂化循环水示范养殖21500尾（体重1～1.5 kg）。

（3）经现场查看，亲鱼、鱼苗生长状况良好。

“海鲈种质资源与品种改良”岗位科学家（CARS-47-G06）项目“海鲈苗种培育”

主要完成人员：温海深，李吉方，张美昭，齐鑫，李昀，张凯强，等。

工作起止时间：2018年1月至2019年1月。

验收时间：2019年1月31日。

验收地点：山东省东营市利津县双瀛苗种有限责任公司。

组织验收单位：中国海洋大学

验收结果（300～500字）：构建了室外网箱育肥、室内水泥池繁殖、越冬及营养强化的亲鱼培育模式，目前保有海鲈亲鱼共548尾，后备亲鱼2100尾。2018年度优化了亲鱼培育、激素诱导、人工授精及苗种培育等人工繁育关键技术，共获得受精卵683万粒，初孵仔鱼421万尾，孵化率为61.6%，培育苗种43万尾，体长范围2.32～5.02 cm，平均3.16 cm。建立海鲈家系16组，其中南北群体杂交家系8组，鱼苗共30万尾，体长范围2.32～4.20 cm，平均全长3.22 cm。

广东海水鱼种苗繁育及养殖产业共性技术创新平台

主要完成人员：陈刚，张健东，汤保贵，周晖，施钢，潘传豪，黄建盛，王忠良。

工作起止时间：2014 ～ 2017 年。

验收时间：2019 年 11 月 25 日。

验收地点：广东海洋大学东海岛海洋生物基地。

组织验收单位：广东省科技厅。

验收结果（300 ～ 500 字）：

2019 年 11 月 25 日，广东省科技厅对广东海洋大学主持的"广东海水鱼种苗繁育及养殖产业共性技术创新平台"（2013B090700010）进行验收。专家组听取了课题组工作汇报，审核了相关材料，经过质询和讨论，形成如下验收意见：

（1）提供的资料齐全，符合验收要求。

（2）研究了石斑鱼精子低温和超低温冷冻保存适宜条件，优化了石斑鱼受精卵孵化条件，掌握了石斑鱼仔稚鱼的摄食与生长特性；研究了光照对石斑鱼幼鱼行为、生理和生长的影响以及低盐环境下石斑鱼生长的适宜条件；优化了石斑鱼配合饲料中可替代的适宜蛋白源和蛋白水平，研发了石斑鱼环保高效的全人工配合饲料；探索了海水鱼多营养层次池塘综合养殖模式，优化了循环水养殖石斑鱼的投喂策略；筛选了褐点石斑鱼及其杂交子代的差异表达基因，分析了卵形鲳鲹耐低温候选基因、脂质代谢候选基因的生物信息学。建立了海水鱼苗繁育、海水鱼饲料和健康养殖等三大核心技术体系，创建了海水鱼种苗繁育及养殖产业共性技术创新平台，获得了广东省海水鱼科技创新中心。

（3）2014 至 2017 年，培育珍珠龙趸种苗 140 万尾，卵形鲳鲹种苗 323 万尾；培训技术人员 312 人次；技术服务数量 8 项，服务企业 8 家；新增饲料销售收入 22665 万元，利税 1304 万元。

（4）申请发明专利 4 项；建立鞍带石斑鱼精子低温保存新方法 1 个；研发室内养殖循环实验系统 1 套；发表论文 25 篇；培育研究团队 2 个，培养研究生 4 人。

（5）经审计（粤千福田专审字［2018］014 号）项目经费的使用符合相关规定。

专家组认为课题组完成了合同规定的各项任务，一致同意通过验收。

军曹鱼种苗培育现场验收

主要完成人员：陈刚，张健东，汤保贵，周晖，施钢，潘传豪，黄建盛，王忠良。

工作起止时间：2019 年 2 月～2019 年 6 月

验收时间：2019 年 5 月 26 日。

验收地点：广东海洋大学东海岛海洋生物基地。

组织验收单位：广东海洋大学科技处。

验收结果（300～500 字）：

2019 年 5 月 26 日，受国家现代农业产业技术体系——海水鱼体系委托，广东海洋大学科技处组织有关专家，在湛江市东海岛对“国家现代农业产业技术体系军曹鱼种质资源与品种改良岗位”（编号：CARS-47-G08）的军曹鱼种苗培育工作进行现场验收。专家组听取汇报，经现场抽样检测和质询，形成如下验收意见：

2019 年 4 月 17 日，课题组在 7 口条形池（100 m^2），每口投放 100 g 军曹鱼受精卵进行育苗，孵化率 92%。通过现场抽样检测，估算出 7 口条形池共有军曹鱼商品种苗 15 万尾，平均体长 9. 32 cm(7. 7～10. 9 cm)，育苗成活率 23. 3%。

2019 年 2 月 18 日，课题组在室外圆形池塘（550 m^2）投放 1000 g 军曹鱼受精卵进行育苗，孵化率 83%，并标粗成为大规格种苗，送给合作单位开展养殖示范推广。经查阅输送记录和现场抽样测定，估算出该批次的大规格种苗有 11 万尾，平均体长 18. 9 cm（17. 3～21. 3 cm)，大规格种苗培育成活率 13. 3%。

石斑鱼精准营养研究与高效饲料开发

主要完成单位：广东海洋大学、广东恒兴饲料实业股份有限公司。

主要完成人员：谭北平，董晓慧，张海涛，迟淑艳，王卓铎，刘泓宇，杨奇慧，章双，姜永杰，韦振娜。

工作起止时间：2008 年 01 月 -2018 年 12 月

鉴定时间：2019 年 08 月

组织鉴定单位：广东省水产学会。

内容摘要（300～500 字）：

针对石斑鱼营养需求参数和原料利用率数据库不完善导致饲料配方不合理、养殖效益低下、水产动物饲用蛋白质资源日益短缺、鱼粉豆粕等优质蛋白质资源严重依赖进口并已成为制约行业可持续发展的“卡脖子”因素、有限的耕地无法供给足够的饲料用粮、大宗非粮蛋白资源综合利用效率低下等一系列问题，以我国具有代表性的石斑鱼养殖种类——斜带石斑鱼和珍珠龙胆石斑鱼为研究对象，以营养需求和营养代谢研究为中心，结合生理生化、营养免疫、组学技术和环境生态学等方法手段，开展了石斑鱼精准营养研究、开发出石斑鱼高效饲料并推广应用。

主要成果包括：

（1）研究了石斑鱼养成期三个不同生长阶段的主要营养需求参数。

（2）构建了25种常用饲料原料生物利用率数据库。

（3）开发了昆虫蛋白、脱酚棉籽蛋白等新型蛋白源，初步阐明了非粮蛋白源影响石斑鱼肠道健康与代谢利用的机制，并建立了高比例鱼粉豆粕替代技术。

（4）研制免疫增强剂等一批新型功能性添加剂并建立其应用技术。

（5）集成安全高效环保饲料精准配制技术并推广示范，构建了一套适合石斑鱼养殖的高效安全饲料生产技术体系。

大菱鲆鳗弧菌基因工程活疫苗（MVAV6203株）

主要完成单位：华东理工大学、上海浩思海洋生物科技有限公司。

主要完成人员：马悦，王启要，张元兴，刘琴。

工作起止时间：2001年9月至2019年4月。

鉴定时间：2019年4月4日。

组织鉴定单位：农业农村部。

内容摘要（300～500字）：

大菱鲆鳗弧菌基因工程活疫苗（MVAV6203株）是我国也是目前国际上首例被行政许可批准的海水鱼类弧菌病基因工程活疫苗，不仅为今后促进开发更多新型水产疫苗提供了可靠的临床技术标准参考与借鉴，也丰富了我国水产疫苗的产品种类，必将为我国以鱼类为代表的现代水产养殖业的绿色健康发展提供具有国际先进水平的核心产业技术与配套产品支撑。接种疫苗取代抗生素等化学药品是不可动摇的产业发展趋势和市场的必然选择，这一药证的获批，是细菌病防控岗位在体系支持下为我国水产疫苗创新研发领域与产业化进程实现的又一次零的突破，填补了相关领域的产品空白。

大菱鲆早期发育的光谱响应机制与养殖光环境优化

主要完成人员：李贤，李军，徐世宏，王彦丰，吴乐乐。

工作起止时间：2018 年 8 月至 2019 年 4 月。

验收时间：2019 年 4 月 8 日。

验收地点：威海圣航水产有限公司。

组织验收单位：中国科学院海洋研究所。

验收结果（300 ~ 500 字）：

光照处理组：选取 6 个育苗池作为光照处理池，前期采用全光谱 LED 灯照射，光照强度为 0. 1 W/m^2（池边）；2019 年 3 月 1 日每池布大菱鲆发眼卵 62 g；3 月 19 日，光照处理池分别加置蓝色 LED 灯一盏，光照强度为 0. 1 W/m^2，蓝光含量较对照组显著升高（40%左右）。

对照组：选取 6 个育苗池作为对照池，全程采用白色荧光灯照射，光照强度皆为 0. 1 W/m^2（池边），2019 年 3 月 1 日每池布大菱鲆发眼卵 62 g。

通过现场考察，结合生产记录确定苗种数量并估算苗种培育成活率；随机选取光照处理池和对照池各 2 个，随机抽取各 30 尾鱼苗，测量全长。

光照处理组培育平均成活率 71. 7%，对照组 60. 5%，处理组较对照组提高 18. 5%。光照处理组鱼苗全长范围 24～30 mm，平均全长 26. 97 mm；对照组鱼苗全长范围 22～27 mm，平均全长 24. 70 mm，处理组较对照组提高 9. 2%。

工厂化养殖尾水工程化技术工艺与处理系统

主要完成人员：李贤，李军，刘鹰，王金霞，王朝夕，马晓娜。

工作起止时间：2017 年 8 月至 2019 年 4 月。

验收时间：2019 年 4 月 21 日。

验收地点：天津滨海新区。

组织验收单位：中国科学院海洋研究所。

验收结果（300 ~ 500 字）：

项目组设计并新建立了工厂化养殖尾水工程化处理系统 5 套，建筑面积分别为

800 ～ 1000 m^2。系统继承了物理过滤、生物处理和消毒杀菌的技术和装备，工程设计合理、工艺先进、运行成本较低。

经有资质的水质检测机构检测，结果表明系统处理效果良好，处理后的尾水水质（氨氮、COD_{cr}、pH、总氮、总磷、高锰酸盐指数等）优于天津市污水综合排放标准（DB 12/356—2018）二级标准和国家现行地表水环境质量标准（Ⅴ类水标准），实现达标排放。

与会专家建议进一步加强对系统尾水回用技术的研发，同时对尾水处理系统和工艺进一步优化，总结经验，尽快形成标准，促进系统的推广应用。

大型围网鱼类生态混合养殖模式构建

主要完成人员：关长涛，翟介明，崔勇，李文升，贾玉东。

工作起止时间：2018 年 11 月 ～2019 年 09 月。

验收时间：2019 年 10 月 20 日。

验收地点：山东省莱州市。

组织验收单位：中国水产科学研究院黄海水产研究所。

验收结果（300 ～ 500 字）：

在莱州湾海域设计制造的 1 个大型钢制管桩围栏经 10 个月的海上使用验证，围网设施的抗风浪、耐流性能优良，应用效果良好。研发了大水面饲料投喂系统 1 套、养殖环境和鱼群监控设施 1 套、渔获起捕装备 1 套。开展了半滑舌鳎、许氏平鲉、斑石鲷、黄条鰤等鱼类生态混合养殖中试，养殖的半滑舌鳎、许氏平鲉、斑石鲷、黄条鰤生长状况良好，初步构建了围网鱼类生态混合养殖模式，具有良好的应用前景。

海鲈工程化池塘精养技术示范

主要完成人员：柳学周，徐永江，王滨，姜燕，史宝。

工作起止时间：2019 年 01 月 ～2019 年 12 月。

验收时间：2019 年 12 月 01 日。

验收地点：广东珠海斗门新泗海水产养殖场。

组织验收单位：中国水产科学研究院黄海水产研究所。

验收结果（300～500 字）：

通过现场查看海鲈工程化精养池塘的设施设备和养殖情况，测量并评估养殖鱼的数量、规格及养殖产量，验收专家组确认本岗位使用 3 口海鲈工程化精养池塘，每口面积 10 亩，养殖池塘的水质在线监测系统等设施设备运行良好，能够实现水温、盐度、溶解氧等水质指标的实时监测和远程信息传递。对 3 口池塘分别随机抽样、测量，计算出 1 号池塘养殖海鲈成鱼 67277 尾，平均体长 36. 9 cm，平均体重 597. 5 克 / 尾，养殖单产达 4020 千克 / 亩；2 号池塘养殖海鲈成鱼 68365 尾，平均体长 39 cm，平均体重 608. 5 克 / 尾，养殖单产达 4160 千克 / 亩；3 号池塘养殖海鲈成鱼 67340 尾，平均体长 39. 7 cm，平均体重 610. 4 克 / 尾，养殖单产达 4110 千克 / 亩。

牙鲆工程化岩礁池塘高效养殖技术示范

主要完成人员：柳学周，徐永江，王滨，姜燕，史宝

工作起止时间：2019 年 02 月～ 2019 年 12 月。

验收时间：2019 年 12 月 14 日。

验收地点：山东青岛贝宝海洋科技有限公司。

组织验收单位：中国水产科学研究院黄海水产研究所。

验收结果（300 ～ 500 字）：

验收专家组现场查看了牙鲆岩礁池塘的工程化设置、设施设备和养殖情况，并对养殖鱼的数量、规格和产量进行测量和评估，确认本团队使用的 2 个工程化岩礁池塘单体面积分别为 10 亩和 12 亩；在 2 个池塘中对养殖牙鲆分别随机取样各 30 尾，并测量其体长、体重，1 号池塘养殖牙鲆平均全长 37. 2 cm，平均体重 783. 6 克 / 尾，2 号池塘养殖牙鲆平均全长 35. 63 cm，平均体重 758. 1 克 / 尾；在两个池塘中分别随机划定一定面积，捞取其中的养殖牙鲆鱼，计算数量，依据池塘面积推算牙鲆总体数量，以此评估养殖产量，1 号池塘养殖牙鲆成鱼 90800 尾，养殖单产达 7115 千克 / 亩，2 号池塘养殖牙鲆成鱼 109800 尾，养殖单产达 6936. 6 千克 / 亩。

黄条鰤工程化池塘育苗技术

主要完成人员：柳学周，徐永江，王滨，姜燕，史宝。

工作起止时间：2019 年 01 月至 2019 年 07 月。

验收时间：2019 年 06 月 05 日。

验收地点：大连富谷食品有限公司。

组织验收单位：中国水产科学研究院黄海水产研究所

验收结果（300～500字）：

验收专家组现场查看了亲鱼和苗种培育情况、生产记录，确认亲鱼当前保有4～5龄黄条鰤亲鱼328尾；对室内9个苗种培育池（7.5 m×7.5 m×2 m）进行测量与统计，计数出黄条鰤苗种23.03万尾；统计4个室外工程化池塘（2.2亩／个），计数出苗种17.2万尾，合计平均全长4.7～8.6 cm的黄条鰤苗种40.23万尾。

验收专家组现场考察了工程化池塘工厂化育苗设施，随机选取室外工程化池塘黄条鰤苗种30尾，测量得出最大全长5.4cm，最小全长4.1 cm，平均全长4.7 cm；对搬进室内水泥池的苗种随机抽取30尾，测量最大全长9.7 cm，最小全长8.1 cm，平均全长8.6 cm；通过干露法测试，苗种活力强、健康。

花鲈健康苗种繁育及其大网箱养殖模式示范与推广

主要完成人员：方秀，黎中宝。

工作起止时间：2017年4月至2019年9月。

验收时间：2019年11月27日。

验收地点：福州市湖东路7号三层（福建省科技厅星火办会议室）。

组织验收单位：福建省科技厅。

验收结果（300～500字）：福建省科技厅组织有关专家对福建闽威实业股份有限公司和集美大学共同承担的省科技计划项目“花鲈健康苗种繁育及其大网箱养殖模式的示范与推广”（项目编号：2017S0053）进行验收。专家组听取了项目组的汇报，审阅了相关材料，经质询和讨论，形成意见如下：①项目组提供材料翔实，符合验收要求。②项目组集成花鲈生殖调控与室内人工育苗技术，于2017年、2018年二年共培育花鲈苗种10296万尾，平均孵化率91.24%，平均成活率61.72%。③项目建立深水大网箱示范基地一个，面积30亩。经现场测产，深水大网箱养殖花鲈体重生长速度比传统网箱提高63.3%，体长生长速度提高12.6%，养成成活率91.3%；④项目采用“公司＋基地＋农户”模式，推广深水大网箱250口（10 m×10 m×10 m），面积500亩。带动农户800户，年产花鲈2500吨，实现产值11000万元。⑤在项目实施期间，开展花鲈知识与技能等相关培训4次，培训人数达525人次。⑥项目经费使用基本合理，符合《福建省级科技计划项目经费管理办法》。

综上所述，该项目已完成任务书规定的各项指标，验收组专家一致认为验收合格。

福建省花鲈育种重点实验室

主要完成人员：方秀，汪晴，刘荣城，黎中宝。

工作起止时间：2015 年 12 月至 2019 年 6 月。

验收时间：2019 年 3 月 7 日。

验收地点：福建闽威实业股份有限公司实验室现场。

组织验收单位：福建省科技厅。

验收结果（300～500 字）：福建省科技厅组织验收专家在福建闽威实业股份有限公司对其承担的《福建省花鲈育种重点实验室》建设项目进行验收。与会专家实地考察了位于福鼎市店下镇巽城村的实验室现场，审阅了实验室验收材料，形成以下验收意见：①验收材料齐全，符合验收要求。②实验室建设期间，在花鲈育苗优化技术研究、花鲈生态养殖技术研究、花鲈产品精深加工技术研究等方面开展了卓有成效的工作，主持“国家海水鱼产业技术体系漳州综合试验站”“花鲈健康苗种繁育及其大网箱养殖模式的示范与推广”等项目 3 项，共计经费 878 万元；授权发明专利 1 项；发表论文 2 篇；完成开放课题 2 项；召开 3 次学术委员会会议；主办了 4 项国内会议；引进和培养人才 5 名；参加国内外学术会议 10 人次。③新建设实验室大楼面积 1628 平方米，新增设备 189. 87 万元。

综上，该项目已基本完成任务书的建设要求，专家组一致同意通过验收。

鞍带石斑鱼♀ × 蓝身大斑石斑鱼♂杂交育苗技术

主要完成人员：翟介明，田永胜，李波，马文辉，李文升，王清滨，庞尊方。

工作起止时间：2018 年 4 月～2019 年 8 月。

验收时间：2019 年 8 月 8 日。

验收地点：山东省莱州市。

组织验收单位：中国水产科学研究院黄海水产研究所、莱州明波水产有限公司。

验收结果（300～500 字）：中国水产科学研究院黄海水产研究所和莱州明波水产有限公司对合作开展的“鞍带石斑鱼♀ × 蓝身大斑石斑鱼♂杂交育苗技术”进行了现场验收。验收专家组听取了工作汇报，查阅了相关记录，查看了现场，形成验收意见如下：利用建立的蓝身大斑石斑鱼精子冷冻保存技术，在国内收集冷冻保存精子 200 mL，活力达 85%以上；2018 年培育杂交鞍带石斑鱼种 1000 尾，同时培育纯种鞍带石斑鱼种 10000 尾，进行对比养殖；至验收时培育杂交鞍带石斑苗种平均全长 28. 04 cm±2. 19 cm, 平均体重 419. 03±109. 91 g, 杂交鞍带石斑鱼苗具有生长快特点。

鞍带石斑鱼♀ × 云纹石斑鱼♂杂交育苗技术

主要完成人员：翟介明，田永胜，李波，马文辉，李文升，王清滨，庞尊方。

工作起止时间：2018 年 4 月 ～2019 年 8 月

验收时间：2019 年 8 月 8 日

验收地点：山东省莱州市。

组织验收单位：中国水产科学研究院黄海水产研究所、莱州明波水产有限公司。

验收结果（300 ～ 500 字）：中国水产科学研究院黄海水产研究所和莱州明波水产有限公司对合作开展的“鞍带石斑鱼♀ × 云纹石斑鱼♂杂交育苗技术”进行了现场验收。验收专家组听取了工作汇报，查阅了相关记录，查看了现场，形成验收意见如下：利用建立的云纹石斑鱼精子冷冻保存技术，冷冻保存精子 100 mL，活力达 85% ～90%；2018 年利用云纹石斑鱼冷冻精子与鞍带石斑鱼卵杂交授精，培育鱼苗杂交石斑鱼种 2000 尾，至验收时培育杂交石斑苗种平均全长 29. 17 cm ± 2. 14 cm, 平均体重 404. 77 g ± 112. 92 g。

赤点石斑鱼♀ × 蓝身大斑石斑鱼♂杂交育苗技术

主要完成人员：翟介明，田永胜，李波，马文辉，李文升，王清滨，庞尊方。

工作起止时间：2018 年 4 月 ～2019 年 8 月。

验收时间：2019 年 8 月 8 日。

验收地点：山东省莱州市。

组织验收单位：中国水产科学研究院黄海水产研究所、莱州明波水产有限公司。

验收结果（300～500 字）：中国水产科学研究院黄海水产研究所和莱州明波水产有限公司对合作开展的“赤点石斑鱼♀ × 蓝身大斑石斑鱼♂杂交育苗技术”进行了现场验收。验收专家组听取了工作汇报，查阅了相关记录，查看了现场，形成验收意见如下：利用建立的蓝身大斑石斑鱼精子冷冻保存技术，在国内收集冷冻保存精子 200 mL，活力达 85%以上；自 2018 年始，利用蓝身大斑石斑鱼冷冻精子与赤点石斑鱼卵杂交授精，培育鱼苗 3 万尾，同时培育纯种赤点石斑鱼苗种 10 万尾，进行对比养殖；至验收时 2019 年培育杂交红斑苗种平均全长 11. 18 cm±0. 71 cm，平均体重 24. 1 g±4. 37 g，纯种红斑平均全长 7. 75±0. 40 cm，平均体重 6. 50 g±1. 19 g；杂交红斑具有生长快、抗逆性强特点。

基于现代育种技术的石斑鱼良种创制与苗种规模化繁育技术

主要完成人员：翟介明，田永胜，李波，马文辉，李文升，王清滨，庞尊方。

工作起止时间：2018 年 4 月～2019 年 8 月。

验收时间：2019 年 8 月 8 日。

验收地点：山东省莱州市。

组织验收单位：烟台市科技局、莱州市科技局。

验收结果（300～500 字）：烟台市科技局委托莱州市科技局，对莱州明波水产有限公司与中国水产科学研究院黄海水产研究所共同承担的 2016 年烟台市重点研发计划“基于现代育种技术的石斑鱼良种创制与苗种规模化繁育技术”进行了中期现场验收。验收专家组勘察精子冷冻库、苗种繁育车间，查阅生产记录，听取工作汇报，现场答疑，随机取样测量，形成验收意见如下：保存冷冻鞍带石斑鱼、蓝身大斑石斑鱼等精子 4000 mL；筛选云龙石斑鱼生长、抗病优势性状相关分子标记 4 个；完成了云纹石斑鱼♀ × 鞍带石斑鱼♂、棕点石斑鱼♀ × 蓝身大斑石斑鱼♂、赤点石斑鱼♀ × 蓝身大斑石斑鱼♂杂交苗种繁育养殖，建立云龙石斑鱼生长优势家系 3 个，累计生产石斑鱼优质苗种 1100 万尾。

青石斑鱼♀ × 蓝身大斑石斑鱼♂杂交育苗技术

主要完成人员：翟介明，田永胜，李波，马文辉，李文升，王清滨，庞尊方。

工作起止时间：2019 年 4 月～2019 年 8 月。

验收时间：2019 年 8 月 8 日。

验收地点：山东省莱州市。

组织验收单位：中国水产科学研究院黄海水产研究所、莱州明波水产有限公司。

验收结果（300～500字）：中国水产科学研究院黄海水产研究所和莱州明波水产有限公司对合作开展的“青石斑鱼♀ × 蓝身大斑石斑鱼♂杂交育苗技术”进行了现场验收。验收专家组听取了工作汇报，查阅了相关记录，查看了现场，形成验收意见如下：利用建立的蓝身大斑石斑鱼精子冷冻保存技术，在国内收集冷冻保存精子200 mL，活力达85%以上；利用蓝身大斑石斑鱼冷冻精子与青石斑鱼卵杂交授精，培育鱼苗杂交青石斑鱼种5000尾，同时培育纯种青石斑鱼种30000尾，进行对比养殖；至验收时培育杂交青石斑苗种平均全长11. 178 cm ± 0. 71 cm，平均体重24. 10 g ± 4. 37 g；纯种青石斑平均全长10. 60 cm±0. 69 cm，平均体重21. 32 g ± 4. 80 g。杂交青石斑鱼苗具有生长快、抗逆性强特点。

棕点石斑鱼♀ × 蓝身大斑石斑鱼♂杂交苗种生产及养殖

主要完成人员：翟介明，田永胜，李波，马文辉，李文升，王清滨，庞尊方。

工作起止时间：2017年4月–2019年8月。

验收时间：2019年8月8日。

验收地点：山东省莱州市。

组织验收单位：中国水产科学研究院黄海水产研究所、莱州明波水产有限公司。

验收结果（300～500字）：中国水产科学研究院黄海水产研究所和莱州明波水产有限公司对合作开展的“棕点石斑鱼♀ × 蓝身大斑石斑鱼♂杂交育苗技术”进行了现场验收。验收专家组听取了工作汇报，查阅了相关记录，查看了现场，形成验收意见如下：2017～2019年筛选出高效、低毒的石斑鱼精子冷冻保存稀释液，建立蓝身大斑石斑鱼精子冷冻保存技术和精子冷冻库，保存精子1000 mL，活力达85%以上；自2017年始，利用蓝身大斑石斑鱼冷冻精子与棕点石斑鱼卵杂交授精，人工繁殖受精卵7800 g，培育鱼苗83. 84万尾，建立杂交家系10个；对杂交后代和亲本的表型性状、染色体（$2n = 48, 46\ t + 2\ st$）、线粒体基因组序列（全长16629bp）等性状进行了研究；至验收时2019年培育杂交苗种平均全长8. 48 cm ± 0. 48 cm、平均体长7. 08 cm ± 0. 50 cm、平均体重11. 14 g ±2. 35 g。2018的培育1+龄商品鱼平均体重达539. 50 cm ± 46. 22 cm，平均体长达31. 74 cm±2. 18 cm，具有生长快、抗逆性强特点。

大型围网鱼类生态混合养殖模式构建

主要完成人员：翟介明，关长涛，李波，贾玉东，张秉智，李文升，王清滨。

工作起止时间：2017 年 4 月至 2019 年 8 月。

验收时间：2019 年 8 月 8 日。

验收地点：山东省莱州市。

组织验收单位：国家海水鱼产业技术研发中心。

验收结果（300 ～ 500 字）：国家海水鱼产业技术体系网箱养殖岗位和莱州综合试验站对合作开展的“大型围网鱼类生态混合养殖模式构建”进行了现场验收。验收专家组听取了工作汇报，查阅了相关记录，查看了现场，形成验收意见如下：

在莱州湾海域设计建造的 1 个大型钢制管桩围网（规格：周长 400 m，养殖水体 16 万立方米）经 10 个月的海上使用验证，围网设施的抗风浪、耐流性能优良，应用效果良好；研发了大水面饲料投喂系统 1 套（出料速率 ≥ 30 kg/min、投喂粒径 3 ～ 20 mm、出料口喷射距离 ≥ 30 m、饵料破碎率 ≤ 5%）、养殖环境和鱼群监控设施 1 套（8 路高清视频，360 度球机，红外摄像 200 W 网络像素，水下影像观测仪水平视角 3° ～ 58°，远程水质多参数传感器）、渔获起捕装备 1 套（尼龙网衣，网目 6 cm，40 m×40 m）；开展了半滑舌鳎、许氏平鲉、斑石鲷、黄条鰤等鱼类生态混合养殖中试，养殖的半滑舌鳎、许氏平鲉、斑石鲷、黄条鰤生长状况良好，初步构建了围网鱼类生态混合养殖模式，具有良好的应用前景。

深远海智能型大围网生态养殖技术研发与示范

主要完成人员：翟介明，关长涛，李波，贾玉东，张秉智，李文升，王清滨。

工作起止时间：2019 年 1 月至 2019 年 8 月。

验收时间：2019 年 8 月 8 日。

验收地点：山东省莱州市。

组织验收单位：莱州市科技局。

验收结果（300～500 字）：莱州明波水产有限公司和中国水产科学研究院黄海水产研究所对合作开展的 2019 年度烟台市重点研发计划“深远海智能型大围网生态养殖技术研发与示范”进行了阶段性现场验收。验收专家组听取了工作汇报，查阅了相关记录，查看了现场，形成验收意见如下：依托建成的1个管桩围网，周长400 m、水体16万立方米，双层超高相对分子质量聚乙烯网衣，配套8个多功能平台、大型气动投喂装备、水质多参数传感器、水下视频传感器、信息精准化传输装置、渔获起捕装备，搭建大水体养殖设施装备体系；开展了半滑舌鳎、许氏平鲉、斑石鲷、黄条鰤等鱼类的生态混合养殖试验，养殖的半滑舌鳎、许氏平鲉、斑石鲷、黄条鰤生长状况良好；初步构建了大型围网生态养殖模式，完成课题预设考核指标。

生态围栏养殖设施与模式构建

主要完成人员：翟介明，关长涛，李波，贾玉东，张秉智，李文升，王清滨。

工作起止时间：2019年1月至2019年8月。

验收时间：2019年8月8日。

验收地点：山东省莱州市。

组织验收单位：青岛海洋科学与技术试点国家实验室。

验收结果（300～500字）：深蓝渔业工程联合实验室和莱州明波水产有限公司共同完成的青岛海洋科学与技术试点国家实验室——山东省重大科技创新工程专项课题“生态围栏养殖设施与模式构建（2018SDKJ0303-4）”进行阶段性现场验收。验收专家组听取了工作汇报，查阅了相关记录，查看了现场，形成验收意见如下：建设完成周长400米的大型钢制管桩围栏，养殖平台1座，采用双层钢制管桩、走台、双层超高相对分子质量网衣结构，立柱165根，网深17.5米，养殖水体16万立方水体，配套大水面饲料投喂系统1套、养殖环境和鱼群监控设施1套、渔获起捕装备1套；开展了半滑舌鳎、许氏平鲉、斑石鲷、黄条鰤等鱼类的生态混合养殖试验，养殖的半滑舌鳎、许氏平鲉、斑石鲷、黄条鰤生长状况良好；初步构建了大型围栏生态养殖模式，完成课题预设考核指标。

工厂化循环水工业余热循环利用模式构建与应用示范

主要完成人员：翟介明，黄滨，李波，刘宝良，李文升，王清滨。

工作起止时间：2019年1月至2019年8月。

验收时间：2019年8月8日。

验收地点：山东省莱州市。

组织验收单位：国家海水鱼产业技术体系

验收结果（300～500字）：国家海水鱼产业技术体系工厂化养殖模式岗和莱州综合试验站联合承担的“工厂化循环水工业余热循环利用模式构建与应用示范”项目进行了现场验收。验收专家听取了项目组的工作汇报，审阅了有关资料，察看了养殖现场，经质询讨论，形成验收意见如下：通过优化工业余热利用技术，建立了适用于工厂化循环水养殖的工业余热高效利用作业模式，实现了养殖水温的精准控制和能源的高效循环利用；建立了工业余热采集和控温工作站一处，成功引入物联网技术，具备养殖车间水温、水体量、水交换量等参数的实时采集以及同远端工作站的实时联动功能，实现了热能的精准供应；完成5座工厂化循环水养殖车间改造，车间占地面积16600 m^2，实现工业余热高效循环利用技术全覆盖。

工厂化养殖设施装备升级改造

主要完成人员：翟介明，倪琦，李波，张宇雷，李文升，王清滨。

工作起止时间：2019年1月至2019年8月。

验收时间：2019年8月8日。

验收地点：山东省莱州市。

组织验收单位：国家海水鱼产业技术体系。

验收结果（300～500字）：国家海水鱼产业技术体系养殖设施与装备岗位和莱州综合试验站联合承担的“工厂化养殖设施装备升级改造”项目进行现场验收。验收专家听取了项目组的工作汇报，审阅了有关资料，察看了养殖现场，经质询讨论，形成验收意见如下：使用转鼓式微滤机替代弧形筛，改造循环水养殖系统6套，改造车间面积5040平米；升级自动投饵设备28套，建设观测网3套，具备溶解氧、水温、氨氮、亚氮水质实时监测和水下鱼类行为视频监控功能；与传统工厂化流水养殖相比节水90%，大幅减少地下水资源的利用，减少外排污染物30%以上；为国内老旧工厂化养殖车间技术升级改造提供了参考和借鉴，具有良好的示范作用。

第六篇

获奖成果汇编

水产集约化养殖精准测控关键技术与装备

获奖名称级别：国家科技进步二等奖。

获奖时间：2019年12月18日。

主要完成单位：中国农业大学，北京农业信息技术研究中心，天津农学院，山东省农业科学院科技信息研究所，莱州明波水产有限公司，江苏中农物联网科技有限公司，福建上润精密仪器有限公司。

主要完成人员：李道亮，杨信廷，陈英义，邢克智，吴华瑞，阮怀军，傅泽田，翟介明，蒋永年，黄训松。

工作起止时间：2007年08月至2015年12日

内容摘要（300～500字）：

属农业电气化与自动化领域，针对我国水产养殖业的可持续发展困境，提出水产集约化养殖精准测控技术体系：感知新技术和传感器打破了国外技术垄断；无线跨网适配技术和无线采集控制器填补了国内产品空白；智能决策模型和云平台引领了产业发展方向；精准测控技术体系带动了行业技术进步。经鉴定，本项目创新性成果整体上达到国际先进水平，相关技术成果在江苏、山东、天津等23省市自治区进行了大面积推广，取得了显著的经济社会效益。

石斑鱼循环水智能化设施养殖关键技术研究及产业化

获奖名称级别：浙江省农业农村厅技术进步奖一等奖

获奖时间：2019年07月11日

主要完成单位：浙江华兴水产科技有限公司、浙江省舟山市水产研究所、中国水产科学研究院黄海水产研究所

主要完成人员：罗海忠，柳敏海，傅荣兵，雷霁霖，李伟业，彭志兰，马爱军，王祖康，杨秀来，祝世军，油九菊，章霞。

工作起止时间：2013年01月01日至2017年01月05日

内容摘要（300～500字）：

项目开展了智能化技术在循环水养殖系统中的应用,建立了循环水养殖水处理工艺和工业化高效养殖石斑鱼技术。优化改造并构建完成了工业化高效循环水系统共5套,高效循环水养殖水体达840 m^3;水循环利用率达91.15%;单位水体养殖产量达28 kg/m^3;具备年产21000 kg的养殖石斑鱼能力,产值可达168万元;制定了“石斑鱼循环水高效养殖操作程序”标准。

大黄鱼脂类营养研究

获奖名称级别:2019年度海洋科学技术奖一等奖。

获奖时间:2019年11月。

主要完成单位:中国海洋大学。

主要完成人员:艾庆辉,麦康森,徐玮,左然涛,张文兵,张彦娇,廖凯,王珺,李庆飞,李松林,王天娇,蔡佐楠,谭朋,杜健龙,董小敬

工作起止时间:2007年1月1日至2018年6月30日。

内容摘要(300～500字):大黄鱼是我国特有的鱼类,享有“国鱼”的美誉,是我国海水鱼类养殖量最大的品种。但养殖大黄鱼内脏脂肪异常沉积现象严重,从而导致炎性反应,降低其营养品质(EPA和DHA)。本项目共发表学术论文56篇,其中SCI论文40篇,总被引833次,他引632次。获得国家发明专利3项。第一申请人2015年获国家杰出青年科学基金资助,2016年获“教育部长江学者奖励计划”特聘教授称号,2017年和2018年入选Elseiver高被引用学者,并开始担任国际水产领域权威刊物*Aquaculture*和*Aquaculture Research*的Editor。项目系统阐明了大黄鱼的脂代谢调控机制,揭示了脂代谢、炎性反应(健康)和营养品质的关系,推动了鱼类脂类营养学发展,成果顺利实现了产业化。近年来已生产和推广大黄鱼人工配合饲料5.2万吨,创造产值5.3亿元。显著推动我国海水养殖业的健康、可持续性发展,促进了海洋生物资源的高效利用和海洋生态环境的保护。

卵形鲳鲹种质资源遗传评价与种质创新及养殖关键技术

获奖名称级别:2019年度海洋科学技术奖二等奖。

获奖时间:

主要完成单位:中国水产科学研究院南海水产研究所、海南大学。

主要完成人员:张殿昌,周永灿,郭华阳,朱克诚,孙云,郭梁,王世锋,刘宝锁,张楠,杨静文。

工作起止时间：2003-01.01日～2019-05-01日

内容摘要（300～500字）：

卵形鲳鲹具有生长快、品质优、养殖全程可摄食配合饲料和适合深远海养殖的特点，是发展深远海养殖的优选品种。优良种质是推动卵形鲳鲹养殖产业高质量发展的“芯片”，本成果针对卵形鲳鲹种质资源研究薄弱、优良种质缺乏的现状，系统开展了卵形鲳鲹种质遗传评价与优良种质创制及配套养殖关键技术研究，取得了如下进展：①创立了卵形鲳鲹种质遗传评价技术，筛选出遗传多样性高、生长速度快的选育基础群体。②建立了卵形鲳鲹种质创新技术，创制出生长速度提高27.5%的新种质。③构建了卵形鲳鲹高效健康养殖技术，支撑了卵形鲳鲹新种质推广养殖应用。④筛选制备了中草药制剂和免疫增强剂，建立了卵形鲳鲹免疫综合防控技术。该成果获授权专利5项，软件著作权6件，出版专著3部，发表学术论文51篇，制定相关规范标准4项，培养硕士研究生10名。累计推广卵形鲳鲹优质苗种8763万尾，新增产值8.42亿元，新增纯收入2.39亿元。

大黄鱼脂类营养研究与产业化示范

获奖名称级别：2019年产学研合作创新奖（个人）。

获奖时间：2019年12月。

主要完成单位：中国海洋大学。

主要完成人员：艾庆辉，麦康森，徐玮，左然涛，刘兴旺，易敢峰，刘凯，肖林栋，马学坤，张运强。

工作起止时间：2007-01-01～2016-12-31。

内容摘要（300～500字）：大黄鱼是我国特有的鱼类，享有“国鱼”的美誉，是我国海水鱼类养殖量最大的品种。但养殖大黄鱼内脏脂肪异常沉积现象严重，从而导致炎性反应，降低其营养品质（EPA和DHA）。项目系统探究了脂肪和脂肪酸引起大黄鱼脂肪异常沉积的特点及调控机制；发现高脂通过激活MAPK信号通路诱导炎性反应，而高比例植物油（亚油酸）不仅直接激活TLR-NFκB信号通路，还通过抑制Nrf2间接激活NF-κB通路。此外，高比例植物油还能促进巨噬细胞在脂肪组织中的浸润和极化，从而促进肝脏组织的炎性反应；探明了大黄鱼长链多不饱和脂肪酸（LC-PUFA）合成的调控机制。集成鱼油替代、绿色添加剂等技术，配制了高效大黄鱼饲料，其饲料效率提高了10%～23%，成活率提高10%～31%，鱼油用量和养殖氮、磷排泄量减少了2/3。

铜板在海水鱼类陆基工厂化育苗及养殖中应用

获奖名称级别:2019年铜业创新奖。

获奖时间:2019年4月。

主要完成单位:中国水产科学研究院东海水产研究所。

主要完成人员:宋炜,王鲁民,王磊,刘永利。

工作起止时间:2014-07-01～2016-6-30。

内容摘要(300～500字):

硫酸铜是目前为数不多的可用于杀灭原生动物病原的水产药物,其作用机理是:游离的铜离子可破坏寄生虫体内氧化还原酶的活性,阻碍虫体的物质代谢,使虫体蛋白质变性,从而杀灭寄生虫。然而,硫酸铜对水产动物也具有较强的毒性。本项目利用铜材料具有天然抑菌特性,能够防止细菌病虫着床、繁殖特点,系统开展了铜板在海水鱼陆基工厂化育苗和养殖中防病抗病机理、效果评估和应用推广研究,取得了积极成果,不仅阐明了铜板在刺激隐核虫病等病害防控中的作用和机理;而且详细评估铜板不同放置方式在海水鱼类工厂化育苗和养殖中病害防治效果。铜板的使用能有效预防和治疗海水鱼类的刺激隐核虫病和淀粉卵涡鞭虫病,而且不会对鱼体造成损伤,也不会危及水产品质量安全和水环境安全。在福建、浙江、山东及辽宁等沿海省份沿海地区工厂化车间进行了推广,累计30000 m^3,取得了良好的应用效果。铜板研发和推广应用为陆基工厂化养殖健康有序发展带来革命性的变化,势必助力海水养殖产业的升级。

水产养殖物联网关键技术研究与应用示范

获奖级别:天津市科技进步二等奖。

获奖时间:2019-04-08。

主要完成单位:天津农学院,天津市海发珍品实业发展有限公司,天津市天祥水产有限责任公司,天津立达海水资源开发有限公司,天津市凯润淡水养殖有限公司。

主要完成人员:田云臣,王文清,马国强,华旭峰,单慧勇,李海丰,余秋冬,孙学亮,杨永海,张修成,孙少起。

工作起止时间:2013. 1. 1-2018. 4. 30

内容摘要(300～500字):

“水产养殖物联网关键技术研究与应用示范”在传感器集成、传感器自动清洁、循环水自动控制、精细管理模型等方面开展了系统研究,成果经专家鉴定综合评价达到国际先进水平。

发明的水质传感器自动清洁装置,解决了传感器难以清洁的问题,延长了传感器使用寿命;发明的低功耗水产养殖物联网介质访问控制方法,降低了传感器采集数据的能量损耗;发明的多路循环水水质监测装置,实现了只需一组传感器就能监测多路水质,降低了成本;发明的循环水设备自动控制系统,实现了输水、排水、增氧、投饲、微滤等设备的集中自动控制;创新了水产品个体身份标记和识别方法,发明了新的RFID电子标签防冲突算法,解决了鲜活水产品无法实现个体追溯的难题;建立了基于Richards生长函数的精细管理模型;系统制订了水产养殖物联网地方标准。

成果在天津市滨海新区、宁河区等地进行了示范应用,三年累计示范海水循环水养殖面积14. 08万平方米,经济社会效益显著。

海产品海陆一体化冷链装备及其节能关键技术的研发

获奖级别:2019年度上海市浦东新区科学技术奖

获奖时间:2019. 11. 18

主要完成单位:上海海洋大学

主要完成人员:谢晶

工作起止时间:2016. 03. 01～2018. 02. 28

内容摘要(300～500字):

项目开发了海产品海陆一体化冷链全套技术,包括船用冷舱制冷系统、速冻加工装置、冷藏运输和冷库贮藏技术等,为人们获得优质、健康的海产品提供了保障和支持。本项目相关内容已获得国内发明专利7项,国外发明专利2项(其中美国发明专利1项,日本发明专利1项),已获得实用新型专利31项。其中部分技术发明已经取得了经济效益,近3年累计新增产值13081万元,新增利润1343. 1,新增税收755. 85万元。如:上下冲击式速冻机相关技术已经在南通四方科技集团推广并得到生产应用,近三年产值2690余万元;节能型制冷系统在如皋市华联罐头食品机械有限公司得到推广并应用,近三年产值达9961万余;节能型冷藏运输技术在上海欧星空调科技有限公司得到推广并应用,近三年产值200余万元;冷库的流场和温度场优化技术已经在上海源知环境科技股份有限公司推广并应用,近三年产值230万元。

鲆鲽类高效生态养殖技术开发与应用

获奖级别:中国水产学会范蠡科学技术奖二等奖

获奖时间:2019-06-04

主要完成单位:天津渤海水产研究所

主要完成人员:贾磊,张博,郑德斌,汪笑宇,尚晓迪,王群山,刘皓,马超

工作起止时间:2013-01-01～2017-12-31

内容摘要(300～500字):采用分子生物学技术对不同地区半滑舌鳎养殖群体进行种质质量状况研究,完成了半滑舌鳎亲鱼筛选、胚胎繁育、苗种培育技术研究,开发了半滑舌鳎良种繁育技术体系;探明了不同鲆鲽类的遗传进化理论,引进鲆鲽类新品种“北鲆1号”“多宝1号”“丹法鲆”鱼卵,掌握了受精卵孵化、苗种培育、成鱼养殖技术。开发良种活性遗传材料保存技术,构建水产良种种质库。优化完善封闭式循环水养殖系统,安装了养殖水质实时监测调控系统和鲆鲽类鱼病远程诊断预警系统,发明了13项提高鲆鲽类养殖效率的专利装置,开发了两套鲆鲽类高效信息化管理的软件系统。研究了免疫增强剂、悬浮物对鲆鲽类发育生长的免疫功能影响及相关基因表达,获得了养殖过程营养因子及环境因子的生态技术参数,开发鲆鲽高效生态养殖技术。组织召开鲆鲽类高效生态养殖技术培训7次,培训人员340人。成果应用工厂养殖面积10.9万平方米,其中循环水养殖面积7.9万平方米。三年总产值1.207亿元,经济效益4275万元。

第七篇

专利汇总

申请专利

用于敲低大菱鲆 14-3-3 基因表达的注射剂及使用方法技术

专利类型：国家发明专利。

专利申请人（发明人或设计人）：刘志峰，马爱军，张金生，赵亭亭，杨双双，杨敬昆，曲江波。

专利申请号（受理号）：201910449512. 9。

专利权人（单位名称）：中国水产科学研究院黄海水产研究所。

专利申请日：2019-05-28。

专利内容简介：

本发明专利技术涉及一种用于敲低大菱鲆 14 3 3 基因表达的注射剂及使用方法，属于分子生物学领域，所述注射剂的制备方法包括如下步骤：①基因主表达组织 RNA 提取；② dsRNA 的制备：根据目的基因的 CDS 序列，设计特异性引物合成 DNA 产物片段。以步骤①提取的 RNA 反转录合成的 cDNA 为模板，通过 PCR 获得目的 DNA 片段，将 DNA 产物回收，以回收产物为模板，合成 dsRNA，使用生理盐水稀释合成的 dsRNA，其有效浓度为 4 μg/g，通过多点注射的方式，分 2 4 次注射到鱼体背部肌肉中。本发明专利技术注射剂能够实现直接在鱼类个体水平上进行基因敲降，以便于研究大菱鲆 14 3 3 基因的功能。

一种促使牙鲆精巢生殖细胞凋亡的方法

专利类型：国家发明专利。

专利申请人（发明人或设计人）：任玉芹，王玉芬，于清海，等。

专利申请号（受理号）：CN201910366369. 7。

专利权人（单位名称）：中国水产科学研究院北戴河中心实验站。

专利申请日：2019-05-05

专利内容简介：本发明提供了一种促使牙鲆精巢生殖细胞凋亡的方法。本发明的方法包括如下步骤：①在第一高温下对生殖期的牙鲆进行第一次培育，直至牙鲆的精液完全消化;②在第二高温下对经所述第一次培育的牙鲆进行第二次培育,在第二次培育阶段向牙鲆注射1,4-丁二醇二甲磺酸酯。本发明的方法对牙鲆精巢生殖细胞的凋亡效果好,同时牙鲆的存活率高达85%以上。

一种诱导鲆鲽鱼类卵巢生殖细胞凋亡的方法

专利类型:国家发明专利。

专利申请人(发明人或设计人):孙朝徽,任玉芹,王玉芬,等。

专利申请号(受理号):CN201910352333.3。

专利权人(单位名称):中国水产科学研究院北戴河中心实验站。

专利申请日:2019-04-29。

专利内容简介:本发明提供了一种诱导鲆鲽鱼类卵巢生殖细胞凋亡的方法。本发明的方法,包括如下步骤:在产卵季节过后对鲆鲽雌鱼进行高温培养,在高温培养阶段向鲆鲽雌鱼多次注射用于使生殖细胞凋亡的药物;其中,所述药物为白消安,特别是以生殖孔注射方式进行多次注射。本发明的方法能够保证鲆鲽雌鱼具有较高的存活率,同时能够实现对鲆鲽鱼类卵巢生殖细胞良好的凋亡效果。

一种斜带石斑鱼的卵母细胞标记基因slbp2的cDNA及其应用

专利类型:国家发明专利。

专利申请人(发明人或设计人):刘晓春,吴茜,李水生,唐海培,蒙子宁,蔡春有,李波,林浩然。

专利申请号(受理号):201810397763.2。

专利权人(单位名称):中山大学,海南晨海水产有限公司,阳江职业技术学院。

专利申请日:2018-04-28。

专利内容简介:本发明公开了一种斜带石斑鱼的卵母细胞标记基因slbp2的cDNA,以及该斜带石斑鱼的卵母细胞标记基因slbp2的cDNA的制备方法,本发明还公开了上述斜带石斑鱼的卵母细胞标记基因slbp2的编码蛋白和其特异性探针及其制备方法,以及该斜带石斑鱼的卵母细胞标记基因slbp2的特异性探针在特异性标记卵母细胞以及鉴定卵母细胞类型中的应用。

一种卵形鲳鲹全同胞家系构建方法

专利类型：国家发明专利。

专利申请人（发明人或设计人）：郭华阳，张殿昌，江世贵，等。

专利申请号（受理号）：201910790907.7。

专利权人（单位名称）：中国水产科学研究院南海水产研究所。

专利申请日：2019-08-26。

专利内容简介：

本发明提供了一种卵形鲳鲹全同胞家系构建方法，包括以下步骤：①亲鱼选择与培育：筛选出卵形鲳鲹亲鱼，利用电子标记对亲鱼进行标记，并进行营养强化；②亲鱼催产及外部标记：亲鱼性腺成熟后，使用催产剂对亲鱼进行人工催产，利用外部标记对亲鱼进行个体辨别，记录对应电子标记编号；③亲鱼观察与挑选：注射催产剂后观察亲鱼交配行为，根据亲鱼交配行为确定一对配对亲鱼，记录配对亲鱼个体的电子标记编号和对应的外部标记，并将配对亲鱼选出单独培育待产；④受精卵获得与育苗：待亲鱼产卵后收集受精卵，进行苗种培育，获得卵形鲳鲹全同胞家系。本发明方法可有效解决卵形鲳鲹亲鱼雌雄难辨，无法有效开展家系选育的不足。

一种卵形鲳鲹抗菌肽 NK-lysin 基因及应用

专利类型：国家发明专利。

专利申请人（发明人或设计人）：张殿昌，刘广东，郭华阳，等。

专利申请号（受理号）：201910815180.1。

专利权人（单位名称）：中国水产科学研究院南海水产研究所。

专利申请日：2019-08-30。

专利内容简介：

本发明的第一个目的在于提供一种卵形鲳鲹抗菌肽 NK-lysin 基因及其编码蛋白。本发明的第二个目的在于提供含有所述卵形鲳鲹抗菌肽 NK-lysin 基因的表达载体及利用该载体转化的重组菌株。本发明的第三个目的在于提供一种制备重组卵形鲳鲹抗菌肽 NK-lysin 蛋白的方法。本发明的第四个目的在于提供所述卵形鲳鲹抗菌肽 NK-lysin 基因的应用。

一种卵形鲳鲹抗菌肽 LEAP-2 基因及应用

专利类型:国家发明专利。

专利申请人(发明人或设计人):张殿昌,刘广东,郭华阳,等。

专利申请号(受理号):201910816208.3。

专利权人(单位名称):中国水产科学研究院南海水产研究所。

专利申请日:2019-8-30。

专利内容简介:

本发明公开了一种卵形鲳鲹抗菌肽 LEAP-2 基因,其核苷酸序列如 SEQ ID NO. 1 所示。本发明公开了上述卵形鲳鲹抗菌肽 LEAP-2 基因的编码蛋白,其氨基酸序列如 SEQ ID NO. 2 所示。本发明还公开了包含上述卵形鲳鲹抗菌肽 LEAP-2 基因的表达载体、制备重组卵形鲳鲹抗菌肽 LEAP-2 蛋白的方法,以及所述卵形鲳鲹抗菌肽 LEAP-2 基因在制备抗革兰氏阴性细菌/或真菌、以及抗革兰氏阳性细菌/或真菌的药物中的应用。

一种基于 Gompertz 模型的卵形鲳鲹体质量育种方法

专利类型:国家发明专利

专利申请人(发明人或设计人):张殿昌,刘宝锁,江世贵,等

专利申请号(受理号):201911001582.4

专利权人(单位名称):中国水产科学研究院南海水产研究所

专利申请日:2019-10-18。

专利内容简介:

本发明提供了一种基于 Gompertz 模型的卵形鲳鲹体质量育种方法,测定卵形鲳鲹选育群体的多次体质量数据,建立每尾鱼体体质量的 Gompertz 模型,计算每尾鱼体的体质量生长速率最优值,结合微卫星标记构建的加性遗传相关矩阵,计算每尾鱼体的体质量生长速率育种值,根据体质量生长速率育种值选留候选亲本,并设计候选亲本的交配方案,完成卵形鲳鲹体质量育种。本发明方法能培育出卵形鲳鲹快速生长新品系,避免近亲交配,提高育种效率。

一种石斑鱼种苗的培育方法

专利类型：国家发明专利。

专利申请人（发明人或设计人）：施钢，潘传豪，王忠良。

专利申请号（受理号）：201911056931.2。

专利权人（单位名称）：广东海洋大学。

专利申请日：2019-10-31。

专利内容简介：

鱼类诺达病毒（piscine nodaviruses）（即神经坏死病病毒 Viral nervous necrosis，VNN）是感染斜带石斑鱼、褐点石斑鱼、鞍带石斑鱼、珍珠龙趸等石斑鱼类，及欧洲狼鲈、军曹鱼等海水鱼类各个生长阶段的主要病毒。研究表明，其传播途径主要为亲鱼的垂直传播、饵料生物和生活环境的水平传播，感染后死亡率 90%以上，导致仔、稚、幼鱼或者成鱼批量死亡，严重抑制海水名贵鱼类养殖业的可持续发展。本发明使用常用消毒剂和安全剂量在胚胎的适当发育时段按照精准步骤进行消毒，能切断亲鱼诺达病毒和真鲷虹彩病毒的垂直传播，对实现石斑鱼类种苗生产的稳产高产具有深远意义，具有广阔的应用前景。

一种暗纹东方鲀快速生长相关的 SNP 位点与应用

专利类型：国家发明专利。

专利申请人（发明人或设计人）：仇雪梅，窦冬雨，王秀利。

专利申请号（受理号）：201910395657.5。

专利权人（单位名称）：大连海洋大学。

专利申请日：2019-5-13。

专利内容简介：

本发明提供一种暗纹东方鲀快速生长相关的 SNP 位点与应用，所述的 SNP 位点位于核苷酸序列为 SEQIDNO：1 的 MSTN 基因的第 724 位，其碱基为 C 或 T。本发明提供的 SNP 位点用于选育具有快速生长潜力的暗纹东方鲀个体。本发明通过分析位点基因型频率与暗纹东方鲀生长性状的相关性，发现暗纹东方鲀的 MSTN 基因的 724 碱基处存在与生长性状相关的SNP位点,基因型为TT纯合型个体的体重、体长和体全长显著高于CC和CT基因型个体生长性状的表型值($P < 0.05$)。因此,生产中可优先选择该位点基因型为TT型个体作为亲本或者进行规模养殖。

一种大黄鱼头肾巨噬细胞系的建立方法

专利类型:国家发明专利。

专利申请人(发明人或设计人):艾庆辉,崔坤,李庆飞,徐丹,麦康森。

专利申请号(受理号):CN110295136A。

专利权人(单位名称):中国海洋大学。

专利申请日:2019-05-23。

专利内容简介:本发明公开了一种大黄鱼头肾巨噬细胞系的建立方法,选取高纯度的海水鱼大黄鱼原代头肾巨噬细胞,28℃条件下在含15% FBS的DMEM/F12中连续培养,利用培养基半数更换的换液方法,培养7 d左右巨噬细胞开始增殖并在14 d左右长满培养瓶,借助PBS?EDTA辅助胰酶消化法进行巨噬细胞传代,成功建立了一种巨噬细胞系。本发明的有益效果是提供了一种简单有效的海水鱼大黄鱼头肾巨噬细胞系的建立方法。

微颗粒饲料、制备方法、大黄鱼稚鱼复合诱食剂及应用

专利类型:国家发明专利。

专利申请人(发明人或设计人):艾庆辉,黄文兴,姚传伟,刘勇涛,尹兆阳,许宁,麦康森,徐玮。

专利申请号(受理号):201911304043.8。

专利权人(单位名称):中国海洋大学。

专利申请日:2019-12-17。

专利内容简介:本发明属于稚鱼养殖饲料技术领域,公开了一种微颗粒饲料、制备方法、大黄鱼稚鱼复合诱食剂及应用,复合诱食剂按质量百分数由5-鸟苷一磷酸二钠盐0%-25%、5-腺苷一磷酸二钠盐0%-25%、微晶纤维素0%-35%和鱿鱼粉60%-75%组成。本发明的微颗粒饲料真球度高,表面光滑,球粒内组分分布均匀。复合诱食剂及微颗粒饲料

制作新工艺作为制作大黄鱼稚鱼高效人工微颗粒饲料应用，有效促进大黄鱼稚鱼早期适应人工微颗粒饲料，减少因微颗粒饲料物理性状差造成稚鱼消化系统损伤，提高稚鱼的生长和存活，为大黄鱼苗种质量的提高奠定基础；推动了大黄鱼苗种产业的可持续发展发展，创造良好的经济效益。

一种提高斜带石斑鱼肌肉品质及生长性能的饲料

专利类型：国家发明专利。

专利申请人（发明人或设计人）：刘永坚，田丽霞，牛津，谢诗玮。

专利申请号（受理号）：201910406741.2。

专利权人（单位名称）：中山大学。

专利申请日：2019-05-16。

专利内容简介：本发明公开了一种提高斜带石斑鱼肌肉品质及生长性能的饲料，以重量计算，含有以下组分：大蒜素 0.0025%～0.01%，甜菜碱 0.1%～1.3%和杜仲叶干粉 0.1%～2.2%。本发明将优质添加剂按恰当比例进行组合，通过合理搭配，调整饲料配方及原料，达到改善石斑鱼肌肉品质及提高生长性能的作用，显著的提高了增重率和成活率，使得石斑鱼生长性能大幅度提高；石斑鱼肌肉含水量下降，蛋白含量和脂肪含量上升，肌肉品质大幅度上升。使用该饲料能够显著提升石斑鱼的品质和产量，具有很好的应用前景，值得大力推广应用。

一种含有高不饱和脂肪酸的提高斜带石斑鱼生长性能及肉质品质的饲料

专利类型：国家发明专利。

专利申请人（发明人或设计人）：牛津，刘振鲁，刘永坚，田丽霞，谢诗玮。

专利申请号（受理号）：201910406745.0。

专利权人（单位名称）：中山大学。

专利申请日：2019-05-16。

专利内容简介：本发明公开了一种含有高不饱和脂肪酸的提高斜带石斑鱼生长性能及

肉质品质的饲料，以重量计算，含有蛋白源原料55%～65%，脂肪源原料6%～10%，水溶性膳食纤维2%～4%，复合维生素1～5%，复合矿物盐1%～5%，粘合剂4%～10%，氯化胆碱0.1%～1%，维C磷酸酯0.1%～1%，糖源原料补足余量;其中，所述脂肪源原料为含有DHA和EPA的植物油，且以重量计算，DHA和EPA的总量为饲料重量的1%～2%，DHA和EPA的用量比为1∶1～4∶1。本发明通过调整石斑鱼饲料的配方能够明显提升提高石斑鱼的生长性能和营养价值，有很好的推广价值和应用前景。

一种可有效提高金鲳配合饲料中鱼粉替代比例的饲料添加剂及其应用

专利类型:国家发明专利。

专利申请人(发明人或设计人):李远友,谢帝芝,麻永财,张关荣。

专利申请号(受理号):201911180304X。

专利权人(单位名称):华南农业大学。

专利申请日:2019-11-27。

专利内容简介:本发明公开了一种可有效提高卵形鲳鲹配合饲料中鱼粉替代比例的饲料添加剂及其应用,属于水产养殖饲料的技术领域。本发明的饲料添加剂包括了*L*-蛋氨酸、赖氨酸、*L*-精氨酸、牛磺酸、微晶纤维素。本发明的配合饲料包括了鱼粉、动植物复合蛋白、脂肪、高筋面粉、氯化胆碱、维生素预混料、矿物质预混料、磷酸二氢钙、*L*-蛋氨酸,赖氨酸,*L*-精氨酸,牛磺酸,微晶纤维素。本发明的制备方法包括了获取鱼粉和动植物蛋白细粉末、按比例称取原料、将所有原料均匀混合、进行制粒的步骤。利用本发明的饲料添加剂、配合饲料及相应的制备方法,可以有效降低卵形鲳鲹配合饲料中鱼粉的添加量,降低饲料成本。

一种基于脂肪粉的金鲳幼鱼配合饲料

专利类型:国家发明专利。

专利申请人(发明人或设计人):李远友,谢帝芝,汪萌,王树启。

专利申请号(受理号):201911180315.8。

专利权人(单位名称):华南农业大学。

专利申请日:2019-11-27。

专利内容简介：本发明涉及一种基于脂肪粉的卵形鲳鲹幼鱼配合饲料，该饲料原料由以下重量百分比的组分组成：鱼粉 20%-30%，豆粕 40%-50%，木薯淀粉 6%-8%，α-淀粉 1%-2.5%，脂肪粉 10%-13%，卵磷脂 1.5%-3%，磷酸二氢钙 0.5%-1%，赖氨酸 0.1%-1%，氯化胆碱 0.2%-1%，微晶纤维素 0.5%-1.5%，维生素预混料 1%-2.5%，矿物质预混料 1.5%-2.5%。本发明饲料显著提高了配合饲料的氧化稳定性，卵形鲳鲹幼鱼的生长性能和抗氧化性能，减少了配合饲料中鱼油的使用量，降低了饵料系数，达到了提高饲料品质，降低饲料成本的目的，为卵形鲳鲹养殖业的健康发展提供了技术支撑。同时，脂肪粉具有包装、运输、储存、使用方便等优点，值得在水产养殖业中推广应用。

饲料添加剂、其制备方法、应用和饲料

专利类型：国家发明专利。

专利申请人（发明人或设计人）：鲁康乐，张春晓，王玲，宋凯。

专利申请号（受理号）：CN201910822456.9。

专利权人（单位名称）：集美大学。

专利申请日：2019-09-02。

专利内容简介：本发明公开了饲料添加剂、其制备方法、应用和饲料。以重量份计，饲料添加剂包括抑制内质网应激的阻碍剂 10-20 份，抑制钙离子从内质网内流失的抑制剂 0.5-2 份以及减少细胞内活性氧的化合物 4-10 份。通过使用抑制内质网应激的阻碍剂、抑制钙离子从内质网内流失的抑制剂以及减少细胞内活性氧的化合物并控制三者的比例，使得上述三种物质产生协同作用能够有效改善肠道内质网的功能，减少内质网应激的发生，继而缓解热应激现象，并阻断内质网应激线粒体损伤的相互影响，缓解肠道损伤。

一种减少海鲈体脂沉积的饲料添加剂

专利类型：国家发明专利。

专利申请人（发明人或设计人）：鲁康乐，张春晓，王玲，宋凯。

专利申请号（受理号）：CN201911265349.7。

专利权人（单位名称）：集美大学。

专利申请日：2019-12-11。

专利内容简介：本发明公开了一种减少海鲈体脂沉积的饲料添加剂。所述添加剂每

100 g包括,0.05-0.1 g黄连素,2-4 g羟基酪醇,5-10 g白藜芦醇,余量载体为脱脂米糠、稻壳粉中的一种或两种。将其添加到海鲈饲料中,可有效改善海鲈的体脂沉积。

一种应对红鳍东方鲀冬季综合征的功能饲料

专利类型:国家发明专利。

专利申请人(发明人或设计人):卫育良,梁萌青,徐后国。

专利申请号(受理号):201910724740.2。

专利权人(单位名称):中国水产科学研究院黄海水产研究所。

专利申请日:2019-08-07。

专利内容简介:属于水产饲料领域,所述功能饲料是在现有红鳍东方鲀配合饲料的基础上,用鱼粉和水解鱼蛋白替代部分谷朊粉、玉米蛋白粉和大豆浓缩蛋白粉,使红鳍东方鲀饲料中的蛋白含量降低2个百分点为46%;同时降低配方中的植物油使用量,使红鳍东方鲀饲料中的脂肪含量降低2个百分点为9%。本发明的功能饲料相比鲜杂鱼,在红鳍东方鲀生长无显著差异的条件下,提高肝脏抗氧化能力,显著降低19%的冬季综合征发病率,提高成活率。同时,本饲料配方还节约了饲料蛋白和脂肪资源,降低了养殖成本,确保了红鳍东方鲀越冬苗种养成的产量及效益。

一种程序化调控红鳍东方鲀胆汁酸分泌的营养学方法

专利类型:国家发明专利。

专利申请人(发明人或设计人):徐后国,梁萌青,廖章斌,卫育良。

专利申请号(受理号):201910951631.4。

专利权人(单位名称):中国水产科学研究院黄海水产研究所。

专利申请日:2019-10-09。

专利内容简介:属于水产营养领域,所述方法针对不同脂肪含量的饲料通过改变饲料中胆汁酸代谢调控功能性物质的组成和比例来程序化调控红鳍东方鲀的胆汁酸分泌。本发明方法能够实现在不同营养条件下对红鳍东方鲀胆汁酸分泌进行程序化调控,促进胆汁分泌,提高脂肪的消化利用,防止脂肪在肝脏中的过度累积,保持合适的肝体比,提高生长性能;该技术基于对红鳍东方鲀饲料中功能性营养素的调配，可操作性强；且成本在可控范围内，经济性高。

一种检测石斑鱼虹彩病毒的胶体金试纸条及其制备和检测方法

专利类型：国家发明专利。

专利申请人（发明人或设计人）：秦启伟，刘嘉昕，王劭雯，曾令文，李趁，魏世娜。

专利申请号（受理号）：201910873701.9。

专利权人（单位名称）：华南农业大学。

专利申请日：2019-9-17。

专利内容简介：本发明涉及病毒检测技术领域，公开了一种检测石斑鱼虹彩病毒的胶体金试纸条及其制备方法，所述胶体金试纸条包括底板以及依次搭接固定于底板上的样品垫、结合垫、硝酸纤维素膜以及吸收垫，所述结合垫上包被有金标探针，所述硝酸纤维素膜上设置有检测线和质控线，所述检测线固定有捕获探针，所述质控线固定有质控探针。本发明同时公开了一种采用上述胶体金试纸条检测石斑鱼虹彩病毒的方法。本发明的胶体金试纸条基于核酸适配体结合侧流生物传感器以及胶体金显色的原理制成，具有较高的特异性和灵敏度，制备组装简单，便于携带，检测方法操作简便，可以对石斑鱼虹彩病毒进行高效、准确、快速的现场实时检测。

一种检测石斑鱼神经坏死病毒的胶体金试纸条及其制备和检测方法

专利类型：国家发明专利。

专利申请人（发明人或设计人）：秦启伟，刘嘉昕，王劭雯，曾令文，俞也频，魏世娜。

专利申请号（受理号）：201910873715.0。

专利权人（单位名称）：华南农业大学。

专利申请日：2019-9-17。

专利内容简介：本发明涉及病毒检测技术领域，公开了一种检测石斑鱼神经坏死病毒的胶体金试纸条及其制备方法，所述胶体金试纸条包括底板以及依次搭接固定于底板上的样品垫、结合垫、硝酸纤维素膜以及吸收垫,所述结合垫上包被有金标探针,所述硝酸纤维素膜上设置有检测线和质控线,所述检测线固定有捕获探针,所述质控线固定有质控探针。本发明同时公开了一种采用上述胶体金试纸条检测石斑鱼神经坏死病毒的方法。本发明的胶体金试纸条基于核酸适配体结合侧流生物传感器以及胶体金显色的原理制成,具有较高的灵敏度和特异性,制备

组装简单,便于携带,检测方法操作简便,可以对石斑鱼神经坏死病毒进行高效、准确、快速的现场实时检测。

新型爱德华氏菌减毒靶点及其应用

专利类型:国家发明专利。

专利申请人(发明人或设计人):王启要,马瑞青,张元兴,刘琴。

专利申请号(受理号):201910079586.8。

专利权人(单位名称):华东理工大学。

专利申请日:2019-1-31。

专利内容简介:本发明首次在爱德华氏菌中鉴定获得一种爱德华氏菌毒性相关的基因——ETAE_0023基因。本发明还揭示了以该基因为靶点开发的爱德华氏菌减毒株以及减毒疫苗,其免疫原性显著,体内清除率高,具有非常理想的安全性及免疫应答效果。

一种分泌抗大黄鱼免疫球蛋白T单克隆抗体的杂交瘤细胞株

专利类型:国家发明专利。

专利申请人(发明人或设计人):陈新华,傅秋玲,母尹楠。

专利申请号(受理号):201911130192.7。

专利权人(单位名称):福建农林大学。

专利申请日:2019-11-18。

专利内容简介:本发明公开了一种分泌抗大黄鱼IgT单克隆抗体的杂交瘤细胞株IgT6,保藏号为:CCTCC NO:C2019215。本发明以纯化的重组大黄鱼IgT重链胞外区蛋白抗原四次免疫BALB/C小鼠后;将针对大黄鱼IgT抗体效价最高的小鼠取脾细胞,与SP2/0骨髓

细胞进行融合，筛选获得抗大黄鱼 IgT 单克隆抗体的杂交瘤细胞株 IgT6。用本发明方法制备获得的单克隆抗体 IgT6 具有特异性强、效价高、稳定性好等特点，可用于大黄鱼疾病的诊断和疫苗使用效果的评价，对大黄鱼疾病的研究及防治具有重要理论和现实意义。

大黄鱼 IL-4/13A 基因毕赤酵母表达产物制备方法及其应用

专利类型：国家发明专利。

专利申请人（发明人或设计人）：陈新华，袁晓琴、母尹楠、蓝晓凤、王小玲。

专利申请号（受理号）：201911221995. 3。

专利权人（单位名称）：福建农林大学。

专利申请日：2019-12-3。

专利内容简介：本发明提供了一种大黄鱼 IL-4/13A 基因毕赤酵母表达产物制备方法及其应用，属于基因工程技术领域。本发明成功构建高效表达大黄鱼 IL-4/13A 基因的毕赤酵母工程菌，该工程菌于 2019 年 8 月 2 日保藏于中国典型培养物保藏中心，保藏编号为 CCTCC NO：M 2019598。该工程菌高效表达的大黄鱼 IL-4/13A 重组蛋白作为免疫佐剂能够有效促进大黄鱼特异性抗体的产生。

一种基于围栏养殖的水域环境实时监测系统和方法

专利类型：国家发明专利。

专利申请人（发明人或设计人）：张业韡，张宇雷。

专利申请号（受理号）：201910311001. 0。

专利权人（单位名称）：中国水产科学研究院渔业机械仪器研究所。

专利申请日：2019-04-18。

专利内容简介：

本发明涉及一种基于围栏养殖的水域环境实时监测系统，包括行走装置、监控平台；所述行走装置包括浮台；浮台上固定设置绞轮、电气控制柜、太阳能板；浮台位于绞轮下方设置绳孔，绞绳自所述绳孔过浮台绞绳上的固定设置水流传感器、水质传感器、水下摄像机；所述绞轮自带有绞绳动力机构;浮台下方固定设置螺旋桨;所述太阳能板与所述螺旋桨、绞绳动力结构电连接。本发明提供了一种基于围栏养殖的水域环境实时监测系统,可以实现围栏养殖水域环境和设施实时监测,减少因为要监测不同点而需要设置的传感器数量以及设置传感器的人员劳动;提高了生产的安全性。

一种船载多层看台式底鲆鱼类养殖系统及起捕方法

专利类型:国家发明专利。

专利申请人(发明人或设计人):张成林,张宇雷。

专利申请号(受理号):201911003186.5。

专利权人(单位名称):中国水产科学研究院渔业机械仪器研究所。

专利申请日:2019-10-22

专利内容简介:

本发明涉及一种船载多层看台式底鲆鱼类养殖系统,包括养殖舱舱体;所述养殖舱舱体内部自下而上依次固定设置若干口径逐渐增大的、水平的养殖架,各层养殖架由各自的支撑柱支撑;所述养殖舱舱体内部周围设置一外侧支撑架,所述外侧支撑架与各养殖架通过水平支撑杆结构连接,渔网固定设置在所述水平支撑杆结构上。本发明通过设计一种船载多层看台式底鲆鱼类养殖系统,对工船养殖舱进行人为分层,从而提高大型养殖舱养殖水体的空间利用率;同时通过看台式的结构设计,便于将鱼引诱至中心部位,集中起网捕捞;可有效降低劳动力成本、促进养殖对象良好生长、提高养殖生产效率和效益,具有良好的推广应用前景。

一种用于消除养殖水体无机氮磷的处理系统

专利类型:国家发明专利。

专利申请人(发明人或设计人):李贤,李雪莹,马晓娜,李军,吴乐乐,王雨浓。

专利申请号(受理号):CN201910565290.7。

专利权人(单位名称):中国科学院海洋研究所。

专利申请日:2019-6-27。

专利内容简介:

本发明属于海水养殖技术领域，特别涉及一种用于消除养殖水体无机氮磷的处理系统。包括依次连接的生物膜反应器、中间池、藻类池及出水池，其中生物膜反应器内通过填料上附着的生物膜去除水体中溶解态的氨氮和亚硝酸盐氮，降低有机物含量；生物膜反应器内的水溢流至中间池内，中间池内通过悬挂滤食性贝类过滤颗粒有机物；藻类池与中间池连通，藻类池内布设用于吸收水体中的溶解态的氮、磷营养盐的海水藻类；藻类池内的水溢流至出水池内，出水池设有出水管。本发明具有自动化程度和可控性高、占地面积相对较小、单位时间处理养殖废水量大、可彻底消除无机氮磷等特点。

一种过滤—压榨一体化的水体悬浮物去除装置

专利类型：国家发明专利。

专利申请人（发明人或设计人）：李贤，王朝夕，李军，李碧莹，李雪莹，马晓娜，田会芹。

专利申请号（受理号）：CN201910664727.2。

专利权人（单位名称）：中国科学院海洋研究所。

专利申请日：2019-07-23。

专利内容简介：

本发明属于水产养殖技术领域，特别涉及一种过滤－压榨一体化的水体悬浮物去除装置。包括外罩及设置于外罩内的滤网过滤机构和污泥螺旋推进器，其中，外罩的两端分别设有进水管和出水管；滤网过滤机构用于过滤进入外罩内的水体；污泥螺旋推进器设置于滤网过滤机构的中心，用于排出滤网过滤机构过滤的污泥。本发明将物理过滤和污泥收集压榨合为一体，改变了传统工艺处理需要两台设备，能耗高且占用较多的设备安置空间等问题，设备造价及运行成本低，空间占用小，处理效率高。

深远海悬浮式养殖平台

专利类型：国家发明专利。

专利申请人（发明人或设计人）：王鲁民。

专利申请号（受理号）：201910279866.3。

专利权人（单位名称）：中国水产科学研究院东海水产研究所。

专利申请日：2019-04-09。

专利内容简介：本发明涉及一种深远海悬浮式养殖平台，顶部框架、第二浮管和第一浮管自上而下设置，中心轴支撑沿养殖平台中心轴设置，第一浮管与中心轴支撑通过底部支撑梁连接，顶部框架与中心轴支撑通过顶部支撑梁连接，养殖平台主体结构通过牵拉索沿周向牵拉固定，第二浮管安装在牵拉索上，锚链沿养殖平台周向间隔设置并连接，中心轴支撑自上而下包括支撑立柱和储水仓，储水仓底部设有浮力调节水袋，储水仓内部设有潜水泵，储水仓与浮力调节水袋之间设有电磁阀。本发明实现养殖平台随海平面涨落进行随动高度调节，保证养殖平台的实际有效养殖容积，避免养殖平台主体结构受到海水波浪能区的冲击影响，提高养殖平台抵抗台风的性能。

一种聚甲醛单丝及制备方法与生态围栏用聚甲醛耐磨绳索

专利类型：国家发明专利。

专利申请人（发明人或设计人）：闵明华，王鲁民，曾毅成，张勋，张禹，刘永利。

专利申请号（受理号）：201910236285.1。

专利权人（单位名称）：中国水产科学研究院东海水产研究所。

专利申请日：2019.03.27。

专利内容简介：本发明公开了一种聚甲醛单丝，是由以下重量份的组分制成：聚甲醛100份、聚乙烯辛烯共聚弹性体525份、纳米二氧化硅0.5～10份、抗氧剂0.11份、助抗氧剂0.11份、润滑剂0.10.5份。本发明还公开了一种由所述聚甲醛单丝制备的生态围栏用聚甲醛耐磨绳索，获得的绳索具有安全性好、价格低、耐磨性优、破断强力高的优点，具有一定的抗菌防污效果。

一种渔用聚甲醛单丝及其制备方法与应用

专利类型：国家发明专利。

专利申请人（发明人或设计人）：闵明华，王鲁民，曾毅成，张勋，张禹，刘永利。

专利申请号（受理号）：201910236293.6。

专利权人（单位名称）：中国水产科学研究院东海水产研究所。

专利申请日：2019. 03. 27。

专利内容简介：本发明公开了一种渔用聚甲醛单丝，是由以下重量份的组分制成：聚甲醛 75～90 份、石墨烯 0. 5～3 份、热塑性聚氨酯 7. 5～17 份、抗氧剂 0. 53 份、甲醛吸收剂 0. 51 份、甲酸吸收剂 0. 51 份、润滑剂 0. 5～1 份。本发明提供的渔用聚甲醛单丝，采用石墨烯与热塑性聚氨酯共混后再对聚甲醛进行增强增韧改性，经熔融纺丝、三级热拉伸、热定形工艺制得的渔用聚甲醛单丝，具有操作工艺简单、生产成本低的优势。本发明制备的渔用增强增韧聚甲醛单丝可用于聚甲醛绳网、远洋拖网、养殖网、聚甲醛绳索等等。

一种冰衣液复配装置及方法

专利类型：国家发明专利。

专利申请人（发明人或设计人）：谢晶，余文晖，王金锋，谭明堂，王雪松，励建荣。

专利申请号（受理号）：2019103361381。

专利权人（单位名称）：上海海洋大学。

专利申请日：2019-8-22。

专利内容简介：

发明涉及水产品保鲜领域，具体涉及一种冰衣液复配装置及方法。所述配置装置包括框架部分，母液配置部分，冰衣液配置部分，冰衣液后处理部分和控制系统；框架部分包括箱体、底座、保温隔板；母液配置部分包括进水总管、储水箱进水电磁阀、储水箱、第一母液罐、第二母液罐、第三母液罐、第四母液罐、搅拌机构和进水机构；冰衣液配置部分包括均液罐、均液罐进液、均液罐进液电磁阀、废液缸进液电磁阀、均液罐搅拌叶；冰衣液后处理部分包括接液缸、废液缸、接液缸进液流量计、接液缸进液电磁阀。本发明提供的上述技术方案，装置使用简单实用，配置的浓度精准有效；复配过程简化，可以有效提升复配效率。

一种大菱鲆保鲜的实验研究方法

专利类型：国家发明专利。

专利申请人（发明人或设计人）：谢晶，李沛昀，刘锋，王金锋，宗琳。

专利申请号（受理号）：2019109789769。

专利权人（单位名称）：上海海洋大学。

专利申请日：2019-10-15。

专利内容简介：

一种大菱鲆保鲜的实验研究方法，包括选购样品、宰杀清洗、沥干水分、包装入袋、真空包装、气调包装、预冷降温、冰温贮藏、取样检测等步骤。本发明的实验方法可以得到：冰温结合 MAP 技术和冰温结合真空技术对于大菱鲆保鲜的效果，同时该方法操作简单、健康环保，是一种有价值的保鲜筛选的方法。

一种液体速冻用载冷剂及其制备方法

专利类型：国家发明专利。

专利申请人（发明人或设计人）：吴燕燕，张涛，李来好、杨贤庆、林婉玲、邓建朝、胡晓、郝淑贤、陈胜军、岑剑伟、赵永强、杨少玲、李春生。

专利申请号（受理号）：201910027366. 0。

专利权人（单位名称）：中国水产科学研究院南海水产研究所。

专利申请日：2019-1-11。

专利内容简介：

本发明提供了一种液体速冻用载冷剂，由以下质量百分比含量的组分组成：柠檬酸 2. 5-6%，低聚果糖 9-12%，氯化钙 1. 5-4. 0%、食用乙醇 14-20% ，食品级丙二醇 7-10%，氯化钠 1. 5-3 %，其余为水。本发明的液体速冻用载冷剂各组分均为食品级添加剂，冻结点低，粘度也适中，稳定性好，安全且效果明显，且生产成本低，对环境无污染；适合用于水产品的快速冻结，能更好地保持水产品的鲜度和品质，也能用于冷冻方便食品的快速冻结加工，可有效提高生产企业的经济效益。

一种基于磷脂对鱼糜品质进行评价的方法

专利类型：发明专利。

专利申请人（发明人或设计人）：林婉玲，韩迎雪，李来好，吴燕燕，杨贤庆，胡晓，黄卉，杨少玲，荣辉。

专利申请号（受理号）：201911016806. 9。

专利权人（单位名称）：中国水产科学研究院南海水产研究所。

专利申请日：2019 年 10 月 24 日。

专利内容简介：

本发明公开了一种建立鱼糜磷脂对鱼糜品质评价模型方法，根据各磷脂对鱼糜品质特性影响，确定品质评价指标，利用相关性分析获得磷脂与鱼糜品质特性的关系；再根据显著性建立鱼糜品质的评价模型，对未知鱼鱼糜进行品质评价。本发明能够有效客观地评价鱼糜的品质。该行业的生产厂家、进出口单位都可以使用本系统高效率的完成鱼糜的品质评价。

一种基于激光诱导击穿光谱技术的水产品中磷元素含量的快速检测方法

专利类型：国家发明专利。

专利申请人（发明人或设计人）：田野，陈倩，林雨青，李颖，林洪。

专利申请号（受理号）：CN201911138366.4。

专利权人（单位名称）：中国海洋大学。

专利申请日：2019-11-20。

专利内容简介：公开了一种基于激光诱导击穿光谱技术（LIBS）的水产品中磷元素含量的快速检测方法。在已建立模型的基础上，只需30分钟即可完成对待测样品磷元素的检测，实现了水产品中磷元素的快速检测，且检测结果准确可靠。

用于快速同时检测恩诺沙星和环丙沙星的适配体、试剂盒及其应用

专利类型：国家发明专利。

专利申请人（发明人或设计人）：林洪，沙隽伊，隋建新，安然，王赛，曹立民。

专利申请号（受理号）：CN201911273424.4。

专利权人（单位名称）：中国海洋大学。

专利申请日：2019-12-12。

专利内容简介：本发明提供用于快速同时检测恩诺沙星和环丙沙星的适配体、试剂盒及其应用。基于已有适配体设计得到了新适配体纳米金比色法，较原有同类检测方法实现了一条适配体同时检测两种靶标物质。经试验检测，所得回收率在80-120%，表明该方法可用于实际样品中恩诺沙星和环丙沙星的检测。

一种促使牙鲆精巢生殖细胞凋亡的方法

专利类型:国家发明专利。

专利申请人(发明人或设计人):任玉芹,王玉芬,于清海,等。

专利申请号(受理号):CN201910366369.7。

专利权人(单位名称):中国水产科学研究院北戴河中心实验站。

专利申请日:2019-05-05。

专利内容简介:本发明提供了一种促使牙鲆精巢生殖细胞凋亡的方法。本发明的方法,包括如下步骤:a) 在第一高温下对生殖期的牙鲆进行第一次培育,直至牙鲆的精液完全消化;b) 在第二高温下对经所述第一次培育的牙鲆进行第二次培育,在第二次培育阶段向牙鲆注射1,4-丁二醇二甲磺酸酯。本发明的方法对牙鲆精巢生殖细胞的凋亡效果好,同时牙鲆的存活率高达85%以上。

一种诱导鲆鲽鱼类卵巢生殖细胞凋亡的方法

专利类型:国家发明专利。

专利申请人(发明人或设计人):孙朝徽,任玉芹,王玉芬,等。

专利申请号(受理号):CN201910352333.3。

专利权人(单位名称):中国水产科学研究院北戴河中心实验站。

专利申请日:2019-04-29。

专利内容简介:本发明提供了一种诱导鲆鲽鱼类卵巢生殖细胞凋亡的方法。本发明的方法,包括如下步骤:在产卵季节过后对鲆鲽雌鱼进行高温培养,在高温培养阶段向鲆鲽雌鱼多次注射用于使生殖细胞凋亡的药物;其中,所述药物为白消安,特别是以生殖孔注射方式进行多次注射。本发明的方法能够保证鲆鲽雌鱼具有较高的存活率,同时能够实现对鲆鲽鱼类卵巢生殖细胞良好的凋亡效果。

一种基于静水压法的红鳍东方鲀三倍体诱导方法

专利类型：国家发明专利。

专利授权人（发明人或设计人）：刘海金，刘圣聪，包玉龙，孙群汶，杨淑林，孙立，刘忠强，张涛，杨君，王宁，孟雪松。

专利号：2019108610003。

专利权人（单位名称）：大连天正实业有限公司。

专利申请日：2019-09-11。

专利内容简介：

技术领域

本发明涉及一种基于静水压法的红鳍东方鲀三倍体诱导方法，属于红鳍东方鲀遗传育种领域。

发明内容

本发明采用静水压法诱导三倍体，具有诱导率高、孵化率高和苗种成活率高的特点。

本发明提供了一种基于静水压法的红鳍东方鲀三倍体诱导方法，所述红鳍东方鲀三倍体诱导方法包括如下步骤：取红鳍东方鲀成熟雄鱼的精液和红鳍东方鲀雌鱼成熟的卵子；在成熟的卵子中加入精液，再加入海水，得到受精卵；将受精卵转移到静水压机的加压腔中，施压 30-80 MPa，持续 2-10 min；将静水压处理后的受精卵转移到孵化器中孵化。

本发明优选为利用人工催产方法获得红鳍东方鲀成熟雄鱼的精液和红鳍东方鲀雌鱼成熟的卵子。

本发明优选为受精水温为 15-20℃，pH 为 7. 8-8. 5，盐度为 25-35。

本发明优选为加入海水后 2-12 min，再将受精卵转移到静水压机的加压腔中。

本发明优选为孵化水温为 15-20℃，pH 为 7. 8-8. 5，盐度为 25-35。

本发明诱导的三倍体鱼苗成活率在 80% 以上。

本发明有益效果为：

本发明所述方法诱导三信体成功率高，孵化率高，操作简便，节省时间，具有很好的实用性和可操作性，可以作为产业化应用措施。

一种基于静水压法的红鳍东方鲀雌核发育诱导方法

专利类型:国家发明专利。

专利授权人(发明人或设计人):刘海金、刘圣聪、包玉龙、孙群汶、杨淑林、孙立、刘忠强、张涛、杨君、王宁、孟雪松。

专利号(授权号):2019108609862。

专利权人(单位名称):大连天正实业有限公司。

专利申请日:2019-09-11。

授权专利内容简介:

技术领域

本发明涉及一种基于静水压法的红鳍东方鲀雌核发育诱导方法,属于红鳍东方鲀遗传育种领域。

发明内容

本发明利用红鳍东方鲀的精子,经紫外线灭活、激活卵子,并经静水压处理,获得雌核发育二倍体,大幅度提高了雌核发育的成功率。

本发明提供了一种基于静水压法的红鳍东方鲀雌核发育诱导方法,所述红鳍东方鲀雌核发育诱导方法包括如下步骤:精子的遗传失活:取红鳍东方鲀成熟雄鱼的精液,稀释,在紫外灯下照射;受精:将红鳍东方鲀雌鱼成熟的卵子与失活后的精子混合;施压:将受精卵转移到静水压机的加压腔中,施压30-70 MPa,持续3-15 min;孵化:将静水压处理后的受精卵转移到孵化器中孵化。

本发明优选为所述精子遗传失活的步骤中,精液与精子保护液按体积比1:5～1:60的比例进行稀释。

本发明所述的精液稀释视精液浓度而定,如精液较浓,则稀释比例大些;如精液浓度较稀,则稀释比例小些。

本发明优选为所述精子遗传失活的步骤中,照射时间为1-10 min,照射剂量为1250-8250 mJ/cm^2。

本发明优选为所述受精的步骤中,成熟卵子与失活后的精子混合时间为2-12 min。

本发明优选为所述孵化的步骤中,孵化的水温为15-22℃,保持流水。

本发明的雌核发育二倍体诱导率达20%左右。

本发明有益效果为:

木发明建立了基于静水压法的红鳍东方鲀人工诱导雌核发育技术，该方法的诱导效果比冷休克、热休克方法更好，具有操作简便，孵化率高等优点，可以大量获得雌核发育二倍体。

本发明获得的性核发育二倍体经流式细胞仪检测倍性，全部为二倍体；利用与性别相关的 SNP 标记进行性别鉴定，全部为雌性；利用 SNP 标记检测，雌核发育二倍体全部与母本相同，而与父本完全不同，证明虽然是同源精子，但是精子灭活是彻底的、有效的。

一种条石鲷流水式促产方法及仔稚鱼培育方法

专利类型：国家发明专利。

专利申请人（发明人或设计人）：陈佳、刘兴彪、刘志民、柯巧珍、余训凯、黄匡南、翁华松

专利申请号（受理号）：201911056221. X。

专利权人（单位名称）：宁德市富发水产有限公司。

专利申请日：2019-10-31。

专利内容简介：

本发明所述条石鲷流水式促产方法包括：① 将消毒后的亲鱼放入亲鱼池，得到驯化后的亲鱼；② 在条石鲷生殖期，在中、下层水位提供持续局部性射流 15 ~ 20 d，完成亲鱼交配，亲鱼排卵；③ 使亲鱼池水位升高，浮卵从亲鱼池溢流孔流出，溢流口处设置挡板将浮卵引流到溢水管道，收集，得到条石鲷卵。本发明所述方法能够大幅提高条石鲷受精卵获得率，提高仔稚鱼期的存活率，达到量产目的。

一种野生石首鱼类人工受精的方法

专利类型：国家发明专利。

专利申请人（发明人或设计人）：翁华松，黄匡南，刘志民，余训凯，包欣源，陈佳，潘滢，刘兴彪。

专利申请号（受理号）：201911028758. 5。

专利权人（单位名称）：宁德市富发水产有限公司。

专利申请日：2019-10-28。

专利内容简介:

将性腺成熟雌鱼沿胸鳍处往泄殖孔推压,通过挤压将卵巢卵子挤出,得到卵子;取出雄鱼的精巢,将所述精巢剪碎后置于保存液中,得到含有精子的保存液;将所述卵子和含有精子的保存液混合,得到的混合液转移到海水中通过静置分层筛选受精卵进行孵化培育。采用本发明提供的人工受精方法,受精率达到85%以上,孵化率95%以上,存活率80%以上,极大程度减少环境因素对野生石首鱼类产卵、受精、孵化的影响,大大提高了受精率、孵化率以及存活率,人为手段控制了整个初期生产的不利因素。

一种海上养殖池及其养殖方法

专利类型:国家发明专利。

专利申请人(发明人或设计人):方秀。

专利申请号(受理号):201911377780.0。

专利权人(单位名称):福建闽威实业股份有限公司。

专利申请日:2019年12月27日。

专利内容简介:本发明提供一种海上养殖池及其养殖方法,包括近海用于围合形成养殖区域的浮体栈板,所述浮体栈板内侧及外侧固定有护栏,位于浮体栈板围合形成养殖区域的外周固定有养殖网。浮体栈板由浮球及固定于浮球上的浮板构成,相邻养殖区域的浮体栈板之间间隔固定有用于缓冲的橡胶轮。各个养殖区域的周侧栈板上固定有颗粒式投料机。养殖区域内侧的护栏固定有能排出条状饲料的排放管,所述排放管上具有排放口。本发明利用螺杆挤压机及绞龙输送机将物料粉碎挤压后挤压输出成条状,并利用旋转叶片将成条的饲料进行切断分割,以利于物料的扩散。

一种用于鱼类不同密度养殖装置

专利类型:国家实用新型专利。

专利申请人(发明人或设计人):朱克诚,张殿昌,江世贵,等。

专利申请号(受理号):201920280817.7。

专利权人(单位名称):中国水产科学研究院南海水产研究所。

专利申请日:2019-03-06。

专利内容简介:

本实用新型公开了一种用于鱼类养殖密度实验的装置，所述实验装置包括圆筒，所述圆筒的底部中心处开有排水口，所述圆筒内安装有排水管，所述排水管的上端封闭，下端垂直于所述圆筒底部由上往下延伸，且与所述排水口连通；所述排水管的下端管壁上开有多个漏水孔，所述漏水孔使养殖污水流入所述排水管内且从所述排水口排出；所述圆筒内还安装有框架，所述框架上安装有鱼网，所述框架以所述排水管为轴心将所述圆筒的内腔径向分隔为至少两个扇形养殖区域。本实用新型能整体结构简单，能够减少人为干扰，提高养殖密度实验的客观性。

一种鱼池育苗养殖用颗粒式投料机

专利类型：国家实用新型专利。

专利申请人（发明人或设计人）：方秀。

专利申请号（受理号）：201922395158.4。

专利权人（单位名称）：福建闽威实业股份有限公司。

专利申请日：2019-12-27。

专利内容简介：本实用新型涉及一种鱼池育苗养殖用颗粒式投料机：包括外壳、漏斗板，外壳内部设置有内腔，漏斗板安装于内腔中部，漏斗板将内腔分隔成上搅拌腔与下拨转腔。所述上搅拌腔中部竖直安装有搅拌棍，下拨转腔内倾斜安装有开口与外界连通的拨盘固定盒，拨盘固定盒内安装有用于拨动饲料的拨盘，漏斗板的输出端经带有电磁插板阀的管路与拨盘固定盒的物料进口相连接。本实用新型设计合理，提高鱼塘的饲料投放效率、可以适应不同高度的鱼塘，且活动方便，操作简单。

一种鱼卵收集网

专利类型：国家实用新型专利。

专利申请人（发明人或设计人）：方秀。

专利申请号（受理号）：201922395244.5。

专利权人（单位名称）：福建闽威实业股份有限公司。

专利申请日：2019-12-27。

专利内容简介：本实用新型涉及一种鱼卵收集网：包括固定架、上下安装在固定架上的筛网、收集网。所述固定架包括左滑杆、右滑杆、前固定杆、后固定杆，左滑杆、右滑杆前后端上均对称安装有滑块，前固定杆、后固定杆对应滑接于左滑杆、右滑杆前后端上的滑块之间，左滑杆、右滑杆上前后端的两滑块之间分别滑接有左上滑杆、右上滑杆。筛网安装于左上滑杆、右上滑杆之间，收集网安装于左滑杆、右滑杆、前固定杆、后固定杆，左滑杆之间。本实用新型设计合理，可以对水面上鱼卵进行初筛，减少异物、亲鱼被打捞，方便高效、操作简单、实用性强。

一种海上养殖池

专利类型：国家实用新型专利。

专利申请人（发明人或设计人）：方秀。

专利申请号（受理号）：201922405724.5。

专利权人（单位名称）：福建闽威实业股份有限公司。

专利申请日：2019-12-27

专利内容简介：本实用新型提供一种海上养殖池，包括近海用于围合形成养殖区域的浮体栈板。所述浮体栈板内侧及外侧固定有护栏，位于浮体栈板围合形成养殖区域的外周固定有养殖网。浮体栈板由浮球及固定于浮球上的浮板构成，相邻养殖区域的浮体栈板之间间隔固定有用于缓冲的橡胶轮。周侧栈板上固定有颗粒式投料机及排出条状饲料的排放管，且排放管上装有排放口。本实用新型利用螺杆挤压机、绞龙输送机将物料粉碎挤压后挤压输出成条状，并利用旋转叶片将成条的饲料进行切断分割。

一种养殖池挤压式投料装置

专利类型：国家实用新型专利。

专利申请人（发明人或设计人）：方秀。

专利申请号（受理号）：201922401427.3。

专利权人（单位名称）：福建闽威实业股份有限公司。

专利申请日：2019-12-27。

专利内容简介：本实用新型提供一种养殖池挤压式投料装置，包括近海用于围合形成养殖区域的浮体栈板，所述浮体栈板内侧及外侧固定有护栏，位于浮体栈板围合形成养殖区域的外周固定有养殖网。所述浮体栈板上固定有螺杆挤压机，螺杆挤压机的进料端具有进料槽，螺杆挤压机的出料端连接有绞龙输送机，绞龙输送机的输出端固定有延伸至养殖区域四角内的饲料排放管。排放管上具有排放口，护栏上固定有位于排放口上方用于将排放口排出的饲料进行切断的旋转叶片。旋转叶片由驱动装置驱动转动。本实用新型利用螺杆挤压机及绞龙输送机将物料粉碎挤压后挤压输出成条状，并利用旋转叶片将成条的饲料进行切断分割，以便于投料喂养。

一种养殖水槽

专利类型：实用新型。

专利申请人（发明人或设计人）：陈佳，柯巧珍，余训凯，翁华松，潘滢，黄匡南。

专利申请号（受理号）：ZL 201920111899. 2。

专利权人（单位名称）：宁德市富发水产有限公司。

专利申请日：2019-01-23。

授权专利内容简介：

本实用新型公开了一种养殖水槽，涉及水产养殖技术领域，包括：水槽、一号管、二号管、气石、外部供氧装置和气管；水槽上端开口，一号管固定设置于水槽底部的中心，且一号管的管壁为透水管壁，一号管的底端与二号管连通，二号管内设置有气管和气石，气石与气管的下端连接，气管的上端伸出二号管并与外部供氧装置连接，外部供氧装置用于向气石提供氧气，以在二号管内产生负压，二号管的出水口与水槽连通，用于向水槽中回水，克服了现有技术借助水泵进行抽吸对养殖水槽换水，不仅耗费电能还浪费水资源的缺陷，本实用新型在养殖水槽换水过程中无需借助水泵，节约电能，并且能够循环用水，节约水资源。

一种自动排污平底养殖池

专利类型：实用新型。

专利申请人（发明人或设计人）：陈佳，余训凯，潘滢，柯巧珍，翁华松，黄匡南。

专利申请号（受理号）：201710782807. 9。

专利权人（单位名称）：宁德市富发水产有限公司。

专利申请日：2019-01-23。

专利内容简介：

本实用新型公开了一种自动排污平底养殖池，包括池体，池体上端开口，池体的底面呈水平,池体底面中心处设置有排污孔,排污孔内设置有密封管,池体的底面设置有若干凹槽,凹槽的截面呈顶角朝下的三角形,凹槽的两条边与池体的底面呈不同的角度,凹槽内设置有吸污管道,吸污管道上均匀设置有若干通孔,吸污管道一端连接有自吸泵,池体内设置有若干射流泵。本实用新型通过射流泵将池体内的水搅动,利于池体内的污染物进入凹槽中,自吸泵开启,凹槽中的污染物通过吸污管道的通孔排到池外。本实用新型将传统平底方形养殖池进行改造,实现自动化排污,减少养殖池精养模式的人工劳动强度,减少对养殖鱼的应激,保持养殖水体的清洁。

一种测量大黄鱼生物学数据的装置

专利类型:实用新型。

专利申请人(发明人或设计人):余训凯,包欣源,黄匡南,翁华松,潘滢,陈佳,柯巧珍。

专利申请号(受理号):201920112392.9。

专利权人(单位名称):宁德市富发水产有限公司。

专利申请日:2019-09-27。

专利内容简介:

本实用新型提供快速测量大黄鱼常规生物学数据的装置及其使用方法。该装置呈现长方体盒子状,由亚克力材料制作。装置三面可以移动。使用时,先将各面推至最大距离,将大黄鱼从打开的侧面侧躺送入装置,头部顶住另一面,将各面推至刚好卡住大黄鱼。读取三个刻度线的刻度。最后将大黄鱼平稳的倒出。该实用新型有助于快速测量大黄鱼,减少测量大黄鱼时更换测量工具,节约时间,提高测量效率。减少测量过程中对大黄鱼的损伤,并能减少测量的误差。

一种快速投喂大黄鱼冰鲜料装置

专利类型:实用新型。

专利申请人(发明人或设计人):余训凯,包欣源,翁华松,黄匡南,潘滢,陈佳,柯巧珍。

专利申请号(受理号):201921626464.8。

专利权人(单位名称):宁德市富发水产有限公司。

专利申请日:2019-09-27。

专利内容简介:

本实用新型公开了一种快速投喂大黄鱼冰鲜料装置，涉及养殖业技术领域；包括打料机、抽水机、滑梯和拦网；打料机和抽水机用于放置于投喂船上，滑梯的一端搭接于打料机的饲料出口处，滑梯另一端与拦网连接，滑梯用于输送冰鲜料，抽水机用于为冰鲜料通过滑梯提供水源动力，拦网用于分离粘结成团的冰鲜料；该装置具有降低人工成本，提高投喂效率的功能。

一种大黄鱼快速收集转移装置

专利类型：实用新型。

专利申请人（发明人或设计人）：黄匡南，翁华松，余训凯，柯巧珍，陈佳，潘滢，包欣源

专利申请号（受理号）：201921569958.7。

专利权人（单位名称）：宁德市富发水产有限公司。

专利申请日：2019-09-20

专利内容简介：

本实用新型提供的收集转移装置由捕捞网、缆绳、固定圈及浮球四部分组成。捕捞网（内部）底部固定着一个浮球，捕捞网的上端连接有一个固定圈，固定圈上固定有四根缆绳。

此装置配合活水船上的吊机一同使用。使用时包括捕捞、收网、转移三个步骤。具体过程为：通过吊机勾住缆绳，将此装置移动到收集网箱（网箱已起网，大黄鱼被集中至小空间）处；通过吊机下放装置，工人控制固定圈进行大黄鱼收集；上拉此装置（收网），移动至需要转移的位置（可以为养殖池、船体等），下放装置使捕捞网完全沉入水中，浮球在浮力作用下上浮，上浮的同时带动捕捞网上移，使大黄鱼进入转移处；上拉装置，完成整个转移过程。本实用新型结构简单、造价低，能为网箱（包括但不限于）收集转移活体大黄鱼节约大量人力物力成本，提高转移大黄鱼的成活率。

一种冰衣液复配设备

专利类型：实用新型专利。

专利申请人（发明人或设计人）：谢晶，余文晖，王金锋，谭明堂，王雪松，励建荣。

专利申请号（受理号）：2019103361381。

专利权人（单位名称）：上海海洋大学。

专利申请日：2019-8-22。

专利内容简介:

本实用新型涉及水产品保鲜领域,具体涉及一种冰衣液复配设备,包括框架部分,母液配置部分,冰衣液配置部分,冰衣液后处理部分和控制系统;框架部分包括箱体、底座、保温隔板;母液配置部分包括进水总管、储水箱进水电磁阀、储水箱、第一母液罐、第二母液罐、第三母液罐、第四母液罐、搅拌机构和进水机构;冰衣液配置部分包括均液罐、均液罐进液、均液罐进液电磁阀、废液缸进液电磁阀、均液罐搅拌叶;冰衣液后处理部分包括接液缸、废液缸、接液缸进液流量计、接液缸进液电磁阀。本实用新型提供的上述技术方案,装置使用简单实用,配置的浓度精准有效;复配过程简化,可以有效提升复配效率。

基于光电传感器的鱼体纵向传输头尾判别与调整系统

专利类型:实用新型。

专利申请人:李晨阳,单慧勇,张程皓,赵辉,卫勇,杨延荣 ,于镓。

专利申请号:201921966547. 1。

专利权人:天津农学院。

专利申请日:2019-11-14。

专利内容简介:

一种基于光电传感器的鱼体纵向传输头尾判别与调整系统包括:第一输送带、光电传感器、头尾判别装置、头尾方向调整装置和第二输送带。其中,头尾方向调整装置包括弧形板、2 根相互平行的滑轨和载鱼板,弧形板位于第一输送带和第二输送带之间;2 根滑轨位于弧形板的上方,2 根滑轨的滑块均与载鱼板固装。头尾姿态判别利用重量传感器获取从第一输送带上经过的鱼体重量信息,控制系统结合光电传感器获得鱼体输送信息,控制头尾方向调整装置的运动。当需要鱼体头尾姿态调整时,载鱼板按照设定速度运动,控制鱼体倾覆,实现头尾姿态调整,沿弧形板滑动至第二输送带。鱼体姿态不需调整时,鱼体越过载鱼板直接滑入第二输送带。本发明可以实现流水线上鱼体传输姿态的头尾判别与调整,大大提高了鱼体前加工处理流水作业效率,降低人工成本,为鱼深加工流水线自动化作业提供技术支撑。

一种防跑抄网

专利类型：实用新型。

专利申请人（发明人或设计人）：包欣源，余训凯。

专利申请号（受理号）：2019121942044.0。

专利权人（单位名称）：宁德市富发水产有限公司。

专利申请日：2019-11-12。

专利内容简介：

本实用新型公开了一种防跑抄网，涉及渔具技术领域，包括外网、内网、支撑圈和支撑杆，外网为设有一个第一上入口的网兜状外网，外网为普通单层抄网，内网为设置有一个第二上入口和一个下入口的圆台套筒网，下入口的直径小于第二上入口的直径，第一上入口和第二上入口直径相同，第二上入口和第一上入口共同连接于支撑圈上，支撑杆的一端固定连接于支撑圈上；下入口的边沿设置有一柔性环，柔性环具有弹性，本实用新型提供的防跑抄网在捕捉到鱼时，鱼类不易从抄网逃跑出来且不影响将鱼类从抄网中倒出。

一种近海捕鱼装置

专利类型：实用新型。

专利申请人（发明人或设计人）：翁华松，黄匡南，余训凯，包欣源，陈佳，潘滢，刘兴彪，刘志民。

专利申请号（受理号）：201922026991.1。

专利权人（单位名称）：宁德市富发水产有限公司。

专利申请日：2019-11-21。

专利内容简介：

本实用新型公开了一种近海捕鱼装置，涉及渔具技术领域，包括固定桩、桩绳、定置网和网箱，网箱的表面固定覆盖设置有网衣，定置网的一端与网箱的侧壁固定连接，定置网的另一端上固定设有网口支撑框，定置网与网箱连通，桩绳的一端与网口支撑框固定连接，桩绳的另一端与固定桩固定连接。本实用新型中，设置网口支撑框使得定置网的进口不会因在水流的作用下变形而使装置失去作用，鱼从定置网的一端进入并由于定置网的限制最终进入网箱中，给捕获的鱼提供了一个较大的空间，提高了鱼获的存活率。

一种鱼类结构调查的捕捞装置

专利类型：实用新型。

专利申请人（发明人或设计人）：包欣源　余训凯。

专利申请号（受理号）：201922123005.4。

专利权人（单位名称）：宁德市富发水产有限公司。

专利申请日：2019-12-02。

专利内容简介：

本实用新型公开了一种鱼类结构调查的捕捞装置，包括地笼、浮力架和支撑架，地笼包括地笼网、支撑架和若干个地笼架，支撑架固定连接于地笼网的顶端，地笼架将地笼网在竖直方向隔成若干个地笼腔，各地笼腔的开口处设置有一伸入至地笼腔内的倒须结构，浮力架上固定设有若干个浮球，浮球用于产生浮力并托起地笼，地笼网的下端边沿固定连接有若干个增重件用于使地笼保持垂直设置，通过采用支撑架和竖直分层设置的地笼架，使地笼架可层叠放置，实现了结构简单、携带方便的作用，通过将地笼网在竖直方向隔成若干个地笼腔实现了对不同深度的鱼类进行捕捞并调查的效果，通过采用倒须结构的地笼腔，使鱼类进入地笼内很难游出，提高了鱼类调查的准确性。

一种鱼类养殖装置

专利类型：实用新型。

专利申请人（发明人或设计人）：

专利申请号（受理号）：201921568285.3。

专利权人（单位名称）：宁德市富发水产有限公司。

专利申请日：2019-09-20。

专利内容简介：

本实用新型提供的涡旋式鱼类养殖装置由中央管、进水管、环形PV管及细喷头四部分组成。

中央管放置在水池的中心，中央管为一中空管子，中央管一端距顶端10cm部分打小孔（可根据实际使用情况调整），管子内壁小孔的位置固定有一层过滤网，环形PV管固定在水池底部高1/6处，沿水池周壁环形固定，细喷头环形均匀分布在PV管上，间距35cm，角度为水平夹角40° 倾斜，倾斜方向一致，环形PV管上垂直固定一个竖直PV管，紧贴到水池壁上，作为进水口。

使用功能包括活水养殖及排污两种。使用时，开启进水口，水流入环形管进入细喷头，形成涡旋（涡旋速度可通过调节进水管流速控制），促使鱼集群环形游动。当将中央管打有小孔位置置于水面上时，养殖池中水面随着水流的进入升高，当液面升高至一定高度，多余水量随着小孔进入中央管，通过排水管排出，实现活水涡旋式健康养殖。当将中央管打有小孔位置置于水底时，排水管吸力以及涡旋的搅动带起水中的养殖排泄物、饵料等杂质，通过小孔加速进入排水管，通过排水管排出杂质。

通过本实用新型结构简单、造价低，能为养殖的大黄鱼（包括但不限于）等营造健康的养殖环境，节省养殖池（包括但不限于圆形养殖池）日常吸污换水的人力物力成本。

授权专利

鱼类粘性受精卵人工孵化设备

专利类型：国家发明专利。

专利授权人（发明人或设计人）：马爱军，赵艳飞，王新安，孙志宾，王婷，孙建华，刘大勇，郭正龙。

专利号（授权号）：CN 106417116 B。

专利权人（单位名称）：中国水产科学研究院黄海水产研究所。

专利申请日：2016-9-8。

授权公告日：2019-5-10。

授权专利内容简介：

一种鱼类粘性受精卵人工孵化设备，属于鱼类养殖领域，它包括倒锥形外壳、圆台形网圈、网兜、圆形顶盖、主体支架和进排水系统；发明的鱼类粘性受精卵人工孵化设备，创造性的采用了倒锥形外壳内套倒锥形网的结构，倒锥形外壳与内部锥形网间留有空隙，借助于底部上升水流可有效避免卵子附壁、结块现象，锥形网亦可有效分散水流，避免水流直接冲击鱼卵，进而提高鱼卵孵化率，同时可拆卸的底部锥形网兜方便了孵化设备内部的清理。采用了环状水管清理系统，可简单、有效清理孵化过程中的发霉胚胎，极大地避免了过多人为干扰对卵子孵化的不良影响。同时制造成本低廉，操作简便，特别适合于现今本领域的大规模工厂化繁育应用。

一种与牙鲆数量性状相关的SNP标记、其筛选方法及应用

专利类型:国家发明专利。

专利授权人(发明人或设计人):张晓彦,王桂兴,侯吉伦,等。

专利号(授权号):ZL201610172234.3。

专利权人(单位名称):中国水产科学研究院北戴河中心实验站。

专利申请日:2016-03-24。

授权公告日:2019-04-19。

授权专利内容简介:本发明提供了一种与牙鲆数量性状相关的SNP位点、其筛选方法及应用。通过候选基因关联分析法,对MSTN基因中SNP与牙鲆数量性状进行关联分析,获得了一个与数量性状相关的SNP标记,所述SNP标记可用于牙鲆标记辅助选育,缩短育种周期。

一种与牙鲆生长性状相关的SNP位点、其筛选方法及应用

专利类型:国家发明专利。

专利授权人(发明人或设计人):侯吉伦,王桂兴,张晓彦,等。

专利号(授权号):ZL201610172207.6。

专利权人(单位名称):中国水产科学研究院北戴河中心实验站。

专利申请日:2016-03-24。

授权公告日:2019-05-03。

授权专利内容简介:本发明涉及本发明提供了一种与牙鲆生长性状相关的SNP位点、其筛选方法及应用。通过候选基因关联分析法,对GH基因中SNP与牙鲆生长性状进行关联分析,获得了一个与生长性状相关的SNP标记,所述SNP标记可用于牙鲆标记辅助选育,缩短育种周期。

一种牙鲆雌核发育四倍体的诱导方法

专利类型：国家发明专利。

专利授权人（发明人或设计人）：侯吉伦，王玉芬，王桂兴，等。

专利号（授权号）：ZL201711085865. 2. 。

专利权人（单位名称）：中国水产科学研究院北戴河中心实验站。

专利申请日：2017-11-07。

授权公告日：2019-08-16。

授权专利内容简介：本发明提供了一种牙鲆雌核发育四倍体的诱导方法，属于海洋生物育种技术领域。所述诱导方法是将新鲜的真鲷精子进行紫外线照射进行灭活处理；将灭活真鲷精子和新鲜牙鲆卵子进行混合，将得到的精卵混合液与 15 ～ 19℃的海水混合 3 min，然后将精卵混合液转移至 0 ～ 3℃的海水中冷休克处理 40 ～ 50 min；将处理后的精卵混合液培育 45 ～ 71 min，从精卵混合液筛选出浮鱼卵置于压力为 550 ～ 750 kg/cm^2 的环境中处理 5 ～ 7 min；将静压处理的浮鱼卵进行流水孵化。本发明建立的方法利用冷休克和静水压法对灭活的异源精子所激活的卵子进行染色体加倍处理，实现了所诱导的四倍体只含有母本遗传信息的目标，同时具有较高的诱导率。

一种牙鲆鱼耳石元素标记方法

专利类型：国家发明专利。

专利授权人（发明人或设计人）：王俊，司飞，于清海，等。

专利号（授权号）：201710373278. 7。

专利权人（单位名称）：中国水产科学研究院北戴河中心实验站。

专利申请日：2017-05-24。

授权公告日：2019-11-08。

授权专利内容简介：本发明提供一种牙鲆鱼耳石元素标记方法，其特点是：包括如下步骤：(1)将六水氯化锶与鱼饲料混合均匀，使鱼饲料中含有锶元素，得到标记饲料；(2)使用所述标记饲料投喂待标记的牙鲆鱼；(3)每天投喂标记饲料 1～2 次，投喂时间至少为 3 天；(4)六水氯化锶含量至少占标记饲料总质量的 0. 8%。锶元素能够通过血液传输等生理过程沉积在耳石生长轮上，形成元素环带，产生放流牙鲆耳石元素指纹标记作用。耳石锶元素指纹标记稳定性好,不受外界影响,可以永久保存。六水氯化锶对待标记鱼无害,高低浓度致死率均很低。

一种半滑舌鳎抗病免疫相关基因及其应用

专利类型:国家发明专利。

专利授权人(发明人或设计人):陈松林,王双艳,王磊,王洁,周茜,陈张帆,崔忠凯,杨英明。

专利号(授权号):ZL201711477729.8。

专利权人(单位名称):中国水产科学研究院黄海水产研究所。

专利申请日:2017-12-29。

授权公告日:2019-05-24。

授权专利内容简介:

本发明的目的是提供一种半滑舌鳎抗病免疫基因,其氨基酸序列为SEQ ID NO:1,编码基因的核苷酸序列为SEQ ID NO:2。本发明首次克隆了半滑舌鳎类IgT基因,获得了其cDNA序列,设计了其表达检测的PCR引物,建立了皮肤粘液收集和粘液中总RNA提取及IgT基因表达的检测方法以及将皮肤粘液中IgT基因的表达水平作为抗病力评价指标的应用方法,从而创建了半滑舌鳎抗病力无损伤检测的分子方法,可以应用于半滑舌鳎抗病力测试及抗病良种选育。本发明的技术方法也可在其它鱼类上进行推广应用。

一种卵形鲳鲹的工厂化苗种培育方法

专利类型:国家发明专利。

专利授权人(发明人或设计人):张殿昌,郭华阳,江世贵,等。

专利号(授权号):ZL 201710656879.9。

专利权人(单位名称):中国水产科学研究院南海水产研究所。

专利申请日:2017-8-3。

授权公告日:2019-8-27。

授权专利内容简介:

该发明公开了卵形鲳鲹的工厂化苗种培育方法,包括受精卵孵化密度和孵化条件、移苗方式、仔稚鱼培育、饲料驯化、分级筛选等步骤。该发明苗种培育过程均在室内进行,孵化及养殖过程不受天气影响，大大提高养殖苗种产量；可对投喂饵料进行定向筛选并强化，大大提高该阶段苗种成活率，保障了苗种质量；育苗水体中理化因子相对稳定，有效降低了苗种畸形率，提高了苗种成活率；定期对苗种进行筛选，减少苗种的自残，提高了苗种的成活率，同时保证了苗种的均一性。该发明具有苗种培育占地面积小，水量需求少，污水排放少，对自然环境影响小等优点，具有良好的应用前景。

筛选红鳍东方鲀苗种的SNP引物及筛选方法

专利类型：国家发明专利。

专利授权人（发明人或设计人）：王秀利，于海龙，仇雪梅，姜志强，孟雪松，刘圣聪，张涛，包玉龙。

专利号（授权号）：ZL201610721785.0。

专利权人（单位名称）：大连海洋大学。

专利申请日：2016-8-25。

授权公告日：2019-7-16。

授权专利内容简介：

本发明公开一种可节省人力物力、降低选种成本、确保子代性状良好的筛选红鳍东方鲀苗种的SNP引物及筛选方法，SNP引物序列如SEQ ID NO.1、SEQ ID NO.2所示；苗种筛选方法按照如下步骤进行：提取待测红鳍东方鲀的基因组DNA；用得到的基因组DNA为模板，以所述上游引物和下游引物进行PCR扩增，获得PCR产物；对所得到的PCR产物进行测序、基因分型，筛选出具有如SEQ ID NO.3所示DNA序列且自5′端起第145位点基因型为纯合TT的红鳍东方鲀。

用于红鳍东方鲀苗种筛选的SNP引物及筛选方法

专利类型：国家发明专利。

专利授权人（发明人或设计人）：王秀利，于海龙，仇雪梅，姜志强，孟雪松，刘圣聪，张涛，包玉龙。

专利号（授权号）：ZL201610722195.X。

专利权人(单位名称):大连海洋大学。

专利申请日:2016-8-25。

授权公告日:2019-10-11。

授权专利内容简介:

本发明公开一种可节省人力物力、降低选种成本、确保子代性状良好的筛选红鳍东方鲀苗种的SNP引物及筛选方法,SNP引物序列如SEQ ID NO. 1、SEQ ID NO. 2所示;苗种筛选方法按照如下步骤进行:提取待测红鳍东方鲀的基因组DNA;用得到的基因组DNA为模板,以所述上游引物和下游引物进行PCR扩增,获得PCR产物;对所得到的PCR产物进行测序、基因分型,筛选出具有如SEQ ID NO. 3所示DNA序列且自5′端起第591位点基因型为纯合TT的红鳍东方鲀。

一种改善海鲈肝脏线粒体功能的复合型饲料添加剂及其制备方法与应用

专利类型:国家发明专利。

专利授权人(发明人或设计人):鲁康乐,张春晓,王玲,宋凯。

专利号(授权号):CN108308457B。

专利权人(单位名称):集美大学。

专利申请日:2018-02-12。

授权公告日:2019-08-27。

授权专利内容简介:本发明涉及一种改善海鲈肝脏线粒体功能的复合型饲料添加剂及其制备方法与应用,属饲料领域。每100重量份的复合型饲料添加剂包括6-10重量份的蛋氨酸螯合锰、2-6重量份的蛋氨酸螯合铜、30-50重量份的黄连素、20-30重量份的肌酸以及0. 5-2重量份的红法夫酵母,余量为载体。该复合型饲料添加剂的原料均安全、无有害残留,为生产绿色饲料和水产品创造了条件。其制备方法为:按配比混合上述原料。此制备方法简单,条件可控性好,稳定性好,具有良好的应用前景。将上述复合型饲料添加剂应用于制备海鲈饲料,可提高海鲈肝脏线粒体的抗氧化能力以及线粒体呼吸链功能,减少线粒体氧化损伤。

一种缓解海鲈内质网应激的饲料添加剂及其制备方法与应用

专利类型：国家发明专利。

专利授权人（发明人或设计人）：鲁康乐，张春晓，王玲，宋凯。

专利号（授权号）：CN108077585B。

专利权人（单位名称）：集美大学。

专利申请日：2018-02-12。

授权公告日：2019-07-26。

授权专利内容简介：本发明涉及一种缓解海鲈内质网应激的饲料添加剂及其制备方法与应用，属饲料领域。每100重量份的饲料添加剂包括20-30重量份的苜蓿皂苷、10-20重量份的蛋氨酸螯合锌、5-15重量份的牛磺酸、20-30重量份的葛根粉以及5-10重量份的葡萄籽原花青素，余量为载体。该饲料添加剂的原料均安全、无有害残留，为生产绿色饲料和水产品创造了条件。其制备方法为：按配比混合上述原料。此制备方法简单，条件可控性好，稳定性好，具有良好的应用前景。将上述饲料添加剂应用于制备海鲈饲料，可提高海鲈肝脏抗氧化能力、减少内质网氧化损伤，降低内质网应激蛋白表达，缓解内质网应激，维持内质网的稳态。

一种调控半滑舌鳎亲鱼性激素分泌的营养学方法

专利类型：国家发明专利。

专利授权人（发明人或设计人）：徐后国，梁萌青，卫育良，曹林。

专利号（授权号）：ZL201710566644. 0。

专利权人（单位名称）：中国水产科学研究院黄海水产研究所。

专利申请日：2017-07-12。

授权公告日：2019-09-27。

授权专利内容简介：

属于水产营养领域，所述方法在半滑舌鳎亲鱼不同发性腺发育阶段和不同性别亲鱼中采用不同的长链多不饱和脂肪酸营养供给。本发明方法能够对半滑舌鳎亲鱼性类固醇激素的分泌实现在不同阶段和不同性别间的精准调控,促进性激素分泌,提高繁育性能;该技术基于对半滑舌鳎亲鱼饲料中必需营养素的调配,可操作性强;且成本在可控范围内,经济性高。

一种用于水产动物养殖及用药评估的循环水养殖装置

专利类型:国家发明专利。

专利授权人(发明人或设计人):张元兴,刘晓红,王蓬勃,刘琴,王启要,肖婧凡,张华,张阳。

专利号(授权号):ZL201610134337.0。

专利权人(单位名称):华东理工大学、上海纬胜海洋生物科技有限公司。

专利申请日:2016-3-9。

授权公告日:2019-6-7。

授权专利内容简介:一种用于水产动物养殖及用药评估的循环水养殖装置。本发明的循环水养殖装置综合了水产动物养殖、水处理、水质监测,可实现淡水或海水类水产动物的循环水或静水养殖、养殖水处理及排放、养殖水理化参数检测,可确保用药评估(如疫苗效力评价)过程中养殖环境优良、实验条件可控。

用于流化床生物滤器的填料及其生物膜培养方法

专利类型:国家发明专利。

专利授权人(发明人或设计人):张海耿,庄保陆,刘晃,张宇雷。

专利号(授权号):201610828238.2。

专利权人(单位名称):中国水产科学研究院渔业机械仪器研究所。

专利申请日:2016-09-18。

授权公告日:2019-04-02。

授权专利内容简介:

本发明提供了一种用于流化床生物滤器的填料，填料密度为1.51.6g/cm^3，按重量计，包括以下原料：生物质灰渣6065份，碳酸钙1518份，吸附剂23份，滑石粉34份，碳酸氢钠34份，活性炭1012份、偶联剂23份和其它添加剂89份，能有效降低装置的运行能耗，提升装置的水处理性能。还提供了该填料的生物膜培养方法，通过采用接种原滤料的方式进行生物膜培养，在生物膜培养过程中，开启自清洗装置，可实现流化床生物滤器的快速挂膜。

船载鱼池自平衡系统及方法

专利类型：国家发明专利。

专利授权人（发明人或设计人）：张宇雷，张业韡，张成林。

专利号（授权号）：201610903848.4。

专利权人（单位名称）：中国水产科学研究院渔业机械仪器研究所。

专利申请日：2016-10-17。

授权公告日：2019-03-22。

授权专利内容简介：

本发明提供一种船载鱼池自平衡系统及方法，其中系统包括：一陀螺仪，所述陀螺仪固定于至少一船载鱼池所在的船体；一控制端，所述控制端连接所述陀螺仪；以及一平衡控制机构，所述平衡控制机构连接所述船载鱼池。本发明的一种船载鱼池自平衡系统及方法，使船载鱼池的水面不随船体的倾斜晃动而变化，不影响养殖个体的生长环境，鱼池的水和养殖个体不会溢出鱼池，减少了生产损失，并具有自动化程度高、通用性强的优点。

一种近岸鱼类养殖岩礁池塘的生态工程化设置方法

专利类型：国家发明专利。

专利授权人（发明人或设计人）：徐永江，柳学周，史宝，张凯，王滨，蓝功岗。

专利号（授权号）：ZL201610629886.5。

专利权人（单位名称）：中国水产科学研究院黄海水产研究所。

专利申请日：2016-08-03。

授权公告日：2019-07-23。

授权专利内容简介：

一种近岸鱼类养殖岩礁池塘的生态工程化设置方法，属于水产养殖技术领域，它包括池壁与塘埂构筑、水系统设置、污染物减排控制系统设置、增氧环流系统设置和水质及行为监测系统设置；本发明通过对近岸鱼类养殖岩礁池塘的池壁与塘埂、底质、进排水系统、污染物减排控制系统、水质与行为监测系统方面等进行工程化设置，大大提高岩礁池塘对自然灾害的抵御能力，减少岩礁池塘养殖废弃物对近岸海域环境的污染压力，实现对鱼类养殖岩礁池塘的工厂化管理和高产稳产，达到海水池塘养殖提质增效和转型升级的目的。

一种鱼类实验生物学观测装置及使用方法

专利类型：国家发明专利。

专利授权人（发明人或设计人）：徐永江，柳学周，郑炜强，王滨，史宝，陈佳。

专利号（授权号）：ZL201710782807. 9。

专利权人（单位名称）：宁德市富发水产有限公司，中国水产科学研究院黄海水产研究所。

专利申请日：2017-09-03。

授权公告日：2019-12-17。

授权专利内容简介：

一种鱼类实验生物学观测装置及使用方法，属于鱼类生物学领域，包括水族箱、支架、反射观察装置、拍摄装置、测量装置、无线传输装置、图像数据接收终端、温度控制系统；水族箱安装在支架上并与温度控制系统联通；反射观察装置安装在支架的四条支撑腿上，反射观察装置上安装有测量装置；支架一条支撑腿上安装具备无线传输功能的拍摄装置，通过无线传输装置实现与图像数据接收终端的无线通信，及时传导数据和图像；温度控制系统与水族箱连接，保证水族箱内水温适宜；可方便实现对实验鱼类无眼侧体色、游泳行为的观察记录以及全长、体长、体高、头长等生物学性状的测量，可大大减少因人为操作对试验鱼类的胁迫影响，提高实验成功率和工作效率，节约劳动成本。

一种大菱鲆循环水三段养殖法

专利类型：国家发明专利。

专利授权人（发明人或设计人）：刘宝良，黄滨，贾瑞，高小强，霍欢欢，秦菲，费凡。

专利号（授权号）：201711454033. 3。

专利权人(单位名称):中国水产科学研究院黄海水产研究所。

专利申请日:2017-12-28。

授权公告日:2019-12-03。

授权专利内容简介:

一种大菱鲆循环水三段养殖法,属于水产养殖技术领域,根据大菱鲆不同生理阶段对养殖环境适应特性的差异,将大菱鲆于循环水养殖过程分为三阶段,第一阶段初始放养体重为2. 5-5g,第二阶段大菱鲆初始放养体重为60-75g,第三阶段大菱鲆初始放养体重 160-180g。本发明提出了不同生理阶段大菱鲆在循环水养殖系统中的最适养殖密度,并配套建立了相应的投喂策略、分级策略、系统运行参数、水质条件等,明确了各养殖阶段的起始和终止的具体指示因子和指标,相较传统养殖技术,科学的提高了养殖密度的上限,显著提升了养殖生产效率,降低了病害发生风险,确保了养殖生产安全,为大菱鲆的工业化养殖提供了新颖且可行的技术方案。

一种降低石斑鱼残食率的组合式 LED 光源及其应用

专利类型:国家发明专利。

专利授权人(发明人或设计人):刘滨,刘新富,孟振,黄滨。

专利号(授权号):ZL2016102228350。

专利权人(单位名称):中国水产科学研究院黄海水产研究所。

专利申请日:2016. 4. 12。

授权公告日:2019. 4. 9。

授权专利内容简介:

本发明采用在工厂化石斑鱼养殖车间中营造特定的光照环境、光照时间和光照强度的环境调控技术,并将该环境调控技术与精准投喂方式相结合来共同实现的。本发明根据主要石斑鱼养殖品种如斜带石斑鱼、珍珠龙胆和七带石斑鱼等对特定光谱、光强和光照周期的趋避习性以及石斑鱼幼鱼食欲调控规律而专门开发,该方法能够有效地抑制石斑鱼自残现象,显著降低工厂化石斑鱼苗种中间培育阶段由于残食引起的经济损失,并且操作简便、自动化程度高、健康安全、节能环保,具有很高的推广应用价值。

一种向半滑舌鳎垂体细胞添加维生素 E 后提高促性腺激素表达水平的方法

专利类型:国家发明专利。

专利授权人(发明人或设计人):王娜,王蔚芳,黄滨,史宝,王若青,马佳璐,陈松林。

专利号(授权号):CN201610237755.2。

专利权人(单位名称):中国水产科学研究院黄海水产研究所。

专利申请日:2016-06-17。

授权公告日:2019-11-26。

授权专利内容简介:

本发明涉及一种向半滑舌鳎垂体细胞添加维生素 E 后提高促性腺激素表达水平的方法,步骤如下:① 半滑舌鳎垂体细胞的分离与培养:首先配制 L-15 细胞培养基,然后用所配培养基进行原代细胞的培养;② 向半滑舌鳎垂体细胞中添加维生素 E:配制维生素 E 溶液,向步骤①中所培养的细胞中添加维生素 E,在添加后第四天进行样品收集;③ 向半滑舌鳎垂体细胞中添加维生素 E 后 FSH 和 LH 的定量 PCR 分析;取步骤②中的细胞沉淀进行 RNA 的提取及反转录,然后进行实时荧光定量 PCR 反应;④ 向半滑舌鳎垂体细胞中添加维生素 E 后 FSH 和 LH 的 ELISA 分析;以步骤②中收集的上清液为材料依次进行标准品的稀释与加样、加样、温育、配液、洗涤、加酶、温育、洗涤、显色、终止、测定。

云纹石斑鱼雌鱼与鞍带石斑鱼雄鱼杂交育种方法

专利类型:国家发明专利。

专利授权人(发明人或设计人):张天时,王印庚,陈松林,梁友,黄滨,孔祥科,梁兴明,刘健。

专利号(授权号):ZL201610164699.4。

专利权人(单位名称):中国水产科学研究院黄海水产研究所。

专利申请日:2016.03.22。

授权公告日:2019.6.18。

授权专利内容简介：

一种云纹石斑鱼雌鱼与鞍带石斑鱼雄鱼杂交育种方法，它包括亲本选择、亲本水温调控、亲本营养强化、亲本催产、人工授精和孵化；云纹石斑鱼为暖温性中下层鱼类，个体大、生长速度快，鞍带石斑鱼为热带亚热带暖水性鱼类，具有生长快、营养价值高，将其进行杂交，可获得具有生长速度快、较广的温度适应范围的优良后代。

一种模块化拼装的铜合金拉伸网网箱及其装配方法

专利类型：德国发明专利。

专利授权人（发明人或设计人）：王鲁民。

专利号（授权号）：112015006272。

专利权人（单位名称）：中国水产科学研究院东海水产研究所。

专利申请日：2015-03-11。

授权公告日：2019-07-18。

授权专利内容简介：本发明涉及一种模块化拼装的铜合金拉伸网网箱及其装配方法，包括垂直方向的主受力高强聚酯纤维织带主骨架织带标准件和水平方向的副受力高强聚酯纤维织带副骨架标准件，在十字交叉的交接点固定后形成具有柔韧性和弹性特点的框格状单侧网箱箱体织带骨架；在单侧网箱箱体织带骨架的每个框格内，通过预装的快速连接件装备与预制好的铜合金拉伸网标准模块，形成模块化拼装的网箱箱体单边侧网；单边侧网两侧边通过快速连接件连接或若干片单边侧网配以转角柔性接转标准件并装配底网后组装成铜合金拉伸网箱箱体。本发明可模块化、标准化生产并便于海上快速组装，具有很好地维护海洋养殖网箱防海洋污损生物附着、保持网箱箱体内外水体良好交换的性能。

一种牧场式浅海围栏养鱼设施水下铜合金冲孔网组装方法

专利类型：日本发明专利。

专利授权人（发明人或设计人）：王鲁民。

专利号（授权号）：6510669。

专利权人(单位名称):中国水产科学研究院东海水产研究所。

专利申请日:

授权公告日:2019-04-12。

授权专利内容简介:本发明涉及牧场式浅海围栏养鱼设施水下铜合金冲孔网组装方法。其以外形为等边三角形的铜合金冲孔网板片标准组装件和外形为直角三角形的铜合金冲孔网板片标准组装件为基本构件,使用超高相对分子质量聚乙烯材料挤出成型的异形材板条连接件和超高相对分子质量聚乙烯材料注塑成型的角端连接件完成铜合金冲孔网板片标准组装件之间的组装。组装后的铜合金冲孔网板片,经预制在桩柱上的环管段连接装配件和超高相对分子质量聚乙烯材料棒材,完成铜合金冲孔网板片与桩柱的铰链式连接装配。本发明在牧场式浅海围栏养鱼设施中可防止海洋污损生物附着、保持海水良好流动。

一种银鲳刺激隐核虫病的防治方法

专利类型:国家发明专利。

专利授权人(发明人或设计人):彭士明,张晨捷,高权新,施兆鸿,王建钢。

专利号(授权号):ZL201610251490.1。

专利权人(单位名称):中国水产科学研究院东海水产研究所。

专利申请日:2016-04-21。

授权公告日:2019-03-22。

授权专利内容简介:本发明涉及水产养殖领域,具体是一种银鲳刺激隐核虫病的防治方法,通过日间与夜间不同硫酸铜使用剂量的有效结合,以及人为水流的辅助操作实现。本发明单一使用硫酸铜处理既能获得较为理想的防治效果,处理更为方便;降低了硫酸铜的使用剂量,避免了由于铜离子过高对鱼体所带来的二次伤害;日间与夜间不同药物使用剂量的有效结合,以及人为水流的辅助操作,加速了刺激隐核虫从鱼体脱离,有效提高了药物的防治效果。

一种银鲳野生苗种的驯化方法

专利类型:国家发明专利。

专利授权人(发明人或设计人):张晨捷,彭士明,高全新,施兆鸿,王建钢。

专利号(授权号):ZL 201610754057.X。

专利权人(单位名称):中国水产科学研究院东海水产研究所。

专利申请日:2016-08-29。

授权公告日:2019-04-26。

授权专利内容简介:本发明涉及一种银鲳野生苗种的驯化方法,包括:分阶段投喂。本发明的方法通过投喂活饵与配合饲料组合的方式,使野生鲳鱼进食习惯和消化系统逐步转换,避免换饵引起消化不良而造成的幼鱼成批胀气死亡;有效提高银鲳野生苗种转化为人工养殖银鲳的成活率及生长速率。

一种狐篮子鱼室内人工育苗的方法

专利类型:国家发明专利。

专利授权人(发明人或设计人):中国水产科学研究院东海水产研究所。

专利号(授权号):ZL 201611021270. 6。

专利权人(单位名称):中国水产科学研究院东海水产研究所。

专利申请日:2016-11-15。

授权公告日:2019-10-11。

授权专利内容简介:本发明涉及一种海水观赏鱼室内人工鱼苗的方法,特别是一种狐篮子鱼的室内人工鱼苗的技术,涉及水产养殖技术领域。本发明提供的方法步骤包括:亲鱼挑选及培育、孵化、苗种培育。用本发明提供的狐篮子鱼亲鱼是择优挑选的野生亲鱼,亲鱼培育期间的饵料为优质的蔬菜、海藻及鱼宝颗粒饲料,同时在强化培育期间添加VC和VE,来提高受精卵的质量,并取得了很好的效果,自然产卵条件下的受精率和孵化率都在80%以上。

一种渔用聚甲醛单丝制备方法

专利类型:国家发明专利。

专利授权人(发明人或设计人):闵明华,王鲁民,高权新,李子牛,杨怡雯。

专利号(授权号):201710214195. 3。

专利权人(单位名称):中国水产科学研究院东海水产研究所。

专利申请日:2017-04-01。

授权公告日:2019-05-31。

授权专利内容简介：本发明涉及人造纤维领域，具体是一种渔用聚甲醛单丝制备方法，所述的聚甲醛单丝由以下重量百分比的原料组成：聚甲醛 8597.8%，纳米碳酸钙 113%，抗氧剂 0.11%，润滑剂 0.11%；制备方法包括以下步骤：(A) 聚甲醛切片与纳米碳酸钙以重量比 1∶1 的比例混合后经双螺杆挤出机造粒，制得母粒，物料在双螺杆挤出机中的停留时间为 3 ～ 5 分钟，温度为 140 ～ 160℃；(B) 将步骤 A 得到的母粒切片与剩余聚甲醛切片，以及抗氧剂和润滑剂按比例混合后经熔融纺丝、二级高倍拉伸工艺制得渔用聚甲醛单丝。本发明制备的渔用聚甲醛单丝用于聚甲醛拖网、聚甲醛围网、聚甲醛绳索。

一种冷库

专利类型：国家发明专利。

专利授权人（发明人或设计人）：王金锋，李文俊，谢晶。

专利号（授权号）：ZL 201610579797.4。

专利权人（单位名称）：上海海洋大学。

专利申请日：2016-7-22。

授权公告日：2019-3-1。

授权专利内容简介：

一种新型冷库，包括冷库墙体、冷库顶棚、冷库地面、风机、风机出风口、风机回风口、中心库、冷库库门，冷库结构特征在于：两个同心圆柱半径分别为 6 m、3 m，高为 3.5 m 的冷库。此种冷库结构结构简单并有效地提高了库内流场均匀性，使库内温度梯度减小，较好的解决传统方形冷库中流体温度分布不均、存在流动死区的缺陷，为研究提高冷库流体流动均匀性提供了一种新的思路。

一种温度缓冲型聚乙烯醇薄膜的制备方法

专利类型：国家发明专利。

专利授权人（发明人或设计人）：谢晶，唐智鹏，王金锋，陈晨伟。

专利号（授权号）：ZL 201710598155.3。

专利权人（单位名称）：上海海洋大学。

专利申请日：2017-7-21。

授权公告日：2019-4-19。

授权专利内容简介：

一种温度缓冲型聚乙烯醇薄膜的制备方法，先将聚乙烯醇母液溶液流延至恒温加热器的玻璃平板上，在一定温度下形成粘性薄膜，然后制备聚己内酯／液体石蜡静电纺液，并将其通过静电纺丝装置静电纺织到聚乙烯醇粘性薄膜表面，最后再以聚己内酯为静电纺液，并将其通过静电纺织装置静电纺织到聚己内酯／液体石蜡层表面，制备成三层薄膜结构，干燥成膜。本发明的薄膜相对于其他类型保鲜薄膜具有良好的力学性能，并且能起到温度缓冲的效果，能够防止冷藏食品在运输、搬运过程中，因受到不同温度的波动而产生的品质变化，能够极大地保证冷藏食品的营养价值和商品价值，在冷藏食品包装运输方面具有广泛的用途。

一种提高库德毕赤酵母高温耐性的方法

专利类型：国家发明专利。

专利授权人（发明人或设计人）：李春生；杨贤庆；李来好；杨少玲；赵永强；马海霞；吴燕燕；戚勃；胡晓；邓建朝。

专利号（授权号）：ZL201610249731.9。

专利权人（单位名称）：中国水产科学研究院南海水产研究所。

专利申请日：2016-4-21。

授权公告日：2019-8-27。

授权专利内容简介：

本发明公开了一种提高库德毕赤酵母高温耐性的方法，包括以下步骤：(1)酵母菌活化：对库德毕赤酵母进行活化，活化后的库德毕赤酵母接种到液体培养基中培养；(2)酵母菌胁迫处理：将活化的库德毕赤酵母接种到含有0.1%－20%物质A的液体培养基中，进行胁迫培养；所述的物质A为盐类；(3)耐高温酵母菌收集：将胁迫处理完后的库德毕赤酵母离心收集菌体，得到的高温耐性库德毕赤酵母。本发明可大幅度提高库德毕赤酵母的高温耐性，有利于解决酵母菌常温发酵产生的高能耗问题，降低发酵成本，对库德毕赤酵母的工业化应用具有重要的推动作用。

一种水产品中残留新霉素的提取与净化方法

专利类型:国家发明专利。

专利授权人(发明人或设计人):隋建新,郑洪伟,曹立民,林洪,郑琦,崔梦琪,屈雪丽,曲欣,陈静,张鑫磊。

专利号(授权号):ZL201610443980.1。

专利权人(单位名称):中国海洋大学。

专利申请日:2016-06-17。

授权公告日:2016-11-16。

授权专利内容简介:本发明涉及药残检测技术领域,公开了一种水产品中残留新霉素的提取与净化方法,包括使用样品提取液提取新霉素以及使用酶联免疫亲和柱对新霉素进行纯化。本发明方法提取效率高,回收率好,特异性好,操作简单,成本低。

一种手持电动鱼鳞刮刀

专利类型:国家发明专利。

专利授权人(发明人或设计人):张博,贾磊,刘克奉。

专利号(授权号):ZL201710388999.5。

专利权人(单位名称):天津渤海水产研究所。

专利申请日:2017-5-31。

授权公告日:2019-2-15。

授权专利内容简介:本发明涉及一种手持电动鱼鳞刮刀,包括手柄壳体,在手柄壳体内安装电池组,电池组的输出通过滑动变阻器,经控制开关后与电机连接,滑动变阻器的调节转轮调节电机转速,在电机驱动轴左侧端头固装桶状刀架,桶状刀架包括底座圆盘,在底座圆盘上一体制有圆筒状内骨架,在圆筒状内骨架的外部一体制有多个结构相同的刮刀安装台,在每个刮刀安装台平面上固装有条状刮刀,在条状刮刀下方的刮刀安装台立面上开有条状鳞片入口,鳞片入口通过刮刀安装台内部空腔与圆筒状内骨架的内部腔体连通。本发明对于不同种类和规格的鱼实现高效电动刮鳞,避免人工手动操作带来的伤害,整个装置小巧轻便,可拆卸清洗,易携带。

大黄鱼养殖池内寄生虫收集及其消除方法

专利类型：国家发明专利。

专利授权人（发明人或设计人）：王德祥，王军，陈佳，柯巧珍。

专利号（授权号）：ZL201610541357. X。

专利权人（单位名称）：宁德市富发水产有限公司。

专利申请日：2016-07-11。

授权公告日：2019-06-25。

授权专利内容简介：

大黄鱼养殖池内寄生虫收集装置及其消除方法，涉及大黄鱼养殖。所述大黄鱼养殖池内寄生虫收集装置设有网罩和底盘，网罩的底部大小与形状与一致，网罩罩在底盘上，所述底盘设有盘缘。所述大黄鱼养殖池内寄生虫消除方法：将所述大黄鱼养殖池内寄生虫收集装置的底盘内部放入絮凝剂，加入消毒水，待絮凝剂溶解呈凝胶状后盖上所述大黄鱼养殖池内寄生虫收集装置的网罩；将整个大黄鱼养殖池内寄生虫收集装置垂直放入大黄鱼养殖池内；每天定时提起整个大黄鱼养殖池内寄生虫收集装置，打开网罩，将底盘整体放入消毒池中浸泡，消灭各个阶段的寄生虫；底盘经高压水枪冲洗后，重新放入絮凝剂，再次收集大黄鱼养殖池中的粪便及各个阶段的寄生虫。

一种培育大黄鱼苗种的方法及其所使用的筛选分子标记

专利类型：国家发明专利。

专利授权人（发明人或设计人）：韩坤煌，王艺磊，涂传灯，饶琳，刘卫刚，刘家富。

专利号（授权号）：ZL201610686101. 8。

专利权人（单位名称）：宁德市富发水产有限公司。

专利申请日：2016-08-18。

授权公告日：2019-07-16。

授权专利内容简介：

本发明涉及一种培育大黄鱼苗种的方法及其所使用的筛选分子标记，包括如下依次进行的步骤:1)筛选大黄鱼生长轴相关基因及其连锁SSR;2)引物合成;3)SSR引物扩展多态性检测;4)生长相关SSR标记筛选;5)大黄鱼亲鱼的标记与筛选;6)大黄鱼苗种培育。该发明克服了现有技术中缺乏快速筛选和培育优质大黄鱼苗种的缺点,具有快速、便捷、有效、能加速大黄鱼育种进程的优点。

一种鱼类实验生物学观测装置及使用方法

专利类型:国家发明专利。

专利授权人(发明人或设计人):徐永江,柳学周,郑炜强,王滨,史宝,陈佳。

专利号(授权号):ZL201710782807.9。

专利权人(单位名称):宁德市富发水产有限公司。

专利申请日:2017-09-03。

授权公告日:2019-12-17。

授权专利内容简介:

一种鱼类实验生物学观测装置及使用方法,属于鱼类生物学领域,包括水族箱、支架、反射观察装置、拍摄装置、测量装置、无线传输装置、图像数据接收终端、温度控制系统;水族箱安装在支架上并与温度控制系统联通;反射观察装置安装在支架的四条支撑腿上,反射观察装置上安装有测量装置;支架一条支撑腿上安装具备无线传输功能的拍摄装置,通过无线传输装置实现与图像数据接收终端的无线通信,及时传导数据和图像;温度控制系统与水族箱连接,保证水族箱内水温适宜;可方便实现对实验鱼类无眼侧体色、游泳行为的观察记录以及全长、体长、体高、头长等生物学性状的测量,可大大减少因人为操作对试验鱼类的胁迫影响,提高实验成功率和工作效率,节约劳动成本。

一种一体化对称翼型深水网箱养殖系统

专利类型:国家发明专利。

专利授权人(发明人或设计人):王绍敏,陶启友,郭杰进,黄小华,胡昱,袁太平,刘海阳,郭根喜。

专利号(授权号):ZL201810148140.1。

专利权人(单位名称):中国水产科学研究院南海水产研究所。

专利申请日:2018-2-13。

授权公告日：2019-11-25。

授权专利内容简介：本发明公开了一种一体化对称翼型深水网箱养殖系统，其将深水网箱与养殖平台连接成为一体，并共用同一套单点系泊系统，对比于现有技术中需要分别为深水网箱和养殖平台各配置一套系泊系统，本发明在降低了系泊系统投资成本的前提下，深水网箱还能够形成横截面为对称翼型的养殖空间，且该养殖空间还能够与单点系泊系统配合，以减小深水网箱在稳定状态下受到的水流阻力，带来了网衣容积损失率降低、框架系泊点结构安全性提高的效果；并且，养殖平台能够跟随深水网箱移动，使得养殖平台的使用更为方便，且便于进行功能扩展。

一种向半滑舌鳎垂体细胞添加维生素 E 后提高促性腺激素表达水平的方法

专利类型：国家发明专利。

专利授权人（发明人或设计人）：王娜，王蔚芳，黄滨，史宝，王若青，马佳璐，陈松林。

专利号（授权号）：ZL201610237755. 2。

专利权人（单位名称）：中国水产科学研究院黄海水产研究所。

专利申请日：2016-6-17。

授权公告日：2019-10-9。

授权专利内容简介：

本发明涉及一种向半滑舌鳎垂体细胞添加维生素 E 后提高促性腺激素表达水平的方法，步骤如下：① 半滑舌鳎垂体细胞的分离与培养：首先配制 L15 细胞培养基，然后用所配培养基进行原代细胞的培养：② 向半滑舌鳎垂体细胞中添加维生素 E：配制维生素 E 溶液，向步骤①中所培养的细胞中添加维生素 E，在添加后第四天进行样品收集；③ 向半滑舌鳎垂体细胞中添加维生素 E 后 FSH 和 LH 的定量 PCR 分析；取步骤②中的细胞沉淀进行 RNA 的提取及反转录，然后进行实时荧光定量 PCR 反应；④ 向半滑舌鳎垂体细胞中添加维生素 E 后 FSH 和 LH 的 ELISA 分析；以步骤②中收集的上清液为材料依次进行标准品的稀释与加样、加样、温育、配液、洗涤、加酶、温育、洗涤、显色、终止、测定。

一种半滑舌鳎性染色体连锁的DNA片段及其应用

专利类型:国家发明专利。

专利授权人(发明人或设计人):陈松林,董忠典,张宁,刘洋,邵长伟,徐文腾。

专利号(授权号):ZL201510856323. 5。

专利权人(单位名称):中国水产科学研究院黄海水产研究所。

专利申请日:2015-11-29。

授权公告日:2019-11-4。

授权专利内容简介:

本发明提供了一种半滑舌鳎性染色体连锁的DNA片段及其应用,其中Z染色体上DNA片段的序列为SEQ ID NO:1;W染色体上DNA片段的序列为SEQ ID NO:2。上述的DNA片段用于设计鉴定半滑舌鳎遗传性别的分子标记。本发明从半滑舌鳎全基因组信息中筛选到两条Z、W染色体同源差异DNA片段,设计引物进行半滑舌鳎遗传性别鉴定,可以快速、准确、有效的区分半滑舌鳎遗传性别。本发明的方法在雌、雄个体中都可扩增出特异目的条带并可以用琼脂糖电泳分辨,缩短了准确鉴定半滑舌鳎遗传性别的时间,适用于养殖场简易环境内半滑舌鳎遗传性别的鉴定,节约了检测时间和成木。

基于双酶切的大黄鱼全基因组SNP和InDel分子标记方法

专利类型:国家发明专利。

专利授权人(发明人或设计人):肖世俊,王志勇,陈俊蔚。

专利号(授权号):ZL201510871364. 1(授权公告号CN105349675B)。

专利权人(单位名称):集美大学。

专利申请日:2015-12-02。

授权公告日:2019-01-25。

授权专利内容简介:

本发明公开了一种基于双酶切的大黄鱼全基因组SNP和InDel分子标记方法,包括以下步骤：① 接头序列设计；② 基因组DNA酶切；③ 接头序列连接；④ 样品混合与PCR扩增；⑤ 高通量测序；⑥ 测序数据分析挖掘SNP位点。本发明是结合了现代分子生物学和先进的高通量测序技术，通过利用EcoRII和NlaIII双酶切组合的方法，对全基因组的DNA分子进行酶切，获取特定长度的DNA片段进行建库测序和SNP分子标记挖掘，进而获得全基因组均匀分布的SNP位点信息；本发明的方法大大降低了全基因组标记分析的工作量和成本，同样也适合于其他的物种全基因组标记分析；利用本发明挖掘的SNP标记可用于动植物品种鉴定、品种遗传系谱分析、种质资源遗传多样性分析和遗传育种等研究领域。

一种非模式生物转录组基因序列结构分析的方法

专利类型：国家发明专利。

专利授权人（发明人或设计人）：肖世俊，韩兆方，王志勇。

专利号（授权号）：ZL201610519754.7（授权公告号CN106202998B）。

专利权人（单位名称）：集美大学。

专利申请日：2016-07-05。

授权公告日：2019-01-25。

授权专利内容简介：

本发明公开了一种非模式生物转录组基因序列结构分析的方法，包括以下步骤：① 得到最优比对结果；② 确定有蛋白编码模式，确定翻译终止位置；③ 确定基因序列的编码起始位置；④ 利用基因模型进行分类；⑤ 使用转录组序列中确定编码方式的核酸序列，使用马尔科夫链训练编码蛋白的核酸序列模型；⑥ 确定未比对基因的蛋白编码序列的编码方式。本发明对任何非模式生物的转录组测序获得的大量的基因序列进行高通量结构分析，分析过程自动完成了转录组序列的功能注释；并且利用基于比对的高度可靠的蛋白编码核酸序列构建了马尔科夫模型和支持向量机模型，对未比对基因序列进行分析，使得序列结构分析的可信度更高。

一种通过基因组数据对遗传力进行评估的算法

专利类型:国家发明专利。

专利授权人(发明人或设计人):肖世俊,董林松,王志勇。

专利号(授权号):ZL201510873172.4(授权公告号 CN105512510B)。

专利权人(单位名称):集美大学。

专利申请日:2015-12-03。

授权公告日:2019-03-08。

授权专利内容简介:

本发明公开了一种通过基因组数据对遗传力进行评估的算法,对于某一数量性状,通过使用不同数量的参考群个体利用 GBLUP 算法进行全基因组的标记效应的估计,进而得到估计群的育种值,并计算出估计准确度;通过基因组估计准确度与参考群体大小进行曲线直线化拟合,拟合出的回归方程的截距的倒数为遗传力的估计值;本发明通过基因组的数据对数量性状的遗传力进行评估,所研究的成果可直接应用于动植物数量性状育种中,本发明的算法不对个体进行系谱记录而是对个体基因组进行测序,通过全基因组标记来预测性状的遗传力,遗传力估计结果主要用于将来的育种工作中,另外,测序可以捕获到孟德尔抽样误差,相对记录系谱数据能够获得更准确的系谱信息。

一种棘头梅童鱼的人工繁育方法

专利类型:国家发明专利。

专利授权人(发明人或设计人):叶坤,王志勇,陈庆凯,胡国良。

专利号(授权号):ZL201710492929.4(授权公告号 CN107114283B)。

专利权人(单位名称):集美大学。

专利申请日:2017-06-26。

授权公告日:2019-08-06。

授权专利内容简介:

本发明公开了一种棘头梅童鱼的人工繁育方法,其步骤包括:捕捞成鱼作为亲本、人工授精和鱼苗培育。通过棘头梅童鱼精液的提取及稀释浓度，精卵混合的比例及授精时间，提高了棘头梅童鱼的受精率、孵化率和鱼苗成活率，为棘头梅童鱼全人工繁育奠定基础，为棘头梅童鱼人工养殖提供足够的苗种。

冬季半滑舌鳎工厂化低温低耗养殖系统

专利类型：实用新型。

专利授权人（发明人或设计人）：黄滨，高小强，刘宝良，贾玉东，洪磊，王蔚芳，梁友，刘滨。

专利号（授权号）：201821100088.4。

专利权人（单位名称）：中国水产科学研究院黄海水产研究所。

专利申请日：2018-07-12。

授权公告日：2019-03-01。

授权专利内容简介：

本实用新型一种冬季半滑舌鳎工厂化低温低耗养殖系统，属于海水养殖领域，它包括养殖用水调温池、半滑舌鳎工厂化养殖池、控光系统、进水系统、排水系统和充氧系统；利用本实用新型在冬季低温期工厂化养殖条件下，对半滑舌鳎实施阶段性低温低耗节能养殖方法，即当外海水和工厂化养殖池进水水温降到8±0.5℃时，不必对养殖水进行升温养殖，采取控光、控温、减少投喂次数和投喂量、减少换水的方法；饥饿胁迫激发了鱼的食欲，强化了摄食行为，半滑舌鳎出现快速生长现象。因此，这个养殖周期中，并没有因为阶段性低温低耗节能养殖方法，耽误半滑舌鳎的生长，反而节省了水、燃动费和劳务费等费用，实现了降本增效的目的。

一种寒区大菱鲆工厂化冬季阶段性休眠养殖系统

专利类型：实用新型。

专利授权人（发明人或设计人）：黄滨，刘宝良，高小强，贾玉东，洪磊，王蔚芳，梁友，刘滨。

专利号（授权号）：201821100095.4。

专利权人(单位名称):中国水产科学研究院黄海水产研究所。

专利申请日:2018-07-12。

授权公告日:2019-03-01。

授权专利内容简介:

本实用新型提供一种寒区大菱鲆工厂化冬季阶段性休眠养殖系统,属于海水工厂化养殖技术领域,它包括养殖用水调配区、大菱鲆休眠池或养殖池、控光设施、进水系统、排水系统和充氧系统;养殖用水调配区通过进水系统连通到大菱鲆休眠池或养殖池,控光设施包括养殖车间顶棚采用不透光覆盖物覆盖,休眠池上方不设置人工光源,车间地面上设置低瓦度可控光源;排水系统设置在大菱鲆休眠池或养殖池底部;利用本系统进行大菱鲆冬季阶段性休眠养殖,并没有因为阶段性休眠节能养殖方法,耽误大菱鲆的生长,反而节省了水、燃动费和劳务费等费用,实现了降本增效的目的。

围栏养殖活鱼投放装置

专利类型:实用新型专利。

专利授权人(发明人或设计人):王磊,王鲁民,郑汉丰,黄艇,刘永利,余雯雯。

专利号(授权号):201820360836. 6。

专利权人(单位名称):中国水产科学研究院东海水产研究所。

专利申请日:2018-03-16。

授权公告日:2019-01-01。

授权专利内容简介:本实用新型涉及一种围栏养殖活鱼投放装置,包括吸鱼泵和若干投放槽,投放槽为截面呈U型的流道槽,投放槽的端部设有连接结构,若干投放槽之间依次通过连接结构首尾连接,连接一体的投放槽前端向下倾斜地设置于活鱼运输船与围栏活鱼投放口之间,吸鱼泵伸入到活鱼容器中向连接一体的投放槽中泵入活鱼。本实用新型能够提高围栏养殖活鱼投放的便利性。

一种围栏网桩网连接件

专利类型:实用新型专利。

专利授权人(发明人或设计人):王磊,王鲁民,刘永利,石建高,宋炜,齐广瑞。

专利号(授权号):201820233482. 9。

专利权人（单位名称）：中国水产科学研究院东海水产研究所。

专利申请日：2018-02-09。

授权公告日：2019-01-04。

授权专利内容简介：本实用新型公开了一种围栏网桩网连接件，其包括编织网、若干塑料板、若干塑料环带和若干螺栓；所述塑料板两两配对竖立设于所述编织网两侧，配对的所述塑料板通过所述螺栓连接并将所述编织网夹紧；所述塑料环带纵向间隔固定于所述塑料板的一侧；各所述塑料环带的第一端设有扣眼，所述扣眼中设有扣齿，各所述塑料环带的第二端一侧设有若干可与所述扣齿匹配啮合的卡齿。本实用新型将所述塑料环带预固定于所述编织网上，海上安装时将所述编织网靠于柱桩一侧，再将所述塑料环带绕过桩柱，利用扎带原理可快速收紧；结合所述塑料板受力面积大的优点，便捷安装的同时可以保证编织网与柱桩之间的牢固性和稳定性，同时有效避免编织网的磨损。

一种水质样本采集装置

专利类型：实用新型。

专利授权人（发明人或设计人）：贾玉东；黄滨；关长涛；翟介明；张佳伟。

专利号（授权号）：ZL. 2018 2 1286222. 4。

专利权人（单位名称）：中国水产科学研究院黄海水产研究所。

专利申请日：2018-08-07。

授权公告日：2019-01-22。

授权专利内容简介：本实用新型涉及水文采集技术领域，具体涉及一种水质样本采集装置，包括车架，车架顶部固定安装有伸缩杆，伸缩杆端部固定设置有液压缸，液压缸的活塞杆底部固定有横杆，横杆两端底部固定有竖杆，横杆下方设置有收集瓶，收集瓶内固定设置有滤网，收集瓶顶部固定有进料口，进料口内活动设置有球型挡板，球型挡板底面圆的直径与进料口的直径相等，球型挡板与滤网之间通过弹簧相连，伸入收集瓶内部的进料口侧壁上开设有通孔，车架侧壁上固定有销轴，销轴侧壁上活动套设有支撑杆，支撑杆一端部活动设置有滚轮；本实用新型提供的技术方案能有效弥补现有水质样本采集装置存在的装置移动不便，水质取样后易从取样瓶内倾出的缺陷。

水产品保活运输箱

专利类型:实用新型专利。

专利授权人(发明人或设计人):谢晶,张玉龙,王金锋,吴波。

专利号(授权号):ZL 201820364409.5。

专利权人(单位名称):上海海洋大学。

专利申请日:2018-3-18。

授权公告日:2019-01-04。

授权专利内容简介:

本实用新型涉及水产品运输领域,具体涉及一种水产品保活运输箱。其中,运输箱包括保温箱体和保温箱盖,保温箱体底部铺设有纳米海绵,纳米海绵上方铺设有储冰管,储冰管底部开设有若干排水孔。本实用新型提供的上述技术方案,能够有效延长保冷时间,降低活体水产品死亡率,并且能够提高包装效率和运输效率。

海水养殖废水及海水水产品加工废水无害化处理装置

专利类型:实用新型专利。

专利授权人(发明人或设计人):殷小亚,乔延龙,孙金生,贾磊,刘克奉,汪笑宇。

专利号(授权号):ZL201821287897.0。

专利权人(单位名称):天津渤海水产研究所。

专利申请日:2018-8-10。

授权公告日:2019-5-31。

授权专利内容简介:本发明涉及一种海水养殖废水及海水水产品加工废水无害化处理装置,包括沉淀池、过滤箱、电解池、进水泵、直流稳压电源以及活性炭吸附池,沉淀池出口连接过滤箱,过滤箱的出水口通过进水泵连接电解池的进水口,电解池的出水口连接吸附池的进水口。本申请提供的装置及工艺能够实现对海水养殖废水中细菌的杀灭,氨氮、亚硝酸盐、硝酸盐、COD、总有机碳等的去除,同时,对总磷,重金属,有机污染物等也有一定的去除作用,实现处理后废水的达标排放或可循环利用。本装置设计有自动化操作系统,可以实现自动化操作，本装置占地面积小，处理效率高，经济成本低。

一种养殖水槽

专利类型：实用新型

专利授权人（发明人或设计人）：陈佳，柯巧珍，余训凯，翁华松，潘滢，黄匡南。

专利号（授权号）：ZL 201920111899.2。

专利权人（单位名称）：宁德市富发水产有限公司。

专利申请日：2019-01-23。

授权公告日：2019-12-03。

授权专利内容简介：

本实用新型公开了一种养殖水槽，涉及水产养殖技术领域，包括：水槽、一号管、二号管、气石、外部供氧装置和气管；水槽上端开口，一号管固定设置于水槽底部的中心，且一号管的管壁为透水管壁，一号管的底端与二号管连通，二号管内设置有气管和气石，气石与气管的下端连接，气管的上端伸出二号管并与外部供氧装置连接，外部供氧装置用于向气石提供氧气，以在二号管内产生负压，二号管的出水口与水槽连通，用于向水槽中回水，克服了现有技术借助水泵进行抽吸对养殖水槽换水，不仅耗费电能还浪费水资源的缺陷，本实用新型在养殖水槽换水过程中无需借助水泵，节约电能，并且能够循环用水，节约水资源。

一种自动排污平底养殖池

专利类型：实用新型。

专利授权人（发明人或设计人）：陈佳，余训凯，潘滢，柯巧珍，翁华松，黄匡南。

专利号（授权号）：ZL201710782807.9。

专利权人（单位名称）：宁德市富发水产有限公司。

专利申请日：2019-01-23。

授权公告日：2019-10-18。

授权专利内容简介：

本实用新型公开了一种自动排污平底养殖池，包括池体，池体上端开口，池体的底面呈水平，池体底面中心处设置有排污孔，排污孔内设置有密封管，池体的底面设置有若干凹槽，凹槽的截面呈顶角朝下的三角形，凹槽的两条边与池体的底面呈不同的角度，凹槽内设置有吸污管道,吸污管道上均匀设置有若干通孔,吸污管道一端连接有自吸泵,池体内设置有若干射流泵。本实用新型通过射流泵将池体内的水搅动,利于池体内的污染物进入凹槽中,自吸泵开启,凹槽中的污染物通过吸污管道的通孔排到池外。本实用新型将传统平底方形养殖池进行改造,实现自动化排污,减少养殖池精养模式的人工劳动强度,减少对养殖鱼的应激,保持养殖水体的清洁。

鱼松炒制机

专利类型:实用新型专利。

专利授权人(发明人或设计人):方秀。

专利号(授权号):201821250956.7。

专利权人(单位名称):福建闽威食品有限公司。

专利申请日:2018-8-3。

授权公告日:2019-5-30。

授权专利内容简介:本实用新型涉及鱼松加工设备,特别为一种鱼松炒制机。本实用新型包括箱体、炒锅、铲底装置、翻动装置、转动装置、加热装置以及冷却装置,炒锅活动架设在箱体的上方,铲底装置及翻动装置分别设置在箱体的两侧,转动装置、加热装置以及冷却装置均设置在箱体上;铲底装置包括第一连接臂、刀柄以及刮刀,翻动装置包括第二连接臂、搅拌器以及搅拌电机,转动装置包括转动电机和传动组件,加热装置包括电热金属网以及温度控制装置,冷却装置包括冷却水管网以及排水阀。本实用新型提供的鱼松炒制机在加工的过程中不易粘锅,不产生结块且纤维完整不易断裂。

远海管桩围网养殖系统的围网

专利类型:实用新型专利。

专利授权人(发明人或设计人):马文辉,庞尊方,毛东亮,等。

专利号(授权号):ZL201721524808.5。

专利权人(单位名称):莱州明波水产有限公司。

专利申请日:2017-11-15。

授权公告日:2019-1-22。

授权专利内容简介:

本实用新型公开了一种远海管桩围网养殖系统的围网，它包括立网和连接于立网下端并且与立网相垂直的底网；立网底端具有若干个海底连接绳，底网的外侧边具有若干个铁链连接绳。本实用新型通过海底连接绳连接海底以下部分的管桩；通过铁链确保底网贴合在海底面。当某处海底连接绳失效时，底网起到补充防护作用。围网连接牢固可靠，能够有效防止养殖生物逃逸。

一种用于鱼卵孵化的装置

专利类型：实用新型专利。

专利授权人（发明人或设计人）：朱克诚，张殿昌，江世贵，等。

专利号（授权号）：ZL201920302636. X。

专利权人（单位名称）：中国水产科学研究院南海水产研究所。

专利申请日：2019-3-11。

授权公告日：2019-11-20。

授权专利内容简介：

本实用新型提供一种便于鱼卵孵化的装置，包括浮于水面的塑料框架、帆布袋、网布、底部塑料框架、尼龙绳。所述的帆布袋围成四边，将大小合适的网布缝合于帆布袋的底部，所述的浮于水面的塑料框架用尼龙绳与帆布袋固定在一起，所述的底部塑料框架放置于帆布袋的底部，整体构成一种便于鱼卵孵化的装置。本实用新型不仅制作材料简便、结构简单、实用性高，而且底部与外界水源处于连通的状态，消除了由过多死卵及杂质等导致的水污染等弊端，避免了进一步引起正常受精卵死亡的情况，极大地提高鱼卵孵化率。

卵形鲳鲹 PIT 电子标记信息管理软件 1.0

软件名称：卵形鲳鲹 PIT 电子标记信息管理软件 1.0。

著作权人：中国水产科学研究院南海水产研究所。

开发完成时间：2019-8-5。

首次发表日期：2019-8-20。

权利取得方式：原始取得。

权利范围：全部权利。

登 记 号：2019SR0969879。

软件功能简介:

卵形鲳鲹PIT标记信息管理软件主要进行选育个体工作中个体信息、标记库存、使用和回收情况等内容数据的记录保存工作,可实现卵形鲳鲹选育个体标记信息数据的规范管理和高效利用,软件主要功能有:

1. 简化信息采取数字代替部分文字内容,降低文件存储空间。
2. 标记库存登记已有PIT标记的起始与最终编号、标记数目、购买时间和是否使用等。
3. 使用详表记录标记编号、标记日期、标记第地点、选育世代、育苗年月和个体状态等。
4. 回收明细存有标记编号、回收日期、回收地点、回收原因、保存地点和保存瓶号等。
5. 其他功能包括操作说明、用户管理和软件信息等。

卵形鲳鲹育种数据管理软件1.0

软件名称:卵形鲳鲹育种数据管理软件1.0。

著作权人:中国水产科学研究院南海水产研究所。

开发完成日期:2018-8-5。

首次发布日期:2018-8-20。

权利取得方式:原始取得。

权利范围:全部权利。

登 记 号:2019SR0969887。

软件功能简介:

卵形鲳鲹育种数据管理软件主要进行选育过程中亲缘系谱、经济性状、选种交配和应用推广等内容数据的规范化保存,可实现卵形鲳鲹遗传育种工作中相关数据的系统存档和高效利用,软件主要功能有:

(1)基本信息包括功能简介、品种信息、繁育技术和健康养殖等内容。

(2)系谱鉴定包括分子数据和系谱信息,主要利用分子标记数据进行系谱重构。

(3)性能测定包括生长数据和样品标记,详细记录个体生长数据、PIT标记和样品保存编号。

(4)育种选配包括亲本选优和交配设计,保存候选亲本育种值和交配设计方案。

(5)扩繁推广包括扩繁苗种和应用证明,记录选育苗种扩繁和推广示范信息。

(6)系统管理包括帮助手册、用户管理和软件信息。

附 录

专著				
序号	专著名称	作者	出版社	
1	国家海水鱼产业技术体系年度报告 2018	关长涛，马爱军，王玉芬，等	中国海洋大学出版社	
2	2019 中国水生动物卫生状况报告	王启要	中国农业出版社	
3	海产品保鲜贮运技术与冷链装备	谢晶	科学出版社	
4	海水养殖鲈鱼生理学与繁育技术	温海深，李吉方，张美昭	中国农业出版社	
5	Gynogenesis and Sex Control in Japanese Flounder	Jilun Hou & Haijin Liu	John Wiley & Sons, Ltd	
6	Sex control in Aquaculture	Hanping Wang, Francesc Piferrer, Songlin Chen	Wiley Blackwell	
论文				
序号	论文名称	作者	发表刊物	年卷期页或 DOI
1.	5 种诱食剂对暗纹东方鲀的诱食效果评价	朱浩拥，王巧利，朱永祥，等	科学养鱼	2019, (9) : 64-65
2.	暗纹东方鲀生态高效育苗试验初探	郭正龙，朱永祥，闫兵兵，等	水产养殖	2019, (11) :27-28
3.	暗纹东方纯“中洋 1 号”新品种育种技术	闫兵兵，陈义培，卢玉平，等	科学养鱼	2019, (7) : 4
4.	石斑鱼有水活运工艺中温度、盐度的优化	吴波，谢晶	食品科学	2019, 40(16) : 235-241
5.	基于高通量测序分析不同保鲜冰处理对鲈鱼菌群组成与代谢功能的影响	张皖君，蓝蔚青，段贤源，等	食品科学	2019, 40(5) : 234-241
6.	迷迭香复配液对大黄鱼冰藏品质及水分迁移影响	张楠楠，蓝蔚青，黄夏，等	食品科学	2019, 40(7) : 247-253
7.	冷藏鲈鱼片优势腐败菌的分离鉴定及致腐能力分析	赵宏强，蓝蔚青，孙晓红，等	中国食品学报	2019, 19(8) : 208-215
8.	不同植物源提取液对冰藏鲳鱼水分迁移及蛋白质特性影响	蓝蔚青，巩涛硕，傅子昕，等	中国食品学报	2019, 19(8) : 179-188
9.	冷链与断链流通对冰藏大黄鱼品质与微生物多样性的影响	王倩，蓝蔚青，张墨言，等	中国食品学报	2019, 9(19) : 221-229
10.	响应面法优化冰鲜大黄鱼植物源复合保鲜液	蓝蔚青，胡潇予，王倩，等	中国食品学报	2019, 19(10) :206-211
11.	植物源复合保鲜冰对大黄鱼流通期间品质与抗氧化性影响	王倩，蓝蔚青，张楠楠，等	中国食品学报	2019. 20(11) :179-185
12.	不同贮藏温度下大菱鲆的品质变化及货架期预测模型的建立	刘锋，梅俊，谢晶	渔业现代化	2019, 46(4) :61-68
13.	含有壳聚糖的保鲜剂在水产品保鲜中应用的研究进展	周倩倩，谢晶	食品工业科技	2019, 40(1) :341-345
14.	聚乙烯醇活性薄膜中紫薯花青素和纳米二氧化钛的释放动力学分析	唐智鹏，谢晶，陈晨伟	食品与机械	2019, 35(03) :104-109
15.	工厂化流水养殖条件下大菱鲆幼鱼的适宜投喂率研究	李会涛，黄滨，陈京华，等	水产研究	2019, 6(3) :131-134
16.	海水养殖装备与工程技术标准化评价方法的研究	张天时，王印庚，黄滨，等	科学管理	2019, 150(4) :24-28
17.	聚乙烯醇活性薄膜对大黄鱼保鲜效果及品质动态监控	唐智鹏，谢晶，陈晨伟，等	食品工业科技	2019, 40(10) : 290-296

(续表)

18.	乳酸菌及其细菌素在海水鱼保鲜中应用的研究进展	方士元,谢晶	微生物学杂志	2019, 39(2):111-116
19.	预测模型在水产品货架期中的应用研究进展	沈勇,梅俊,谢晶	食品与机械	2019, 35(1):221-225
20.	溶解氧水平和振动幅度对有水活运过程中石斑鱼氧化应激的影响	吴波,谢晶	食品与机械	2019, 35(8):137-142
21.	蓄冷型保温箱的研究进展	王雪松,谢晶	食品与机械	2019, 35(8):232-236
22.	苹果多酚对冰鲜大黄鱼贮藏期间品质与水分迁移变化影响	王蒙,蓝蔚青,邱泽慧,等	食品与发酵工业	2019, 45(21):149-157
23.	不同冰藏处理对鲈鱼品质、ATP关联物及微生物变化影响	张皖君,蓝蔚青,赖晴云,等	食品与发酵工业	2019, 45(18):35-42
24.	水产品中微生物生物被膜的形成及控制研究进展	蓝蔚青,巩涛硕,陈梦玲,等	食品与发酵工业	2019, 45(2):228-232
25.	壳聚糖在水产品保鲜中的应用研究进展	刘嘉莉,蓝蔚青,张溪,等	食品与机械	2019, 35(3):231-236
26.	中红外光谱技术在食品检测中的应用研究进展	蓝蔚青,周大鹏,刘大勇,等	食品与发酵工业	2019, 45(17):266-271
27.	荸荠加工废弃物混合发酵法制备水产益生菌的工艺优化	魏涯,郝志明,江蓝蓝,等	食品工业科技	2019, 40(4):166-171
28.	鲈鱼保鲜加工技术研究现状	张海燕,吴燕燕,李来好,等	广东海洋大学学报	2019, 39(4):115-122
29.	卵形鲳鲹肌肉原料特性及食用品质的分析与评价	熊添,吴燕燕,李来好,等	食品科学	2019, 40(17):104-112
30.	卵形鲳鲹鱼片热风干燥条件优化及其品质特性研究	石慧,杨少玲,吴燕燕,等	食品与发酵工业	2019, 45(17):129-135
31.	宁德地区养殖大黄鱼形态组织结构与品质特性	吴燕燕,陶文斌,李来好,等	水产学报	2019, 43(06):1472-1482
32.	七种海水鱼背部肌肉营养成分及矿物元素分布与健康评价	刘芳芳,杨少玲,林婉玲,等	水产学报	2019, 43(11):2413-2423
33.	气调包装的调理啤酒鲈鱼片在微冻贮藏过程中的微生物群落多样性分析	吴燕燕,钱茜茜,朱小静,等	食品科学	2019, 40(03):224-230
34.	鲨鱼肌肉与鱼翅营养价值的比较	杨少玲,戚勃,李来好,等	食品科学	2019, 40(15):184-191
35.	水产品真空冷冻干燥技术的研究现状与展望	吴燕燕,石慧,李来好,等	水产学报	2019, 43(01):197-205
36.	响应面法优化海鲈鱼片脱腥工艺	张海燕,吴燕燕,李来好,等	食品与发酵工业	2019, 45(11):143-149
37.	响应面法优化水产品液体速冻用的载冷剂配比	张涛,吴燕燕,李来好,等	南方水产科学	2019, 15(05):99-108
38.	响应面法优化腌制大黄鱼的低钠复合咸味剂配方	陶文斌,吴燕燕,李春生,等	食品工业科技	2019, 40(19):136-144.
39.	鱼类贮运过程中蛋白质相关品质变化机制的研究进展	相悦,孙承锋,杨贤庆,等	中国渔业质量与标准	2019, 9(05):8-16
40.	基于Illumina MiSeq技术比较二种多脂鱼在腌干过程中的菌相变化	蔡秋杏,吴燕燕,李来好,等	水产学报	2019, 43(4):1234-1243
41.	鱼糜凝胶形成方法及影响其凝胶特性因素的研究进展	刘芳芳,林婉玲,李来好,等	食品工业科技	2019, 40(8):292-296
42.	宰前预冷处理对大口黑鲈冰藏品质的影响	魏涯,黄卉,李来好,等	南方水产科学	2019, 15(6):81-87.
43.	两株海水鱼肠道芽孢杆菌的分离鉴定及特性分析	孙娜,王腾腾,韩慧宗,等	海洋渔业	2019, 41(5):606-615.
44.	许氏平鲉发育早期的氨基酸与脂肪酸组成及变化	韩慧宗,王腾腾,张明亮,等	水生生物学报	2019, 43(3):326-536

（续表）

45.	许氏平鲉体质量与形态性状的表型特征分析	刘阳，韩慧宗，王腾腾，等	渔业科学进展	2019, 40(5):117-125
46.	江蓠、浒苔、藻渣和菌渣替代鱼粉对红鳍东方鲀幼鱼生长性能、相关生化指标的影响	郭斌，梁萌青，徐后国，等	渔业科学进展	2019, 40(3):141-150
47.	红鳍东方鲀幼鱼对饲料中蛋氨酸需求的研究	张庆功，梁萌青，徐后国，等	渔业科学进展	2019, 40(4), 1-10
48.	水产动物肌酸营养的研究进展	廖艳琴，张春晓	水产学报	2019, 43(10):2084-2092
49.	复合蛋白替代鱼粉对花鲈生长、消化能力和肠道健康的影响	胡鹏莉，吴瑞，鲁康乐，等	渔业科学进展	2019, (6):1-11
50.	大菱鲆蛋白质二硫键异构酶 SmPDIA3 的表达分析和功能验证	唐启政，孙志宾，王新安	海洋与湖沼	2019, 50(2):409-419.
51.	大菱鲆高温胁迫应答主效 QTL 候选基因的表达特性分析	刘晓菲，马爱军，黄智慧	水产学报	2019, 43(06):1407-1415.
52.	纳米硒对半滑舌鳎幼鱼抗氧化水平的影响	陈春秀，马超，戴媛媛，等	饲料研究	2019, (1):25-29
53.	天津地区圆斑星鲽工厂化养殖技术	王群山，贾磊，刘克奉，等	科学养鱼	2019, (3):59-60
54.	不同月龄云纹石斑鱼(♀)×鞍带石斑鱼(♂)杂交后代肌肉营养成分分析与品质评价	陈春秀，马超，贾磊，等	江苏农业科学	2019, 47(6):163-167
55.	不同月龄云纹石斑鱼（♀）×鞍带石斑鱼（♂）杂交后代形态性状的分析	何晓旭，贾磊，陈春秀，等	经济动物学报	2019, 23(3):128-133
56.	基于 CFD-EDM 的自动投饵饲料颗粒气力输送数值模拟	胡昱、黄小华、陶启友，等	南方水产科学	2019, 15(3):113-119.
57.	电解铜离子浓度对循环水养殖系统杀菌效果的影响	单建军，管崇武，张成林	中国农学通报	2019, 35(9):138-142.
58.	回转式活鱼分级与计数设备的设计与试验	洪扬，朱烨，江涛	渔业现代化	2019, 46(4): 49-54.
59.	海洋围栏养殖水域环境实时监测系统设计与研究	张业韡，张宇雷，陈石	科学养鱼	2019, (10): 74-75.
60.	挪威渔业及大西洋鲑养殖发展现状及启示	张成林，张宇雷，刘晃	科学养鱼	2019, (9): 83-84.
61.	牙鲆连续四代减数分裂雌核发育家系的遗传特征分析	王桂兴，张晓彦，孙朝徽	渔业科学进展	2019, 6:1-8.
62.	Cr~(6+) 对牙鲆仔幼鱼的急性毒性效应研究	崔剑斌，孙朝徽，赵雅贤	海洋渔业	2019, 41(1):82-90.
63.	红鳍东方鲀精原干细胞鉴定、分离及纯化	任玉芹，周勤，孙朝徽	水生生物学报	2019, 4:797-804
64.	基于浸泡法的牙鲆耳石锶标记技术研究	司飞，任建功，王青林	中国水产科学	2019, 3:534-545
65.	饲料碳水化合物水平对斜带石斑鱼生长性能、体成分、血浆生化指标及肠道和肝脏酶活性的影响	刘浩，杨俊江，董晓慧，等	动物营养学报	2019, 9:
66.	斜带石斑鱼蛋白质沉积和免疫相关基因对饲料精氨酸水平的响应方式	崔晓，韩凤禄，迟淑艳，等	水产学报	2019, 9:
67.	三种锰源对珍珠龙胆石斑鱼幼鱼生长性能、抗氧化能力和肠道形态的影响	殷彬，迟淑艳，谭北平，等	中国水产科学	2019, 26(3): 484-492
68.	饲料 n-3 HUFA 水平对珍珠龙胆石斑鱼幼鱼生长、免疫力及相关基因表达和抗病力的影响	安文强，董晓慧，谭北平，等	水产学报	2019, 43:2124-2137
69.	去皮豆粕替代鱼粉对多鳞　生长性能、肠道消化酶活性和肝脏免疫指标的影响	闫晓波，何昊伦，谭北平，等	动物营养学报	2019, 31(9):4118-4130
70.	浓缩棉籽蛋白替代鱼粉对卵形鲳鲹幼鱼生长性能，血清生化指标，肝脏抗氧化指标及胃肠道蛋白酶活性的影响	申建飞，陈铭灿，刘泓宇，等	动物营养学报	2019, 31(2): 746-756.
71.	硒源及硒水平对斜带石斑鱼幼鱼生长性能、免疫酶活性和全鱼及脊椎骨硒含量的影响	梁达智，马豪勇，杨奇慧，等	动物营养学报	2019, 31(6):2777-2787

(续表)

72.	急性低氧胁迫对军曹鱼大规格幼鱼血液生化指标的影响	黄建盛,陆枝,陈刚,等	海洋学报	2019, 41(6):76-84
73.	人工养殖军曹鱼亲鱼不同组织氨基酸含量的分析	黄建盛,陆 枝,张健东,等	海洋科学	2019, 43(6):61-69
74.	4月龄军曹鱼幼鱼形态性状与体质量的相关性及通径分析	黄建盛,郭志雄,陈刚,等	海洋科学	2019, 43(8):72-79
75.	花鲈苗种培育过程中相互残食及控制措施的研究	王晓龙,温海深,张美昭,等	中国海洋大学学报(自然科学版)	2019, 1:16-22
76.	花鲈早期发育过程的异速生长模式研究	王晓龙,温海深,张美昭,等.	中国海洋大学学报(自然科学版)	2019, 12: 25-30
77.	红鳍东方鲀(Takifugu rubripes) Vtg基因实时荧光定量PCR分析的引物设计与评估	藏林,封岩,门磊,等	河北渔业	2019, 3:1-6
78.	红鳍东方鲀不同家系群体的形态性状差异与相关性分析	苟盼盼,王秀利,窦冬雨	大连海洋大学学报	2019, 34(5):674-679
79.	水产技术推广投入对渔业养殖产出的影响分析——基于技术推广站投入视角	陈博欧,杨正勇	江苏农业科学	2019, 47(2):342-346
80.	辽宁省渔业安全生产管理存在的问题及对策研究	李强,张云霞,何平等	渔业信息与战略	2019, 34(2):94-99
81.	基于水产品养殖环节的消费者支付意愿影响因素研究——以上海、昆明为例	李雅娟,王春晓	中国渔业经济	2019, 37(2):78-86
82.	中国海水鱼类养殖产业集聚特征——基于资源禀赋的视角	廖凯,杨正勇	海洋经济	2019, 5(10):16-23
83.	基于耦合机制的水产养殖和捕捞的协调发展	苗利明,杨正勇,张迪	海洋开发与管理	2019, 8:59-62
84.	东部海洋经济圈的海洋科技发展水平和海洋经济	王陈陈,杨卫	海洋开发与管理	2019, 4:62-65, 82
85.	中国河豚鱼养殖产业发展现状研究	张迪,张云霞,杨正勇	中国渔业经济	2019, 37(4):87-96
86.	半滑舌鳎多聚免疫球蛋白受体(pIgR)基因的克隆和表达分析	王双艳,王磊,陈张帆,等	渔业科学进展	2019, 40(2): 51-57
87.	卵形鲳鲹Kiss1基因组结构特征及饵料类型对其表达的影响.	梁银银,张健,郭华阳,等	水产学报	2019, (4): 707-718.
88.	卵形鲳鲹脂肪酸延长酶(Elovl4-like)基因特征与功能研究	宋岭,朱克诚,郭华阳,等	南方水产科学	2019, 15(3): 76-86
89.	发酵豆粕替代鱼粉对卵形鲳鲹生长和血清生化的影响	李秀玲,刘宝锁,张楠,等	南方水产科学	2019, 15(4): 68-75
90.	不同群体花鲈幼鱼温度耐受特征的初步研究	胡彦波,李昀,温海深	中国海洋大学学报	2019, 49:1-7
91.	雌核发育、野生及养殖牙鲆形态差异分析	赵海涛,范宁宁,万玉美,等	河北渔业	2019, 11:1-7
92.	黄条鰤早期生长发育特征	徐永江,张正荣,柳学周,等	中国水产科学	2019, 26(1): 172-182
93.	生长轴对半滑舌鳎早期生长发育的调控作用发育的调控作用	张雅星,王滨,柳学周,等	中国水产科学	2019, 26(2): 287-295
94.	黄条鰤PTEN基因克隆、组织分布及早期发育阶段表达分析	孙冉冉,史宝,柳学周,等	大连海洋大学学报	2019, 34(1): 47-55
95.	半滑舌鳎两种leptin基因的体外重组表达和生物活性分析	张雅星,王滨,柳学周,等	水产学报	2019, 43(11): 1851-1861
96.	黄条鰤仔稚幼鱼消化酶活性变化研究	张正荣,柳学周,于毅,等	渔业科学进展	DOI: 10.19663/j.issn2095-9869.20181211002

（续表）

97.	黄条鰤线粒体全基因组测序及结构特征分析	史宝，柳学周，刘永山，等	中国水产科学	2019，26(3)：405-415
98.	工厂化和网箱养殖大黄鱼幼鱼消化道微生物群结构与功能分析	姜燕，徐永江，柳学周，等	饲料工业	2019, 4(6)：35-43
99.	盐度渐变过程对黄条鰤（*Seriola aureovittata*）幼鱼渗透调节的影响	史宝，柳学周，刘永山，等	海岸工程	2019，38(1)：63-70
100.	盐度渐变对黄条鰤消化酶和超氧化物歧化酶活力及甲状腺激素的影响	史宝，柳学周，刘永山，等	中国海洋大学学报	2020，50(1)：048-056
101.	盐度突变对黄条鰤幼鱼渗透调节功能的影响	柳学周，史宝，刘永山，等	大连海洋大学学报	2019，34(6)：767-775
102.	17β－雌二醇对大黄鱼性别分化相关基因表达的影响	朱阳阳，张梦，叶坤，等	集美大学学报（自然科学版）	2019，24(6)：401-408
103.	大黄鱼 sox9a/b 基因的克隆与表达分析	张梦，朱阳阳，李完波，等	水产学报	2019，43(8)：1691-1705
104.	一种定量检测大黄鱼感染变形假单胞菌方法的建立与应用	崔晓莹，李泽宇，李完波，等	集美大学学报（自然科学版）	2019，24(5)：328-334
105.	大黄鱼雌雄性腺长链非编码 RNA 的挖掘与差异分析	王伟佳，韩兆方，李完波，等	中国水产科学	2019，26(5)：852-860
106.	不同盐度对珍珠龙胆石斑鱼幼鱼生长及鳃肾组织学结构的影响	刘龙龙，罗鸣，陈傅晓，等	大连海洋大学学报	2019，34(4)：505-510
107.	饲料中添加大豆皂苷对大菱鲆幼鱼生长和肠道健康的影响	余桂娟，杨沛，戴济鸿，等	水产学报	2019，43(1)： 1-12
108.	植物蛋白对海水养殖鱼类肠道健康的研究进展	郑晶，欧伟豪，麦康森，等	动物营养学报	2019，31(3)： 1072-1080
109.	花鲈鳃与鳔器官发育的组织学与形态学观察	刘阳，温海深，黄杰斯，等	水产学报	2019，43(12)：1-9
110.	氨基甲酸酯类农药半抗原的设计与改造	李霞霞，崔南，曹立民，等	食品工业科技	2019，40(18)：41-46
111.	科技引领我国水产品质量安全走向更高水平	林洪，韩香凝	食品安全质量检测学报	2019，10(21)：7093-7105
112.	波浪作用下双层网底鲆鲽网箱水动力特性的数值模拟	崔勇，关长涛，黄滨，等	渔业科学进展	2019，40(6)：18-24
113.	卵形鲳鲹（*Trachinotus ovatus*）营养需求与饲料研究进展	李远友，李孟孟，汪萌，等	渔业科学进展	2019，40(1)：167-177.
114.	军曹鱼营养需求与饲料研究进展	麻永财，张关荣，李孟孟，等	水生生物学报	2019，43(3)： 680-692.
115.	暗纹东方鲀抗苗勒氏管激素Ⅱ型受体基因的克隆、生物信息学及表达分析	高莹莹，胡鹏，刘新富，等	海洋渔业	2019, 41(5)：555-566
116.	赤点石斑高位池育苗技术的研究	梁友，黄滨，颜贵青，等	水产前沿	2019, 12:32-39
117.	半滑舌鳎和刺参池塘生态混养与工厂化养殖	梁友，黄滨，张家松，等	水产前沿	2019, 3:81-85
118.	珍珠龙胆石斑鱼听觉阈值研究	刘滨，刘新富，张跃峰，等	渔业现代化	2019, 46(1)：6-12.
119.	全球金枪鱼人工养殖及繁育研究进展	彭士明，王鲁民，王永进，等	水产研究	2019，6(3)：118-125
120.	南极磷虾粉替代鱼粉对大规格银鲳生长性能、性腺指数及肌肉氨基酸与脂肪酸组成的影响	杨程，高权新，覃干景，等	动物营养学报	2019, 31（10）：4877-4884
121.	饲料中添加南极磷虾粉对银鲳幼鱼生长、非特异免疫及抗氧化功能的影响	杨程，高权新，张晨捷，等	海洋渔业	2019，41(2)：224-232
122.	基于超声波标志法的浅海围栏养殖大黄鱼行为研究	宋炜，殷雷明，陈雪忠，等	海洋渔业	2019，41(4)：494-502

（续表）

123.	铜合金围栏养殖大黄鱼海洋水质综合评价与分析	李磊，平仙隐，王鲁民，等	海洋渔业	2019，41(1)：100-106
124.	深水网箱养殖和野生大黄鱼营养及品质差异性研究	郭全友，邢晓亮，王磊，等	渔业信息与战略	2019，34(1)：53-60
125.	三都澳水产养殖海域水质情况分析	黄匡南，陈彩珍，陈佳，柯巧珍，翁华松，余训凯，潘滢	河北渔业	2019，7:30-34
126.	Edwardsiella piscicida：A emerging pathogen of fish. Virulence	KY Leung，QY Wang，ZY Yang，et al	Virulence	2019，10(1)：555-567
127.	Genome-wide identification of fitness factors in seawater for *Edwardsiella piscicida*	Wei Lifan，Wu Yanyan，Yang Guanhua，et al.	Applied and Environmental Microbiology	DOI：10. 1128/AEM. 00233-19
128.	An attenuated Vibrio harveyi surface display of envelope protein VP28 to be protective against WSSV and vibriosis as an immunoactivator for *Litopenaeus vannamei*	Ma Yue，Liu Yabo，Wu Yanyan，et al	Fish and Shellfish Immunology	2019，95：195-202
129.	MarTrack：A versatile toolbox of mariner transposon derivatives used for functional genetic analysis of bacterial genomes	Wei Lifan，Qiao Haoxian，Liu Bin，et al.	Microbiological Research	DOI：10. 1016/j. micres. 2019. 126306
130.	Pattern analysis of conditional essentiality（PACE）-based heuristic identification of an in vivo colonization determinant as a novel target for the construction of a live attenuated vaccine against *Edwardsiella piscicida*	Ma Ruiqing，Yang Guanhua，Xu Rongjing，et al.	Fish and Shellfish Immunology	2019，90：65-72
131.	VqsA controls exotoxin production by directly binding to the promoter of asp in the pathogen Vibrio alginolyticus	Zhang Jun，Hao Yuan，Yin Kaiyu，et al.	FEMS Microbiology Letters	DOI：10. 1093/femsle/fnz056
132.	A Bacterial Pathogen Senses Host Mannose to Coordinate Virulence	Lifan Wei，Haoxian Qiao，Brandon Sit，et al.	iScience	2019，20：310-323
133.	The complete mitochondrial genome of the hybrid of *Takifugu obscurus*（♀）× *Takifugu rubripes*（♂）	Dongyu Dou，Xiuli Wang，Haoyong Zhu，et al.	Mitochondrial DNA Part B	2019，4(2)：3196-3197
134.	Preservative effects of gelatin active coating enriched with eugenol emulsion on Chinese seabass（*Lateolabrax maculatus*）during superchilling（-0. 9 oC）storage	Qianqian Zhou，Peiyun Li，Shiyuan Fang，et al.	Coatings	2019，9(8)；1-13
135.	Effects of glazing with preservatives on the quality changes of squid during frozen storage	Mingtang Tan，Wenhui Yu，Peiyun Li，et al.	Applied Science	2019，9(3)：1-14
136.	Analysis of proteins associated with quality deterioration of grouper fillets based on TMT quantitative proteomics during refrigerated storage	Zhang Xicai，XieJing*	Molecules	2019，24(14)：26-41
137.	Effect of different packaging methods on protein oxidation and degradation of grouper（*Epinephelus coioides*）during refrigerated storage	Zhang Xicai，XieJing*	Foods	DOI：10. 3390/foods8080325

（续表）

138.	Application of gelatin incorporated with red pitaya peel methanol extract as edible coating for quality enhancement of crayfish (*Procambarus clarkii*) during refrigerated storage	Liu, W. , Shen, Y. , Li, N. , et al.	Journal of Food Quality	2019, 1-8
139.	Review on natural preservatives for extending fish shelf life	Mei, J. , Ma, X. , & Xie, J. *	Foods	2019, 8(10):490
140.	Effects of microencapsulated eugenol emulsions on microbiological, chemical and organoleptic qualities of farmed Japanese sea bass (*Lateolabrax japonicus*) during cold storage	Li P. , Peng Y. , Mei, J. *, et al.	LWT - Food Science and Technology	DOI: 10. 1016/ j. lwt. 2019. 108831
141.	ε-Polylysine Inhibits Shewanella putrefaciens with Membrane Disruption and Cell Damage	Weiqing LAN, Nan-nan ZHANG, Shucheng LIU, et al.	Molecules	2019, 24, 3727
142.	Effects of Carrageenan Oligosaccharides on the protein structure of Litopenaeus Vannamei by Fourier transform infrared and Micro-Raman Spectroscopy	Wei-qing LAN, Xiao-yu HU, Dong-na RUAN, et al.	Spectroscopy and Spectral Analysis	2019, 39(8): 2507-2514
143.	Comparison of the Changes in fatty acids and triacylglycerols between decapterus maruadsi and trichiurus lepturus during salt dried process	Wu Yanyan, Cai Qiuxing, Li laihao, et al.	Journal of Oleo Science.	2019, 68(8):769-779.
144.	Changes of endogenous enzymes and physicchemical indicators in the process of dry salted decapterus maruadsi	Wu Yanyan, Cao Songmin, Yang Shaoling, et al.	CyTA-Journal of Food	2019, 17(1):669-675.
145.	Application of UHPLC-Q/TOF-MS-based metabolomics in the evaluation of metabolites and taste quality of Chinese fish sauce (Yu-lu) during fermentation	Yueqi Wang, Chunsheng Li, Laihao Li, et al.	Food Chemistry	2019, 296: 132-141.
146.	Possible involvement of PKC/MAPK pathway in the regulation of GnRH by dietary arachidonic acid in the brain of male tongue sole *Cynoglossus semilaevis*.	Xu, H, Sun, B, Liao, Z, et al.	Aquaculture research	2019, 50, 3528-3538.
147.	Effects of dietary n-6 polyunsaturated fatty acids on growth performance, body composition, haematological parameters and hepatic physiology of juvenile tiger puffer (*Takifugu rubripes*).	Xu, H, Liao, Z, Zhang, Q, et al.	Aquaculture Nutrition	2019, 25(5), 1073-1086.
148.	Transcriptomic analysis of potential "lncRNA - mRNA" interactions in liver of the marine teleost Cynoglossus semilaevis fed diets with different DHA/EPA ratios.	Xu, H, Cao, L, Sun, B, et al.	Frontiers in Physiology	2019, 10, 1-16
149.	Dietary methionine increased the lipid accumulation in juvenile tiger puffer *Takifugu rubripes*	Xu, H, Zhang, Q, Wei, Y, et al.	Comparative Biochemistry and Physiology B	2019, 230: 19-28
150.	Intestinal homeostasis of juvenile tiger puffer Takifugu rubripes was sensitive to dietary arachidonic acid in terms of mucosal barrier and microbiota.	Yu, G, Ou, W, Liao, Z, et al.	Aquaculture	2019, 502: 97-106

（续表）

151.	The effects of dietary astaxanthin on intestinal health of juvenile tiger puffer *Takifugu rubripes* in terms of antioxidative status, inflammatory response and microbiota.	Ou, W, Liao, Z, Yu, G, et al.	Aquaculture Nutrition	2019, 25:466-476
152.	Evaluation of protein requirement of spotted seabass（Lateolabrax maculatus）under two temperatures, and the liver transcriptome response to thermal stress	Cai, L. S, Wang, L, Song, K, et al.	Aquaculture	DOI:10. 1016/ j. aquaculture. 2019. 734615
153.	Estimation of genetic parameters for upper thermal tolerances and growth-related traits in turbot *Scophthalmus maximus*	Wang X, Ma A, Huang Z, et al.	Journal of Oceanology and Limnology	2019: 1-10
154.	Genetic parameters for resistance against Vibrio anguillarum in turbot Scophthalmus maximus	Wang X A, Ma A J	Journal of fish diseases	2019, 42(5): 713-720.
155.	Transcriptomic analysis reveals putative osmoregulation mechanisms in the kidney of euryhaline turbot Scophthalmus maximus responded to hypo-saline seawater	Cui W, Ma A, Huang Z, et al.	Journal of Oceanology and Limnology	2019: 1-13.
156.	Expression and localization study of pIgR in the late stage of embryo development in turbot（*Scophthalmus maximus*）	Qin Z, Liu X, Yu Z, et al.	Fish & shellfish immunology	2019, 87: 315-321.
157.	Isolation, characterization and expression analysis of TRPV4 in half-smooth tongue sole *Cynoglossus semilaevis*	Shang X, Ma A, Wang X, et al.	Journal of Oceanology and Limnology	2019: 1-12.
158.	Seminal Plasma Exosomes: Promising Biomarkers for Identification of Male and Pseudo-Males in *Cynoglossus semilaevis*	Bo Zhang, Na Zhao, Lei Jia	Marine Biotechnology	2019, 21(3):310-319
159.	Novel breeding approach for Japanese flounder using atmosphere and room temperature plasma mutagenesis tool	Jilun Hou, Xiaoyan Zhang, Guixing Wang	BMC Genomics	DOI:10. 1186/ s12864-019-5681-6
160.	Induction of gyno-tetraploidy in Japanese flounder *Paralichthys olivaceus*	GuixingWang, Xiaoyan Zhang , Zhaohui Sun	Journal of Oceanology and Limnology .	2019, 1-6.
161.	microRNA-mRNA analysis in pituitary and hypothalamus of sterile Japanese flounder	Zhang, Xiaoyan, Guixing Wang, Zhaohui Sun	Molecular Reproduction and Development	2019, 86(6):727-737.
162.	Molecular characterization and functional analysis of Japanese flounder（*Paralichthys olivaceus*）thbs2 in response to lymphocystis disease virus	Yanan Guo, Xingyu Nan, Xiaoyan Zhang	Fish & shellfish immunology	2019, 93:183-190.
163.	Establishment and characterization of two head kidney macrophage cell lines from large yellow croaker（*Larimichthys crocea*）	Cui, K, Li, Q, Xu, D, et al.	Developmental & Comparative Immunology	DOI:10. 1016/ j. dci. 2019. 103477
164.	High level of dietary olive oil decreased growth, increased liver lipid deposition and induced inflammation by activating the p38 MAPK and JNK pathways in large yellow croaker（*Larimichthys crocea*）	Li, X, Cui, K, Fang, W, et al.	Fish & shellfish immunology	2019. 94, 157-165.

（续表）

165.	Molecular Cloning, Characterization, and Nutritional Regulation of Elovl6 in Large Yellow Croaker (*Larimichthys crocea*)	Li, X, Ji, R, Cui, K, et al.	International journal of molecular sciences	DOI: 10. 3390/ ijms20071801
166.	Molecular cloning, functional characterization and nutritional regulation of two elovl4b elongases from rainbow trout (*Oncorhynchus mykiss*)	Zhao, N, Monroig, Ó, Navarro, Jet al.	Aquaculture	DOI: 10. 1016/ j. aquaculture. 2019. 734221
167.	TIR Domain-Containing Adaptor-Inducing Interferon-β (TRIF) Participates in Antiviral Immune Responses and Hepatic Lipogenesis of Large Yellow Croaker (*Larimichthys Crocea*)	Zhu, S, Xiang, X, Xu, X, et al.	Frontiers in immunology	DOI: 10. 3389/ fimmu. 2019. 02506
168.	Genome-wide barebones regression scan for mixed-model association analysis	Jin Gao, Xuefei Zhou, Zhiyu Hao, et al.	Theor Appl Genet	DOI: 10. 1007/ s00122-019-03439-5
169.	Effects of fish oil with difference oxidation degree on growth performance and expression abundance of antioxidant and fat metabolism genes in orange spotted grouper, *Epinephelus coioides*	Di Liu, Shuyan Chi, Beiping Tan, et al.	Aquaculture Research	2019; 50: 188 - 197
170.	The effect of partial replacement of fish meal by soy protein concentrate on growth performance, immune responses, gut morphology and intestinal inflammation for juvenile hybrid grouper (*Epinephelus fuscoguttatus* ♀ × Epinephelus lanceolatus ♂)	Junxian Wang, Dazhi Liang, Qihui Yang, et al.	Fish and Shellfish Immunology	DOI: 10. 1016/ j. fsi. 2019. 10. 025
171.	DL-Methionine supplementation in a low-fishmeal diet affects the TOR/S6K pathway by stimulating ASCT2 amino acid transporter and insulin-like growth factor-I in the dorsal muscle of juvenile cobia (*Rachycentron canadum*)	Yuanfa He, Shuyan Chi, Beiping Tan1, et al.	British Journal of Nutrition	2019, 122(7): 734 - 744
172.	Dietary methionine affects growth and the expression of key genes involved in hepatic lipogenesis and glucose metabolism in cobia (*Rachycentron canadum*)	Shuyan Chi, Yuanfa He, Yong Zhu, et al.	Aquaculture Nutrition	DOI: 10. 1111/ anu. 13006
173.	Nutritional regulation of gene expression and enzyme activity of phosphoenolpyruvate carboxykinase in the hepatic gluconeogenesis pathway in golden pompano (*Trachinotus ovatus*)	RuiXin Li, HongYu Liu, ShuYun Li, et al.	Aquaculture Research	2019; 50: 634 - 643
174.	Modulation of growth, immunity and antioxidant-related gene expressions in the liver and intestine of juvenile Sillago sihama by dietary vitamin C	Qincheng Huang, Shuang Zhang, Tao Du, et al.	Aquaculture Nutrition	DOI: 10. 1111/ anu. 12996
175.	Molecular cloning, characterization and expression analysis of glucose transporters from *Rachycentron canadum*	Junxian Wang, Wucai Zhang, Xiaohui Dong, et al.	Aquaculture Research	2019, 50(9): 2505-2518

（续表）

176.	Molecular characterization and expression analysis of glucose transporter 4 from *Trachinotus ovatus*, *Rachycentron canadums* and *Oreochromis niloticus* in response to different dietary carbohydrate-to-lipid ratios	Ruixin Li, Qiang Chen, Hongyu Liu, et al.	Aquaculture	2019, 501:430-440
177.	Near-complete genome assembly and annotation of the yellow drum（Nibea albiflora）provide insights into population and evolutionary characteristics of this species	Han ZF, Li WB, Zhu W, et al	Ecology and Evolution	2019, 9:568 - 575
178.	Genome-wide association study identifies loci for body shape in the large yellow croaker（*Larimichthys crocea*）	Dong LS, Han ZF, Fang M, et al	Aquaculture and Fisheries	2019, 4:3-8
179.	Rac1 GTPase is a critical factor in phagocytosis in the large yellow croaker Larimichthys crocea by interacting with tropomyosin	Han F, Li WB, Liu XD, et al	Fish and Shellfish Immunology	2019, 91:148-158
180.	A genome-wide association study of resistance to Pseudomonas plecoglossicida infection in the large yellow croaker（*Larimichthys crocea*）	Wan L, Wang W, Liu G, et al	Aquaculture International	2019, 27:1195-1208
181.	Chromosome assembly of Collichthys lucidus, a fish of Sciaenidae with a multiple sex chromosome system	Mingyi Cai, Yu Zou, Shijun Xiao, et al	Scientific Data	2019,（6）:132
182.	Evaluation of genomic selection for seven economic traits in yellow drum（*Nibea albiflora*）	Guijia Liu, Linsong Dong, Linlin Gu, et al	Marine Biotechnology	2019, 21(6):806-812
183.	Melanocortin-4 Receptor in Spotted Sea Bass, Lateolabrax maculatus: Cloning, Tissue Distribution, Physiology, and Pharmacology	Zhang KQ, Hou ZS, Wen HS, et al	Frontiers in endocrinology	2019, 10: 705
184.	14-3-3 gene family in spotted sea bass（*Lateolabrax maculatus*）: Genome-wide identification, phylogenetic analysis and expression profiles after salinity stress	Zhang KQ, Wen HS, Li JF, et al	Comparative Biochemistry and Physiology Part A: Molecular & Integrative Physiology	2019, 235: 1-11
185.	Spotted Sea Bass（*Lateolabrax maculatus*）cftr, nkcc1a, nkcc1b and nkcc2: Genome-Wide Identification, Characterization and Expression Analysis Under Salinity Stress	Zhang KQ, Zhang XY, Wen HS, et al	Journal of Ocean University of China	2019, 18(6): 1470-1480
186.	Analysis of apolipoprotein multigene family in spotted sea bass（*Lateolabrax maculatus*）and their expression profiles in response to Vibrio harveyi infection	Tian Y, Wen HS, Qi X, et al	Fish & shellfish immunology	2019, 92:111-118
187.	Identification of mapk gene family in *Lateolabrax maculatus* and their expression profiles in response to hypoxia and salinity challenges	Tian Y, Wen HS, Qi X, et al	Gene	2019, 684: 20-29

（续表）

188.	Na+-K+-ATPase and nka genes in spotted sea bass (*Lateolabrax maculatus*) and their involvement in salinity adaptation	Zhang XY, Wen HS, Qi X, et al	Comparative Biochemistry and Physiology Part A: Molecular & Integrative Physiology	2019, 235: 69-81
189.	Effects of photoperiod and light Spectrum on growth performance, digestive enzymes, hepatic biochemistry and peripheral hormones in spotted sea bass (*Lateolabrax maculatus*)	Hou ZS, Wen HS, Li JF, et al	Aquaculture	2019, 507: 419-427
190.	Isolation of CYP17 I, 3β-HSD and AR Genes from Spotted Sea Bass (Lateolabrax maculatus) Testis and Their Responses to Hormones and Salinity Stimulations	Chi ML, Ni M, Jia YY, et al	Journal of Ocean University of China	2019, 18(2): 420-430
191.	Genome-wide identification and characterization of glucose transporter (glut) genes in spotted sea bass (*Lateolabrax maculatus*) and their regulated hepatic expression during short-term starvation	Fan HY, Wang LY, Wen HS, et al	Comparative Biochemistry and Physiology Part D: Genomics and Proteomics	2019, 30: 217-229
192.	Identification, expression analysis, and functional characterization of motilin and its receptor in spotted sea bass (*Lateolabrax maculatus*)	Zhou YY, Qi X, Wen HS, et al	General and comparative endocrinology	2019, 277: 38-48
193.	Genome-wide identification and characterization of toll-like receptor genes in spotted sea bass (*Lateolabrax maculatus*) and their involvement in the host immune response to Vibrio harveyi infection	Fan HY, Wang LY, Wen HS, et al	Fish & shellfish immunology	2019, 92: 782-791
194.	Genome-wide identification of the Na^+/H^+ exchanger gene family in Lateolabrax maculatus and its involvement in salinity regulation	Liu Y, Wen HS, Qi X, et al	Comparative Biochemistry and Physiology Part D: Genomics and Proteomics	2019, 29: 286-298
195.	TAC3 gene products regulate brain and digestive system gene expression in the spotted sea bass (*Lateolabrax maculatus*)	Zhang ZX, Wen HS, Li Y, et al	Frontiers in endocrinology	DOI: 10. 3389/ fendo. 2019. 00556
196.	Evidence for the direct effect of the NPFF peptide on the expression of feeding-related factors in spotted sea bass (*Lateolabrax maculatus*)	Li Q, Wen HS, Li Y, et al	Frontiers in endocrinology	DOI: 10. 3389/ fendo. 2019. 00545
197.	Expression, Purification and Characterization of Recombinant Interferon-γof Takifugu rubripes in Pichia Pastoris	Derong Kong, Zhicheng Wang, Lin Zang, et al.	International Journal of Agriculture and Biology	2019, 21(1): 19-24
198.	Molecular characterization and expression analysis of galectins in Japanese pufferfish (*Takifugu rubripes*) in response to Vibrio harveyi infection	Mingkang Chen, Xia Liu, Jing Zhou, et al.	Fish & Shellfish Immunology	2019, 86: 347-354

（续表）

199.	Comparative transcriptomic analysis reveals the gene expression profiles in the liver and spleen of Japanese pufferfish（*Takifugu rubripes*）in response to Vibrio harveyi infection	Hongyu Peng, Boxue Yang, Boyan Li, et al.	Fish & Shellfish Immunology	2019, 90:308-316
200.	Socioeconomic dimension of the octopus "Octopus vulgaris" in the context of fisheries management of both small-scale and industrial fisheries in Senegal	Idrissa Diedhiou, Zhengyong Yang, Mansor Ndour, et al.	Marine Policy,	DOI: 10. 1016/ j. marpol. 2019. 103517
201.	A synopsis of economic and management performance of the Senegalese deep-water pink shrimp（*Parapenaeus longirostris*）fishery	Idrissa Diedhiou, , Zhengyong Yang, Moustapha Dème et al.	International Journal of Fisheries and Aquatic Studies	2019(7):116-120
202.	Comparative transcriptome profiling of immune response against Vibrio harveyi infection in Chinese tongue sole	Hao Xu, Xiwen Xu, Xihong Li, et al.	Scientific Data	2019, 6: 224
203.	Chromosome-level genome assembly of golden pompano（*Trachinotus ovatus*）in the family Carangidae.	Dian-Chang Zhang, Liang Guo, Hua-Yang Guo, et al.	Scientific Data	2019, 6(1):1-11.
204.	Functional characterization of interferon regulatory factor 2 and its role in the transcription of interferon a3 in golden pompano Trachinotus ovatus（Linnaeus 1758）.	Zhu KC, Guo HY, Zhang N, et al.	Fish Shellfish Immunol	2019, 93: 90-98.
205.	Functional characterization of IRF8 regulation of type II IFN in golden pompano（*Trachinotus ovatus*）	Zhu KC, Guo HY, Zhang N, et al.	Fish Shellfish Immunol	2019, 94: 1-9
206.	Identification of fatty acid desaturase 6 in golden pompano *Trachinotus ovatus*（Linnaeus 1758）and its regulation by the pparb transcription factor.	Kecheng Zhu, Ling Song, Huayang Guo, et al.	International Journal of Molecular Sciences	DOI: 10. 3390/ ijms20010023
207.	Molecular characterization of toll-like receptor 14 from golden pompano *Trachinotus ovatus*（Linnaeus, 1758）and its expression response to three types of pathogen-associated molecular patterns	Wu M, Guo L, Zhu KC, et al.	Comparative Biochemistry and Physiology Part B	2019, 232: 1-10
208.	Growth, physiological and molecular responses of golden pompano *Trachinotus ovatus*（Linnaeus, 1758）reared at different salinities	Liu B, Guo HY, Zhu KC, et al.	Fish Physiology and Biochemistry	2019, 45, 1879-1893.
209.	Genomic structure and characterization of growth hormone receptors from golden pompano Trachinotus ovatus and their expression regulation by feed types	Liang YY, Guo HY, Liu B, et al.	Fish Physiology and Biochemistry	2019, 45: 1845-1865.
210.	Skeletal anomalies in cultured golden pompano *Trachinotus ovatus*（Linnaeus, 1758）at early stages of development.	Jinhui Sun, Guangdong Liu, Huayang Guo, et al.	Diseases of Aquatic Organisms	DOI: 10. 3354/ dao03436
211.	Genome sequence of the barred knifejaw *Oplegnathus fasciatus*（Temminck & Schlegel, 1844）: the first chromosome-level draft genome in the familyv Oplegnathidae	Yongshuang Xiao, Zhizhong Xiao, Daoyuan Ma, et al	GigaScience	2019, 8: 1 - 8.

（续表）

212.	Skeletal ontogeny and deformity during the early fry culture process for Epinephelus lanceolatus	Xuejiao Lv, Yunong Wang, Zhizhong Xiao, et al.	Aquaculture	2019, 508: 113 - 126.
213.	Effects of different light spectra on embryo development and the performance of newly hatched turbot (*Scophthalmus maximus*) larvae	Lele Wu, Mingming Han, Zongcheng Song, et al.	Fish and Shellfish Immunology	2019, 90: 328 - 337.
214.	Effects of stocking density on the growth and immunity of Atlantic salmon salmo salar reared in recirculating aquaculture system (RAS)	WANG Yanfeng, CHI Liang, LIU Qinghua, et al.	Journal of Oceanology and Limnology	2019, 37(1): 350-360.
215.	Visualization of Turbot (*Scophthalmus maximus*) Primordial Germ Cells in vivo Using Fluorescent Protein Mediated by the 3' Untranslated Region of nanos3 or vasa Gene	Li Zhou, Xueying Wang, Qinghua Liu, et al.	Marine Biotechnology	2019, 21:671 - 682.
216.	Sequencing of the black rockfish chromosomal genome provides insight into sperm storage in the female ovary.	Qinghua Liu, Xueying Wang†, Yongshuang Xiao, et al.	DNA Research,	DOI: 10. 1093/ dnares/dsz023.
217.	High temperature increases the gsdf expression in masculinization of genetically female Japanese flounder (*Paralichthys olivaceus*)	Yang Yang, Qinghua Liu□, Yongshuang Xiao, et al.	General and Comparative Endocrinology	2019, 274: 17 - 25
218.	Hepatocyte nuclear factor 4α (Hnf4α) is involved in transcriptional regulation of Δ6/Δ5 fatty acyl desaturase (Fad) gene expression in marine teleost *Siganus canaliculatus*	Yewei Dong, S huqi Wang, Cuihong You, et al.	Comparative Biochemistry and Physiology	DOI: 10. 1016/ j. cbpb. 2019. 110353
219.	The catadromous teleost Anguilla japonica has a complete enzymatic repertoire for the biosynthesis of docosahexaenoic acid from α-linolenic acid: Cloning and functional characterization of an Elovl2 elongase	W enju Xu, Shuqi Wang, Cuihong You, et al.	Comparative Biochemistry and Physiology	DOI: 10. 1016/ j. cbpb. 2019. 110373
220.	Dietary supplementation with n-3 high unsaturated fatty acids decreases serum lipid levels and improves flesh quality in the marine teleost golden pompano *Trachinotus ovatus*	Mengmeng Li, Mei Zhang, Yongcai Ma, et al.	Aquaculture	DOI: 10. 1016/ j. aquaculture. 2019. 734632
221.	Supplementation of macroalgae together with non-starch polysaccharide degrading enzymes in diets enhanced growth performance, innate immune indexes and disease resistance against Vibrio parahaemolyticus in rabbitfish *Siganus canaliculatus*	Dizhi Xie, Xi Li, Cuihong You, et al.	Journal of Applied Phycology	2019, 31: 2073-2083.
222.	Effects of dietary lipid sources on the intestinal microbiome and health of golden pompano (*Trachinotus ovatus*)	Cuihong You #, B aojia Chen #, Meng Wang, et al.	Fish and Shellfish Immunology	2019, 89: 187 - 197.
223.	Effects of different dietary ratios of docosahexaenoic to eicosapentaenoic acid (DHA/EPA) on the growth, non-specifc immune indices, tissue fatty acid compositions and expression of genes related to LC-PUFA biosynthesis in juvenile golden pompano *Trachinotus ovatus*	Mei Zhang #, Cuiying Chen #, Cuihong You, et al.	Aquaculture	2019, 505: 488 - 495.

（续表）

224.	Effects of dietary vitamin C on growth, flesh quality and antioxidant capacity of juvenile golden pompano（*Trachinotus ovatus*）	Guanrong Zhang, S huqi Wang, Cuiying Chen, et al.	Aquaculture Research	2019, 89(1)：187－197.
225.	Comparison of the growth performance and long-chain PUFA biosynthetic ability of the genetically improved farmed tilapia（*Oreochromis niloticus*）reared in different salinities	Cuihong You＃, Fangbin Lu＃, Shuqi Wang, et al.	British Journal of Nutrition	2049, 121:374-383.
226.	Ppary Is Involved in the Transcriptional Regulation of Liver LC-PUFA Biosynthesis by Targeting the Δ6Δ5 Fatty Acyl Desaturase Gene in the Marine Teleost Siganus canaliculatus	Yuanyou Li #*, Ziyan Yin＃, Yewei Dong＃, et al.	Marine Biotechnology	2019, 21(1)：19－29
227.	Transcriptome analysis of golden pompano（*Trachinotus ovatus*）liver indicates a potential regulatory target involved in HUFA uptake and deposition	C aixia Lei, Mengmeng Li, Jingjing Tian, et al.	Comparative Biochemistry and Physiology	DOI: org/10. 1016/j. cbd. 2019. 100633.
228.	First report of trypanosomiasis in farmed largemouth bass（*Micropterus salmoides*）from China：pathological evaluation and taxonomic status	Biao Jiang, Geling Lu, Jiajia Du, et al.	Parasitology Research	2019, 188: 1731-1739
229.	Transcriptome analysis provides insights into molecular immune mechanisms of rabbitfish, Siganus oramin against Cryptocaryon irritans infection	Biao Jiang, Jia-Jia Du, Yan-wei Li, et al.	Fish and Shellfish Immunology	2019, 88: 111-116.
230.	Grouper（*Epinephelus coioides*）MyD88 adaptor-like（Mal）：Molecular cloning, expression, and functionality	Rui Han, Yu-long Zeng, Lu-Yun Ni, et al.	Fish and Shellfish Immunology	2019, 93: 308-312.
231.	Grouper（*Epinephelus coioides*）Mpeg1s：Molecular identification, expression analysis, and antimicrobial activity	Lu-Yun Ni, Qing Han, Hong-Ping Chen, et al.	Fish and Shellfish Immunology	2019, 92: 690-697.
232.	Molecular characteristics and function study of TNF receptor-associated factor 5 from grouper（*Epinephelus coioides*）.	Man Yang, Rui Han, Lu-Yun Ni, et al.	Fish and Shellfish Immunology	2019, 87: 730-736.
233.	Effects of short-term fasting on the resistance of Nile tilapia（*Oreochromis niloticus*）to Streptococcus agalactiaeinfection.	Jing Wang, Jia-Jia Du, Biao Jiang, et al.	Fish and Shellfish Immunology	2019, 94:889-895.
234.	Potential of naturally attenuated Streptococcus agalactiaeas a live vaccine in Nile tilapia（*Oreochromis niloticus*）	Xu-Bing Mo, Jing Wang, Song Guo, et al.	Aquaculture	DOI: 10. 1016/j. aquaculture.
235.	Temporal expression profiles of leptin and its receptor genes during early development and ovarian maturation of *Cynoglossus semilaevis*	Bin Wang, Aijun Cui, Pengfei Wang, et al.	Fish Physiology and Biochemistry	DOI: 10. 1007/s10695-019-00722-6

（续表）

236.	In vitro effects of tongue sole LPXRFa and kisspeptin on relative abundance of pituitary hormone mRNA and inhibitory action of LPXRFa on kisspeptin activation in the PKC pathway	Bin Wang, Guokun Yang, Yongjiang Xu, et al.	Animal Reproduction Science	2019, 203:1-9
237.	Developmental expression of LPXRFa, kisspeptin and their receptor mRNAs in the half-smooth tongue sole *Cynoglossus semilaevis*	Bin Wang, Yaxing Zhang, Yongjiang Xu, et al.	Fisheries Science	2019, 85:449-455
238.	Microbiota characteristics in Sebastes schlegelii intestine during early life stages	Jiang Yan, Liu xuezhou, Xu Yongjiang, et al.	Journal of Oceanology and Limnology	DOI: 10. 1007/ s00343-019-9011-2
239.	Development of monoclonal antibody against IgM of large yellow croaker (*Larimichthys crocea*) and characterization of IgM+ B cells	Yupeng Huang, Xiaoqin Yuan, Pengfei Mu, et al.	Fish and Shellfish Immunology	2019, 91:216-222
240.	Identification and bioactivity of a granulocyte colony-stimulating factor b homologue from large yellow croaker (*Larimichthys crocea*)	Qiuhua Li, Libing Xu, Jingqun Ao, et al.	Fish and Shellfish Immunology	2019, 90:20-29
241.	Molecular characterization of a new fish specific chemokine CXCL_F6 in large yellow croaker (*Larimichthys crocea*) and its role in inflammatory response	Yinnan Mu, Shimin Zhou, Ning Ding, et al.	Fish and Shellfish Immunology	2019, 84:787 - 794
242.	Characterization and function of a group II type I interferon in the perciform fish, large yellow croaker (*Larimichthys crocea*)	Yang Ding, Yanyun Guan, Xiaohong Huang, et al.	Fish and Shellfish Immunology	2019, 86:152-159
243.	Apoptosis of cancer cells is triggered by selective crosslinking and inhibition of receptor tyrosine kinases	Wang K, Wang X, Hou Y, et al.	Communications Biology	2019, 2: 231
244.	Resveratrol attenuates oxidative stress and inflammatory response in turbot fed with soybean meal based diet	Tan C, Zhou H, Wang X, et al.	Fish & shellfish immunology	2019, 91:130-135
245.	Differential apoptotic and mitogenic effects of lectins in zebrafish	Wang K, Liu C, Hou Y, et al.	Frontiers in endocrinology	2019, 10:356
246.	Effect of dietary methionine levels on growth performance, amino acid metabolism and intestinal homeostasis in turbot (*Scophthalmus maximus L.*)	Gao Z, Wang X, Tan C, et al.	Aquaculture	2019, 49:335-342
247.	Beneficial influences of dietary Aspergillus awamori fermented soybean meal on oxidative homoeostasis and inflammatory response in turbot (*Scophthalmus maximus L.*)	Li C, Zhang B, Zhou H, et al.	Fish & shellfish immunology	2019, 93:8-16
248.	Establishment and characterization of a fibroblast-like cell line from the muscle of turbot (*Scophthalmus maximus L.*)	Gao Y, Zhou H, Gao Z, et al.	Fish physiology and biochemistry	2019, 45:1129-1139
249.	Effects of silymarin on growth performance, antioxidant capacity and immune response in turbot (*Scophthalmus maximusL.*)	Wang J, Zhou H, Wang X, et al.	Journal of the World Aquaculture Society	2019, 50:1168-1181

(续表)

250.	Sodium butyrate supplementation in high-soybean meal diets for turbot (*Scophthalmus maximus L.*): Effects on inflammatory status, mucosal barriers and microbiota in the intestine	Liu Y, Chen Z, Dai J, et al.	Fish & Shellfish Immunology	2019, 88:65-75
251.	Citric acid mitigates soybean meal induced inflammatory response and tight junction disruption by altering TLR signal transduction in the intestine of turbot, *Scophthalmus maximus L.*	Zhao S, Chen Z, Zheng J, et al.	Fish & Shellfish Immunology	2019, 92:181-187
252.	Effect of dietary xylan on intestinal immune response, tight junction protein expression and bacterial community of juvenile turbot (*Scophthalmus maximus L*)	Yang P, Hu H, Li Y, et al.	Aquaculture	DOI:10.1016/j.aquaculture.2019.734361
253.	Dietary daidzein improved intestinal health of juvenile turbot in terms of intestinal mucosal barrier function and intestinal microbiota	Ou W, Hu H, Yang P, et al.	Fish & Shellfish Immunology	2019, 94:132-141
254.	Boronic acid-functionalized agarose affinity chromatography for isolation of tropomyosin in fishes	Jialuo Yin, Hongwei Zheng, Hong Lin, et al.	Journal of the Science of Food and Agriculture	DOI:10.1002/jsfa.9928
255.	Preparation of a Boronate-Functionalized Affinity Silica Hybrid Monolith for the Specific Capture of Nucleosides	Hongwei Zheng, Hong Lin, Jianxin Sui, et al.	Chemistry Select	2019, 4:623-628
256.	Preparation of a novel polyethyleneimine functionalized sepharose-boronate affinity material and its application in selective enrichment of food borne pathogenic bacteria	Hongwei Zheng, Feng Han, Hong Lin, et al.	Food Chemistry	2019, 294:468-476
257.	Constructing a high-density genetic linkage map for large yellow croaker (*Larimichthys crocea*) and mapping resistance trait against ciliate parasite Cryptocaryon irritans	Shengnan Kong, Qiaozhen Ke, Lin Chen, et al.	Marine Biotechnology	2019, 21:262-275
258.	Genome-Wide Association Study of Growth and Body-Shape-RelatedTraits in Large Yellow Croaker (*Larimichthys crocea*) Using ddRAD Sequencing	Zhixiong Zhou, Kunhuang Han, Yidi Wu, et al.	Marine Biotechnology	2019, 21:655 - 670.
259.	The sequencing and de novo assembly of the Larimichthys crocea genome using PacBio and Hi-C technologies	Baohua Chen, Zhixiong Zhou, Qiaozhen Ke, et al.	Scientific Data	2019, 6(188):1-10
260.	Effects of stocking density on stress response, innate immune parameters, and welfare of turbot (*Scophthalmus maximus*)	Liu, B, Fei, F, Li, X, et al.	Aquaculture International	2019, 1-14
261.	Alternations in oxidative stress, apoptosis, and innate-immune gene expression at mRNA levels in subadult tiger puffer (*Takifugu rubripes*) under two different rearing systems	Yudong Jia, Qiqi Jing, Jieming Zhaiet al.	Fish Shell Immunol	2019, 92: 756-764
262.	Molecular function of gonadotrophins and their receptors in the ovarian development of turbot (*Scophthalmus maximus*)	Yudong Jia, Jilin Lei, et al.	Gen Comp Endocrinol	2019, 277:17-19

（续表）

263.	Molecular cloning, characterization, and mRNA expression of gonadotropins during larval development in turbot (*Scophthalmus maximus*)	Yunhong Gao, Qiqi Jing, Bin Huang, et al.	Fish Physiol Biochem	2019, 45:1697-1707
264.	Involvement and expression of growth hormone/insulin-like growth factor member mRNAs in the ovarian development of turbot (*Scophthalmus maximus*)	Yudong Jia, Qiqi Jing, Yunhong Gao, et al.	Fish Physiol Biochem	2019, 45: 955-964
265.	Vitamin E stimulates the expression of gonadotropin hormones in primary pituitary cells of turbot (*Scophthalmus maximus*)	Bin Huang, Na Wang, Lin Wang, et al.	Aquaculture	2019, 509:47-51
266.	Impact of nitrite exposure on related physiological parameters, oxidative stress, and apoptosis in Takifugu rubripes	Gao, X.-Q, Fei, F, Huo, H. H, et al.	Ecotoxicology and Environmental Safety	DOI: 10. 1016/ j. ecoenv. 2019. 109878.
267.	Impact of nitrite exposure on plasma biochemical parameters and immune-related responses in *Takifugu rubripes*	Gao, X.-Q, Fei, F, Huo, H. H, et al.	Aquatic Toxicology	DOI: 10. 1016/ j. aquatox. 2019. 105362
268.	Molecular characterization and expression patterns of stem-loop binding protein (SLBP) genes in protogynous hermaphroditic grouper, Epinephelus coioides	Wu X, Qu L, Li S, et al.	Gene	2019, 700: 120-130
269.	Exposure to nitrite alters thyroid hormone levels and morphology in *Takifugu Rubripes*	Gao, X.-Q, Fei, F, Huo, H. H, et al.	Comparative Biochemistry and Physiology Part - C: Toxicology and Pharmacology	2019, 225:1-6.
270.	Molecular characterization and expression patterns of stem-loop binding protein (SLBP) genes in protogynous hermaphroditic grouper, *Epinephelus coioides*	Wu X, Qu L, Li S, et al.	Gene	2019, 700: 120-130
271.	Molecular cloning and characterization of grouper Krüppel-like factor 9 gene: Involvement in the fish immune response to viral infection	Yu Y, Li C, Wang Y, et al.	Fish Shellfish Immunol	2019, 89:677-686
272.	Isolation and identification of Singapore grouperiridovirus Hainan strain (SGIV-HN) in China	Wei J, Huang Y, Zhu W, et al.	Arch Virol.	2019, 164(7):1869-1872
273.	PPAR-δ of orange-spotted grouper exerts antiviral activity against fish virus and regulates interferon signaling and inflammatory factors.	Wang Y, Yu Y, Wang Q, et al.	Fish Shellfish Immunol	2019, 94: 38-49
274.	Grouper IFIT1 inhibits iridovirus and nodavirus infection by positively regulating interferon response	Zhang Y, Wang Y, Liu Z, et al.	Fish Shellfish Immunol	2019, 94: 81-89
275.	Grouper TRADD Mediates Innate Antiviral Immune Responses and Apoptosis Induced by Singapore Grouper Iridovirus (SGIV) Infection.	Zhang X, Liu Z, Li C, et al	Front Cell Infect Microbiol.	2019, 18:, 9:329
276.	Molecular cloning, expression and functional analysis of Atg16L1 from orange-spottedgrouper (*Epinephelus coioides*)	Li C, Wang L, Zhang X, et al.	Fish Shellfish Immunol.	2019, 94: 113-121

附录2 海水鱼体系2019年科技服务一览表

培训会							
序号	时间	名称	培训人员			发放培训资料	岗位、试验站名称
			基层技术人员	种养大户	渔民		
	2019.01.05	海塘养殖讲座			20		环境胁迫性疾病与综合防控岗位
	2019.02.26	规范管理暗纹东方鲀产业培训会	16	40	14		南通综合试验站
	2019.04.09	福建省淡水水产研究所循环水繁育设施使用现场培训	10				养殖设施与装备岗位
	2019.04.10	实习学生牙鲆、真鲷健康养殖培训	43			43	北戴河综合试验站
	2019.04.19	镇江市水产技术指导站水产健康养殖技术培训班	200				养殖设施与装备岗位
	2019.04.23	水产养殖技术培训会	2	4	22		环境胁迫性疾病与综合防控岗位
	2019.04.26	海鲈营养与饲料产学研交流会	60			60	海鲈营养需求与饲料
	2019.05.10	河鲀鱼流通交流会	5	15			南通综合试验站
	2019.05.11	海水鱼养殖与加工技术培训班	10	10	6	26	北海综合试验站
	2019.05.21	花鲈生态养殖技术培训会	10	20	40	160	漳州综合试验站
	2019.05.22	鱼糜操作流程培训	25			25	鱼品加工岗位
	2019.05.26	杭州海洋食品质量安全技术培训	28				质量安全与营养品质评价岗位
	2019.06	石斑鱼高品质饲料研发	20	10	10	40	石斑鱼营养需求与饲料岗位
	2019.06.05	养殖渔情系统系列培训及交流研讨会	20				秦皇岛综合试验站、北戴河综合试验站
	2019.06.17	孵化及苗种培育考察课程培训班		50		100	石斑鱼种质资源与品种改良岗位
	2019.07.22	兴城大菱鲆养殖技术培训会	10	10	30	50	葫芦岛综合试验站
	2019.08.21	海水鱼养殖技术培训会	18				环境胁迫性疾病与综合防控岗位
	2019.08.23	河鲀鱼源基地备案工作培训会	10	30		40	南通综合试验站
	2019.08.28	全国水产技术推广总站基层科技骨干培训班	200				养殖设施与装备岗位
	2019.09.03	天津市工厂化水产养殖技术培训班	30	20		50	天津综合试验站
	2019.09.12	生物技术在食品及水产品种的应用	30			30	鱼品加工岗位

（续表）

	2019.09.17	农业农村部2019年扬帆出海人才培训工程——丝路国家海水养殖技术培训班	20			100	大菱鲆种质资源与品种改良岗位
	2019.09.21	第一期水产养殖技术培训班	15	8		23	宁德综合试验站
	2019.09.23	“聚焦创新驱动，携手东盟合作，发展向海经济”的2019年向海经济暨21世纪海上丝绸之路成果展示交流培训会	100			100	北海综合试验站
	2019.09.27	2019年海水鱼产业培训与研讨会	20	20	80	200	葫芦岛、丹东、大连、青岛综合试验站、河鲀种质资源与品种改良岗位
	2019.09.29	葫芦岛站技术培训（快检仪器培训）	100			200	质量安全与营养品质评价岗位
	2019.09.29	昌黎县水产养殖技术及病害防治培训班	20	4	50		牙鲆种质资源与品种改良岗位
	2019.10	工厂化养殖封闭循环水培训会	25				养殖水环境调控岗位
	2019.10.09	天津市西青区新型职业农民培训	5	18		50	智能化养殖岗位
	2019.10.16	2019年国家海水与体系天津综合试验站培训	40	20		60	天津综合试验站
	2019.10.17	第二期水产养殖技术培训班	21	15			宁德综合试验站
	2019.10.19	河鲀鱼养殖交流会	5	10		15	南通综合试验站
	2019.10.28	福建省鲈鱼产业协会养殖技术暨水产品质量安全绿色渔业发展培训会	20	20	100	160	漳州综合试验站
	2019.10.29	第三期水产养殖技术培训班	45	19			宁德综合试验站
	2019.11	莱州市海洋发展局主办的海水工厂化养殖鱼类鱼类养殖培训	6	10	30		养殖水环境调控岗位
	2019.11	威海市海洋发展局主办的海水工厂化养殖鱼类鱼类养殖培训	10	12			养殖水环境调控岗位
	2019.11	海洋渔业相关技术培训会	30				质量安全与营养品质评价岗位
	2019.11	水产品健康养殖与质量安全技术培训会	40				质量安全与营养品质评价岗位
	2019.11.12	蕉城区水产品质量安全培训班	89	21		110	宁德综合试验站
	2019.11.21	海水鱼繁育与健康养殖高级研修班	80	50	20	150	莱州综合试验站
	2019.11.29	海水鱼养殖技术研讨培训会	19	4	40	200	牙鲆种质资源与品种改良岗位、北戴河综合试验站、秦皇岛综合试验站

(续表)

	2019. 12. 04	2019年海水鱼体系烟台鱼类繁育技术培训会	60	10	30	300	烟台综合试验站
	2019. 12. 09	海鲈鱼加工与质量安全技术	10	10	10	30	鱼品加工岗位
	2019. 12. 11	海鲈投喂技术交流会	16	9	37	80	珠海综合试验站
现场会							
序号	时间	名称	培训人员			发放培训资料	岗位、试验站名称
			基层技术人员	种养大户	渔民		
	2019. 05. 08	2019中国海鲈产业发展论坛	50	30	70		海鲈种质资源与品种改良岗位
2	2019. 05. 26	第二届大黄鱼种业工程研讨会	51			51	宁德综合试验站
3	2019. 06. 13	“粤港澳大湾区·饲料行业南沙论剑”论坛	50			50	军曹鱼卵形鲳鲹营养与饲料岗
4	2019. 07. 09	总结牙鲆育种体系的构建及育种成果、雌核发育理论及应用、牙鲆增殖放流及效果评估、红鳍东方鲀苗种培育技术成果	55			77	牙鲆种质资源与品种改良岗位、北戴河综合试验站
5	2019. 08. 22	2019年度国家海水鱼产业经济发展动态暨渔情信息采集工作研讨会	80	10		100	体系研发中心、体系经济功能研究室、烟台综合试验站、东营综合试验站
6	2019. 08. 28	第五届水产动物脂质营养与代谢学术研讨会	100				军曹鱼卵形鲳鲹营养与饲料岗
7	2019. 09. 10	大黄鱼育种国家重点实验室2018年度会议	75			75	宁德综合试验站
8	2019. 09. 25	全国海水养殖绿色发展研讨会	400				军曹鱼卵形鲳鲹营养与饲料岗
9	2019. 10. 18	第十届“全国石斑鱼产业发展论坛暨中国水产流通与加工协会石斑鱼分会2019年会	100	300	100		石斑鱼种质资源与品种改良岗位
10	2019. 11. 02	全国鲆鲽鱼类科技创新与产业发展大会	200			200	半滑舌鳎种质资源与品种改良岗位
11	2019. 11. 08	中国海鲈水产养殖业绿色发展高峰论坛	80	70	150	300	海鲈种质资源与品种改良
12	2019. 11. 23	水产动物脂类营养高峰论坛	200			100	军曹鱼卵形鲳鲹营养与饲料岗

（续表）

技术咨询							
序号	时间（年．月）	名称	培训人员			发放培训资料	岗位、试验站名称
			基层技术人员	种养大户	渔民		
	2019.01	为宁波综合实验站或北戴河实验站技术骨干培训细胞培养技术	5				病毒病防控岗位
	2019.01	蛋白源在海水鱼中的应用及精准投喂技术	20	10			石斑鱼营养需求与饲料岗位
	2019.01	海水鱼精准营养与饲料配制技术	25				石斑鱼营养需求与饲料岗位
	2019.01.10	为饶平腾跃食品有限公司、广州市食品行业协会、北海科技局、珠海斗门生态农业园管委会等30多家企业、协会解答鱼类及水产品加工中遇到的问题和技术应对措施。	50				鱼品加工岗位
	2019.07.12	东港牙鲆、河鲀池塘养殖技术现场交流	20	8	10	50	丹东综合试验站
	2019.02-10	为海南及广州等地的养殖企业和养殖户提供海水鱼病原分离、病原检测或防控技术咨询		30			病毒病防控岗位
	2019.04	海水鱼饲料蛋白源替代相关技术咨询	10				石斑鱼营养需求与饲料岗位
	2019.04.05	大连颢霖水产有限公司、大连万洋渔业养殖有限公司、大连德友水产公司大菱鲆养殖病害防治关键技术及对应措施	4	2	1	14	丹东综合试验站
	2019.05	为宁波综合实验站或北戴河实验站技术骨干培训细胞培养技术	5				病毒病防控岗位
	2019.05	海水鱼饲料配制新技术	30	15			石斑鱼营养需求与饲料岗位
	2019.05	水产动物脂肪酸精准营养需求	25				军曹鱼卵形鲳鲹营养与饲料岗
	2019.05	新型蛋白源在海水鱼中的应用	30	20	10		石斑鱼营养需求与饲料岗位
	2019.06	胆汁酸功能研究与应用	20				军曹鱼卵形鲳鲹营养与饲料岗
	2019.07-08	石斑鱼饲料应用情况	55				石斑鱼营养需求与饲料岗位

(续表)

	2019.08.07	荣成网箱养殖河鲀突发病害应急防控现场指导	10	1	0	0	细菌病防控岗位、河鲀种质资源与品种改良岗位、养殖水环境调控、东营综合试验站
	2019.08	全封闭循环海水养殖技术	23	8			秦皇岛综合试验站
	2019.08	石斑鱼精准营养研究与高效饲料开发	20				石斑鱼营养需求与饲料岗位
	2019.08	赴福建省霞浦县大京村福建新海鑫水产养殖有限公司,开展半滑舌鳎养殖技术指导,提升半滑舌鳎养殖产业	10			5	半滑舌鳎种质资源与品种改良
	2019.09	养殖鱼类/大黄鱼病害防控及抗病、节本育种技术,全雄育种技术等	50	20	20		大黄鱼种质资源与品种改良
	2019.11	为福建、广东两地的海鲈协会和海鲈养殖加工企业解决有关海鲈加工的关键技术问题	30				鱼品加工岗位
合计			3367	1006	920	3574	